怎样快速查找电气故障

第三版

商福恭 编著

中国电力出版社
CHINA ELECTRIC POWER PRESS

内容提要

本书介绍电工师傅在实际工作中积累下来的电工“绝技和绝活”。具体内容包括：电气故障诊断要诀“六诊、九法、三先后”；通过口问、眼看、耳听、鼻闻、手摸等方便、简洁地感官诊断查找电气故障；用万用表、绝缘电阻表、钳形电流表等表测诊断查找电气故障；用测电笔、电灯式检验灯、同瓦两电灯式检验灯、“日、月、星”三光检验灯等快速诊断、查找电气故障；“日月星辰”检验灯，刀枪并举诊断术。

本书为作者多年工作经验的结晶。结合实例、实战，可操作性强是本书的一大特点；同时，本书通俗易懂、易记、易掌握。是各类维修电工快速提高诊断查找电气故障的实用技术书。

图书在版编目（CIP）数据

怎样快速查找电气故障 / 商福恭编著．—3 版．—北京：中国电力出版社，2021.8
ISBN 978-7-5198-5545-1

Ⅰ．①怎…　Ⅱ．①商…　Ⅲ．①电气设备—故障诊断—基本知识　Ⅳ．① TM07

中国版本图书馆 CIP 数据核字（2021）第 065871 号

出版发行：中国电力出版社
地　　址：北京市东城区北京站西街 19 号（邮政编码 100005）
网　　址：http://www.cepp.sgcc.com.cn
责任编辑：马淑范（010-63412397）
责任校对：黄　蓓　常燕昆　王小鹏
装帧设计：赵姗姗
责任印制：杨晓东

印　　刷：北京雁林吉兆印刷有限公司
版　　次：2005 年 9 月第一版　　2015 年 6 月第二版　　2021 年 8 月第三版
印　　次：2021 年 8 月北京第十一次印刷
开　　本：710 毫米 ×1000 毫米　16 开本
印　　张：31.25
字　　数：574 千字
定　　价：98.00 元

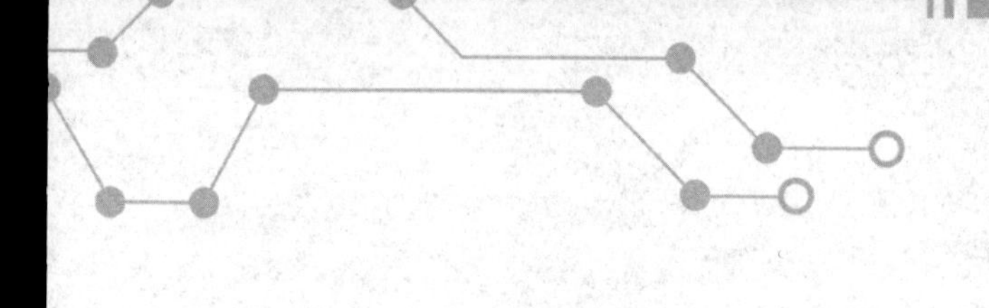

前　言

当低压电器、设备出现故障时，迅速而准确地判明故障原因、找出故障部位，并予以恰当的修理，是维修电工必备的技能之一。众多检修电气设备的实践经验证实：正确迅速地诊断查找故障点和故障性质，有利于节省维修时间、提高维修工作效率，达到事半功倍的效果；同时，任何电气设备坏了，即使不能修理也还可以调换。因此，电气设备只要查出故障所在，没有不治之症。总之，设备诊断技术是一项经济效益显著的技术，应大力加以推进和推广。

本书第一版于2008年首次出版以来，多次重印，深受广大读者的青睐，成为电工类畅销书；还被选入各省、自治区的农家书屋、草原书屋。该书之所以能"走红"，是因为其内容贴近实际、贴近生活、贴近群众；是因为该书在编写时从实战、实用要求出发，言简意赅地介绍了电气工作者诊断查找电气故障的成功经典经验，实战实例中总结出来的技巧、绝技和绝活。它既能指导青年电工"尽快入门"，又能帮助老电工们"全面提高"个人的综合素质。堪称是电工必备的工具书和参考书。

俗话道："工欲善其事，必先利其器""七分工具，三分手艺"，这说明了解工器具的使用方法和善于运用工器具是非常重要的。诊断查找电气故障也不例外，设备诊断技术既包括诊断用的设备和仪器的研制，也包括诊断查找方法、数据处理的研究。为此，本次修订中详尽系统地讲述电灯式检验灯、同瓦两电灯串联式检验灯、"日、月、星"三光检验灯及汽车拖拉机电工专用检验灯各自的结构和特点。检验灯是电工在熟知白炽灯的光通量、功率、电流、电阻、寿命与线路电压的关系理论知识基础上，在工作实践中"就地取材，自作自用"，成为务实求真的检测器具。它在现场替代常用仪器仪表作"表测诊断"，它似"悟空的火眼金睛"，协助电工看到电气设备的隐患、看清设备故障的原因和所在部位。检验灯家族一脉相传的"试灯法"检测校验用电设备的家传绝技；各检验灯众多经典快准检测诊断电气故障的绝活。如检测单相三眼插座接线；校验单相电能表；校验照明安装工程；判别静电与漏电；判别单相电动机似是而非的故障；判断电源变压器绕组有短路故障；判断强电回路接触不良引起的"虚电压"故障；检测判断电气设备保护接零的完好性；检测继电器——接触器控制电路的触点开路故障点；判断三相绕线式异步电动机转子绕组回路接地等。汇编内容精辟，文图相辅而行；理论实践相结合，贴近电工诊断作业；文从字顺，言必有据，读之知其然并知其所以然，达到"即看即用”的效果。

顺理成章地增添第5章:“日月星辰”检验灯,刀枪并举诊断术。“日月星辰”检验灯,在“日、月、星”三光检验灯的基础上进行了改革:白炽灯灯泡串二极管后直流点燃,由于消除了灯丝电压的波动与灯丝的抖晃,其使用寿命比交流点燃时增长;双引出线改为单线,使用时更方便;双检测笔改为刚度高且易区分的刀、枪头,运用起来更安全、可靠;一灯泡显示改为一灯泡两管(氖管、发光二极管)三显示,相互验证,双重判断;增设直流电源干电池,使其本身为一个完整的电路,能像万用表的欧姆挡一样测试电路或电器元件的通断,同时具备了随时随地进行自检的功能。第5章提炼成文的100多小节,文,简明扼要;图,见图知义。百战不殆的实践实例证明了“日月星辰”检验灯是电工师傅的贴身保镖、忠诚卫士,协同电工诊断电气设备故障的良师益友。“日月星辰”检验灯,刀枪并举诊断术。不仅可随时随地验证感官诊断的结果,促进提高总结自身的感官诊断经验;而且极易施行电位、电压、电阻、试灯法检测,实施两分法、顺藤摸瓜法,快、准、巧地诊断电路、电器元件的断路、接触不良、短路、接地等电气故障。

本次修订汇编时,引用了众多电气工作者的成功经验和资料,谨在此向他们表示诚挚的感谢。同时,由于本人水平有限,加之时间仓促,修订内容中缺点错误在所难免,恳请广大读者批评指正。最后希望广大读者也来总结自己的快准诊断查找电气故障经验,共同促进我国的设备诊断技术迅速发展。

作者:商福恭
2021年3月28日

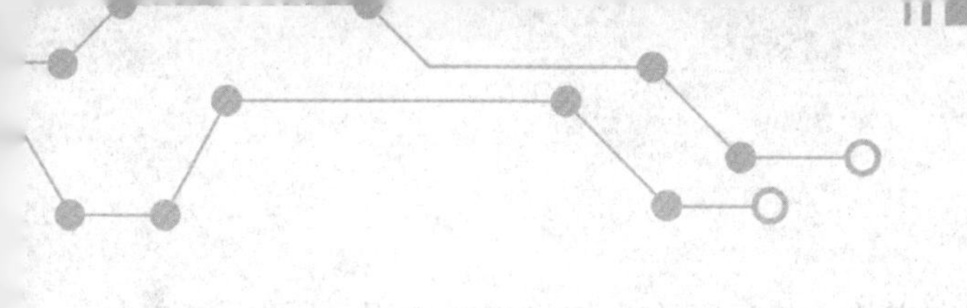

第一版前言

随着社会的发展和人民生活水平的提高,电与社会的各项活动和人民的生活越来越密切,电气技术使我们的生活更加便利、丰富。日常生活中使用的机械设备、仪器仪表、工具,主要是利用电,通过控制某种机械实现的。假如供电突然停止,包括家庭和办公大楼及工厂等在内的城市功能将会瘫痪,社会将处于混乱状态。可以说,现代社会已经完全依赖于电,电在维持生活稳定方面是必不可少的。作为运筹和驾驶电能的电工,不仅要了解电,与电友好相处,而且应成为“医术精湛”的“电气设备医生”。

人总免不了要生病,电气设备也和人一样会发生故障,没有永远不出故障的设备。人生病有时还可以凭着自身的抵抗力自愈,而各种电气设备出了故障却没有自行修复的能力,只能依靠电工修理。电工若没有高明的“医术”,即过硬的检修技术,往往无法迅速使设备恢复正常运行,从而影响生产。例如现代化的煤炭开采业机械化程度很高,一部机械停工一小时,就要影响上百吨煤的产量。有些关键设备如果不及时检修,甚至会造成重大损失,严重时还会造成事故。这时,检修工作就像抢救危重病人一样,必须争分夺秒地进行——敏捷诊断病情,开出正确的处方。

“诊断”这个词,本来是医学专用名词,是指对人体生理、病理的诊察,判断人体的健康和病情。现在已推广应用到运行中的设备上,形成了设备诊断技术。诊断技术是一个新的科技领域,是一项经济效益显著的技术,应大力加以推进和推广。在判断电气设备故障时,有理论知识和实践经验的师傅们参考中医诊断学经典做法,结合电气设备故障的特殊性,总结归纳出“六诊、九法和三先后”的电气设备诊断要诀。它就像给想学书法的同志教授永字八法、提供碑帖一样,帮助初学者快速入门,进而登堂入室。让读者通过学习、实践,成为诊断电气设备故障的行家里手。

本书全面和系统地介绍了电气设备诊断要诀:“六诊、九法、三先后”。第一章,开门见山:“电气设备诊断要诀”。“言传身教”话“六诊”;“有理有例”讲“九法”;“以理服人”论“三先后”。言简意赅的 19 小节,淋漓尽致地论述“六诊、九法、三先后”是一套行之有效的电气设备诊断的思想方法和工作方法。第二章,感官查找。汇集 66 小节感官查找法:凭人的感官,通过问、视、嗅、听、触觉对设备故障进行查找的实例,说明感官查找法在现场应用十分方便、简捷。即使现代化诊断技术在以后得到普遍应用，感官查找方法还可作为初步诊断使用。所以，应该大力提倡应用感官查找方法。第三章，表测查找。根据仪表测量某些电参数的大小，经与正常的数值对比后，来确定故障原因和部位。电，看不到也摸不着。对于电量来说，用眼睛不能直接观察到，因而需要变换为用测量仪表通过视觉能观察到的形式。许多“隐性”的电气设备故障，没有外表特性，不易被人发现，故在诊断这类设备故障时，仪表的检测是必要的辅助手段，其作用是不可忽视的。隽永的114小节检测查找实例娓娓道来，让您不忍释卷，深感“六诊”要诀要感官、表测查找配合进行，两者不可偏废。最后一章，用测电笔和检验灯快速查找电气故障，是电气工作者在长期检修实践中，探索、试验、总结出来的既有理论，又有技巧的简易设备诊断技术。它与我国管理水平相适应，能不分解设备、不破坏设备、随时随地定量地检测电气设备状态。由检验灯和测电笔的有机结合，组成“日月星辰检验灯”，联手打造绝大多数普通电气设备均可应用的、能多科综合诊断的快速查找电气故障技术，读者读之，心领神会。“日月星辰检验灯，刀枪并举诊断术”，易学、易用、易操作，完全能达到“即看即用”的效果。“实用、简易”的特点贯穿四章十二节。若读者您从事电工行业，定会受益匪浅，学会快速查找电气故障，成为医术高明的“电气设备医生”。

本书在编写时，引用了众多电工师傅和电气技术人员所提供的成功经验和资料，谨在此向他们表示衷心的感谢。

由于本人水平有限，加之时间仓促，书中缺点错误在所难免，恳请广大读者批评指正。同时希望广大读者也来总结自己的查找电气故障经验，共同促进我国的电气设备诊断技术发展。

编　者

2008年1月

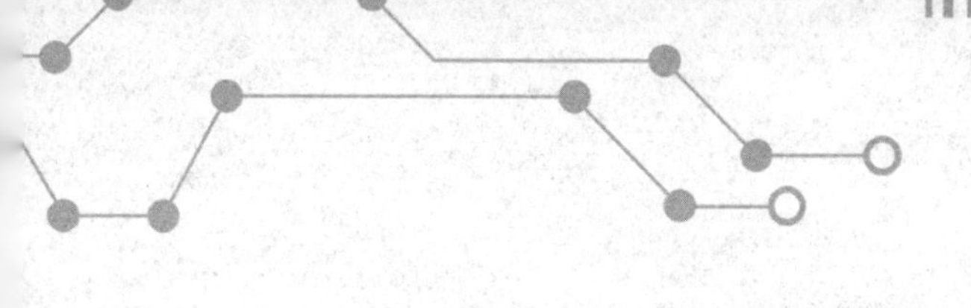

第二版前言

《怎样快速查找电气故障》于2008年首次出版以来，多次重印，深受广大读者的青睐，成为电工类畅销书；还被选入各省、自治区的农家书屋、草原书屋。该书之所以能“走红”，是因为其内容贴近实际、贴近生活、贴近群众；是因为该书在编写时从实战、实用要求出发，言简意赅地介绍了电气工作者查找诊断电气故障的成功经典经验，实战实例中总结出来的绝技、绝活。

本书致力于满足电气工作者的需求：当电气设备出现故障时能迅速而准确地判明故障原因、找出故障部位。新、青年电工阅读记熟后，吸收同行前辈们的经验精华，站在丰富经验之上，诊断查找电气故障时定能做到动手前胸有成竹、动起手来轻车熟路。达到“到岗即行家里手”，快步跨进高级电工行列。理工科大学毕业生熟读后，可获得教科书上没讲授的知识，熟知众多实践经验和作业技巧。求职面试考核实际操作问题时有了“过关宝典”，参加工作后有了工作实践指南。

在查找诊断电气设备故障时，有理论知识和实践经验的电工师傅们参考中医诊断学经典做法，结合电气设备故障的特殊性，总结归纳出“六诊、九法、三先后”的电气设备诊断要诀。本书首章中，“言传身教”话“六诊”；“有理有例”讲“九法”；“以理服人”论“三先后”。言简意赅的十九小节，淋漓尽致地论述“六诊、九法、三先后”是一套行之有效的电气设备故障诊断的思想方法和工作方法。本次修订在第二章“感官诊断查找电气故障”中，增添了“招简功深”的眼看、耳听、鼻闻、手摸感官诊断新内容。在“表测诊断查找电气故障”和“用测电笔和检验灯诊断查找电气故障”章节中，补充了如何正确使用万用表、绝缘电阻表、钳形电流表、测电笔及其测量时注意事项和测量时易发生的似是而非怪现象，以防误诊误判的经验和教训。同时增补了一些既快捷又安全的测判新内容，旨在帮助读者迅速掌握应用快速准确诊断查找电气故障的技能，提高读者解决实际问题的能力和工作效率。

本书特点：系统学习看全书，重点参考查目录。书前目录中章节标题，便是本书内容提要；小节标题，则是诊断查找电气设备故障时的常用俗语、具体方法和技巧名称。读者可随时方便地找到所急需学习或参考的内容；迅速达到开卷有所求，闭卷有所获的目的。

在编写本书时，引用了众多电气工作者的成功经验和资料，谨在此向他们表示诚挚的谢意。同时，由于本人水平有限，加之时间仓促，书中缺点错误在所难免，恳请读者批评指正。最后希望广大读者也来总结自己的快速诊断查找电气故障经验，共同促进我国电气设备诊断技术的发展。

编者　商福恭

2015年1月28日

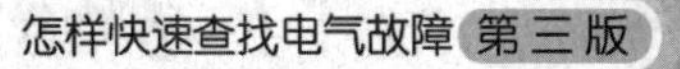

目 录

电气故障诊断要诀

人总免不了要生病，电气设备也和人一样总要发生故障，现在还没有永远不出故障的设备。人生了病有时还可以凭着本身的抵抗力自愈，而各种电气设备出了故障却没有自行修复的能力，只有依靠维修人员来修理。维修人员若没有过硬的检修技术，往往无法迅速使设备正常运行，从而严重影响生产。有些关键设备如果不及时检修，甚至会造成重大损失，严重时还会造成事故。这时维修工作就像抢救危重病人一样，必须争分夺秒地进行。因此，维修工作是保证设备正常运行、减少停工损失的重要环节，绝不能忽视。

维修电工想要做到“手到病除”，首先要具备必要的基础知识。如了解掌握电气设备中各种常用电气元件的结构、性能、用途、可能有的故障以及故障现象和发生原因；熟悉电气设备的电气原理图和图中各个电气元件所在位置和相互间关系。对于各种检测仪表、工具，如常用的测电笔、万用表、绝缘电阻表、钳形电流表等，要了解掌握它们的结构、性能、用途；要懂得正确使用方法；要清楚明白其应知、应会、应注意事项。在通常的情况下，检查故障的时间往往比修理的时间长，检查故障主要是脑力劳动。

如果把有故障的电气设备比作病人，维修电工就好比医生。电气设备在使用中可能会发生故障，就像人有时也会生病一样。不过，电气设备不像人那样，部分组织或内脏坏了有时会成为“绝症”，而任何电器坏了，即使不能修理也还可以调换，因此电气设备只要查出故障所在，没有不治之症。我国中医诊断学有一套经典做法：四诊（望、闻、问、切）、八纲和症候。电气故障诊断可参考中医诊断手法，结合设备故障的特殊性和诊断电气故障的成功经验，总结归纳为“六诊”要诀，另外还引申出根据电气设备诊断特殊性的“九法”“三先后”要诀。“六诊”“九法”“三先后”是一套行之有效的电气设备诊断的思想方法和工作方法。

事物往往是千变万化和千差万别的，电气设备出现的故障更是五花八门、千奇百怪，电气设备检修人员常讲：“只有想不到的故障，没有发生不了的故障。”本章介绍的“六诊”“九法”“三先后”电气故障诊断要诀，只是一种思想方法和工作方法，切不可死搬硬套。同一种故障可能会有不同的表象，而同一种表象又可能是不同的故障，对于多种故障同时存在的情况则更加复杂。检修人员要善于透过现象看本质，善于抓住事物的主要矛盾。掌握“诊断要诀”，一要有的放矢，二要机动灵活。“六诊”要有的放矢，“九法”要机动灵活，“三先后”也并非一成不变。另外要善于独立思考和总结积累经验，才能做到动手前胸有成竹，动起手来轻车熟路。只有这样才能锻炼成为诊断电气设备故障的行家里手。

第1节 六　诊

“六诊”——口问、眼看、耳听、鼻闻、手摸、表测六种诊断方法，简单地讲就是通过“问、看、听、闻、摸、测”来发现电气设备的异常情况，从而找出故障原因和故障所在部位。前“五诊”是凭人的感官，通过口问、眼看、耳听、鼻闻和手（触）摸对电气设备故障进行有的放矢的诊断。故统称为感官诊断，又称直观检查法。感官诊断法在现场应用时十分方便、简捷，常常采取顺藤摸瓜式检查方法，找到故障原因及故障所在部位。但感官查找属于主观监测方法，由于各人技术经验差异，诊断结果有时也不相同。为了减少偏差，可采用“多人会诊法”，把各人不同的感觉，不同的判断提出来共同商讨，求得正确的结论。

“六诊”中的“表测”，即应用电气仪表测量某些电气参数的大小，经与正常的数值对比后，来确定故障原因和部位。故称仪表测量诊断法。测量法确定故障原因和部位时，常采用优选法（黄金分割点、二分法）逐步缩小故障范围，直至快速准确地查到故障点。

1-1-1　口问

当一台设备的电气系统发生故障后，检修人员应和医生看病一样，首先要详细了解“病情”。即向设备操作人员或用户了解设备使用情况、设备的病历和故障发生的全过程。了解设备病历，应询问以往有无发生过同样或类似故障，曾作过如何处理，有无更改过接线或更换过零件等。了解设备故障发生的全过程，应询问故障发生之前有什么征兆，有无频繁起动、停止、过载等；故障发生时是什么现象，特别是出现故障时的异常声音、气味、火花以及设备故障的特殊现象；当时的天气状况如何，电压是否太高或太低。如果故障是发生在有关操作期间或之后，还应询问当时的操作内容以及方法、步骤。总之，了解情况要尽可能详细和真实，这些往往是快速找出故障原因和部位的关键。

例如，一台平面磨床中的一只热继电器经常脱扣使机床停止运行。检修时，只看到热继电器已脱扣，查不出其他故障。只能先考虑是否因机械故障造成过载引起脱扣，经检查机械上也无故障。热继电器复位再运行几小时也正常，但不久老毛病又重新出现，多次发生，始终找不出故障的原因。后来通过详细询问操作人员，说故障发生时曾听到机床后面有声音，根据这个线索查出所指发生方位是和热继电器有关的一台电动机。经仔细检查，是机床的冷却水滴到电动机的接线瓷板上，积累到一定数量后引起相间短路，一次火花以后，水滴被清除，几乎不留痕迹，此时就查不出任何故障了。如果不是详细询问，要找出这种故障是很困难的。从这个实例就可以看出“问”的重要性了。

1-1-2　眼看

1. 看现场

根据所问到的情况，仔细查看设备的外部状况或运行工况。如设备的外形、颜色有无异常，熔丝有无熔断；电气回路有无烧伤、烧焦、开路、短路，机械部分有无损坏以及开关、刀闸、按钮、插接线所处位置是否正确，更改过的接线有无错误，更换过的零件是否相符等；另外，还应注意信号显示和表计指示等。对于已退出使用或确认如果接通电源不会引起事故的电气设备，必要时还可通电试验一下问到的情况。因为操作人员或用户有时讲不完全，而且一般只能谈表面现象而不了解内部电器动作的情况。通过察看电器动作的情况，有时可以很快地找出故障所在。例如一台车床通电后不能运转，操作者说按下按钮时听到电动机有振动声而车床不动。根据所述情况可以判定：①电源有电，电动机也有电，电动机不能转动原因一是断相、二是负荷重；②因为操作者已通电未出事故，所以通电作短暂试验也不致发生事故，就可以通电试验来核实所反映的情况。车床是空载（对电动机而言是轻载）起动，因机械故障不能起动的可能性极少，最可能的原因是电动机或电源断了一相。应首先查看一下熔丝是否熔断；如完好，再查一下控制电动机的接触器进线是否三相有电；如有，应通电核实所述情况。

2. 看图纸和有关资料

必须认真查阅与产生故障有关的电气原理图（亦称展开图，简称原理图）和安装接线图（简称接线图），看这两种图时，应先看懂弄清原理图，然后再看接线图，以“理论”指导“实践”。熟悉有关电气原理图和接线图后，根据故障现象依据图纸仔细分析故障可能产生的原因和地方，然后逐一检查。否则，盲目动手拆换元器件，往往欲速则不达。甚至故障没查到，慌乱中又导致新的故障发生。

电气原理图是按国家统一规定的图形符号和文字符号绘制的表示电气工作原理的电路图，每个图形和文字符号表示一种特定意义的电器元件，线段表示连接导线，是电气技术领域必不可少的工程语言。看书要识字、词，还要懂一些句法、语法。识图也是如此。一些图例和文字符号含义可视为词及字，一些标注方法和图面的画法可视为句法及语法，这些是识图的基础。因此要看懂电气原理图，就必须认识和熟悉这些图形符号和文字符号，以及它们各自所代表的电气设备，还要弄清这些电气设备的构造、性能和它们在电路中所起的作用，更重要的是必须掌握有关的电工知识，只有这样才能真正识别电路图，阅读电路图，应用电路图。通过多次实践，达到见图即知物的熟练水平。

电气原理图由主电路（一次回路）和辅助电路（二次回路）两部分组成，主电路是电源向负载输送电能的电路，辅助电路是对主电路进行控制保护、监测、计量的电路。看电气原理图时，要抓住配电线路的“脉络”识读。即首先要分清主电路和辅助电路，按照先看主电路再看辅助电路的顺序读图。看主电路要从负载开始，经控制元件顺次往电源看。看辅助电路则应自上而下，从左向右看，从电源一端开始，经按钮、线圈等电气元件到电路另一端。通过看图、读图，分析有关元件的工作情况及其对主电路的控制关系。

电气原理图以介绍电气原理为主，主要用来分析电路的开闭、起动、保护、控制和信号指示等动作过程，所以在画法上不考虑设备和元件的实际位置及结构情况，只表示配电线路的接法，并不反映电路的几何尺寸和元件的实际形状。而安装接线图却相反，它是按电气元件的线圈、触点、接线端子等实际排列情况绘制的，除了表示电路的实际接法外，还要画出有关部分的装置与结构。在安装现场校线、查线时看安装接线图就非常直观。电气原理图是安装接线图的依据。

看图要注意：根据国家的规定，自 1990 年 1 月 1 日起，所有电气技术文件和图样一律使用国家标准 GB 4728《电气图用图形符号》，该标准取代旧国标 GB 312《电工系统图图形符号》。国标 GB 7159—1987《电气技术中的文字符号制订通则》代替了由汉语拼音字母组成的 GB 315—1964《电工设备文字符号编制通则》，采用了国际上通用的拉丁字母，其字母一律为大写正体字。为此，识图时要知新旧图形和文字符号不一样，相差甚多；看阅旧、新电路图时要知新旧图形和文字符号对照关系。

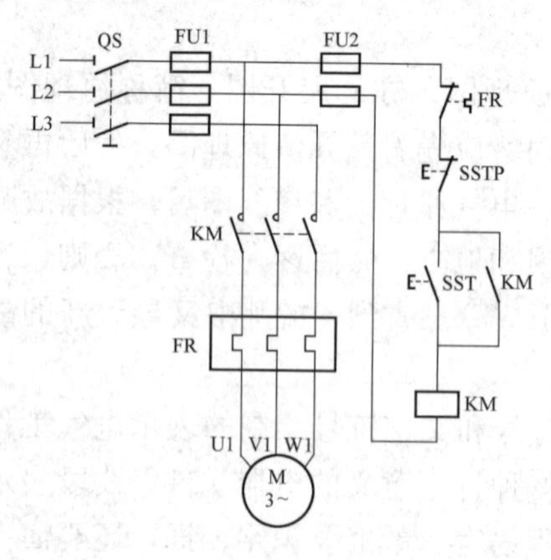

图 1-1　具有过载保护的正转控制线路图

熟悉有关故障设备的电气原理图后，分析一下已经出现的故障与控制线路中的哪一部分、哪些电气元件有关，产生了什么毛病才能有所述现象。接着，再分析决定检查哪些地方，逐步查下去就能找出故障所在了。如图 1-1 所示是一台小车床的电气原理图。按下起动按钮 SST，接触器 KM 吸合，电动机 M 起动；按下停止按钮 SSTP，KM 释放，M 停止。运转中曾发现两次故障：

（1）合上电源开关 QS，电动机即起

动。检修时首先考虑，合上QS电动机即起动而未引起其他故障，就可以通电试验证实一下；然后分析电气线路图，产生这种故障的部位可能在：①接触器KM触点熔焊或其他原因不能释放；②按钮SST或KM的动合辅助触点短路。打开控制箱看一下KM在断开后能否释放，如能，则故障是由于SST的短路造成。SST用的胶木粉材料不好或操作频繁都可能使胶木基座表面炭化，引起动静触头间短路而造成上述故障。用万用表Ω挡就可以查出来（拆开按钮SST也能看出）。

（2）推上电源开关QS，按下SST，M不动。检查时首先分析操作者在按下SST后，除M不动外，并未引起其他故障，所以可以通电看一下，按下SST后KM是否吸合。从图1-1看，若KM能够吸上而M不动，则可能是主电路L3相电源断电，也可能是接触器任一相触头烧断，也可能是热继电器热元件烧断，而与控制电路无关。下一步推上QS，先检查KM电源侧三相电压，如正常则电源不断相，再检查每一热元件两端是否通，不通就是烧断了；如通，则按下SST使KM吸合，迅速测量KM的电动机侧三相电压，就可查出断电的一相（即触点烧断的一相）。如是易拆灭弧罩的接触器，打开后就可以查出触头是否烧坏，不必通电检查了。

当然，检查方法并不一定要按照上述的顺序做。不过，先问是必要的，然后可以先查看实物，也可以先看原理图，或者是边查边看。

1-1-3 耳听

细听电气设备运行中的声响。电气设备在运行中会有一定噪声，但其噪声一般较均匀且有一定规律，噪声强度也较低。带病运行的电气设备其噪声通常也会发生变化，用耳细听往往可以区别它和正常设备运行时噪声之差异。利用听觉判断电气设备故障，可凭经验细心倾听，必要时可用耳朵紧贴着设备外壳倾听。听声音判断故障，虽说是一件比较复杂的工作，但只要本着“实事求是”的科学态度，从客观实际情况出发，善于摸索它的规律性，予以科学的研究与分析，就能够诊断出电气设备故障的原因和部位。

异步电动机正常运行时，正常的声音是很均匀的，像蜜蜂飞行时的声响，如果出了毛病，就会发出异常噪声。如听到有阵阵的“咕噜噜”声或“格格”声时，问题出现在轴承中钢珠损坏。如果是轴承内润滑油不足，会有连续的“咝咝”声。轴承内套、外套随同转轴转动，会有不同规律的“哗啦哗啦”声。如听到有周期性的“嚓嚓”声（扫膛声音），问题出现在转动部分与静止部分相互摩擦（转子与定子、风叶与外壳、转子与绕组之间）。当起动电动机时，起动不起来而伴有闷声闷气的“嗡嗡”声，故障一般是缺（断）相。运转中听到有断续的“吱吱”声，往往是由于绕组出现短路造成的。转子不平衡、皮带轮偏心、轴头弯曲等则会使电动机在运行中出现剧烈的振动声。电动机超负荷运行时，由于电流过大，会听到特别吃力的而且还伴有很大的“嗡嗡”声。鼠笼型电动机在运行中既有很大的“嗡嗡”声，又出现振动声时，问题大多出现在转子鼠笼断条。绕线型电动机的转子上电刷与滑环接触面过小时，会出现连续的“尖叫”声。掌握了这些规律、特点后，可以减少检查的时间，缩小故障范围，比较准确地判断故障的原因和故障点。以便采取积极有效的检修措施，防止故障进一步扩大，保证生产正常进行和电动机的安全运转。

众所周知，声音是由于物体振动而发出的，如果摸清了声音的规律性，通过它就能够知道眼看不见的故障原因。仍以电动机而言，影响其响声的因素有：①温度。电动机有些响声是随着温度的升高而出现或增强的，又有些响声却随着温度的升高而减弱或消失。②负荷。负荷对响声是有很大影响的，响声随着负荷的增大而增强，这是响声的一般规律。③润滑。不论什么响声，当润滑条件不佳时，一般都响得严重。④听诊器具。可用螺丝刀（旋凿）、金属棍、细金属管等，用听诊器具触到测试点时，响声变大，以利诊断。用听诊器具直接触在发响声部位听诊，叫做“实听”，用耳朵隔开一段距离听诊，叫做“虚听”，两种方法要配合使用。虚听易产生错觉，如在电动机某侧听时，好像响声就在该侧，其实不然；用实听的方法，则可较准确地找到响声部位。

诊断电气设备故障的实践证实，用普通半导体收音机可以很方便地听诊电气设备是否有局部放电。因电气设备发生局部放电时，有高频电磁波发射出来，这种电磁波对收音机有一种干扰。因此，根据收音机喇叭中的响声，就可判断电气设备是否有局部放电。检测局部放电时，只要打开收音机的电源开关，把音量开大一些，调谐到没有广播电台的位置。携带收音机靠近要检测的电气设备，同时注意收音机喇叭中声音的变化。电气设备运行正常没有局部放电时，收音机发出很均匀的嗡嗡声；如响声不规则，嗡嗡声中夹有很响的鞭炮声或很响的吱吱声，就说明附近有局部放电。这时可以把收音机的声音关小一些，然后逐个靠近被检测的电气设备。当靠近某一电气设备时，收音机中上述响声增大，离开这一设备响声减小，说明收音机收到的干扰电磁波是从该设备局部放电处发射出来的。

1-1-4 鼻闻

利用人的嗅觉，根据电气设备的气味判断故障。如过热、短路、击穿故障，则有可能闻到烧焦味、焦油味、火烟味和塑料、橡胶、油漆、润滑油等受热挥发的气味。例如电动机发生故障时，往往会产生转速变慢，有噪声，温度显著升高，冒烟，有焦糊味等现象。即电动机绕组烧毁时，不仅发出“吭吭”声，还会从机内透出焦糊味；电动机轴承润滑油干涸时，要冒烟，有焦油味。当新制或长久不用的鼠笼型电动机，在开始负荷运转或作制动试验时，常发出白烟，但无焦臭气味又无异常声音，让其继续运转或试验，白烟会自行消灭。此乃电动机一种似是而非的故障。对于注油设备，内部短路、过热，进水受潮后其油样的气味也会发生变化，如出现酸味、臭味等。

1-1-5 手摸

用手触摸设备的有关部位，根据温度和振动判断故障。如设备过载，则其整体温度就会上升；如局部短路或机械摩擦，则可能出现局部过热；如机械卡阻或平衡性（机械平衡或电磁平衡）不好，其振动幅度就会加大，等等。对于机械振动，手感的灵敏度往往比听觉还高。另外个别零件、连接头以及接线桩头上的导线是否紧固，用手适当扳动也很容易发现问题。轻推电器活动机构，可感知移动是否灵活。当然，实际操作还应注意遵守有关安全规程和掌握设备的特点，掌握摸（触）的方法和技巧，该摸的才摸，不该摸的切不要乱摸。手摸用力也要适当，以免危及人身安全和损坏设备。

例如温升是电动机异常运行和发生故障的重要信号。对中小容量的电动机，有监护电机的“五法”经验，其中一法“经常摸摸”：用手摸摸电动机的外壳，看温升是否过高。即检测温升多用手摸，用手背触摸电动机外壳，如果没有发烫到要缩手的感觉，说明被测电动机没有过热；如果烫得马上缩手，难以忍受（电动机外壳温度 80℃以上。参见表 1-1 手感温法估计温度），则说明电动机的温度已超过了允许值。用手背而不用手心触摸电动机外壳，是为了万一机壳带电时，手背比手心容易自然地摆脱带电的机壳。

表 1-1 手感温法估计温度

电动机外壳温度（℃）	感觉	具体程度
30	稍冷	比人体温稍低，感到稍冷
40	稍暖和	比人体温稍高，感到稍暖和
45	暖和	手背触及时感到很暖和
50	稍热	手背可以长久触及，触及较长后，手背变红
55	热	手背可以停留 5～7s
60	较热	手背可以停留 3～4s
65	很热	手背可以停留 2～3s，即使放开手后，热量还留在手背中好一会
70	十分热	用手指可以停留约 3s
75	极热	用手指可以停留 1.5～2s，若用手背，则触及后即放开，手背还感到烫
80	热得使人担心电动机是否烧坏	热得手背不能触碰，用手指勉强可以停留 1～1.5s，乙烯塑料膜收缩
85～90	过热	手刚触及便因条件反射瞬间缩回

当发现低压熔断器熔断，手摸检查熔管绝缘部位的发热情况，便可迅速判断哪相熔断。即当发现三相电动机运行电流突然上升，发出异常声音时。则在停机后应立即检查其熔断器的温度状态。在一般情况下，因刚刚熔断的熔体及熔体熔断之前所发热量必导致熔管发热。因此，当发现低压熔断器熔丝熔断或电动机有两相运行可能时，应立即检查熔断器的发热情况，特别是在多只熔断器排列在一起的情况下，即使听到了熔丝爆裂声，也很难断定是哪只熔断，在这种情况下，只要用手摸检查熔管绝缘部位的发热情况，便可迅速判断哪相（只）熔断。

热继电器误动作的“叩诊”。例如有台机床在运行中，动辄自动停机。经检查，系某只热继电器动作，控制回路被切断之故。然而，仔细检查该继电器所控制的电动机运行电流，却是正常的；开关触点，电路接线也全无故障，这是什么缘故呢？用食指（用螺丝刀绝缘柄）轻轻叩击该热继电器壳体，发现稍经叩击，运行的机床便自动停下，说明故障即在热继电器内。原来，电动机配用的热继电器额定电流值偏大，整定值调整在最低限。此时，热继电器的控制电路动断触点压力很低，倘若机床运行中振动较大，或同配电盘上其他接触器吸合频繁，极易使该热继电器受振而误动作。此种故障非“叩诊”不易查出。

1-1-6 表测

用仪表仪器对电气设备进行检查。根据仪表测量某些电参数的大小，经与正常的数据对比后，来确定故障原因和部位。和医生诊断疾病相似，诊断电气设备故障主要还是靠人的感官，仪器仪表检查仅作为必要的辅助手段。利用仪表仪器检查要有一定目的性，要结合直观检查作出初步判断后进行。仪表仪器的种类很多，电工“门诊”常用仪表有万用表、钳形电流表、绝缘电阻表等。表测诊断故障不同于电气设备的交接和预防性试验，更不同于设备的出厂试验，该做什么检查试验项目必须有一定的选择性，以期达到事半功倍之目的。检修电气设备的常用常见测量方法有：

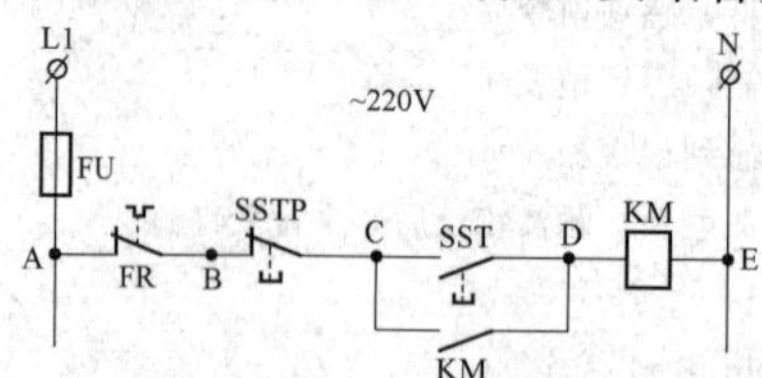

图 1-2 电动机起停控制电路图

1. 测量电压法

用万用表交流 500V 挡测量电源、主电路线电压以及各接触器和继电器线圈、各控制回路两端的电压。若发现所测处电压与额定电压不相符合（超过 10%以上），则是故障可疑处。

例如，检修电气线路的常用方法——电压法。现以电动机起停控制电路

（见图 1-2）为例，说明如何用电压法来检查故障。在正常情况下，电路中各点间的电压测试值如表 1-2 所列。当发生故障时，可以根据故障现象和测试数值来判断故障的原因，参见表 1-3 所示。如线路更复杂，只要根据工作状态及各点电压，同样可以判断故障所在。

表 1-2　电路各点间的电压　V

测试状态	AE	AB	BE	BC	CE	CD	DE
KM 吸合	220	0	220	0	220	0	220
KM 释放	220	0	220	0	220	220	0

表 1-3　根据故障现象和测试电压来判断故障原因　V

<table>
<tr><th>故障现象</th><th>测试状态</th><th>AE</th><th>AB</th><th>BE</th><th>BC</th><th>CE</th><th>CD</th><th>DE</th><th>故障原因</th></tr>
<tr><td rowspan="6">SST 按上时 KM 不吸合</td><td>SST 按上</td><td rowspan="2">220</td><td>220</td><td rowspan="2">0</td><td rowspan="2">0</td><td rowspan="2">0</td><td rowspan="2">0</td><td rowspan="2">0</td><td rowspan="2">FR 跳开</td></tr>
<tr><td>SST 释放</td><td>0</td></tr>
<tr><td>SST 按上</td><td>220</td><td>0</td><td>220</td><td>0</td><td>220</td><td>220</td><td>0</td><td>SST 触点接触不上</td></tr>
<tr><td>SST 按上</td><td rowspan="2">220</td><td>0</td><td rowspan="2">220</td><td>220</td><td rowspan="2">0</td><td rowspan="2">0</td><td rowspan="2">0</td><td rowspan="2">SSTP 断开</td></tr>
<tr><td>SST 释放</td><td rowspan="2">0</td><td>0</td></tr>
<tr><td>SST 按上</td><td>220</td><td>220</td><td>0</td><td>220</td><td>0</td><td>220</td><td>KM 线圈断路</td></tr>
<tr><td>SST 按上后 KM 不能保持</td><td>SST 释放</td><td>220</td><td>0</td><td>220</td><td>0</td><td>220</td><td>220</td><td>0</td><td>KM 自保触点不接触</td></tr>
<tr><td>SSTP 按断后 KM 重新吸合</td><td>SSTP 按断后释放</td><td>220</td><td>0</td><td>220</td><td>0</td><td>220</td><td>0</td><td>220</td><td>KM 自保触点短路</td></tr>
<tr><td>SSTP 按断后 KM 不能释放</td><td>SSTP 按断</td><td>220</td><td>0</td><td>220</td><td>0</td><td>220</td><td>0</td><td>220</td><td>SSTP 短路</td></tr>
</table>

应用电压法来检修电气线路，可采取以下步骤：①了解线路；②了解线路各点正常工作电压，有必要时列出表 1-2 测量各点电压，与正常状态时比较，以判断故障所在。

电压测量法常用分阶测量法和分段测量法。电压的分阶测量法如图 1-3 所示。若按下起动按钮 SST，接触器 KM1 不吸合，说明电路有故障。

检查时，首先用万用表（交流电压 500V 挡）测量 1、7 两点间的电压，若电

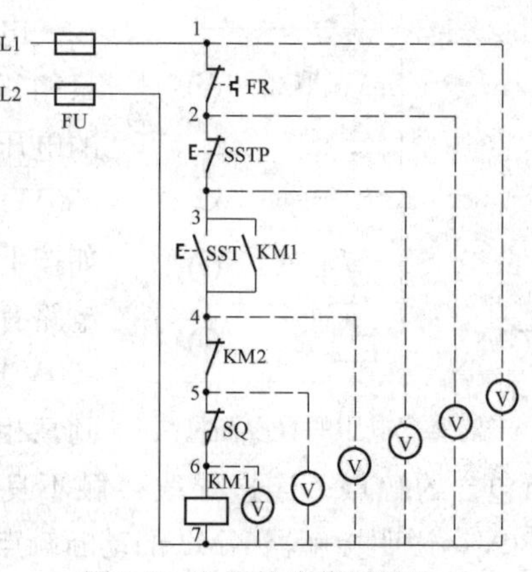

图 1-3　电压的分阶测量法

路正常应为380V。然后，按住起动按钮不放，同时将黑色表笔接到点7上，红色表笔按点6、5、4、3、2标号依次向前移动触接，分别测量7-6，7-5，7-4，7-3，7-2各阶之间的电压，电路正常情况下，各阶的电压值均应为380V。如测到7-6之间无电压，说明是断路故障，此时可将红色表笔向前移触，当移至某点（如点2）时电压正常，说明点2以前的触点或接线是完好的，而点2以后的触点或连接线有断路。一般是此点（点2）后第一个触头（即刚跨过的停止按钮SSTP的触头）或连接线断路。根据各阶电压值来检查故障的方法可见表1-4。这种测量方法像上台阶一样，所以称为分阶测量法。

表1-4　　分阶测量法所测电压值及故障原因

故障现象	测试状态	7-6	7-5	7-4	7-3	7-2	7-1	故障原因
按下SST时，KM1不吸合	按下SST不放松	0	380V	380V	380V	380V	380V	SQ触点接触不良，未导通
		0	0	380V	380V	380V	380V	KM2动断触点接触不良，未导通
		0	0	0	380V	380V	380V	SST接触不良，未导通
		0	0	0	0	380V	380V	SSTP接触不良，未导通
		0	0	0	0	0	380V	FR动断触点接触不良，未导通

分阶测量法可向上测量（即由点7向点1测量），也可向下测量，即依次测量1-2，1-3，1-4，1-5，1-6。不过向下测量时，各阶电压等于电源电压时，说明刚测过的触点或连接导线有断路故障。

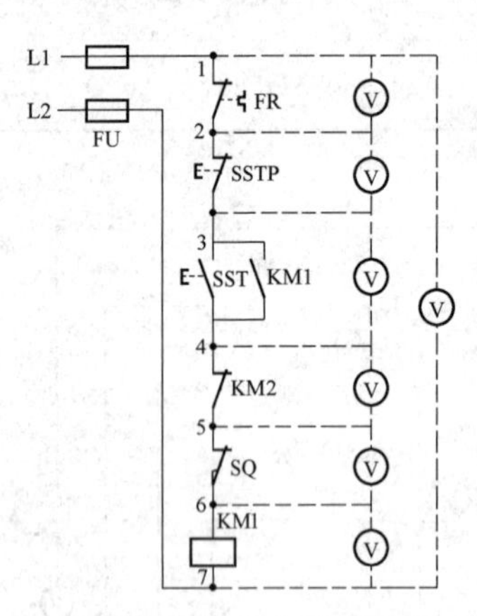

图1-4　电压的分段测量法

电压的分段测量法如图1-4所示。先用万用表（交流电压500V挡）测试1-7两点，电压值为380V，说明电源电压正常。

电压的分段测试法是将红、黑两根表笔逐段测量相邻两标号点1-2，2-3，3-4，4-5，5-6，6-7间的电压。如电路正常，除6-7两点间的电压等于380V之外，其他任何相邻两点间的电压值均为零。如按下起动按钮SST，接触器KM1不吸合，说明电路有断路故障，此时，可用万用表（交流电压500V挡）逐段测试各相邻两点间的电压。如测量到某相邻两点间的电压为380V时，说明这两点间所包含的触点、连接导线接触不良或有断路。例如标号4-5两点间的电压为380V，说明接触器KM2的动断触点接触不良，未导通。根据各段电压值来检查故障的方法可见表1-5。

表 1-5　分段测量法所测电压值及故障原因

故障现象	测试状态	1-2	2-3	3-4	4-5	5-6	故障原因
按下 SST 时，KM1 不吸合	按下 SST 不放松	380V	0	0	0	0	FR 动断触点接触不良，未导通
		0	380V	0	0	0	SSTP 触点接触不良，未导通
		0	0	380V	0	0	SST 触点接触不良，未导通
		0	0	0	380V	0	KM2 动断触点接触不良，未导通
		0	0	0	0	380V	SQ 触点接触不良，未导通

对地电位法。对地电位法实质是应用电压法检修电气线路的一种特殊应用形式，它是通过测量控制电路上某些点对地电位来查找故障的。如图 1-5 所示，仍以电动机起停控制电路为例来说明：控制电源中性线是接地的，且电气设备金属外壳和控制屏也都是接地的，因此，在测量被测触点对地电位时，可将万用表（交流电压 500V 挡）的一根表笔就近接地，另一根表笔则分别触及被测触点的两端。如测得停止按钮 SSTP 左右两端对地电位分别为 0V 和 220V 时，说明该触点即为开路故障点。由此可见，用对地电位法查找电气线路的断、短路故障是快捷方便的。

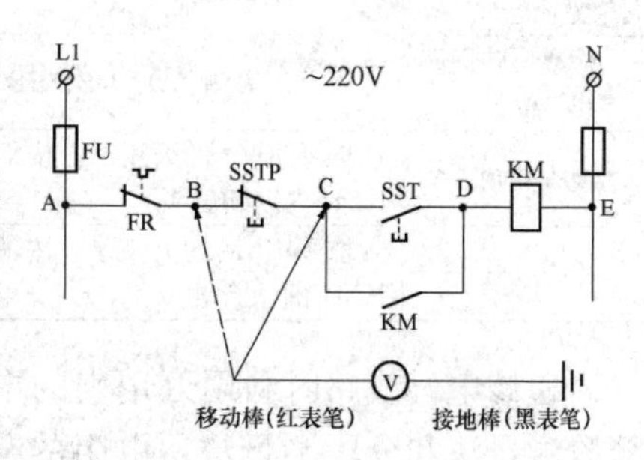

图 1-5　对地电位法查找触点故障示意图

2. 测量电阻法

即断开电源后，用万用表欧姆挡测量有关部位电阻值。若所测电阻值与要求的电阻值相差较大，则该部位极有可能是故障点。一般来讲，触点接通时，电阻值趋近于“0”，断开时电阻值为“∞”；导线连接牢靠时连接处的接触电阻亦趋近于“0”，连接处松脱时，电阻值则为“∞”；各种绕组（或线圈）的直流电阻值也很小，往往只有几欧姆至几百欧姆，而断线后的电阻值为“∞”。

例如，用电阻法检查电动机正反转控制电路。电动机正反转控制电路中的交流接触器用得较多，难免烧坏。重新更换时可能因原线路零乱而误接，如果此时盲目试车就有可能造成事故。现介绍用电阻测试法在停电状态下检查电动机正反转控制电路，安全可靠又方便。如图 1-6 所示，在正常情况下，控制回路中各点间的电阻值如表 1-6 所示。如果线路接错就会

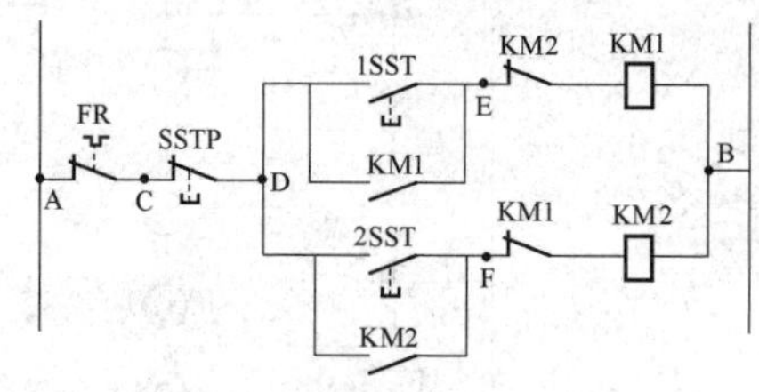

图 1-6　接触器联锁的正反转控制线路图

出现与该表电阻值不相符合的情况。这时绝对不能通电试车。表 1-6 中的数值是以 CJ10-10 型交流接触器为例，电压 380V，线圈的电阻为 1300Ω。如果是 CJ10-20 型交流接触器，电压 380V，线圈的电阻为 500Ω；CJ10-40 型交流接触器，电压 380V，线圈的电阻为 300Ω。

表 1-6　　电阻法检查电动机正反转控制电路所测电阻值

检查目的	操作步骤	AD	DE	DF	EB	FB
检查正转回路接线	用万用表测 AD、DE、EB 各点的电阻（Ω）	0	∞	—	1300	—
检查反转回路接线	用万用表测 AD、DF、FB 各点的电阻（Ω）	0	—	∞	—	1300
检查互锁	取下 KM2 的灭弧罩，按下主触头，目的是断开 KM2 的动断触头	—	—	—	∞	—
检查互锁	取下 KM1 的灭弧罩，按下主触头，目的是断开 KM1 的动断触头	—	—	—	—	∞

检修电气线路时利用万用表的电阻挡检测电器元件是否短路或断路，常用分阶测量法和分段测量法。电阻的分阶测量法如图 1-7 所示。若按下起动按钮 SST，接触器 KM1 不吸合，说明该电气回路有故障。

检查时，首先要断开电源，然后把万用表的选择开关转至电阻“Ω”挡。按下 SST 不放松，测量 1-7 两点间的电阻，如电阻值为无穷大，说明电路断路。此时，逐步分阶测量 1-2、1-3、1-4、1-5、1-6 各点间的电阻值。当测量到某标号间的电阻值突然增大或为无穷大，则说明表笔刚跨过的触头或连接导线接触不良或断路。

电阻的分段测量法如图 1-8 所示。检查时，先切断电源，按下起动按钮 SST，然后逐段测量相邻两标号点 1-2、2-3、3-4、4-5、5-6 间的电阻。如测得某两点间的电阻值很大，说明该段的触点接触不良或导线断路。例如当测得 2-3 两点间的电阻值很大时，说明停止按钮 SSTP 接触不良或连接导线断路。

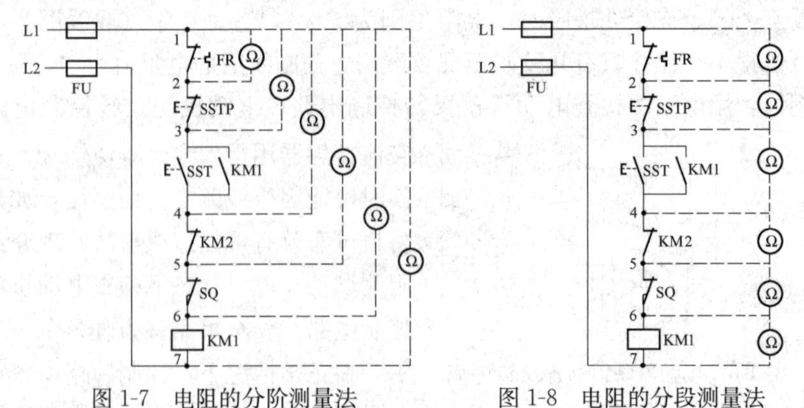

图 1-7　电阻的分阶测量法　　图 1-8　电阻的分段测量法

测量电阻法的优点是安全，缺点是测得的电阻值不准确时，容易造成判断错误。为此，应用测量电阻法时应注意下列几点：①用测量电阻法检查故障时一定要断开电源；②如被测的电路与其他电路并联时，必须将该电路与其他电路断开，否则所测得的电阻值是不准确的；③测量高电阻值的电器元件时，把万用表的选择开关旋转至合适的"Ω"挡。

3. 测量电流法

用钳形电流表或万用表交流电流挡测量主电路及有关控制回路的工作电流。若所测电流值与设计电流值不符（超过10%以上），则该相电路是故障可疑处。

（1）鉴别电流互感器极性的三种方法。

1）差接法：如图1-9所示，图中SA是单极双投开关。将待测试的电流互感器二次侧正端接于"1"，负端接于"3"，如果开关SA投向1时，电流表的读数较小，投至2时的读数较大，则证明是减极性。

2）比较法：这种方法需用一只已知极性的标准电流互感器，按图1-10所示进行接线，电流表读数如果极小（仅为数毫安时），则为减极性，否则为加极性。

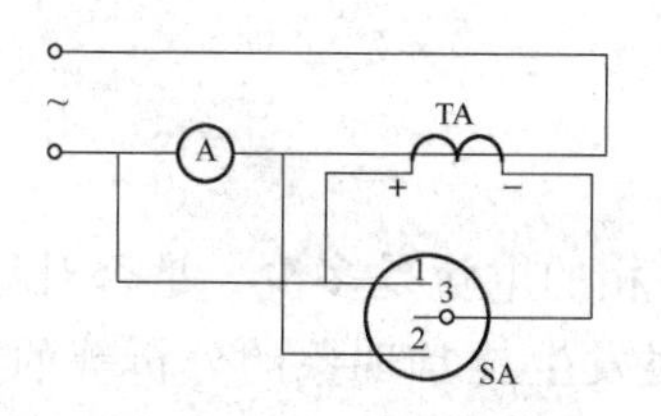

图1-9　差接法示意图

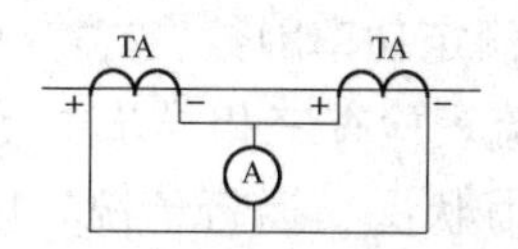

图1-10　比较法示意图

3）直流法：直流法系应用楞次定律的极性试验法，较上述差接法和比较法均为简单。直流法仅用1.5V干电池和一块电流表，接线方法如图1-11所示。在一次侧装一只按钮开关SST，二次接电流表。当按下按钮时，线路接通，电流表指针正摆，按钮断开时，电流表指针反摆，则为减极性，反之则为加极性。

（2）判断三相电阻炉的星形连接断相故障。如图1-12所示，如电源电压正常而三相电阻炉温度升不上去或者炉温升得很慢，则有可能是电阻丝烧断。因为炉内各个接点温度很高，若开炉检测，尚需降低炉温。这时可用钳形电流表测量三相电阻炉外的三根电源线电流，若测得电阻炉的两相电流小于额定值而另一相电流为零，则说明电流为零的那相电阻丝烧断，属断相故障，要及时排除。

（3）检查三相异步电动机各相的电流是否对称。电动机从电源吸取的有功功率称为电动机的输入功率，一般用P_1表示。而电动机转轴上输出的机械功率称为输出功率，一般用P_2表示。在额定负载下，P_2就是额定功率P_N。

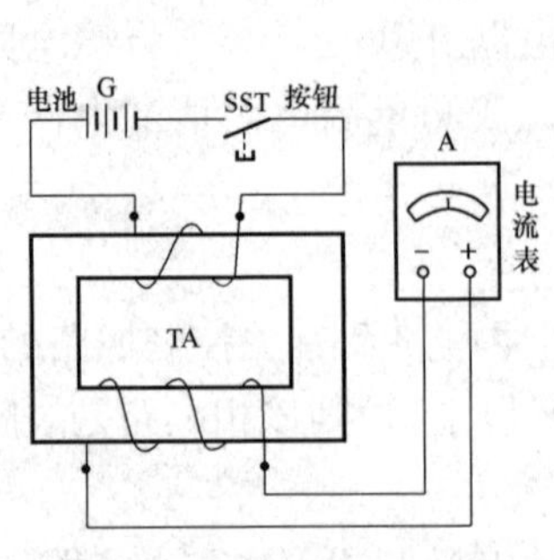

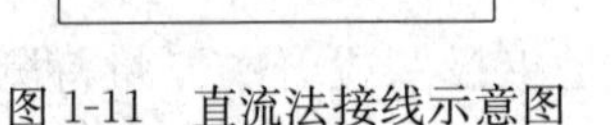

图 1-11　直流法接线示意图

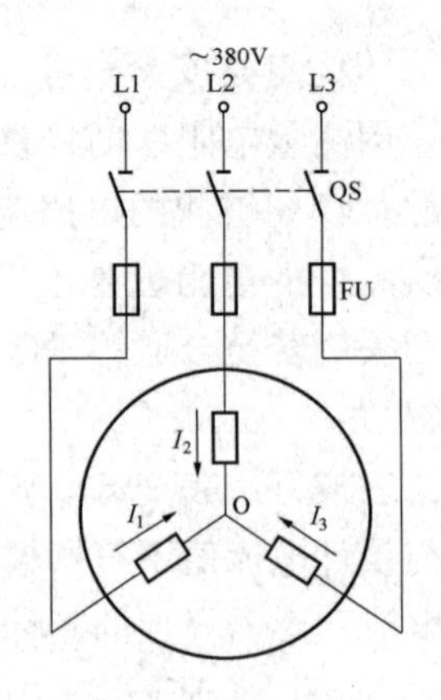

图 1-12　三相电阻炉示意图

电动机的额定电压为 U_N，额定电流为 I_N，额定出力 P_N 与功率因数 $\cos\varphi$ 和效率 η 之间有一定关系，可用下式表示

$$I_N = 1000P_N/(\sqrt{3}U_N\cos\varphi \cdot \eta)$$

式中　P_N——电动机额定出力，kW；

η——效率；

U_N——电动机额定电压，V；

$\cos\varphi$——额定功率因数。

用钳形电流表检查三相异步电动机各相的电流是多少，是否对称，是电工检查电动机出力状况、运行情况，以及对发生异常现象的分析等的重要依据。用钳形电流表检查三相异步电动机各相的电流时，常常会遇到有一相导线因挤在其他器件中间（例电流互感器铁心中）而无法测量，对此可把能测量的两相导线同时套入钳形电流表的钳口中，测量所得读数就是第三相的电流。因为基尔霍夫电流定律不仅适用于电路的节点，还可推广应用于电路中任一假设的封闭面。三相异步电动机都是三相三线接法，其三相电流 $\dot{I}_{L1}+\dot{I}_{L2}+\dot{I}_{L3}=0$，即 $\dot{I}_{L1}=-(\dot{I}_{L2}+\dot{I}_{L3})$，所以可用上述方法测得（负号表示 L1 相电流实际上与测得两相的电流代数和大小相等而方向相反，并不影响测量结果）。

4. 测量绝缘电阻法

即断开电源，用绝缘电阻表测量电器元件和线路对地以及相间绝缘电阻值。低压电器绝缘层绝缘电阻规定不得小于 0.5MΩ。绝缘电阻值过小是造成相线与地、相线与相线、相线与中性线之间漏电和短路的主要原因，若发现这种情况，应予以着重检查。

绝缘诊断的目标是要确定绝缘是否有所损坏及损坏程度。研究分析出现和可能出现故障的原因并作出判断。绝缘诊断的意义就使用部门而言：经过诊断确定不能用的设备可得到及时更新或修理，保证生产正常运行，减少事故；经过诊断确认可以再用的设备，则不必更新，可减少投资。绝缘诊断的主要任务，即着眼点不是在绝缘出现故障以后寻找原因，而是在损坏以前正常使用中确定其损坏程度。通过早期诊断找出隐患，以便及早引起注意。

（1）三相交流鼠笼型电动机定子线圈碰壳（也就是单相接地故障）的检查方法：用500～1000V绝缘电阻表测量线圈对外壳的绝缘，如绝缘电阻接近于零或为零时，可把接线盒内三相线头分开，分别测量每相绝缘电阻，如一相绝缘为零，其余两相正常，这就是单相碰壳故障。

（2）现场快速判定低压电机绝缘好坏的方法。电机的绝缘性能对于高压电机来说包括绝缘电阻、介质损耗、耐潮性、耐热性、耐腐蚀性及机械强度、电击穿强度等多方面。而对低压电机而言，最关心的只是其绝缘电阻值的大小。事实上，工作中常常需要在现场测出电机绝缘电阻值，并判断其能否投用。

有关规程及手册中规定，低压电机的最低绝缘电阻为0.5MΩ，这是指电机绕组在热态（75℃）时的值，这一点常常被忽视。有些年轻电工不经换算直接将自然温度下测得的绝缘电阻值与0.5MΩ相比较，由此会造成判断失误并招致损失。

在任意温度下测得的绝缘电阻值换算到标准温度（75℃）时的公式为

$$R_{75}=\frac{R_{\mathrm{t}}}{2^{\frac{75-t}{10}}}$$

式中 R_{t}——测得的绝缘电阻值，MΩ；

R_{75}——换算到标准温度（75℃）时的电阻值，MΩ；

t——测量时的绕组温度，℃。

此公式看似并不复杂，但一般在工作现场并不一定能够精确计算，而且往往也没有必要，因为最终目的只是将R_{75}与0.5MΩ比较，从而确认电机绝缘的好坏。

如将上述公式变形，并以$R_{75}=0.5$MΩ代入，得

$$R_{\mathrm{t(min)}}=0.5\times2^{\frac{75-t}{10}}=2^{\frac{65-t}{10}}\,(\mathrm{M\Omega})$$

这里的$R_{\mathrm{t(min)}}$为任意温度下低压电机绝缘电阻的最小允许值。

当$t=30$℃时，$R_{\mathrm{t(min)}}=2^{3.5}=\frac{16}{\sqrt{2}}(\mathrm{M\Omega})$。

当$t=25$℃时，$R_{\mathrm{t(min)}}=2^{4}=16(\mathrm{M\Omega})$。

当$t=20$℃时，$R_{\mathrm{t(min)}}=2^{4.5}=16\sqrt{2}(\mathrm{M\Omega})$。

表1-7列出部分温度条件下低压电机绝缘电阻的最小允许值。由表1-7中看出温度每相差5℃，绝缘电阻的最小允许值将相差$\sqrt{2}$倍，并且温度越低，电阻值

越高。

表 1-7　　部分温度条件下低压电机绝缘电阻的最小允许值

t（℃）	$R_{t(min)}$（MΩ）	t（℃）	$R_{t(min)}$（MΩ）
0	90.5	40	5.66
5	64	45	4
10	45.3	50	2.83
15	32	55	2
20	22.6	60	1.41
25	16	65	1
30	11.3	70	0.71
35	8	75	0.5

这一规律将大大地方便我们对低压电机绝缘好坏的现场判定。只要知道当时电机绕组的大概温度，并记住一个典型值（如25℃时$R_{t(min)}$为16MΩ）就能很快地作出比较和判断。

1-1-7　“六诊”推断常见异步电动机空载不转或转速慢的故障病因

1. 症状和病因

三相异步电动机在空载时不转或转速慢的故障是经常发生的。故障病源很多，可归纳如下：熔丝一相熔断，馈电线路有断线现象；电动机控制接触器的触点损坏；电动机定子绕组中有断线；定子绕组首尾接反；极相组接反；相间短路；极相组短路；绕组间短路；定子绕组接地；转子绕组断路；定子铁心松动；转子与定子的槽配合不当；转子与转轴发生松动；转轴弯曲；组装不当；轴承松动；轴与轴承内尺寸配合过紧；轴承损坏；润滑油浓度太大；轴承内有异物；严重扫膛等。

2. 诊断步骤

检修人员应充分掌握故障电动机的情况，一般可按下列步骤进行：

（1）问。向用户询问了解故障电动机的规格、构造和特性，电动机的新旧，使用负载率。向操作人员问清电动机出故障之前的情况和出故障时的现象。

（2）看。查看电动机的运转情况、有无冒烟现象；查看电动机上的铭牌，进一步尽可能明了电动机的规格、构造和特性，电动机的新旧，使用负载率；查看电动机外壳上散热片的防腐漆颜色，前端盖轴承外盖间有无油污等。

（3）闻。靠近电动机，嗅一嗅有没有焦臭气味。

（4）摸。摸一摸电动机外壳散热片、前端盖、轴承外盖的温度高低、发热部位的大小；用手旋转电动机的皮带轮，转动是否灵活，是否轻松自如。

（5）听。在用手旋转电动机的皮带轮时，将耳朵靠近电动机，或用旋凿触及电动机外壳，耳朵靠在旋凿木柄上听电动机旋转时的声音，且仔细“实听”几处。

（6）测。测量故障电动机的绝缘电阻、电源电压等。

3. 故障判断

当进行了上述六个步骤的“六诊”以后，经分析、判断，目标缩小了，就可以进行有目的查找。

无论由哪个原因引起异步电动机空载不转或转速慢，都会导致电流增加，熔丝熔断。应根据查看熔丝熔断情况和其他现象找出原因，尽量不要轻易通电。

电动机空载不转或转速慢的毛病，从大的方面可以分为电路原因和机械原因。现分析、推断如下：

用手旋转电动机的皮带轮时，可以得到两种结果：转动灵活，感觉正常（轻松自如）；或转动不灵活，感觉不正常，很吃力。

（1）在旋转电动机转轴时，感觉不正常，说明电动机的机械部分（转子、定子、轴承等）有故障，而电路部分有故障的可能性就很小。但是也不能排除没有其他故障。这时应把精力和目标放在机械上。继续转动电动机，耳朵靠近电动机，可以得出两个不同声音的结果：正常声音或异常声音。

在电动机旋转过程中，如果有异常的“嚓嚓”响声，说明金属相碰或者摩擦。根据电动机的结构原理，判断可能是轴承故障或有扫膛现象。再进一步旋转，仔细注意，吃力点和异常声音点是否有规律，如果有规律，总是在某一个固定点吃力并发出“嚓嚓”摩擦声，很大可能是定子和转子摩擦——扫膛。如果没有规律，一般说来是轴承损坏或轴承内有异物。然后打开电动机，查看定子和转子，如有摩擦过的痕迹，说明是扫膛。用千分表检查转子和转轴是否同心，没有发现问题再检查轴承是否过松或严重损坏。

在电动机旋转过程中，如果没有异常响声，再仔细注意一下，吃力点是否有规律性，如果有规律，说明在某点转动部分被固定部分卡住了，这可能是由转轴弯曲、组装不当、严重扫膛造成的。如电动机是经常用的，则组装不当这个可能性可以排除，很大可能是转轴弯曲或严重扫膛；如果电动机是新绕制的或刚拆装的，则三种可能性都有。如果吃力点没有规律，一般是运动部分故障，这可能是由转子与转轴发生松动、轴与轴承内尺寸配合过紧、润滑油浓度太大造成的。如果电动机是新绕制的或刚拆装的，则三种可能性都可能存在。然后打开电动机，对分析推断的可能性进行测试检查。

（2）在旋转电动机转轴过程中，感觉正常，一般说来电动机在机械方面没有什么故障，很大可能出现在电路上。对于这种情况，尽量不要通电检查，首先应检查电动机的绝缘电阻，判别电动机是否有接地故障，然后通过测量绕组电阻进行推断。

如果测量绕组电阻值正常，说明绕组没有什么短路或断路的故障，可能是由熔丝熔断、馈电线路有断路现象、接触器触头损坏、定子铁心松动、转子绕组严重断路、绕组首尾接反、转子与定子的槽配合不当等造成的。究竟是哪一个病因造成的？这时要进一步了解一下（问诊）：电动机是经常用的，还是新绕制的或刚拆装的。如果电动机是经常用的，抓住它出故障前的情况，可以帮助分析推断。在出故障前，电压稳定而电动机的转速忽快忽慢，这说明线路上有接触不良的地方。一般多是由熔丝接触不良、馈电线路似断非断、接触器的触头损坏造成的。有时候这个问题隐蔽在绕组当中。时间一久熔丝熔断，馈电线路断开。在出故障前，电动机转速降低，并且还有较大电磁嗡嗡声，这有可能是由定子铁心松动、转子绕组严重断路造成的。如果电动机是新绕制的或刚拆装的，在绕组电阻值正常时，首先怀疑的是相绕组首尾接反、极相组接反、转子与定子的槽配合不当。究竟是不是，应用指南针法判断清楚。如果上面三个病因都没发生，再根据现象，对其他几个病因进行测试推断。

如测量绕组电阻值不正常，肯定是绕组有短路或断路。可把测得的绕组电阻值分析：绕组电阻值无限大，说明是断路，可能是串联绕组断路或绕组连接线断开；绕组电阻值比额定值大，一般是由于并联绕组支路断路或绕组回路接触不良形成的；绕组电阻值比额定值小，说明有短路，一般是由绕组线圈短路、极相组短路、绕组严重接地、相绕组间短路造成的；绕组电阻值近于零，肯定是相绕组头尾相连或相绕组严重短路。

上面是运用“六诊”有的放矢的推断三相异步电动机空载不转或转速慢的病因和故障所在部位。至于三相电动机在缺相情况下起动不起来的原因，是因为通入单相电源时，电动机气隙中的单相脉动磁场分解为大小相等、旋转方向相反、割切转子速度相等的正序磁场和负序磁场，这两个磁场分别在转子中感应电动势形成转子电流并相互作用产生的两个转矩，大小相同，方向相反，因而相互抵消，合成转矩为零，电动机就转动不起来。如果用手把电动机的转轴向任一个方向盘转，则顺着盘转方向的磁场所产生的转矩就会增加，而逆着方向的磁场产生的转矩则减少，合成转矩不为零，电动机就向着手盘转的方向转动起来了。由上可知，只要我们根据故障显示的现象和特点，正确掌握善于应用“六诊”，就一定能较快且准地找出故障病因和所在部位，少走弯路，提高排除故障的效率。

第2节　九　　法

当电气设备出现故障时，迅速而准确地判明故障原因，找出故障部位，并予以恰当的修理，是维修电工必备的技能之一。

电气设备故障可分为两类，一类是“显性”故障，即故障部位有明显的外表特征，容易被人发现。如继电器和接触器的线圈过热、冒烟、发出焦糊味，触头烧融、接头松、电器声音异常、振动过大、移动不灵、转动不活等。另一类是“隐性”故障，即故障没有外表特征，不易被人发现。如熔体中熔丝熔断、绝缘导体内部断裂、热继电器整定值调整不当、触头通断不同步等。“隐性”故障由于没有外表特征，常需花费较多的时间和精力去分析和查找。当一台大型电气设备较复杂的控制系统发生故障，初步感官诊断故障病因有两个以上，且均属“隐性”故障时。不要急于乱拆乱查，盲目进行“六诊”。否则，往往欲速而不达。甚至故障没查到，慌乱中又酿成新故障。急病慢郎中，应在初步感官诊断的基础上，熟悉故障设备的电路原理，结合自身诊断技术水平和经验，经过周密思考，确定一个科学的、行之有效的检查故障病因和部位的方法。常用电气设备故障诊断方法有9个，现介绍如下。

1-2-1　分析法

根据电气设备的工作原理、控制原理和控制线路，结合初步感官诊断故障现象和特征。弄清故障所属的系统，分析故障原因，确定故障范围。分析时，先从主电路入手，再依次分析各个控制回路，然后分析信号电路及其余辅助回路，分析时要善用逻辑推理法。

1. 录音机噼啪噪声的检修

盒式录音机用过一段时间后，常见在放音的同时，从录音机R或L声道扬声器中发出类似打火或炒豆般的噼啪声，听起来令人生厌，严重地影响了录放效果。这种噼啪噪声来源多是由于电荷放电或机械组件中相互摩擦放电所致。这些积累的电荷经过放大器放大后，由扬声器输出，发出噼啪噪声。涉及的部位很广，例如：电路的屏蔽不良；相邻的几个大容量电解电容器的金属外壳与电容本身之间漏电；机心接地不良；电机跳火及机械传动部分有污物等。检修时，应首先确定产生噼啪声的大致部位。

（1）噼啪声来自电路部分还是机械部分。这里，将由电路引起的噼啪声称为电路啪声；由机械部分引起的噼啪声称为机械啪声。电路啪声通常是无规律的，当收听较长一段时间后，偶尔从扬声器中传出很大的噼啪声。至于机械噼啪声，叫声很小，但很清脆。收听收音机时，听不到噼啪声，而在放音时却可以听到，一般可确定为机械啪声干扰。为慎重起见，可采用下述方法确定：将功能开关置于放音位置，音量电位器旋至最大，高音电位器升至最高，这时可用细砂纸将张力轮、电机滑轮槽内的污物擦去，然后用酒精洗数遍，故障即可排除。

(2) 打开带仓，按下放音键，用手按住卷带盘，噼啪声明显加大。检查时，将带仓打开，按下放音键，同时用手按住卷带盘使之停止转动，此时噼啪声反而加大。这种故障可能是由于卷带盘、卷带靠轮、卷带小轴不良造成的。这时运转的途径以电机轴飞轮、张力轮、卷带靠轮、卷带盘、构成运转回路。当用手按住卷带盘时，张力轮与皮带间的摩擦力增大，放电程度加剧，以致噼啪声加大。遇到这种故障，可将卷带盘、卷带靠轮上的污物用砂纸擦去，如仍有噼啪声，可拆下机心，将飞轮、张力轮及电机滑轮上的污物清除掉，并在卷带盘的轴内放一滴高级润滑油即可。

2. 用电工理论分析、判断发生故障的原因

(1) 一次，某厂新买了一台交流弧焊机和 50m 电焊线，由于当时焊接工作地点就在电焊机附近，在场电工认为没必要把整盘的电焊线打开，只抽出一个线头接在电焊机二次侧上。一试车，电流很小不能起弧。经检查，电焊线、接头处都正常完好，电焊机的二次侧电压表指示空载电压为 70V。折腾了半天，仍不知道毛病在哪里。技术员来了，把整盘的电焊线打开弄直，一试车，一切正常。其实道理很简单，按照电工原理：整盘的电焊线不打开，就相当于一个空心的电感线圈，必然引起很大的感抗，使电焊机输出电压减小，不能起弧。懂得这个道理，就不至于折腾半天还找不到原因了。

(2) 卷扬机按提升按钮却下降的故障分析。如图 1-13 所示一台卷扬机电气控制线路，一次突然发现，无论按动提升按钮还是下降按钮，卷扬机均下降。检查控制线路和负载都正常，再仔细检查才发现，提升接触器 KM1 的 L2 相触头接触不良，使电动机实际得到的只是两相电源。三相异步电动机断掉一相后是不能起动的，但在卷扬机中，通常料斗及钢丝绳总是要加给电动机一个向下的外力矩（此时制动电磁铁 YB 也能吸合而松开制动器）。因而，当按动提升按钮时，卷扬机却是下降的；当按动下降按钮时，卷扬机当然也是下降。

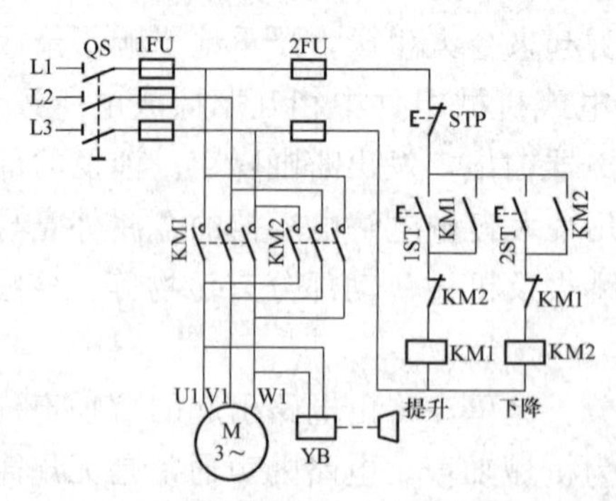

图 1-13　卷扬机电气控制线路图

从以上分析可知，如果不是 KM1 接

触器的 L2 相触头接触不良故障，而是电源 L2 相断线或熔断器熔丝熔断等原因引起电源缺相，都会发生类似情况。遇到这类情况，应及时停机，查出故障及时处理，以免损坏电动机和造成事故。

3. 用相量分析法确定电气故障点

电气设备一旦绝缘击穿造成单相接地，只有查明故障点的具体位置（如在某个线圈上或某个槽内）后，才能修复。实践证明：通过相量分析并配合其他试验手段来确定故障点，是一种行之有效的方法。不但可以提高查找故障工效，而且可以缩短修复工期。相量分析法主要是以故障前后系统相对地电压的变化作为判断依据。现通过实际事例加以说明。

（1）某厂供水水泵电动机定子绕组接地的分析。某日，该电动机（2000kW、6kV、Y 接线）运行中，6kV 厂用电源母线绝缘监视动作，相对地电压变化如下：

故障前　$U_{L1}=U_{L2}=U_{L3}=6.2/\sqrt{3}$kV

故障时　$U'_{L1}=4.25$kV

$U'_{L2}=2.6$kV；$U'_{L3}=4.15$kV

相量图如图 1-14 所示。从相量图上看，接地点 k 离 L2 相绕组末端引出线很近。因电动机每相占有16 个线圈，每个线圈上的电压 $e_t=\frac{6.2/\sqrt{3}}{16}=0.224$（kV）。故障点 k 离 L2 相绕组末端的槽数 $(U_{L2}-U'_{L2})/e_t=0.979/0.224=4.4$（槽）。事后将电动机两侧端盖打开，详细进行检查，发现在电动机后轴承侧，L2 相绕组靠末端引出线第 5 槽端部，卡着一个管子头，将绝缘磨破造成线圈与铁心之间接地。故障点的位置与分析结果是吻合的。

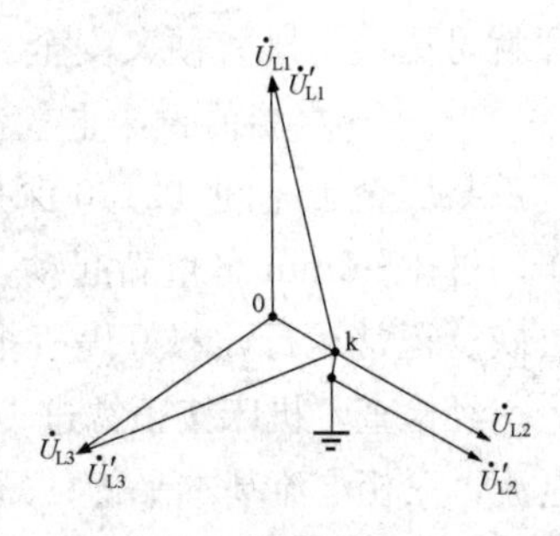

图 1-14　电动机 L2 相绕组接地时的相量图

（2）对某厂变压器绕组接地的分析。该变压器（电压 35/10kV、31.5MVA、Y，d11 连接线）故障前后 10kV 电源母线的绝缘监视对地电压变化如下：

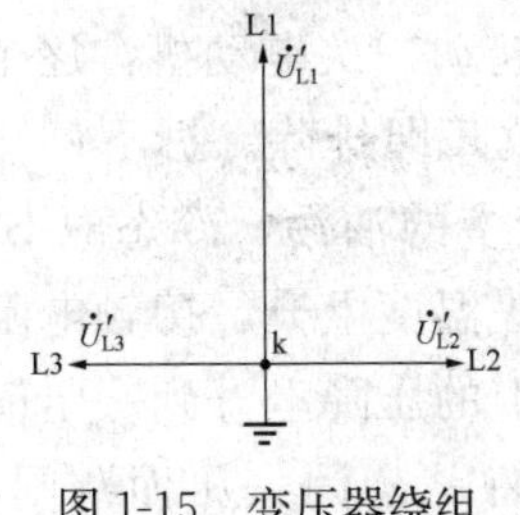

图 1-15　变压器绕组接地时的相量图

故障前　$U_{eL1}=U_{eL2}=U_{eL3}=10/\sqrt{3}$（kV）

$U_X=10$（kV）

式中　U_{eL1}、U_{eL2}、U_{eL3}——L1、L2、L3 相对地电压，kV；

U_X——变压器二次侧线电压，kV。

故障时　$U'_{L1}=8.66$（kV）；$U'_{L2}=U'_{L3}=5$kV

相量图如图 1-15 所示。从相量图上看，因变压器二次侧绕组为三角形连接，故障点 k 在 L2L3 相绕组上，且靠近绕组的中部。$U'_{L2}/U_X=5/10=0.5$。即在 L2L3 相绕组 1/2 处。变压器吊芯检查也证实了这一点。

1-2-2 短路法

把电气通道的某处短路或某一中间环节用导线跨接。检修中多用短路法检查电路中某一环节是否通路，此法还特别适用于检查高频电路自激或干扰。检查高频电路时可把某级输入端短接，看干扰是否消除，以判断故障在短路点之前还是之后。对于某中间环节是否通路，则可用短接线或旁路电容跨接，如短接后即恢复正常，则故障就在该环节。采用短路法时需注意不要影响电路的工况，如短路交流信号通常利用电容器，而不随便使用导线短接。另外，在电气及仪表等设备调试中，经常需要使用短路连接线。如稍不注意，接错了线可能引起电源回路短路。对此，可在这类连接线上加装熔丝来保护。方法是用便于观察的透明塑料（或有机玻璃）加工成钢笔套一样可以旋开的小装置，内装 1A 以内的熔芯及弹簧，两端引出线装上鳄鱼夹就可以了。熔芯一旦熔断，只要旋开就可更换，既方便又安全。现举例说明短路法是一种很简捷的检修方法。

1. 一种少见的镗床电气故障

某厂金工车间 T2130 深孔钻镗床在运行中，突然电动机全部失电，停止工作。过 1～2min 可重新起动，运转 3～5min 又自动停机。操作工多次起动，无法恢复正常运行，只好停机报修。

经检查，机床按正常进刀量镗削时，各个电动机工作电流均未超过 3/5 额定电流，三相电流基本平衡；短接各热继电器动断触头后故障依然存在。而且根据电气原理图分析，即使是某一热继电器动作，也不可能造成整个控制回路失电。

控制回路跳闸后，立刻测量各段电压（如图 1-16 所示），发现线路点 1-4 间电压正常（127V），即控制变压器的输出正常，而点 13-4 间电压不足 50V，可见故障就在这段线路中。停止按钮 S1、S2、限位开关 SP1 一般不会产生类似热继电器跳闸后又自动复位的现象，但也将它们分别短接一个，起动一次电动机，逐个观察。当 S2 被短接后，故障即排除。拆下停止按钮 S2，看到触头上有较多的油污，冷态时 S2 尚能接通电路，通电后触头温度上升，接触电阻和压降随之上升，当触头上的压降上升到一定值时，控制回路中各执行元件就会因欠压而跳闸；断电后触头温度下降，电阻值也下降，机床又可

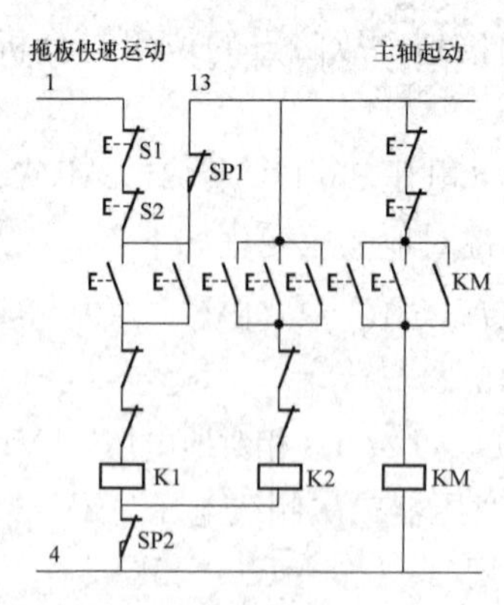

图 1-16 镗床部分控制回路线路图

起动，就出现开始述说的故障现象。

2. 用导线同相短接法查找5t吊车故障

寻找电气控制线路是否通断，通常用测电笔或者用万用表来寻找故障点。可是当控制线路没有明显的断头或者烧伤痕迹，因接触不良而使电气设备不能正常工作时，电气维修人员最为头痛（强电回路接触不良引起的“虚电压”故障。对此工人中流传着一段形象的顺口溜：电路发生“虚电压”，电工师傅头也胀；电笔触之氖管亮，万用表量有电压，主、控回路似正常，电动机就是不动作）。对此，用导线同相短接法查找线路的接触不良比用测电笔和万用表来得快而准确。为了避免导线短接在不同相电源上，使用此法必须在图纸的指导下工作。下面以5t抓斗吊车为例加以介绍。

一次某厂5t吊车的大、小车都能工作，只是抓斗的升降、开闭不能工作。显然，故障在抓斗的控制回路（见图1-17所示，主接触器及总控制回路没有画出）。由图1-17中可见，在主接触器吸合时，当升降及开闭两个主令控制器1S、2S都在零位时，零压继电器KV（20A、380V）应该动作，但是未动作。用测电笔和万用表都查不出故障点。测电笔测试各点都是闪亮的，而断开电源后用万用表欧姆挡测各点都是“通”的。经分析断定有接触不良之处，接触电阻较大，使电压达不到KV线圈的起动值，所以KV不吸合。为什么测电笔测试各点都是闪亮的？这是因为KV的线圈接在两相电源上，即使某一过电流继电器的动断触头接触不好，因为静触点是一相电，而动触点是线圈窜过来的另一相电，所以故障查不出。对此，可用导线同相短接法来查该故障，把主接触器电源送上。用一根截面为1.5mm² 的绝缘导线一头接在1FU下桩头，另一头依次将点303、363、305及各过电流继电器的动断触头1KA2、2KA2、3KA2等依次短接。当短接到3KA2时，KV突然动作吸合。这说明故障点就在3KA2动断触点上，后经用砂纸轻微打磨一下，故障即排除。

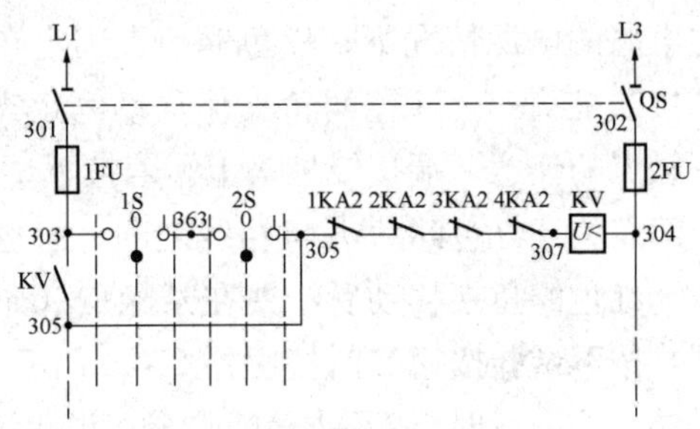

图1-17　5t吊车抓斗的部分控制回路线路图

3. 用短路法查找继电器—接触器控制电路触点开路故障点

继电器—接触器控制电路实际上就是触点电路，实践证明最常见的故障就是触点故障。触点故障的特点：一是故障发生的几率多；二是故障发生后故障点的查找需要有一定经验，并要花费一定时间，特别是对于庞大、复杂的继电器—接触器电控系统更是如此；三是故障点一旦查到，故障处理通常并无技术

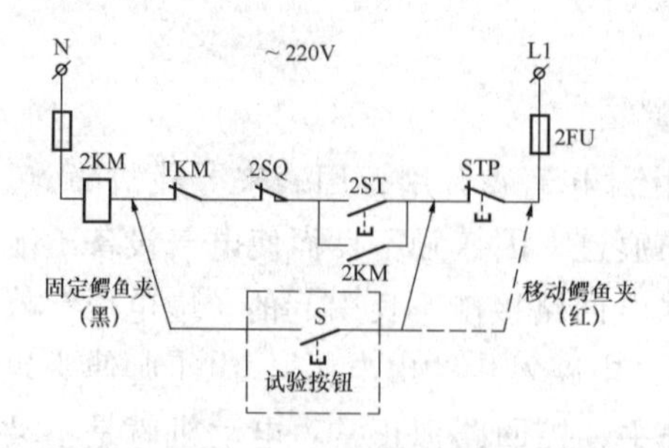

图 1-18 短路法查找触点故障示意图

难度，只需在短时间内即可处理完毕。因此，如何快速、准确地查找到故障点往往成为不少电气维修人员感到棘手甚至头痛的问题，但它却是排除故障的关键所在。现以图 1-18 所示可逆起动、以行程开关作自动停止的部分控制电路中触点开路故障点为例，介绍用短路法查找继电器—接触器控制电路触点开路故障点。

图 1-18 中 S 是装在绝缘盒里的试验按钮（型号 LA18-22、交流 500V、直流 440V、5A），它有两根引线，引线端头可分别采用黑色与红色鳄鱼夹。在切断主电路的电源情况下，黑色鳄鱼夹固定在接触器 2KM 线圈靠相线 L1 方向的一端接线桩头上。红色鳄鱼夹作移动鳄鱼夹夹在控制电路中间位置（二分法）任一触点的任意一端接线桩头上。若按下试验按钮 S 时接触器 2KM 不吸合，说明故障点位于红色鳄鱼夹与相线之间，红色鳄鱼夹应往相线方向一侧移动继续查找。红色鳄鱼夹移动后，夹在某触点（如停止按钮 STP）靠近中性线方向的一端，按下试验按钮 S 时接触器 2KM 仍不吸合；而改夹在该触点靠近相线方向的一端，按下 S 时，2KM 立即吸合，说明该触点即为开路故障点。

应当指出，在采用短路法查找故障点时不要图省事不用“试验按钮”，而直接使用一根绝缘良好的短接线。短接导线用手拿带着电操作不安全，同时短接线所触及的接线端子易被电火花烧伤出现疤痕。另外，切记采用短路法查找故障时，只能短接控制电路中压降极小的导线和触点，绝对不允许短接控制电路中压降较大的电阻和线圈，否则会发生短路或触电事故。

1-2-3 开路法

开路法，也叫断路法。即甩开与故障疑点连接的后级负载（机械或电气负载），使其空载或临时接上假负载。对于多级连接的电路，可逐级甩开或有选择地甩开后级。甩开负载后可先检查本级，如电路工作正常，则故障可能出在后级；如电路工作仍不正常，则故障在开路点之前。此法主要用于检查过载、低压故障，对于电子电路中的工作点漂移、频率特性改变也同样适用。如在检修数字万用表时，常采用把疑点部分从整机或单元电路中断开（但不得影响其他部分的工作），若故障消除，表明故障大约在被断开的电路中。现介绍检修实践中用开路法快速查找故障点两实例。

1.“满天星”串灯中坏灯泡的快速查找法

“满天星”串灯是由几十个直至上百个小灯泡串联而成，像夜空的繁星，极受人们欢迎。但是这种串灯有一致命的缺点：因其是串联，只要有一只小灯泡烧毁，整串“满天星”就会熄灭；同时因其单个灯泡很小，又很多，直接用眼睛查找烧毁的灯泡是件很困难的事情。现介绍一种快速、简易的查找方法——对分开路法。

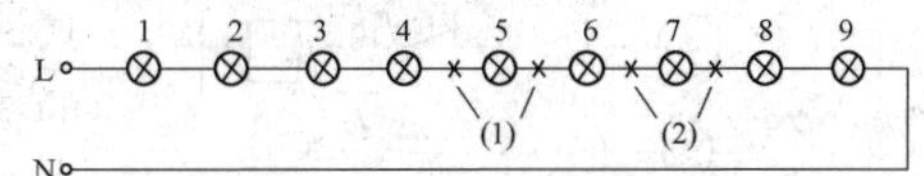

图 1-19　对分开路法查找坏灯泡示意图

(1)—第一测试点；(2)—第二测试点

举一个简化的例子说明。有一串满天星由 9 个灯泡串成，如图 1-19 所示，其中一只烧毁。拔下处于中间位置的小灯泡，即第 5 个灯泡，用测电笔测试其灯座左右两个接线铜片，可能出现以下两种情况：

（1）左侧电路有电，而右侧电路没电，说明坏灯泡在第 5 个灯泡或第 5 个灯泡以右的灯泡。

（2）左右两侧都没有电，说明坏灯泡在第 5 个灯泡以左的电路中 1～4 个灯泡。

假设出现了第（1）种情况，即坏灯泡在第5～9个灯泡中。同前所述一样，再把右半侧电路从中间分开，第 7 个灯泡在中间位置。拔下第 7 个灯泡（把前拔下的第 5 个灯泡插回原灯座内），用测电笔测试其灯座左右两个接线铜片，同样会出现类似（1）、（2）两种情况。这样反复几次，无故障部分一半一半地被排除，很快地就可以找到烧毁的小灯泡。换上新灯泡，满天星即可恢复使用。在绝大多数情况下，满天星一次只烧毁一个灯泡。

用对分开路法查找坏灯泡，每次对半地排除无故障部分，可很快地逼近故障点。灯串越长，越能体现这种方法的优越性。比如 100 个灯泡串联的满天星，最多对分 6 次，就可以查找出烧毁的灯泡来。

2. 用测电笔快速查找直流系统接地故障点

发电厂、变电所中的直流电源一般作为主要电气设备的保安电源及控制电源。如果在直流电路上发生了接地故障，应迅速找到接地点并予以修复。直流正极接地有造成保护误动的可能，因为一般跳闸线圈（如出口中间继电器线圈和跳闸线圈等）均接负极电源，若这些回路再发生接地或绝缘不良就会引起保护误动作。直流负极接地与正极接地同一道理，如回路中再有一点接地就可能造成保护拒绝动作（越级扩大事故）。因为两点接地将跳闸或合闸回路短路，这时还可能烧坏继电器触点。

如何用测电笔判断直流电源有无接地？断开电源（以蓄电池 G 为例）开关 QS（见图 1-20），手摸机体，用测电笔触及电源正极端、负极端，氖管均不亮，电源无接地故障。如果测电笔触及电源正极端亮，电源负极端有接地故障；如果测电笔触及电源负极端亮，电源正极端有接地故障。

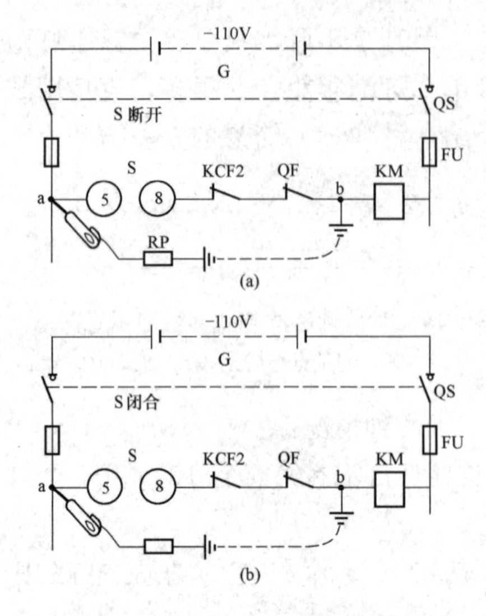

图 1-20 直流系统接地示意图
(a) S开关断开时，测电笔氖管发亮；
(b) S开关闭合时，测电笔氖管由亮变熄

测电笔查找接地故障的方法分为电位差法与淘汰法。

(1) 电位差法。当电源无接地而要查找回路接地时，先断开回路正负极端人为的接地保护装置的接地点（如大型机车、船舶等装置都有正负端接地指示灯和接地继电器的接地开关等）。如果接地点发生在开关之后与负载之间（包括负载本身），则可通过接地点在通电前后电位变化而引起测电笔熄亮变化来确定接地点在哪一个回路，这样一下把接地范围从几十个回路缩小到某一个回路。其步骤如下：

闭合电源开关 QS，手摸机体，测电笔触及电路正极端，氖管发亮，“可能”电路负极端有接地；如图 1-20（a）所示，依次对每一个电器元件进行动作试验，扭手柄，按按钮开关，闭合相应的连锁，让每一个回路依次通电试验（为了不让机器或所控设备动作，可用胶皮把会引起机器转动的接触器触头垫起）。当闭合某回路开关 $S_{⑤-⑧}$ 时，测电笔突然熄灭，则断定是 $S_{⑤-⑧}$ 至 KM 之间有接地，如图1-20（b)所示。

为什么闭合 $S_{⑤-⑧}$ 时测电笔氖管熄灭呢？图1-20（a)中，$S_{⑤-⑧}$ 断开时，a 点电位是 110V，b 点电位是 0V，a、b 两点的电位差为：110－0＝110(V)，所以测电笔氖管亮。当 $S_{⑤-⑧}$ 闭合后，a 点电位仍是 110V，b 点电位由 0V 变为 110V，$U_{ab}=110-110=0$(V)，所以测电笔氖管熄灭。把接地点缩小到某段线路后，利用拔熔断器、垫联锁、拆关键接线柱等方法很快就能找出接地点。只有接地点通电前后都是零电位，才是真正的负端接地，故前面说“可能”是负极端接地。

(2) 淘汰法。当用电位法作完所有电器回路通电动作试验后，测电笔氖管仍亮着不熄，便可断定接地点在所有负载之后的负端，此时便可用淘汰法查找接地故障。

例如，某电气设备控制回路接地，闭合蓄电池开关 QS 对各回路进行通电动作试验后，测电笔仍然触及正极端氖管闪亮，确定接地点在负端，于是用淘汰法检查。如图 1-21 所示，为一人工作时方便，可用带夹子导线一端夹测电笔后端金属挂，另一端夹机体，测电笔仍然触及电源正极端氖管发亮。从靠近电源负端开始拆线、甩线，在接线柱上拆开某些线，测电笔仍亮时，把拆开的线甩开，将会使测电笔氖管熄灭的线恢复，继续往下甩线。在图 1-21 中的 P 点拆开 118 线时测电笔变熄灭，恢复，而将156等线甩开。在S点拆开126线时测电笔变熄灭，恢复，将197等线甩开，将T处拆开时测电笔氖管仍亮。由此断定：126线在铁管里接地了。

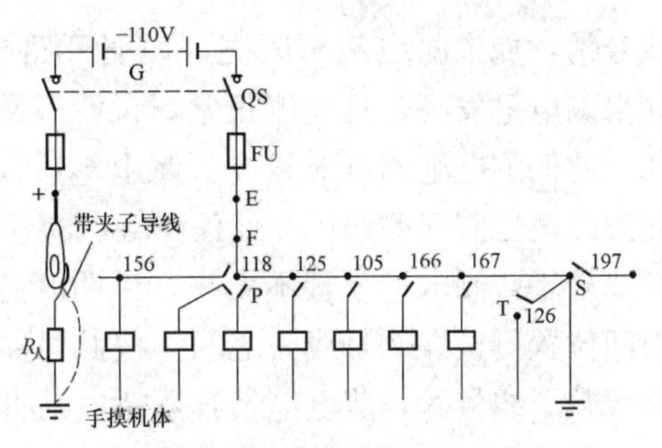

图1-21 测电笔淘汰法查找直流回路接地点示意图

1-2-4 切割法

把电气上相连接的有关部分进行切割分区，以逐步缩小可疑范围。如查找10kV中性点不接地系统的单相接地故障和直流系统接地故障，通常都首先采用逐条拉开馈线的“拉路法”，拉到某条馈线时接地故障信号消失，则接地点就在某条馈线内。除非整个系统出现普遍性绝缘下降，拉路法往往能较快地查找出故障线路。而对于查找某条线路的具体接地点，或者对于查找故障设备的具体故障点，同样可以采用切割法。查找馈线的接地点，通常在装有分支开关或便于分割的分支点作进一步分割，或根据运行经验重点检查薄弱环节；查找电气设备内部的故障点，通常是根据电气设备的结构特点，在便于分割处作为切割点。现介绍采用对分法，即二分法检查电路故障点。

1. 用二分法检查控制电路触点故障

继电器—接触器控制电路的任务通常是控制电气设备的工作状况。它一旦发生故障，往往导致电气设备电控系统失灵，生产无法正常进行，严重时还会造成事故。继电器—接触器控制电路实际上就是触点电路，实践证明，最常见的故障就是触点故障。由于某些有触点元器件质量较差，不免要发生触点故障；有些元器件长期使用后，也会发生故障。对关键性设备，排除故障所需时间的长短，直接影响着生产任务的完成。因此，在触点较多的220V控制回路中，检查电路触点故障多采用二分法来逐步缩小故障范围，可以大大地缩短排除故障所需的时间。

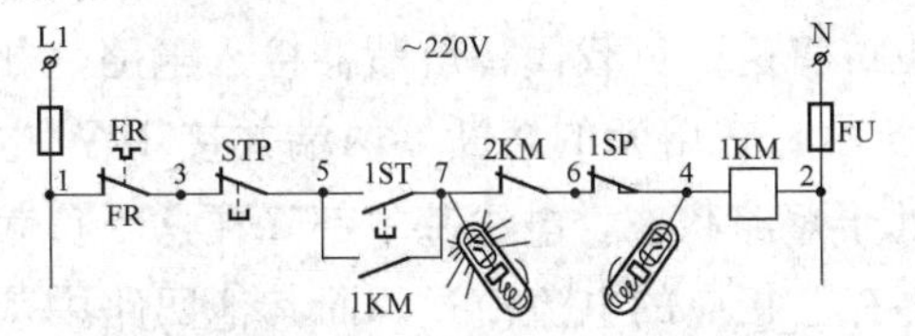

图1-22 用测电笔二分法检查触点故障示意图

图1-22所示的可逆起动、行程开关作自动停车的控制电路。当按下起动按钮1ST时，接触器1KM不吸合，说明控制电路中有故障。分析故障现象和根据控制电路的工作原理，可初步判定控制电路中存在触点开路故障。对此，在断开主回路电动机供电电源的情况下，首先按下或临时短接起动按钮1ST，然后用测电笔测试该控制回路的约1/2处（中间位置）任一触点的任意一端。即起动按钮1ST靠中性线N一端

线号⑦，如果测电笔不闪亮，说明开路故障点位于测电笔测试点与相线之间；如果测电笔发亮，且亮度正常，说明开路故障点位于测电笔测试点与中性线之间。此例测电笔测试时发亮，测电笔应向中性线方向一侧移动继续测试，仍要先测此段控制回路约1/2处任一触点的任意一端。即接触器1KM线圈靠相线一端线号④，测电笔氖管不发亮，说明开路故障点位于测电笔测试点与控制电路中间位置测试点⑦号线头之间。按此思路，用测电笔测试行程开关1SP的另一接线端子线号⑥，测电笔氖管发亮，说明该触点即为开路故障点。经停电查看，行程开关1SP桥式触点动触头倾斜未闭合。

用测电笔二分法测试控制电路触点故障简单易学。从分析故障现象和电路工作原理入手，采用二分法逐步缩小故障范围，只要检测两三次就能找到故障点了。此法适用于交流220V控制电路中一个或多个开路故障点的查找，且在查找过程中不需要拆线和另外接线，不论继电器（或接触器）间距远近，接线端子集中或分散，均不影响测电笔测试的操作。但当控制电路电源线对地电压低于测电笔氖管启辉电压或者控制电路两根电源线对地电压都高于测电笔氖管启辉电压时，测电笔检测失灵，则需用万用表或适当的校验灯之类工器具进行检查。

2. 对分法分段查找低压线路短路故障

对于低压线路断路故障，一般都比较容易查找和排除，但对于短路故障，特别是对于较长线路所出现的短路故障，查找起来就显得困难得多。例如，马路上的路灯线路，线路长、灯泡多，故障点又不明显。如果逐个灯头、逐段线路的查找，既费时又费力。检修实践证实，利用钳形电流表来查找短路故障，要比其他方法简便快捷得多。

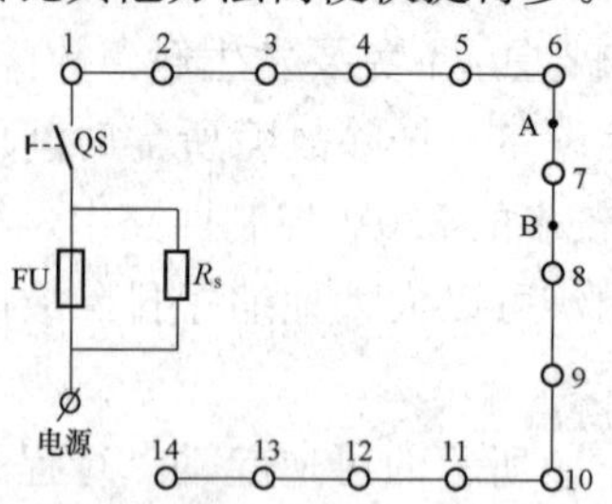

图1-23　室外照明线路示意图

如图1-23是一路室外照明线路示意图，14盏马路弯灯都未装保护熔丝。当线路发生短路故障时，查找故障点的方法步骤如下：

在电源的输入端串一个较大的负载（如1kW的电炉或碘钨灯），使电流不至于太小，以便于测量。也可将这一负载代替熔断器接入电路（如图1-23所示，在熔断的熔断器两端并接1kW电炉），然后接通电源。此时，由于线路处于短路状态，电压基本都降在这一负载的两端，从短路点至负载这段线路中便有一相应的电流流过。而其他回路中基本上没有电流通过。这样，就可以利用钳形电流表，通过测量线路各处（段）的电流有无或大小，来判断和找出故障点的准确位置。测量时，采用优选法中的平分法，先从线路的中部开始测量。登7号杆（登8号杆也行），用钳形电流表测量。如测有电流，其值基本上等于或接近于串入负载的额定电流，则说明故障在测量点以外，即测得A、B两处皆有电流，则短路故障点在8～14号杆弯灯及线段内；若测得无电流或电流非常微小，则说明故障点在测量点至电源输入端的这段线路中，即测得A处无电流，则为1～6号灯（或线段）有故障；若测得A处有电流、B处无电流，则7号灯内有故障。确定故障点在哪一段线路后，再按上述方法从这段线路的中部测量和判断，如此逐步缩小发生故障的范围。此照明线路在7号杆的A、B两处皆有电流，即8～14号灯段有故障。故登11号杆，测得是12～14号灯段有故障。当找到电流有与无的分界点时，这一点便是故障点。此线路最后测得为12号杆上灯具内短路。

此方法无需断开负载和线路便能方便快捷地查找出故障所在。例如，某金工车间厂房照明线路发生短路故障。如图1-24所示，有16盏灯，用绝缘子在屋架上布线装设。当线路发生短路故障后，拔下熔断熔丝的插盖放在适当地方，在其熔断器两侧接线柱上并接一盏1kW碘钨灯管。合闸后碘钨灯正常明亮（还可作临时照明用），房顶上的灯都不亮。这时乘行车到1号灯屋架，用钳形电流表测得A处电流微小，几乎没有电流；B处有电流，说明是B处分支有故障。再测得C处有电流。开动行车到3号灯屋架，用钳形电流表测量。可能有三种情况：①D处无电流，则为2号灯有故障；②D处有电流、E处无电流，则为3号灯有故障；③D、E两处都有电流，则为4～8号灯内的故障。按此法依次查找。查到M点无电流，是6号灯内有故障。断开控制开关QS，查得6号灯座内接线短接，处理后即恢复正常。

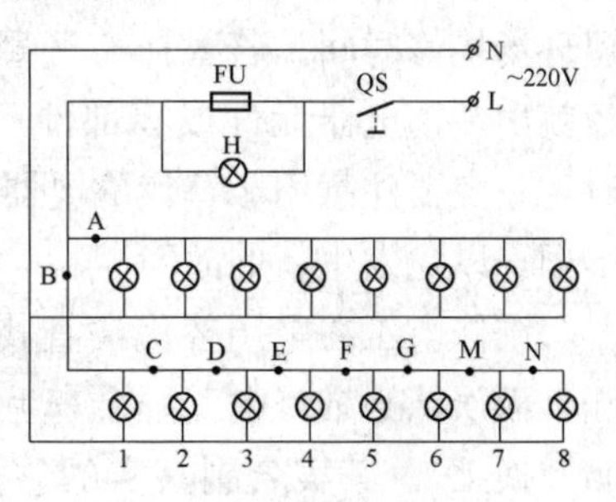

图1-24　金工车间厂房照明线路图

上述两例皆说是灯具内的故障，如果是导线发生短路故障，也可用钳形电流表查出故障点。

3. 在安装、维修中用优选法快速找线

某厂办公大楼安装一部全自动电梯，控制线近百根，线皮的颜色一样。为便于安装维修，首先要认线编号，即将每根线的对应两端分别套上一样的编号。如果一根根地对，速度太慢。对此可采用优选法中的对分法：先把这些线两端线头剥去绝缘，然后将需要认的一根线的一端套上编号，接在万用表电阻挡的一个表笔上；线的另一端所有线头大致分为两半，其中一半全部短接后接于万用表的另一表笔。这时，如果表针摆动，说明所要找的对应线头就在这一半内，否则在另一半内。把对应线头所在的一半再一分为二。依此类推，很快就可找出对应线头。这个方法同样可以用于多芯电缆的找线。

1-2-5 替代法

替代法，也就是替换法，即对有怀疑的电器元件或零部件用正常完好的电器元件或零部件替换，以确定故障原因和故障部位。容易拆装的零部件，如插件、嵌入式继电器等，要作详细检查往往比较麻烦，而用替代法则简便易行。对于某些电子零件，如晶体管、晶闸管等，用普通的检查手段往往很难判断其性能（如热稳定、高频特性、大电流伏安特性等）好坏，用替代法同样简便易行。在修理电气设备内部的印刷电路板、元器件等时，也采用替代法可大大缩短现场检修时间。若替换有怀疑的电器元件或零部件后设备即恢复正常，则故障就出在该电器元件或零部件；如仍不正常，则可能是其他原因。采用此方法时，一定要注意用于替代的电器应与原电器规格、型号一致，导线连接要正确、牢固，以免发生新的故障。

维修电工在采用替代法查找电气故障时，一些外行领导和操作工不知其内涵，而误认为维修电工不会查毛病、不会修电器，只会“换”。还改叫维修电工叫“换工”。其实名副其实的“换工”，其电工理论知识和实际操作技能的水平是较高的。能换或会换者，必具备一定或较高的装、拆、修理论知识和实际操作技能，必定已通过感官诊断“问、看、听、摸、闻”发现了异常情况，初步查出故障设备的故障原因和所在部位。直观检查作出初步判断后，未进行通常所见的用仪表仪器对故障设备的“表测”，而运用了综合“表测”——“替代法”。此检修技巧常能达到事半功倍之目的。

1-2-6 菜单法

根据故障现象和特征，将可能引起这种故障的各种原因顺序罗列出来，然后一个个地查找和验证，直到查找出真正的故障原因和故障部位。此方法最适合初学者使用。

众所周知，三相感应电动机的构造比较简单，发生故障的机会较少，但由于各种内在和外在的因素，还常在运转中有发热冒烟的现象。一台冒过烟的电动机，可能已经烧坏了，但是没有烧坏的机会很多，也许这一台电动机还没有毛病，也许稍加修理便可照常使用。在这种场合下，如果处理不当，不是将好的电动机当作坏的处理，便是将小毛病弄成大毛病，因而造成不必要的直接和间接的损失。如果是生产上一台主要的电动机，因停工减产而招致的损失可能是很惊人的。怎样的处理比较适当呢？首先要研究冒烟的现象和原因，才可知道实施适当的处理方法。三相感应电动机运转中冒烟的主要原因和现象：

（1）轴承部分发热。轴承内缺油或轴与轴承盖相摩擦，均可使轴承部分发热冒烟。高速电动机还可能因摩擦故障将轴或轴承盖擦伤，并因此停止转动造成严重的事故。这种故障很容易用手摸检查出来。

(2) 定子和转子相擦。定子硅钢片外圆尺寸不一，又没有压紧，经过剧烈振动后，可能有少数的硅钢片突出，使定子和转子相擦（制造不良的小电动机常有此情况）。机座与端盖的企口配合过松，轴承磨损过多或定子内圆与转子外圆本身的偏心，均可使定子和转子相擦。擦得比较严重时，不但擦的地方出烟，而且将硅钢片擦坏使线圈绝缘损坏，引起短路和接地故障，同时电动机有不正常声音和振动。

(3) 负荷过载或电压过低或三相电压相差过大（三过）。电动机的负荷超过额定容量或电源电压过低时，三相电流同时增大，线圈温度升高，情况严重时，电动机有嗡嗡的声音，而且可能热得出烟。冒烟后应立即停车检查，看线圈各处的温度是否高而均匀？线圈表面是否同时变色？三相电压相差过大时也有上述发热现象，但三相电流不平衡。冒烟后的线圈完全烧坏的机会较少，但绝缘物已在不同程度上被烧焦，通常还可继续使用，但已比较容易破损，使用寿命缩短。

(4) 电源断线。电动机带负荷运转时，如果电源有一相中断，电动机仍能继续运转（两相断线，电动机即停止运转，反而不致烧坏）。△接时，一相绕组的电流增加，如图 1-25（a）所示；Y 接时两相绕组中的电流增加，如图 1-25（b）所示。电动机并有嗡嗡的声音。此时负荷越大发热越快，短时间内便冒烟，常将电动机烧坏。拆开检查，可查出三相绕组的温度和颜色不一致，烧得严重时更可一看而知。

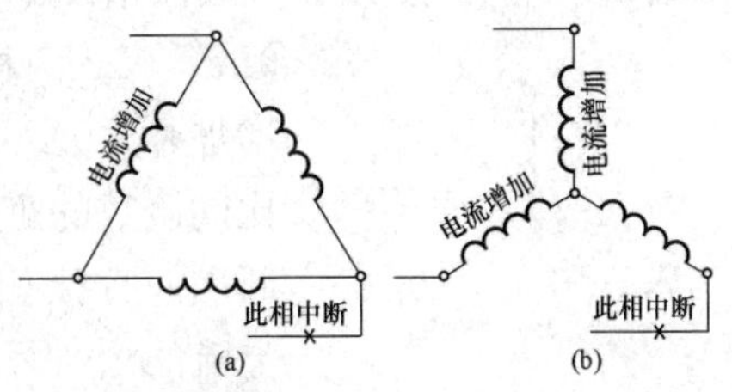

图 1-25 电动机的电源一相断线示意图

(a) △形接线；(b) Y 形接线

(5) 绕组断线。电动机有一相绕组断线，一切现象和电源断线相仿，但△接时两相电流增加，如图 1-26 所示，与上述情况不同。断线的原因，大多由于各种焊接不好，或 Y—△开关接触不良。

(6) 定子同相线圈局部短路。电动机的同一相线圈匝间短路时，多有显著的嗡嗡叫声（小型电动机短路匝数很少时声音不显著）。短路部分的线圈里仍然有感应电压，而且这几匝线的阻抗很小，要产生很大的短路电流，使短路部分发热出烟（短路系由两铜线彼此接触供给一低阻抗的环路，如短路线圈的阻抗为 0.01Ω，线圈内感应电压有 1V，即产生 100A 的电流，此巨量电流足使电动机加速发热）；时间不长，这一部分的绝缘变得比较光亮，好像烧融的情形，时间长了便要炭化脱落。图 1-27 是同一线圈中的四匝线，第三和第四匝在 X、Y

处短路，形成一匝短路线圈如粗线所示。线圈的两边在不同的磁极下，因此感应所生的瞬时电压 e_1 和 e_2 同向而相加，而这一匝线的阻抗又很小，所以形成的短路电流相当大，并使三相电流不平衡，空载时电流也增大。

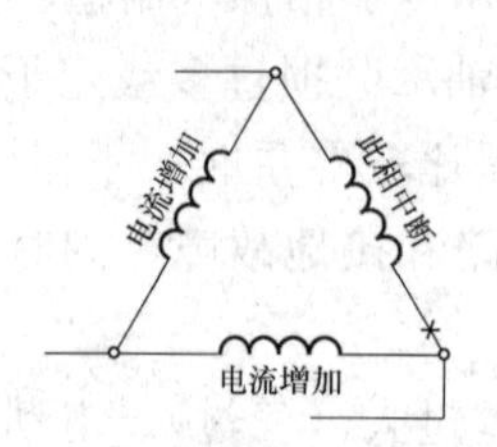

图 1-26 电动机一相绕组断线示意图

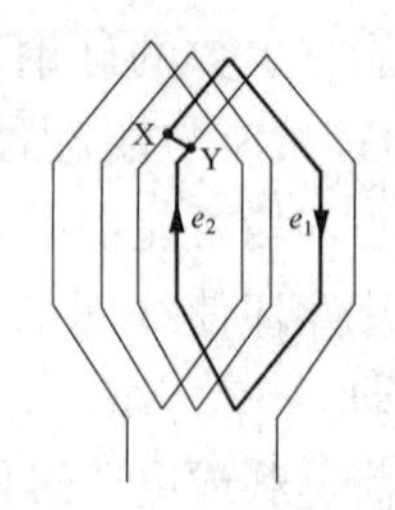

图 1-27 线圈匝间短路示意图

（7）定子相与相间短路。定子绕组相与相间短路时，不但被短路的部分产生短路电流，短路的两相的相电流也增加（另一相电流也稍有增加）。短路处两点间的电压相差很小时，例如 Y 接时短路处接近中性点，则短路电流不大，发热的现象还可能不显著。两相间短路处的电压差很大时，一经短路便可发生火花将铜线烧断。所以在多数的情况下，相间短路常将线圈烧断。图 1-28 中所示 0L2、0L3 两相在 X、Y 处短路，除 XL2、YL3 部分电流增加外，0XY 部分也要产生短路电流，此时的短路电流比同匝数的匝间短路时小，因为匝间的感应电压不是全部同向直接相加的。如 X、Y 两点间的电压 ΔU 不大，电流的增加不大，如果 ΔU 相当大，则一经两点相接，铜线便烧断，但线圈的绝缘可能还未烧焦。相间短路未将铜线烧断前，电动机也有嗡嗡的声音。

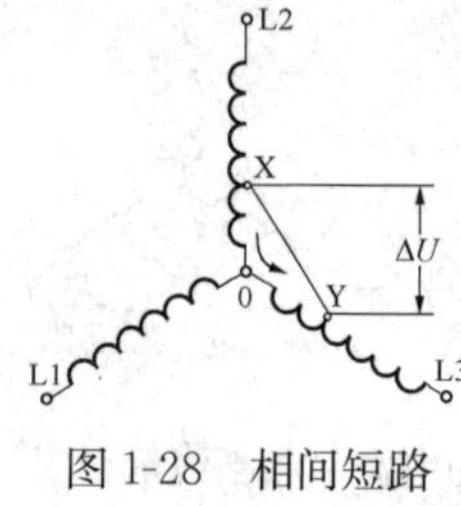

图 1-28 相间短路示意图

（8）定子绕组接地。定子绕组绝缘破损后，导线与铁心或机座相接触，如果机座和电源变压器的次级均有接地线，便产生接地电流使线圈发热出烟。绕组如有两处碰铁心，相当于短路的情形，即使机座没有接地，绕组内也要产生短路电流呈现与短路相仿的现象。

（9）转子断线。电动机带负荷运转时，转子导线如有部分中断，不但转子未断部分的电流增加，定子电流也相应的增加，而且电动机有嗡嗡的声音，转速降低，重负荷时便要发热出烟。断线的绕线型转子，空载及重载时均使定子电流不稳定；断线的鼠笼型转子，空载正常，但起动转矩小，并且很慢地转动时，将使定子电流大小变动。

（10）电动机冒白烟，似是而非的故障。新制或长久不用的电动机，在开始带负荷运转或作制动试验时，常发生冒白烟，这时电动机的电流正常，声音也正常，无焦臭气味。如果继续运转或试验，白烟便由浓而淡以至于自行消灭，

有时甚至还会损坏其他的零部件。例如有一处提灌工程使用一台 Y200L1-2 型的三相异步电动机，配套 QX10-30 型起动箱作降压起动，安装后使用一年多运行正常。后因夏灌需要，机手自己将电动机挪了个地方。但重新安装后，发现电动机星形起动正常，当切换为三角形运行时响声异常，电动机转速明显下降、数秒钟后热继电器动作，电动机断电停车。因夏灌任务很紧，急叫电工前来修理。某电工到现场后，没问机手情况，根据电话中得知的现象怀疑三角形运行后，电动机缺相运行，造成热继电器过流动作。于是用所带仪表着手检查三角形运行时交流接触器及连接导线、时间继电器、热继电器等。可忙了多半天，均未发现异常。此时只有剩下电动机的六根接线未检查，动手核对电动机接线时，发现电动机一相线头首尾接反了，对调后试机，故障排除运行正常。这时该电工擦着满头的汗水才问机手电动机是否挪动过，可见“问诊”的重要性。

本节介绍维修电工查找电气故障时的工作方法“三先后”：先易后难；先动后静；先电源后负载。

1-3-1 先易后难

先易后难，也可理解为“先简单，后复杂”。即根据客观条件，容易实施的手段优先采用，不易实施或较难实施的手段必要时才采用。也就是说：检修故障要先用最简单易行、自己最拿手的方法去处理，再用复杂、精确的方法；排除故障时，先排除直观、显而易见、简单常见的故障，后排除难度较高，没有处理过的疑难故障。通常是先作直观检查和了解（感官诊断），其次才考虑采用仪表仪器检查（表测才能有的放矢）。例如熔丝熔断、开路、短路、过热、烧伤等，往往用直观检查就能发现，当然不必动用仪表仪器检查；用直观检查发现不了的毛病，用万用表之类普通仪表配合就能作出诊断的，不必动用高级、精密的仪器仪表检查。对于结构比较复杂的电气设备，通常是先检查其外围零部件和接线，如需解体检查，其核心部分和不易拆装部分更应慎重考虑。即首先排除外部零部件引起的故障，再检修机内的故障，尽量避免不必要的拆卸。

电气设备经常容易产生相同类型的故障就是“通病”。由于通病比较常见，积累的经验较丰富，因此可以快速地排除，这样可以集中精力和时间排除比较少见、难度高、古怪的疑难杂症。简化步骤，缩小范围，有的放矢，提高检修速度。

1-3-2 先动后静

先动后静，即着手检查时首先考虑电气设备的活动部分，其次才是静止部分。有经验的检修人员都知道，电气设备的活动部分比静止部分在使用中的故障几率要高得多，所以诊断时首先要怀疑的对象往往是经常动作的零部件或可动部分，如开关、闸刀、熔丝、接头、插接件、机械运动部分。在具体检测操作时，却要“先静态测试，后动态测量”。静态，是指发生故障后，在不通电的情况下，对电气设备进行检测；动态，是指通电后对电气设备的检测。因为许多电气设备发生故障检修时，不能立即通电，如果通电的话，可能会人为地扩大故障范围，烧毁更多的元器件，造成不应该的损失。故在故障设备通电前，先进行电阻的测量，采取必要的措施后，方能通电测量。

1-3-3 先电源后负载

先电源后负载，即检查的先后次序从电路的角度来说，先检查电源部分，后检查负载部分。这是因为电源侧故障势必会影响到负载，而负载侧故障则未必会影响到电源。如电源电压过高、过低、波形畸变、三相不对称等都可能会影响电气设备的正常工作。另外，电源部分的故障几率也往往较高，尤其是电流互感器和电压互感器的二次回路接线，往往最容易搞错且又容易被忽略。对于用电设备，通常先检查电源的电压、电流，电路中的开关、触点、熔丝、接头等，故障排除后才根据需要检查负载。

检修电气设备的行家里手们的宝贵经验：“先公用电路，后专用电路”。任何电气系统的公用电路出故障，其能量、信息就无法传送、分配到各具体电路，专用电路的功能、性能就不起作用。如一个电气设备的电源部分出故障，整个系统就无法正常运转，向各种专用电路传递的能量、信息就不可能实现。因此只有遵循先公用电路、后专用电路的顺序，才能快速、准确无误地排除电气设备的故障。

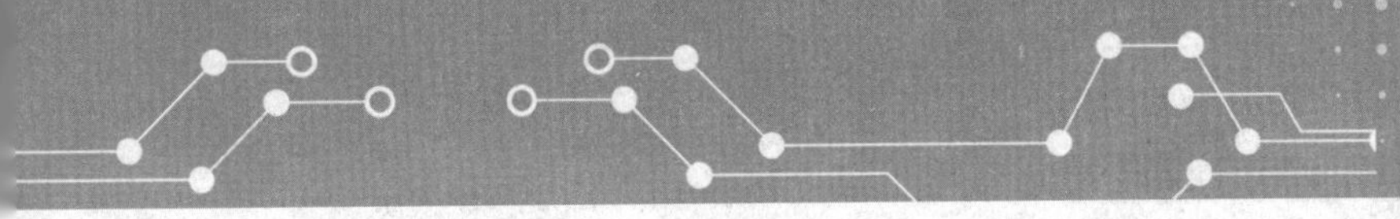

第2章

感官诊断查找电气故障

感官查找是通过人的感官来查找电气设备的故障原因和部位所在。人的大脑所起的作用很像一套精密的仪器，它将输入的信息同脑子里固有的知识和经验作比较，进行筛选，直接作出判断，完成信息的输出程序，如图 2-1 所示。

←客观存在→|←人的感觉作用阶段→|←人的思维作用阶段→|

客观情况→ 感官 → 大脑神经兴奋 → 判断 → 推理 → 结论

←诊断对象→|←信息输入→|←信息处理→|←人的认识和信息输出→|

图 2-1　用人的感官查找程序框图

人的感官除了对具体信号，如光、色（观察设备的外部状况或运行工况）、声（设备运行的声响，包括敲击声）、气味（设备发出的气味）、温（手触摸设备的有关部位，手感的温度和振动）等刺激发生反应的第一信号系统外，还有对语言文字反应的皮层机能系统，叫做第二信号系统。所以，感官查找还能利用操作人员或用户反映的设备使用情况，设备的“病历”和故障发生的全过程等技术资料进行诊断。

感官查找属于主观监测方法，由于各人技术水平及经验不同，诊断结果有时也不相同。为了减少偏差，可采用以下方法：①多人会诊法。把各人不同的感觉，不同的判断提出来共同商讨，求得正确的结论。②隔离诊断法。在一个车间（工段）里有其他设备干扰时，可逐台开动诊断，在一台设备中分不同转速不同部位进行诊断。③充分利用人的感觉第二信号系统。健全设备履历记录积累参考资料，如交接班记录，事故分析，检修记录等。④对个人而言，要不断吸取别人经验，同时对每次诊断设备故障的故障现象、原因、经过、技巧、心得等记录在专用笔记本上，总结积累经验，将自己的经验上升为理论。在理论指导下，具体故障具体分析判断，以提高诊断设备故障技术水平。

感官查找法又称直观检查法，是凭人的感官，通过口问、眼看、耳听、鼻闻、手摸等对设备故障有的放矢诊断。这种方法在现场应用十分方便、简捷。由于目前对感官诊断方法尚未系统总结，故许多宝贵的经验得不到推广和应用。

应用现代化的设备诊断技术是当前发展的方向，但投资较大，且需与管理水平相适应。目前，许多工矿企业、乡镇企业，特别是广大农村尚不具备广泛应用的条件，绝大多数普通设备还需使用感官诊断。即使现代化诊断技术在以后得到普遍应用，感官诊断方法还可作初步诊断用。所以，应大力提倡学习、应用感官查找方法。

第1节 看、听、摸“门诊”

2-1-1 看标涂颜色，识别导体相位、极性

颜色在电气领域内有着广泛的应用。无论是电气设计者，还是电气维护修理者，都要掌握颜色标记的确切含义。在电气成套装置中以导线颜色的不同来区别电路，如配电装电装置中的裸母线涂色漆，主要用以表明母线的用途（三相交流母线或直流母线等）、交流母线的相位及直流母线的极性。我国规定：三相交流母线中，L1（A）相涂黄色，L2（B）相涂绿色，L3（C）相涂红色，中性线涂紫色（不接地者）或紫色带黑色横条（接地者）；在直流母线中，正极涂赭色，负极涂蓝色。同时裸母线涂色漆后由于增大了辐射散热能力，改善了散热条件，所以比不涂色漆时载流量可增大；并可防止母线锈蚀，对于钢母线尤为重要。看导线颜色标记识别电路的原则如下：

（1）黑色表示装置和设备的内部布线；

（2）棕（赭）色表示直流电路的正极；

（3）红色表示三相交流电路的L3（C）相、半导体三极管的集电极、二极管和整流二极管或晶闸管的阴极；

（4）黄色表示三相电路中的L1（A）相、晶闸管的控制极；

（5）绿色表示三相电路的L2（B）相；

（6）蓝色表示直流电路的负极、半导体三极管的发射极、二极管和整流二极管或晶闸管的阳极；

（7）淡蓝色表示三相电路的零线、直流电路的接地中线；

（8）白色表示双向晶闸管的主电极、无指定用色的半导体电路；

（9）黄绿双色（每种色宽约15～100mm交替连接）表示安全用的接地线；

（10）红黑并行表示双芯导线或双根绞线连接的交流电路。

2-1-2 看表面颜色，识别电阻体；看标色环位，算阻值大小

电阻体的颜色有多种，常用电阻中，实芯电阻一般为棕色；绕线电阻一般用黑色；带珐琅膜的电阻一般为绿色和灰色；碳膜电阻器一般用绿色和米色（也有蓝色）；金属膜电阻器一般用棕色、红色和灰色。

目前成品电阻值大小多用色环位表示。色环与相应代表数值见表2-1。5个色标时，前三位有效，第4位表示10的次方数，第5位表示精度。例如五环电阻：红、红、黑、黑、棕，电阻值220Ω，精度1%。

表 2-1 色环与相应代表数值表

颜色	棕	红	橙	黄	绿	蓝	紫	灰	白	黑
数值	1	2	3	4	5	6	7	8	9	0

4 个色标时，前两位有效，第 3 位表示 10 的次方数，第 4 位表示精度（一般为金色）。

五环电阻的哪端为第一环呢？仔细观察电阻两端的色环有一个色环离电阻体的边缘更近一些，这就是第一环，即阻值环。还可以从误差环的代表颜色来区分，用来表示误差的有以下几种颜色：棕±1％、红±2％、绿±0.5％、蓝±0.25％、紫±0.1％、金±5％、银±10％。如果在边缘的一环不属误差环的颜色，就一定是阻值环，即第一环。

2-1-3 区别交、直流电动机

电动机是交流的还是直流的，一般都在铭牌上写明。如果铭牌已没有，可以从下列三点规律判定。

（1）交流电动机机座上铸有散热筋而直流电动机却没有。因交流电动机的定子铁心固定在机座内，定子绕组的铜损及定子铁心的磁滞涡流损耗所产生的热量主要通过机座向空气中散发，机壳上铸有散热筋可加大散热面积，降低电动机的温升；直流电动机由于机座内固定的是主磁极，机座内磁通的大小和方向都是恒定的，定子中没有铁损，主磁极间有较大空间，主极线圈产生的热量可较方便地由极间通风散出。所以机座上没有散热筋，这样机座的制造也方便。电枢中的铜损及铁损所产生的热量通过直流电动机端部的开口部分向空气中散发。

（2）无整流子的电动机，只能用于交流电源。

（3）电动机上有整流子，磁轭是铸钢或软铁做成的（见图 2-2）是直流电动机。磁轭用硅钢片叠成的是交流电动机；电动机定子上看不到磁极的是交流电动机。

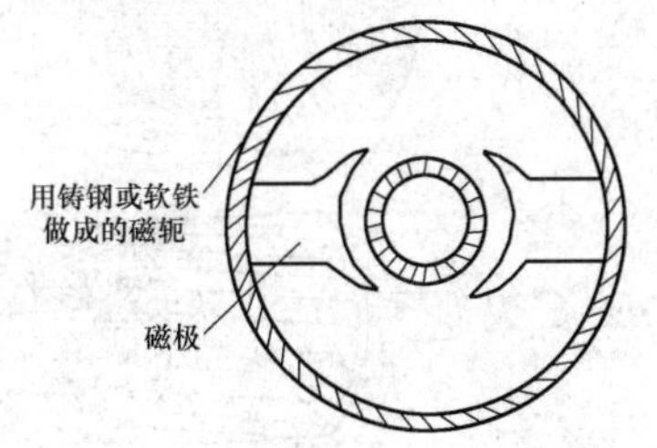

图 2-2 直流电动机的磁轭和磁极

2-1-4 区别交、直流电磁铁

对于线圈电压值和额定吸力相同的电磁铁，一般直流电磁铁线圈的直流电阻要大些，因此，在线圈外形尺寸基本相同的情况下，线径较细。电磁铁铁心可用软铁，也可用电工钢片叠成，但交流电磁铁的铁心端面常嵌有短路环以减小振动，而直流电磁铁铁心不需装短路环。

2-1-5 区别绕线型、笼型三相异步电动机

绕线型与笼型三相异步电动机的主要区别在转子上。绕线型转子的绕组与

定子绕组很相似，用绝缘的铜导线绕制而成，分成三相绕组，按一定的规律对称地放在转子铁心槽中，三个绕组的末端一般并联在一起，三个绕组的首端分别接至固定在转子轴上的三个铜滑环上（即三相绕组接成星形），再经与滑环摩擦接触的三个电刷与三相变阻器相连接。滑环之间及滑环与转轴之间都应相互绝缘。绕线型电动机外形和线绕转子如图 2-3 所示。

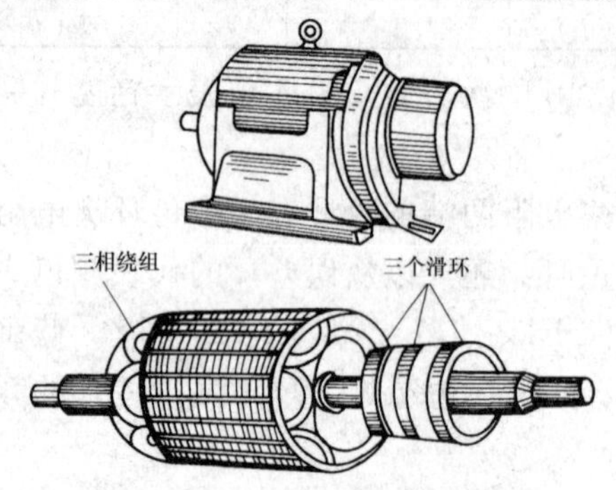

图 2-3　线绕型电动机外形和线绕转子示意图

笼型电动机的转子绕组的结构与定子绕组完全不同，每个转子槽内只嵌放一根铜条或铝条，在铁心两端槽口处，由两个铜或铝的端圆环分别把每个槽内的铜条或铝条连接起来，构成一个短接的导电回路。鼠笼电动机外形和鼠笼转子如图 2-4 所示。如果去掉转子铁心，留下来的短接导线回路结构的形状很像一个松鼠笼，故称鼠笼型绕组，如图 2-5 所示。目前国产中小功率的笼型异步电动机，大都是在转子铁心槽中，用铝液一次性浇铸成铝笼型转子，有的还在端环上同时铸出许多叶片，作为冷却用的风扇。为了提高笼型异步电动机的起动性能，较大功率的电动机，都采用深槽型转子，或双笼型转子，或用高电阻材料做鼠笼导条。

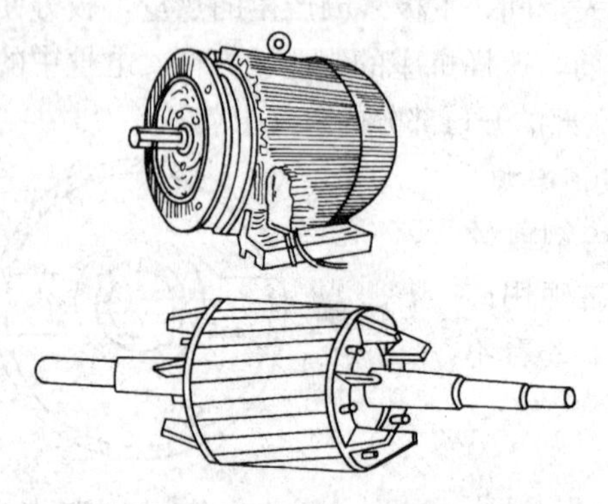

图 2-4　鼠笼电动机外形和鼠笼转子示意图

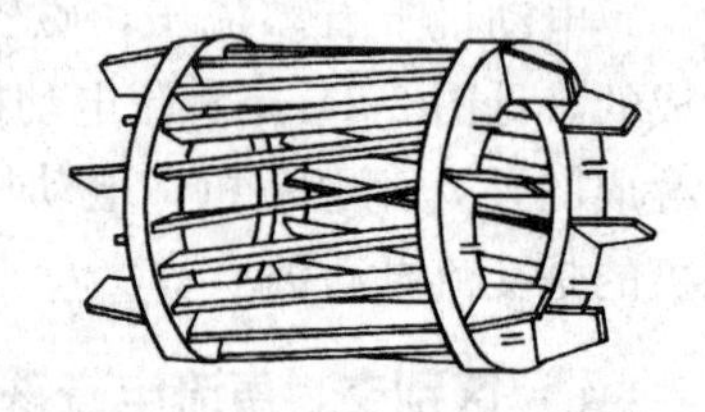

图 2-5　鼠笼型转子的绕组示意图

2-1-6　区别直流电动机的励磁方式

复励式直流电动机每个磁极上有串联与并联两个线圈，引出线必须有四根。两根较粗，两根较细，因此每个磁极线圈有四根引出线的，是复励式直流电动机。

分励式和串励式的每一磁极的引出线都是两根，线圈导线细而匝数多的是分励式的；导线粗而匝数少的是串励式直流电动机。

2-1-7 区分大、中、小型及微型电动机

一般是按电动机的轴中心高度或定子铁心外径大小来区分：①大型电动机。电动机轴中心高度 $H>630$mm，或定子铁心外径 $D>1000$mm；②中型电动机。电动机轴中心高度 H 在 355～630mm，或定子铁心外径 D 在 500～1000mm；③小型电动机。电动机轴中心高度 H 在 89～315mm，或定子铁心外径 D 在 100～500mm；④微型电动机。电动机轴中心高度 H 约在 71mm 及以下，或定子铁心外径 D 在 100mm 以下者。三相交流微型电动机主要用于小型机床、医疗器械等设备上。

2-1-8 看转子形状型式识别电机

常见电机转子示意图如图 2-6 所示。

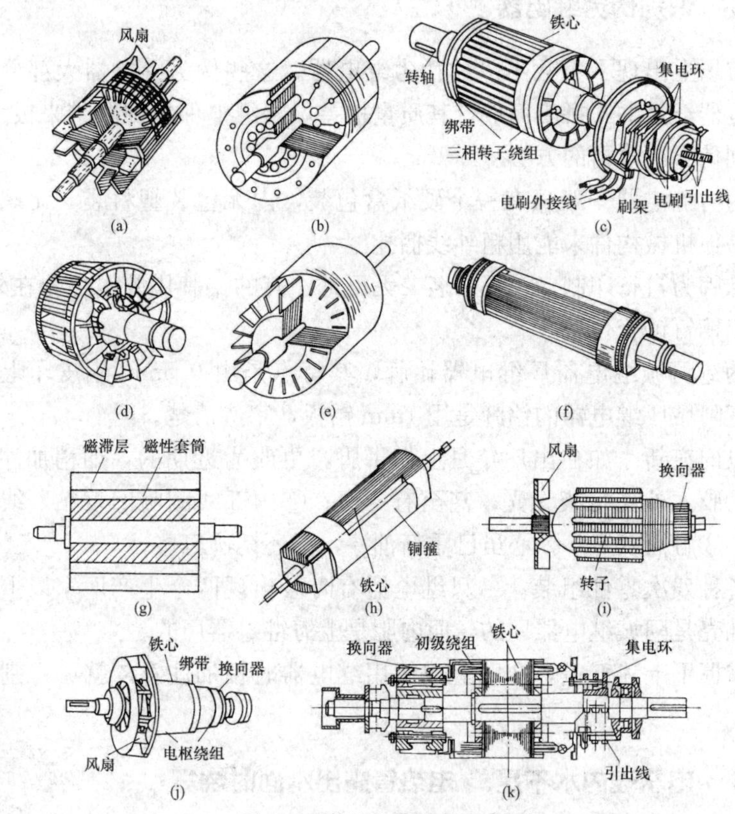

图 2-6 常见电机转子示意图

(a) 笼型异步电动机；(b) 深槽式笼型异步电动机；(c) 绕线型异步电动机；(d) 交直流两用带换向器串励电动机；(e) 汽轮发电机（隐极式）；(f) 自整角机；(g) 双笼型异步电动机；(h) 单相磁滞式同步电动机；(i) 凸极式同步电动机（发电机）；(j) 三相异步换向器电动机；(k) 直流电机

2-1-9 识别劣质铝芯绝缘电线

（1）内芯。优质铝线线芯为银白色，柔软；劣质铝芯绝缘电线线芯颜色发乌、较硬。若接线试验，其缺陷则暴露无遗，劣质铝芯绝缘电线线芯硬如钢丝，稍短的线头根本无法绞合。

（2）外观。优质铝线外皮颜色较艳，并打印有生产厂家名称或型号；而劣质铝芯绝缘电线外观陈旧，根本无厂名、型号等标记。

（3）包皮。优质铝线外包皮与芯线接触紧密；而劣质铝芯绝缘电线线皮与芯线接触很松，“套”大芯小。

（4）长度。优质铝线每盘长度误差一般在1%～2%；而劣质铝线每盘误差一般达10%～20%。

2-1-10 识别伪劣继电器

目前市场上出现了为数不少的伪劣继电器。这些伪劣继电器大部分是已经报废的继电器经过加工拼凑而成，其质量极差，给继电保护回路带来极大危害。现介绍识别伪劣继电器的方法。

（1）伪劣继电器一般只有一个硬纸盒包装，内无包装塑料袋，无螺杆附件袋。对于易损机械构件未能用粗纱线捆扎。

（2）铭牌为自行印制，一无厂名二无厂址，有的铭牌用胶水粘合在外壳上，而不是用铝铆钉铆合。

（3）伪造阿城继电器厂继电器铭牌，其特点是由0.5mm铝皮印上粗糙字迹，而真正阿城厂继电器的铭牌是用1mm铝板，字迹清楚。

（4）以旧充新。如在出厂年月上做手脚，更改为近期的，如稍加注意，仍可识别：①胶木外壳暗淡无光，甚至有霉斑；②内部线圈陈旧发粘，线圈数据模糊不清；③触点发黑，铁心虽已重新油漆，但还锈迹斑斑。

（5）各种残次零件组装。一只继电器有时会出现两个生产厂家以上的零件组成，如外壳是阿城继电器厂的，而内胆是上海继电器厂的。

一般掌握了上述五点，在购置或使用继电器时稍加注意，就可识别出伪劣继电器。

2-1-11 电水壶内水不足，电热管露出水面时烧坏

使用电水壶或暖水瓶插电热管加热烧开水时，为了便于加热对流，电水壶的电热管必须离壶底20mm左右。当壶内有足够的水时，电热管的表面温度不会升得很高；但当壳（瓶）内水不足，电热管露出水面时，其表面温度迅速上

升，使管内绝缘材料膨胀，将软化了的管壁胀破，水渗入管内，电热丝氧化断裂，露出水面部位有烧黑的斑点。因此，使用电水壶时，水位始终要高于电热管，并需注意不要先插入电源后加水。

2-1-12 鉴别日光灯启辉器的好坏

日光灯启辉器的构造是在充有氖气的玻璃泡内有两极，即一条双金属U型片和一个静触片，泡外有一个小电容器，用来避免电极断开时产生火花将触片烧坏和消除日光灯对收音机干扰，玻璃泡和小电容器同装在一个铝壳内。启辉器作用是使电路接通，接通后自动切断，点燃灯丝产生脉冲高压，使灯管正常工作。

启辉器质量的鉴别可用简易测定法，即将启辉器接入日光灯电路中，在日光灯正常的情况下，启辉器应在3s内启跳，并且没有复跳现象；反之，如果启辉器在3s内不能启动或金属片搭牢而不能复原，使灯管两头亮中间不亮，即灯管处于预热状态而不能点燃，则说明被测试的启辉器有问题，不能使用。

2-1-13 鉴别白炽灯灯泡和日光灯灯管的好坏

白炽灯灯泡和日光灯灯管同属家庭常用的照明电光源产品，选购或使用时可从以下几方面加以鉴别：

（1）灯泡外观。泡壳圆整光洁，无气泡、砂眼及明显的划痕，商品标识印字清晰。

（2）灯泡灯芯。玻璃灯芯不歪斜，钼丝钩、钨丝排列均匀，钼丝无发黑氧化现象。

（3）灯泡灯头。安装不歪斜，用手稍带力拉时不松，螺口灯泡锡焊点高度和大小应适当（直径约3mm），无假焊；插头灯泡灯头电触点与外壳绝缘，无粘连。

日光灯灯管。荧光粉镀层均匀，无剥落，无黑环黑点；灯头灯脚固定可靠，在额定电压220V变动10%的范围内能得到满意的启动，灯启动亮后无使人不适的闪烁现象。

2-1-14 辨别插座的优劣

目前市售的插座特别是多用插座有很多是不合格的，现介绍几种识别插座质量优劣的方法。

（1）看外表。质量高的插座颜色较纯，黑的漆黑，白的洁白，有光泽，工艺水平较高；质量低的则刚好相反。

（2）看内部构造。打开插座，内部构造合理，接线方便，金属弹片弹性好，位置与上盖板孔眼对应准确，属于质量较高的插座；反之则属于质量低劣的插座。

（3）接插试验。质量高的插座当插头插入或拔出时，虽有阻力，但插拔方便；质量差的插座当插头插入或拔出时，要么无任何阻力，要么十分费力。

2-1-15　看熔体熔断情况初步判断短路或过负荷

熔断器在电路中主要起短路保护作用。熔断器熔体在短路电流下会熔断，另外，当熔体氧化腐蚀或安装时机械损伤使熔体截面变小，或者过负荷均能使熔体熔断。所以，更换熔体时可根据熔体熔断情况来判断故障原因是由短路电流还是过负荷所造成的，以便采取迅速有效的检查或排除故障的办法。

原理上讲：过负荷电流比额定电流大，但比短路电流小得多，因而引起熔体发热熔断时间较长，一般熔体的小截面处热量积聚较多，故多在小截面处熔断，且熔断的部位较短；短路电流比过负荷电流大得多，熔体熔断较快，熔断的部位较长，甚至在大截面部位也全部熔完。实际观察如下：

对大多数熔体来说。熔体外露部分全部熔爆，仅螺钉压接部位有残存。这是因为中间部位导体截面积小，不能承受强大的瞬时电流冲击，因而在此部位烧断。由此可判定线路或用电器发生了短路故障。此时应彻底查明故障点，不可盲目地加大熔体，以免造成更大的危害。

熔体的中部产生较小的断口。这是通过熔体的电流较长时间超过其额定值，熔体两端的热量可经压接螺钉散发掉，而中间部位热量聚集不散以致熔断。因此可判定是线路过载。此时应查明过负荷原因，并核实熔体选择是否正确。

熔体断口在压接螺钉附近，且断口较小。这种状态往往可以看到螺钉变色，产生氧化现象。这是由于压接不紧或螺钉松动所致。此时应清理（或更换）螺钉，重新压接相同容量的熔体。

对玻璃管密封型熔断器（BGXP 型 $\phi5\times20$，0.5～5A；BGDP 型 $\phi6\times30$，0.5～20A）来说，熔丝烧断的情况如表 2-2 所示。当有短路大电流通过时，熔丝几乎全部熔化；当长时间通过略大于额定电流的电流时，熔丝往往在中间部分熔断，但不伸长，且熔丝气化后附在玻璃管壁上；当有 1.6 倍左右额定电流反复通过使之熔断时，熔丝往往于一端熔断并伸长；当有 2～3 倍额定电流反复通过使之熔断时，熔丝于中间熔断并气化，无附着现象；通电时的冲击电流使熔丝在金属帽附近某一端熔断。

表 2-2　　玻璃管密封型熔断器熔丝烧断的情况

图　示	现　象	粗略分析烧断原因
	熔丝几乎全部熔化	有短路大电流通过
	熔丝在金属帽附近烧断	通电时的冲击电流引起
	熔丝中间部分被烧断，但不伸长，熔丝气化后附着在玻璃上	长时间通过略大于额定值的电流
	熔丝在中间部分烧断并气化，但无附着现象	有 2～3 倍的额定电流反复通过和断开
	熔丝烧断并伸长	有 1.6 倍的额定电流反复通过和断开

对快速熔断器来说（熔丝熔断后拆开熔体管查看），短路时熔断在中间；过负荷时与导线连接处的两端温度最高，故两端连接处熔断。

2-1-16　看接线盒内铜片短接情况，判电动机的接线方式

三相异步电动机定子绕组对称分布在定子铁心中，每相绕组有两个引出头，三相共有六个引出头，首端分别用 U1、V1、W1 标志，尾端对应用 U2、V2、W2 标志。绕组可以连接成星形（Y）或三角形（△）。星形接法是将三相绕组的尾端并联起来，即将 U2、V2、W2（D4、D5、D6）接线柱用铜片短接在一起，而将 U1、V1、W1（D1、D2、D3）分别接 L1、L2、L3 三相电源，如图 2-7（a）所示。三角形接法是将第一绕组的首端 U1 与第三相绕组的尾端 W2 连接在一起，再接至第一相电源；第二相绕组的首端 V1 与第一相绕组的尾端 U2 连接在一起，再接至第二相电源；第三相绕组的首端 W1 与第二相绕组的尾端 V2 连接在一起，并接至第三相电源。即在接线板上将接线柱 U1 和 W2、V1 和 U2、W1 和 V2 分别用铜片短接起来，再分别接入三相电源，如图 2-7（b）所示。

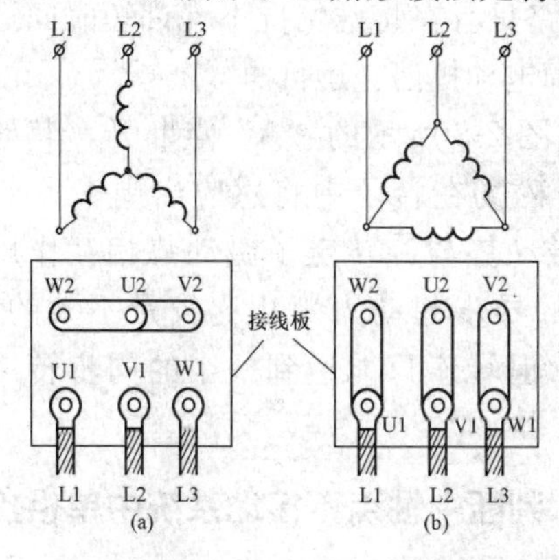

图 2-7　电动机接线盒的接线方法
（a）Y 接法；（b）△接法

三相定子绕组的首尾端是生产厂家事先预定好的，绝不能任意颠倒，但可以将三相绕组的首尾端一起颠倒。一台电动机是接成

星形或是接成三角形也是生产厂家确定的。

2-1-17 看铁心轭部厚薄，判定电动机的转速高低

尺寸相近的三相异步电动机，其转速高则极数少，且每极的面积大，每极磁通和通过定、转子轭部的磁通都相应增大，为保证一定的轭部磁通密度，轭高就需相应增厚。反之，转速低的电动机极数多，每极的面积小，每极磁通和通过定、转子轭部的磁通都相应减少，轭高也相应减薄。

2-1-18 看电流表指针摆动，判定起重用绕线型异步电动机转子一相开路

起重用绕线型异步电动机（中型吊车上的主、副钩电动机）转子绕组串联电阻起动的电缆线较长且经常移动，易发生断线故障。绕线型异步电动机运行中发生转子一相开路时，如图 2-8 所示，定子电流以 $2sf$（s 为转差率，f 为定子电源频率）的周率而脉振，很容易从定子电流表（操作室内均装设）指针的来回摆动而判断出来。此时，定子电流与正常对称时的电流比较大于$\sqrt{2}$倍，转子闭路相的电流与正常对称时电流比较增大$\sqrt{3}$倍。由于转子断相的绕组没有感应电流，使对应于这一转子断相位置的定子绕组内的电流也比较小，随着转子旋转位置的改变，定子三相电流便出现周期性的大小波动。由此而影响定子中性点的电压偏移是很小的。如果转子断相前电动机是满载运行，定子电流将严重过负荷。为了不使电动机被烧坏，应把电动机负载降低至额定值的$1/\sqrt{3}$或停运。由于转子断相会造成定子和转子铜损的增加，以及定子电流摆动对母线上其他用电设备运行的不良影响，因此转子一相开路只有在特殊情况下允许短时间运行。而一般在发生转子一相开路时，应将故障电动机停止运行。

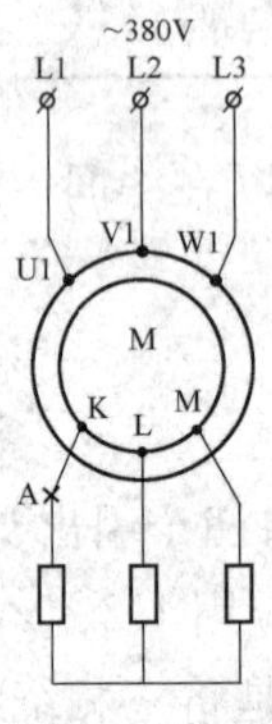

图 2-8 转子一相开路示意图

绕线型异步电动机转子一相开路时，如图 2-8 所示的“A”点断开，其他两相则构成单相串联的电路。起动时，定子磁场在转子中将感应出周率为 sf 的单相电流，由这个电流产生的脉振转子磁动势与旋转定子磁动势相互作用产生转动力矩，但这个力矩与对称时产生的异步起动力矩相比较是不大的，此时如能克服阻力矩时，转子会转动起来，但转速只能达到一半的同步转速就稳定下来了。

2-1-19 看三相三块电压表的指示值，判断中性点不接地系统中单相接地故障

在中性点不接地的三相系统中，正常运行时，三块电压表都应指示正常相

电压。如果出现一相电压表指示为零，而另外两相电压表指示为线电压，这时判断指示为零的那一相接地，而且是金属性接地。因为在正常情况下，中性点是处于大地电位的，而当一相金属性接地时，由于中性点位移，该相电压表就指示为零而另两相的对地电压指示为线电压。

当单相接地故障不属于金属性接地而是电阻性接地时，则可根据经理论推导、实践经验证实总结得出的中性点不接地系统中单相接地故障判断口诀：“三相电压谁最大，下相一定有故障”来判定。即三相电压中以指示值最高相为依据，按相序顺序往下推移一相即是故障相。

2-1-20　看日光灯电路接通后的异状，判断日光灯管是否漏气

当日光灯电路接通后，日光灯管两端发出像白炽灯似的红光，但中间不亮，在灯丝部位没有闪烁现象，尽管启辉器跳动，灯管却不起动。这种现象说明被试灯管已慢性漏气。凡是慢性漏气的灯管，通电燃点时间不久灯丝就会熔断；凡漏气严重的灯管，在灯丝部位内壁有时出现一丝白烟，通电燃点时间不长便会烧坏。

2-1-21　电缆芯线简易认线法

在实际工作中，为接线准确常常对多芯控制电缆进行两端查对线。若无任何仪器，且多芯控制电缆的两端尚未做电缆头前，可用“顺时针”法及“逆时针”法找对。具体步骤如下。

多芯控制电缆在制造时常常用一根带色导线做标记，对于老产品，如铅包纸绝缘电缆也有一根印有制造厂名和生产年月等带标记的导线。电缆芯线在制作绞合过程中，根与根之间的排列都是循序推进的，即在一端的芯线排列顺序和另一端芯线排列顺序是一样的。在电缆一端定为甲端，正对着电缆断面看，靠带标记导线右边第一根芯线（作为待查 1 号芯线），在电缆另一端定为乙端，也正对着电缆断面看时，带标记导线左边第一根芯线就是待查 1 号芯线。依此类推，在电缆一头甲端，从带色标记芯线右边第一根芯线开始，按顺时针编号 1、2、3、…；在另一头乙端，也从带色标记芯线左边第一根芯线开始，按逆时针顺序找出 1、2、3、…即可，如图 2-9 所示。但是，在重要的回路中，仅用直觉来认线是不适宜的，必须用可靠仪器、工具加以验证确认。

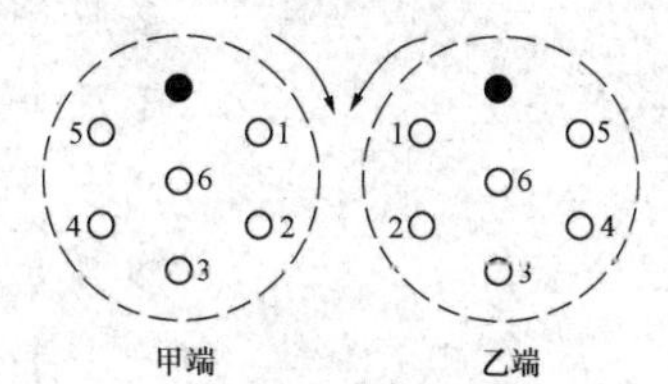

图 2-9　控制电缆芯线简易认线法示意图

2-1-22　看线径速判常用铜铝芯绝缘导线截面积

根据公式

$$A = \pi d^2 / 4 = 3.14d^2 / 4 = 0.785d^2 \approx 0.8d^2$$

$$A_n = n\pi d^2 / 4 = 0.785nd^2 \approx 0.8nd^2$$

式中　A——单股圆导线的截面积，mm^2；

A_n——n 股绞线的截面积，mm^2；

d——单股圆导线的直径，mm；

n——绞线的股数。

常用铜铝芯绝缘导线截面积及其相对应的线芯结构见表 2-3。

表 2-3　常用铜铝芯绝缘导线截面积及其相对应的线芯结构

导线标称截面（mm^2）		1	1.5	2.5	4	6	10	16	25
线芯结构	股数	1	1	1	1	1	7	7	7
	单股直径（mm）	1.13	1.37	1.76	2.24	2.73	1.33	1.68	2.11

导线标称截面（mm^2）		35		50	70	95	120	150
线芯结构	股数	7	19	19	19	19	37	37
	单股直径（mm）	2.49	1.51	1.81	2.14	2.49	2.01	2.24

得出估算口诀：

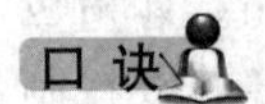

导线截面积判定，先定股数和线径。
铜铝导线单股芯，一个多点一平方，
不足个半一点五，不足两个二点五，
两个多点四平方，不足三个六平方。
多股导线七股绞，再看单股径大小，
不足个半十平方，一个半多粗十六，
两个多粗二十五，两个半粗三十五。
多股导线十九股，须看单股径多粗，
一个半是三十五，不足两个是五十，
两个多点是七十，两个半粗九十五。
多股导线三十七，单股线径先估出，
两个粗的一百二，两个多的一百五。

说明 (1)一般常用绝缘导线有橡皮绝缘导线和聚氯乙烯绝缘导线(俗称塑料线),不论哪种,看其成品外径,均不易判定导线截面积是多少。两三个相连排的导线等级标称截面,其外径相差很小,仅1～2mm,特别是经过运行的绝缘线、两靠近的等级标称截面积导线,用肉眼几乎看不出差异。判定绝缘导线的截面积是电工特别是维修电工应知应会的技能,也是电工经常遇到和需解决的工作。本小节口诀是帮助电工尽快学会快速判定铜铝芯绝缘导线截面积的经验估算口诀,也可以说是在现场判定导线截面积的有效可行方法。

(2)口诀是根据绝缘导线的线芯结构,即股数和单股线直径来判定导线的截面积等级的。为此,须记住导线截面积 mm^2 等级,见表2-3所列1～150mm^2常用的14个等级截面积数值。同时应清楚导线单股直径与截面积的关系:$A=\pi d^2/4\approx 0.8d^2$;多股绞线的截面积是各单股截面积之和,即 $A_n=n\pi d^2/4\approx 0.8nd^2$。口诀中的"个"则是单股线直径的单位mm的俗称(工矿企业中一直沿用这个俗称,即1mm就是1个。且电工必须具备肉眼识"个"的本领,如几个粗的线、几个的螺栓等)。口诀中的"多点"和"不足",两者均是差0.1mm或0.2mm的意思。

(3)"一个多点一平方"是说单股芯线径是1mm多点的导线,该导线的截面积是1mm^2;"不足个半一点五"是说独股线径为1.3mm或1.4mm的导线,其截面积是1.5mm^2。每句口诀的前半句是独股线径,后半句是相对应的导线截面积。"多股导线七股绞,再看单股径大小,不足个半十平方,一个半多粗十六"说的是绝缘线的线芯结构由7股组成,单股线径不足1.5mm的绞线截面积是10mm^2;单股线径1.5mm多的绞线截面积是16mm^2。"两个多粗二十五""两个半粗三十五"均是说线芯结构由7股组成时,单股线径多少"个",导出后面绞线截面积。总之,本小节估算口诀须熟记,不断锻炼目识"个"的本领,逐步达到判定截面积无误。

2-1-23 数根数速判定BXH型橡皮花线截面积

BXH型橡皮花线规格见表2-4。

表2-4 BXH型橡皮花线规格

线芯数及标称截面积(mm^2)		2×0.5	2×0.75	2×1.0	2×1.5
线芯结构	铜线根数	16	24	32	19
	单根线直径(mm)	0.20	0.20	0.20	0.32
	线芯直径(mm)	0.94	1.2	1.30	1.60

得出估算口诀：

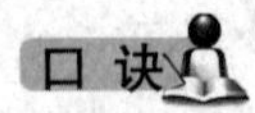

花线截面判定法，数数铜线的根数。

一十六根零点五，二十四根点七五，

三十二根一平方，一十九根一点五。

BXH 型橡皮花线是一种软线，它的芯线由多根细铜丝组成，用棉纱裹住，外面是橡胶绝缘层和棉纱织物保护层。其可供干燥场所作移动或受电装置接线用，线芯间额定电压 250V，最常见是作为吊式电灯的挂线（用链吊或管吊的屋内照明灯具，其灯头引下线可适当减少截面积），即挂线盒与灯头的连接线。如表 2-4 所列，BXH 型橡皮花线的芯线由多根细铜丝组成，单根铜线直径只有 0.2mm 和 0.32mm 两种。用肉眼无法识别两者粗细，即目识“个”的本领无法应用，而且 BXH 型橡皮花线的外表几乎一样。故在现场判定花线截面积等级，只有把其绝缘外皮剥去一段，数数铜丝的根数：线芯由 16 根铜丝构成的花线，其截面积是 0.5mm²；线芯由 24 根铜丝构成的花线，其截面积是 0.75mm²；线芯由 32 根铜丝构成的花线，其截面积是 1mm²。

2-1-24 绝缘导线载流量速估算

铝芯绝缘线载流量与截面积的倍数关系见表 2-5。

表 2-5 铝芯绝缘线载流量与截面积的倍数关系

<table>
<tr><td>导线截面积（mm²）</td><td>1</td><td>1.5</td><td>2.5</td><td>4</td><td>6</td><td>10</td><td>16</td></tr>
<tr><td>载流量/截面积（倍数）</td><td colspan="3">9</td><td>8</td><td>7</td><td>6</td><td>5</td></tr>
<tr><td>载流量（A）</td><td>9</td><td>14</td><td>23</td><td>32</td><td>48</td><td>60</td><td>90</td></tr>
</table>

<table>
<tr><td>导线截面积（mm²）</td><td>25</td><td>35</td><td>50</td><td>70</td><td>95</td><td>120</td></tr>
<tr><td>载流量/截面积（倍数）</td><td>4</td><td>3.5</td><td colspan="2">3</td><td colspan="2">2.5</td></tr>
<tr><td>载流量（A）</td><td>100</td><td>123</td><td>150</td><td>210</td><td>238</td><td>300</td></tr>
</table>

得出估算口诀：

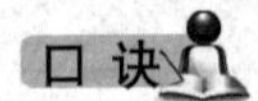

绝缘铝线满载流，导线截面乘倍数。

二点五下乘以九，往上减一顺号走。

三十五乘三点五，双双成组减点五。

条件有变打折算，高温九折铜升级。

穿管根数二三四，八七六折满载流。

说明 （1）本小节口诀对各种绝缘线（橡皮和塑料绝缘线）的载流量（安全电流）不是直接指出的，而是用截面乘上一定的倍数来表示，通过心算而得的。由表 2-5 中可以看出：倍数随截面积的增大而减小。

“二点五下乘以九，往上减一顺号走”说的是 2.5mm² 及以下的各种截面积铝芯绝缘线，其载流量约为截面积的 9 倍。如 2.5mm² 导线，其载流量为 2.5×9＝22.5（A）。4mm² 及以上的导线载流量和截面数的倍数关系是顺着线号往上排，倍数值逐次减 1，即 4×8、6×7、10×6、16×5、25×4。

“三十五乘三点五，双双成组减点五”说的是 35mm² 的导线载流量为截面积数的 3.5 倍，即 35×3.5＝122.5（A）。50mm² 及以上的导线载流量与截面积数之间的倍数关系变为两个线号成一组，倍数依次减 0.5。即 50、70mm² 导线的载流量为截面积的 3 倍；95、120mm² 导线载流量是截面积的 2.5 倍，依此类推。

“条件有变打折算，高温九折铜升级”是铝芯绝缘线明敷在环境温度 25℃的条件下而定的。如果铝芯绝缘线明敷在环境温度长期高于 25℃的地区，导线载流量可按上述口诀计算，然后再乘以 0.9 即可；当使用的不是铝芯线而是铜芯绝缘线，它的载流量要比同规格铝线略大一些，可按上述口诀方法算出比铝线加大一个线号的载流量。例如，16mm² 铜线的载流量可按 25mm² 铝线计算。

“穿管根数二三四，八七六折满载流”说的是绝缘导线穿管配线时，随着管内导线根数的增多，导线的载流量变小。具体估算方法是：先视为导线明敷，用口诀计算出结果后，再按同管内穿线根数的多少，分别打一折即得其载流量。例如一根管内穿 2 根线，再乘以 0.8；穿 3 根线或 4 根线时，分别乘以 0.7 和 0.6。

（2）500V 绝缘导线长期连续负荷允许载流量见表 2-6。

表 2-6　500V 绝缘导线长期连续负荷允许载流量　A

导线截面（mm²）	载流量截面积	导线明敷设						导线穿管（铝芯）					
		铝芯				铜芯		橡皮			塑料		
		25℃		30℃		25℃		铁管内线根数			铁管内线根数		
		橡皮	塑料	橡皮	塑料	橡皮	塑料	2	3	4	2	3	4
2.5	10	27	25	25	23	35	32	21	19	16	20	18	15
4	8	35	32	33	30	45	42	28	25	23	27	24	22
6	7	45	42	42	39	58	55	37	34	30	35	32	28
10	5.9	65	59	61	55	85	75	52	46	40	49	44	38
16	5	85	80	80	75	110	105	66	59	52	63	56	50
25	4.2	110	105	103	98	145	138	86	76	68	80	70	65
35	3.7	138	130	129	122	180	170	106	94	83	100	90	80
50	3.3	175	165	164	154	230	215	133	118	105	125	110	100
70	2.9	220	205	206	192	285	265	165	150	133	155	143	127
95	2.6	265	250	248	234	345	325	200	180	160	190	170	152
120	2.58	310	—	290	—	400	—	230	210	190	—	—	—
150	2.4	360	—	337	—	470	—	260	240	220	—	—	—

2-1-25　直埋聚氯乙烯绝缘电力电缆的载流量估算

直埋聚氯乙烯绝缘电力电缆载流量与截面积的倍数关系见表 2-7。

表 2-7　　直埋聚氯乙烯绝缘电力电缆载流量与截面积的倍数关系

电缆主线芯截面积（mm^2）	4	6	10	16	25	35
$\frac{载流量}{截面积}$（倍数）	7	6	5	4	3.5	3
载流量（A）	28	36	50	64	88	105
电缆主线芯截面积（mm^2）	50	70	95	120	150	185
$\frac{载流量}{截面积}$（倍数）	2.5		2		1.5	
载流量（A）	125	175	190	240	225	278

得出估算口诀：

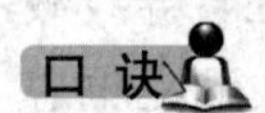

直埋电缆载流量，主芯截面乘倍数。

铝芯四平方乘七，往上减一顺号走。

二十五乘三点五，三十五乘整数三。

五十七十二点五，双双成组减点五。

铜芯电缆载流量，铝芯载流一点三。

说明　（1）聚氯乙烯绝缘电力电缆采用一次挤出型固态绝缘，其适用于交流 50Hz、额定电压 6kV 的输配电线路，具有良好的电气性能，耐酸，耐碱，耐盐，耐有机溶剂，电缆敷设不受落差限制，质量轻，安装维护简单等。故聚氯乙烯绝缘电力电缆适用于直埋敷设。

电缆直埋敷设比其他敷设方式简单、方便、投资省、电缆散热条件好、施工周期短。电缆直埋敷设常用于室外无电缆沟贯通的场所。电缆线路埋设在地下，不易遭到外界的破坏和受环境影响，故障少，安全可靠。

（2）本小节口诀对聚氯乙烯绝缘电力电缆直埋地敷设的载流量不是直接指出的，而是用截面乘以一定的倍数来表示，通过心算而得的。由表 2-7 可以看出：倍数随线芯截面积的增大而减小。这是因为电缆越细，散热越好，可取较大倍数值；电缆越粗，则取较小值。

“铝芯四平方乘七，往上减一顺号走”说的是聚氯乙烯绝缘电力电缆主线芯 $4mm^2$ 时，其载流量约为截面积的 7 倍，即 4×7=28（A）。$4mm^2$ 及以上主线芯的载流量和截面积的倍数关系是顺着线号往上排，倍数逐次减 1，即 6×6、10×5、16×4。

“二十五乘三点五，三十五乘整数三”说的是电缆主线芯是 $25mm^2$ 时，其载流量约为截面数的3.5倍［25×3.5=87.5≈88（A）］；电缆主线芯是 $35mm^2$ 时，其载流量约为截面数的3倍［35×3=105（A）］。

“五十七十二点五，双双成组减点五”说的是电缆主线芯截面积是 $50mm^2$ 和 $70mm^2$ 两个线号成一组，其载流量约为截面积的2.5倍［50×2.5=125（A），70×2.5=175（A）］。由此开始，其载流量与截面积之间的倍数关系变为两个线号成一组，倍数依次减0.5。即95、$120mm^2$ 主线芯的载流量为截面积的2倍（2.5−0.5=2）；150、$185mm^2$ 主线芯载流量是截面积的1.5倍。

“铜芯电缆载流量，铝芯载流一点三”是铝芯聚氯乙烯绝缘电力电缆的载流量估算，若是铜芯聚氯乙烯绝缘电力电缆，它的载流量是同规格铝芯电缆载流量的1.3倍。即按上述口诀方法算出铝芯电缆载流量的数值后，再乘以1.3倍系数，就是铜芯聚氯乙烯绝缘电力电缆的载流量。如主线芯 $10mm^2$ 铝芯电缆载流量为10×5=50（A），则主线芯 $10mm^2$ 铜芯电缆载流量为50×1.3=65（A）；主线芯 $16mm^2$ 铝芯电缆载流量估算为16×4=64（A），主线芯 $16mm^2$ 铜芯电缆载流量则为64×1.3=83.2（A）。

（3）聚氯乙烯绝缘电力电缆直埋地敷设的载流量见表2-8。由表2-8可看出，用口诀估算得直埋电缆载流量均比直埋电缆允许载流量少一点。原因：①口诀估算值考虑到电缆负荷不应超过允许载流量，过负荷对电缆的安全运行危害极大；②口诀估算值是在埋电缆的土壤温度为25℃时的载流量，而埋设电缆处的土壤温度在夏天均在28℃左右。若依表2-8中“30℃”栏所列允许载流量数值比较，则就不显得少一点了。另外，由于电缆发热造成土壤失去水分，降低了电缆的散热能力，故大截面积的载流量应偏小。

表2-8　聚氯乙烯绝缘电力电缆直埋地敷设的载流量（θ_e=65℃）　A

主线芯截面积（mm^2）	中性线截面积（mm^2）	载流量截面积	1kV（四芯铝芯电缆）			1kV（四芯铜芯电缆）		
			20℃	25℃	30℃	20℃	25℃	30℃
4	2.5	7.2	31	29	27	39	37	35
6	4	6.1	39	37	35	51	48	45
10	6	5.0	53	50	47	68	64	60
16	6	4.06	69	65	61	90	85	79
25	10	3.44	90	85	79	118	111	104
35	10	3.1	116	110	103	152	143	134
50	16	2.7	143	135	126	185	175	164
70	25	2.3	172	162	152	224	211	198
95	35	2.06	207	196	184	270	254	238
120	35	1.86	236	223	208	308	290	272
150	50	1.68	266	252	236	246	327	306
185	50	1.5	300	284	265	390	369	346

注　1. θ_e=65℃，指电缆线芯允许长期工作温度为65℃。

2. 表中“载流量/截面积”栏所列数值是铝芯电缆25℃时载流量与截面积之比。

2-1-26 铝、铜矩形母线载流量速估算

矩形铝母线厚度及其载流量关系见表 2-9。

表 2-9 矩形铝母线厚度及其载流量关系

厚度（mm）	3	4	5	6
载流量（A）	宽×10	宽×12	宽×13	宽×14
厚度（mm）	7	8	9	10
载流量（A）	宽×15	宽×16	宽×17	宽×18

得出估算口诀：

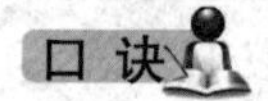

铝排载流量估算，依厚系数乘排宽。
厚三排宽乘以十，厚四排宽乘十二。
以上厚度每增一，系数增值亦为一。
母排二三四并列，分别八七六折算。
高温直流打九折，铜排再乘一点三。

说明　(1) 在相同截面积的情况下，矩形截面硬铝（铜）母线比圆形母线的周长大，即矩形母线的散热面大，因而冷却条件好；同时，因为交流电集肤效应的影响，矩形截面母线的电阻要比圆形截面的电阻小一些，因此在相同的截面积和容许发热温度下，矩形截面通过的电流要大些。所以，在 6～10kV 系统中一般都采用矩形母线。而在 35kV 及以上的配电装置中，为了防止电晕，一般都采用圆形母线。

(2) 矩形截面硬铝母线（俗称铝排母线）的载流量与其截面积大小、环境温度、所载电流性质等因素有关。本小节口诀是通过铝排母线的厚度和宽度尺寸，直接估算出载流量。规律是一定厚度的铝、铜排的载流量为排宽乘上一个系数。该系数与排厚有关，具体对应关系是：排厚为 3mm，系数为 10；排厚为 4mm，系数为 12；排厚为 4mm 以上时，厚度每增加 1mm，其对应系数在 12 的基础上也增加 1，例如铝排厚为 6mm，系数为 12＋2＝14；铝排厚为 8mm，系数为 16。

【例 1】 求算 40×4 矩形铝母线的载流量。

解 根据口诀得

40×4 矩形铝母线载流量＝40×12＝480（A）

【例 2】 求算 60×6 矩形铝母线的载流量。

解 根据口诀得

60×6 矩形铝母线载流量＝60×（12＋2）＝840（A）

（3）“母排二三四并列，分别八七六折算”说的是大容量变电所常采用同截面二片、三片或四片铝母排平行并列输送同相交流电时，其载流量并不是二片、三片或四片铝母排各自额定允许载流量的和，而是较之少些。当导线截面积增加1倍时，由于各种因素，流过导线的电流不允许增加1倍。其原因是：导线中流过电流而产生热量的大小与导线散热条件有关。导线流过电流产生的热量$Q_1=I_1^2R$；当导线截面积增大1倍后，导线电阻将减小1/2，则$Q_2=I_2^2\frac{R}{2}$。在外界环境条件相同的情况下，导线的散热量与导线的表面积成正比，即$Q'_1=K2\pi r_1L$；当导线截面积增大1倍时，导线的半径$r_2=\sqrt{2}r_1$，所以$Q'_2=K\times2\pi\sqrt{2}r_1L$。因为$Q_1=Q'_1$，$Q_2=Q'_2$，即$\frac{I_1^2R}{I_2^2R/2}=\frac{K\times2\pi r_1L}{K\times2\pi\sqrt{2}r_1L}$。所以$I_2=\sqrt{2\sqrt{2}}I_1=1.68I_1$。实际上，当导线流过交流电流时，还有集肤效应、邻近效应等因素。因此，载流量应为原来的1.5倍左右。具体算法是：二片并列时，载流量为各自额定允许载流量和的0.8倍；三片并列时，为和的0.7倍；四片并列时，为和的0.6倍。

“高温直流打九折，铜排再乘一点三”说的是当铝排装置在环境温度经常高于25℃的配电室内，或者作直流母线并列运行时，铝排的载流量应按上述计算结果后再乘0.9。铜排的载流量，比同规格尺寸的铝排大30%。故求算矩形铜母线载流量时，先视为矩形铝母线，按口诀估算方法算出后，再乘1.3即得矩形铜母线载流量（有关环境温度较高及母线并列使用的问题，可同铝母线一样处理）。

（4）矩形铝、铜母线的载流量见表2-10。

表2-10　矩形铝、铜母线的载流量（交流电流）　A

宽×厚（mm×mm）	矩形铝母线载流量							矩形铜母线载流量（25℃）
	口诀算值	25℃	30℃	35℃	2片	3片	4片	
15×3	150	165	155	145				210
25×3	250	265	249	233				340
30×4	360	365	343	321				475
40×4	480	480	451	422				625
40×5	520	540	507	475				700
50×5	650	665	625	585				860
60×6	840	870	817	765	1350	1720		1125
80×6	1120	1150	1080	1010	1630	2100		1480
100×8	1600	1625	1530	1430	2390	3050		2080
120×8	1920	1900	1785	1670	2650	3380		2400
80×10	1440	1480	1390	1305	2410	3100		1900
100×10	1800	1820	1710	1600	2860	3650	4150	2310
120×10	2160	2070	1950	1820	3200	4100	4650	2650

注　口诀算值按环境温度为25℃。

（5）矩形铝母线载流量与其截面有关，同时受铝排厚度的影响。若根据铝排厚度来确定矩形铝母线每平方毫米的载流量，再乘以相应的截面积，即可得矩形铝母线载流量。计算口诀如下：

口诀

铝排载流量估算，按厚截面乘系数：
厚四截面积乘三，五六厚乘二点五；
厚八二倍截面积，厚十以上一点八。

该口诀按铝排厚度来确定系数。其系数较少，仅有 4 个：3、2.5、2、1.8。运用时要注意：矩形铝母线的载流量等于系数乘以铝排截面积。每句口诀中，前面的数值是铝排的厚度，后面的数值是该厚度确定所乘的系数。例如，“厚四截面积乘三，五六厚乘二点五”理解为厚度为 4mm 的铝母线，每 mm^2 载流量为 3A；厚度为 5mm 和 6mm 的铝母线，每 mm^2 载流量为 2.5A。两口诀估算载流量的方法虽然不同，但其依据、来源及效果相同，均具有实用价值，均可现场运用。

2-1-27　扁钢母线载流量速估算

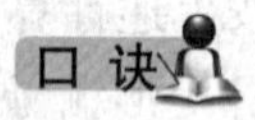

扁钢母线载流量，厚三截面即载流。
厚度四五六及八，截面八七六五折。
扁钢直流载流量，截面乘以一点五。

说明　（1）扁钢母线（钢排）截面积与交流电载流量（A）的关系是：扁钢厚度为 3mm 及以下时，其截面积 mm^2 数值就是载流量 A 的数值。如 30mm×3mm 扁钢母线，其载流量为 90A（30×3）；40mm×3mm 扁钢母线，其载流量为 120A（40×3）。这便是“厚三截面即载流”的意思。

“厚度四五六及八，截面八七六五折”说的是当扁钢母线的厚度为 4、5、6、8mm（没有标称 7mm 厚的扁钢）时，其载流量分别等于扁钢截面积乘以 0.8、0.7、0.6、0.5（有规律地逐减 0.1，便于易记）。如 40mm×4mm 扁钢母线，其载流量为 128A（40×4×0.8）；50mm×5mm 扁钢母线，其载流量为 175A（50×5×0.7）；60mm×6mm 扁钢母线，其载流量为 216A（60×6×0.6）；80mm×8mm 扁钢母线，其载流量为 320A（80×8×0.5）。

扁钢母线的载流量见表 2-11。

表 2-11 扁钢母线的载流量（交流）

宽×厚（mm×mm）	口诀算值（A）	截面积（mm^2）	载流量（A）
20×3	60	60	65
25×3	75	75	80
30×3	90	90	95
40×3	120	120	125
25×4	80	100	85
30×4	96	120	105
40×4	128	160	130
50×4	160	200	165
60×4	192	240	195
50×5	175	250	170
60×6	216	360	210
80×6	288	480	275
80×8	320	640	290

注 1. 扁钢载流量系垂直布置的数据，如水平布置时，宽度为 60mm 及以下的载流量应减少 5%；当宽度为 80mm 及以上时应减少 8%。
2. 表列数据是环境温度为 25℃时的扁钢母线载流量。

（2）口诀“扁钢直流载流量，截面乘以一点五”说的是当扁钢母线载直流电流时，其载流量数值约为截面积的 1.5 倍，即每平方毫米截面积的载流量约为 1.5A。如 30mm×3mm 扁钢母线，其直流载流量为 135A（90×1.5）；60mm×6mm 扁钢母线，其直流载流量为 540A（360×1.5）。

钢母线（扁钢母线）的载流量，对于交流电流与直流电流相差很大，而铜、铝矩形母线则不明显。这是因为钢属铁磁材料，它有较大的感抗，对交流电流影响较大而对直流电流则无影响的缘故。

2-1-28 三相有功电能表所带实际三相负载的估算

工矿企业单位不论大小均安装有三相有功电能表，但功率表却不是户户均安装。对此，可利用公式算出三相电能表所带实际三相负载的 kW 数，即已知三相有功电能表的转盘常数和每分钟实际转盘数，求出每小时内的平均有功负载。计算公式为：

$$P=\frac{N\times 60}{C}$$

式中 P——每小时内的平均有功负载，kW；

N——每分钟实际盘转数，r/min；

C——电能表常数，r/(kW·h)。

【例】 有一块三相有功电能表，C 为 2500，即每千瓦小时的盘转数为 2500，读得每分钟的实际转数为 30，求该三相电能表所带三相 1h 内的平均有功负载。

解 将已知：$C=2500\text{r}/(\text{kW}\cdot\text{h})$，$N=30\text{r}/\text{min}$代入式中，得

$$P=\frac{N\cdot 60}{C}=\frac{30\times 60}{2500}=0.72(\text{kW})$$

看读电能表每分钟的转盘数，求算三相有功电能表所带平均有功负载是电工应知应会的工作，故应熟记其计算公式，公式易记口诀为：

口诀

电能表所带负载，有功功率估算法：
一分钟的盘转数，除以常数乘六十。

上述计算公式，是不能计算无功负载的。要计算无功负载，还需测量三相电压和电流，求出三相视在功率，再按下式计算无功负载

$$Q=\sqrt{(S)^2-(P)^2}$$

式中 Q——三相无功负载，kvar；
S——三相视在功率，kVA；
P——三相有功负载，kW。

2-1-29 用充放电法判断小型电容器的好坏

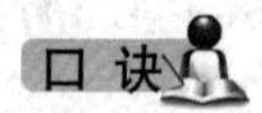

小型电容器好坏，充放电法粗判断。
电容两端接电源，充电大约一分钟。
用根绝缘铜导线，短接电容两电极。
火花闪亮是良好，没有火花已损坏。

说明 在使用小型电容器时，要想知道电容器的好坏，若手头上没有万用表则可用充放电的方法粗略地检查其好坏。所用的电源一般为直流电（特别是电解电容器等，一定要使用直流电源），电压不应超过被检电容器的耐压值（在电容器上标注着），常用3～6V的电池电源。如图2-10所示，电容器两端跨接直

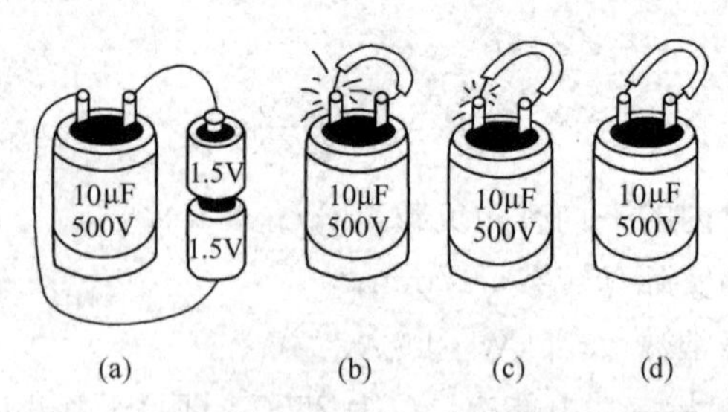

图2-10 用充放电法判断电容器的好坏示意图
(a) 充电；(b) 放电火花大（好的）；(c) 火花弱（较差的）；(d) 无火花（坏的）

流电源上，等待1min时间后就将电源断开；然后用一段导线，一端与电容器的一个电极相接，另一端点接触电容器的另一个电极，同时注意观看电极与导线头之间是否有放电火花。有放电火花，说明电容器是好的，并且火花较大的电容量也较大；没有放电火花，则说明被检电容器是坏的。

对于工作时接在交流电路中的电容器，也可使用交流电源。例如耐压250V的电容器，用220V交流电源充电大约1min。然后用根绝缘铜导线短接电容器两极，出现强烈的火花，则说明被检测电容器是好的；若只有微弱的火花产生，则说明电容器容量已变小；若没有火花产生，则该电容器已坏。

2-1-30 运用听音棒诊断电动机常见故障

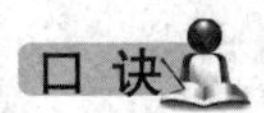

运用听音棒实听，确定电动机故障。
听到持续嚓嚓声，转子与定子碰擦。
转速变慢嗡嗡声，线圈碰壳相通地。
转速变慢吭吭声，线圈断线缺一相。
轴承室里嘘嘘声，轴承润滑油干涸。
轴承部位咯咯声，断定轴承已损坏。

说明 (1) 响声是现象，故障是本质。听响声判断故障，就是透过现象看本质。耳听诊断电动机的运转声时，可利用听音棒（一般用中、大旋凿），将棒的前端触在电动机的机壳、轴承等部位，另一侧（旋凿木柄）触在耳朵上（用听诊器具直接接触至发声部位听诊，放大响声，以利诊断，此做法叫实听。用耳朵隔开一段距离听诊，叫做虚听，这两种方法要配合使用）。如果听惯正常时的声音，就能听出异常声音。通过耳诊，结合眼看、鼻闻和手摸，分析归纳可判断出电动机所发生的故障。

(2) 电动机运转时，电流增大，并发出持续的“嚓嚓”声。断开电动机的电源，停机后用手摸机壳上发出“嚓嚓”噪声的地方。如果机壳很烫手，则可初步确定是转子与定子碰擦，即电动机扫膛故障。

电动机运转时，如果发现转速变慢、一相电流显著增加，并发出“嗡嗡”声；运行人员反映近期电动机的一相熔丝经常烧断。断开电动机电源，用手摸机壳，会感到局部地方很烫手。则可初步确定是一相线圈碰壳通地。

电动机运转时，如果转速变慢或运行时突然变慢，发出“吭吭”噪声，并发现一相没有电流。断开电动机的电源，停机后用手摸机壳，会感到机壳四周很烫手。如果再合上电源开关，电动机就很难再运转或根本不能启动。则可断定是线圈断线（也可能是一相熔丝烧断，或开关控制设备一相触点没接通）造成所谓双相运转。

电动机启动时，如果从轴承室发出“嘘嘘”声，甚至冒烟，有焦油味。断开电动机的电源，停机后用手摸轴承外盖，会感到轴承外盖烫手；卸下皮带（或联轴节），双手扳动皮带轮，感觉皮带轮转动不灵活。则可断定是轴承部分润滑油干涸。

电动机运转时，轴承部位发出“咯咯”声。断开电动机控制开关，停机后用手摸轴承外盖。如果发现轴承盖烫手；卸下皮带，双手上下左右地扳动皮带轮，会发现皮带轮特别紧、转动很困难，有轧住现象；或发现轴已松动，将皮带轮转动一下，它会很快地停下来。可断定是轴承损坏。

2-1-31 听响声判断电冰箱的故障

电冰箱的“嗡嗡”声往往来自与压缩机相接的一段“U”形排气管。该排气管的作用是将压缩后的高温高压气态制冷剂传输给散热器，考虑到排气管的“热胀冷缩”效应，制造电冰箱时，通常都是将这段排气管弯曲成“U”形。压缩机运转时，“U”形排气管随之产生振动而发声。这就好比被拨动的琴弦一样，而整个冰箱就好比一个共鸣箱，将这种声音放大，从而产生“嗡嗡”的噪声。

电冰箱在开始运转或停止运转的几分钟内，往往会发出声音不很大的“咔叭”声。这是由于停机时温度突然降下来，高压排气管和冷凝器两者之间温差较大，铜管因热胀冷缩而发出的响声。电冰箱压缩机在停机时产生一种“噹噹”声，这种响声来自压缩机内部。其原因是压缩机内有三条弹簧吊着气缸和线圈，用来防震。当压缩机停止工作时会产生一种阻力，由于弹簧的作用，使气缸向两边摆动，产生一种金属碰击声。上述声音均属正常现象。

如果电冰箱内发出放炮式的“嘣嘣”声，那就是非正常现象了。这是因受刚刚运转或停止时压力的影响，使冷藏室内的方形片状蒸发器的 4 个小螺钉松动，而造成了蒸发器向外扩张或向内收缩而产生的响声。在压缩机运行时，里面伴有严重的金属管撞击声，这也是电冰箱的非正常响声。这种响声是压缩机内高压消声管断裂造成的，必须拆开压缩机，更换高压消声管或焊接断裂处。如果压缩机运行时，里面伴有严重的“轰轰”声，亦属不正常响声。这种响声可能是压缩机内吊气缸的弹簧有一根断裂或脱位，使气缸碰撞压缩机外壳造成的响声。这时必须拆开压缩机，检查弹簧和更换新弹簧。

2-1-32 电风扇产生异常噪声的毛病

质量不好的电风扇易产生异常噪声，其主要来源如下。

1. 风叶

风叶是主要的噪声源。

(1) 风叶偏重。目前，电风扇的风叶绝大多数是铝板冲压而成。这种铝板，有时因材料质量或碾压时的厚薄不均匀会使三片叶片重量略有不等，造成偏重。若偏重较多，则在风扇运转时会产生整机振动，并伴有较大的噪声。

(2) 叶片角度不一致。由于运输和包装不良，或安装时工艺粗糙，有时会引起风叶角度的改变。若三片叶片角度差异较大，则在风扇运转时会造成防护网罩摆动，产生较大的噪声。

(3) 风叶罩位置不对。如果风叶罩略有偏心，亦会产生振动和噪声。

(4) 叶片轴套和电动机转轴配合太松。如当止头螺丝旋紧时，因轴套与电动机转轴的配合太松，出现配合误差的间隙，使风叶偏移中心，则相当于风叶偏重。

2. 轴承

(1) 不同心度偏大。风扇电机的前后盖、电机转子三部分配合的同心度要求较高。如果三者不同心度偏大（超过含油轴承调节范围），则会产生夹轴现象。在电机运转时会产生一种讨厌的类似过载的“哼哼”叫声。

(2) 含油轴承与轴瓦间隙大。由于间隙大，因此电机转动时不能在轴瓦和轴承之间形成良好的润滑油膜，产生金属摩擦声。特别在低转速、起动或切断瞬间时伴有“咣咣”声。

3. 摇头装置

风扇摇头装置有好几种，但都是借助齿轮或离合器来实现风扇摇头的。如果装配不好或齿轮严重磨损，都会产生周期性的“格哒、格哒”声，这种声音随摇头停止而消失。

4. 电气上的毛病

(1) 定、转子间的气隙不均匀，俗称磁隙单边，则会产生“嗡嗡”的交流声。

(2) 线圈匝数误差会造成磁通不对称，使磁隙圆周上磁通疏密不均而产生周期性交流声。

2-1-33 电动机的电磁噪声从机械、通风噪声中区分出来的简单方法

电动机的电磁噪声是由电磁引力引起的，所以它和电动机是否通电以及电流大小有关。电动机脱开电源的瞬间所具有的噪声是机械噪声和通风噪声，而减小的噪声则是电磁噪声。如果改变电动机负荷的大小，随负荷变化的噪声就是电磁噪声。

2-1-34 配电变压器异常噪声的诊断

配电变压器正常运行时，由于交流电通过变压器绕组，在铁心里产生周期性的交变磁通，就引起铁心的振动而发出均匀的“嗡嗡”响声。如果产生不均匀响声或其他响声，都属于异常噪声，属不正常现象。

(1) 变压器发出比原来（正常时）要大的、沉重的“嗡嗡”声，但无杂音，有时也可能随着负载的急剧变化出现“咯咯咯、咯咯咯”的间歇噪声，此声音的发生和变压器的指示仪表（电流表、电压表）的指针摆动同时动作。产生这种现象的主要原因一是过电压（如电源电压偏高、中性点不接地系统单相接地、铁磁共振等）；二是过电流（如负载过大，大动力负载起动）。

(2) 变压器内部发出惊人的“叮叮当当”锤击声，或“呼……呼……”似刮大风的声音，但此时的仪表指示、油温和油位均正常。这种现象一般是由于夹紧铁心的螺杆松动或铁心上有金属异物所致。

(3) 变压器内部发出“咕噜咕噜”像水开了似的水沸腾声。这是绕组匝间短路，使短路处严重过热，变压器油局部沸腾而发出的声响。有时伴随发出“吱吱”或“噼啪”的放电声。遇到这种情况应特别引起注意。但有时分接开关或导电杆接触不良导致局部发热，也有可能发生这种现象。

(4) 当变压器投入运行时，发出较大的“啾啾”声，有时还造成高压熔断器熔丝熔断。这是由于分接开关未到位，应马上停电处理。

(5) 变压器套管表面的污秽及大雾、下雨、阴天时，会造成电晕放电而发出“吱吱”声，且发声时间短促、间断时间不一。夜间可见蓝色小火花。

变压器运行时异常噪声的来源及分析与判断见表 2-12。

表 2-12 配电变压器运行时的异常噪声诊断表

故障源	故障情况	故障声
铁心	(1) 穿心螺杆松动	“叮当”锤击声与“呼……呼……”刮风声
	(2) 有异物落入铁心上	
	(3) 铁心接地线断开	“噼啪”声
	(4) 铁心接地不良	“哧哧”间歇声
绕组与线路	(1) 绕组短路：轻微	“噼啪”声
	严重	轰鸣声
	(2) 高压引出线对外壳相互间闪络放电	炸裂声
	(3) 低压侧电力线接地	“轰轰”声
	(4) 高压套管脏污、表面有裂痕或釉质脱落	“嘶嘶”声
	(5) 跌落式熔断器或分接开关接触不良	“吱吱”声

续表

故障源	故 障 情 况	故 障 声
负载与电压	（1）过载	“嗡嗡”声大，音调高
	（2）负载急剧变化	“咯咯”声
	（3）电网电压超过分接头额定电压	“嗡嗡”声变得尖锐

2-1-35 电压、电流互感器异常噪声的诊断

1. 电压互感器

正常运行时，有均匀的轻微“嗡嗡”声；运行异常时，有下列异常发音：

（1）线路单相接地时，因未接地两相电压升高及零序电压产生，使铁心饱和而发出较大的噪声，主要是沉重且高昂的“嗡嗡”声。

（2）铁磁谐振，发出较高的“嗡嗡”或“哼哼”声，这声音随电压和频率的变化而变化，且工频谐振与分频谐振时声音不同。工频谐振时，三相电压上升很高，使铁心严重饱和，发出很响且沉重的“嗡嗡”声；分频谐振时，三相电压升高，铁心饱和，且分频谐振时频率不到50Hz，只发出较响的“哼哼”声。

2. 电流互感器（未装在开关或变压器上的LFC及LFCD型）

正常运行时，声音极小，一般认为无声；在轻负荷或空载时，某些离开叠层的硅钢片端部发生振荡而造成一定的“嗡嗡”声。此声音时有时无，且随线路负荷的增加而消失。运行异常时，有下列异常声音：

（1）铁心穿心螺丝夹得不紧，硅钢片松动，随着铁心里交变磁通的变化，硅钢片振动幅度增大而发出较响的“嗡嗡”声。此声音不随负荷变化，会长期保持。

（2）二次回路开路，电流为零时，阻抗无限大，二次线圈产生很高的电动势，其峰值可达几十千伏。同时，原线圈磁化力使铁心磁通密度过度增大，铁心严重饱和，可能造成铁心过热而烧坏。因磁通密度的增加和磁通的非正弦性，使硅钢片振荡的力加强且振荡不均匀，从而发出较大噪声。

2-1-36 听汽车拖拉机发电机滚珠轴承的响声判断其故障

听响声判断故障，虽是一件比较复杂的工作，但只要有“实事求是”的科学态度，从客观实际情况出发，善于摸索其规律性，予以科学的研究与分析，是能够把这一工作做好的。例如听汽车拖拉机故障发电机滚珠轴承的响声：一种是连续的较尖锐的“吱吱”声；另一种是较杂乱的“唰啦唰啦”声。发动机在怠速或下中速运转时，响声较明显。分析原因：①滚珠轴承缺油；②滚珠轴

承松动或损坏。

诊断：在发电机运转中，出现上述响声时，可把油门置于响声较强的位置，用旋凿，或金属棍、细金属管等听诊器具触及发电机轴承附近，一般可听得清楚。如听到“吱吱”的声音，并用手摸轴承附近感到发热，可能是轴承缺油；如听到“唰啦唰啦”较杂乱的声音，则一般是轴承松动（松旷）或损坏。

2-1-37 手摸熔断器外壳温度速判晶闸管整流器三相是否平衡

在三相桥式半控整流器工作时，要求各相的导通角基本相同，才能保证三相平衡。这时测量输入端电流应该是三相线电流相等。但是当移相脉冲发生器等环节的元件变质时，导致三相导通角不一致，甚至出现“缺相”的情形。这时三相线电流不相等，出现三相不平衡的工作状态。三相是否平衡，一般可用示波器或钳形电流表等工具检查。若没有示波器且现场条件所限不能用钳形电流表等工具检查时，可用手摸整流电路中的熔断器（见图 2-11 中螺旋式熔断器 FUd）外壳的温度来迅速判断。既简便又实用。

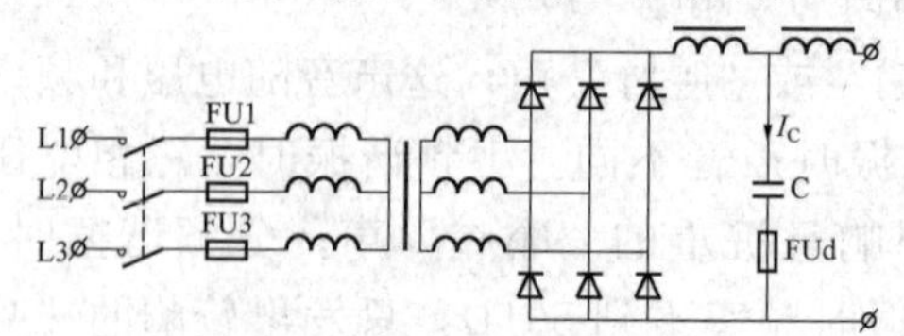

图 2-11 三相桥式半控整流电路示意图

在三相桥式半控整流器工作期。当三相导通角基本一致时，整流器输出的交流成分较小，则 FUd 外壳的温度微热（38～40℃）；当三相不平衡或缺相时，整流器输出电压的交流成分就要增加，这时通过滤波电容器 C 的交流电流的有效值也要增加，因此，FUd 熔断器外壳的温度较热（约42～45℃，手不能长时间停留）甚至烫手（50～55℃）。

应该注意，如果原来整流电路中没有熔断器 FUd，则选择 FUd 熔芯的原则是：当整流器缺相后十几分钟熔芯就应熔断；而在整流器正常工作时，熔断器外壳微热。实际选择时，只要断开整流器任意一相晶闸管的触发极（注意触发极切勿碰及机壳等，以免烧坏晶闸管），迅速测出通过滤波电容 C 的电流 I_c，则熔断器熔芯的熔断电流 $I_{FU} \approx \frac{I_c}{1.9 \sim 2.2}$，然后可通过实验检查一下，整流器缺相工作 10min 左右能否熔断。如不能，熔芯的熔断电流要变换。

2-1-38 电动机绝缘机械强度四级判别标准

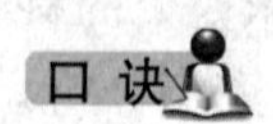

电动机绝缘优劣，机械强度来衡量。
感官诊断手指按，四级标准判别法。
手指按压无裂纹，绝缘良好有弹性。

手指按压不开裂，绝缘合格手感硬。

按时发生小裂纹，绝缘处于脆弱状。

按时发生大变形，绝缘已坏停止用。

说明 电动机是由绕组和铁心构成的，两者之间是由绝缘材料隔开的，所以绝缘结构就成为电动机的重要组成部分。但同时绝缘结构也是电动机的一个薄弱环节。

绝缘材料的电气性能是用绝缘强度作为衡量指标的。绝缘强度的定义是：绝缘材料在电场中，当电场强度增大到某一极限时就会击穿，这个击穿的电场强度称为绝缘耐压强度，也称介电强度或绝缘强度。击穿意味着绝缘材料完全失去绝缘性能，故绝缘强度是绝缘材料的重要性能指标。

绝缘材料的机械性能用机械强度作为衡量指标。实际上机械强度也包括了抗切强度、抗冲击强度、硬度、抗劈强度以及抗拉、抗压、抗弯强度。例如，抗切强度，对于槽内的绕组而言，是指抗毛刺磨损的能力；硬度是表示绝缘材料受压后不变形的能力；抗劈强度高，表示绝缘材料不易开裂、起层，可加工性能良好。

绝缘材料的绝缘强度和机械强度之间并无一定的关系。受某些因素影响时，两者按各自的规律变化。例如，试验表明，潮气开始蒸发时，绝缘材料的绝缘强度增大，而机械强度下降；潮气蒸发到一定程度时，绝缘强度随之下降，但不致落至其最初值之下，机械强度继续下降一直到完全丧失为止。由于材料的破碎、解体，绝缘材料失去了绝缘性能。由此可见，两者虽不存在直接的正比、反比或某种非线性的函数关系，但绝缘材料的绝缘性能是因其具有机械性能才得以存在的。因此有一种看法，绝缘材料是否还有用，是由其机械强度来决定的，可分为四级判别标准。

一级：用手指按压时无裂纹，说明绝缘良好，有弹性。

二级：感觉硬，但用手指按压时无裂纹，说明绝缘处于合格状态。

三级：用手指按压时发生微小的裂纹或变形，说明绝缘处于脆弱状态。

四级：用手指按压时发生较大变形和破坏，说明绝缘已坏。被测电动机必须停止使用。

电动机绝缘处理（即当运行中电动机的绝缘电阻值过低时，对它进行清扫、清洗、浸漆等工作）的目的就在于提高电动机的绝缘强度和机械强度，当然也包括提高耐潮性能、导热性能以及化学稳定性。另外，绕组在槽内的固定，端部的绑扎等都是为了使绕组具有良好机械强度和整体性，并以此来保证良好的绝缘强度。

2-1-39　手感温法检测电动机温升

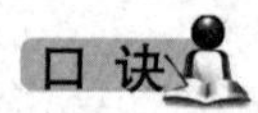

电动机运行温度，手感温法来检测。
手指弹试不觉烫，手背平放机壳上。
长久触及手变红，五十度左右稍热。
手可停留两三秒，六十五度为很热。
手触及后烫得很，七十五度达极热。
手刚触及难忍受，八十五度已过热。

说明　温升是电动机异常运行和发生故障的重要信号。用手摸来检测温升是最简便的方法，即测量电动机的温度时，有经验的电工常用手摸的方法。用手摸试电动机温度时，应将手背朝向电动机，并应先采用弹试方法，切不可将手心按向电动机的外壳（用手背而不用手心触摸电动机外壳，是为了万一机壳带电，手背比手心容易自然地摆脱带电的机壳）。在实际操作中应注意遵守有关安全规程和掌握设备的特点，掌握摸的方法和技巧，该摸的才摸，不该摸的切不要乱摸。

对于中小容量的电动机，用手背平放在电动机的外壳上，若能长时间的停留，手背感到很暖和而变红，可以认为温度在50℃左右。如果没有发烫到要缩手的感觉，说明被测电动机没有过热；如果烫得马上缩手，难以忍受（即手背刚触及电动机外壳便因条件反射瞬间缩回），则说明被测电动机的外壳温度已达85℃以上，已超过了温升允许值。手感温法估计温度见表2-13。

表2-13　手感温法估计温度表

电动机外壳温度（℃）	感　觉	具 体 程 度
30	稍　冷	比人体温稍低，感到稍冷
40	稍暖和	比人体温稍高，感到稍暖和
45	暖　和	手背触及时感到很暖和
50	稍　热	手背可以长久触及，触及较长后手背变红
55	热	手背可以停留5～7s
60	较　热	手背可以停留3～4s
65	很　热	手背可以停留2～3s，即使放开手后，热量还留在手背上很久
70	十分热	用手指可以停留约3s
75	极　热	可用手指可以停留1.5～2s，若用手背，则触及后即放开，手背还感到烫
80	热得使人担心电动机是否烧坏	热得手背不能触碰，用手指勉强可以停留1～1.5s。乙烯塑料膜收缩
85～90	过　热	手刚触及便因条件反射瞬间缩回

2-1-40 手摸低压熔断器熔管绝缘部位温度速判哪相熔断

口诀

低压配电屏盘上，排列多只熔断器。

手摸熔管绝缘部，烫手熔管熔体断。

说明 当发现三相电动机运行电流突然上升，发出异常声音时，则在停机后应立即检查其熔断器的温度状态。在一般情况下，因刚刚熔断的熔体及熔体熔断之前所发热量必导致熔管发热。因此，当发现低压熔断器熔丝熔断或电动机有两相运行可能时，应立即检查熔断器的发热情况，特别是在多只熔断器排列在一起的情况下，即使听到了熔丝爆裂声，也很难断定是哪只熔断，这时只要检查熔管绝缘部位的发热情况，便可迅速判断哪相（只）熔断。

第2节 多“感官”诊断查找

2-2-1 鉴别变压器油的质量

变压器油外观看，新油通常淡黄色。

运行后呈浅红色，油质老化色变暗，

程度不同色不同，炭化严重色发黑。

试管盛油迎光看，好油透明有荧光。

没有蓝紫色反光，透明度差有杂物。

好变压器油无味，或有一点煤油味。

干燥过热焦臭味，严重老化有酸味。

油内产生过电弧，则会闻到乙炔味。

说明 电力变压器中大多注以变压器油，变压器油的作用是绝缘、散热和消弧。通常，变压器油不经过耐压试验和简化试验很难说明其是否合格，但不合格的油可以从外观和气味上鉴别出来。

(1) 颜色。新油通常为淡黄色，长期运行后呈浅红色或深黄色。如果油质老化，颜色就会变暗，并有不同的颜色。如果油色发黑，则表明油炭化严重，不能使用。

(2) 透明度。把油盛在玻璃试管中观察，在－5℃以上时应当是透明的。如果透明度差，则表示其中有游离碳和其他杂质。

(3) 荧光。装在试管中的新油，迎着光看时，在试管两侧呈现乳绿色或蓝紫色反光，称为荧光。如果用过的油完全没有荧光，则表示油中有杂物和分解物。

(4) 气味。好的变压器油仅有一点煤油味或无味。若油有焦味，说明油干燥时过热；若油有乙炔味，表示油内产生过电弧；若油有酸味，表示油已严重老化。测定油气味时应将油样搅匀并微微加热。若感到可疑，可滴几滴油到干净的手上摩擦，再鉴别气味。

2-2-2 滴水检测电动机温升

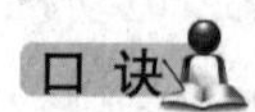

电机温升滴水测，机壳上洒几滴水。
只冒热气无声音，被测电机没过热。
冒热气时嗞嗞响，电机过热温升超。

说明　电动机是将电能转换成旋转机械能的一种电机，也是各行各业中应用最广泛的用电设备。电动机带负荷运行时由于损耗而发热，当电动机的发热量与散热量相等时，其温度就稳定在一定的数值。只要环境温度不超过规定，电动机满载运行的温升不会超过所用绝缘材料的允许温升。电动机以任何方式长时间运行时，温度都不得超过所用绝缘材料规定的最高允许温度。电动机温度过高是电动机绕组和铁心过热的外部表现，过热会损坏电动机绕组绝缘，甚至会烧毁电动机绕组和降低其他方面性能。小型电动机一般很少装设电流表，所以监视这种电动机的温度就尤为重要。

温升是电动机异常运行和发生故障的重要信号。滴水检测电动机温升是简便可行的方法，即在机壳上洒几滴水，如果只看见冒热气而无声音，则说明被测电动机没有过热；如果冒热气时又听到“嗞嗞”声，则说明被测电动机已过热，温升已超过允许值。

2-2-3 监护电动机“五经常”

电动机依靠电磁感应原理把电能转换成机械能，广泛应用于驱动机械设备。电工师傅日常监护电动机的“五经常”如下。

(1) 经常撑把遮阳“伞”。电动机大多在露天运行，往往受强烈的阳光直射，使本来就产生热量的电动机温度更高。要想方设法给电动机经常撑个凉棚遮阳光(同时挡雨雪)，降低环境温度，防止电动机“中暑”，影响电动机的输出功率。电动机的输出功率与其周围环境温度有很大关系，环境温度较高，电动机输出功率就越小。当环境温度低于35℃时，电动机输出功率将大于额定输出功率。其提高的幅度为（35－t）%（t为实际的环境温度），但最多不超过8%～10%；当环境温度高于35℃时，电动机的输出功率比额定输出功率降低（t－35）%。

（2）经常听听。电动机正常运行时应发出均匀的“嗡嗡”声。当听到沉重的“嗡嗡”声时，表示电动机过负荷或三相电流不平衡；当听到特别沉重的“嗡嗡”声或“吭吭”声，说明电动机缺相运行；若听到连续的“咕噜”声或“格格”声时，说明电动机的轴承有问题了。听时可利用听音棒听电动机的运转声，将棒的前端触在电动机的轴承等部位，另一侧贴在耳朵上。如果听惯正常时的声音，就能听出异常声音。

（3）经常看看。看电流表和电压表的指示值是否正常。看三相电流是否平衡；看三相电源电压是否对称；看电动机的基础是否牢固；看电动机外壳颜色是否有变等。

（4）经常摸摸。用手背摸摸电动机的外壳，温升是否过高。手背平放在电动机外壳上，若不能长时间停留，可以认为温度在50℃以上（参见本章2-1-39小节中的表2-13手感温法估计温度表）；如烫得缩手，即说明电动机已过热。

（5）经常闻闻。用鼻子靠近电动机，闻闻是否有绝缘漆味或焦臭味。当电动机过负荷以及通风受阻而发生过热时，就发出绝缘焦味；当绕组线圈短路时会有焦糊味等。

2-2-4 感官诊断电动机常见故障

电动机发生故障时，往往会产生转速变慢、三相电流不平衡或增大，有异常噪声、温度显著升高、冒烟，有焦糊味等现象。通过口问、眼看、手摸、耳听、鼻闻五诊，分析归纳可判断出所发生的故障原因和所在部位。

（1）轴承损坏。电动机运转时，轴承部位发出“格格”声。断开电动机的电源开关，停机后用手摸轴承外盖。如果发现轴承盖烫手，就应卸下皮带（或联轴节），双手上下左右地拨动皮带轮。这时可以发现皮带轴特别紧，转动很困难，有轧住现象；或发现轴已松动，将皮带轮转动一下，它会很快地停下来。由此可以断定是轴承损坏。

（2）转子与定子碰擦——挡膛。电动机运转时，电流增大，并发出持续的“嚓嚓”声。断开电动机的电源，停机后用手摸机壳上发出碰擦噪声的地方。如果机壳上烫手很厉害，则可初步确定是转子与定子碰擦，即电动机扫膛故障。进一步检查时，则可把电动机拆开，取出转子，查看到转子和定子铁心有磨损现象。

（3）线圈碰壳通地。电动机运转时，运行人员发现转速变慢、一相电流显著增加，而且一相熔丝经常烧断。则可初步确定是一相绕组碰壳通地。此故障严重时会发出较大“嗡嗡”声；断开电动机的电源，停机后用手摸机壳，会感到有局部地方烫手。

（4）绕组断线。电动机运转时，如果转速变慢或运行时突然变慢，发出“吭吭”声，并发现一相没有电流。断开电动机的电源，停机后用手摸机壳，会感到机壳四周烫手。如果再合上电源开关，电动机就很难再运转或根本不能起动。则可断定是线圈断线（也可能是电源一相熔丝烧断，或开关控制设备一相触点未接通，造成所谓双相运转）。

（5）线圈烧毁。电动机运转时，转速变慢，电流增大，发出“吭吭”声，从机内透出焦糊味和冒出浓烟。断开电动机的电源，停机后用手摸机壳，感到烫得摸不得，则可断定是线圈烧毁。

（6）润滑油干涸。电动机起动时，如果从轴承室发出“嘘嘘”声，或“咝咝”声，甚至冒烟，有焦油味。断开电动机的电源，停机后用手摸轴承外盖，会感到轴承外盖烫手；卸下皮带（或联轴节），双手扳动皮带轮，感觉皮带轮转动不灵活。则可断定是轴承部分润滑油干涸。

（7）鼠笼环断条。电动机运转时，转速变慢，三相电流增大，并发出时高时低的“嗡嗡”声。断开电动机的电源，停机后发现电动机转子比定子烫得厉害。如果再合上电动机的电源开关，电动机运转就很困难。则可初步确定是鼠笼环断条。进一步检查，则把电动机拆开，取出转子，用小锤轻轻敲打鼠笼环，发现一端发出“咳咳”声，另一端不振动。

（8）检测温升。温升是电动机异常运行和发生故障的重要信号。用手摸来检测温升是最简便的方法。对中小容量的电动机，用手背触摸电动机外壳，如果没有发烫到要缩手的感觉，说明电动机没有过热；如果烫得难以忍受，则说明电动机的温度已超过了允许值。用手背而不是用手心摸电动机外壳，是为了万一机壳带电时，手背比手心容易自然地摆脱带电的机壳。

滴水检测温升也是简便可行的方法。即在机壳上洒几滴水，如果只看见冒热气而无声音，说明电动机没有过热；如果冒热气的同时又听到“咝咝”声，说明电动机已过热，温升已超过允许值。

2-2-5 用熔丝诊断电动机的故障

用熔丝配合感官诊断电动机故障的方法如下。

（1）合上开关，熔丝就熔断，多数属于电动机外部故障。原因除熔丝选得太细、熔丝两端紧固螺钉没有拧紧外，则是供电电路有短路现象。

（2）熔丝选择适当、安装正确。电动机起动正常，带上负荷时熔丝从中间熔断，一般为电动机超载运行。

（3）当电动机正常运行时，熔丝突然熔断，换上新熔丝后又熔断。这种情况如电源没有问题，则为电动机内部短路。这时如果电动机冒黑烟并有焦臭味，停机后电动机过热不能起动，属于相间短路；如果电动机能勉强起动，但起动电流增大，三相电流又不平衡，起动转矩明显减小，声音异常，是电动机定子绕组内匝间短路。

（4）熔丝熔断一相以上，换上新熔丝后不再熔断。但电动机不能起动，一般为电动机定子绕组断路。

2-2-6　用根绝缘导线检验发电机组轴承绝缘状况

发电机在运行中由于磁路不对称及漏磁等原因，在发电机转子轴上会出现称作轴电压的感应电压。轴电压产生的轴电流，将造成轴瓦电腐蚀，以致在轴瓦上出现坑坑凹凹的芝麻状小点，久而久之会使轴瓦损坏。为此，除在轴承座底部加装绝缘隔板外，在轴承油管法兰及其螺栓处和轴承壳底脚螺栓处均采用绝缘材料隔开，以防产生轴电流。上述这些绝缘称为发电机组的轴承绝缘。为保证发电机组安全运行，测量发电机组轴承绝缘是一项不可缺少的检验项目。每次大修后更必须检测轴电压。

如用绝缘电阻表摇测轴承座对地绝缘电阻，因机座接地一般显示为“0”，无法判定轴承绝缘是否良好。如果按常规的检验方法：在额定负荷、1/2 额定负荷及无载额定电压的三种情况下测量轴电压，不但需要三个人操作，还得采用高内阻、低量程的 0.5 级交直流电压表及一对铜刷等工具；又由于轴电压数值很小，大约只有 1V，不易测量准确，因此，较难判定轴承的绝缘状况。对此，现介绍一种判断发电机组轴承绝缘的检验方法。具体方法步骤如下。

在发电机运行状态下（不运行时不会感应轴电压，也就无法检验），用一根兆欧表的测试线或绝缘导线，一端接地，另一端在旋转的发电机转轴（在发电机与励磁机之间）上轻轻接触一下，如图 2-12 所示。如果不出现火花，说明被测发电机组轴承绝缘良好；反之，如产生火花，则说明被测发电机组轴承绝缘不良。多搭试几次，以免误判断。

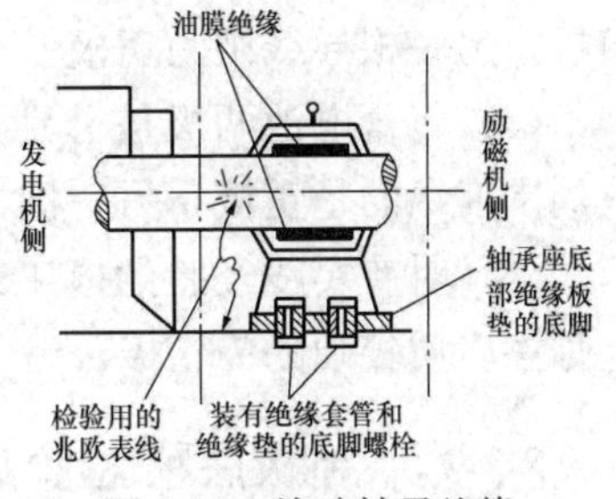

图 2-12　检验轴承绝缘状况示意图

此方法简便易行，准确迅速。此方法也适用于工矿企业对大型同步电机的轴承进行绝缘检验。

2-2-7　巡视检查电容器，注意“鼓肚”“漏油”“咕咕声”

电力电容器在运行中，一般常见故障有：外壳鼓肚；套管及油箱渗漏油。

这些现象都属不正常的运行状态，主要是电容器的温度太高所致。根据规定，电容器在正常环境下，其外壳最热点的温升不得超过25℃，而温升超过38℃以上是绝对不允许的。温升太高的原因除夏季环境温度高、通风不良外，主要是因电压超过额定值，以致过载发热。当电容器内的油因高温膨胀所产生的压力超出了电容器油箱所能承受的压力时，外壳就膨胀鼓肚甚至裂纹漏油。

电力电容器在运行中不应有特殊声响，若听到不正常的“咕咕”声，说明其内部有局部放电现象发生，内部因绝缘介质电离而产生空隙。这是绝缘崩溃的先兆，应停止运行，进行检查修理。

2-2-8 识别铅蓄电池的正负极

配套于硅整流发电机（即交流发电机）的铅蓄电池，若正、负极性接错，会将硅二极管击穿烧坏；同时会使电流表对充、放电的指示相颠倒，而误将放电认作充电。因此，识别蓄电池极性很重要。一般铅蓄电池的正极桩刻有“+”或“P”，或涂有红色标记；蓄电池的负极桩刻有“−”或“N”或涂上绿色标记。如果没有了标记或记号模糊不清时，可用以下几种方法识别。

（1）一般蓄电池的极桩的直径，正极大于负极，即可以极桩尺寸的大小来加以识别。

（2）从位置上区别，靠蓄电池厂牌（外壳）一端的极桩为正极，另一极桩为负极。

（3）从极桩的颜色来区别，呈深棕色的为正极，呈青灰色的为负极。

（4）将蓄电池的两极各接一根导线，同时浸入一大杯盛有盐水或稀硫酸、稀盐酸的容器中，相互之间隔开一点距离。此时导线端上产生较多气泡的就是负极，另一根导线则为正极。

（5）将蓄电池两极桩分别连上引线后插在马铃薯或红薯的同一剖面上，导线周围变绿的是正极，另一桩为负极。

（6）对有实践经验的电工来说，用折断端头的一小截钢锯片分别在两极桩上划擦，质较硬的为正极，另一桩则为负极。

2-2-9 “刮火法”检验蓄电池单格电池是否短路

蓄电池内部短路往往发生在一两个单格电池内，造成供电能力突然丧失。其现象是起动时因某单格短路，引起整个蓄电池电压突然下降，已短路的单格有时会在加液盖处喷出一股液柱或涌出电液；放置时已短路的单格电池密度合适，但电压很低或为“零”；充电时密度和电压增加不大，但温度升高很快。

检验单格电池是否短路的简便方法之一为“刮火法”：用一根直径小于

1.5mm 的铜线，一端接在某一单格电池的一个极上，手拿另一端与该单格电池的另一极迅速擦划，如出现蓝白色强火花，表明良好；如出现红色火花，表明缺电；如无火花或只有小火星，表明该单格电池已短路。

2-2-10 交流接触器跳动及发出刺耳噪声的原因

交流接触器像电铃一样跳动，同时发出刺耳的噪声，是由于用按钮操作时的控制电压过低所致。一般交流接触器的标准规定，其吸合电压不低于线圈额定电压的 85%，如果电压低于此值，接触器就不能正常吸合。有时在操作接触器之前，网络电压（控制电压）是符合要求的，但当接触器动作、电动机刚起动时，由于电动机起动电流的冲击造成较大的电压降，使瞬时电压降至 85%以下，这就出现了交流接触器像电铃一样跳动，同时发出刺耳的噪声。

在较低的电压时，电磁铁开始能动作，但当动、静触头刚接触时，由于触头压力突然增加，使电磁铁不能正常吸合。特别是上述由于电动机起动电流所造成的压降，使控制电压低于 85%时，更为明显。但当电磁铁一分开，触头分开，电压回升，则电磁铁又开始吸上。如此周而复始，就形成了“电铃一样”的动作。

要证实是否由于电动机起动电流所引起的，可先将接触器的主回路不与电动机接通，空载操作接触器。如动作正常，再将电动机接上。此时如出现“电铃一样”的动作，则肯定系电动机起动电流造成的压降所致。

检修实践中发现，运行一段时期后的 40A 以下交流接触器也会产生“电铃一样”的跳动，同时发出刺耳的噪声。其原因：一是由于铁心接触面有油污层；二是因为静铁心底部“定位槽”内衬的绒布片受力一段时期后“变薄”，造成“吸合位”下沉。遇此情况，可刮除接触面上油污层，将底盖打开给山字形静铁心座槽内加入一至两层 0.3mm 左右的纸垫片，交流接触器像电铃一样跳动的故障便能排除。

2-2-11 热继电器误动作的“叩诊”

某台机床在运行中，动辄自动停机。经检查，系某只热继电器动作，控制回路被切断之故。然而仔细检查该继电器所控制的电动机运行电流，却是正常的，开关触点、电路接线也全无故障。于是用旋凿绝缘柄（或用食指）轻轻叩击该热继电器壳体，发现稍经叩击，运行的机床便自动停下，说明故障即在该热继电器内。

热继电器过载保护装置，结构原理均很简单，可选调热元件却很微妙。若等级选大了就得调至低限，常常造成电动机停转，影响生产，增加了维修工作量。若等级选小了，只能向高限调，往往电动机过载时不动作，甚至烧毁电动机。例如该台机床上安装的4kW电动机，其额定电流9.4A，而选用JR15-20型热继电器，热元件额定电流16A，可调节范围10～16A，因此，整定电流值只能调在最低限10A位置。此时热继电器的动断触点压力很小，如机床运行时振动较大，或同盘上其他接触器吸合频繁，常导致该热继电器受振动而误动作。此种故障非“叩诊”不易查出。

解决办法是选配合适的热继电器。按“已知380V三相电动机容量，求其过载保护热继电器热元件额定电流和整定电流”的计算口诀：“电机过载的保护，热继电器热元件；号流容量两倍半，两倍千瓦数整定”。即应选JR15-20型热继电器，用额定电流10A的热元件，其调节机构的刻度（A）为6.8～9.0～11.0。当然同时还须设法减少周围环境的振动。

2-2-12　用编线法校对控制电缆的芯线

控制电缆的芯线较多，从十几芯直至数十芯甚至更多。如果采用一根一根的校线方法，则既费时又费工。现介绍用编线方法来校对线芯。

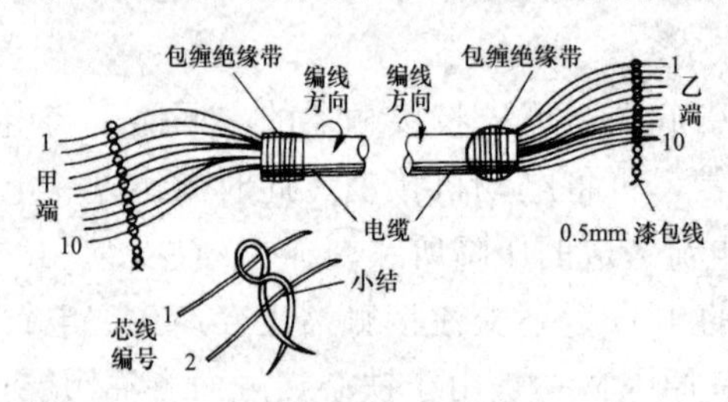

图2-13　编线法校对控制电缆芯线示意图

控制电缆线芯虽多，但大多都属有规律的同心式排列，所以完全可用编线法来代替一一校对法。编线前应确定控制电缆的某一端为甲端；另一端为乙端。面对电缆的截面，甲端按顺时针方向编线，乙端按逆时针方向编线，如图2-13所示。具体操作方法步骤如下：

（1）准备一段直径为0.5mm左右的软漆包线（或利用剪下的电缆软细芯线），其长度视电缆芯线的多少根数而定，芯线多的可长一些，反之，则短一些。

（2）以芯线最外层的标记线（一般为红颜色）为1号，编入备好的漆包线第一个小结内；然后按顺时针方向或逆时针方向找到与1号相邻的芯线，为2号，编入第二个小结内；再找到与2号相邻的为3号……依次编入小结内。对此需要注意的是：编线时一定要仔细，应以芯线的根部为准，不能出错，直至将电缆芯线编完为止。

（3）按上述方法编完后，用耳机在电缆的甲、乙两端校对一遍。校对时，应以标记线1号为公用线，然后，甲、乙双方按顺序依次核对，确认无误后，即可转入下道工序。

2-2-13 查找橡套软电缆中间短路点

在施工或生产中经常使用各种携带式工具、电源拖板、照明灯具等，这些携带式电器设备的电源连接线，均采用橡套软电缆。这类线缆往往因各种原因引起软线绝缘损坏而造成短路。这种短路点用肉眼及一般仪表不能准确查出，因此，这些电缆往往弃之不用，造成浪费。对此可利用通电导线在接触不良处会发生高热的现象，对一些短路软线做通电试验，均准确地查到短路点。具体做法如下：

选择一负载，使其工作电流约等于短路软电缆芯线截面的安全电流。将电缆一端的两根线头当作一根导线的两端，串接在此负载的电路中。合闸后，负荷电流就会使短路点产生高热。断电后，用手即可摸出短路处。

2-2-14 查找软电线中间断芯断路点

采用橡套电缆或软线的携带式电器设备的电源连接线，由于经常移动、弯折，容易造成中间断芯。在诊断断路故障时，常常一时查不出断芯故障点的部位，如换新线既费时又不经济。在这种情况下，可用下述简便方法迅速查找软电线断芯部位。

（1）电线外表观察法。首先观察软电线中间有无因电线太短而接长的连接点，如有，检查芯线连接点有无接触不良、线头脱落等现象。然后逐段仔细观察电线的绝缘层，如有较明显的压痕或铁器的扎痕等，这些部位在使用中受任意弯曲、拉扭时，最易造成芯线断路。

（2）手拉电线法。直径较小的单芯橡套电线、花线等，在使用中出现断芯故障时，可用手拉电线法查出故障点。即用双手抓住电线的外皮，间隔200mm左右，两手同时适当用力往外拉，仔细观察电线外皮的直径。在芯线断裂的部位，较软的绝缘层在手拉时会变细。用该方法逐段检查至电线的另一端，电线直径有突然变细的情况，该部位就是电线的断芯所在。根据操作经验，一般情况下，断芯故障点多发生在软线的两端约1m的范围内。

（3）蠕动电线法。把检查绝缘用的绝缘电阻表的两输出端，分别接在断芯电线的两端线芯上。一个人用双手抓住电线，两手间隔10mm左右，顺着电线的轴向同时向中部用力推挤，并使电线上下弯曲蠕动。如果有断芯，则可能会偶然接触。用这样的方法从电线的一端开始，一小段一小段地检查，双手逐步移动到电线的另一端。在开始蠕动电线的同时，另一个人不停地摇转绝缘电阻表，观察其指针读数，如读数由无穷大瞬间变为零值时，即停止蠕动电线，在停止电线蠕动的部位，用电工刀剥开绝缘层，就可以发现芯线的断开点。

2-2-15 判断微安表内线圈是否断线的最简便方法

在没有测量工具的情况下，可将微安表后面的两个接线柱用导线短接，然后摇动微安表，使线圈切割磁场。如果表内线圈完好，则能产生短路电流，起阻尼作用，使表头指针缓慢而小幅度地摆动；反之，如表内线圈已断线，则线圈内无短路电流，不起阻尼作用，因此，表头指针较快地大幅度摆动。

2-2-16 三相电能表“抽中相”查线法

三相三线电能表在安装接线时，最常见的错误是由于两个电流线圈的极性与相序的接错，造成电能表反转，或虽正转但比正确接线要慢等现象，概括起来错接情况共有 8 种，在这 8 种错接中，若把中相电压线断开，即如图 2-14 中“×”处拆下中相电压线。并观其断开前后电能表的运转现象，即可得表 2-14 所示的结果。这样就可用“抽中相”法，并参照表 2-14 来检查三相三线电能表接线的正确性。由表 2-14 中可见，8 种接线仅“1”是正确的接线，其他均是错误的。例如抽中相电压前，电能表在 40s 内正转 20 转；抽中相电压后（负载不变），80s 内正转 20 转，这相当于表 2-14 中的“1”所述，则接线是正确的。“抽中相”查线法的原理分析如下：

表 2-14 “抽中相”查线法时电能表 8 种现象

序号	“抽中相电压”前后电能表的方向及转速	结论
1	抽前正转；抽后正转，但转速较抽前慢一半	接线正确
2	抽前正转；抽后反转，但转速较抽前慢一半	元件 1、2 相序接法正确而元件 1 电流极性接反
3	抽前反转；抽后正转，但转速较抽前慢一半	元件 1、2 相序接法正确而元件 2 电流极性接反
4	抽前反转；抽后反转，但转速较抽前慢一半	元件 1、2 相序接法正确而极性均接反
5	抽前不转；抽后反转	元件 1、2 相序接法接反而极性均正确
6	抽前反转；抽后反转，但转速为抽前的四分之一	元件 1、2 相序接法接错且元件 1 极性接反
7	抽前正转；抽后正转，但转速为抽前的四分之一	元件 1、2 相序接法接错且元件 2 极性接反
8	抽前不转；抽后正转	元件 1、2 相序接法接错且元件 1、2 极性均接反

由图 2-14、图 2-15 所示，假定三相是平衡的（即：$U_{AB}=U_{BC}=U_{CA}=U$；$I_A=I_B=I_C=I$；$\cos\varphi_A=\cos\varphi_B=\cos\varphi_C=\cos\varphi$。为书写简便避免混淆，图、式中 A、B、C 表示相序 L1、L2、L3），则抽中相电压后（即在图 2-14 中断开“×”处），1 元件电压线圈上的电压为$\frac{1}{2}U_{AC}$；2 元件电压线圈上的电压为$\frac{1}{2}U_{CA}$。现将表 2-14 中 8 种情况分析如下：

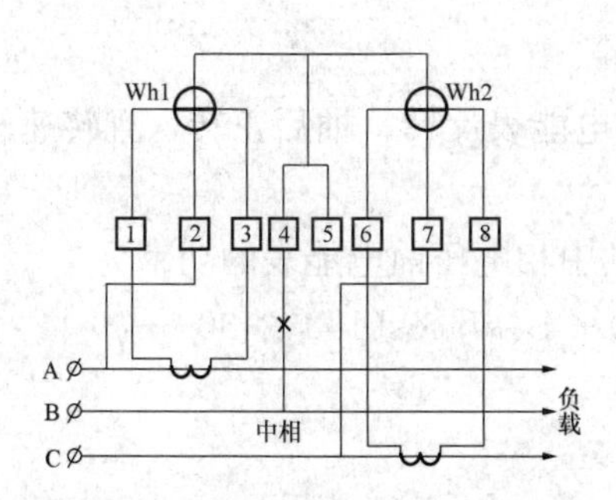

图 2-14 三相二元件电能表接线图

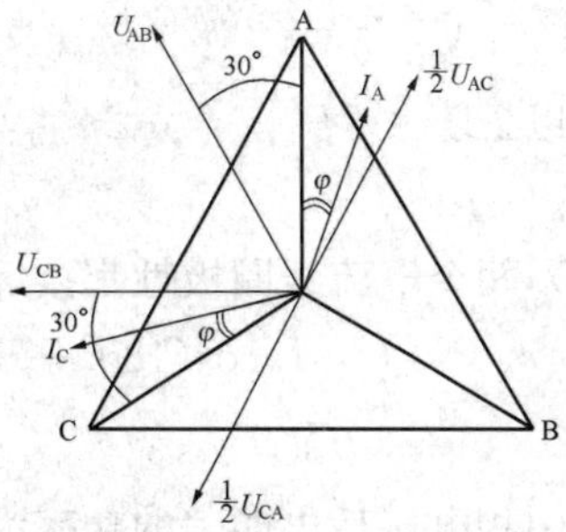

图 2-15 抽中相电压前后的相量图

（1）正确接线抽中相电压前电能表的功率为

$$P=U_{AB}I_A\cos(30°+\varphi)+U_{CB}I_C\cos(30°-\varphi)$$
$$=\sqrt{3}UI\cos\varphi$$

抽中相电压后电能表的功率为

$$P'=\frac{1}{2}U_{AC}I_A\cos(30°-\varphi)+\frac{1}{2}U_{CA}I_C\cos(30°+\varphi)$$
$$=\frac{\sqrt{3}}{2}UI\cos\varphi$$

所以 $P=2P'$。又因读数 P 与转速 n 成正比例，故 $n=2n'$。即抽中相电压后转速 n' 较抽前慢一半，且抽中相电压前后电能表均为正转。

（2）元件“1”电流线圈极性接反时，抽中相电压前电能表的功率为

$$P=U_{AB}I_A\cos(180°+30°+\varphi)+U_{CB}I_C\cos(30°-\varphi)=UI\sin\varphi$$

抽中相电压后电能表的功率为

$$P'=\frac{1}{2}U_{AC}I_A\cos(180°+30-\varphi)+\frac{1}{2}U_{CA}I_C\cos(30°+\varphi)$$
$$=-\frac{1}{2}UI\sin\varphi$$

所以 $P=-2P'$；$n=-2n'$。即抽前电能表正转；抽后反转，且转速较抽前慢一半。

（3）元件“2”电流线圈极性接反时，抽中相电压前电能表功率为

$$P=U_{AB}I_{A}\cos(30^{\circ}+\varphi)+U_{CB}I_{C}\times\cos(180^{\circ}+30^{\circ}-\varphi)$$
$$=-UI\sin\varphi$$

抽中相电压后电能表的功率为

$$P'=\frac{1}{2}U_{AC}I_{A}\cos(30^{\circ}-\varphi)+\frac{1}{2}U_{CA}I_{C}\times\cos(180^{\circ}+30^{\circ}+\varphi)$$
$$=\frac{1}{2}UI\sin\varphi$$

所以 $P=-2P',n=-2n'$。即抽前电能表反转；抽后正转，且转速较抽前慢一半。

（4）两个电流线圈极性都接反时，抽中相电压前电能表的功率为

$$P=U_{AB}I_{A}\cos(180^{\circ}+30^{\circ}+\varphi)+U_{CB}I_{C}\cos(180^{\circ}+30^{\circ}-\varphi)$$
$$=-\sqrt{3}UI\cos\varphi$$

抽中相电压后电能表的功率为

$$P'=\frac{1}{2}U_{AC}I_{A}\cos(180^{\circ}+30-\varphi)+\frac{1}{2}U_{CA}I_{C}\cos(180^{\circ}+30^{\circ}+\varphi)$$
$$=-\frac{1}{2}\sqrt{3}UI\cos\varphi$$

所以 $P=2P';n=2n'$。即抽前电能表反转；抽后仍反转，且转速较抽前慢一半。

（5）元件“1”“2”电流线圈相序接反时，抽中相电压前电能表功率为

$$P=U_{AB}I_{C}\cos(90^{\circ}-\varphi)+U_{CB}I_{A}\cos(90^{\circ}+\varphi)=0$$

抽中相电压后电能表的功率为

$$P'=\frac{1}{2}U_{AC}I_{C}\cos[180^{\circ}-(30^{\circ}+\varphi)]+\frac{1}{2}U_{CA}I_{A}\times\cos[180^{\circ}-(30^{\circ}-\varphi)]$$
$$=-\frac{1}{2}\sqrt{3}UI\cos\varphi$$

即：抽前不转；抽后反转。

（6）相序接反，且元件“1”电流线圈极性接反，抽中相电压前电能表的功率为

$$P=U_{AB}I_{C}\cos[180^{\circ}-(90^{\circ}-\varphi)]$$
$$+U_{CB}I_{A}\cos(90^{\circ}+\varphi)=-2UI\sin\varphi$$

抽中相电压后电能表的功率为

$$P'=\frac{1}{2}U_{AC}I_{C}\cos[360^{\circ}-(30^{\circ}+\varphi)]$$
$$+\frac{1}{2}U_{CA}I_{A}\cos[180^{\circ}-(30^{\circ}-\varphi)]=-\frac{1}{2}UI\sin\varphi$$

所以 $P=4P'$；$n=4n'$。即抽前反转；抽后仍反转，且转速为抽前的1/4。

（7）相序接反，且元件“2”电流线圈极性接反时，抽中相电压前电能表的功率为

$$P = U_{AB}I_{C}\cos(90^\circ-\varphi)+U_{CB}I_{A}\cos(90^\circ-\varphi)+[180^\circ+(90^\circ+\varphi)]$$
$$=2UI\sin\varphi$$

抽中相电压后电能表的功率为

$$P'=\frac{1}{2}U_{AC}I_{C}\cos[180^\circ-(30^\circ+\varphi)]$$
$$+\frac{1}{2}U_{CA}I_{A}\cos[360^\circ-(30^\circ-\varphi)]=\frac{1}{2}UI\sin\varphi$$

所以 $P=4P'$；$n=4n'$。即抽前电能表正转；抽后仍正转，且转速为抽前的 1/4。

（8）相序接反，且元件“1”“2”电流线圈极性均接反时，抽中相电压前电能表的功率为

$$P=U_{AB}I_{C}\cos[180^\circ+(90^\circ-\varphi)]$$
$$+U_{CB}I_{A}\cos[180^\circ+(90^\circ+\varphi)]=0$$

抽中相电压后电能表的功率为

$$P'=\frac{1}{2}U_{AC}I_{C}\cos[360^\circ-(30^\circ+\varphi)]+\frac{1}{2}U_{CA}I_{A}\cos[360^\circ-(30^\circ-\varphi)]$$
$$=\frac{1}{2}\sqrt{3}UI\cos\varphi$$

即：抽前不转；抽后正转。

2-2-17　电风扇铁心与转轴间松动发出“哒哒”金属撞击声

有些台扇运转时发出很响的“哒哒哒”金属撞击声，且有较大的振动；降低风扇的转速，噪声和振动现象也随之降低。经检查，风扇叶子角度和动平衡以及轴瓦与转轴的配合都正常；若将扇叶装紧在转轴上，一手握住扇叶，另一只手扭动转子铁心，则发现铁心与转轴之间有微微的松动。对此，简易的修理方法是：在铁心的端部各钻一个 $\phi2.5$mm 的通孔，用 $\phi2.5$mm 的铜丝将铁心与转轴紧紧铆死，如图 2-16 所示。然后将铆好的转子重新装入风扇，“哒哒”金属撞击声和振动都消失了。

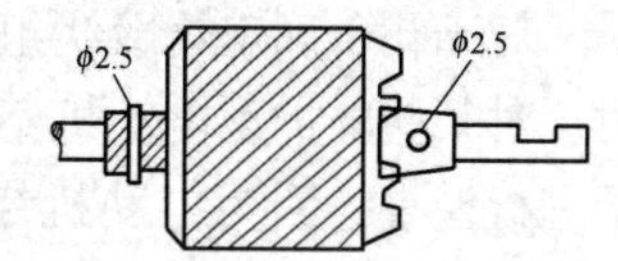

图 2-16　铁心端部钻孔示意图

有些老式电风扇，开启运行十几分钟后会出现较响的“哒哒哒”异常声音，但停机后检查均正常。经分析时间与温度的关系，通过实验，找到异常声响的原因：由于转轴和铁心既不是一体的又不是同一种金属材料，电扇运行一段时

间后，转子铁心因温度升高而略有膨胀，铁心与转轴之间随之松动，便出现了转子铁心与转轴的撞击声。对此，简易的修理方法是：首先找一根合适的钢管套在轴的一头，并将铁心垫实竖起，在转轴的另一头用钢凿（钢凿刀口不宜过于锋利）沿轴周围的铁心处使用手锤敲击几下。然后用同样方法再处理原先套上钢管的轴的一头。从此“哒哒”声响即可完全消失。

2-2-18 电视机故障的先兆

电视机故障的先兆有以下几点：

（1）打开电视机后，过一会整个图像画面逐渐缩小，随之变暗。这一迹象说明输出部分或稳压电源部分出现故障。

（2）如果图像画面忽大忽小不稳定。这说明电视机的高压供电系统出现故障，应立即进行修理。

（3）电视机在使用过程中，屏幕上突然出现垂直或水平方向的亮线，而其余部分无光无色。这说明其扫描部分有故障，不要继续使用。

（4）电视机屏幕上一片漆黑，但能听到声音。这可能是由于输出变压器上的高压包局部短路引起的，此时应立即关机，停止使用。

（5）如出现伴音较大，并有连续不断的“吱吱”或“咔咔”等杂音，在没有节目的频道上也有这种杂音出现。说明机内某些元器件正在变质损坏，应及时修理或更换有故障元器件，从而避免其故障的扩大。

第3节 简易“助诊器”

2-3-1 镜子在检修中的妙用

对于初步确定烧毁绕组的电动机，往往需要打开核实，步骤繁琐，费工费时。对某些防护型电动机不一定都需这样做，可根据光学反射的原理，利用镜子进行探查，因为电动机绕组烧毁多数发生在线圈端部或槽口。具体方法是：一手拿面小镜子，另一手持照明手电筒，将镜子依次从电动机机座两侧的通风口伸进去，使镜子面朝向要探查的部位（可分别沿线圈端部圆周的内侧和外侧移动镜子），并适当把镜面略偏向观察者的视线。这样，用手电筒照射镜面，光线反射到被查部位上，被查部位的形象则进入镜面，观察者便可从镜面上看得十分清楚。图2-17中A、B、C、D等为可以探查的风口。

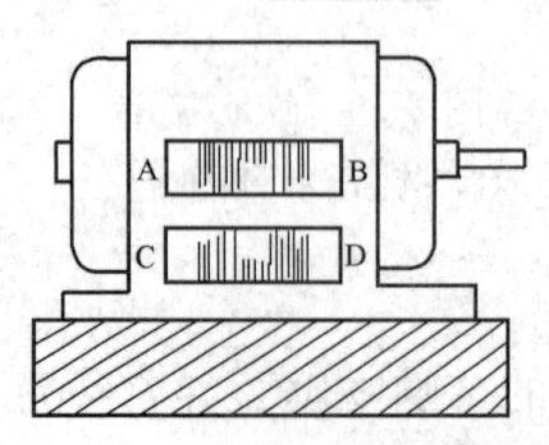

图2-17 防护型三相电机示意图

有些重绕线圈的电动机，绕组端部尺寸过长，手腕伸不进去（特别是端部圆周内侧），可在小镜边沿上接上一根软柄代替手臂，不过调整镜面位置和角度比较困难。各种电动机结构不一，有些防护型电动机也不适用此法。故有一定的局限性。另外，应用镜子探查前，被查电动机的电源线开关应拉开，相应的馈电开关均应断开，还得悬挂警告牌，以确保安全。

此外，对于支架式电缆沟内的电缆下侧，若有机械损伤或其他故障疑点，也可将镜子仰面向上，放在电缆下边，通过镜面观察实况。

一些电器元件组装在紧凑箱体内（例如机床配电箱），有的铭牌不在正向而在其本体的某一侧。如需要查看铭牌，也可将小镜镜面与元件铭牌平面成45°左右的夹角，用手电筒照射镜面，铭牌数据的镜像即可反射给观察者。

2-3-2 粘贴小纸板检查电动机定子绕组端部与端盖间空隙大小

电动机定子绕组嵌完线，浸漆前需要检查绕组端部与端盖间的空隙，以免发生碰壳（接地）故障。但这个空隙比较特殊，既看不见又不易测量。对此可采用下述方法检查：即根据电动机大小，将3或4小块厚0.8～1mm纸板用透明胶带或塑料胶带等距离粘在绕组端部。将端盖扣上（端盖内凹面有毛刺等应先铲除），轻轻转动一周后取下端盖。如果发现所粘的纸板未被端盖转动时碰坏，则说明绕组端部与端盖空隙正常，不会发生定子绕组碰壳故障；反之，应重新将绕组绑扎、整形。

2-3-3 用铁粉检查鼠笼型电动机转子断条

有时送来修理的鼠笼型电动机，有些发热和转矩不足，经过检查，确定电动机定子绕组没有毛病，而在测量定子三相绕组电流时，发现电流表指针有来回摆动的现象。所以考虑毛病可能是在鼠笼上，笼型转子的常见故障是断条（笼条断裂），且笼型转子断条一般是不易直接查看得出来的。对此可根据磁场的原理，在转子上通电流，并撒上铁粉，从转子上铁粉的分布情况，便可看出转子是否断裂了。

用铁粉检查鼠笼型转子，其方法叫笼条通电法。如图2-18所示接线，将控制开关SA闭合上，调压器从零点升高，升流器的电流逐渐升高，则在笼型转子表面产生磁场。然后把铁粉撒在转子上，铁粉会很整齐地一行一行地排列成铜条或铝条的方向，电流大小一般可升到铁粉能排列清楚为止。假如铜条或铝条断裂了，铁粉就撒不上去（铁粉就不会吸到导条上），因此，很容易的将“断条”毛病检查出来。如果没有调压器和升流器等设备时，可用16mm^{2}左右的软导线在交流电焊机铁心上穿绕一匝或两匝（视电焊机容量而定），使绕后的线端电压在2V左右。

以此作电源，再用铁粉去测转子是否断条。或用一台直流电焊机接上转子，如图 2-19 所示。慢慢升压，一边升压一边在转子上撒铁粉，铁粉将沿铝条或铜条的方向很整齐地排列一行一行。电流大小一般可升到铁粉能排列清楚为止。假如铝条或铜条断裂了，铁粉就撒不上去。因此，毛病很容易检查出来。

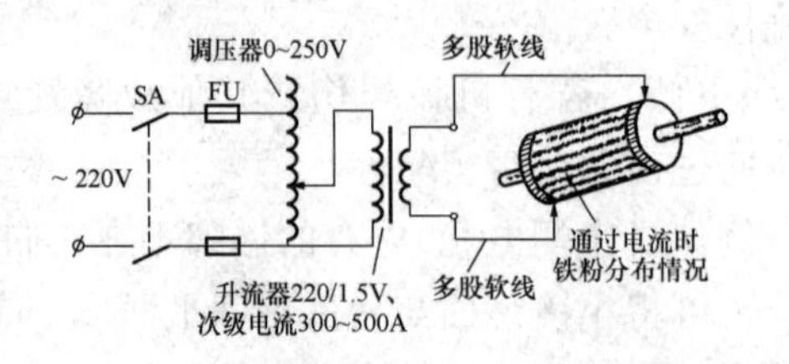

图 2-18 用铁粉检查鼠笼型转子接线示意图

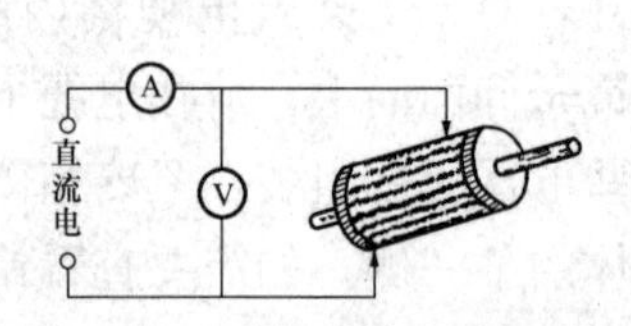

图 2-19 铁粉检查笼型转子时电源接直流电焊机示意图

2-3-4 确定电枢短路故障的简便方法

直流电动机和交、直流两用电动机的电枢发生接地、断路故障，用检验灯即可确定，但判断短路故障是比较困难的。用短路侦察器来确定短路故障还是简单可靠的。根据短路侦察器的原理，可运用台钳和一整盘软铜线来确定电机电枢短路故障。如图 2-20 所示，将一整盘（100m 的盘也可）软胶线（单股、双股均可以，双股可并为单股使用，铜芯的）套在台钳钳口上，钳口开至以被测试电动机电枢刚好放入并能转动为止，再在钳口移动道上放一适当厚度的木块，垫至被测试电枢放入钳口时恰好处于钳口中心。

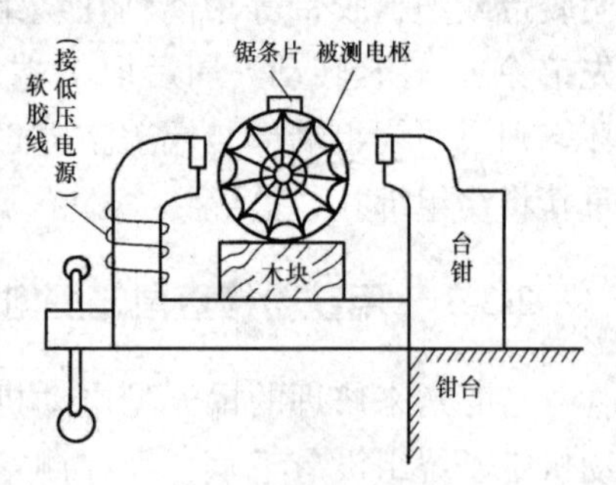

图 2-20 测试电枢短路故障示意图

套在台钳钳口上的整盘软胶线两端头，根据具体情况，选用图 2-21 所示三种低压交流电源中之一，进行连接，接线头要用绝缘胶布包扎好。软胶线两端头所接低压交流电源电压应在 20～30V。

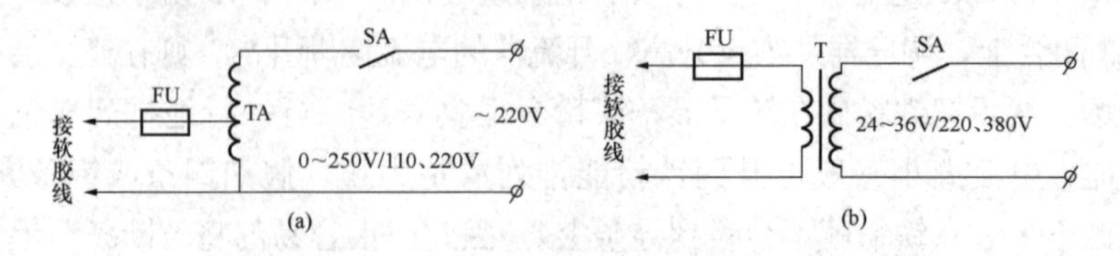

图 2-21 三种低压交流电源接线图（一）

（a）采用调压器；（b）采用行灯变压器

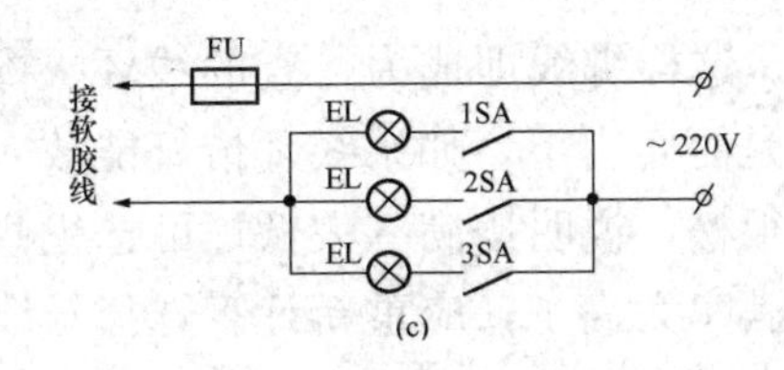

图 2-21 三种低压交流电源接线图（二）

(c) 采用串接并联白炽灯灯泡

接好胶线两端头后，将被测试电动机电枢放入钳口，然后闭合单极开关 SA 接通电源，这时线圈（整盘软胶线）的交变磁通穿过被测试电枢，在电枢上的各线圈感应出来交流电动势，如电枢有短路线圈，其所在的槽上产生一交变磁通。这个交变磁通使置于槽口上的锯条片振动，因此而指定出电枢短路故障的位置，这样逐渐转动电枢，同时将锯条片移至全部槽口上进行试验。并用粉笔在锯条片振动的槽口上做好记号标志，以备下一步的处理。最后切断电源，取下电机电枢。这个方法同样可以用来确定电枢断路故障，用一小段软粗铜线短接一定位置的相邻两整流片，应有火花产生，否则说明连于这两片整流片上的线圈已断路。因为电枢上的线圈位置不同，它们被交变磁通切割的情况亦不同，所以，有些线圈的感应电动势高些，有些线圈低些，少数线圈没有被磁通切割就没有感应电动势，所以整流子上的各个整流片被短接时，有些火花大，有些火花小，有些没有。为了能正确判断断路故障，应先找到整流片位于某一位置被短接时火花最大，然后转动电枢逐步将全部整流片转至这一位置，检验火花的大小有无，从而判断故障的有无。使用这个方法应注意以下几点：

（1）软胶线要用铜芯的，最好不用铝芯的，因其通过大电流时易发热。

（2）试验短路时较为费时，为了防止软胶线过热，可断续进行。

（3）一定要放入被试电枢后才能接通电源，一定要切断电源后，才能取出被试电枢，以免过大电流通过软胶线发生事故。

2-3-5 用线环检查法检查电动机定子绕组线圈槽满率

电动机定子绕组线圈槽满率，一般为 65％～80％，过高或过低都不适宜。重绕或改绕电动机绕组时，选择好导线后要核算槽满率，即检查所选导线在槽内是否容得下。计算槽满率需准确计算槽截面、绝缘物截面和导线总截面，比较麻烦，并且圆形导线间的空隙也不易计算准确。对此，可采用线环检查法，既快又准确。具体操作方法是绕好线圈后（未绕线圈时，可用同直径导线折成同根数的线束代替），用一段直径近似于槽绝缘厚度（约 0.3～0.5mm）的导线将线圈绑一圈。再将线圈捏成与定子槽形相近的形状，然后将绑的导线轻轻松开取下，再按原样扣好。这样绑线即成为检查的线环。将线环放在定子槽口比一下即可知道所选导线是否容得下。如果线环恰好能放入槽内，说明槽满率正合适；如果线环在槽内很松，说明槽满率太低，可选粗些的导线；如果线环根本放不进槽内，说明槽满率太高了，应重新计算选择导线或采取其他措施，如在保证绝缘性能情况下换用较薄槽绝缘和重新选择导线。

2-3-6 异步电动机未装转子前判定转向的简便方法

连接在无法反转或无法空转的机械上的异步电动机，如何在通电前预测转向，这里介绍一种简便的方法。如图 2-22 所示，用铜丝或铝丝（不能用铁丝）弯曲成“桶”形或“筐”形，其大小由被测电动机定子内径而定。测试时将被测电动机定子竖放，手提棉线将“桶”或“筐”吊在电动机定子中间，待其停稳后，给电动机定子绕组瞬间通电，“桶”或“筐”即旋转起来，其转动方向就是被测电动机转子的转动方向。

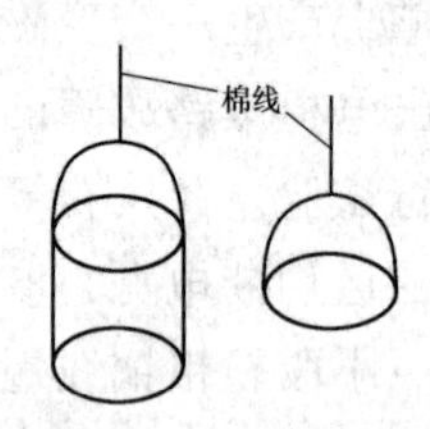

图 2-22 铜丝弯制成桶、筐的示意图

实际工作中，用日光灯启辉器的铝外壳可代替“桶”或“筐”，即废旧日光灯启辉器铝外壳就是很理想的“桶”或“筐”。在测试时，小功率、低电压电动机可直接接其额定电压电源；大功率、高电压电动机采用低压供电以确保安全。用此种方法测试电动机转向，既简单又安全，对被测电动机定子绕组无危害。但此法不适用于直流电动机，因为其磁场是恒定的，非旋转磁场。

2-3-7 确定高压开启式同步电动机转向简便方法

由于高压电动机接线的绝缘处理比低压电动机要复杂得多，因此，一般不用换相序的方法来改变转向，而要预先确定。这里介绍一种简单方法。

先用一张圆形薄铁片做一个小风叶，大小以能放进定子铁心与两邻近励磁绕组间形成的空间为准（一般约 30～50mm）。风叶圆心处开一个 6～7mm 直径的圆孔，穿在一根直径约 5mm 的铁杆上，并把风叶两端的铁杆打扁，以免风叶从铁杆上脱落，这就做成一个小风车。

确定高压开启式同步电动机转向时，高压电动机接上三相低压 380V 电源（此电源的配电变压器的高压侧应和高压同步电动机电源来自同一变电所）。通电后，将小风车放入定子铁心与两邻近励磁绕组形成的空间靠近定子铁心侧。风车在定子产生的旋转磁场作用下旋转。风车旋转的方向就是高压开启式同步电动机的旋转方向。记下给高压电动机的低压电相序，只要保证高压开启式同步电动机接入高压电源时的相序与试验时的低压电源相序一致就行了。

2-3-8 单相异步电动机正反转向的简便确定法

检修单相异步电动机后，测试其正反转的简便方法是：用直径为 0.90mm 的漆包线（将外皮打光），做一个直径为 15mm 大小的闭合小铜环。铜环周围用棉丝缠起来，然后用一根细棉线将其吊在定子中间，如图 2-23 所示。将运行与起动绕组的出线头接上电容 C，并在运行绕组上引出一引线，再与公共出头端接通 220V 电源（最好低于 220V）。

在通电的瞬间（不超过 5s），如小铜环顺时针旋转则代表被测电动机正转，逆转则反转。如果要反向，可将起动绕组的里外头对调一下即可。

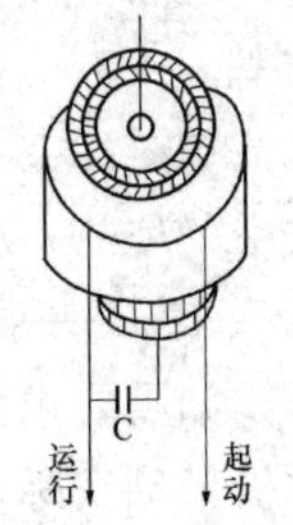

图 2-23 确定电机转向示意图

2-3-9 小电机的简易测功法

要为家用电器选用单相微型电动机，必须知道设备的额定负荷转矩。但要计算某些负载（如风叶）的转矩是很复杂的，而且也难以准确计算。对这类负载，可以采用以下方法测试：

用一只极数相同而输出功率接近或略大于估计出的实际负载功率的单相电动机（无论什么型式都行）带动实际负载旋转，调节电动机输入电压，使其转速为设备的规定转速 n_e，记下此时电动机的输入电压 U_{in} 和电流 I_{in}。把电动机从设备上拆下来，再测量出在输入电压为 U_{in} 和输入电流为 I_{in} 时的电动机输出功率。此功率即为设备（家用电器）实际负载功率。

如有测功器，测量电动机输出功率是很方便的；如无测功器，可采用图 2-24 所示的简易方法测量。图中 F_1 和 F_2 为拉秤（F_1 如改用砝码，则可提高测试精度），电动机轴上装一由金属铝制成、半径为 R 的力矩盘，在盘的圆周上有一条凹槽，软线在其上绕一圈，绕时需注意电动机的旋转方向（见图 2-25），必须使 $(F_1-F_2)\cdot R$ 为

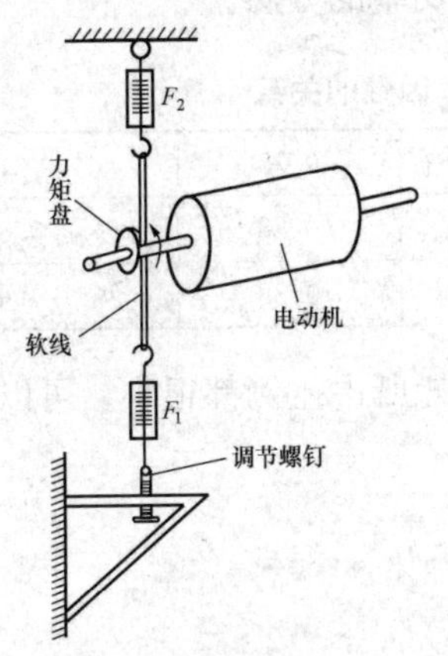

图 2-24 测量小电机输出功率的装置示意图

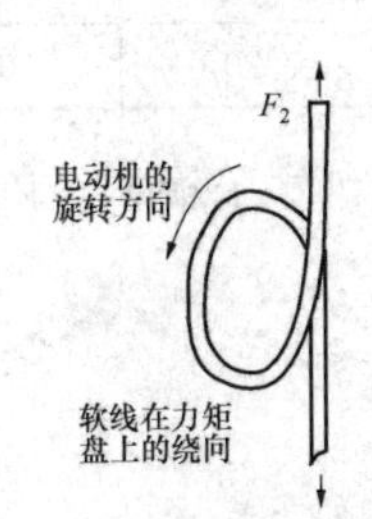

图 2-25 软线在力矩盘上的绕向示意图

电动机的制动力矩。一切装好后，先调节电动机的输入电压，使之为U_{in}，然后调节螺钉，以调整力矩盘上的制动力矩，使电动机的输入电流为I_{in}。这时制动转矩$T=(F_1-F_2)\cdot R$(g·cm)，即为电器设备在转速n_e时的实际负载转矩，电动机的输出功率

$$P_2=1.029(F_1-F_2)\cdot R\cdot n_e\times 10^{-5}\,(\mathrm{W})$$

式中 R——力矩盘半径，cm；

F_1、F_2——弹簧秤读数，g。

如需要求出在其他转速，如n_1、n_2、n_3时的负载功率（或转矩），可先将电动机带动实际负载旋转，用变更输入电压来得到转速n_1、n_2、n_3，记下与各转速相对应的U_1、I_1；U_2、I_2；U_3、I_3。然后用上述介绍的方法求出对应的负载转矩T_1、T_2、T_3，从而可画出转速n与负载功率P的关系曲线。

2-3-10 用日光灯测定电动机有功负荷

有些工矿企业的中小型异步电动机，严重地存在着"大马拉小车"的现象，效率η和功率因数$\cos\varphi$都很低，它们与负荷率β关系见表2-15。"大马拉小车"既浪费电力，又使电网功率因数变坏。为此不少工矿企业采取了"大马达换小"或降低轻负载电动机的运行电压（如△/Y切换）等措施。但有些企业在采取措施前没有很好地测定电动机实际输出功率，因而采取措施后出现了电动机过载或仍处于欠载状态。怎样才能较正确而又简便地测定电动机的输出功率P_2呢？通常用两种方法：①用电能表测量电动机的输入有功功率P_1，用公式$P_2=\eta\cdot P_1$计算；②用电流表、电压表测定电动机运行时线电压U、线电流I，用公式$P_2=\sqrt{3}\cdot I\cdot U\cdot\cos\varphi\cdot\eta$计算。但由于效率$\eta$和功率因数$\cos\varphi$是随输出功率$P_2$变化的，即使$\cos\varphi$可测，而$\eta$却无法测出，所以要用这两种方法测定$P_2$是有困难的。这里介绍一种用日光灯测定电动机输出功率的方法。

表2-15 电动机负荷率与效率、功率因数的关系

β	空 载	0.25	0.5	0.75	1
η	0	0.78	0.85	0.88	0.875
$\cos\varphi$	0.20	0.50	0.77	0.85	0.89

由于电动机转子铜耗、机械损耗、杂散损耗所占比例都很小，可以认为

$$P_2\approx T\cdot\omega \tag{2-1}$$

$$T\approx\frac{p}{2\pi f}\cdot U^2\cdot s \tag{2-2}$$

$$\omega=\frac{2\pi f(1-s)}{p} \tag{2-3}$$

式中 T——电磁转矩；

ω——电动机转子转动角速度；

p——极对数；

f——电网频率；

U——电动机输入电压；

s——电动机转差率。

将式（2-2）、式（2-3）代入式（2-1）得

$$P_2 \approx U^2 \cdot s(1-s) \tag{2-4}$$

同理，额定输出功率

$$P_e \approx U_e^2 \cdot s_e \cdot (1-s_e) \tag{2-5}$$

式中 U_e——额定电压，380V；

s_e——额定转差率。

式（2-4）除以式（2-5）得负荷率β

$$\beta = \frac{P_2}{P_e} \approx \frac{U^2 \cdot s(1-s)}{U_e^2 \cdot s_e \cdot (1-s_e)} \tag{2-6}$$

以 $s=\frac{n_1-n}{n_1}$ 代入式（2-6）得

$$\beta \approx \left(\frac{U}{380}\right)^2 \frac{(n_1-n) \cdot n}{(n_1-n_e) \cdot n_e} \tag{2-7}$$

式中 n_1——同步转速；

n——实际转速；

n_e——额定转速；

n_1-n——实际转差；

n_1-n_e——额定转差。

由式（2-6）、式（2-7）可知，只要测得U、S或n就可计算出P_2。

怎样通过日光灯测电动机转差或转速呢？在日光灯接入 50Hz 交流电路时，灯管中电流波形每秒钟要波动 100 次，造成日光灯每秒闪烁 100 次。因闪光频率快，用肉眼感觉不出。如果在电动机轴端面画一条半径白线 OA，二极电动机以同步转速 3000r/min（即 50r/s）旋转，假定日光灯第一次闪光把 OA 线照亮，则经半个周期（即 1/100s）白线转过 180°被日光灯第二次闪光照亮，再经半个周期，白线转到原来位置，又被日光灯第三次闪光照亮……。这样，我们感觉到电动机轴端面半径白线变成了一条直径白线，如图 2-26 所示。同理，四极电动机呈两条交叉白线，六极电动机呈三动条交叉白线……，以此类推，如图 2-27 所示。

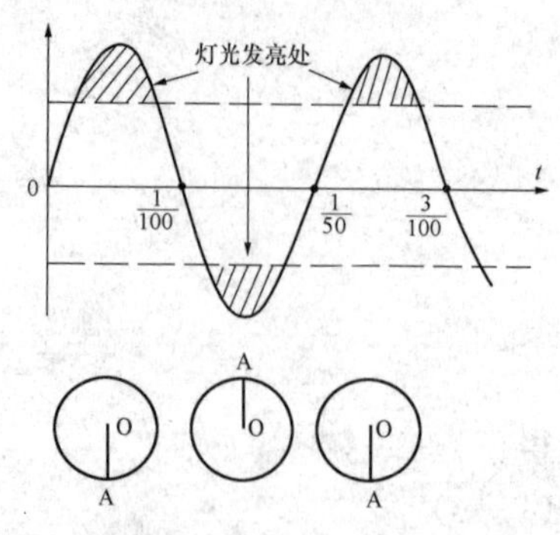

图 2-26　日光灯下 3000r/min 电机轴端面半径白线照亮示意图

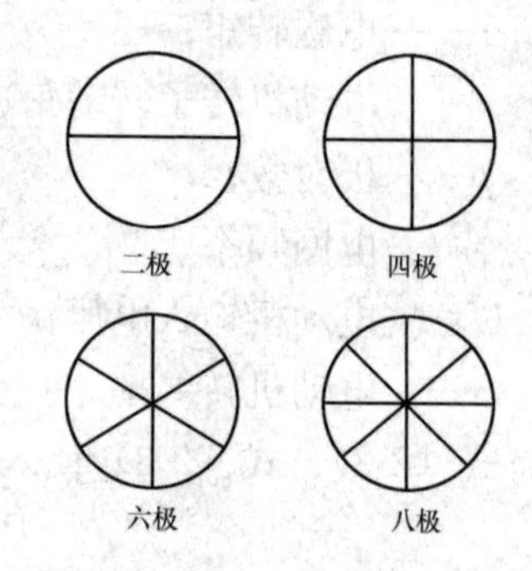

图 2-27　二、四、六、八极电机轴端面呈显白线示意图

若电动机低于同步转速，二极电动机在日光灯第二次闪光时，白线 OA 转动角度要比 180°小，好像倒退了一些。当第三、四……次日光灯闪光时，白线位置一次比一次后退，看起来逆电动机转向倒转一样。若 1min 白线在某位置出现 120 次，则说明二极电动机倒转 120/2 转。同理，在某位置 1min 出现 α 次，N 极电动机白线倒转 α/N 转，即电动机实际转差（n_1-n），可表示为 $n_1-n=\frac{\alpha}{N}$ 或 $n=n_1-\frac{\alpha}{N}$。代入式（2-7）得

$$\beta=\frac{P_2}{P_e}\approx\frac{\frac{\alpha}{N}\cdot\left(n_1-\frac{\alpha}{N}\right)}{(n_1-n_e)n_e}\cdot\left(\frac{U}{380}\right)^2 \tag{2-8}$$

这就是我们所需的计算公式。

例如，某电动机额定功率是 75kW，额定转速 730r/min，即 $N=8$，$n_1=750$r/min。用日光灯法测出 α 为 50 次/min，此时实测输入电压为 380V，代入式（2-8）得

$$\beta\approx\frac{\frac{50}{8}\times\left(750-\frac{50}{8}\right)}{(750-730)\times 730}\times\left(\frac{380}{380}\right)^2\approx 0.32$$

$$P_2\approx\beta\cdot P_e\approx 0.32\times 75=24(\text{kW})$$

则可根据 24kW 选取所需的电动机。测定电动机转差用日光灯法比一些转速表测转速要正确，这样在选电动机时可避免较大的偏差。

2-3-11　用电磁棒测定直流电机磁极极性

修理直流电机时，更换磁极线圈或改变接线后需要检查磁极极性是否正确。通常采用指南针检查，但有缺点：磁极磁力较强时，很容易把小指南针的磁针吸着贴附在支架底盘处，使它不能灵活转动，指示不准确；在强大磁力作用下，

有时会强迫指南针本身反向磁化，因而极性变化无常，一会儿为N极，一会儿为S极，不能正常指示。为此，可根据电磁感应原理，用电磁棒测定直流电机磁极极性，如图2-28所示。

电磁棒制作很简单。用普通半导体收音机中的磁棒和$\phi0.1\sim\phi0.2$mm高强漆包线组成测试装置，即在磁棒上绕漆包线1400～1600匝，线圈两端接毫伏表（表面中央为零值位置）或万用表的微安挡。使用时，在被测试电机磁极线圈中通入电流，用电磁棒瞬时触试被测磁极，同时，观察表头摆动方向，用以判断被试电机每个磁极的极性。如果为同极性磁极，表针向同一方向摆动，异极性磁极则反方向摆动。这样按照电机工作性质，即可判断电机磁极极性是否正确。

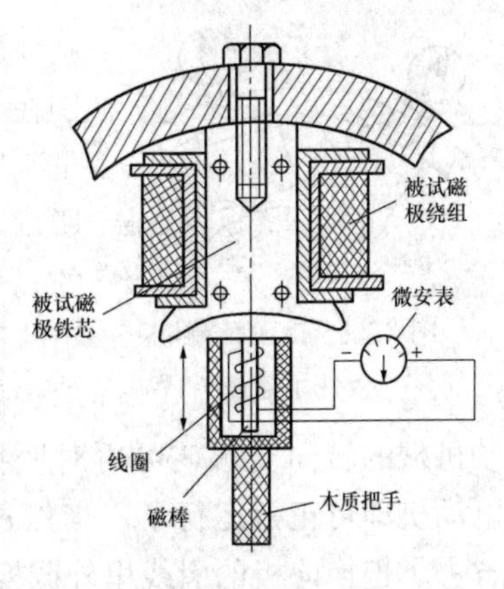

图2-28　电磁棒测定直流电机磁极极性示意图

2-3-12　直流电动机换向极极性的现场调试

直流电动机换向极绕组的引线与刷架及端子是固定连接的，一般不会搞错。但在检修时往往容易把换向极的极性接反，从而引起性能恶化：一是拆卸后端盖和刷架后，把刷架的两根引线调错，或是把端盖连同刷架旋转了90°后重新固定；二是电枢绕组大修重绕时，没有按原制造厂的下线工艺进行，没有记清楚下线时应把电枢的换向器端放置在操作者的右手还是左手；三是电枢绕组大修重绕时绕组与换向器的接线没有按原来的方式连接，即没有记清楚原绕组接线是左行还是右行的，或是放长接线还是缩短接线等。这三种情况都会在原定子接线不变的情况下，使电枢的转向相反，这时若把并、串励线端调换一下，转向虽反过来了，但换向极的极性不符合换向要求，将造成空载也有火花、轻载起动困难、达不到额定转速、重载不能起动等问题。

由直流电机的原理可知，直流发电机的换向极与主极的极性按旋转方向排列应为N→s→S→n，直流电动机则应为N→n→S→s。所以直流电动机大修过程中，应注意上述三种情况，不要轻易改变原样。如果修后发现运行不正常，应检查换向极与主极极性的排列是否正确。在现场检查，不用拆开定子，可用下述简便方法进行：将一个换向极的两个固定螺钉松开，其中一个螺钉只能略松，另一个螺钉则多松开一点，使螺钉的内平面与机壳离开约1mm，如图2-29所示。这样换向极的磁性在螺钉头上容易显示出来。然后在并励绕组端通上额定励磁电压，在电枢端通上较低的电压，使电动机启动，再加上轻载或用木板

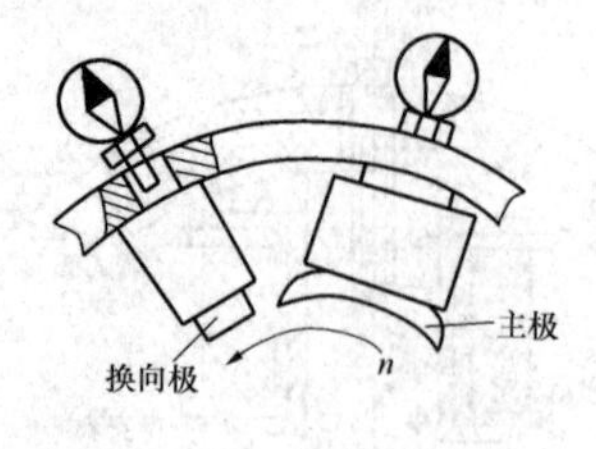

图 2-29 指南针测试极性示意图

刹住轴伸，则电枢及换向极电流将增加，用指南针分别在主极和换向极的螺钉头上测试极性。根据转向即可判别主极与换向极极性的排列是否正确（如图 2-29 所示，如是电动机则正确；如是发电机，则是错误的）。如排列错误，对前述第一种错误情况，可将刷架引线倒调即可；对第二、第三种情况，首先应将刷架引线倒调，此时转向与设计相反，如果转向不符被传动机械的转向要求，可再对照接线盒上的接线图调换连接片，使转向反过来，电动机即可正常运行了。当然这时连接片连法与接线图所示转向相反，这样就省去了把换向极的引线里外调换的麻烦。

2-3-13 用半导体收音机检测电气设备局部放电

日常巡视检查输电线路金具和变电设备部件上发生的电晕或局部放电，大多采用电测方法。这种测量方法灵敏度和测量精度虽较高，但现有的测试设备较复杂，且大多数工矿、乡镇企业无这种专用仪器。因此，电工只得靠耳听和肉眼观测，劳动强度大、准确性也低。

检修实践经验得出：用普通半导体收音机可以很方便地检测电气设备是否有局部放电。因电气设备发生局部发电时，有高频电磁波发射出来，这种电磁波对收音机有一种干扰。因此根据收音机喇叭中的响声，就可判断电气设备是否有局部放电故障。

检测局部放电故障时，只要打开收音机的电源开关，把音量开大一些，调谐到没有广播电台的位置。携带收音机靠近要检测的电气设备，同时注意听收音机喇叭中声音的变化。电气设备运行正常没有局部放电时，收音机发出很均匀的“嗡嗡声”；如果响声不规则，嗡嗡声中夹有很响的鞭炮声或很响的吱吱声，就说明附近有局部放电，这时可以把收音机的音量关小一些，然后逐个靠近被检测的电气设备。当靠近某一电气设备时，收音机中上述响声增大，离开这一设备时响声减小，说明收音机收到的干扰电磁波是从该设备局部放电处发射出来的。然后再用肉眼仔细找出放电部位。

这种方法可用来检查电力变压器因出线套管螺杆压紧螺母松动而产生轻微放电，变压器内部的分接开关接触是否良好，有无局部放电；也可用来检查半导体整流励磁的发电机有否局部放电。但对于电刷换向励磁的发电机等电气设备，由于电刷换向时有轻微火花，能发射出电磁波，致使收音机分辨不出是否有局部放电。所以这种方法不适用。

2-3-14 用半导体收音机查找电热褥断线故障点

电热褥最常见的故障是电热丝断路。检查电热丝是否断线的方法很简单，可用万用表 $R\times1k$ 电阻挡测试电热褥电源插头来确定。但由于电热丝较细，外面又有绝缘层，一旦断线，不易直观地检查出断线点。对此，可采用小型半导体收音机进行查找电热褥断线点。具体方法如下：

首先将市电的相线接到电热褥插头上某一脚上，让插头的另一脚空着包好（注意做好安全措施）。然后打开小型半导体收音机，调到没有电台的位置。将收音机的磁性天线沿着电热线的走向移动。如检查位置处到电源插头之间没有断线故障，那么天线就会感应到交流电，经放大，收音机将发出明显的 50Hz 交流信号；如果在某处交流声突然变小，那么电热丝的断线故障点就在此处。将断线接好，继续沿电热线检查下去，直至电源插头的另一端。

2-3-15 用收、扩音机查找电力电缆线路故障点

电力电缆线路多为埋设地下，一般要靠电气测量才能探明故障点。但一般工矿、乡镇企业缺少相应的设备和仪器，故遇埋设电缆线路发生故障，寻找线路故障点就显得较为困难。对此，可用收、扩音机查找电力电缆线路故障点的简易方法。其特点是：“助听”设备简单，可凭耳听直接判断故障点确定在 3m 以内；适用在故障点接触电阻 1kΩ 以内、电缆埋设深度在 1m 左右、铅包及铝包和外护层为金属铠装的高低压电力电缆的接地故障；适用于橡皮聚氯乙烯等外护层为非金属铠装电力电缆相间故障。

（1）工作原理。如图 2-30 所示，是在收录机中放入录音磁带，按下放音按钮，从收录机输出信号插孔引出音频节目信号电压，送入扩音机的拾音输入插孔，经扩音机放大的音频信号电压接到电缆故障相和由电缆金属外铠装引出的地线上（非金属外铠装电缆接故障两相）。这样，通过电缆故障电阻，在故障点与扩音机之间会有音频电流 I_1 流过。而在电缆故障点后，从电路上看是开路的，只是电缆本身有分布电容存在，在音频交流电压的作用下，会产生以容性电流为主的泄流电流 I_2。I_2 比 I_1 要小得多。因电流产生的磁场强度和电流强度成正比，因此，故障点前后的磁场强度会有一个显著的变化。如图 2-30 所示，当将音频接收线圈在地面沿着电缆敷设方向移动时，将会接收到音频磁场信号，经收音机放大后进入耳机，可直接收听到音频电流信号（磁带节目声）。当接收线圈通过故障位置时，由于磁场强度变化，声音大小也会变化，由此，可以寻找出故障点所在的位置（区域）。

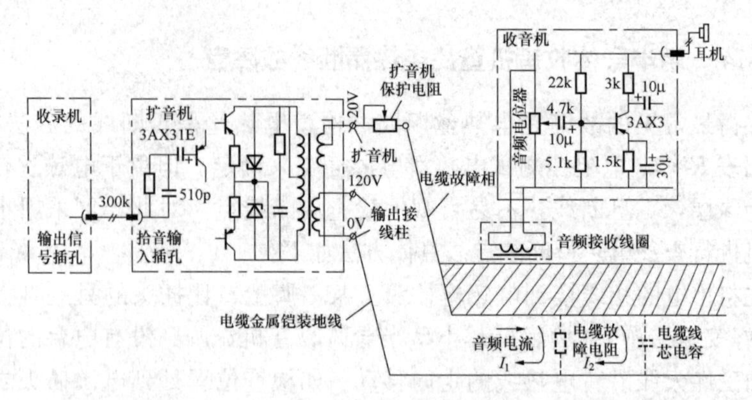

图 2-30　用收、扩音机查找电力电缆线路故障点测试方法的电气系统图

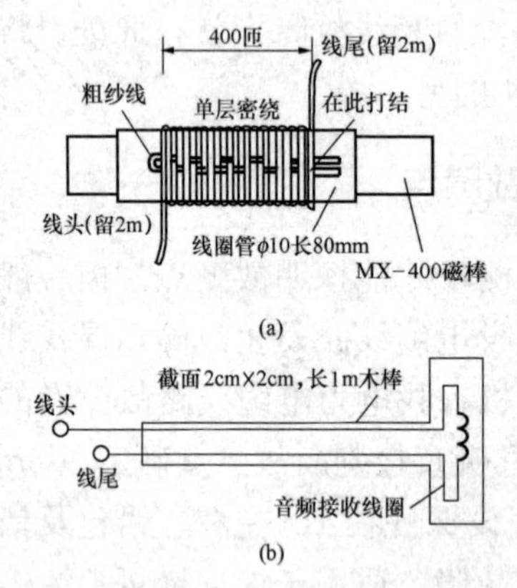

图 2-31　音频接收线圈示意图
(a) U 字形音频接收线圈；
(b) 装置外形图

（2）音频接收线圈的制作。图 2-30 中“音频接收线圈”需自制。如图 2-31 所示，用一根 MX-400-ϕ10×180mm 锰锌铁氧体中波磁棒，先用青壳纸或牛皮纸做成直径 10mm、长 80mm 的线圈纸管，再将线圈纸管套在磁棒上，使线圈纸管一端处在磁棒中间，另一端距磁棒端面 10mm。然后，用直径 0.15～0.21mm 的漆包线在线管上单层密绕 400 匝左右，绕制时要注意线头、线尾固定。一般可取适当长度的粗纱线或扁丝带对折起来在线圈纸管上做成如图 2-31（a）所示 U 字形音频接收线圈，把漆包线的起头夹在 U 字中间，用手指压紧随即顺着方向绕去，绕线要一圈紧靠一圈地压住这条 U 字形的纱线上，直到所要求的线圈数为止。把漆包线线尾夹入纱线中，将纱线打一个结即可。线圈绕好后，可在线圈外表面用电工塑料包布均匀包上两层，以保护线圈。然后，将它固定在长 1m 左右、宽厚各 2cm 木棒端上，如图 2-31（b）所示，以便探寻故障时握持。

接收信号的收音机最好用一台具有两级以上低放和末级功率推挽放大输出（即音频功率放大能力大），并带有耳机的便携式半导体收音机。需要将制作好的音频接收线圈的“线头”和“线尾”焊接到收音机的音频电位器上（见图 2-30）。

（3）系统调试。在做好故障电缆的停电、验电和装设接地线等安全技术措施后，可把电缆两端头线芯从电网中脱开，再用相应电压等级的绝缘电阻表来确定故障的性质。如果故障性质在本装置适应范围内，即可采用本方法查找故障点。

按图 2-30 所示接线时，在连接扩音机输出端和电缆故障相要对应，根据电缆故障电阻的大小来确定接扩音机和输出电压的高、低挡。一般故障电阻在100Ω（用万用表测量）以内时用低压挡，大于100Ω时用高压挡。但如金属性短路，接地电阻为零时，应在扩音机输出端子上串入保护扩音机的过载电阻，阻值可按$R=U^2/P$计算（式中U和P为所接扩音机输出端低挡额定电压和功率，P也是所串电阻需要的功率）。如扩音机采用金鹿JK-100W型，低挡额定输出电压和功率为20V、100W，则选用电阻为：$20^2/100=4$（Ω）、功率为100W即可。

线路接好后即可试验整个系统，选一盘独声演唱比较清楚平稳的磁带放进收录机里放音，打开扩音机，先把扩音机音量电位器调到中间位置。将收音机调谐器调到无电台频道处，收音机音频电位器调到最大音量，手持带有音频接收线圈的木棒，将接收线圈放在离故障电缆1m左右处，用耳机收听，再逐渐调大扩音机的音量电位器，直到耳机中能清楚地接收到磁带节目时，系统调试就完成了。

（4）查找故障点的方法。查找故障点时，一般从接扩音机的电缆头端开始，将接收线圈贴近地面沿着故障电缆敷设线路，缓慢探听前进。当耳机中声音突然变化时，可左右前后移动接收线圈的位置，以判别是电缆故障点还是因电缆拐弯、偏斜或埋深等变化的情况。因电缆标志不一定在地面上标得十分清楚。例如，地下故障电缆因位置变化和接收线圈的距离变大，耳机内声音就会变小。但是这时只要将接收线圈沿地面前后左右探听，如耳机内声音又恢复正常，则故障点不在该区域。若这样经过来回几次探听，当接收线圈在该区域地面上移动时，耳机内声音变化较大，则可基本判断为故障点在该区域。这时，可按下述方法进一步缩小故障点所在区域，当将接收线圈沿着地面慢慢探听前进时，在耳机里感到声音开始变低（还能听清磁带节目内容）时，在接收线圈所在地面的位置上做个标记，设为A点。然后继续慢慢往前探听。当耳机里声音明显变小，基本听不清节目内容时再做个标记，设为B点。AB两点距离为L（米），则故障点所在区域一般在以A点为中心的前后各L（米）的区间内（故障点出现几率最多的是以A点为中心的前后$\frac{1}{2}L$范围内）。但要注意电缆过马路等穿在金属保护管内，由于金属套管的屏蔽所引起的耳机内声音变化的情况，这时，只要继续向前探听，如耳机中又重新听到节目声，则可判断故障点不在已探听过的区域内。

经过反复多次仔细测定，便可判断出故障区域，挖开地面见电缆，一般在电缆外表面就能找到故障点痕迹。但也有从电缆外表面看不出的故障点，这时可再用接收线圈贴近电缆探听，但扩音机音量电位器可适当调小，这样可更清楚地听到声音在电缆上变化的位置。最后剥开电缆外护层，便可找出故障点。

值得指出的是油浸纸绝缘铝包或铅包电力电缆的两端头处较易为故障点。用该方法查找判别则更显简捷。如图 2-30 所示接线后，携带收音机用接收线圈贴近电缆两端头处探听（如户外杆上电缆头在电线杆下沿电缆探听即可），如耳机中两头声音基本一样，则可判定故障点一定是在不接扩音机的那个电缆头上（不在线路和接扩音机的那个电缆头上）。这样也可避免盲目锯头和费时查找。具体应用实例详况这里就不一一赘述了。

（5）注意事项。在实际应用中，有时会遇到闪络性故障点和故障电阻大于 1kΩ 以上的故障点。这时首先要设法使故障电阻稳定降低，而且故障电阻越低，查找判别故障点时就越清楚容易。稳定和降低故障电阻，一般可使用高电压烧击的方法。烧击电压从零伏慢慢往上升，最高电压不可超过电力电缆运行中规定的试验电压。利用直流电压在故障点的放电能量或电流在故障电阻上的热效应，一般也可使故障电阻降低。具体操作时一定要按照有关安全操作规程进行。

2-3-16 用压电晶体喇叭检查晶闸管的触发电路工况

在现场检查和修理晶闸管设备时，往往需要检查晶闸管的触发电路工作情况。若用万用表来检查触发电路有否脉冲输出是很难发现问题的，而用示波器检查，虽然很理想，但一般工矿企业不具备，另外携带不便。这里介绍用压电晶体喇叭检查晶闸管的触发电路工况的方法。

（1）检查方法。将压电晶体喇叭接于触发电路的两个输出端，则可听到稳定悦耳的音响信号。此时，如果调节移相电位器，则音响信号的音调将随着调节而相应地变高变低。如果喇叭无声、音响断续不稳定、有杂声、音响微弱无力（对多路相同触发比较而言）以及音调不能随移相电位器的调节而作相应的变化时，均说明触发电路工作不正常。如果用手指弹击触发电路板时，喇叭的音响有变化，则说明线路接触不良。此法特别适用于检查常见的单结晶体管触发电路，而对于用正弦波和锯齿波作同步电压的触发电路，除听不到音调变化外，其他情况与上述大致相同。用压电晶体喇叭检查晶闸管的触发电路工况时应注意安全，尽可能断开晶闸管元件的电源，如触发脉冲微弱听不清楚时，可断开控制极测试。

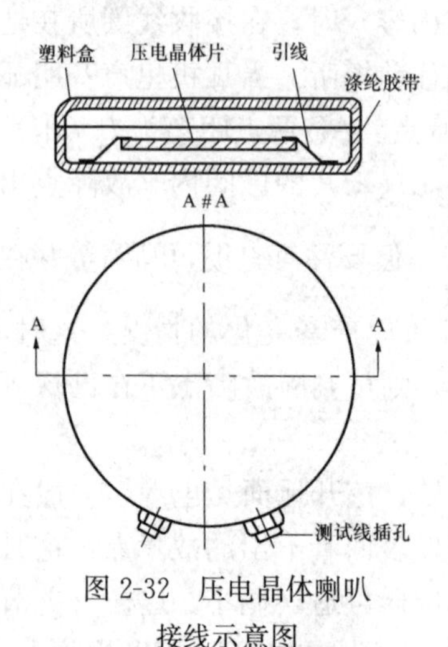

图 2-32　压电晶体喇叭接线示意图

（2）装置制作。将压电晶体喇叭按图 2-32 所示安装。如果没有压电晶体喇叭，也可用有线广播用的压电晶体喇叭改制，方法是：把喇叭的纸盆大部分剪去，只留晶体片圆周约 10mm 宽的一圈纸盆（注意不要把晶体片上的两根引线弄断），把它黏合在一个塑料盒子里，先在盒子上钻上几排出音孔，并在圆周壁上装两只接线螺丝或插孔，螺丝在盒内的一端分别与晶体片的两根引线接通。最后用涤纶胶带把盒子底、盖一圈粘牢，这样就制作完毕。

2-3-17 “敲击法”检查木质杆身中空；“刺探法”检查杆根腐朽

检查电杆，要从地面起，由下而上地进行，直到梢部。检查木质电杆杆身是否中空，采用“敲击法”。用小铁锤一把，沿杆身四周敲击，倾听所发出的声音，如果发出“当当”的清脆声音，便表示木质良好；如果声音嘶哑，便表示被敲击的地方已腐朽或风化；如果发出“咚咚”的声音，便表示木质中空。对于声音的判别，要经过多次试验，才能正确地掌握。敲击杆身的小铁锤，可作两种用途，一端是小铁锤，另一端是长柄，长柄可作刺探作用。如果人站立在地面上用它来敲击杆身，可以够到两、三米高度。

检查木质电杆杆根是否腐朽，采用“刺探法”。进行刺探法检查，分为两步。如图 2-33（a）所示，先使用“长柄钢刺”试试木杆杆根出土的上下部分有无腐朽迹象。如发觉有腐朽，则挖开杆根覆土 300～500mm 深，继续刺探。

进行正式刺探时，要使用“短柄钢刺”，为了正确地检查腐朽层的厚度，钢刺刺入木杆的方向必须垂直于杆身。从钢刺的尖端刻度上，可以读出刺入木质的深度数值。因为杆身表面的腐朽层，并不是均匀分布的。因此，在进行刺探时，不仅要查明腐朽层的厚度（或叫深度），还要查明腐朽的形状和范围，所以要选择在腐朽现象较严重的部分，至少刺探四次，每次刺探的部位，不要集中在同一方向内。要围绕杆根四周，相隔大致均匀，如图 2-34 所示。

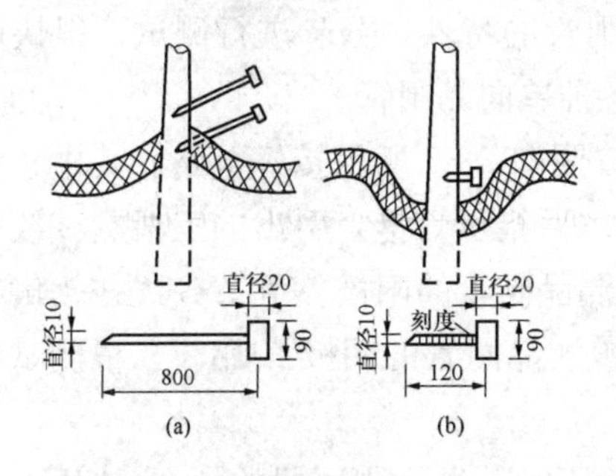

图 2-33 检查木杆杆根的刺探法示意图

（a）长柄钢刺试探；（b）短柄钢刺正式刺探

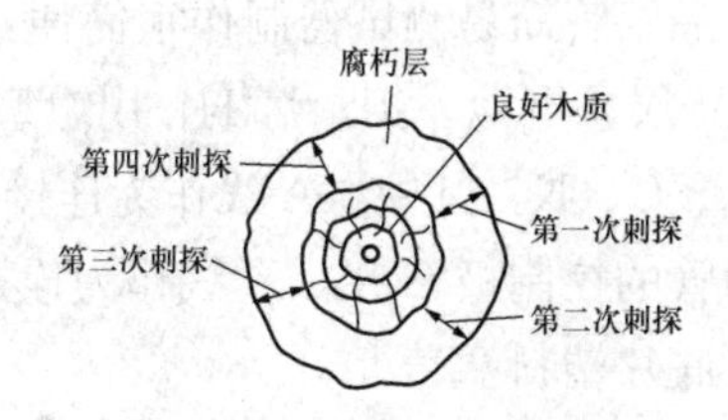

图 2-34 短柄钢刺四次刺探杆根示意图

2-3-18　晶闸管简易测试器

晶闸管在家用电器以及自动控制设备中应用较广，但由于一般检修人员缺少必要的测试设备，往往靠用万用表测量其阻值来判别其好坏，但很难鉴别出其性能优劣。为此，现介绍一个根据晶闸管的特性而设计制作的简易测试器，如图 2-35 所示。该装置可方便直观地判别出晶闸管的好坏，其测试线路图如图 2-36 所示。整个测试器装置安装在 135 相机底片塑料盒中，使用很方便。

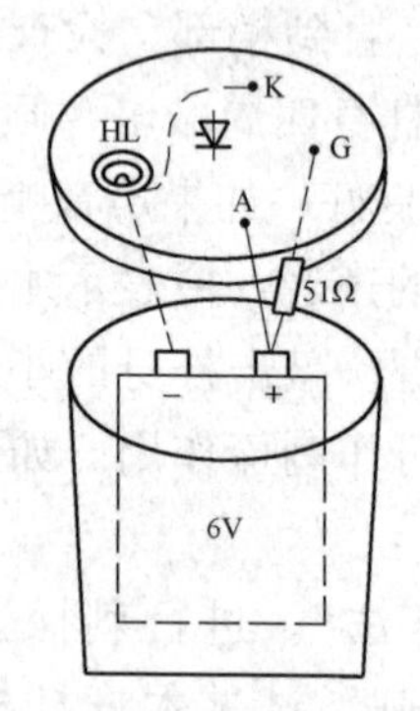

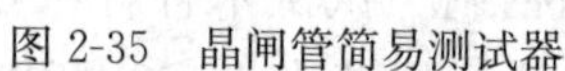
图 2-35　晶闸管简易测试器

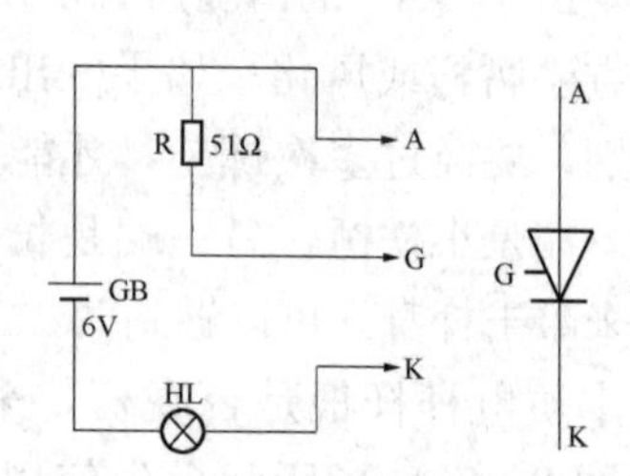

图 2-36　测试器线路图

晶闸管简易测试器是根据晶闸管的特性而设计制作的。晶闸管的特性是：①当晶闸管控制极不加触发信号时，阳极上虽加有较大的正向电压，晶闸管仍不导通，否则说明晶闸管已击穿短路；②当控制极加上正向电流时，晶闸管就会在较低的正向阳极电压下导通，晶闸管导通后，内阻很小、压降很低。晶闸管一旦触发导通，即使控制极触发信号消失，晶闸管仍能保持导通状态，欲关断晶闸管，必须切断阳极电压或使阳极电压小于某一定值。

晶闸管简易测试器共用一组 6V 电源，并通过一只 51Ω 的电阻限流后引出一直流电压作为控制触发信号。根据晶闸管的特性，分步进行测试，很快就能判断出晶闸管的好坏。该测试器适用于各种单向晶闸管。

晶闸管简易测试器制作很简便，按照图 2-35 所示接好电路。其中，电源采用 6V 层叠电池，指示灯 HL 用微型 6.3V 指示灯泡，引出的三根测试线分别标明 A、G、K，其中：A 线作为连接被测晶闸管的阳极 A 用；G 线作为触及被测晶闸管的控制极 G 用；K 线作为连接被测晶闸管的阴极 K 用。三根测试线均装置在底片塑料盒盖上。

晶闸管简易测试器的使用方法：使用时，先将测试器的 A 线和 K 线分别连接被测晶闸管的阳极 A 和阴极 K，G 线不接，如果指示灯 HL 发光，则被测元件是坏的（已击穿短路）；如果 HL 不发光，将 G 线瞬间接触一下被测晶闸管的控制极 G 就离开，指示灯 HL 一直发光不熄灭，则被测元件是好的；如果在瞬间接触一下控制极 G 后，指示灯 HL 仍不发光或只有在 G 线接触上时才发光，G 线离开后又立即熄灭，说明被测元件是坏的。同时，通过观察指示灯灯泡的亮暗程度，可判别被测元件的导通性能，当被测晶闸管被触发导通后，指示灯 HL 的亮度与 A、K 两线短接时的亮度一样，说明被测元件正向特性很好；如果 HL 的亮度偏暗，则说明被测元件正向特性差或晶闸管性能不理想。

2-3-19 用焊薄铁皮氖泡查找电热褥断线故障点

电热褥最常见的故障是电热丝断路。检查电热丝是否断线的方法很简单，可用万用表 $R\times1\text{k}$ 电阻挡测试电热褥电源插头来确定。但由于电热丝较细，外面又有绝缘层，一旦断线，不易直观地检查出断线点。现介绍一种简易断点测试器，其查找电热褥断线故障点效果很好。

断点测试器制作。找个测电笔氖泡（市场上有售），再剪一片约 10mm×40mm 的薄铁皮（或铜皮），焊于氖泡的一端铁帽上，氖泡与铁皮面垂直，如图 2-37 所示。

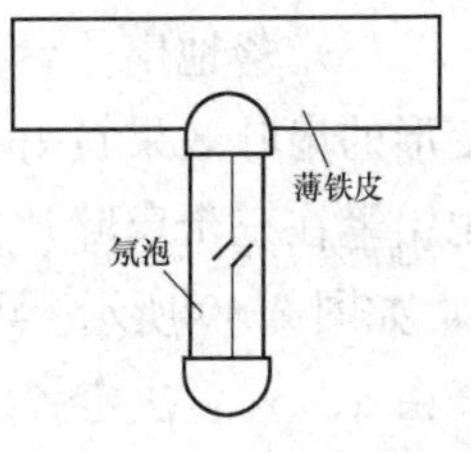

图 2-37 断点测试器示意图

检查时间最好在傍晚，室内光线较暗，但又能看得见。检查前将有故障电热褥铺平，并接通电源。如果被测电热褥为调温型的，则开关应置于预热挡。检查时，手拿上述制作的断点测试器氖泡的另一端铁帽，将测试器的铁皮片沿电热丝走向压在电热丝上移动测试。注意手指不要碰到铁片，也不要碰到玻璃管。由于电热丝和断点测试器的铁片间形成电容，若电热丝未断，接相线的一根会使氖泡发光。如果移到某处氖泡熄灭了，则断点即在附近。再前后移动几次，根据氖泡亮暗的不同，做好记号。为了准确，可将电源插头反插一下，比较两次测试结果，做出记号。多次检修电热褥的实践经验：断点的范围可取约 60mm 长度。有时氖泡不太亮，但其微弱的亮与不亮，肉眼足以能区别。

电热毯电热丝断点可能有多处，仍可按上述断点测试器查找方法多次检查，只要细心，断点很易找到。

2-3-20 校正变形扇叶三个简便方法

扇叶是电风扇的重要部件，一旦保养不善，极易发生变形，轻则电扇抖动，不安全；重则成为“不治之症”而报废。一般要用仪器来校正扇叶，在不具备有专用仪器的条件情况下，可用下述方法进行校正。

(1) 台式、落地式、壁式等电风扇均有保护网，扇叶都为一体性，可按

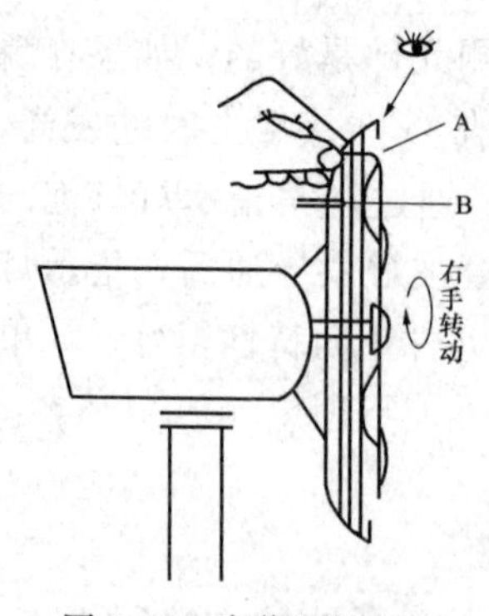

图 2-38　定位测距校正扇叶示意图

图 2-38 所示方法（定位测距）校正。左手握住测距尺（可用木棒、筷子、铁丝等）作定位测距，右手边转动扇叶，边拧动叶片，调整三叶片的 A 点（平行位）和 B 点（扭矩位）。经过几次反复调整，一般可使三个叶片调整到一致位置。

（2）吊扇扇叶校正较困难，可分两步进行：①先将吊扇三扇叶拆下叠起来，比较出变形扇叶，然后用木锤或脚踩手拧使变形扇叶大致复原；②将经处理复原三片扇叶安装在吊扇上（吊扇要从天花板上拆下来），然后悬挂在平整的地面或桌面上方，按图 2-39 所示方法校正 A 点和 B 点。经反复进行两步骤，一般可使三叶片调整到一致位置。

（3）落地扇、台扇扇叶变形，对其扇叶的校正，采用“划弧定点法”校正变形的扇叶效果良好。其方法步骤如下：①转动扇叶，以三个不同长度为半径用铅笔在三个扇叶片上划同心弧，在每个叶片的边缘上得交点 1、2、3、4、5、6，如图 2-40 所示；②卸下扇叶，在每一叶片的相同位置上标出点 7、8、9。距离由 a、b、c 决定；③以调整好的其中一叶片的角度和弧度为标准（如图 2-40 中选扇叶Ⅰ），将扇叶凹面朝上放在光滑平整的桌面或桌面的玻璃板上，然后用直角三角尺（直尺、拐尺均可以）测量并记录下叶片“Ⅰ”上各点至桌面或玻璃板面的高度 h；④调整另两个扇叶的角度和弧度，使其叶片上的各点至桌面或玻璃板面的高度 h 要与叶片“Ⅰ”所测得的高度 h 相等。这样校正两三遍，就可以使扇叶三个叶片的角度和弧度基本接近一致。

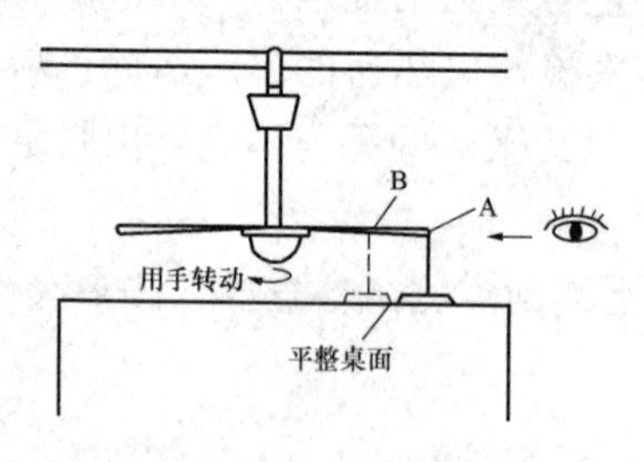

图 2-39　对应桌面校正吊扇叶片示意图

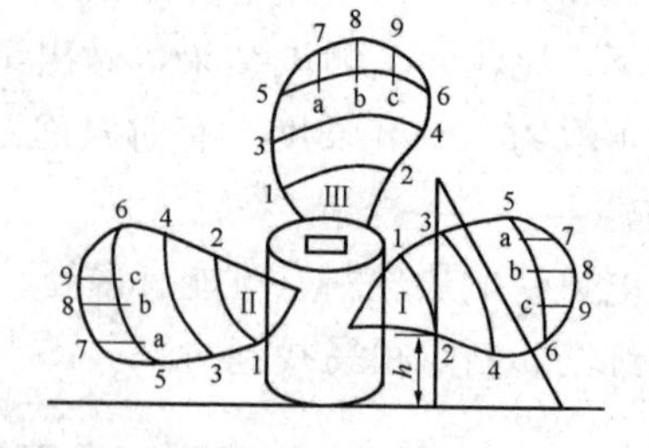

图 2-40　划弧定点法校正扇叶示意图

2-3-21　用行灯变压器校验电流继电器

工矿企业、电力系统中的线路，其速断保护以及过流保护中所用的电流继电器每年度均应定期校验一次。而行灯变压器（一般为 220/12、24、36V，容量0.5kVA）在工矿企业、电力系统中广泛使用。用行灯变压器校验电流继电器的接线如图2-41所示。接好线后闭合控制开关SA，慢慢调节调压器，使电流表的读数慢慢地增大到电流继电器KA刻度盘的数值，当KA动作时，它的触点接通使H亮，这就是电流继电器KA的动作值（起动值）；再慢慢调节调压器，使电流表的读数减小，待H熄灭时电流表的电流值就是返回电流值。将返回电流值除以动作电流值，即为返回系数，该数值在0.85～0.9间为合格。

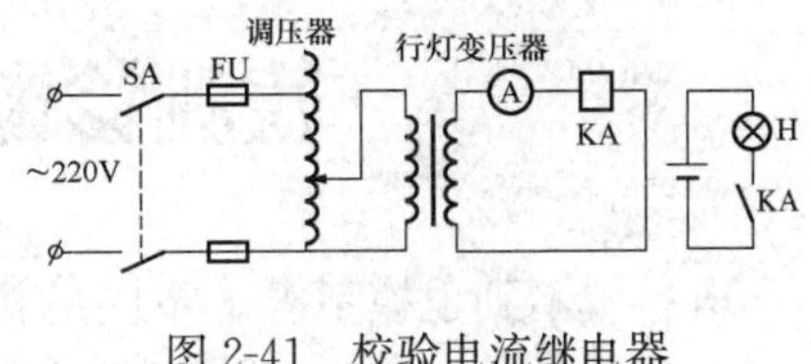

图2-41 校验电流继电器接线示意图

2-3-22 用行灯变压器在现场校验新投运的电流互感器的10%误差

电流互感器的10%误差是否合格，对电力系统中的继电保护有着直接的影响。如不合格，将会造成电流保护拒动，使事故扩大。用行灯变压器校验新投运的电流互感器的10%误差接线如图2-42所示。现场接好线后闭合控制开关SA，慢慢地调节调压器，使电流表PA1、PA2的读数慢慢地增加，当电流表PA2的读数增大到电流继电器KA1的动作值I时，读取电流表PA1的数值为I_1。如果误差能满足下式

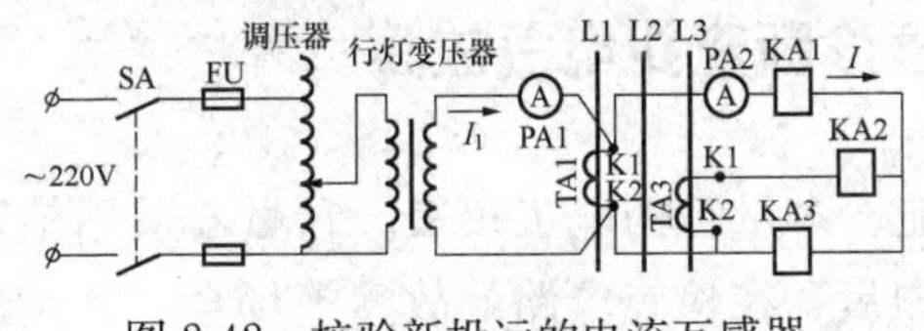

图2-42 校验新投运的电流互感器的10%误差接线示意图

$$误差=\frac{I_1-I}{I}\times100\%\leqslant10\%$$

那么，说明被测试的电流互感器TA未饱和，为合格的。否则，应更换电流互感器，且重新按照上述方法做校验。校验时TA1、TA3两只电流互感器不带电，即在电力线路三相均未通电前进行校验。

第3章

表测诊断查找电气故障

电！看不到也摸不着。不同的机械装置，其样式与形状也不相同，这些都是看得见摸得着的。但对于电量来说，用眼睛不能直接观察到，因而需要用测量仪表变换为通过视觉能观察到的形式。用测量仪表对电量进行测量称为电量测量；温度、应变、压力等的测量称为应用测量。

“隐性”的电气设备故障，没有外表特性，不易被人发现。故在诊断这类电气设备故障时，仪表的检查是必要的辅助手段，其作用是不可忽视的！电气设备诊断要诀的“六诊”中有“表测诊断”：根据仪表测量某些电参数的大小，经与正常的数值对比后，来确定故障原因和部位。

电量测量指示仪表的种类很多，常用仪表有万用表、绝缘电阻表、钳形电流表等。本章介绍运用这些常用仪表有一定目的性“有的放矢”的表测查找。

第1节　用万用表诊断查找电气故障

万用表是电气工程中常用的多功能、多量程的电工仪表。它虽不适用精密测量，但用这种表可进行各种电量的测量，在检查电路的故障等场合，它是最方便的仪表。它的特点是量限宽和便携带。万用表一般都能测量交直流电流、交直流电压和电阻，有的万用表还有许多特殊用途，如测量电容、电感量、音频电平和晶体管参数等。

模拟式万用表的结构主要有三大部分，即表头、测量线路、转换开关部分。

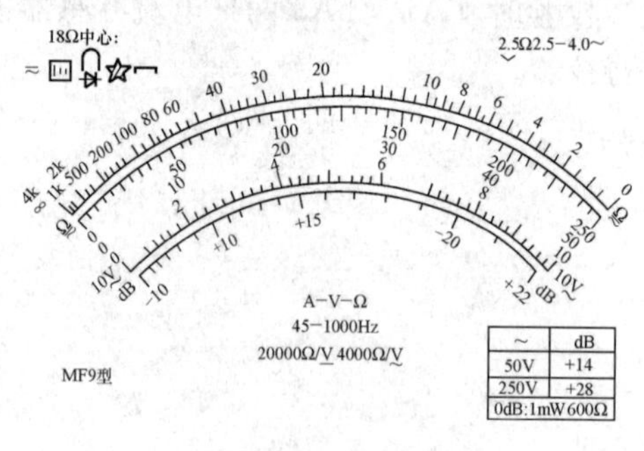

图 3-1　MF9 型万用表的表盘

（1）表头。表头多采用高灵敏度的磁电系测量机构，常用的满刻度偏转电流为几微安到几百微安，表头的满刻度偏转电流越小，其灵敏度也越高，这样的表头特性也越好。国产 MF 系列的万用表的满刻度偏转电流均为10～100μA，例如 MF9 型万用表的表盘如图 3-1 所示，表头的表盘有对应的各种测量所需的多条标尺。

（2）测量线路。万用表仅用一只表头就能测量多种电量，且每种电量又具有多种量限，靠的是表内测量线路的变换，使被测量变换成表头所能测量的直流电流。测量线路是万用表的主要环节，测量线路先进，可使仪表的功能多、使用方便、体积小和质量轻。一般万用表的测量线路实质上就是多量限直流电流表、多量限直流电压表、多量限整流式交流电压表及多量限电阻表等几种线路的组合。测量线路用大量各种类型、数值不同的电阻元件以一定的方式连接而成。图 3-2 所示为 MF9 型万用表电路图，图中下方所标的字母 A、B、C、D、E 是转换开关。

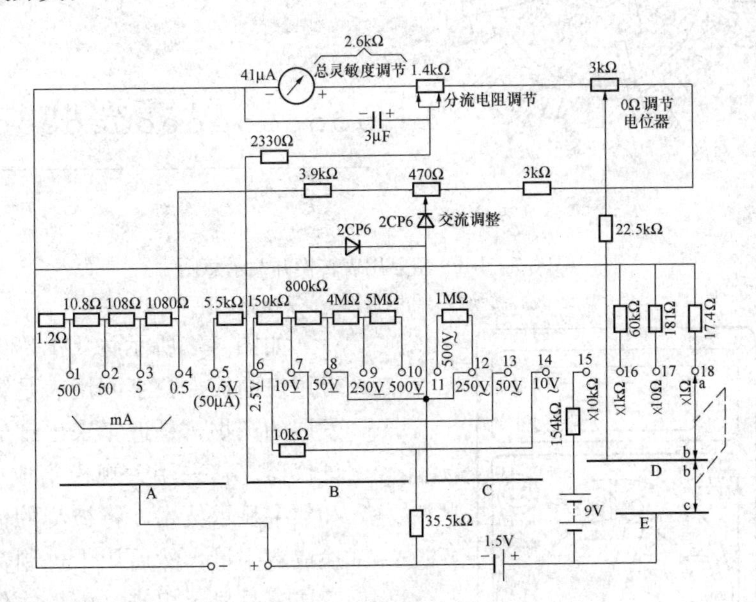

图 3-2 MF9 型万用表电路图

（3）转换开关。万用表中测量种类及量限的选择是靠转换开关实现的。转换开关是一只多接头的旋转式开关，当转动旋钮，使滑动触头与不同分接头连接时，就通过不同的测量线路。所以转换开关起着切换不同的测量挡位的作用。活动触点通常称为“刀”，固定触头称为“掷”。图 3-3 所示为 MF9 型万用表使用的转换开关，这种转换开关是单层 3 刀 18 掷印刷板式。外缘有 18 个固定触点在图 3-3（a）中用 1～18 的数字表示出。开关中间有两排圆弧状的固定连接片，图中用 A、B、C、D、E 表示。在转换开关的轴上，装有一块一端分成三片的活动触点，这即相当于三刀的作用，图中用 a、b、c 标出。图 3-3（b）是这个转换开关的平面展开图。MF9 型万用表各线路中的转换开关就是与这个转换开关相对应的。

模拟式万用表又称万能表、复用表、三用表、繁用表及电路测试器，是电工必备仪表，是电工的“眼睛”。因为万用表的测量项目多、量程多，使用次数频繁，所以稍有疏忽，轻则损坏元件，重则烧毁表头，造成不应有的损失。因此，务必学会熟练使用。

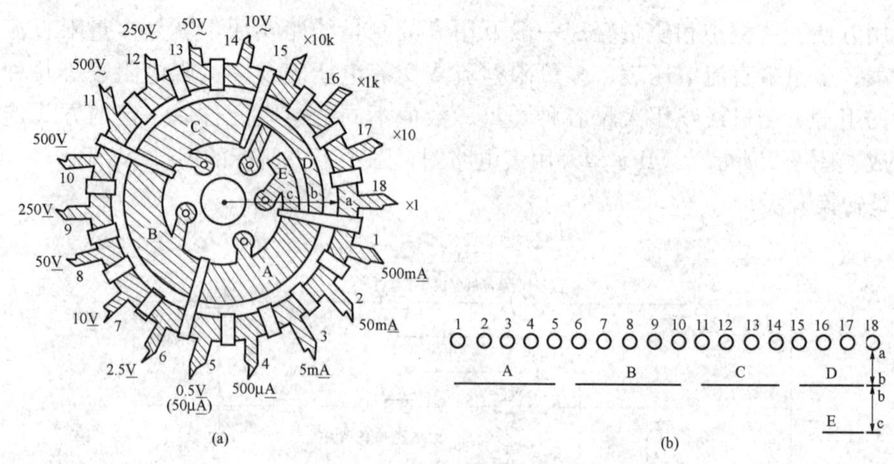

图 3-3 MF9 型万用表转换开关示意图

(a) 转换开关印刷板；(b) 平面展开图

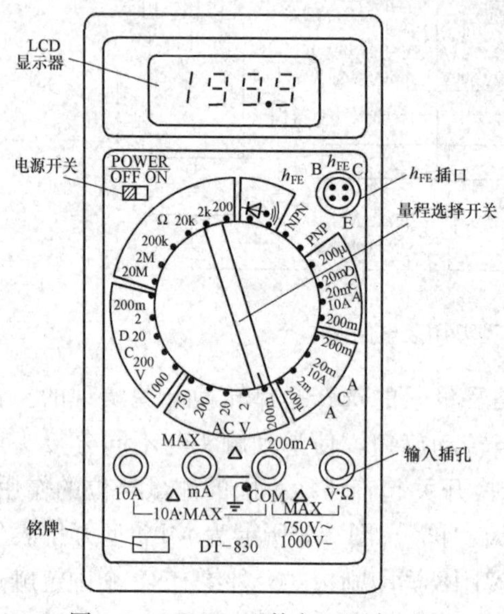

图 3-4 DT-830 型数字万用表面板

如图 3-4 所示为 DT-830 型数字万用表面板。数字万用表是数字技术发展的产物，是近年来出现的先进测试仪器。它采用大规模集成电路 LSI 和数字显示技术，将被测的模拟量转换成数字量，然后用十进制荧光数码管或液晶显示出来（模拟式仪表是通过刻度盘和指针的摆动指示测定量，而数字式仪表则是通过数字显示测定量）。它具有结构轻巧、测量精度高（误差可达十万分之一以内）、输入阻抗高、显示直观、过载能力强、功能全、用途广、耗电少等优点及具有自动量程转换、极性判断、信息传输等功能而深受电气工作人员、广大电工们的欢迎。目前，新型袖珍式数字万用表迅速得到推广和普及，显示出强大的生命力，并在许多情况下正逐步取代模拟式万用表。因此，需学会熟练使用。

3-1-1 正确使用万用表

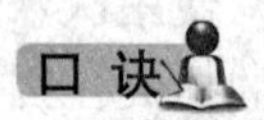

正确使用万用表，用前须熟悉表盘。

两个零位调节器，轻轻旋动调零位。
正确选择接线柱，红黑表笔插对孔。
转换开关旋拨挡，挡位选择要正确。
合理选择量程挡，测量读数才精确。
看准量程刻度线，垂视表面读数准。
测量完毕拔表笔，开关旋于高压挡。
表内电池常检查，变质会漏电解液。
用存仪表环境好，无振不潮磁场弱。

说明　万用表是电气工程中常用的多功能、多量程的电工仪表。它虽不适用于精密测量，但用这种表可进行各种电量的测量，在检查电路的故障等场合，它是最方便的仪表。电工型指针式万用表是采用磁电系测量机构作表头，配合一个或两个转换开关和测量线路以实现不同功能和不同量限的选择。万用表可以测量交直流电流、交直流电压和电阻。有的万用表还有许多特殊用途，如测量电容、电感量、音频电平和晶体管参数等。由于其使用方便，所以特别适用于供电线路和电气设备的检修，是电工的“眼睛”。因为万用表的测量项目多、量程多，使用次数频繁，所以稍有疏忽，轻则损坏元件，重则烧毁表头，造成不应有的损失。因此必须注意正确使用的方法。

（1）万用表使用之前，在详读使用说明书的情况下，必须熟悉盘面上每个转换开关、旋钮、按钮、插孔和接线柱的作用和使用方法，了解分清表盘上各条刻度线所对应的测量值。图 3-5 为常用的 MF-30 型万用表盘面图。图 3-5 中最上面第一条刻度线的右边标有“Ω”，表示这是电阻刻度线。但需注意刻度线上读取的数值，要乘上所选量程的挡数，才是被测电阻的阻值。如用 $R\times100$ 挡测得某电阻刻度尺上读数为 4，则实际阻值为 4×100＝400（Ω）。再如第二条是电压和电流的共同刻度线。有时从刻度线上找不到相对应的转换开关量程，如交流电压挡开关量程最高可达 500，而刻度尺最大指示为 250。测量时，应将刻度线上的读数乘以量程转换开关挡数与刻度尺最大量程之比的倍数。例如用 500-1 型万用表交流 500V 电压挡位测电压，在 250V 标尺上读数为 190V，则实际电压应为 190×(500÷250)＝380（V）。

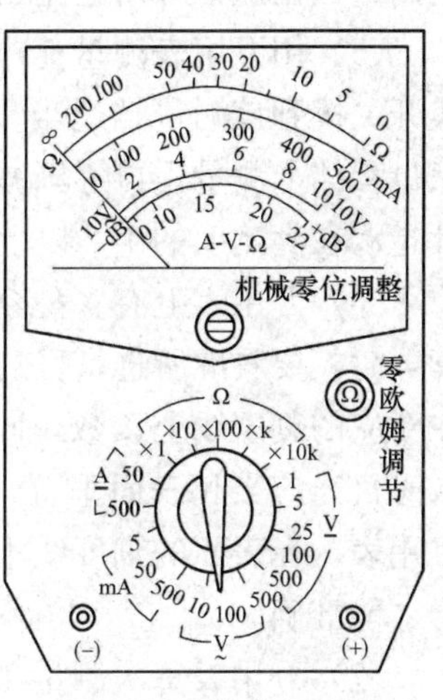

图 3-5　常用的 MF-30 型万用表盘面图

（2）万用表在使用时应水平放置。用前还要观察表头指针在静止时是否对准零位，若发现表针不指在机械零点，须用小螺钉旋具调节表头上的调整螺钉，使表针回零。调整时视线应正对着表针；如果表盘上有反射镜，眼睛看到的表针应与镜里的影子重合。

万用表有两个指针零位调节器，一个是机械零位调节器，另一个是测量电阻时用的电阻零位调节器。在使用时应轻轻旋动，慢慢调节，切忌过分用力，避免旋转角度过大。

（3）万用表在使用时，红表笔应接在标有“＋”号的接线柱上，作为表的正极性测量端；黑表笔应接在标有“－”或“*”号的接线柱上，作为表的负极性测量端。尤其在测量直流电压或电流时，切记要认真复查一次，同时应将红表笔接被测电路的正极，黑表笔接被测电路的负极。否则极性接反会撞坏指针或烧毁仪表。有些万用表另有交、直流2500V的高压测量端钮，若测量高压时，可将红表笔插在此接线柱上，黑表笔不动（测量高压时，应使用专用测量线）。

（4）使用万用表测量前，必须明确要测什么和怎样测，根据测量对象将转换开关拨到所需挡位上。如测量直流电压时，将开关指示尖头对准有“$\underline{V}$”符号的部位；测量交流电压时，应将转换开关放在相应的“$\underset{\sim}{V}$”挡上。其他测量也按上述要求操作，尤其是进行不同项目的测量时，一定要根据测量项目选择相应的测量挡位。如果用电流挡去测量电压或用电阻挡测量电压，就会烧坏仪表。

（5）用万用表测量前，首先对被测量的范围作个大概估计，然后将量程转换开关拨到该测量挡适当量程上。如无法估计被测量的大小范围，应先拨到最大量程挡上测量，再逐渐减小量程到适当的位置。即待被测量的数值使仪表指针指示在满刻度的1/2以上、2/3附近时即可，这样可使读数比较精确。

（6）万用表上有多种刻度线，它们分别适用于不同的测量对象。读取测量读数时，要看准所选量程的刻度线，特别是测量10V以下小量程电压挡。既应在对应的刻度线上读数，同时也要注意刻度线上的读数和量程挡相配合。看读数时目光应当和表面垂直，不要偏左偏右，否则读数将有误差。精密度较高的万用表，在表面的刻度线下有一条弧形镜子，读数时表针与镜子中的影子应重合才能准确。

（7）万用表每次测量工作完毕，应将表笔从插孔内拨出，并将选择开关旋至交流电压最高挡或空挡上（500型万用表有空挡）。这样可以防止转换开关放在欧姆挡时表笔短路，长期消耗电池；更重要的是防止在下次测量或别人使用时，因粗心忘记拨挡就去测量电压，而使万用表烧坏。

（8）万用表最好应用防漏型电池。如使用一般干电池，必须常检查。避免电池耗尽或存放过久而变质，漏出电解液腐蚀电池夹和电路板。长期不使用时，可将电池取出。无电池时也可测量电压和电流。

（9）应于干燥无振动、无强磁场、环境温度适宜的条件下使用和保存万用表，防止表内元件受潮变质。机械振动能使表头磁钢退磁，灵敏度下降；在强磁场（如发电机、电动机、母线）附近使用，测量误差会增大；环境温度过高或过低，均可使整流元件的正反向电阻发生变化，改变整流系数，引起温度误差。在进行高电压测量时，要注意人身和仪表的安全。

3-1-2　正确运用万用表的欧姆挡

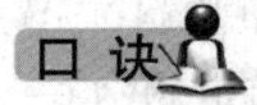

正确运用欧姆挡，应知应会有八项。
电池电压要富足，被测电路无电压。
选择合适倍率挡，针指刻度尺中段。
每次更换倍率挡，须重调节电阻零。
笔尖测点接触良，测物笔端手不碰。
测量电路线通断，千欧以上量程挡。
判测二极管元件，倍率不同阻不同。
测试变压器绕组，手若碰触感麻电。

说明　万用表俗称三用表，是一种可以测量多种电参量的多量限可携式电工必备仪表。万用表测量直流电压挡的误差最小，是因为其测量线路最简单，如图 3-6 所示。测量交流电压的线路虽基本上与测量直流电压的相同，但却多一非线性元件整流二极管，所以误差比前者大。在测量电阻时，必须用电池作电源，电池的电压会随时间而变化，即使采用调节电阻 R，也会产生误差，因为仪表刻度时的电阻（R_A+R）与使用时不同。因此，三项测量中欧姆挡误差最大。所以在使用万用表时应正确运用欧姆挡，其应知、应注意事项如下：

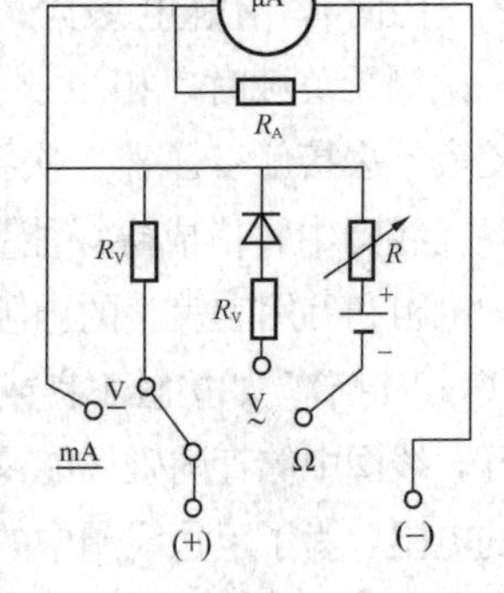

图 3-6　万用表原理示意图

（1）用欧姆挡测量电阻前，要检查一下表内电池电压是否足够。检查的方法是将种类挡转换开关置于欧姆挡，倍率转换开关置于 $R\times1$ 挡（测 1.5V 电池）或 $R\times$ 10k 挡（测量较高电压电池）。将表笔相碰看指针是否指在零位，若调整调零旋钮后，指针仍不能指在零位，说明表内的电池失效，需要更换新电池后再使用。

（2）严禁在被测电路带电的情况下测量电阻（包括电池的内阻）。因为这相当于接入一个外加电压，使测量结果不准确，而且极易损坏万用表。

（3）测量电阻时，要选择合适的电阻倍率挡，使仪表的指针尽量指在刻度尺的中心位置或接近 0Ω 位置（此段位置分度精细），一般在 $0.1R_0 \sim 10R_0$（R_0 为欧姆挡中心值）的刻度范围内，读数较准。

（4）每次更换电阻倍率挡时应重新检查零点，尤其是当使用 1.5V 五号电池时。因为电池的容量有限，工作时间稍长，电动势下降，内阻会增大，使欧姆零点改变。在测量的间歇，勿使两支表笔短路，以免空耗电池。

（5）在测量电阻时，要把两端的接线或其他元件的线头用小刀或砂布刮净，露出光泽，以免影响读数准确。在测量时，人的两手不要碰触两支表笔的金属部分或被测物的两端（正常情况下，人的两只手之间的电阻在几十到几百千欧之间，当两只手同时接触被测电阻的两端时，等于在被测电阻的两端并联了一个电阻），以免产生误差。

（6）测量电路或导线是否导通时，使用 kΩ 挡或 10kΩ 挡，则能延长表内电池寿命（电阻倍率挡越大，内部电阻就越大），并且指示也清楚。

（7）采用不同倍率的欧姆挡，测量二极管的正向电阻时，测出的电阻值不同。二极管是非线性元件，其阻值随着加在它上面的电压不同而不同。用万用表欧姆挡测二极管的正向电阻时，虽然不同的欧姆挡（除 $R\times10$k 挡外）所采用的电池电压是相同的，但所对应的内阻不同（其中，$R\times1$ 挡的内阻最小，随着欧姆挡倍率的增加，其内阻也相应递增），加至被测二极管两端的电压就不同，结果使被测二极管反映出不同的阻值。

（8）用欧姆挡测量未接电源的变压器二次绕组电阻时（断电电动机两根相线的电阻时），有麻电感觉。磁场和电场一样是具有能量的。变压器在一次侧开路、二次侧无负载时，相当于一只有铁心的电感线圈。当人的两手分别握住万用表两支表笔去接触变压器二次绕组的接线柱时，万用表电源（1.5V）向绕组线圈充电，并在线圈中转换成磁场能量储存起来。如人手握表笔与接线柱接触良好时，因线圈的电阻和万用表表头的内阻较小，流过线圈的电流约为 11mA（×1Ω 挡）或 6.5mA（×10Ω 挡）。如接触不良或两手中任何一手离开接线柱的瞬间，由于万用表电源被断开，线圈中储存的磁场能量就要通过人体放出。因放电回路的电阻远大于充电回路的电阻，为了阻止线圈中的电流突然变小，在线圈中产生一个自感反电动势（约为 70～100V），使人有麻电的感觉。但由于磁场的能量不大，放电电流很小，所以对人体没有伤害。若正确使用万用表，这类麻电现象是完全可以避免的。

3-1-3 万用表测量电压时注意事项

用万用表测电压，注意事项有八项。

清楚表内阻大小，一定要有人监护。
被测电路表并联，带电不能换量程。
测量直流电压时，搞清电路正负极。
测感抗电路电压，期间不能断电源。
测试千伏高电压，须用专用表笔线。
感应电对地电压，量程不同值差大。

说明 使用万用表测量电压是带电作业，应注意安全问题。除应特别注意检查仪表的表笔是否有破损开裂，引接线是否有破损露铜等现象外。在具体操作时注意事项如下。

(1) 用万用表测量电压时，要特别注意其内阻的大小，即 Ω/V 是多大。这个值越大，对被测电路工作状态的影响就越小，这一点对于测量高阻抗的电路具有重要意义。因此，在测高内阻电源的电压时，应尽量选较大的电压量程。因为量程越大，内阻也越高，这样表针的偏转角度虽然减小了，但是读数却更真实些。

(2) 用万用表测量电压时，要有人监护，监护人的技术水平要高于测量操作人。监护人的作用有两条：一是使测量人与带电体保持规定的安全距离；二是监护测量人正确使用仪表和正确测量，不要用手触摸表笔的金属部分。

(3) 万用表测量电压的接线方式，应将万用表并联在被测电路或被测元器件的两端。测直流电压时（直流为 $\underline{V}$ 挡），应注意正负极性。如果误用直流电压挡去测交流电压，表针就不动或略微抖动；如果误用交流电压挡（$\underset{\sim}{V}$）去测直流电压，读数可能偏高一倍，也可能读数为零（和万用表的接法有关）。选取的电压量程尽量使表针偏转到满刻度的 1/2 或 1/3 处。

(4) 测量较高电压（如 220V）时，严禁拨动量程选择开关，以免产生电弧，烧坏转换开关触点。

(5) 测量直流电压时要与被测元件并联，并且表的两个表笔不可随意地与被测元件的一端相连。而是黑表笔（插座处标出“－”号）与被测元件的负极端相接；红表笔（插座处标出“＋”号）与被测元件的正极端相接。这样表针才会向有读数的方向（向右）摆动，否则表针将反转。在测量较高的电压时，表针反向摆动的力也会较大，有可能将表针打断。

在测量直流电压时，如不知道被测部分的正负极，可选用最高的一挡测量范围，然后将两支笔快接快离，注意表针的偏转方向以辨别正负极。

(6) 测量有感抗的电路中的电压时，必须在切断电源之前先把万用表断开，防止由于自感现象产生的高压损坏万用表。

(7) 被测电压高于安全电压时须注意安全。应当养成单手操作的习惯，预先把一支笔固定在被测电路的公共端，再拿着另一支笔去碰触测试点，以保持精神集中。

测量 1000V 以上的高电压，必须使用专用绝缘表笔和引线。先将接地表笔接在低电位上（一般是负极），然后一只手拿住另一支表笔接在高压测量点上。最好另有一个人看表，以免只顾看表导致手触电。千万不要两只手同时拿着表笔，空闲的一只手也不要握在金属类接地元件上。表笔、手指、鞋底应保持干燥，必要时应戴橡皮手套或站在橡皮垫上，以免发生意外。

(8) 用万用表不同的电压量程挡测量感应电对地电压时，测量结果相差很大。感应电实质上是电气设备通电线圈与铁心间存在分布电容所造成的。例如一台铁心不接地的控制变压器，如图 3-7 所示，其一次线圈与铁心间分布电容可用等效电容 C 来代替，当用万用表电压挡来测量感应电对地电压时，就相当于电源电压 U 加在 C 和万用表电压挡的内阻 R_0 所组成的串联电路上，万用表所指示的电压值就是 R_0 所取得的分压 U_{R0}，即

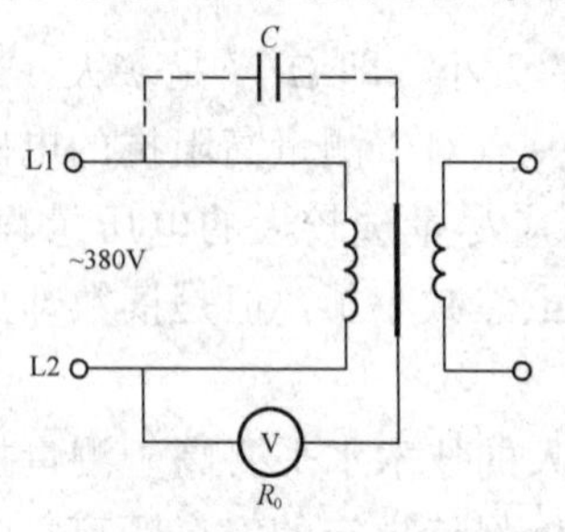

图 3-7　测量感应电对地电压示意图

$$U_{R0}=IR_0=\frac{UR_0}{\sqrt{R_0^2+X_C^2}}=\frac{U}{\sqrt{1+(X_C/R_0)^2}}。$$

由于 U 和 C 是定值，即等效容抗 X_C 也是定值，但电压挡量程越小，R_0 越小，则所测得的电压值也越小，所以测得的结果大不相同。

3-1-4　万用表测量直流电流的方法

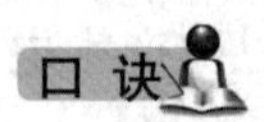

用万用表测电流，开关拨至毫安挡。
确定电路正负极，表计串联电路中。
选择较大量程挡，减小对电路影响。

说明　使用万用表测量直流电流，将转换开关拨至“mA”挡适当位置上。在测量之前要将被测电路断开，然后把万用表串联到被测电路中。绝对不能将两表笔直接跨接在电源上，否则，万用表会因通过短路电流而立刻烧毁。同时应注意正负极性，若表笔接反了，表针会反转，容易使表针碰弯。

测量低电阻电路中的电流时，仪表量程的内阻与电路串联连接，会使电阻部分的电流减少。电路的电阻越小，其影响越大。因此，应尽量选择较大的电流量程，以降低万用表内阻，减小对被测电路工作状态的影响。

3-1-5 万用表测量不出晶闸管元件的触发电压

一般晶闸管元件的触发脉冲宽度只有几个毫秒，虽然脉冲电压的峰值有几伏到几十伏，但因其平均值很小，所以万用表测量不出。

3-1-6 万用表测量的电池电压是电池的开路电压

不论充电电池还是普通干电池，用万用表测量的电压是电池的开路（没带负载）电压，如果充电电池充的时间不够长，或干电池存放的时间比较长，它们的开路电压都可能和标称的电压数值相同，但电池的内阻却要比正常电池大很多，所以接上较重的负载（如玩具电动机）时，很大一部分电压都会降在电池内阻上，实际供给负载的电压就不够了（人们常说的没电了）。

电池由于存在内阻，其开路电压与工作电压有一定的差别，因此电池开路电压的大小不能作为衡量电池性能好坏的依据。

3-1-7 判断晶体二极管的极性

通常根据晶体管管壳上标志的二极管符号来判别二极管的极性。如标志不清或无标志，可根据晶体二极管具有单向导电性，其反向电阻远大于正向电阻，利用万用表测量二极管的正、反向电阻，就可判断其正、负极性。

测量时，万用表一般选在 $R\times100$ 或 $R\times1\text{k}$ 挡，电路如图 3-8 所示，万用表的红表笔接表内电池的负极，黑表笔接电池的正极。若测出的电阻值为几十欧到 1kΩ（对于锗管为 100～1kΩ），说明是正向电阻，如图 3-8（a）所示，这时黑表笔接的就是二极管的正极，红表笔接的就是二极管的负极；若测出的电阻值在几十千欧到几百千欧以上，即为反向电阻，如图 3-8（b）所示，此时红表笔接的是二极管正极，黑表笔接的是二极管的负极。

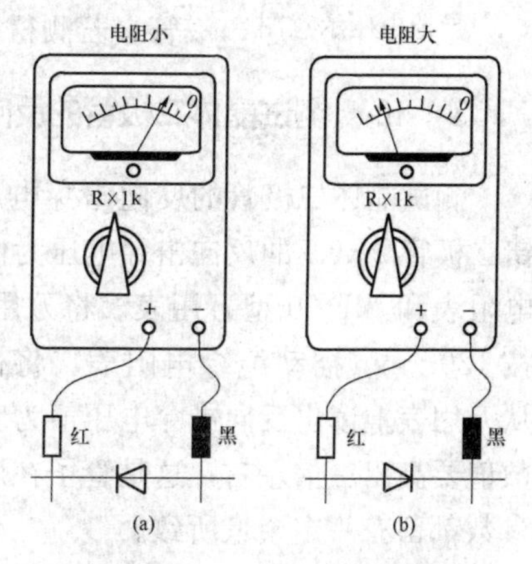

图 3-8 测判二极管的极性示意图

（a）测正向电阻；（b）测反向电阻

测量时应注意：对于点接触型二极管，万用表不能选在 $R\times1$ 挡，否则被测二极管将因通过很大的电流而被烧坏；也不能选在 $R\times10\text{k}$ 挡，否则将因表内有较高电压而将被测二极管击穿。但对于大功率整流二极管来说，由于其正向电阻很小，一般为几十欧，为了测量的准确性，万用表应选在 $R\times10$ 挡。

3-1-8 判定晶体二极管的好坏

晶体二极管是单向导通的元件，用万用表测量其正向电阻值与反向电阻值，两阻值数相差越大越好（一般要求反向电阻比正向电阻大几百倍，即正向电阻越小越好，反向电阻越大越好）。如果相差不大，说明被测二极管性能不好或已损坏。如果测量时表针不动，说明被测二极管内部已断线；如果测出的电阻值为零，说明被测二极管两电极之间已短路。另外注意：硅二极管的反向电阻较大，有的管子即使用 $R\times1\text{k}$ 挡测量，表针也指在无穷大处。这时应检查一下正向电阻，只要其值很小，就说明管子良好，否则是内部开路。

3-1-9 区别锗二极管与硅二极管

硅二极管的正向导通电压为 0.6～0.7V，锗二极管为 0.15～0.3V。根据正向导通电压的不同，即可区别硅二极管与锗二极管。

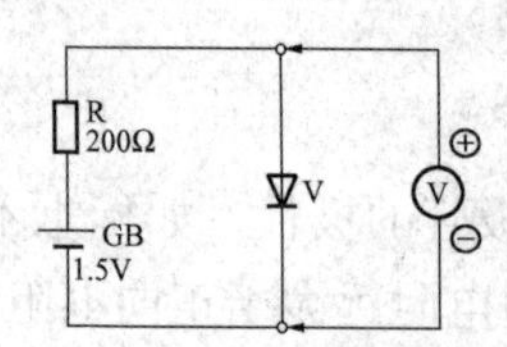

图 3-9 测二极管正向导通电压示意图

测量二极管正向导通电压的电路如图 3-9 所示。取一节干电池（1.5V），串接限流电阻 R 是为了提供合适的正向电流，其阻值可按要求调整。对于检波二极管，R 可取 200Ω。将万用表拨至直流 2.5V 或 10V 挡，测二极管正向导通电压。如果测得 U_V 在 0.3V 以下，则为锗管；若测得 U_V 在 0.7V 左右，则为硅管。

3-1-10 测试晶体二极管的反向击穿电压 U_R

测试晶体二极管的反向击穿电压 U_R 的电路如图 3-10 所示。现以测量一只锗二极管 2AK2 的反向击穿电压为例，选用ZC25-4型绝缘电阻表和 MF-30 型万用表。将万用表拨到直流 100V 挡，按 120r/min 摇动绝缘电阻表，将被测二极管反向击穿，从万用表上读出反向击穿电压值为 82V。此值比管子规定数值要高出一倍左右，这是管子在出厂时制造厂家对其各参数都留有一定余量所致。

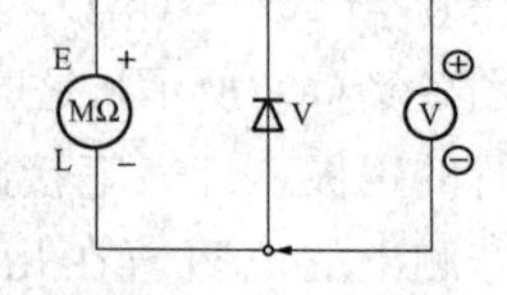

图 3-10 测二极管的反向击穿电压示意图

3-1-11 判测稳压二极管

用万用表欧姆挡，量程拨至 $R\times10\text{k}$ 挡，用表笔测二极管两极间电阻，正反各测一次。若两次测量都有数值指示，则是稳压二极管；如果两次测试中有一次测得的值为无穷大，则不是稳压二极管。

测定稳压二极管的稳压值 U_S（稳压二极管的稳压值 U_S 不超过万用表内两

电池电压之和)；将万用表拨至 $R\times10$k 挡，并且准确调零后，用红表笔接稳压管的正极，黑表笔接其负极。待仪表指针摆到稳定位置时，从万用表直流电压挡 10V 刻度线上读出数据（不能在欧姆挡刻度线上读数)。然后用下述公式计算稳压二极管的稳压值

$$U_S=(10-\text{读数值})\times\left(\frac{U_\Sigma}{10}\right)(\text{V})$$

式中 U_Σ——万用表内两电池实际电压之和；

10——万用表电压挡（10V 挡）的满刻度值。

3-1-12 判断发光二极管的极性

发光二极管的正负电极上各引出一根引线，有的元件细线为正极，粗线为负极；有的长线为正极，短线为负极。还有中心的引线为负极，外侧的引线为正极。这样一来，当我们使用这些元件时就很难判断其极性。因此，就需要在使用前测试验证一下发光二极管的极性。

测验时，万用表一般选 $R\times100$ 或 $R\times1$k 挡，电路如图 3-11 所示。万用表的红表笔接表内电池的负极，黑表笔接电池的正极。用万用表的红黑表笔触及发光二极管两根引线，当红、黑两表笔交互接触后，有一种接触方式时，仪表指针不摆动，置于∞位置，发光二极管也不发光；另外一种接触方式时，仪表指针摆动，摆动范围约为 2～20kΩ，发光二极管发光。则发光二极管发光时，红表笔触及的是发光二极管的负极；而黑表笔触及的是发光二极管的正极。如发光二极管是绿色的，有时不容易看清发光，但可清楚地看见仪表指针摆动，也如同发光一样来判别：仪表指针摆动时，红表笔触及的是发光二极管的负极；黑表笔触及的是发光二极管的正极。

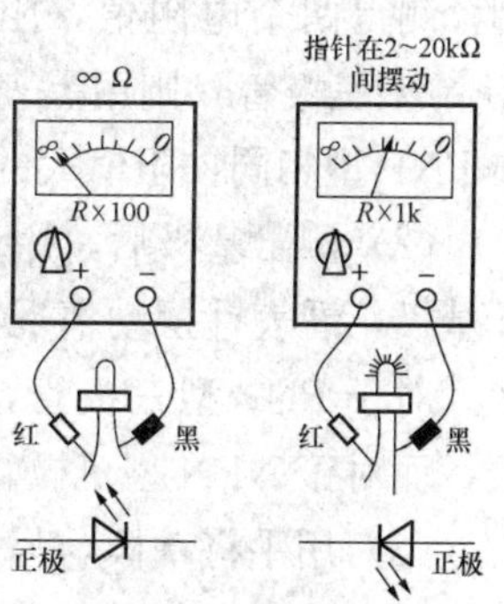

图 3-11 判测发光二极管的极性电路示意图

3-1-13 区别发光二极管与红外发射管

发光二极管与红外发射管若都是 $\phi5$ 透明树脂封装，从管子外形上不能区别。对此可根据它们正向导通电压的不同进行判别，测试电路如图 3-12 所示。元件长脚（正极）串接一个 100Ω 电阻后接在 3V 电源负极上，元件短脚（负极）直接接 3V 电源的负极。将万用表拨到直流 2.5V 挡，用万用表的红表笔触及元件长脚，黑表笔触及元件的

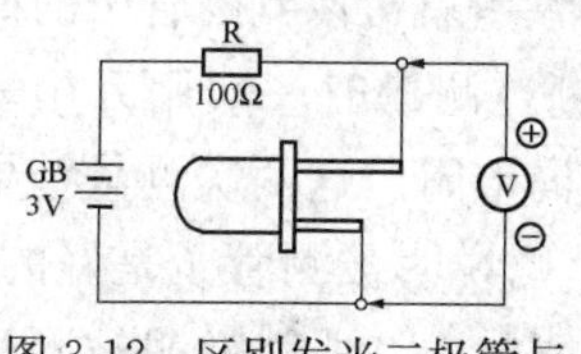

图 3-12 区别发光二极管与红外发射管的测试电路图

短脚。如果测得的电压值为 1.6～1.8V，并且可以看到发光，则是发光二极管；若是元件不发光，测得的电压值为 1.1～1.3V，则是红外发射管（所测试管子都应是良好的条件下）。

3-1-14 判别晶体三极管的管型和管脚

根据晶体管 PN 结正向电阻小，反向电阻大的特性来判别 PNP 型和 NPN 型晶体管。测量时可用万用表 $R\times1$k 挡，红表笔（正）接任一管脚，黑表笔（负）分别接另外两个管脚。当测得的两个电阻值都很小时（阻值约在几百欧至 1kΩ 左右），此管为 PNP 型三极管；若测得两个电阻值都很大时（约为几百千欧左右），此管子为 NPN 型三极管。如果两个阻值相差较大，可以倒换管脚，继续测试，直至符合上述两种结果之一为止。此时红表笔所触及的管脚为晶体三极管的基极。找到基极后可用下列方法之一来判断集电极和发射极。

（1）对于 PNP 型三极管，将红表笔接基极，黑表笔分别测触另外两个管脚，测得两个电阻值，阻值大一些的是发射极，小一些的是集电极。而对于 NPN 型三极管，则用黑表笔接基极，红表笔分别测触另外两个管脚，判断方法与 PNP 型相同：阻值大的是发射极；阻值小的是集电极。

（2）测出基极后，用双手分别将两表笔与另外两管脚相接，再用舌头舔一下基极，看表针摆动情况，然后将表笔对调，重做上述试验，找出摆动大的一次。对于 PNP 型三极管，这时红表笔所接的是集电极，黑表笔所接的是发射极，而对于 NPN 型三极管则相反。

（3）用手将基极与另一管脚放在一起，但注意不要碰在一起，将红表笔接在与基极放在一起的管脚上，黑表笔接另一管脚，测得一阻值。然后将待测的两个管脚对调后，再测一次，找出电阻值较小的一次。对于 PNP 型三极管，红表笔所接的为集电极，黑表笔所接的为发射极；对于 NPN 型三极管，则将黑表笔接在与基极放在一起的管脚上，重复上述试验，找出电阻值小的一次，这时红表笔所接的是发射极，黑表笔所接的是集电极。

3-1-15 判定晶体三极管的好坏

检查晶体三极管的好坏，只要测量一下 PN 结损坏没有就可以判断管子的好坏。PN 结的损坏与否可以通过测量极间电阻值来判断，测量时一般用万用表 $R\times100$ 或 $R\times1$k 挡来测量三极管发射极和集电极的正向电阻。这两次测量结果都均是低阻值（硅管的阻值要比锗管的阻值大一些），则说明被测管子是好的；如果测量得出的正向电阻为无穷大或测出的反向电阻值极小，那就说明被测管子是坏的。

对大功率晶体三极管的好坏判定，其测试方法有所不同。大功率三极管工作时电流是很大的，因此它的 PN 结的面积就很大，漏电流也相对较大，如 3AD30 这类锗大功率管，手册中标明的穿透电流高达 10mA，这比小功率三极管大多了。因此在测大功率管 PN 结正反向电阻时，如果还像测小功率管那样用 $R\times100$ 挡或 $R\times1k$ 挡，就会因为漏电流大，而万用表的满刻度电流小，测出的阻值都很小，好像三个电极都击穿了，这样就无法测出三极管的好坏。因此测试大功率三极管的 PN 结正、反向电阻应该用 $R\times10$ 挡或 $R\times1$ 挡。

3-1-16 判定晶体三极管的工作状态

晶体三极管可以工作在放大、截止、饱和三种状态，参见表 3-1。实际工作时还可以有临界饱和、临界截止两种过渡状态。用万用表判定晶体管的工作状态有三种方法：

表 3-1 晶体三极管的三种工作状态

工作状态	截止状态	放大状态	饱和状态
PNP 型	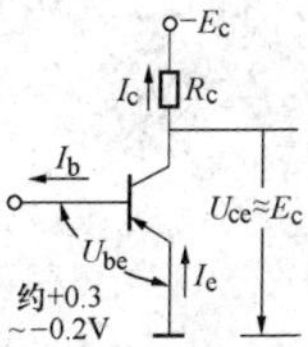 $-E_c$ I_c R_c I_b U_{be} I_e $U_{ce}\approx E_c$ 约+0.3~−0.2V	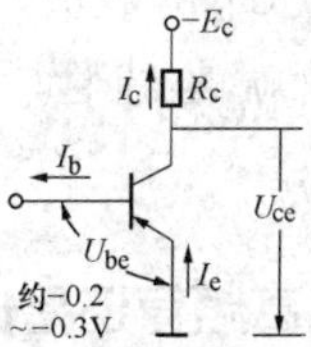 $-E_c$ I_c R_c I_b U_{be} I_e U_{ce} 约−0.2~−0.3V	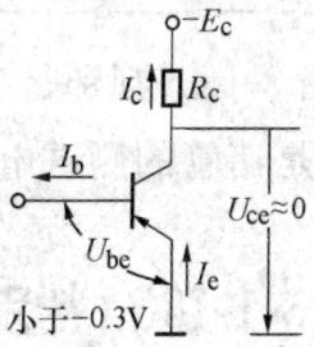 $-E_c$ I_c R_c I_b U_{be} I_e $U_{ce}\approx0$ 小于−0.3V
NPN 型	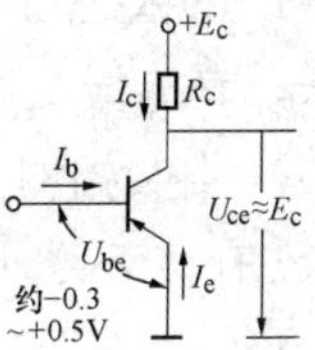 $+E_c$ I_c R_c I_b U_{be} I_e $U_{ce}\approx E_c$ 约−0.3~+0.5V	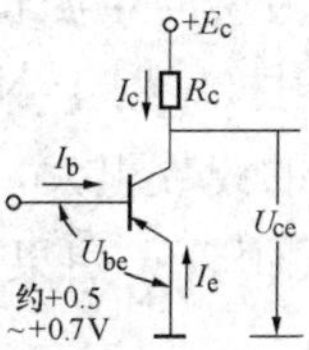 $+E_c$ I_c R_c I_b U_{be} I_e U_{ce} 约+0.5~+0.7V	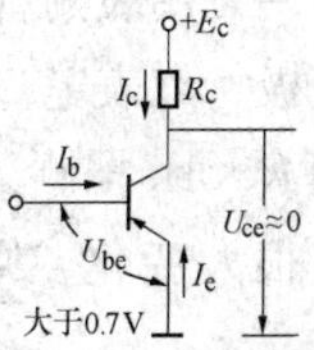 $+E_c$ I_c R_c I_b U_{be} I_e $U_{ce}\approx0$ 大于0.7V
工作状态和特点	当 $I_b\leqslant0$ 时，I_c 很小（小于 I_{ceo}），三极管相当于开断，电源电压 E_c 几乎全部加在管子两端	I_b 从 0 逐渐增大，I_c 也按一定比例增加，管子起放大作用，微小的 I_b 的变化能引起 I_c 较大幅度的变化	I_c 不再随 I_b 的增加而增大，管子两端压降很小，电源电压 E_c 几乎全部加在负载电阻 R_c 上

（1）测量 U_{ce}。当 U_{ce} 约等于电源电压 E_c 时，管子截止；当 $U_{ce}=U_{be}$ 时，管子临界饱和；当 $U_{ce}<U_{be}$ 时，管子饱和；当 $U_{be}<U_{ce}<E_c$ 时，管子处于放大区。

（2）测 I_c。当 $I_c\approx0$ 时，管子截止；当 I_c 很大时，管子基本饱和。小功率三极管放大区的 $I_c=0.2\sim10$mA。

（3）测量 U_{be}。通过测试 U_{be} 来判断管子工作状态的方法简单、直观，还能判断临界状态。表 3-2 中列出了 PNP、NPN 两种管子的U_{be}典型数据，可供参考。

表 3-2　晶体三极管不同工作状态时的 U_{be}　V

种类	不同工作状态时的 U_{be}				
	截止	临界截止	放大	临界饱和	饱和
PNP（锗）	≥0.1	−0.1～0.1	−（0.1～0.3）	−（0.3～0.35）	<−0.35
NPN（硅）	<0	0～0.5	0.5～0.7	0.7～0.75	>0.75

3-1-17　判别三极管是硅管还是锗管

用万用表 $R\times100$ 或 $R\times1\text{k}$ 挡测管子 PN 结的正向电阻。如是 PNP 管子，红表笔（正）接基极，黑表笔（负）接任意一极，NPN 管测法与 PNP 管相反。若表针的位置在表盘中间或靠右一点时，此管是硅管；如果表针的位置在表盘右端靠满刻度时，此管是锗管。

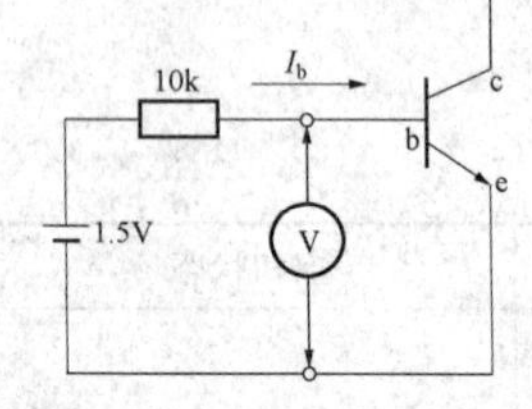

图 3-13　判别是硅管还是锗管的测试电路图

由于硅管发射结正向压降 U_{be}一般为 0.5～0.7V，而锗管一般为 0.2～0.3V，因此只要按图 3-13 接线测量一下 U_{be}的数值，就可判定。若 U_{be}＝0.5～0.7V，则被测管就是硅管；若 U_{be}＝0.2～0.3V，则被测管就是锗管。

3-1-18　判别三极管是高频管还是低频管

用万用表测管子的发射结反向电阻值，如果是 PNP 型管子，黑表笔（负）接基极，红表笔（正）接发射极。对于 NPN 型管子，表笔接法则相反。测量时先用 $R\times1\text{k}$ 挡测试，这时表的读数很大，然后再用 $R\times10\text{k}$ 挡测。如果表的读数没有很大变化，则说明是低频管；如果表针指示数值显著变小，则说明是高频管。

3-1-19　粗测三极管的放大倍数

判断三极管的放大倍数 β，一般应使用晶体管图示仪进行测定。当缺少上述仪器时，也可用万用表进行粗略测量。

对于 PNP 型三极管，用万用表粗测时，将红表笔（正）接集电极，黑表笔（负）接发射极，在 $R\times100$ 或 $R\times1\text{k}$ 的欧姆挡上读取一个极间电阻值，然后在集电极与基极之间接入一个 100Ω 的电阻，再读取一个极间电阻值，比较前后两次测量出的电阻值。两者相差越大，表示 β 值越高，反之 β 值就小。如果两者相差甚小或基本相同，则表示被测管子已损坏。

对于NPN型三极管，测量和判断与PNP型相同，所不同的只是把红黑表笔对换。

用万用表近似测量三极管电流放大系数的大小接线图如图3-14所示。将万用表拨到0～1mA直流电流挡，打开开关SA所测得的电流是 I_{ceo}，应很小。再闭合开关SA，若表头指示为1mA，就可知 $\bar{\beta}=100$。这是因为SA闭合后，基极电流：$I_b \approx \frac{E_c}{R_b}=\frac{b}{600\times10^3}=$ 0.00001（A）＝0.01（mA）。而当表头指示 $I_e=1mA$ 时，管子的直流电流放大系数

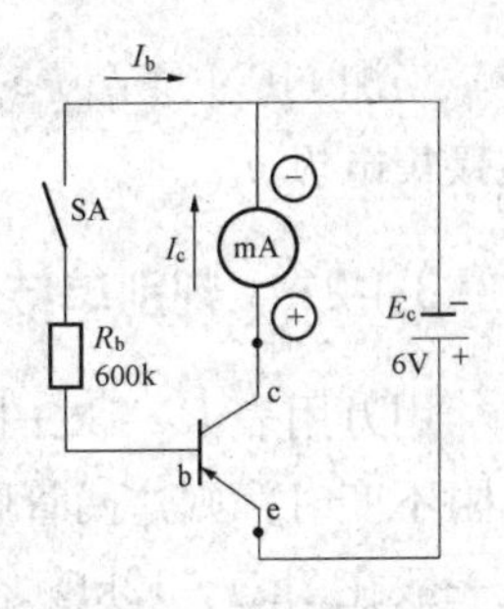

图3-14　近似测量三极管放大系数的大小接线图

$$\bar{\beta}=\frac{I_c}{I_b}\approx\frac{I_e}{I_b}=\frac{1}{0.01}=100$$

同理，若指示为0.5mA，则 $\bar{\beta}=50$。

如果管子的 $\bar{\beta}$ 较低，R_b 可取300kΩ或更小些。则NPN型管时，正负表笔与图3-14所示相反，电池 E_c 也要反接。

测量时，由于管子e、b之间有一定压降，所以 I_b 实际上小于0.01mA，即以上所测到的 $\bar{\beta}$ 值是偏小了。因此，测锗管时可将 R_b 改为570kΩ，测硅管时 R_b 改为530kΩ。

同一管子的 $\bar{\beta}$ 与交流电流放大系数 β 有一定的差别。通常 $\bar{\beta}$ 要比 β 小些，但两者很接近。故在要求不很严格的场合，可以认为 $\bar{\beta}\approx\beta$。

常用三极管的 β 值通常在10～100之间。β 值太小，则放大作用差；β 值太大，则管子性能不稳定。一般放大器采用 $\beta=30\sim80$ 的三极管为宜。

3-1-20　测定三极管的穿透电流 I_{ceo}

如图3-15所示接线测试PNP型管子的穿透电流 I_{ceo}，即用万用表红表笔（正）接集电极，黑表笔（负）接发射极。这时c、e间加上反向电压，测量到的阻值就反映了 I_{ceo} 的大小。用 $R\times100$ 挡或 $R\times1k$ 挡测c－e间电阻，当电阻值在数十千欧以上时，表明 I_{ceo} 不大；阻值太小（如50kΩ以下），表明 I_{ceo} 太大，工作不稳定；阻值接近于零时，表明c－e间已穿透；阻值无穷大时，表明c－e间已开路。

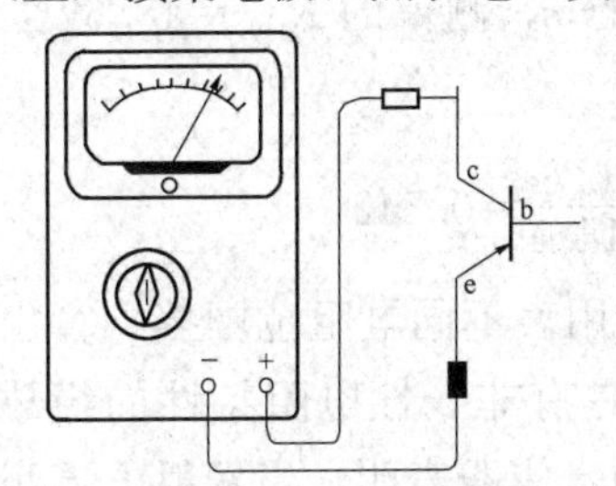

图3-15　测试三极管的穿透电流 I_{ceo} 接线图

如果用手捏住管壳，阻值显著下降，表明 I_{ceo} 随温度升高而急剧增大，管子的热稳定性差。

当测 NPN 型管子时，应将表笔的极性反过来，即红表笔接发射极 e，黑表笔接集电极 c。

3-1-21 判别单结晶体管的三个极

用万用表 $R\times1\text{k}\Omega$ 挡，测任意两管脚的正、反向电阻，直到测得的正反向电阻不变时，则这两管脚分别是第一基极 b1 和第二基极 b2（b1 与 b2 之间的阻值一般在 3kΩ～12kΩ 之间），而另一管脚则是发射极 e。然后再区别 b1 和 b2，由于 e 靠近 b2，所以 e 对 b1 的正向电阻比 e 对 b2 的正向电阻稍大一些。但在实际应用时，即使 b1、b2 接反了也不会损坏管子，只是发不出脉冲或脉冲很小。

3-1-22 粗测单结晶体管分压比

单结晶体管（UJT）广泛应用于晶闸管元件的控制电路，设计单结晶体管电路时，往往需要知道其分压比 η。而产品手册中只给出 η 的范围（如 BT33C 型为 0.45～0.75，BT35C 型为 0.3～0.9），而没有给出确定值。现介绍用万用表测定 η 的简便方法。

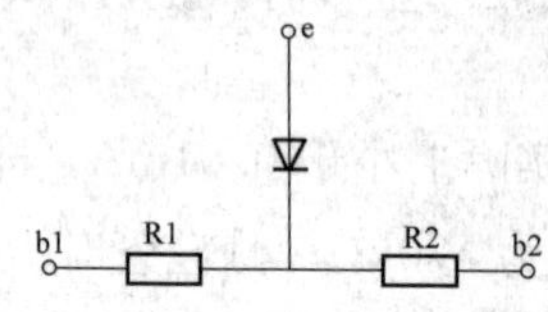

图 3-16 单结晶体管（UJT）的等效电路图

如图 3-16 所示为单结晶体管的等效电路图，分压电阻 R_1、R_2 的大小随分压比而变化。用万用表（$R\times$1k 挡）的黑表笔接发射极 e，红表笔分别接 b1 及 b2，测出 R_{eb1}、R_{eb2}，再将两表笔分别接 b1 及 b2，测出 R_{b1b2}；之后，将表笔对调，再以同样方法测出 R'_{eb1}、R'_{eb2} 及 R'_{b1b2}，若 R'_{eb1}、R'_{eb2} 接近无限大，而 $R_{b1b2}=R'_{b1b2}$，则说明被测管子良好。可用下列公式求出 η

$$\eta=\eta_0+\Delta\eta=0.5+\frac{R_{eb1}-R_{eb2}}{2R_{b1b2}}$$

式中 η_0——分压比基值，其值为 0.5；

$\Delta\eta$——分压比增量，其值可正可负，其绝对值小于 0.5。

例如用 MF-30 型万用表 $R\times1$k 挡测 BT35C 的 η，测得的 $R_{eb1}=18.6\text{k}\Omega$，$R_{eb2}=18\text{k}\Omega$，$R_{b1b2}=7.2\text{k}\Omega$。

则
$$\eta=0.5+\frac{(18.6-18)\times10^3}{2\times7.2\times10^3}=0.5+\frac{0.6}{14.4}=0.542$$

注意事项：用不同型号的万用表，或同一只万用表不同电阻范围挡测算出的 η 值是不一样的。这是因为单结晶体管发射结具有非线性电阻特性的缘故（用万用表测量发射结的电阻值，一般是不恰当的），实践表明，当发射电流小于 100μA 情况下所测算得 η 值是可信的。

凡中心电阻为 24kΩ 挡的万用表（中心刻度为 24），可用 $R\times1$k 挡直接测量；凡中心电阻值为 12kΩ 的万用表，用 $R\times1$k 挡，再外接串联一只 12kΩ 电阻进行测量，但测出的 R_{eb1}、R_{eb2} 的值必须分别减去外接串联电阻之后，再按公式进行计算。

由于单结晶体管发射结的电阻呈非线性，所以用万用表来测单结晶体管的分压比，所测得的值有较大的游离性。因此，运用此方法测试有个限制，即单结晶体管的发射极电流小于 100μA，则可测出单结晶体管的准饱和段前的线性最大电阻，求得有收敛的 η 值。

3-1-23 判定晶闸管元件的好坏

晶闸管元件内部结构的核心部分是四个交叠的 PN 区，形成三个 PN 结。根据半导体 PN 结具有单向导电性能的基本原理，就可以用万用表检测晶闸管三个电极（阳极、阴极、控制极）之间正反向电阻大小，大略判定其好坏。

晶闸管元件阳极与阴极、阳极与控制极（门极）之间正反向电阻值应当很大，在几百千欧以上。测量时，将万用表放置在 $R\times10$k 挡，才能真实地读数。

晶闸管元件控制极和阴极之间正向电阻值大约在十几欧到几百欧范围；反向电阻值则大得多，约为正向阻值的 3～10 倍（国内生产的 50A 以下的晶闸管元件一般都采用扩散——合金法，其控制极与阴极之间正反向阻值相差较大）。而在大容量晶闸管元件中，若采用全扩散并设立短路点工艺制造，则控制极和阴极之间正反向阻值比较接近，所以当测出其控制极与阴极间正反向阻值仅有十几欧，且基本一致时，不能证明被测元件特性不好。但是，控制极与阴极间的正反向阻值不能等于零或大于 1kΩ。在测试控制极与阴极正反向阻值时，万用表应放置在 $R\times1$ 挡或 $R\times10$ 挡。

如果检测出晶闸管元件阳阴极间短路，控制极与阴极间短路或断路，以及控制极与阳极间短路时，则可以判定该晶闸管已损坏，不能再使用了。

3-1-24 检查硅堆

将万用表拨到直流电压 250V 挡，与高压硅堆串联后跨接到交流 220V 市电上，如图 3-17 所示。利用硅堆的整流作用，仪表指针的偏转角度就是半波整流后的电流平均值，而表计上读出的是交流电压有效值，所以硅堆与直流电压表头构成一个半波整流的交流电压表。

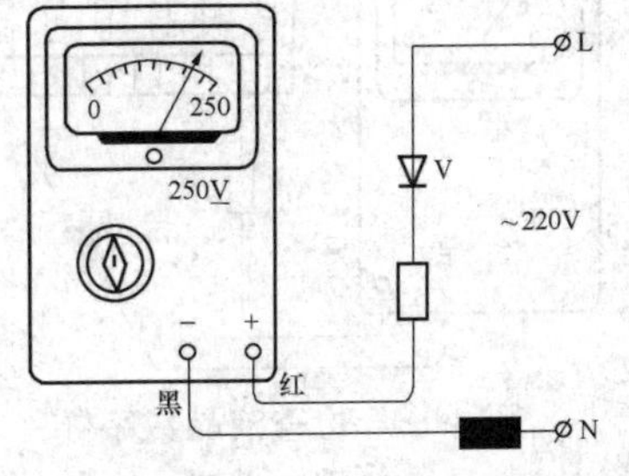

图 3-17 直流电压挡检查硅堆

硅堆正常接入时，电压表读数在 30V 以上就合格。硅堆反向接入时，表针应反向偏转。

若表针不动，可能硅堆内部开路或击穿短路。区分硅堆内部是开路还是短路，可把万用表拨到交流 250V 挡，表头读数是交流 220V，说明被测硅堆短路；若表头读数是零，说明被测硅堆内部开路。

3-1-25 检测驻极体话筒灵敏度

应用在收录机、电话机等电器中的驻极体话筒，其灵敏度高低直接影响着送话和录收的实际效果。话筒灵敏度的高低可用万用表进行简单测试。

将万用表的量程拨至 $R\times100$ 挡位，红黑两表笔分别跨接在话筒的两个电极上（注意不能错接在话筒的接地电极上），待万用表指针显示一定读数后，即用嘴巴对准话筒轻轻吹气（吹气速度慢而均匀），边吹气边观察表针的摆动幅度。吹气的瞬间表针摆动幅度越大，话筒的灵敏度就越高，送话、录音的效果就好。若摆动幅度不大（微动）或根本不摆动，说明被测话筒不能在电路中应用。

3-1-26 检测压电蜂鸣片

压电蜂鸣片可以用万用表检测其灵敏度，检测时将万用表拨到欧姆挡的最小挡位，红表笔直接接压电片基片极（金属壳体），黑表笔笔尖不时轻轻叩击压电片镀银层片极，此时仪表指针应有一定幅度的摆动，指针摆动的幅度越大，说明压电片的灵敏度越高。如果反复叩击时指针一直无摆动现象，说明被测压电片的质量很差。

3-1-27 检测液晶数字屏

液晶数字屏在进行外观检查之后（外观要求：颜色均匀、无局部变色、无气泡以及无液晶泄漏到笔画以外的现象等），可用万用表作进一步检测。如图 3-18 所示，将万用表量程选择开关置于 $R\times1\text{k}$ 挡或 $R\times10\text{k}$ 挡，测试表笔中的任一根固定接触在液晶数字屏的公共电极（又称背电极）引出线上，另一根表笔依次移动接触在笔划电极引出线上，这一根依次移动接触的表笔，接触到某一笔划引出线时，那一笔划就应显示出来。这样就可简单地检查出液晶数字屏是否有连笔（某些笔划连在一起）、断笔（某笔画不能显示），并可相对比较出不同液晶屏的对比度强弱、余辉时间长短等性能。

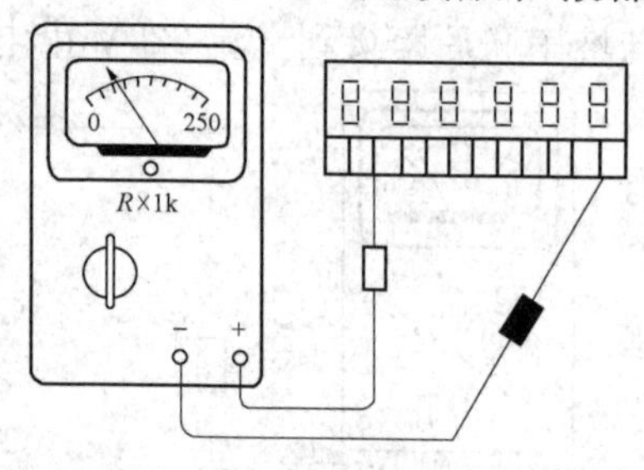

图 3-18 检查液晶数字屏接线示意图

3-1-28 判别正温度系数热敏电阻与负温度系数热敏电阻

热敏电阻是对热有敏感反应的电阻体，其分为两大类：温度上升时，电阻值增加的正温度系数（PTC）热敏电阻；温度上升时，电阻值减小的负温度系数（NTC）热敏电阻。NTC型热敏电阻，其电阻值随着温度的增加而按反比例关系降低，PTC型热敏电阻则相反，在某个温度以上，电阻急剧地增加。

利用正温度系数热敏电阻的特性制作的装置有PTC半导体电热器，它可以通过电热器本身控制温度。NTC热敏电阻的用途多种多样。例如，若汽车的冷却水的温度上升，则热敏电阻的电阻值下降在仪表上显示温度。负温度系数热敏电阻的特性也在恒温器、量程等的温度调整方面得到应用。

判别正、负温度系数热敏电阻的简单方法如图3-19所示：①接上一个220V的白炽灯泡，等待灯泡稍微变暖；②将万用表拨到欧姆挡，用红、黑两表笔连接被测热敏电阻两端金属引出线，使用转换开关使万用表的表头指针大致调整到刻度盘的中间位置；③将点燃的白炽灯泡靠近热敏电阻。如果仪表指针向右偏转（电阻减小），则为负温度系数（NTC）热敏电阻；如果仪表指针向左偏转（电阻增加），则为正温度系数（PTC）热敏电阻。

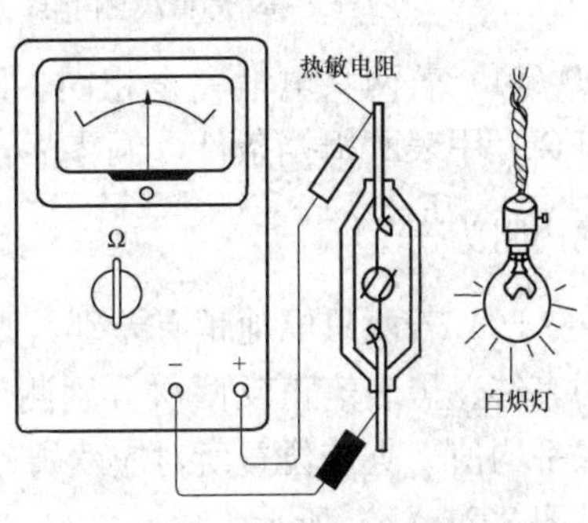

图3-19 测试热敏电阻示意图

3-1-29 巧测电池内电阻

电池由于存在内阻，其开路电压与工作电压有一定的差别，因此电池开路电压的大小不能作为衡量电池性能好坏的依据；通常测量其放电电流，以判断电池性能的优劣。放电电流的大小在电池电压一定时，可通过电池内阻的大小得以体现。因此若能简便有效地测出电池内阻，则可判断干电池是否过期、可充电镉镍电池是否充足以及判断蓄电池的寿命等。现介绍用万用表测量电池内阻的简便方法。

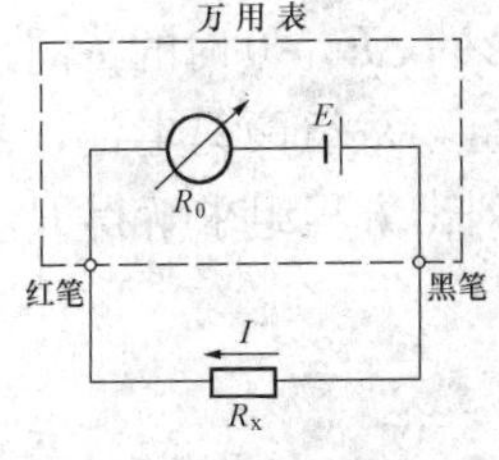

图3-20 万用表欧姆挡测量电阻时等效电路图

用万用表欧姆挡测量电阻时，其等效电路如图3-20所示。流过表头的电流 $I=\frac{E}{R_0+R_x}$，由于仪表偏转角 α 正比于 I，所以当 E 恒定时，仪表指针偏转位置就与被测电阻 R_x 对应，实现电阻测量。在测量电池内阻时，由于电动势 E_x 的存在，使 E 恒定条件变化，故无法直接测其电阻。若采用零值法和差值法测量，则可实现。其电路原理见图 3-21（a），为简便起见，设该组电池为两只反向串联，E_{x1}、E_{x2} 为两只电池的等效电动势，R_{x1}、R_{x2} 为其等效内阻。根据电池使用情况有两种情形：

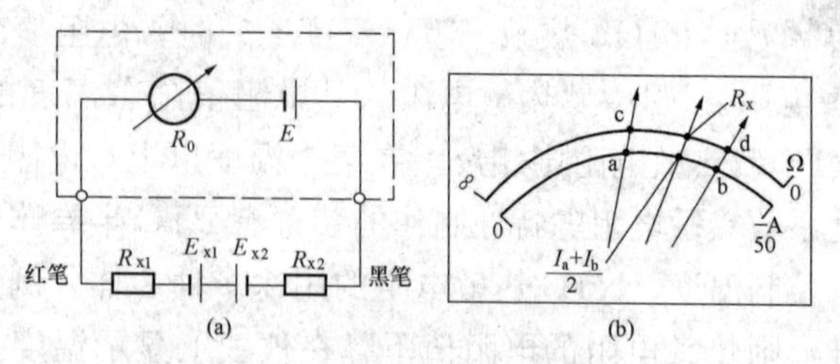

图 3-21 测电池内阻示意图

（a）零值法测内阻；（b）差值法测内阻，表头指针指示位置

（1）若两只电池完全相同，即 $E_{x1}=E_{x2}$、$R_{x1}=R_{x2}$，则 $\Delta E_x=E_{x1}-E_{x2}=0$，符合万用表欧姆挡条件，调零后，可直接读出被测内阻 $R_x=R_{x1}+R_{x2}$，每只电池内阻为$\frac{R_x}{2}$。

（2）若两只电池稍有差别，则 $E_{x1}\neq E_{x2}$ 或 $\Delta E_x\neq 0$、$R_{x1}\neq R_{x2}$。这时可用万用表红、黑表笔正反两次分别测量电池组，读出两种情况下的电流读数，然后取平均值。查该位置所对应欧姆刻度线的数值，即为被测 $R_x=R_{x1}+R_{x2}$ 的数值，见图 3-21（b）所示。

其测量原理如下：

用欧姆挡测量 R_x 时 $$I=\frac{E}{R_0+R_x}$$

正反两次测量时 $$I_a=\frac{E-\Delta E_x}{R_0+R_x};\ I_b=\frac{E+\Delta E_x}{R_0+R_x}$$

I_a、I_b 的平均值 $$\frac{I_a+I_b}{2}=\frac{E}{R_0+R_x}$$

因此电流平均值的刻度位置对应的欧姆刻度线的欧姆数值即为被测内阻值，由此不难看出其测试条件是：$\Delta E_x\leqslant E$（保证万用表表头指针正向偏转）；$R_x\geqslant(\Delta E_x/E)R_0$（保证不超过满刻度）。注意不能以（$R_c+R_d$）/2 求得 R_x，因为万用表欧姆刻度线为非线性的。实际上第一种情形是第二种情形的 $\Delta E_x=0$ 时的特例。

如果测试某一只电池内阻，可再找两只电池配成三组，每组两只电池，测得 $R_x=R_{x1}+R_{x2}$，$R'_x=R_{x1}+R_{x3}$，$R''_x=R_{x2}+R_{x3}$。然后列出方程组求解得 R_{x1}、R_{x2}、R_{x3}。

3-1-30 测算线圈诸参数

如果需要知道一个线圈的诸参数（阻抗 Z、电阻 R、感抗 X 及电感 L 等），只要用万用表就可进行测量并通过简单的计算即可得出所需的参数。如图 3-22 所示，用一只附加电阻 R_0 与待测线圈 L 组成 RL 串联电路。先用万用表欧姆挡测出 R_0 的阻值。当电路通过一个已知频率 f 的交流电时，用万用表电压挡分别测出总电压 U、附加电阻的电压 U_{R0}、线圈的电压 U_L。将这三个电压组成一个闭合三角形，如图 3-23 所示。然后把待测线圈电压 U_L 分解为与 U_{R0} 平行的分量 U_R 和与 U_{R0} 垂直的分量 U_x。根据三角形关系可得

$$U_R=\frac{U^2-U_L^2-U_{R0}^2}{2U_{R0}}；U_x=\sqrt{U^2-(U_{R0}+U_R)^2}$$

按照以上公式求出 U_R 及 U_x 后，就可以很方便地用下述公式计算出线圈有关参数

$$Z=\frac{U_L}{U_{R0}}R_0；R=\frac{U_R}{U_{R0}}R_0；X=\frac{U_X}{U_{R0}}R_0；L=\frac{X}{2\pi f}；\varphi=\tan^{-1}\frac{U_x}{U_R}$$

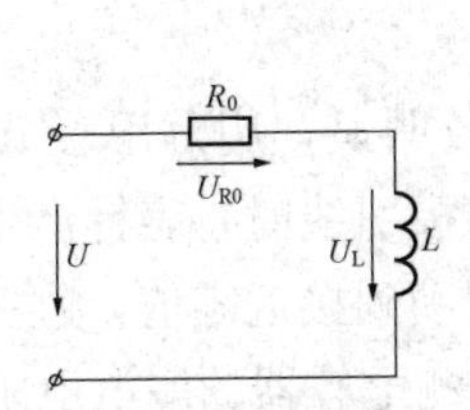

图 3-22 RL 串联电路图

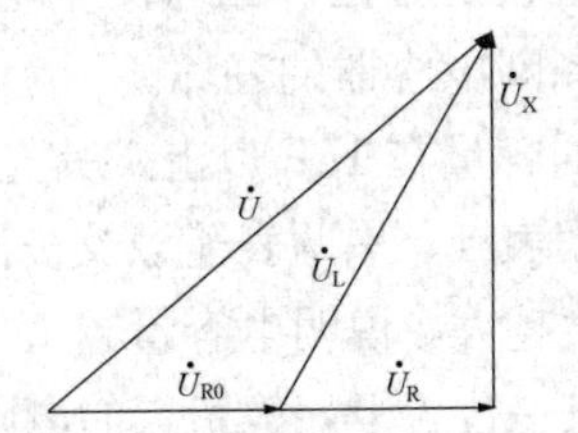

图 3-23 电压三角形示意图

举例说明：如需知一个线圈 L 的诸参数。按图 3-22 所示组成 RL 电路。用万用表欧姆挡测出附加电阻 R_0 为 103Ω。

用万用表电压挡测出总电压 U 为 70V；附加电阻电压 U_{R0} 为 45V；待测线圈电压 U_L 为 33.9V。已知频率 f 为 50Hz。代入上述公式计算，其结果如表 3-3 所示。

表 3-3 被测线圈的各参数

U_R（V）	U_x（V）	Z（Ω）	R（Ω）	X（Ω）	L（H）	φ（°）
19.18	27.9	77.6	43.9	63.9	0.20	55.5

使用该测算方法时，其测试范围有一定的限度：如 φ 接近 0°或 90°时误差较大；要注意 U 及 R_0 的选择。另外可用不同的 R_0 作多次测算，以求得比较准确的参数值。

3-1-31 判断电解电容器的极性

对磨去标记的电解电容器可以利用万用表欧姆挡测试判断其极性。因为只有电解电容器的正极接电源正极（欧姆挡时的黑表笔），负极接电源负极时（欧姆挡时的红表笔），电解电容器的漏电流才小（漏电电阻大）。反之，则电解电

容器的漏电电流增加（漏电电阻减小）。测量时一般选用 $R\times100$ 或 $R\times1\text{k}$ 挡。先假定电容器某极为“+”极，用万用表的黑表笔去触接，红表笔去触接电容器的另一极，记下仪表表针停止的刻度（表针靠左阻值大）。然后将电容器放电（即两根引出线相碰一下），红、黑两表笔对调重新进行测量，再记下表针停止的刻度。两次测试中，表针最后停留的位置靠左（阻值大）的那次，黑表笔触接的就是被测电解电容器的正极。测试时要注意：在测量前，一定要使被测电容器处于放电状态，以免在测量时损坏万用表。

3-1-32 判定电容器的好坏

电容器用于多种电路中，它的质量决定着电路能否正常工作。要学会使用万用表进行检查的方法。因为测量电容器时，有一个充电过程，根据这个原理可以简略地判断电容器的好坏。

电容器的容量在 1μF 以上，其充电过程比较明显，用万用表 $R\times1\text{k}$ 挡即可看出。当万用表红、黑两表笔触及被测电容器两极引线时，表针产生左右摆动一次。摆动幅度越大，说明电容量越大，有时会摆动到接近零值，过一会儿才慢慢退回停留在某一位置上，停留点的电阻量就是被测电容器的漏电电阻。判断电容器的好坏，就是看这个电阻值的大小，这个电阻值越大越好，最好是无限大。如果红、黑两表笔触及被测电容器时，表针根本不动（正反多次测试），说明被测电容器内部断路；如果表针到零位时不再退回，说明被测电容器已击穿。

电容器的容量在 0.01～1μF 之间时，要用万用表高阻挡（$R\times10\text{k}$ 挡）才可以看出微小的一点充电过程，故需正反多试几次，方可判定被测电容器的好坏。

当电容器的容量小于 0.01μF 时，用上述方法只能检查电容器是否击穿。这时改用交流电压法来判断，如图 3-24 所示。即把被测小容量电容器的一端引出线接在交流 220V 电源中性线上，万用表拨到交流电压 250V 挡，红、黑两表笔分别触及电容器的另一端引出线和交流电源相线。如果电容器是良好的，则测得的电压值应很小，在十几伏以下，但不能为零；如果测得的电压值在几十伏以上，则说明被测电容器严重漏电。这个方法很简单，可用来测 0.01～0.0001μF 电容器。再小容量的电容器用万用表就无法测试了。

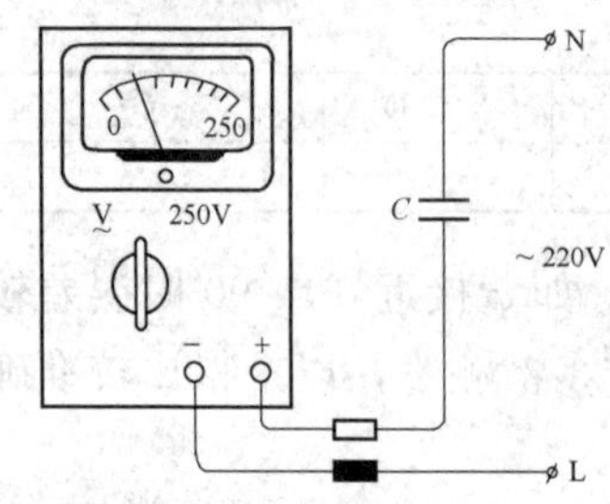

图 3-24 电压法判断电容器好坏的测试电路示意图

3-1-33 判别 40W 与 60W 的白炽灯泡

日常生活、工作中常遇有几只旧的白炽灯泡，只知道有 40W 的和 60W 的，但灯泡上的标志已看不清，灯泡的外形尺寸大小几乎一样、内装灯丝长短结构也似一样，如何识别？这个问题很简单，只需用万用表欧姆挡的 $R\times10$ 挡或者 $R\times1$ 挡，测试一下各白炽灯泡（灯丝）的直流电阻，即可判别出哪几只是 40W 的白炽灯泡，哪几只是 60W 的。经测判：白炽灯泡冷态电阻在 90Ω 左右的是 40W；白炽灯泡冷态电阻在 60Ω 左右的是 60W。在用万用表测量灯泡的电阻时会看到：仪表指针缓慢偏转、读数越来越大，这是因为电流通过灯丝时，使钨丝的温度升高、电阻值渐增，因而读数渐大。

测判的依据：白炽灯是纯电阻负载，根据公式 $R_{rn}=\frac{U_n^2}{P_n}$ 可看出，在电压 U_n 一定时，灯泡额定容量小，其额定热态电阻大；灯泡额定容量大，其额定热态电阻小。现根据已知白炽灯容量，求算其热态电阻的计算口诀，“欲求灯泡热电阻，瓦数去除压平方”导出的“灯泡电压二百二，瓦数去除四万八”计算得知：40W 白炽灯的热电阻是 1200Ω；60W 白炽灯是 800Ω。又根据白炽灯灯丝具有正电阻特性，灯丝热态电阻是冷态电阻的十几倍。由上述两条可判定万用表测得 90Ω 左右的白炽灯泡是 40W；60Ω 左右的白炽灯泡是 60W。

3-1-34 判测日光灯镇流器的功率

如图 3-25 所示，将被测日光灯镇流器与一个 220V、40W 白炽灯串联后，经控制开关 SA 跨接到交流 220V 电源上。闭合开关 SA 后，用万用表交流电压 250V 挡测量 A、B 两点（被测镇流器线圈两线头）的电压值，然后参照表 3-4 的数据，即得知被测镇流器的功率值。

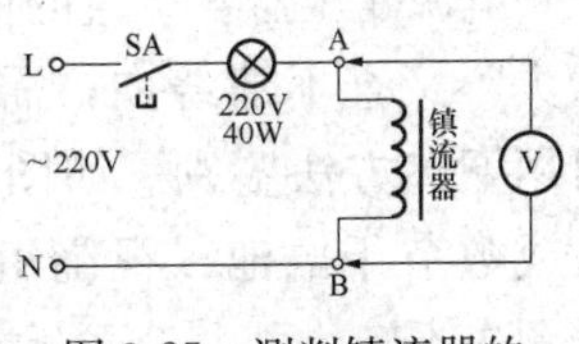

图 3-25 测判镇流器的功率示意图

表 3-4 镇流器功率对应测试电压值

镇流器功率（W）	8	20	30	40
A、B 两点间电压（V）	160	115	97	72

如果测试自己绕制的镇流器，当测得 A、B 两点的电压值与表 3-4 所示对应的功率有出入时，可以调整镇流器铁心的气隙（电压高，则扩大铁心间隙；电压偏低，则减小铁心间隙）。

3-1-35 判别日光灯双线圈镇流器的引出线

日光灯双线圈镇流器有四个出线头，四个线头的镇流器接线如图 3-26 所示。在同一铁心上，出线头 1、2 为主线圈，其圈数比两个出线头镇流器线圈的圈数

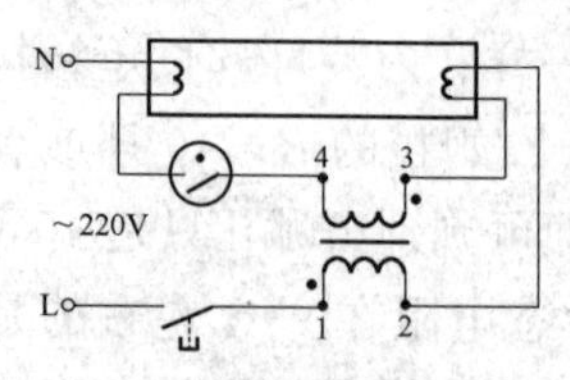

图 3-26 四个出线头的镇流器接线示意图

多些；出线头 3、4 为副线圈（启动线圈），圈数比主线圈少得多。因主、副线圈的绕向相反（1、3 为线圈始端），故两磁力线方向相反。当日光灯接通电源时，副线圈两端的感应电动势与主线圈叠加，由于磁力线互相抵消，使主线圈阻抗减小，电流增大，故日光灯灯管预热快。当启辉器断开时，因主线圈圈数多，感应电动势高，故也有利于日光灯起动。灯管起动后，副线圈暂时失去作用，因主线圈圈数较多，其限流作用要比用两个出线头的镇流器好。尤其当电源电压波动时，由于日光灯灯管的工作电流变化小，亮度稳定，可延长使用寿命，因此特别适用于电压波动较大的地方。

使用四个出线头的镇流器，检修时必须注意接头不能弄错。使用久了的镇流器，往往看不清楚哪两个头是主线路，哪两个头是启动线路，万一接错了线，不仅要影响灯管的寿命和起动性能，甚至会烧坏镇流器和灯管。对此，可以采用万用表测量两个线圈的电阻，电阻大的是主线圈，电阻值小的是副线圈。

3-1-36 鉴别电源变压器绕组极性

电源变压器各绕组的同极性端通常用符号“*”或是“·”标明。如标记遗失，又查不清绕向，需要校定极性时，可用下述方法鉴别。如图3-27所示，用一节或数节干电池（视绕组匝数多少而定。若预先不知，可由少逐渐加多），将电池负极端直接接绕组Ⅰ的一端，电池正极端串开关 SA 接绕组Ⅰ的另一端。万用表拨至直流电压挡，其红、黑两表笔分别连接变压器绕组Ⅱ两端头。当闭合开关 SA 的一瞬间，表针朝正方向摆动（或拉开开关 SA 时表针向负方向摆动）时，红表笔（正）触及的线头的极性与电池正极所接线头端为同极性端，或叫同名端。反之，若表针反向摆动，则为异极性端。测试时注意开关 SA 不要长时间闭合，以免损害电池及绕组。

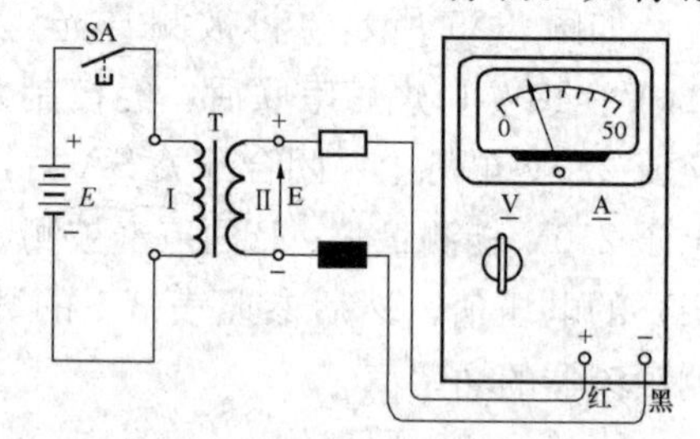

图 3-27 测试变压器绕组极性示意图

测试时，如果万用表表针不动，可由高挡换低挡，直至换用电流挡测试。若再不行，还可将线圈调换一下，用匝数少的绕组接电池。一般控制电源变压器的绕组均可用此法鉴别绕组极性。这种方法特别适用匝数多、多层多个绕组、外部浸渍包封的电源变压器。

对于高压绕组接 380V 的电源变压器，现场鉴别测试方法是：先把一个低压绕组的任意一端和另一个低压绕组的任意一端连接起来，再将高压绕组接至交流 380V 的电源上。用万用表交流电压挡测量两个低压绕组剩下两端头的电压。如测得的电压值是各个低压绕组电压之和，则说明原先相连的那两端头不是同极性端；如测得的电压为零或接近零，则说明相连的那两个端头是同极性端。

3-1-37 鉴别变压器的绕组为何种电压的绕组

一个有三个绕组的变压器（380V、220V、6V），因各绕组接线端的标记不清，无法接线，如何鉴别它们各为何种电压的绕组？简便的方法是测量其电阻。根据变压器一次、二次电压与其匝数成正比的原理，高压绕组匝数多，电阻值大；而低压绕组匝数少电阻值小。具体测量时，将各绕组任取一接线端子，用导线连接起来。将万用表拨到欧姆挡，红表笔（黑表笔也可以）触及用导线连接起来的任一端子或导线，黑表笔分别触及未用导线连接的三个端子，测得三个不同电阻值，电阻值最大的绕组接 380V 电源；阻值最小的绕组是 6V 低压负载绕组；剩下阻值居中的绕组便是 220V 二次低压绕组。

3-1-38 判定配电变压器容量

供电部门到各用户检查工作时，常需要测定无铭牌或铭牌不符的配电变压器的实际容量。测量变压器容量的方法有很多种，但都需要通过复杂的设备测试和计算，现场的可操作性不强。故不能及时发现将大变压器铭牌更换为小变压器铭牌的作弊行为，取掉大变压器上的铭牌冒充小变压器运行等不法行为。

实践经验总结：10kV 级配电系统中，常用的 S7 系列三相油浸自冷式低损耗电力变压器，中小容量变压器二次侧直流电阻值比较接近，但其一次侧直流电阻值相差较大，变压器容量越大，其一次侧直流电阻值越小，而且有规律可循。具体数值见表 3-5 所列经验值，据此在现场可用万用表 $R\times1$ 挡，准确调整零位后测试（停电、放电后）被怀疑的配电变压器，粗略判定变压器容量。在测试中，可能会出现超出表 3-5 中所列数值，因在实际运行中，变压器的一次侧直流电阻会逐年升高。但这并不影响所要做出的判断，因为不法分子欲做的是以大容量变压器冒充小容量变压器，而大容量变压器的直流电阻应该小于小容量变压器的直流电阻。如果在测试中出现小于表中所列数值情况时，就需引起注意，认真调查了解。必要时进行“复杂的设备测试和计算”，以取得验证。

表 3-5　S7 系列中小型电力变压器（10kV 级）一次侧直流电阻值

变压器容量（kVA）	30	50	100	200	315
一次侧直流电阻值（Ω）	80～100	40～50	17～21	7～9	3.8～4.6

3-1-39 快速判断三相异步电动机的好坏

用一块500V绝缘电阻表和一块万用表就能很快地判断出某台曾用过的电动机的好坏，是否可使用。首先用绝缘电阻表摇测电动机定子绕组与机壳之间的绝缘电阻，如果在0.5MΩ以上便可初步确定为好的，数值越大越好。再用万用表判断各相绕组的好坏。当电动机为星形接线时，将万用表拨至最低量程的毫安挡，两表笔接触电动机接线盒中任意两相桩头（星形点连接片不动、不拆开），同时用手盘车，使电动机空转。在此情况下，仪表指针如左右摆动，而且三相均这样两两测定，结果一样，则被测电动机就是好的，可以使用。

如果电动机为△形接法，需将三个连接片拆下，用万用表测出三相绕组后，临时接成星形。再用上述的方法进行盘车测试，即可确定被测电动机的好坏。

3-1-40 剩磁法判别电动机定子绕组首尾端

三相异步电动机定子绕组的六个出线头，有“首”“尾”之分，在接入电源时绝对不允许搞错。一些存放时间较长或经多次检修的电动机，常常发现绕组的首、尾难以分清。现介绍仅用一只万用表判别电动机定子绕组首、尾的简易方法（剩磁判别法）。

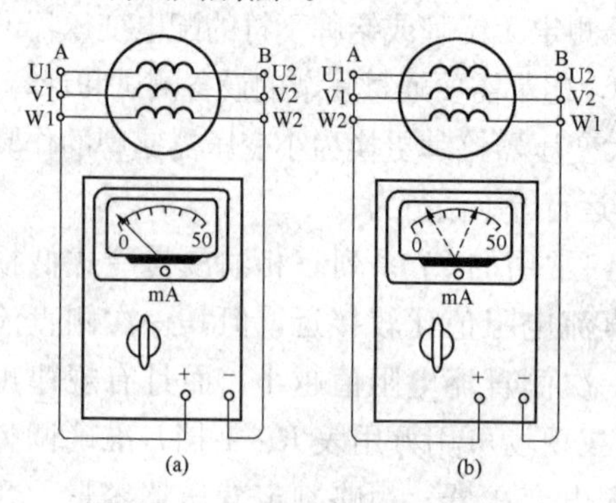

图3-28 剩磁判别法接线示意图

(a) 首、尾端并在一起；(b) 首、尾端混合并在一起

首先用万用表高阻挡找出被测电动机三个定子绕组属于同一相绕组的两个线头，并做好标记。然后抽出三个绕组的任意三个线头用导线连接在一起设为A，将另三个线头连接在一起设为B，如图3-28所示。用万用表的毫安挡中最小量程挡，把红黑两表笔分别接于A和B。这时慢慢地盘动被测电动机转轴，看万用表指针摆动的情况：如果指针左右摆动明显，说明有一相绕组的首和尾与其他两相绕组的首和尾相反，见图3-28（b）所示。任意调换其中一相绕组线头的位置，再用同样的方法测判，直到万用表指针无明显摆动为止，如图3-28（a）所示。此时接在一起的三个线头就是绕组的三个相的首或尾了。

对于绕线型异步电动机，只要在集电环处将转子短接后，同样可用上述方法进行判别。

剩磁判别电动机定子绕组首尾端。被测试的电动机转子中必须有剩磁，即必须是运转过的电动机。判别原理是：转子剩磁相当于一个永久磁铁，当转轴盘动时就形成旋转磁场，在定子的三个相绕组中分别感应出三个微小的交变电动势。当其中一相定子绕组的首和尾与其他两相绕组的首和尾相反时，在A、B两端出现电位差。此时接在A、B之间的万用表成为电路中的负载，因而产生了一个微小的交变电流，使万用表指针出现左右摆动。当三相绕组的首和尾分别接在一起时，旋转着的转子在三相绕组中感应的电势矢量和为零，所以在A、B两端没有电位差存在，电路中不会有电流流过，万用表指针不会左右摆动或出现非常轻微的摆动（这是由于三相绕组及磁路不对称所致）。在测试中，若指针向左摆动因挡针所挡而不明显时，可以通过调零螺丝人为地将指针向右调一点，就可以看清左右摆动。切记：万用表用后不要忘了将指针复位到零位。

3-1-41 环流法判别电动机定子绕组首尾端

环流判别法所测试的电动机转子必须有剩磁，即电动机必须是运转过的。运用此法时，首先用万用表 $R\times100$ 挡测试电动机定子三相绕组的六个引出线头，电阻值最小的两个引出线头为一相绕组。然后将三相绕组相互串联成三角形接线。将万用表拨在毫安挡中最小量程挡，并将其串联在电动机三角形接线的三相绕组中，如图3-29所示。此时，用手盘动电动机转轴，速度均匀不宜过快，且注意观察万用表指针摆动情况。如果万用表指针不动或摆动幅度很小，则说明被测电动机定子绕组六根出线头首尾端连接正确；如果指针摆动幅度大，可先将未同万用表相连的绕组的两个引出线头调换后再测试。如果指针不动，说明绕组的首尾端连接正确；如果万用表指针仍然摆动，则说明与万用表连接的两绕组引出线头，都是首端或尾端。此时，可调换与万用表连接的两绕组中一相绕组的引出线头（把未同万用表相连的绕组的两个引出线头调换复原），调换位置后再测试，直至万用表指针无明显摆动、六根出线头首尾端连接正确为止。

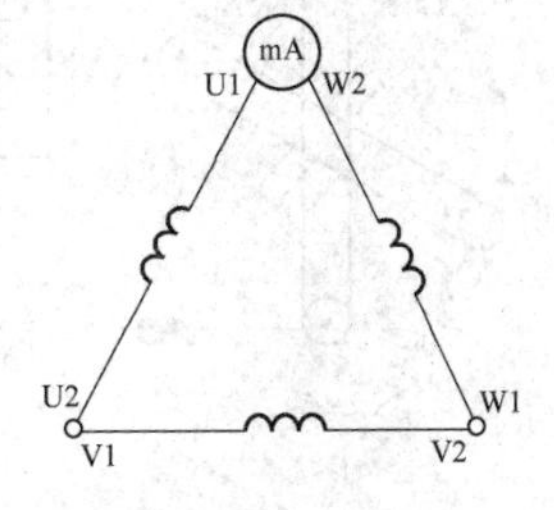

图3-29 环流法测定子绕组首尾端示意图

3-1-42 干电池—毫安表法判别电动机定子绕组首尾端

三相电动机定子绕组首尾端的判别是电动机维修中经常遇到的问题。老电工们手把手教徒弟时归纳成口诀：

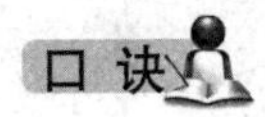

绕组首尾不难判，电池两节万用表。
一相绕组接仪表，一相绕组触电池。
通电瞬间表针转，反转正极都是首。
若不反转换接线，余相绕组同法判。

干电池—毫安表法具体说来：先用万用表的欧姆挡找出三个绕组的两出线端头来，然后将任一相绕组出线头接到万用表的毫安挡，再把另一相绕组两出线头触及直流电源——干电池（3V左右）两电极。令其短暂通电，由于电磁感应，仪表指针将会瞬间转动。当表针反向转动时，则接万用表正（红）表笔的U1和触及电池正极的V1是绕组的同名端，叫首（或尾）；当表针正转而不反转时，应将电池（或万用表）的正负接线对换一下，就会产生反转了，由此再来判断首和尾。剩余的一相绕组首和尾也用同样的方法来判别。

至于为什么呢？现用图3-30所示说明：在V1—V2绕组上接以直流电源（V1接“+”，V2接“−”）后，在通电的瞬间，V1—V2绕组中产生增长的磁通量ϕ同时穿过U1—U2绕组。由楞次定律可知U1—U2绕组感生电流的磁场要阻碍磁通量的增加，即产生一个反向磁场。此感生电流的方向从U1端流进、U2端流出，因此线圈内接的仪表指针反向转动。所以说当表针反转时，接电池正极和万用表正（红）表笔的都是绕组同名端的首（或是尾）。同理同法，可以判别出W1—W2绕组的首尾来。老电工在教时强调说：口诀中关键一句是“反转正极都是首”。实际运用时只须记住这一句，其他的动作无须硬记。

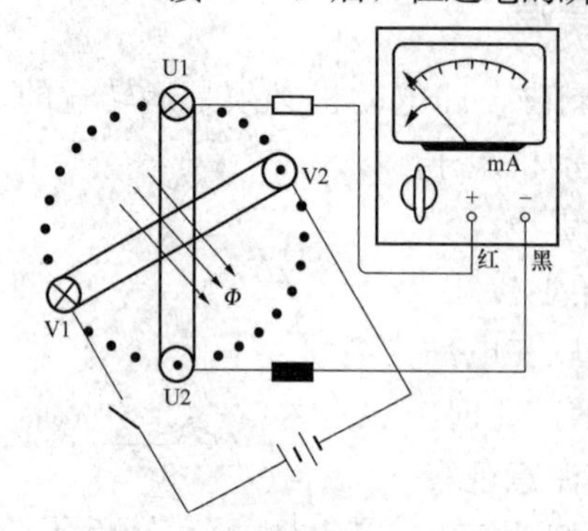

图3-30 干电池—毫安表法测绕组首尾端示意图

3-1-43 测判电动机的转速

现介绍一种既不需要转速表，又不需要被测电动机接电源通电运行，就可以知道无铭牌三相异步电动机的极数，从而确定电动机转速的简易方法。具体方法步骤如下：

打开无铭牌电动机接线盒盖，拆下连接片（星形接法的电动机无需拆下），找出任意一相绕组的两个接线柱，并把它们接至万用表毫安挡中最小量程挡，如图3-31所示。然后将电动机的转子慢慢地均匀地旋转一周，看仪表的指针左右摆动几次（使用过的旧电动机转子铁心上总有一定的剩磁，转子旋转时，定子绕组上就感应出交流电动势，万用表表头上有交流电流通过）。如果左右摆动一次，则表明电动机在旋转一周时，定子绕组中的感应电流变化一个周期，即表明被测电动机有一对磁极，为2极电动机；若摆动二次，则表明被测电动机有两对磁极，即为4

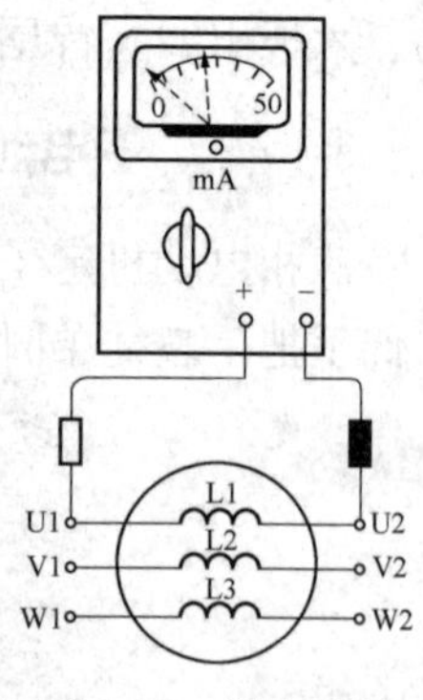

图3-31 测电动机转速示意图

极电动机，以此类推。

利用判断出的磁极对数，即可得到电动机的同步转速，见表3-6。电动机的额定转速略低于同步转速的1%～6%（小功率电动机的转速要低3%～6%；大中功率电动机的转速要低1%～3%）。

表3-6 表针摆动次数与磁极对数的关系

转子旋转一周时表针摆动次数	磁极对数 p	电动机极数	转速（r/min）
1	1	2	3000
2	2	4	1500
3	3	6	1000
4	4	8	750
5	5	10	600

测判电动机的转速时要注意：长期未使用的电动机在应用上述方法时，仪表指针会毫无反应。这是电动机剩磁消失的缘故。此时只要将被测电动机通电旋转3～5min，然后再用上述方法，即可判断出它的极数。

3-1-44 预测三相异步电动机的转向

在电源相序已知的条件下，三相异步电动机定子的三个引出线应怎样与电源线相接，才能保证其转向符合规定。这对电动机定子线端相序的正确标志和检验，对安装不宜反转的拖动装置（如带反转制动的电动机，水泵、冰箱电动机），尤其对大容量电动机，都具有实际的意义。预测电动机转向的方法很多，现介绍用万用表预测电动机转向的简易方法。

（1）毫安表—记号法。如图3-32所示，被测三相电动机定子绕组的首尾已理清情况下，先在转轴周沿任作一个记号Q，看作某一剩磁极的中心（图以2极电动机示意）。再把毫安表（万用表拨在直流毫安挡）接在任一设为L1相的两端。然后使转子按规定转向缓慢均匀地盘转，同时注意看准仪表最大正偏转的瞬间，在轴沿Q点所对应的端盖位置上做个记号a，这a点可认为就是L1相绕组的一个相带中心。

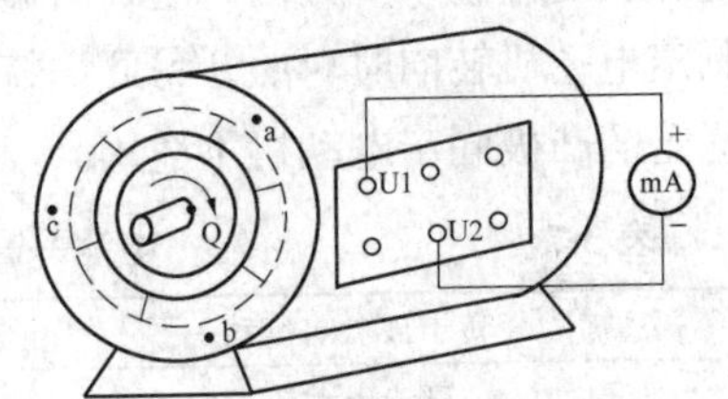

图3-32 毫安表—记号法预测转向接线图

接着把毫安表对应换接到另一相，同上述操作得到的端盖上的记号点，就是另一相的相带中心。它必与a点隔开120°电角度。如果这点顺向隔a点120°电角度，就可判断该相是L2相；如果这点逆向隔a点120°电角度，就可判断该相是L3相。

毫安表—记号法用于极对数 $p>1$ 的电动机时，必须注意转子每盘转一周，毫安表达最大正偏转有 p 次，因而端盖上每相记号有 p 点。当极对数 p 越大时，这种预测转向的缺陷越显著，邻相记号隔开的几何角度（为 $120°/p$）越小，即端盖上记号越密集，容易搞错。

（2）电池—毫安表法。如图 3-33（a）所示，在被测电动机定子三相绕组的首尾端已理清情况下，定子绕组一相接电池（设为 L1 相），然后取电动机定子绕组另一相接毫安表（万用表拨在直流毫安挡）。这时只要将电机转子顺向盘动一下，就可看到在这瞬间指针的偏转情况：如果毫安表接在 L2 相，则毫安表指针正偏转；如果毫安表接在 L3 相，则毫安表指针反偏转。

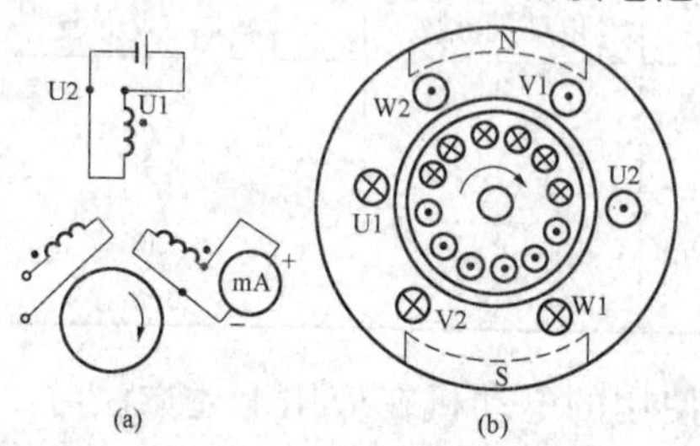

图 3-33　电池—毫安表法测电机转向示意图
(a) 接线（顺向盘动）；(b) 原理分析

需要注意：毫安表在初始正（或反）偏转后，紧接着就要归零，而惯性又使其在到零点后继续反（或正）偏转。要防止把惯性偏转方向误认为是初始偏转方向，以免引起相别错误判断。

电池—毫安表法的原理可用图 3-30（b）阐明。L1 相通直流电所产生的弱磁场，以虚线磁极表示，它不会使电动机定子绕组产生感应电动势（因电动机定、转子无相对运动），但当电动机转子被顺向盘动的瞬时，转子鼠笼条感应电动势并由于短路立即通过电流，因而转子上产生与虚线磁极磁场成正交的磁场。正是这瞬间产生的转子磁场穿链 L2 相和 L3 相绕组，使后者感应瞬时电动势并使毫安表指针朝某一方向产生瞬时偏转。以上分析的条件和结果可归纳为表 3-7，供测定电动机转向时对照。另此法特别适用于鼠笼型三相异步电动机，但对没有阻尼笼的凸极同步电动机不适用。

表 3-7　电池—毫安表法的指针偏转方向

转子被顺向盘动一下	L2 相绕组	L3 相绕组
感应电动势方向	从尾到首	从首到尾
毫安表正极接绕组首时的偏转方向	正偏转	反偏转

3-1-45　测量电动机绝缘电阻

电气设备绝缘电阻的测量是保证用电安全的一个重要手段，绝缘电阻表是国家计量法规定强制检定的仪表之一，除了万不得已，一般不宜采用未经检定的仪表或未经验证的方法来取代绝缘电阻表的功能，以保证绝缘电阻测量结果的正确与可靠。但在维修家电时和边远农村，没有或一时找不到绝缘电阻表的特殊情况下，可用万用表近似地测量电动机的绝缘电阻，以满足应急使用要求。

如图 3-34 所示，将被测电动机定子绕组接一相电源，然后用万用表交流电压挡测出另一相电源对机壳之间的电压。这里假设要测量的绝缘电阻为 R，电源电压为 U，万用表测得电压为 U_1，万用表的内阻为 r，则可以画出原理电路如图 3-35 所示。这里 U 认为是无限大电源容量，电源内阻为零，由此可求出：$R=r\ (U/U_1-1)$。

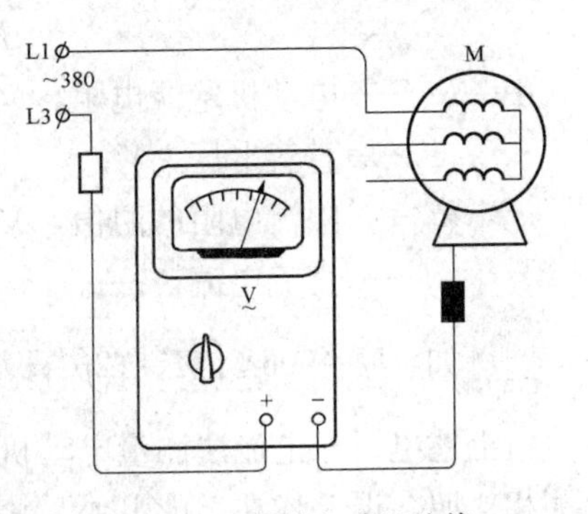

图 3-34　测量电动机绝缘电阻接线示意图

那么万用表的内阻 r 是多少呢？在万用表的表头上均可找到电压灵敏度的标注，其单位是 Ω/V 或 kΩ/V。这就是说，同一块万用表，选用不同的电压挡，内阻 r 也不同，电压量程越大，内阻越高。例如 500A 型万用表，交流电压挡灵敏度为 4000Ω/V，选用 10V 挡时，$r=4\text{k}\Omega\times10=40\text{k}\Omega$；选用 500V 挡时，$r=4\text{k}\Omega\times500=2000\text{k}\Omega$。这样根据选用万用表的内阻，就可以用上式算出绝缘电阻 R 来了。

例如：用 500A 型万用表交流 500V 挡测得 $U=392\text{V}$，$U_1=130\text{V}$，则：$R=r\left(\dfrac{U}{U_1}-1\right)=2000\times\left(\dfrac{392}{130}-1\right)=4030.7\ (\text{k}\Omega)\approx4\ (\text{M}\Omega)$。即被测电动机绕组对机壳绝缘电阻约 4MΩ。

运用上述方法时应注意：①各万用表的内阻不同，同一块万用表的交、直流电压挡以及各电压挡之间的内阻也不同；②为使测量时仪表上有较大的读数，应选内阻较高的万用表和电压较高的电源，如选 $U=380\text{V}$；③如果电动机是安装在机座上的，则应拆除接地线，以免其分流而影响测量的准确性。

如图 3-36 所示，“电压—电流法”测量电动机绝缘电阻接线图。图中 V1、V2（均为 1N4007）及 C1、C2（均为 0.47μF/630V）组成倍压整流电路，在 C2 上得到约 600V 直流高压（满足测量电压为工作电压一倍的要求）。R_1 为限流电阻的电阻值。先用万用表直流电压挡测得 C2 上的电压 U，再转换为直流电流挡测得回路电流 I。测量时应注意加强万用表外壳与工作台之间的绝缘，电流挡须由大至小逐挡变换，以防损坏万用表。被测绝缘电阻 R_x

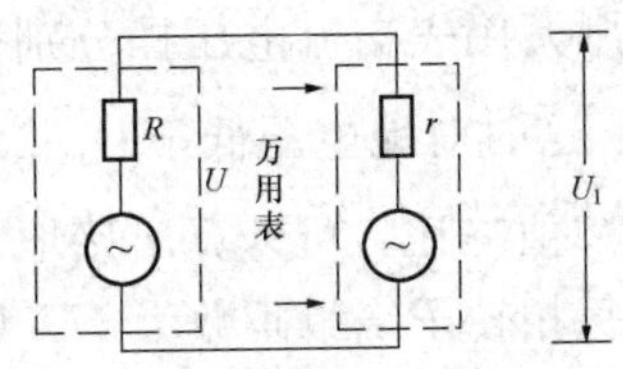

图 3-35　万用表测量电动机绝缘电阻的原理图

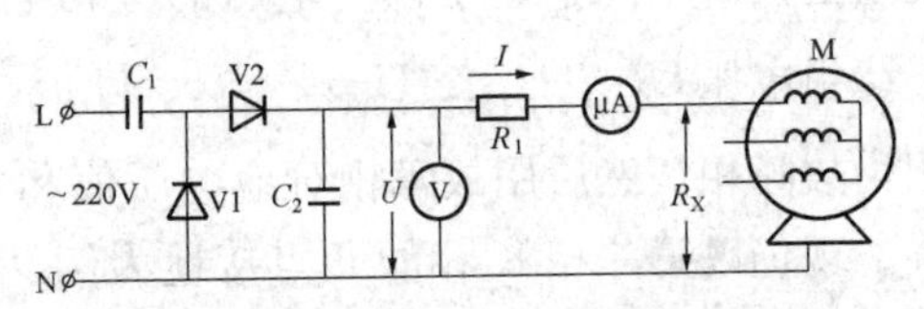

图 3-36　电压—电流法测量电动机绝缘电阻接线图

$$R_x=U/I-R_1$$

式中 R_x——电动机绝缘电阻，MΩ；

U——直流电压，V；

R_1——限流电阻的阻值，MΩ；

I——直流电流，μA。

例如：$U=605$V，$I=12\mu$A，$R_1=0.2$MΩ，则 $R_x=\frac{605}{12}-0.2\approx50$（MΩ）。

上述电压—电流法测量电动机绝缘电阻所得结果，经与 500V 绝缘电阻表摇测相比照，误差均在 10%以内，基本上能满足应急使用要求。

3-1-46 测量电压法确定绕线型电动机转子绕组接地点

绕线型电动机转子绕组接地是一种常见故障。绕线型电动机转子的三相绕组为 Y 形连接，中性点对地绝缘，所以当绕组仅有一点接地时并不影响使用，但这时非故障相对地电压升高。如果故障相或非故障相再有一点接地便形成短路，就很可能烧毁电动机绕组。用测量对地绝缘电阻的方法只能判断绕组有无接地故障，而不能确定故障点的位置。现介绍一种通过测量转子绕组对地电压计算出绕组接地故障点的方法。

绕线型电动机的定子和转子回路是通过磁场间接联系的，相当于变压器的一次与二次绕组。当定子绕组通以三相交流电时，转子绕组在开路（不转动）的情况下便产生一个与定子电流频率相同的感应电动势。每相绕组感应电动势的大小为：$E_2=4.44fN\Phi_m$，即 E_2 与绕组匝数 N 成正比。转子绕组的每一匝对地电压都不同。在正常情况下，转子三相绕组的电压 $U_{KL}=U_{LM}=U_{MK}$；$U_{KQ}=U_{LQ}=U_{MQ}=U_{KL}/\sqrt{3}$。当转子绕组某相的一点，如第一相 K 相的 E 点接地时，在转子电压相量图上中性点由 Q 点偏移至 E 点，如图 3-37 所示。故障相对地电压下降至 U_{KE}，非故障相对地电压升高至 $U_{LE}=U_{ME}$。

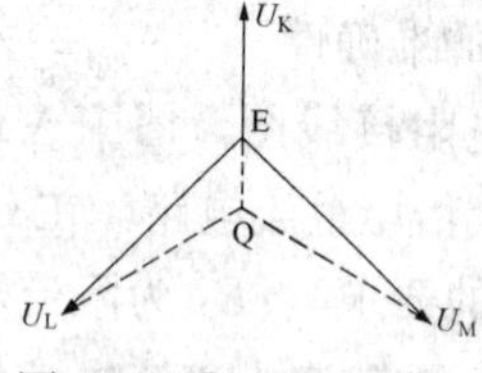

图 3-37 转子绕组 E 点接地后的电压相量图

确定绕线型电动机转子绕组接地故障点的方法是：将转子绕组开路，在定子绕组上接入不高于定子额定电压的三相电源。用万用表交流电压挡分别测出转子绕组电压 U_{KL}、U_{LM}、U_{MK}，U_{KE}、U_{LE}、U_{ME}。这时对地电压低于 $U_{KL}/\sqrt{3}$ 的一相为故障相。然后用故障相对地电压值和 $U_{KL}/\sqrt{3}$ 值之比，可计算出接地点的位置。现仍以第一相 K 相的 E 点接地为例，如果每相转子绕组匝数为 N，则接地点出现在 $N_E=\frac{U_{KE}}{U_{KL}/\sqrt{3}}\cdot N$ 匝处。

由于电源各相间电压的差异、电压波动和仪表精度等因素影响，很难使计算出的位置十分精确，但与实际接地位置会很接近。如果转子绕组每相为两路或多路并联，则应先断开其连接线再找出故障存在的支路及故障点。长期检修实践得知：除转子绕组老化或烧毁外，接地故障发生在槽外的几率也很多，尤以槽口处更为多见。此外，在转子绕组引线进入和引出空心轴的地方绝缘也易受到损伤。这时故障相对地电压 $U_{KE}=0$（仍以第一相 E 点接地），$U_{LE}=U_{ME}=U_{KL}$。大中型电动机转子绕组中性点连接线是用螺钉固定在铁心上的，该处的绝缘比较薄弱，也易出现接地现象。即当测得 $U_{KE}=U_{LE}=U_{ME}=U_{KL}/\sqrt{3}$时，应首先检查这一部位。这里需要指出：由于对地电容和漏导的存在，绕线型电动机转子三相绕组对地都能测出电压，但只有在绕组对地绝缘损坏时，才能视为中性点处有接地故障。

为了保障人身安全，在不影响测量结果的情况下，应尽量降低通入电动机定子绕组的电压。高压电动机以通入 380V 电压为宜。

3-1-47　判别电容式电机定子公共引出线与主、副绕组引出线

很多家用电器，如洗衣机、台扇、吊扇和家用鼓风机等，都采用电容式电动机拖动。在检修电容式电机时，常碰到电机接线问题。如接线错误，电机不能正常运转，严重时还会造成事故。如图 3-38 所示，电容式电机定子内有主绕组和副绕组，一般三根引出线，其中一根是公共引出线。主绕组应接电源，副绕组应串电容器后接电源。要做到接线正确，首先要判别出公共引出线与主、副绕组引出线。

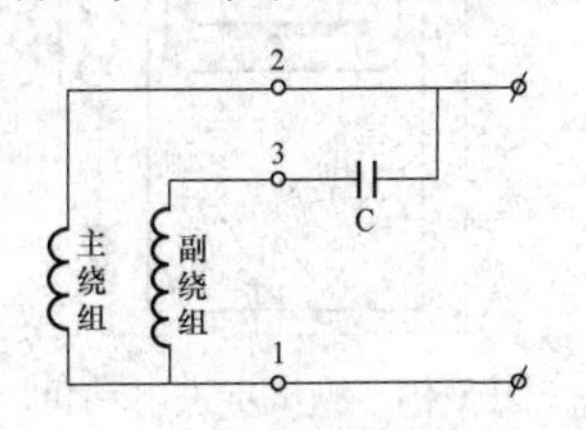

图 3-38　电容式电机定子绕组引出线示意图

判断方法是：先用万用表欧姆挡分别测量三根引出线 1、2、3 相互之间的直流电阻，其中总有一次测得的电阻值等于另外两次测得电阻值的和，那么这次测量时余下的一根引出线为公共引出线。一般主绕组电阻较小，副绕组电阻较大，据此可判断出主绕组和副绕组的引出线。如测得 2、3 端直流电阻 R_{23} 为其他两个电阻 R_{12}、R_{31} 的和，则 1 端为公共引出线。又 $R_{12}<R_{31}$，则 1、2 端为主绕组引出线；3、1 端为副绕组引出线。

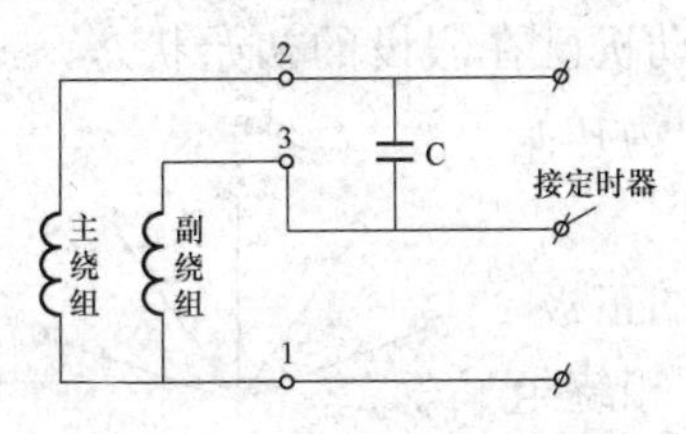

图 3-39　洗衣机用电容式电机定子绕组引出线示意图

如图 3-39 所示，洗衣机用的电容式电机是可逆的，两套绕组对称，阻值相等。因此只要测判出公共引出线即可，然后将电容器接在两绕组单独引出线之间。洗衣机的电容式电机靠定时器控制，使

其两绕组轮流承担主、副绕组的作用。

电容式电机接线错误，如误将主绕组串接电容器，会造成电机不能转动或转速很低。碰到这种情况，就需按照上述方法仔细核对引出线的接线，也可将电容器接线位置更换一下，串接在另一绕组上，通电试车，如果故障现象消除，说明接对。

3-1-48　判别步进电动机的出线头

步进电动机广泛应用于各种自动控制系统，动力型步进电动机大多是多相的。当生产厂家供应的步进电动机不带接线盒，出线头也无明显标志时，可用万用表判定步进电动机出线头。现以五相步进电动机为例说明，设十个出线头依次对应为 A—a，B—b，C—c，D—d，E—e。

（1）区分五组绕组。用万用表欧姆挡按通断原则区分之。

（2）确定五组绕组的首尾。任选一相，将其一端标为 A；另一端标为 a。然后按图 3-40 所示：把 A 端接万用表红表笔，a 端接黑表笔，万用表拨在直流电压最小量程挡。再取一节 1.5V 干电池，依次用其余待测绕组的两端头碰触电池的两极。这时，步进电动机的各组绕组间呈互感状，同各端如图 3-40“*”号所示。当闭合电池的瞬间，万用表指针向增大方（向右）摆动时，待测绕组接电池正极的那端是大写字母端；反之，指针向减小方向（向左）摆动，则接电池正极的那端确定为小写字母端。

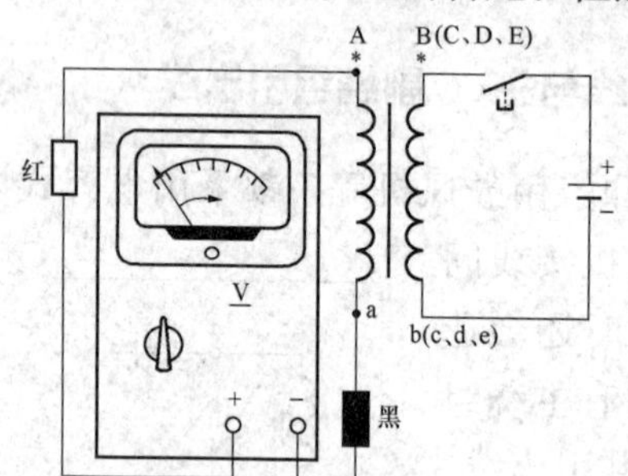

图 3-40　测试步进电动机出线头示意图

（3）确定各相绕组出线头的标号。把所有绕组的尾端并起来，接到 1.5V 干电池的负极。认定步进电动机的转动正方向，例如面向轴伸端，顺时针方向转为正方向。

用 A 相（按前面预定的）绕组线端碰触一下干电池的正极，步进电动机将会向某一方向转一角度，以这时的状态作为步进电动机的初始状态。当然也有可能凑巧，用 A 相绕组线端碰触前，被测步进电动机已在假设的初始状态，这时，步进电动机不再转一角度。但仍可以此状态作为初始状态。

用步进电动机另一相绕组线端去碰触干电池的正极，记下转向和转过的角度大小（不必精确）。再用 A 相绕组线端碰触干电池的正极，使步进电动机退回到初始状态。再依次重复，直到每一相都试过。最后，获得如图 3-41

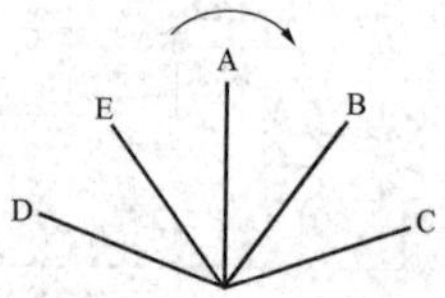

图 3-41　各相测试时的记录状态示意图

的角度分布。箭头所标为预定的步进电动机的转动正方向。按图上所标出的顺序排列的字母即可确定各相绕组首端的标号。再用万用表分出与A、B、C、D、E相通的那些端头，即为a、b、c、d、e端（拆开并起来的端头情况下）。

（4）校验。用标号套管给十个出线头标好号，仍把各小写字母端并在一起接到干电池负极。先用A相首端碰触电池正极，再依次用B相、C相等首端碰触电池正极，步进电动机将按步距角一步一步向前转，这就是最后的校验。

三相及其他多相步进电动机均可按上述方法判定出线头。

3-1-49 确定直流电动机的几何中性线位置

确定直流电动机几何中性线位置的方法通常用感应法，如图3-42所示。将万用表拨到直流毫安挡，把红、黑表笔跨接在电动机正负电刷上，在励磁绕组的两端串接一控制启动按钮后接两节干电池。用控制启动按钮SB接通或断开励磁电路，根据表针的摆动方向及大小，移动电刷架，直到表针不摆动或摆动很小时，这个位置就是几何中性线位置。

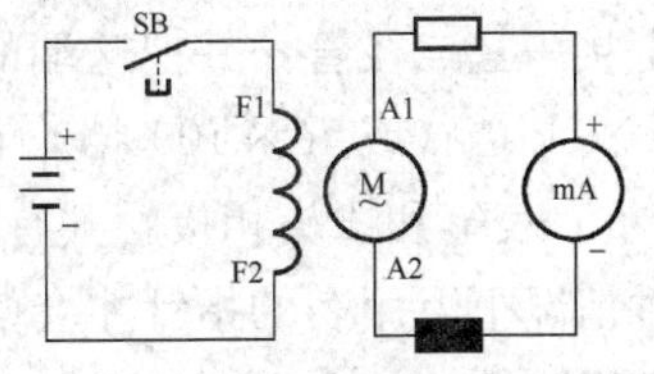

图3-42 确定直流电机几何中性线位置的接线图

确定电刷中性位置还可用正反转电动机法：移动电刷刷架，使电动机在空载情况下正方向旋转和反方向旋转的转速相同，这时电刷在中性位置。由此可得出：可用“正反转电动机法”检验用“感应法”确定的直流电动机几何中性线位置。

3-1-50 检查电动机正反转控制电路简法

电动机正反转控制电路中的交流接触器用得很多，难免烧坏，重新更换时可能因原线路零乱而误接，如果此时盲目试车就有可能造成事故。对此，本书第一章“表测”小节中曾举例介绍了“用电阻法检查电动机正反转控制电路”。该种电阻测试法是在停电状态下进行，是比较安全可靠，但比较麻烦。现介绍一种更方便、更简单的方法。

如图3-43所示，断开电源及与正反转控制电路无关的回路。用一根导线短接接触器1KM的自锁触点（虚线所示），用万用表的$R\times10$电阻挡测量控制线路所需的两相线间的电阻；若有读数，可取下接触器2KM的灭弧罩，按下其触头，此时读数恢复无穷大。否则就是电路接错。同理同法可检查反转电路。

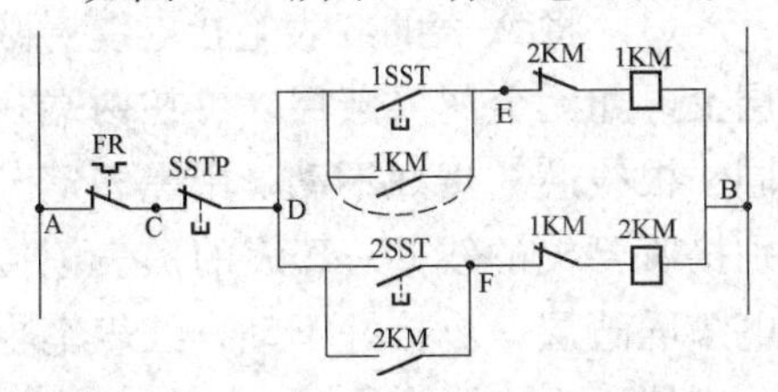

图3-43 接触器联锁的正反转控制线路图

3-1-51 判定一端已定相序的很长的三芯电缆另一端相序

很长的一条三芯电缆，如一端已确定其三相相序（如在变电所低压柜安装就位；或在水泵房电动机已安装），如何确定这条电缆另一端的相序呢？如图 3-44 所示，在已确定相序的一端（变电所低压柜处），分别将三根线芯直接接地、经过某一电阻 R 接地和不接地。然后到另一端用万用表欧姆挡测量各线芯的对地电阻值：直接接地的一芯（L3）电阻值为零；经过电阻接地的一芯（L2）有一定的电阻值；未接地的一芯（L1）电阻为无穷大。这样就很方便地确定了电缆另一端的相序。

顺便介绍简便的三芯电缆的二极管对线法。在电缆的任一端任意两根芯线上接一只二极管，并把这端的芯线头编好号，如图 3-45 所示。然后用万用表的 $R\times1k$ 挡（或 $R\times100$ 挡）在电缆的另一端进行测量。万用表的红（正）黑（负）表笔和线头相接触共有六种情况：12、21、13、31、23、32。其中只有一种情况下万用表的指针才会偏转（此时二极管导通），若按图 3-45 所示接法，则接黑表笔（接表内电池正极）的就是芯线 1，接红表笔（接表内电池负极）的就是芯线 2，那么剩下的那一根就是芯线 3。

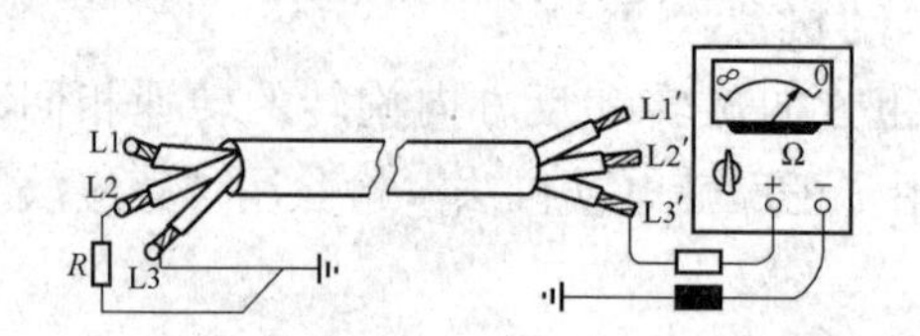

图 3-44 测判三芯电缆线芯相序接线示意图

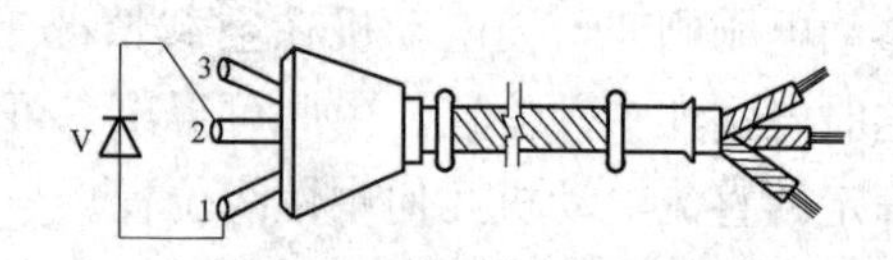

图 3-45 三芯电缆的二极管对线法示意图

3-1-52 用两只万用表对多芯控制电缆校线

多芯控制电缆敷设完毕后，一根芯线两端编号（俗称校线），若是找不到专用校线仪器时可利用两只万用表来校线。操作过程是：首先在电缆的一端将每一线芯端头编好号码，如图 3-46 所示。然后两个人分别在电缆两端用两只万用表进行同时测量。其方法步骤如下：

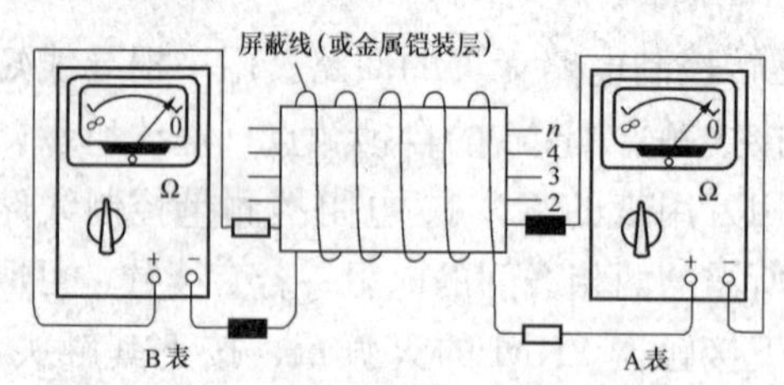

图 3-46 用两只万用表对多芯控制电缆校线接线示意图

（1）将 A 表的红表笔接电缆屏蔽层上，如无金属屏蔽层，可在两端找同一根线芯。接好不动，用黑表笔分别接所要校的线芯；B 表的黑表笔接电缆屏蔽层，也接好不动，红表笔也分别接所要校的线芯上。如在 A 表端编号，当A表端表笔接1号线时，B表的一端逐根校对（各芯线头不能连在一起），如看到B万用表指针指向零，同时A表指针也指向零时，说明B表一端已找到1号线，也编上1号。

（2）B表表笔断开1号线，这时A万用表指针指向无穷大，A端人员即知B端人员已找到了1号线。然后，A表一端再接2号线，B表一端用同样方法找到2号线。

（3）这样依此法逐根查找，直到n根线校完为止。

（4）测试中应注意事项：①两表需放在测量电阻的同一欧姆挡（如放在$R\times10$或$R\times100$挡）；②两表的极性要按照图3-46所示连接，不能错接。

3-1-53 识别交流电源的相线与中性线

将万用表拨到交流电压250V挡，就近寻找良好接地点，如水管、潮湿的大地等。一支表笔接大地，另一支表笔接交流电源的一端，若指针偏转弧度较大，则表笔接的电源线是相线，否则是中性线。

将万用表拨到交流电压250V挡，一支表笔接交流电源的任意一端，另一支表笔悬空放置或放在木桌上，人体靠近并用一只手握住这支笔的绝缘柄，若万用表的指针偏转，则表笔接的电源线是相线，否则是中性线。

3-1-54 用测试跨步电压法查漏电原因

某设备安装公司在铺设一条煤气管道时，途经一块荒地。当民工赤脚挖沟挖到1m多深的时候，突然有较强烈的麻电感，民工连忙跳上沟来。经查核有关资料，沟底没有铺设地下电缆；再观察周围环境，离沟边约5m有一个小变电所，变压器放在水泥地上，变压器中性点接地完好。

为了查到麻电原因，安装公司的电工采用跨步电压法测量电位。即用两根铁棒（头尖），把一根铁棒插入麻电区的土壤中，移动另一根铁棒，用万用表测量两铁棒之间的电压。两铁棒的距离拉开，跨步电压就升高。移动的铁棒越靠近变压器处，电压越高。当移动的铁棒接触到变压器中性点的接地带时，电压上升到100V左右。随后到配电室里，一路路切断电源，当切断到其中一路时跨步电压消失，证明该路有问题。接着跟踪这一路有问题的线路查找，它接到一个离变压器约30m远的配电箱内。该配电箱内亦有几路负载，在配电箱总开关送电的情况下，一路路断开配电箱的负载时，发现断开其中一路在地下铺设的电缆时，跨步电压消失。这证明这根动力电缆漏电。漏电电流通过大地到变压器中性点的接地极回到变压器构成回路。挖沟处与变压器接地极距离近，所以发生了上述的麻电事故。

采用跨步电压法测量电位，常常能发现灌渠上水泵铁构架麻电原因，不是水泵电机漏电，而是有一火一地（水渠边）违规照明用电。

3-1-55 判别“虚电压”

在进行交流控制回路的动作程序（操作）试验时，往往发现有的回路已通过触点或开关同电源断开，但用测电笔一测却显示有电，用万用表也可量得一定电压，有时甚至使高阻抗的继电器误动作。检查电气原理图、配线情况、导线及设备绝缘又都正常，因而往往使调试者感到困惑。其实，这种情况大多是处于同一电缆中带电与不带电的各导线间的分布电容及绝缘电阻的影响所致，电工师傅们通常称之为“虚电压”。根据“虚电压”的特点，可以用万用表迅速判别：用万用表测量电压时，每换一挡，测得的电压值有相当大的变化，这就是“虚电压”；如果换挡之后，读取的电压值基本不变，则该电压是通过控制系统中某些寄生回路（如通过信号灯、线圈）窜过来的电压。以电源为220V的控制系统为例，其中某回路带有可疑电压，用万用表500V伏挡量得为115V，换250V挡量得为75V，用100V挡量得为40V，用50V挡量只有20V左右，则可判定为虚电压。此“虚电压”现象，最常见的是：电木梳、电熨斗、电烙铁等家用电器（都是使用一根相线和一根中性线直接向电热丝供电的），当电源一接入，金属外壳就“带电”，这是正常带电，非故障带电。

3-1-56 检测保护接零的接触和断线

在配电变压器中性点直接接的380/220V三相四线制系统中，采用保护接零是防止触电的基本保护措施之一。电气设备在长期运行中，除了应通过测量电流、电压等来了解设备是否处于正常状态外，还应定期对保护接零进行检查和测量，借以判断是否处于完好状态。

（1）接触检查。引到电气设备的保护零线和其金属外壳的连接一般采用螺丝紧固，时间久了，可能因松动或腐蚀而造成接触不良。检查连接处是否接触良好的方法是：在设备切断电源的情况下，用万用表$R\times1$挡测量设备金属外壳和零线之间的接触电阻，读数为零，说明零线和外壳接触良好；读数不为零，说明接触不良，应紧固连接螺丝或加以重接。应注意一定要用$R\times1$挡，用其他挡位($R\times10$～$R\times10$k)，即使测量结果为零，也不能说明零线和外壳连接良好。

（2）断线检查。上述测量，只能用来判别零线和电气设备外壳的连接是否可靠，并不能说明零线本身是否连续完好。从配电变压器到各用电设备之间，要经过不少配电干线、支线以及各种配电设施，如果零线在途中发生断线或接触不好，则即使“零线”和用电设备外壳连接良好，也不能起到安全保护的作用。为此，有必要检查零线本身是否连续完好——从用电设备到配电变压器中性点之间的零线是否断线以及各连接点的接触是否良好。

最简单的检查方法是先用眼睛去看，然后接通用电设备的电源开关，用万用表交流电压挡分别测量各相导线和零线之间的电压是否为 220V。零线和配电变压器中性点之间未发生断线时，电压应为 220V。如果测得电压为零，则说明零线已断，应立即停止测量并关断电源。因为此时相电压经万用表加在设备外壳上，如有人触及外壳就要触电。因此进行此项测量时，要派人监护，并采取一些预防措施。如图 3-47 所示的配电线路中，如果用万用表交流电压挡测量 a 和 N′点之间的相电压 $U_{aN}{}'$ 等于零，则说明零线中某处已断（如“X”处）。L1 相（a 点）相电压经万用表加到 N′，使 N′出现危险的相电压，此时任何人都不应当去触及“零线”或用电设备的外壳，以免触电。为了寻找零线断线处，可将万用表测量 N′的表笔沿零线向供电前方移动，一直测到“X”处（在“X”左侧测量读数为 220V，在“X”右侧测量读数为零）。查出零线断线故障后，必须及时修复。

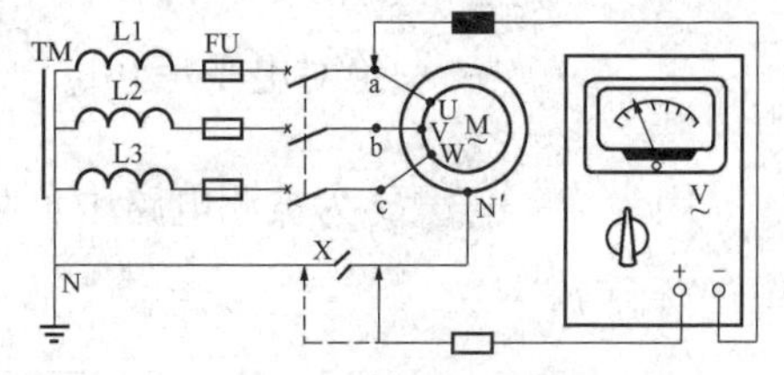

图 3-47　检测保护接零示意图

3-1-57　测试接地电阻

接地电阻一般采用接地电阻测量仪测量，但有的现场不易找到或不易用此仪器测量（如家庭装设接地保护线）；或测试点周围都是混凝土地面，无法打入测试棒。现介绍一种不用接地电阻测量仪测量接地电阻的方法。

（1）原理。用一只 1kW 的电炉作为负荷电阻，接通其电源，测得此时的电炉端电压 U，并以此电压求出电炉的电流 $I=U/R$。接着用接地线替换原电源中性线，使电炉工作，再测得这时电炉的端电压为 U'，继而求出经接地线和接地电阻产生的电压降 $\Delta U=U-U'$。这样就能很方便地求出接地电阻 $R_E=\Delta U/I$。

（2）实例说明。电炉功率 1kW，电炉的热电阻为 $U^2/P=220^2/1000=48.4$（Ω），将电炉接通电源时，测得电炉端电压 U 为 210V，此时电炉的电流 $I=U/R=210/48.4=4.3$（A）。接着用接地线替换电源中性线工作，测得电炉的端电压 $U'=200$V。则接地电阻

$$R_E\approx(U-U')/I=(210-200)/4.3=2.32(\Omega)$$

（3）测试时注意事项：①此法不能使用于中性点不直接接地的系统中；②因整个工作过程均为带电作业，需预先做好有关安全措施；③电炉的接线，特别是接地线应采用大于或等于 2.5mm² 的多股铜芯绝缘导线，且接线要牢固可靠。

3-1-58 万用表测量电平的实质是测量交流电压

万用表可以用于测量表征“增益”或“衰减”的电平——分贝值，这是众所皆知的，但是万用表内部并无专门电路，究竟是如何实现这种测量的，却往往使一些人感到不理解。简单讲：万用表测量电平实质上就是测量交流电压。

电平的概念好似电路中的电压，正像为了确定电路中某一点的电位，必须首先规定一个零电位点作为标准一样，为了确定电路的输入端或输出端的电平，也必须规定一个零电平作为计算的标准。通常规定以在 600Ω 的电阻 R 上消耗 1mW 的功能作为零电平标准。这样，电路中某一处的电平（绝对电平）表示的就是该处的功率 P 和零电平标准功率 P_0 比值的对数，即：

$$\text{绝对电平}=10\lg\frac{P}{P_0}=10\lg\frac{P}{1\ (\text{mW})}\ (\text{dB})$$

因为 $P=\frac{U^2}{R}$（U 为被测电路中负载电阻 R 的电压值），所以对应于零电平的电压值则为

$$U_0=\sqrt{P_0R}=\sqrt{1\times10^{-3}\times600}=0.775\ (\text{V})$$

因此，电路中某处的绝对电平又可以用该处的电压 U 表示：绝对电平$=20\lg\frac{U}{0.775}$（dB）。

万用表的分贝（dB）标度尺，一般都是按照绝对电平刻度的。所以，零分贝（0dB）的刻度线，正好对应于交流电压标尺 0.775V。根据上式，当电压 $U>0.775$V 时，对应的分贝是正数，当 $U<0.775$V 时，对应的分贝值是负数。显然，对于每一个电压值，都有一个与之相应的分贝值。例如，对应于 7.75V 电压的分贝值为：$20\lg\frac{7.75}{0.775}=20$（dB）；对应于 0.245V 电压，分贝值为：$20\lg\frac{0.245}{0.775}=-10$（dB）。

由此可见，分贝（dB）标度尺的刻度和交流电压标度尺的刻度是一一对应的。因此，我们就能用测量交流电压的方法来测量电路中某一处的电平。所以，在万用表中，所谓电平测量，实质上就是交流电压的测量。

3-1-59 用低压挡测量高压

万用表除正常使用的各种测量方法外，还能用来作为特殊情况下的测量手段。例如用低压挡测量高压，如图 3-48 所示，万用表外串接一个电阻 R_1（R_1 是外接降压电阻，它与表内电阻 R_2 组成衰减器），不必改动表内元器件，便可

扩展任何一个交、直流电压挡量程。

设原电压挡量程为 U_1，扩展量程为 U_2。R_1 阻值由下式决定：$R_1=\left(\frac{U_2}{U_1}-1\right)R_2$。

因为，电压灵敏度=电压表内阻/电压挡量程，所以上式又可写成：

$$R_1=(U_2-U_1)\times \text{电压灵敏度}$$

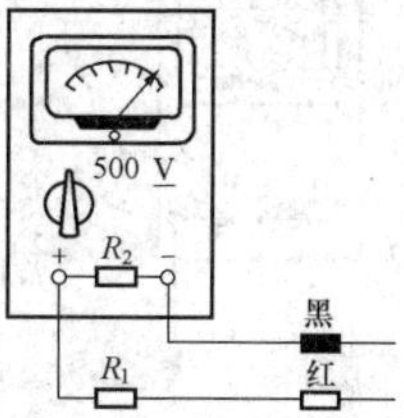

图 3-48 低压挡测量高压示意图

例如，某型号万用表 500$\underline{\text{V}}$挡的电压灵敏度是 5kΩ/V，欲将 500$\underline{\text{V}}$挡扩展成 2500$\underline{\text{V}}$，则串接的降压电阻值 R_1 为

$$R_1=(2500-500)\ \text{V}\times 5\text{k}\Omega/\text{V}=10\text{M}\Omega$$

满刻度时流过 R_1 的电流为 200μA，R_1 的电功率应为

$$P=I^2R=(200\times 10^{-6})^2\times 10\times 10^6=0.4\ (\text{W})$$

计算结果，降压电阻 R_1 应选 10MΩ、1W 的金属膜电阻。

上述方法同样适用于扩展交流电压挡的量程。需要注意的是：此法一般只能扩展到 2500$\underset{\sim}{\text{V}}$，更高的量程将受到万用表绝缘水平的限制；要选择绝缘性能良好的测试表笔，进行单手操作，注意人身设备安全。

3-1-60 用低电流挡测量大电流

一般万用表的直流电流挡最高量程是 500mA。可采取外接分流电阻的方法来扩展量程。如图 3-49 所示，设原万用表直流电流挡量程是 I_1，内阻是 R_1。要将量程扩展到 I_2，应并联分流电阻值是

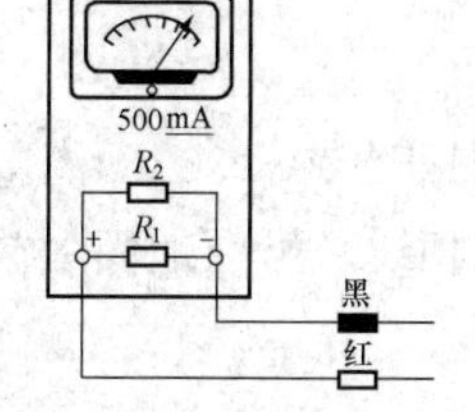

图 3-49 低电流挡测量大电流示意图

$$R_2=\frac{1}{\frac{I_2}{I_1}-1}\cdot R_1$$

例如，将某型号万用表的 500mA 挡扩展到 2A。已知 $R_1=1.5\Omega$，则：

$$R_2=\frac{1}{\frac{2000}{500}-1}\times 1.5=0.5\ (\Omega)$$

可用锰铜丝绕在胶木骨架上，测量电阻是 0.5Ω 即可。必须指出：R_2 阻值要精确，电阻两端头与接线柱要接触良好。否则，易烧毁万用表的表头。

3-1-61 测量交流小电流

毫安级的交流电流表不多见，若要想测量交流小电流，可用图 3-50 所示的

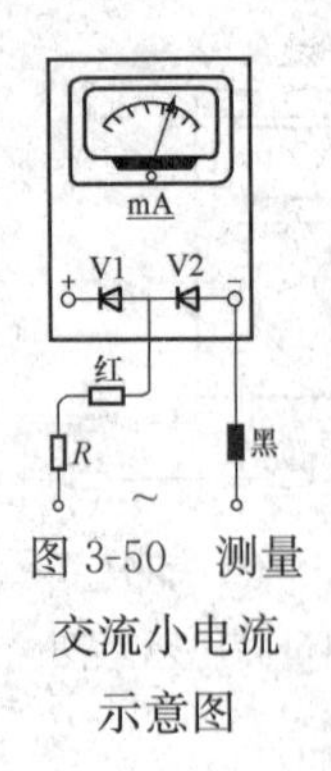

图 3-50 测量交流小电流示意图

接线图。万用表拨到直流毫安挡；R 为被测线路的负载；V1、V2 为晶体整流二极管。被测交流电流经 V1 整流后，正半波电流流经表头和负载，而负半波通过 V2 流经负载。万用表表头所指示的值乘以 2.22（即除以 0.45）即是被测电流的有效值。

无论交流电源电压高低，二极管耐压只需几伏即可。当被测电流为 100mA 及以下时可用 2CP 型二极管，100～1000mA 时需用 2CZ 型二极管。因测量部分的电压降不大于 1V，故对测量结果影响不大。其不足之处是不能直读。

3-1-62　用数字万用表检测电力电缆相线接地点

三相电力电缆相线（如 L1 相）出现接地故障，即相线与电缆铅皮短接。先把故障相线与另一完好相线（如 L2 相）的同一端连接，使之接触良好，两相线的另一端接上两节干电池（大约为 3V），如图 3-51 所示。然后把数字万用表（如 DT830 型）拨至直流电压挡，分别测量故障相线两端对铅皮的电压 U_1 与 U_2。那么数字万用表测得的电压就是故障相线两端分别到接地点 P 的电压。由于电缆芯线材料相同，截面相等，其两段电阻 R_1、R_2 之比等于相应两段芯线的长度 l_1、l_2 之比，即$\dfrac{U_1}{U_2}=\dfrac{R_1}{R_2}=\dfrac{l_1}{l_2}$。由此就可计算出故障相线的接地点位置。

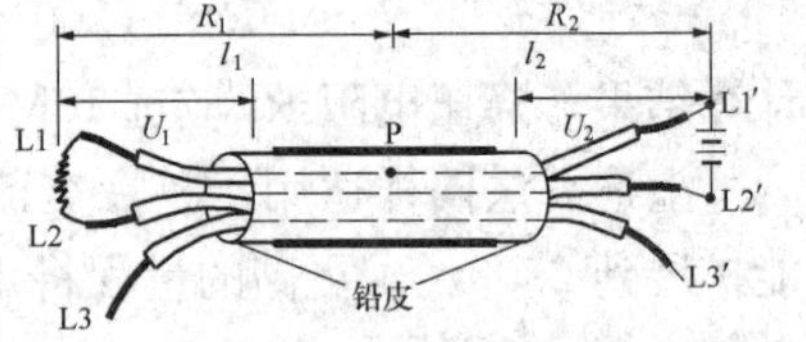

图 3-51　检测电缆相线接地点示意图

由于数字万用表的灵敏度较高，检测结果比较准确。对于 100～300m 的电缆线，其检测误差在 1m 以内。如果被测电缆内没有完好的相线，可在地面上放一根截面较大的绝缘导线代替。

3-1-63　用数字万用表检测电力电缆相线间短接点

如图 3-52 所示，假设 L1、L3 两相线线芯短接，L2 相线完好。先把电缆的任一故障相线（如 L1 相）与完好相线的同一端连接，使之接触良好，这两根相线的另一端接上两节干电池（大约为 3V）。然后把数字万用表（如 DT830 型）拨至直流电压挡，分别测出 L1 相线两端与 L3 相线两端的电压 U_1 与 U_2。那么数字万用表测得的电压就是故障相线（L1 相）两端分别到短接点 P 的电压。由于电缆芯线材料相同，截面相等，其两段电阻之比等

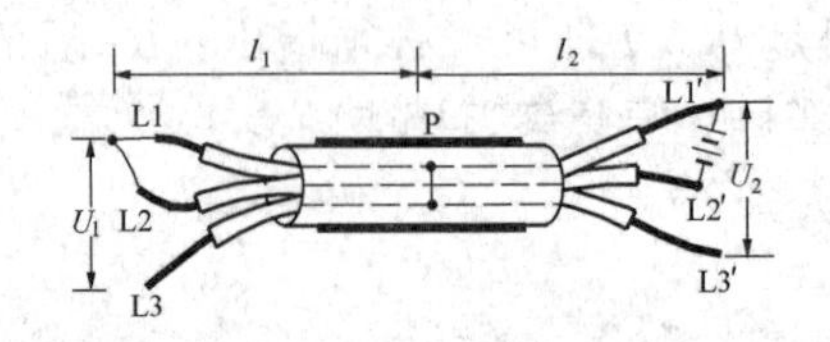

图 3-52　检测电缆相线间短接点示意图

于相应两段芯线的长度之比。所以，所测得的两电压之比就等于短接点分 L1 相线成两段的长度之比，依此可求出短路点位置。

例如，有一条地下埋设电缆长 100m，经查得知 L1、L3 相两根相线有短接点。按上述方法接线测得 $U_1=56\text{mV}$，$U_2=92\text{mV}$，则：$\frac{U_1}{U_2}=\frac{l_1}{l_2}$ 即 $\frac{56}{92}=\frac{l_1}{100-l_1}$，$l_1=37.84$（m）。依此就找到电缆相线间短接点在离 L1 端 37.84m 处，通过地面丈量后挖开地面，便可找到电缆相线间短接点。

3-1-64 用数字万用表检测电缆电线中间断头

绝缘导线内部出现断芯，从外表上很难判断断芯位置。只要把断芯导线的一端接在单相交流电源（220V）相线上，另一端悬空。然后将数字万用表（如 DT830 型）拨至 2ACV 挡（交流电压挡的最小量程），让黑表笔悬空，用红表笔从电源端沿导线外皮开始移动。开始数字万用表感应电压显示为零点几伏，当测量表笔移动到某处突然显示为零点零几伏（明显减小，约相差 8～10 倍）时，此处就是电缆电线断芯点。

用同样的方法可以准确检测室内暗线敷设的走向位置。即用数字万用表的红表笔在墙内布有暗线的地方移动，凡有电压显示的位置，墙内定有暗敷电线，当表笔离开电线时，电压显示数字将明显减少。

对使用中的电力电缆发生中间断头时，尚有另一种检测方法：将被测的电缆从电路中断开，量出电缆的总长度 l_1(cm)。将数字万用表置于电容挡，先测出两根完好芯线间的电容 C_1(pF)，然后测量断芯导线与任一根完好导线间的电容 C_2(pF)，用公式 $l_2=l_1C_2/C_1$(cm)，得出 l_2，即为测量端到电缆芯线断头处的长度。

3-1-65 用数字万用表的 h_{FE} 插口检查变色发光管

变色发光二极管内部有两只发光二极管，一般采用共负极接法，两只发光二极管的负极相连作为公共负极 C。R 为发红光管的正极，另一端为发绿光管的正极。单独驱动每只管子时可发出红光或绿光，如果同时驱动两只管子，就发出变色的橙光。在使用装置变色发光管的之前，一般需要核对其管脚和检测其质量。对此，可用 DT-830 型数字万用表中测试晶体三极管参数的 h_{FE} 插口进行检测。

如图 3-53 所示接线，并将 DT-830 型数字万用表拨至 PNP 挡，此时两个 E 孔均为 +2.8V，C 孔为 0V。把变色发光管的 C 极固定插入 C 孔、将 R 极插入 E 孔时，管子

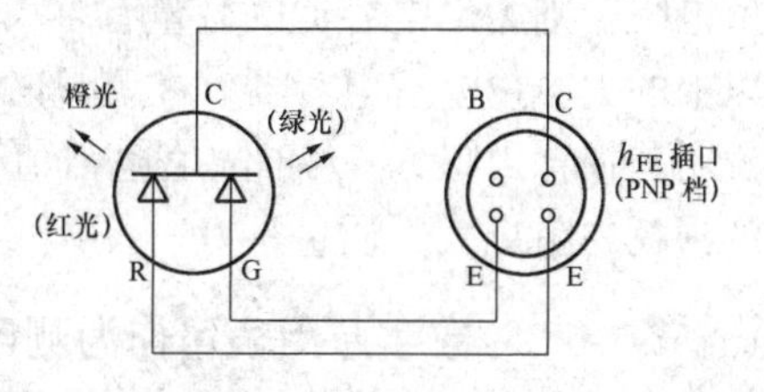

图 3-53 h_{FE} 插口检测变色管接线示意图

发出红光；再将G极插入E孔时管子发出绿光。然后把R极与G极分别插入两个E孔中，管子就发出橙色光。据此便可以方便、直观地检测变色发光管的质量。

需要指出的是：利用数字万用表的 h_{FE} 插口检测变色发光管的时间应尽量缩短，以免降低表中电池的使用寿命。

3-1-66　用数字万用表的蜂鸣器挡快速检查电解电容器的质量优劣

大多数字万用表都设置有蜂鸣器挡，用于检查线路的通断。通常将20Ω规定为蜂鸣器发声的阈值电阻（不同型号的数字万用表其阈值电阻略有差异），当被测线路的电阻小于阈值电阻时，蜂鸣器发出约2kHz的音频振荡声。利用数字万用表的蜂鸣器挡，可以快速检测电解电容器的质量优劣。

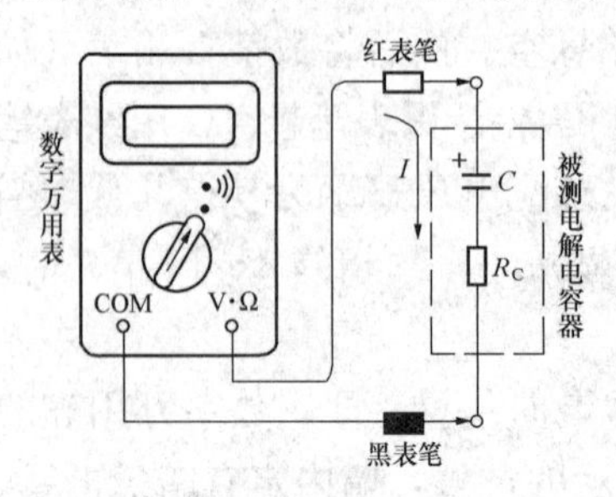

图3-54　检测电容器的质量接线图

如图3-54所示接线线路图。首先将数字万用表量程转换开关拨到蜂鸣器挡，然后用红表笔触接被测电解电容器的正极，黑表笔触及被测电解电容器的负极。测量时应能听到一阵短促的蜂鸣声，随即停止发声，同时显示溢出符号“1”。这是因为开始充电时电容器充电电流较大，相当于通路（严格地讲相当于电解电容器的串联等效内阻 R_C，一般情况下 R_C 为零点几至几欧，明显小于阈值电阻值），所以蜂鸣器发声。电解电容器的容量越大，蜂鸣器响的时间就越长。一般测量100～4700μF电解电容器时，蜂鸣声持续时间为零点几秒至几秒钟，而对于10μF以下的小容量电容器就听不到响声了（受阈值电阻的影响，不同型号的数字万用表可能略有差异）。具体测判如下：

（1）测量时若蜂鸣器一直发声，说明被测电容器击穿短路。

（2）测量100μF以下的电解电容器时蜂鸣器不发声，且数字万用表始终显示溢出符号“1”，说明被测电解电容器电解液干涸或断路（如果被测电容器原先已经被充电，则测量时就听不到蜂鸣声。为了避免误判，应先将被测电解电容器短路放电后再进行测检）。

（3）如果被测电解电容器的串联等效内阻 R_C 大于数字万用表蜂鸣器挡的阈值电阻，则无论电容器的容量有多大，测量时也不可能听到蜂鸣声。对于100μF以上的大容量电解电容器，在测量时听不到蜂鸣器发声（电容量基本正常），则说明其损耗内阻 R_C 大于阈值电阻值（一般为20Ω），即可判定被测电解电容器的损耗内阻过大，质量不好。

3-1-67　数字万用表可作为测电笔用

在野外现场，有两根导线，不知道哪一根是火线，通常的方法是用测电笔测试。若手中拿着数字万用表，将数字万用表拨到交流电压挡，只用红黑表笔中的一支笔即可测出相线和中性线，即有读数的是相线；没读数的为中性线。如果是三相四线制，不知哪根线是中性线？通常的做法用指针式万用表至少要测两次方能找到，而且要用两支表笔同时操作测量。而要是拿着数字万用表，只用一支表笔将各导线触及一下，即可找到中性线。如果要检测电气设备的漏电情况，只要用数字万用表一支表笔触及一下被测设备的外壳金属部分即可知道其漏电情况，而且可根据经验（多次测试实践）大概知道设备漏电的严重程度。

3-1-68 数字万用表可作为高压测电笔用

在工作中若怀疑某物体带有高电压，但既没有高压测电笔（器），又不敢用手去摸，又怕影响工作。此时，可用数字万用表来检测。将数字万用表拨到交流电压挡，只用红黑两表笔中的一支表笔的绝缘杆或绝缘导线（不是用针尖）逐渐接近被测带电体，这时仪表就会显示出电压数值，根据显示值的大小和靠近的程度，即可估计出所带电压的高压。如果怀疑带电体所带的电压较高，可以用一根绝缘性能好的导线代替测试表笔，一端接在数字万用表上，用绝缘程度高的导线去逐渐接近带电体，即刻判断出带电状况。

用数字万用表作高压测电笔用时，千万要注意人身的安全。另外，用上述方法检测带电体带电状况时，要比用测电笔时一定要用手摸触测电笔的后端金属部分更给人一种安全感，而且长期实践摸索出经验后，还能给人一种量值的概念。

第 2 节 用绝缘电阻表诊断查找电气故障

绝缘电阻表，又称绝缘电阻表，俗称摇表，是一种用电安全检测的常用仪表。万用表的欧姆挡，$R\times1\text{k}$ 也好，$R\times10\text{k}$ 也好，虽然也能测得绝缘电阻值，但那已是上限值。更何况万用表欧姆挡的测试电压只有 1.5、3V，测量电阻值的常用范围是欧姆级和千欧级。若要测兆欧级（绝缘材料）就得将测试电压提高 10 倍，甚至 100 倍。这就不能用万用表进行测量了。再说绝缘电阻表的主要原理是测量出施加在被测绝缘体上的直流高压的泄漏电流（微安级），然而在表盘上则以兆欧值表示。重要的是该直流电压的幅值必须大于被测物工作电压 1 倍以上（即如测量工作于 220V 的电器的绝缘电阻，要求用 500V 测试电压的绝缘电阻表来测量，才能确认其绝缘安全与否），这也是绝缘电阻表与万用表在用途上的区别。

电工常用的携带式绝缘电阻表是由手摇发电机和磁电系流比计组成，可以认为它是一种特殊的磁电系仪表，其外形如图 3-55 所示。

手摇发电机结构形式一般分为两种，一种是被称为转子的转动部分是由永久磁铁构成的，而不动部分称为定子，是由漆包线绕制的绕组构成的。当手摇发电机转动时，通过齿轮增速系统，转子在定子中旋转，磁场与定子绕组作相对运动，从而在绕组中产生感应电动势，该电动势通过整流后输出直流电压。手摇发电机工作原理示意图如图 3-56 所示。

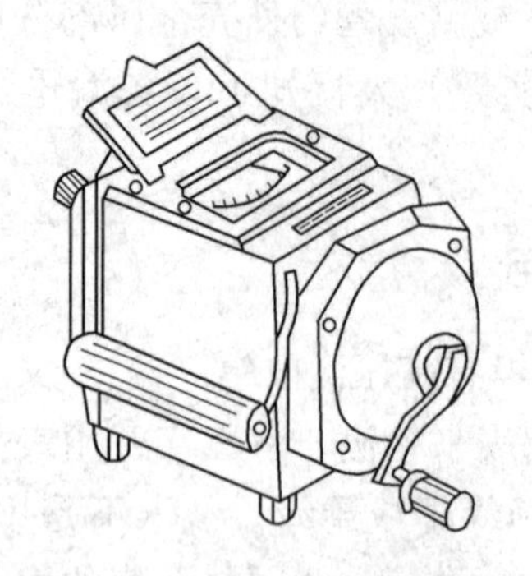

图 3-55 绝缘电阻表外形示意图

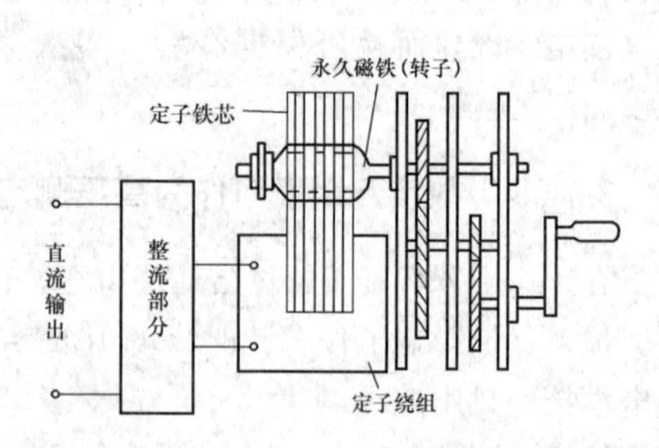

图 3-56 手摇发电机工作原理示意图

另一种手摇发电机结构形式是转子部分由 3 个铁心组成，每个铁心上各绕一组绕组，3 个绕组作星形连接，即每组绕组始端连接在一起，末端分别连在整流环上。定子则是永久磁铁，产生磁场，当转子在磁场中转动时，转子绕组切割磁力线，产生交变感应电动势，然后经整流环整流为直流电压输出。

手摇发电机电压大小主要取决于 3 个因素：①磁铁的磁性越强，产生的电压越高；②切割磁力线的绕组匝数越多，产生的电压越高；③绕组在磁场中运动的速度越快，产生的电压越高。

磁电系流比计有许多种结构形式，常见的有交叉线圈式、平面线圈式及丁字型交叉线圈式流比计，目前以交叉线圈式流比计应用最广泛。交叉线圈式流比计又称内磁式交叉线圈流比计，例如 ZC7、ZC11、ZC25 型等都是采用这种结构。这种测量机构具有两个形状几乎相同的相交 50°（或 60°）的可动线圈套在一块扁方形永久磁铁上。由永久磁铁与导磁体所形成的磁间隙，其磁通密度在两极附近最大，超出两极之外的间隙磁通密度则急剧地减小，如图 3-57 所示。当线圈 A1 中有电流流过时，可让整个可动线圈逆时针方向转动，直至转动到 A1 超出磁通密度最大区域以外，而线圈 A2 正好处于磁通密度最大区域以内

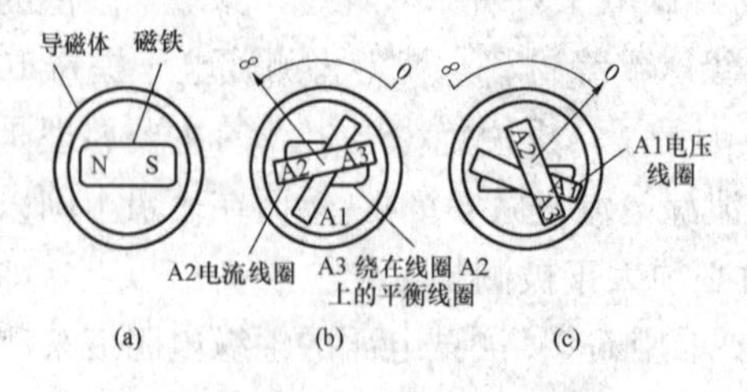

图 3-57 内磁交叉线圈式流比计示意图

(a) 结构；(b) 指针指在∞时线圈位置；(c) 指针指 0 时线圈位置

时才停止。这是由于在线圈 A2 上还绕有一组匝数比 A1 少许多倍的平衡线圈 A3，它与 A1 串联相连（例如 ZC7 型绝缘电阻表，A2 匝数为 4000N，A1 为 360N，A3 匝数只有 28N）。而 A3 所产生的转矩方向与 A1 相反，当它们之间达到力矩平衡时，便停止转动。

在线圈 A1 和 A2 中通入电流时，可动部分按顺时针方向偏转。由于 A1 线圈所处位置的磁通密度很小，而其反作用力矩的一部分又被线圈 A3 所产生的力矩相抵消，故此时反作用力矩最小，而线圈 A2 所处的位置磁通密度为最大。A2 的匝数在设计时要比 A1 的匝数多几倍乃至十几倍，所以此时 A2 对电流的灵敏度非常高，可达 $10^{-6}\sim10^{-7}$A 左右。所以当线圈 A2 有电流流过时可动部分就可以偏转。

当被测电阻减小时，线圈 A2 中的电流就增加，偏转角也在增加，当 A2 进入磁通密度最小区时，线圈 A1 则进入磁通密度最大区。这时，线圈 A2 所产生的转动力矩急剧减小，A1 所产生的反作用力矩却在急剧增加，因此要使可动部分达到满偏转，就必须在线圈 A2 中流过按指数规律增加的电流。

线圈 A1 和 A2 所处的平衡位置，是由其各自所处位置的磁通密度及流过的电流决定的。设通过线圈 A1 的电流为 I_1，它所处的磁通密度为 B_1；线圈 A2 的电流为 I_2，它所处的磁通密度为 B_2，则线圈 A1 的转矩 M_1 为：$M_1=K_1I_1B_1$。线圈 A2 的转矩 M_2 为：$M_2=K_2I_2B_2$。这里 M_1 的方向为逆时针，M_2 的方向为顺时针，两力矩方向相反，M_1 是反作用力矩，M_2 是转动力矩；当 $M_1=M_2$ 时，指针静止在平衡位置。此时有

$$K_1I_1B_1=K_2I_2B_2$$

则可得出：

$$\frac{K_1I_1}{K_2I_2}=\frac{B_2}{B_1}$$

式中 K_1、K_2——系数，当仪表确定后，它们的值不变。

为了便于分析，暂不考虑 K_1 与 K_2，那么从上式$\left(\frac{K_1I_1}{K_2I_2}=\frac{B_2}{B_1}\right)$可以看出，由于磁场分布的不均匀性，当两线圈的电流比改变时，两线圈在磁场中的位置也改变，线圈所处新位置的磁通密度比$\frac{B_2}{B_1}$也发生相应地变化。线圈 A1 叫做电压线圈，流过它的电流是不变的；线圈 A2 叫做电流线圈，它是与被测电阻串联的，流过它的电流随被测电阻的变化而变化，当被测电阻为零时达到最大值。

在制造时，由于铁心采用了特殊形状，从而使磁场的分布呈不均匀状，而两个线圈组合时，它们相交的夹角能决定它们在不均匀磁场中的相对位置，所以改变铁心的形状或改变两线圈间的夹角，都可以改变刻度特性和指针偏转角度。

绝缘电阻表的工作原理如图 3-58 所示。图中被测电阻用 R_x 表示，接于表上

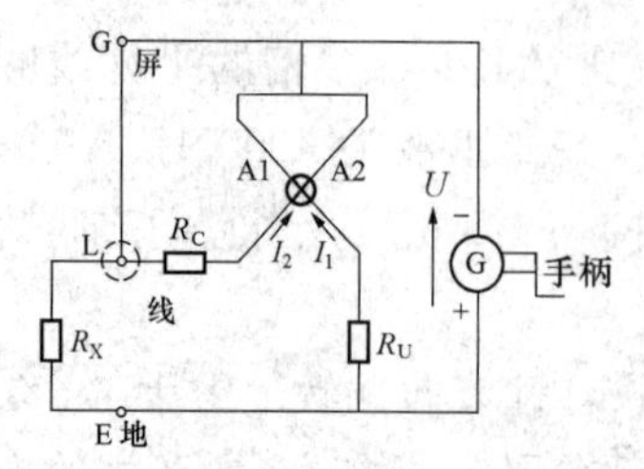

图 3-58 绝缘电阻表的原理线路图
A1—电压线圈；A2—电流线圈；
R_C、R_U—附加电阻；
R_X—被测电阻

线路端钮 L 和地线端钮 E 之间。此外，在 L 端钮的外层还有一个铜质圆环（图 3-58 中虚线圆所示）接在屏蔽端钮 G 上，这个圆环叫保护环，直接接在发电机的负极上。电流线圈 A2 和内附加电阻 R_C 与被测电阻 R_x 串联组成一回路；电压线圈 A1 和内附加电阻 R_U 串联组成另一回路。两条回路都连接到发电机两端，即其上作用着同一发电机的电压。两个线圈 A1 和 A2 相交成一定角度，固定在同一转轴上，可以自由偏转。当发电机转动后就有电压作用在两个线圈上，若两个线圈有电流通过时，就产生相反方向的两个转矩。A2 产生按顺时针方向转动的力矩，A1 产生按逆时针方向转动的力矩。通入测量机构线圈中的电流是靠导流丝引入的，由于导流丝不产生反作用力矩，当仪表不工作时，指针可以停止在标度尺内任一位置上。

电流线圈 A2 回路的电流 I_2 与被测电阻的大小有关，R_x 越小，I_2 就越大，磁场与 I_2 相互作用产生的转矩 M_2 就越强，使指针向“0”刻度方向的偏转也就越大。$R_x=0$ 时，I_2 达到最大值。电压线圈 A1 通过的电流 I_1 则与 R_x 无关，仅与发电机电压及附加电阻 R_U 有关。当 $R_x=\infty$时，$I_2=0$，只有 I_1 通过电压线圈，指针便指在标度尺的“∞”刻度点。

由于气隙中磁场分布是不均匀的，所以对于同一个电流来说，线圈 A2 在不同的位置所产生的转矩 M_2 是不一样的，亦即转矩 M_2 是随着仪表可动部分的偏转角 α 而变化的。M_2 表示为：$M_2=I_2 f_2(\alpha)$；同样可以得出：$M_1=I_1 f_1(\alpha)$。式中的 $f_2(\alpha)$、$f_1(\alpha)$ 表示由于磁场分布不均匀，使 M_2 与 M_1 随着 α 而变化的两个函数。当 $M_1=M_2$ 时，指针停止转动，由上述分析可得：$I_1 f_1(\alpha)=I_2 f_2(\alpha)$，所以$\frac{I_1}{I_2}=\frac{f_2(\alpha)}{f_1(\alpha)}=f_3(\alpha)$。经过变换可得出：$\alpha=f\left(\frac{I_1}{I_2}\right)$。即表明：在没有任何其他转矩作用于仪表可动部分的情况下，偏转角 α 将决定于电流 I_1 与 I_2 的比值。当被测电阻 R_x 的大小改变时，I_2 的大小以及$\frac{I_1}{I_2}$比值也随着改变，转矩 M_1 与 M_2 的平衡位置也相应改变。因此，绝缘电阻表指针偏转到不同位置，则会指示出不同的被测电阻 R_x 的数值。

绝缘电阻表有三个接线端钮：E——接地；L——接线路；G——屏蔽环。

绝缘电阻表测量高值电阻时，指针偏转小，被测电阻无限大时（即绝缘电阻表开路），测量回路电流接近零值，指针指向无限大，表面刻度标记为∞；被测电阻小，指针偏转大，当被测电阻为零值时（即绝缘电阻表短路），测量回路电流最大，指针指着0值。使指针指0值的电流，称为该绝缘电阻表的满刻度电流。

绝缘电阻表是用来测量绝缘电阻的一种仪表，且是国家计量法规定强制检定的仪表之一，必须经检定合格且在检定的有效周期内方可使用。为此本节介绍携带式绝缘电阻表检测电机、变压器、输电线和电缆等的绝缘电阻，以及巧用绝缘电阻表诊断电气设备诸故障。

3-2-1　使用绝缘电阻表测量绝缘电阻时应遵守的安全规程

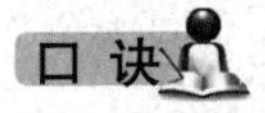

使用绝缘电阻表，安全规程要遵守。
测量高压设备时，必须由两人进行。
被测设备全停电，并进行充分放电。
测量线路绝缘时，应取得对方允许。
双回路线都停电，禁止雷电时测量。
带电设备附近测，人表位置选适当。
保持足够安全距，注意监护防触电。

说明　使用绝缘电阻表测量电气设备绝缘电阻时，应遵守《电业安全工作规程》中的有关规定。

使用绝缘电阻表测量高压设备绝缘，应由两人担任。测量用的导线，应使用绝缘导线，其端部应有绝缘套。

测量绝缘时，必须将被测设备从各方面断开，验明无电压，确认无人工作，方可进行。在测量中禁止他人接近设备。在测量绝缘前后，必须将被测试设备对地放电。

测量线路绝缘时，应取得对方允许后方可进行。在有感应电压的线路上（同杆架设的双回线路或单回路与另一线路有平行段）测量绝缘时，必须将另一回线路同时停电，方可进行。雷电时，禁止测量线路绝缘。

在带电设备附近测量绝缘电阻时，测量人员和绝缘电阻表安放位置，必须选择适当，以免绝缘电阻表引线或引线支持物触碰带电部分。移动引线时，应注意监护，防止工作人员触电。

3-2-2　正确使用绝缘电阻表

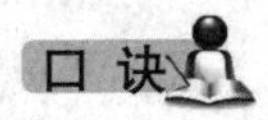

使用绝缘电阻表，电压等级选适当。
测前设备全停电，并进行充分放电。
被测设备擦干净，表面清洁无污垢。

放表位置选适当，远离电场和磁场。
水平放置不倾斜，开路短路两试验。
两色单芯软引线，互不缠绕绝缘好。
接线端钮识别清，测试接线接正确。
摇把摇动顺时针，转速逐渐达恒定。
摇测时间没定数，指针稳定记读数。

说明 在电动机、变压器等电气设备和供电线路中，绝缘材料的优劣对电力生产的正常运行和安全供电有着重大的影响。而绝缘材料性能好坏的重要标志是其绝缘电阻值的大小。因此，必须定期对电气设备的绝缘电阻进行测定，这就需要用绝缘电阻表来测量。绝缘电阻表大多数采用磁电式机构，它由一台手摇发电机和一个磁电式比率表组成，原理线路图如图 3-58 所示。图 3-58 中 G 为手摇直流发电机（或由交流发电机与整流电路组成）。正确使用绝缘电阻表测量电气设备绝缘电阻的方法如下：

（1）绝缘电阻表是绝缘电阻测试的工具仪表。绝缘电阻测试的概念不同于一般的直流电阻测试，它是在对被测物体施加其正常工作电压值的一倍直流电压情况下进行的。这是因为施加的电压不同时测得的电阻会有差异。为测准绝缘电阻指标和用电安全，需要施加一个合理的电压等级，即需合理选择绝缘电阻表额定电压等级。例如对使用于市电 220V 的电器设备和照明布线进行绝缘测试，应用 500V 直流电压等级的绝缘电阻表；对工作于 380V 交流电压下的电机、电气设备等进行测试，应用 1000V 电压等级的绝缘电阻表（绝缘电阻表通常以发电机发出的额定电压来分类，有 50、100、250、500、1000、2500、5000、10000V 等。绝缘电阻表的额定电压及其测量范围应与被测试物绝缘电阻值相适应，见表 3-8）。经过一倍于工作电压的试验电压测得的绝缘电阻，才能在正常持续或电源出现可能突变的情况下达到安全用电，由此也可在确定测试电压等级的前提下获得合理经济的绝缘成本。

表 3-8　绝缘电阻表的正确选择

被测对象	被测设备额定电压（V）	所选绝缘电阻表的电压（V）
弱电设备、线路的绝缘电阻	100 以下	50 或 100
绕组的绝缘电阻	500 以下	500
绕组的绝缘电阻	500 以上	1000
发电机绕组的绝缘电阻	380 以下	1000
电力变压器、发电机、电动机绕组的绝缘电阻	500 以上	1000～2500

续表

被测对象	被测设备额定电压（V）	所选绝缘电阻表的电压（V）
电气设备的绝缘电阻	500 以下	500～1000
	500 以上	2500
绝缘子、母线、隔离开关的绝缘电阻		2500 以上

（2）测量前务必将被测设备的电源全部切断，并进行接地充分放电，特别是电容性的电气设备。绝不允许用绝缘电阻表去测量带电设备的绝缘电阻，以防止触电事故的发生；即使加在设备上的电压很低，对人身没有危险，也测不出正确的测量结果，达不到测量的目的。

（3）测量前，应用清洁干燥的软布擦净待测设备绝缘表面污垢，以免漏电影响测量的准确度，否则将有可能使绝缘电阻值虚假减小。

（4）测量前应选择适当放表位置。绝缘电阻表安放位置要确保引线之间和引线与地之间有一定距离，同时要尽量远离通有大电流的导体，以免由于外磁场的影响而增大测量误差。特别是在带电设备附近测量时，测量人员和绝缘电阻表的位置必须选择适当，保持足够的安全距离，以免绝缘电阻表引线或测量人员触碰带电部分。

（5）绝缘电阻表应水平放置。绝缘电阻表向任何方向倾斜，均会增大绝缘电阻表的基本误差。绝缘电阻表放在水平位置，在未接线之前，应先对绝缘电阻表分别在开路和短路情况下做一次试验，检查本身是否良好（先在接线端开路时摇动发电机手柄至额定转速，指针应指在“∞”处；然后将线路和接地两接线端钮短路，缓慢摇动发电机手柄，指针应指在“0”处）。

（6）绝缘电阻表的引线必须用绝缘良好的两根单芯多股软线，最好使用表计专用测量线。不能用双芯绝缘线，更不能将两根引线相互缠绕在一起或靠在一起使用；引线不宜过长，也不能与电气设备或地面接触。否则，会严重影响测量结果。当线路端“L”引线必须经其他支撑才能和被测设备连接时，必须使用绝缘良好的支持物，并通过试验，保证未接入被测设备前绝缘电阻表指针指示“∞”位置，否则其测出的绝缘电阻值将虚假减小。

绝缘电阻表的两根引线可采用不同颜色，以便于识别和使用。若两根引线缠绕在一起或靠在一起进行测量，当引线绝缘不好时，就相当于使被测的电气设备并联了一只低电阻，使测量不准确；同时还改变了被测回路的电容，做吸收比试验时就不准确了。

（7）使用绝缘电阻表之前，应先了解它的三个接线端钮的作用与代表符号。如图 3-58 所示，L 是线路端钮，测试时接被测设备；E 是地线端钮，测试时接被测设备的金属外壳；G 是屏蔽端钮（即保护环），测试时接被测设备的保护遮蔽部分或其他不参加测量的部分。

做一般测量时只用线路 L 和接地 E 两个接线端钮。L 端与被测试物相接，E 端与被测试物的金属外壳相接。当被测试物表面泄漏电流严重时，若要判明是内部绝缘不好还是表面漏电影响，则需要将表面和内部的绝缘电阻分开，此时应使用第三根导线，一端连接表的屏蔽 G 端钮，另一端连接在漏电的表面上，使漏电电流不流过绝缘电阻表内的电流线圈 A2。

（8）测量时，顺时针摇动绝缘电阻表摇把（手柄），要均匀用力，切忌忽快忽慢，以免损坏齿轮组，逐渐使转速达到基本恒定转速 120r/min（以听到表内“嗒嗒”声为准）。待调速器发生滑动后，即可得到稳定的读数。

一般来讲，绝缘电阻表转速的快慢不影响对绝缘电阻的测量。因为绝缘电阻表上的读数反映发电机电压与电流的比值，在电压有变化时，通过绝缘电阻表电流线圈的电流也同时按比例变化，所以电阻读数不变。但如果绝缘电阻表发电机的转速太慢，由于此时电压过低，则会引起较大的测量误差。绝缘电阻表的指针位于中央刻度时，其输出电压为额定电压的 90%以上，如果指示值低于中央刻度，则测试电压会降低很多。例如，1000V 绝缘电阻表测量 10MΩ 绝缘电阻时，电压为 760V，测量 5MΩ 绝缘电阻时，会降到 560V。因此，在使用绝缘电阻表时，应按规定的转速摇动。一般规定为 120r/min（有的绝缘电阻表规定为 150r/min），可以有±20%的变化，但最多不应超过±25%。

（9）绝缘电阻值随着测试时间的长短而有差异，一般以绝缘电阻表摇动 1min 后的读数为准。测量电容器、电缆、大容量变压器和大型电机时，要有一定的充电时间。电容量越大，充电时间越长，要等到指针稳定不变时记取读数。否则将使所测出的绝缘电阻值虚假减小。

3-2-3 使用绝缘电阻表检测应注意事项

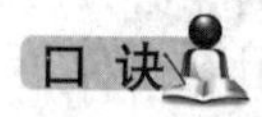

绝缘电阻表检测，八项注意要牢记。
测试期间接线钮，千万不可用手摸。
表头玻璃落灰尘，摇测过程不能擦。
测设备对地绝缘，接地端钮接外壳。
摇测容性大设备，额定转速下触离。
检测电解电容器，接地端钮接正极。
同台设备历次测，最好使用同只表。

摇测设备绝缘时，记下测量时温度。

不测百千欧电阻，更不宜做通表用。

说明 绝缘电阻表是专门用来检查和测量电气设备及供电线路绝缘电阻的工具仪表，因它的标尺刻度以兆欧为单位，故俗称绝缘电阻表。在使用中必须注意一些容易忽视的问题。

（1）使用绝缘电阻表时，当发电机摇柄已经摇动时，在接地 E 和线路 L 端钮间就会产生高达几百伏甚至数千伏的直流电压。在这样高的电压下，绝不能用手触及。测试结束，发电机还未完全停止转动或被测设备尚未放电之前不要用手触及端钮和引线测触金属端，以免人身触电。

（2）在摇测过程中，发现绝缘电阻表表头玻璃上落有灰尘等影响观察读数时，如果用布或手擦拭表面玻璃，则会因摩擦起电而产生静电荷，对表针偏转产生影响，使测量结果不准确；而且静电荷对表针的影响还与表针的位置有关，因此用手或布擦拭无屏蔽措施的绝缘电阻表的表面玻璃时，会出现分散性很大的测量结果。

（3）用绝缘电阻表测量电气设备对地绝缘时，应当用接地端钮 E 接被测设备的接地外壳，线路端钮 L 接被测设备。反之，会由于大地杂散电流的影响，使测量结果不准确。

（4）摇测电容器极间绝缘、高压电力电缆芯间绝缘时，因极间电容值较大，应将绝缘电阻表摇至规定转速状态下，待指针稳定后再将绝缘电阻表引线接到被测电容器的两极上，注意此时不得停转绝缘电阻表。由于对电容器的充电，指针开始下降，然后重新上升，待稳定后，指针所示的读数即为被测的电容器绝缘电阻值。读完表针指示值后，在接至被测电容器的引线未撤离以前，不准停转绝缘电阻表，而要保持继续转动。因为在测量电容器绝缘电阻要结束时，电容器已储备有足够的电能。若在这时突然将绝缘电阻表停止运转，则电容器势必对绝缘电阻表放电。此电流方向与绝缘电阻表输出电流方向相反，所以使指针朝反方向偏转。电压越高、容量越大的设备，常会使表针过度偏转而损伤，有的甚至烧损绝缘电阻表。要等到绝缘电阻表的引线从电容器上取下后再停止转动。

（5）检测电解电容器时，要注意绝缘电阻表和电容器的正负极。电解电容器正极接地端钮 E，电容器负极接线路端钮 L，不可接反，否则会将电容器击穿。

（6）工矿、乡镇企业单位的电气设备，对同一台设备绝缘电阻的历次测量，最好使用同一只绝缘电阻表，以消除由于不同绝缘电阻表输出特性不同而给测量带来的影响。另外尚需注意：用 500V 绝缘电阻表测得绝缘电阻为 500MΩ 的设备，改用 1000V 绝缘电阻表测量时，测得的数值有可能只有 5MΩ，甚至更低。

（7）电气设备的绝缘材料都在不同程度上含有水分和溶解于水的杂质（如盐类、酸性物质等），构成电导电流。温度升高会加速介质内部分子和离子的运动，水分和杂质沿电场两极方向伸长而增加电导性能。因此，温度升高，绝缘电阻就按指数函数显著下降。例如，温度升高 10℃，发电机的 B 级绝缘电阻下降 1.9～2.8 倍，变压器 A 级绝缘电阻下降 1.7～1.8 倍。受潮严重的设备，绝缘电阻随温度的变化更大。因此，摇测电气设备绝缘电阻时要记下环境温度。若运行中停下而绝缘未充分冷却的设备，还要记下绝缘内的真实温度，以便将绝缘电阻换算到同一温度进行比较和分析。

（8）绝缘电阻表的量限往往达几百、几千兆欧，最小刻度在 1MΩ 左右，因而不适合测量 100kΩ 以下的电阻。

绝缘电阻表通常不应作为通表使用，即不可用绝缘电阻表去测试电路是否通断。当然偶尔一两次无大害，但经常当作通表使用，会经常使指针转矩过量，极易损坏仪表。转动绝缘电阻表时，其接线端钮间不允许长时间短路。

3-2-4 根据电气设备电压的高低选用不同电压的绝缘电阻表

绝缘电阻表的型式很多，仅按额定电压分就有 9 种，电工常用的有 500、1000、2500V 三种电压规格。使用时，先根据被测电气设备的电压等级，选择相应电压绝缘电阻表。一般情况是以 500V 为参数，在测 500V 以下的电气设备及线路绝缘电阻时采用 500V 绝缘电阻表；在测 500V 以上电气设备及线路绝缘电阻时，采用 1000V 或 2500V 的绝缘电阻表。

根据电气设备电压的高低选用不同电压等级的绝缘电阻表来测量其绝缘电阻的实践原理：高压设备如用低压绝缘电阻表测量绝缘电阻，由于绝缘较厚，在单位长度上的电压分布较小，不能形成介质极化，对潮气的电解作用亦减弱，所测出的数据不能真实反映情况。反之，如果低压设备用高压绝缘电阻表测量其绝缘电阻，很可能击穿绝缘。因此，测量电气设备的绝缘电阻时，一般规定：1000V 以下用 500V 或 1000V 绝缘电阻表；1000V 以上的则使用 1000V 或 2500V 的绝缘电阻表。

3-2-5 摇测前被测设备的放电

用绝缘电阻表摇测前，应将待测设备或待测相充分放电，在需对同一设备或同一相重复测量时，亦是如此。否则将使绝缘电阻值虚假增大；同样，在测同一设备不同相时，测完第一相后测第二相前，也应将第一相充分放电，否则将使测出的第二相绝缘电阻值虚假减小。

3-2-6　绝缘电阻表摇测时读数为零，被测设备并不一定有故障

用绝缘电阻表摇测时，读数为零，被测设备并不一定有故障。其原因有下列五条，逐条分析排除后方可定论。

（1）使用绝缘电阻表的方法不正确，引线采用较长的绞合线而使绝缘电阻值下降；误将引线短路。

（2）绝缘电阻表测量范围不适合。如绝缘电阻表测量单位是MΩ级，而小数值则读不出来。

（3）在相当潮湿的环境下测试，被测电气设备泄漏电流较大。

（4）被测线路较长，绝缘子多或沾有尘埃污垢较多，致使积累起来的泄漏电流值较大。

（5）被测线路较长，设备较大，而摇测时间较短，在未充电前读数为零。即具有电容的设备都有一定的充电时间，初摇测时表针指示的电阻值很小，甚至到零，并不一定是绝缘损坏。

3-2-7　用绝缘电阻表测量电容器、电力电缆等电容性设备的绝缘电阻时，表针会左右摆动

绝缘电阻表由手摇直流发电机和磁电系流比计组成。测量时，输出电压随摇动速度的变化而变化。输出电压的微小变动对测量纯电阻性设备影响不大，但对于电容性设备，当转速高时，输出电压也高，该电压对被测设备充电；当转速低时，被测设备向表头放电。这样就导致表针摆动，影响读数。

3-2-8　用绝缘电阻表测量变压器的高压对低压绝缘电阻时，屏蔽端钮的选用

测量电力变压器的高压对低压绝缘电阻时，流过变压器高、低压线圈间的电流有两部分：一部分是通过高、低压线圈间的绝缘内部的电流，这是反映绝缘电阻的；另一部分是由高压套管表面经外壳再到低压套管的电流，是表面泄漏电流。如这两部分电流都通过绝缘电阻表的电流线圈，则测得的绝缘电阻比真实值要低。如果把绝缘电阻表的保护环屏蔽端钮G接在变压器外壳上，表面泄漏电流通过绝缘电阻表的屏蔽端钮G流回发电机负极，不经过绝缘电阻表的电流线圈，就可消除表面泄漏电流的影响，测得真实值。

测量高压对地、低压对地的绝缘电阻，只要把被测线圈接至线路端钮L；非被测线圈接外壳后一起接至绝缘电阻表的接地端钮E。此时，表面泄漏电流和非被测

线圈的泄漏电流都没有通过绝缘电阻表的电流线圈，因此能测得绝缘电阻的真实值。

3-2-9　绝缘电阻表测得低压电机相间绝缘为零，不能断定其绝缘击穿

只要电动机各相绕组的引线没有相通，在用绝缘电阻表测试相间绝缘时，由于电容的存在，所以刚开始时可能因充电而使表针指示为零。这时不能断定为相间绝缘击穿。绝缘电阻表要摇测 1min 以上，如果电阻值上升，则电动机相间绝缘是好的。如果指针仍然为零，则有可能是线圈严重受潮。如摇测 L1 和 L2 两相，可将绝缘电阻表屏蔽端钮 G 接在 L3 相上，如果电阻值上升，则是电动机受潮。如果阻值仍为零值不动才可能是相间绝缘击穿。

3-2-10　鼠笼电动机转子绕组对地不需绝缘，而绕线式电动机转子绕组对地则必须绝缘

鼠笼式电动机转子可看成一个多相绕组，其相数等于一对磁极的导系数，每相匝数等于 1/2N。由于每相转子感应电动势一般都很小，加之硅钢片电阻远大于铜或铝的电阻，所以绝大部分电流从导体（铜或铝条）流过，不用对地绝缘。

绕线式电动机转子绕组中，相数和定子绕组相同，每相的匝数也较多，根据公式：$E_2=4.44K_2f_2N_2\phi$ 可知绕线式转子每相感应电动势很大。这样若对地不绝缘，就会产生对地短路甚至烧毁电动机。

3-2-11　熟悉设备，以防误诊

如图 3-59 所示，在低压配电柜内三相四线制线路上，当进线断路器 QF 在断路位置，全部连接的用电设备皆切断的情况下，用 500V 绝缘电阻表测试各相导线对地绝缘电阻时，发现其中一相（L3）与地通路。但当将进线断路器 QF 闭合时，线路又完全良好无接地现象，断路器未掉闸。

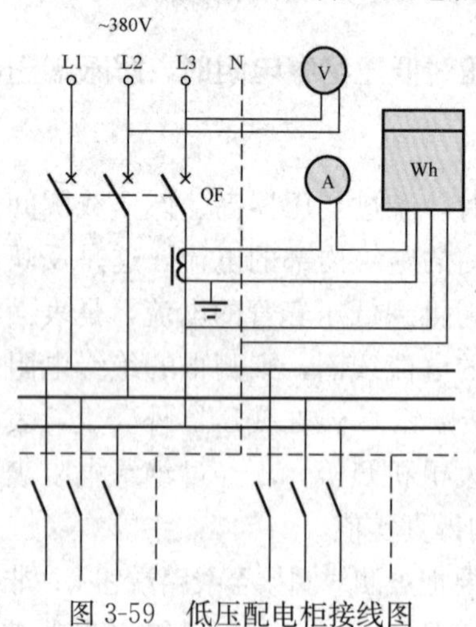

图 3-59　低压配电柜接线图

经仔细检查得知：当进线断路器 QF 被拉掉时，使电压表和电源同时切断，但电能表接在进线断路器 QF 的下方，没有同时切断。所以，当用绝缘电阻表测量绝缘电阻时，接在线路 L3 相上的单相电能表的电压线圈使 L3 相与地通路。因此，

绝缘电阻表摇测得出错误的测量结果。

3-2-12 测量绝缘电阻能判断电气设备的绝缘好坏

当测量绝缘电阻时，把直流电压 U 加于绝缘物上，此时将有一电流随时间作衰减性变化，最后趋于一稳定数值。通常这个电流是三部分电流的总和，此三部分电流分别为电容电流 i_c，它的衰减速度很快；吸收电流 i_r，它比电容电流衰减慢得多；传导电流 i_{on}，它经很短时间就趋于恒定，如图 3-60 所示。

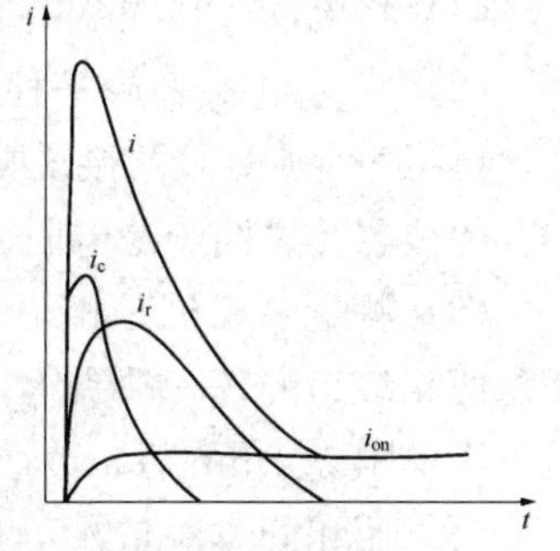

图 3-60 直流电压作用下通过绝缘的电流

如果绝缘没有受潮并且表面清洁，瞬变电流分量 i_c、i_r 很快衰减到零，仅剩很小的传导电流 i_{on} 通过，因为绝缘电阻与流通电流成反比，绝缘电阻将上升很快，并且稳定在很大的数值上。反之，如果绝缘受了潮，传导电流显著增大，甚至比 i_r 起始值增大更快，瞬变电流成分明显减小，绝缘电阻值表现很低，并且随时间的加长而变化甚微。所以，在绝缘电阻测试中，一般通过吸收比判断绝缘的受潮情况，而当吸收比大于 1.3 时，表明绝缘良好；吸收比近于 1 时，就表明绝缘受了潮。

3-2-13 同一台设备的历次测量，最好使用同一只绝缘电阻表

工矿、乡镇企业单位的电气设备，对同一台设备绝缘电阻的历次测量，最好使用同一只绝缘电阻表，以消除由于不同型号的绝缘电阻表输出特性不同而给测量带来的影响。另外尚需注意：用 500V 绝缘电阻表测得绝缘电阻为 500MΩ 的设备，改用 1000V 绝缘电阻表测量时，测得的数值有可能只有 5MΩ 甚至更低。

3-2-14 测量电动机绝缘电阻

检查电动机的绝缘好坏常用的方法是测量电动机的绝缘电阻。一般用绝缘电阻表测试，要测量每两相绕组之间和每相绕组与机壳之间的绝缘电阻值。500V 以下的低压电动机用 500V 绝缘电阻表测量；500～1000V 的电动机用 1000V 的绝缘电阻表测量；1000V 以上的电动机要用 2500V 的绝缘电阻表测量。一般在室温下测读的电动机绝缘电阻应至少是每额定千伏为 1MΩ，再加 1MΩ。这样对于 6kV 的电动机绕组绝缘电阻至少应是 7MΩ；380V 电动机是 1.4MΩ；绕线型转子绕组的绝缘电阻不应低于 0.5MΩ。在良好状态下，干燥的电动机绕组绝缘电阻值通常比要求值要高得多，380V 的电动机，一般也在 10MΩ 以上；6kV 电动机为

100～200MΩ。

对于检修后的电动机，首先要作绝缘电阻及吸收比试验。试验标准：定子绕组75℃时，低压电动机不低于0.5MΩ，高压电动机不低于1MΩ/kV，高压电动机测量吸收比$R_{60}/R_{15}\geqslant 1.3$。

测量步骤如下：

(1) 将电动机接线盒内的六个端头的连接片拆开。

(2) 绝缘电阻表放平稳，先不接线，摇动绝缘电阻表，表针应指向“∞”处。再将表上L、E两接线端钮用带线的试夹短接，慢慢摇动摇柄，表针如指向“0”的位置，说明绝缘电阻表正常，可以使用。

(3) 测量电动机三相绕组之间的绝缘电阻。将两测试夹（表笔）分别接到任意两相绕组的任一端头上，平稳放置绝缘电阻表，以120r/min的转速均匀摇动绝缘电阻表1min后，读取表针稳定的指示值。

(4) 用相同方法依次测量每相绕组与机壳间的绝缘电阻。但应注意，接地端钮E应接到机壳上无绝缘的地方。

3-2-15 现场快速判定低压电机绝缘好坏

电机的绝缘性能对于高压电机来讲包括绝缘电阻、介质损耗、耐潮性、耐热性、耐腐蚀性及机械强度、电击穿强度等众多方面。而对低压电机而言，最关心的只是其绝缘电阻值的大小。事实上，检修实践中常常需要在现场测出电机绝缘电阻值，并判断其能否使用。有关规程及手册中规定，低压电机的最低绝缘电阻为0.5MΩ，这是指电机绕组在热态（75℃）时的绝缘电阻值，这一点常常被忽视。有些年轻电工不经换算直接将自然温度下测得的绝缘电阻值与0.5MΩ相比较，由此会造成判断失误并招致损失。

在任意温度下测得的绝缘电阻换算到标准温度（75℃）时的公式为

$$R_{75}=\frac{R_{\mathrm{t}}}{2^{\left(\frac{75-t}{10}\right)}}$$

式中 R_{t}——测得的绝缘电阻值，MΩ；

R_{75}——换算到标准温度（75℃）时的电阻值，MΩ；

t——测量时的绕组温度，℃。

公式比较复杂，而一般在工作现场的电工，不是根本不会计算；或是不能够精确计算（其实往往没有必要精确计算，因为最终目的只是将R_{75}与0.5MΩ比较，从而确认电机绝缘的好坏）。若将上述公式变形，并以$R_{75}=0.5$MΩ代入，则

$$R_{\mathrm{t(min)}}=0.5\times 2^{\left(\frac{75-t}{10}\right)}=2^{\left(\frac{65-t}{10}\right)}\ (\mathrm{M\Omega})$$

这里的 $R_{t(min)}$ 为任意温度下低压电机绝缘电阻的最小允许值。

当 $t=30℃$时，$R_{t(min)}=2^{3.5}=\frac{16}{\sqrt{2}}$（MΩ）。

当 $t=25℃$时，$R_{t(min)}=2^{4}=16$（MΩ）。

当 $t=20℃$时，$R_{t(min)}=2^{4.5}=16\sqrt{2}$（MΩ）。

表 3-9 列出部分温度条件下低压电机绝缘电阻的最小允许值。由此可见，温度每相差 5℃，绝缘电阻的最小允许值将相差$\sqrt{2}$倍；温度相差 10℃，绝缘电阻的最小允许值将相差 2 倍，并且温度越低，电阻值越高。

表 3-9　　低压电机绝缘电阻的最小允许值

t（℃）	$R_{t(min)}$（MΩ）	t（℃）	$R_{t(min)}$（MΩ）
0	90.5	40	5.66
5	64	45	4
10	45.3	50	2.83
15	32	55	2
20	22.6	60	1.41
25	16	65	1
30	11.3	70	0.71
35	8	75	0.5

这一规律将大大地方便对低压电机绝缘好坏的现场判定。只要知道测量时电机绕组的大概温度，并记住一个典型值（如 35℃时 $R_{t(min)}$ 为 8MΩ）就能很快地作出比较和判断。这一规律易记口诀：

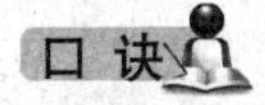

低压电机的绝缘，运用绝缘电阻表检测。
最小允许兆欧值，三十五度基准八。
每升十度除以二，每低十度便乘二。
若以相差五度算，倍数则为根号二。

3-2-16　快速判断电动机好坏

用一块 500V 绝缘电阻表和一块万用表就能很快地判断出某台低压电动机是否可用。首先，用绝缘电阻表摇测电动机定子线圈与机壳之间的绝缘电阻值，如在 0.5MΩ 以上，则是好的，并且数值越大越好。将万用表拨至直流电流最低量程 mA 挡（μA 挡更好）。当电动机为星形连接时，用万用表红黑两表笔接触电动机接线盒中任意两相桩头，同时用手盘车，使电动机空转，在这种情况下，万用表指针左右摆动，而且三相均这样两两测试，结果相同，则这台电动机可以使用。

如果被测电动机是三角形接法，需将三个连接片拆下，用万用表欧姆挡测出三相绕组后，再用上述的剩磁法，逐相盘车测试，即可确定电动机的好坏。用此法检测电动机好坏，既方便，又迅速、准确。

3-2-17 寻找电动机绕组接地故障点三法

用绝缘电阻表摇测得知某台电动机某相绕组接地故障后，定转子分离，经检测故障相绕组不是完全接地，需寻找其接地故障点时，可用下述三种方法。

(1) 寻声法。将绝缘电阻表（500V 或 1000V 的）与被测电动机分开一定距离，表线加长长度以电动机处听不到绝缘电阻表工作时发出的嗡嗡声为佳。一个人操作绝缘电阻表摇测故障相对地绝缘，一人在电动机旁静听放电声（有条件的话，可借助小收音机），根据发声部位寻找接地点。

(2) 暗察法。在黑暗处或夜晚时间，用 500V 或 1000V 绝缘电阻表摇测电动机故障相对地绝缘，同时仔细观察故障点的放电火花。

(3) 利用电容器进行检测。首先用 500V 或 1000V 绝缘电阻表按正确操作方法对电容器充电。电容器充好电后把负极所连接的绝缘导线接到电动机无绝缘的外壳上，正极引出的导线头搭接电动机故障相绕组的任一端头上，这时就会在故障点产生放电，发出蓝色火花并伴有放电声。根据火花与放电声的位置，寻找并确定其故障点。如果一次没有发现，可重复几次。这样，若遇故障点是高阻接地，几次较大的瞬时直流电流可将高阻接地变为低阻接地故障，或可直接烧穿故障点。

3-2-18 配电变压器的现场简易检测法

对新装设或检修后的配电变压器都要进行现场检查、试验后方可投入运行。但在农村、小型工矿企业，往往在现场检查、试验中缺乏必要的试验设备，如交流耐压、直流电阻等的测试设备（对 630kVA 及以下的配电变压器一般不进行泄漏电流、介质损失角正切值的试验）。对此，在农村、小型工矿企业的电工实施现场简易检测法，即用一只绝缘电阻表和一只万用表就可基本上判断出 630kVA 及以下配电变压器能否投入运行。具体测试方法如下：

(1) 用合格的 2500V 绝缘电阻表测量变压器高、低压线圈对地，高压线圈对低压线圈的绝缘电阻。其最低值应不低于油浸式电力变压器绕组绝缘电阻的标准值（见表 3-10 所列数值），或不低于制造厂试验值的 70%。当温度在 10～30℃时，变压器的绝缘吸收比在 1.3～2.0 或以上。

表 3-10　　油浸式电力变压器绕组绝缘电阻的标准值　　MΩ

温度（℃）		10	20	30	40	50	60	70	80
高压绕组额定电压（kV）	3～10	450	300	200	130	90	60	40	25
	25～35	600	400	270	180	120	80	50	35
	60～220	1200	800	540	360	240	160	100	70

（2）用 MF10 型万用表×1k 挡测量变压器三个高压线间的直流电阻值 R_{AB}、R_{BC}、R_{CA}。测量时注意：一是接触要良好，待表针平稳不动时为准；二是要注意极性；三是测量后应放电。

（3）DL/T 572—2010《电力变压器运行规程》规定：630kVA 以下的配电变压器相电阻值间差别一般不大于三相平均值的 4%，线电阻值间差别一般不大于三相平均值的 2%。其计算公式为

$$\Delta R=\frac{R_{max}-R_{min}}{R}\times 100\%$$

式中　R_{max}——三相实测值中最大电阻值，Ω；

R_{min}——三相实测值中最小电阻值，Ω；

R——三相实测值中的平均电阻值，Ω。

例如，一台 S7-100/10 配电变压器，测得其线圈的三个线电阻分别为：$R_{AB}=20.4\Omega$，$R_{BC}=20.3\Omega$，$R_{CA}=20.5\Omega$。则：$R=\frac{20.4+20.3+20.5}{3}=20.4(\Omega)$，$\Delta R=\frac{20.5-20.3}{20.4}\times 100\%=0.98\%$。线间差未超过 2%，为合格。

（4）以上如合格，可给变压器高压侧送电（低压开路）。待声音正常后，再测量低压侧三相电压是否平衡，如平衡说明变压比正常，低压绕组无匝间短路情况，这时被测变压器可带负载运行。

3-2-19　油浸式电力变压器绕组绝缘电阻的标准值速算

变压器绕组绝缘电阻与其他电气设备的绝缘电阻一样，与温度的关系很密切。当温度升高时，绝缘电阻值降低，反之，绝缘电阻值增高。所以用绝缘电阻测量值去衡量变压器的绝缘状况时，需换算到某一指定温度，才便于比较，表 3-10（上小节中列）是按照温度每下降 10℃，绝缘电阻约增加 1.5 倍制定的。为在现场使用方便，易记忆，特编制成速算口诀，以供广大电工随时随地运用。速算口诀如下：

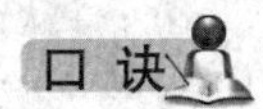

变压器绕组绝缘，测量运用绝缘电阻表。

六十度为基准算，十千伏级六十兆。

三万五级八十计，六十千伏再翻番。

每降十度乘倍半，每升十度除倍半。

口诀内容的解释：本口诀依据表 3-10 所列油浸式电力变压器绕组绝缘电阻的标准值（MΩ）而得出。“六十度为基准算”，油浸式电力变压器绕组绝缘电阻，以 60℃为基准，各种额定电压和温度时的兆欧绝缘电阻：“十千伏级六十兆，三万五级八十计、六十千伏再翻番”，即当变压器高压额定电压是 10kV，温度为 60℃ 时绝缘电阻值应不小于 60MΩ；35kV 的绝缘电阻值应不小于 80MΩ；60kV 再翻番，即为 160MΩ。“每降十度乘倍半”指以 60℃为基准基础上，每降低 10℃，绝缘电阻值乘以 1.5。例如变压器高压额定电压是 10kV，温度为 60℃时，绝缘电阻值是 60MΩ，50℃时，绝缘电阻值为 60×1.5＝90（MΩ）；40℃时为 90×1.5＝135（MΩ）（近似为 130MΩ）；30℃时为 200MΩ；20℃时为 300MΩ。“每升十度除倍半”指以 60℃为基准基础上，每升高 10℃，绝缘电阻值除以 1.5。例如变压器高压额定电压是 35kV、温度为 60℃时，绝缘电阻值是 80MΩ。70℃时，绝缘电阻值为 80÷1.5＝53.3（MΩ），近似为 50MΩ；80℃时为 35MΩ。

实际计算时，一般要换算到 20℃时的绝缘电阻值。本口诀为了好记忆，又恰好 3～10kV 电压等级 60℃时绝缘电阻值为 60MΩ。因此，以 60℃时绝缘电阻值为起点，即为基准。以升、降 10℃为一个挡次，记忆绝缘电阻值就比较容易了。

3-2-20 变压器的绝缘吸收比

在检修和维护变压器时，需要测定变压器的绝缘吸收比。所谓变压器的绝缘吸收比，是指在测量变压器绝缘电阻时，60s 所测得的绝缘电阻值与 15s 所测得的绝缘电阻值之比，即：R_{60}/R_{15}。用吸收比可以进一步判断绝缘是否受潮、污秽或有无局部缺陷。

通常在 10～30℃时，未受潮的绕组绝缘吸收比应在 1.3～3 范围内，如果绝缘受潮或局部有缺陷时，R_{60}/R_{15} 的比值很小，接近于 1。例如，某电力变压器在测量时 15s 读数是 100MΩ，60s 读得 250MΩ，两数之比：$\frac{250}{100}=2.5$。说明此变压器绝缘良好；又例如某电力变压器在 15s 时读得 100MΩ，60s 读得 110MΩ，两数之比：$\frac{110}{100}=1.1$。说明此变压器绝缘受潮或局部有缺陷，应检查修理。15、60s 时间的计算以摇柄开始转动时算起。

有关规程中规定：在 10～30℃时，35～60kV 绕组不低于 1.2；110～330kV 绕组不低于 1.3。

3-2-21 摇测电力变压器的绝缘电阻

用绝缘电阻表测量变压器绝缘电阻的接线顺序是：线路端钮 L 接被测部分的引出线，接地端钮 E 接地、接设备外壳（测量对地绝缘时）或接弱绝缘部分的引出线（测量高对低之间绝缘时），屏蔽端钮 G 接被屏蔽的绝缘上（如不考虑绝缘表面泄漏影响，也可不接）。测量变压器高压对地、低压对地的绝缘电阻，只要把被测线圈接至线路端钮 L，非被测线圈接外壳后一起接至绝缘电阻表的接地端钮 E。此时，表面泄漏电流和非被测线圈的泄漏电流都没有通过绝缘电阻表的电流线圈，因此能测得绝缘电阻的真实值。

测量变压器的高压对低压绝缘电阻时，流过变压器高、低压线圈间的电流有两部分：一部分是通过高、低压线圈间的绝缘内部的电流，这是反映绝缘电阻的；另一部分是由高压套管表面经外壳再到低压套管的电流，是表面泄漏电流。如这两部分电流都通过绝缘电阻表的电流线圈，则测得的绝缘电阻比真实值要低。如果把绝缘电阻表的保护环屏蔽端钮 G 接在变压器外壳上，表面泄漏电流通过绝缘电阻表的屏蔽端钮 G 流回发电机负极，不经过绝缘电阻表的电流线圈，就可消除表面泄漏电流的影响，测得真实值。

在测量变压器的高压对低压侧之间绝缘电阻时，若把 L 和 E 两端钮的接线对换，且低压线圈对地绝缘又不高时，则调换前和调换后两种接线测出的绝缘电阻值相比会有较大的差别。

例如某变电所新装一台 315kVA 变压器，投入运行前，使用 2500V 绝缘电阻表检测绝缘电阻。线路端钮 L 接在高压绕组上，接地端钮 E 接在低压绕组上，测得为 500MΩ；但当把接线对调，线路端钮 L 接低压绕组，接地端钮 E 接高压绕组时，测得绝缘电阻值只有 30MΩ 了。且经反复调换，仍然如此。

这是因为绝缘电阻表的接地端钮 E 和它的内接线的绝缘水平一般比线路端钮 L 低，兼有污脏情况，或是 E 端钮的引线绝缘不好时，绝缘电阻表又是放在潮湿的地上或是变压器顶盖上测量。当绝缘电阻表 L 端钮的高电压加于低压绕组时，从低压绕组到高压绕组有一传导电流 i_1，另外，从低压绕组经外壳接地至绝缘电阻表接地端钮 E 也有一个泄漏电流 i_2，这两个电流使绝缘电阻表流比计电流线圈 A2 的电流 I_2 增大，因而使测量的绝缘电阻值减小，造成测量误差。如图 3-61 所示，泄漏电流 i_2（从低压绕组经外壳接地至绝缘电阻表接地端钮 E）越大，绝缘电阻表 L 和 E 端钮外接线调换前、后所测得的绝缘电阻值相差也越大。测量变压器高压绕组对低压绕组的绝缘电阻应以绝缘电阻表正常接线测量的结果为准。

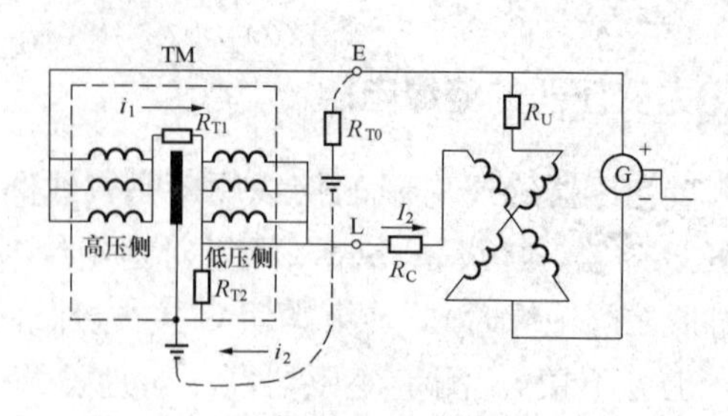

图 3-61　绝缘电阻表 L 端钮接变压器低压绕组电路示意图

3-2-22　测量补偿电容器的绝缘电阻

补偿电容器绝缘电阻的测量是其运行中维护检测的主要内容。由于电容器的两极间及两极对地均有电容的存在，故摇测绝缘电阻时，应特别注意摇测的方法，否则容易引起触电事故和绝缘电阻表损坏。由于电容器是多组元件串联组成，大多数情况下电容器损坏最初只表现在个别元件的绝缘老化，不会使整组绝缘电阻下降。因此，摇测极间绝缘电阻不易判断绝缘缺陷，故此项测试意义不大，通常不做。所以补偿电容器只测极对外壳的绝缘电阻，绝缘电阻值一般应大于 1000MΩ。

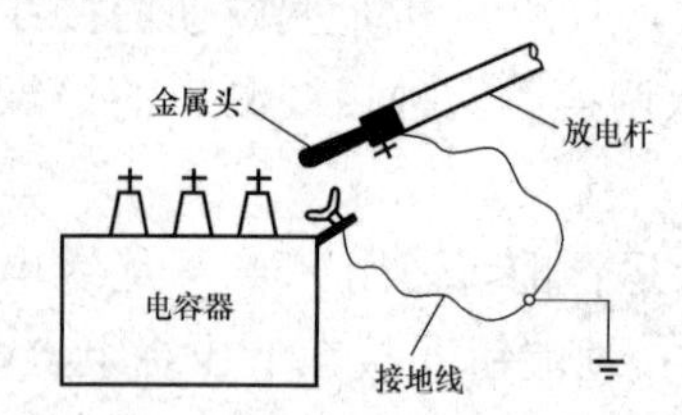

图 3-62　放电杆、电容器外壳、接地线连接接线示意图

测量低压电容器的绝缘电阻应选用 1000V 绝缘电阻表；测量高压电容器的绝缘电阻应选用 2500V 绝缘电阻表。测量时应按下列步骤进行：

（1）将被测电容器退出运行，随后对电容器进行放电，步骤为：①将放电杆与接地线、电容器外壳可靠连接，如图 3-62 所示；②穿戴绝缘手套或干燥的新线手套，拿放电杆绝缘柄用金属头触接电容器放电，再用金属头进行极间放电。放电操作应反复进行几次，直至无放电声、无放电火花为止。

（2）拆除或断开电容器对外的一切连线，然后用裸导线将电容器的极端可靠连接在一起。

（3）先摇动绝缘电阻表的手柄，待摇至规定转速（120r/min），并待指针稳定后，再将绝缘电阻表接地端钮 E 引线表笔接电容器外壳，线路端钮 L 引线表笔接电容器的电极。摇测工作应由两人配合进行，一人摇表，另一人接线。

（4）因为测量电容器时要有一定的充电时间，所以摇测时，绝缘电阻表的指针开始因对电容器的充电而下降，然后重新上升，待稳定后指针所示读数，即为被测的电容器绝缘电阻值。这一过程所需时间一般在 1min 以上。

（5）读完读数后，继续保持绝缘电阻表在额定转速下转动，直至将绝缘电阻表的引线表笔从电容器上拆下来方可停止摇表（用绝缘电阻表检查电容器绝缘电阻时，读完读数后停止摇动绝缘电阻表手柄，绝缘电阻表连接电容器的引线未拆除，电容器对绝缘电阻表放电，此电流方向与绝缘电阻表输出电流方向相反，此时指针朝反方向偏转），以免电容器对绝缘电阻表放电而损坏绝缘电阻表。

(6) 对电容器进行放电，且应反复进行几次，直至无放电声、无放电火花为止。最后拆除电容器电极间连接裸导线，拆除外壳所接接地线，清理现场。

3-2-23　串接二极管，防止被测设备对绝缘电阻表放电

绝缘电阻表测量电容器、电力电缆等电容性设备的绝缘电阻时，表针会左右摆动影响读数；且在测量完毕时，不能停止转动，需等测量引线从被测设备上取下后方可停止转动。这是因为被测电容性设备对绝缘电阻表放电的缘故。

如图 3-63 所示，在绝缘电阻表的线路端钮 L 与被测电容性设备间串入一只耐压与绝缘电阻表相当的晶体二极管，用以阻止被测电容性设备对绝缘电阻表的放电，既可消除表针的摆动，又不影响测量准确度；在测量完毕停止摇动时，由于二极管处于反偏截止状态下不导通，从而防止了绝缘电阻表被损坏的可能。在此说明：绝缘电阻表测试工作完成后，被测电容性设备还是要进行对地放电工作的。

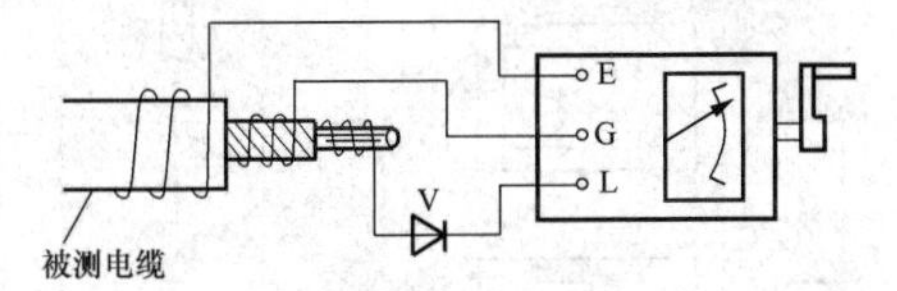

图 3-63　串接二极管摇测电缆接线示意图

3-2-24　采用保护环寻找绝缘低劣部位

绝缘电阻表测得某电动机一绕组的绝缘电阻低于规定值或与其他绕组相比较下降得很多，需要进一步查明原因时，可利用绝缘电阻表的保护环屏蔽端钮 G 找出故障部位，为检修提供方向。此时，将屏蔽端钮 G 接于非被测绕组（即空悬绕组）上。摇测时由于被测绕组与非被测绕组电位相同，相互之间没有电流流过，故测得的仅是被测绕组对地的绝缘电阻。然后将 G 端钮接于地端、E 端钮接于非被测绕组上，即 E、G 两端钮接线对换。此时测得的绝缘电阻仅是被测绕组与非被测绕组之间的绝缘。通过这样反复摇测，可判断查找出绝缘低劣的部位。

3-2-25　根据串联电压叠加原理，提高绝缘电阻表的端电压

绝缘电阻表是检测电气设备绝缘强度的一种常用工具。但在一些农村或边远小型工矿企业，一般只有 500V 或 1000V 绝缘电阻表，当测量高压电气设备

绝缘时，经常会感到绝缘电阻表的输出电压不足，灵敏度很低，以致达不到查出局部性绝缘缺陷的目的。因有时用500V绝缘电阻表测其绝缘电阻值还较高，而用2500V绝缘电阻表测得测试品的绝缘电阻值已低到不能使用的地步。例如某台有缺陷的设备在同一天、同一环境温度下，使用不同电压等级的绝缘电阻表摇测该台有缺陷的设备时，其测量结果相差很大，如表3-11所示。从表中可以看出，被测设备的绝缘电阻是随着所使用绝缘电阻表电压的增高而降低的。这种情况很容易使工作人员造成误判断。为此，对于绝缘电阻有问题的设备，尤其对于高压电气设备，应用相应高输出电压的绝缘电阻表进行测量，以利于绝缘缺陷的查找。

表3-11　不同电压等级的绝缘电阻表摇测同台有缺陷设备绝缘

绝缘电阻表电压（V）	500	1000	2500
测量读数（MΩ）	500	150	90

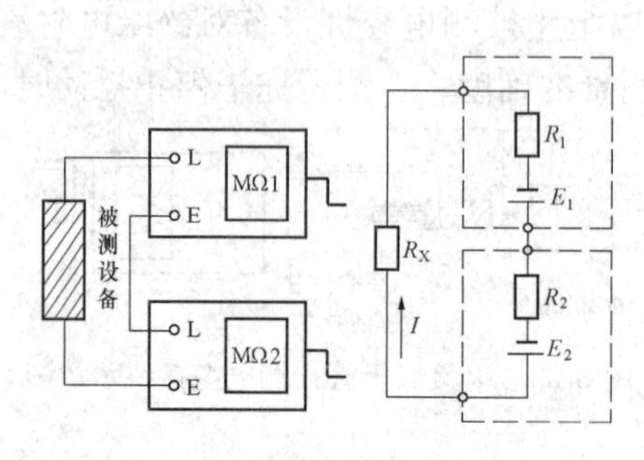

图3-64　绝缘电阻表串联测量的等值电路图

为了解决绝缘电阻表端电压不足的问题，可把两只1000V或500V的绝缘电阻表串联起来使用。这时测量的等值电路如图3-64所示。其中R_1及R_2分别为绝缘电阻表MΩ1与MΩ2的固有内阻，E_1及E_2则分别为绝缘电阻表MΩ1与MΩ2的直流电动势，R_x为被测设备的绝缘电阻，I为流过被测设备R_x的电流。由全电路欧姆定律可知：$I=\frac{E_1+E_2}{R_1+R_2+R_x}$。由于$R_1$、$R_2$较小，可以忽略不计，为便于分析，上式可近似写为：$I=\frac{E_1+E_2}{R_x}$。所以，$R_x=\frac{E_1+E_2}{I}=\frac{E_1}{I}+\frac{E_2}{I}=R_1+R_2$，即为两只绝缘电阻表指示值之和。

因此，根据串联电压叠加原理，用两只1000V及一只500V的绝缘电阻表串联，就可以在被测设备上得到2500V的直流电压。但在实际使用时应注意：第一只绝缘电阻表的对地电位已被抬高，故应将绝缘电阻表外壳对地绝缘，操作人员应采取戴绝缘手套等安全措施。

3-2-26　带电测量绝缘子的绝缘

带电用绝缘电阻表摇测绝缘子绝缘的方法和测试设备有：两根测杆、一只2500V绝缘电阻表。每根测杆上部串接一个高电阻，其电阻值按所测的工作电压确定。35kV 电压每一根测杆电阻值是 50MΩ（两根合在一起是 100MΩ）。110kV 电压，每一根测杆电阻值是 100MΩ（两根合在一起是 200MΩ）。每一根测杆顶端用一根金属棒穿在测杆内接加入电阻，把电阻串起来接至绝缘电阻表接线端钮 L 和 E（并在电阻末端一定距离内接一个接地屏蔽），这个电阻放在测杆上部，并要保持一定带电距离。两根测杆跨接被测绝缘子的接线路端和接地端，被测绝缘子的接线路端和接地端要和绝缘电阻表的线路端钮 L 和接地端钮 E 相对应。具体摇测方法及注意事项如下：

（1）摇测前先将两个测杆短接，用绝缘电阻表摇测两根测杆的电阻，其电阻应符合所装入的电阻值。

（2）摇测时要防止测杆上部金属棒将带电体不同相短路。

（3）带电测量的电阻值要减去所加入的电阻数值，就是被测绝缘子的电阻值。一般带电测得的电阻值，往往比该绝缘子的实际电阻值要偏低些，要在测量后加以分析，如绝缘子有污秽也是造成降低绝缘子绝缘电阻的原因。测得的数值在 1000MΩ 以上为合格；1000MΩ 以下为不合格。

3-2-27　检验低压线路的绝缘电阻

对明敷和暗敷的低压输电线路，为了保证线路投入运行后安全可靠，线路安装或大修完毕后，必须经过仔细检验，合格后方可接电运行。线路绝缘电阻的检验是其中的项目。线路完工后，应用 500V 绝缘电阻表测量线路的绝缘电阻，其绝缘电阻值不应低于设计规定值（一般相对地应不小于 0.22MΩ）。具体的测量方法如下：

（1）测量前，应卸下线路上所有熔断器的插盖或熔体管，同时，凡已接在线路上的所有用电设备或器具也均需脱离（如卸下灯泡）。然后在每段线路熔断器的下侧接线端子上进行测量。照明线路要户外与户内分段测量。

（2）在单相线路中，需要测量两线间的绝缘电阻（即相线和中性线）以及相线和大地之间的绝缘电阻。在三相四线制线路中，需分别测量四根导线中的每两线间的绝缘电阻以及每根相线和大地之间的绝缘电阻。

3-2-28　摇测变电站（所）二次回路的绝缘电阻

摇测变电站（所）二次回路的绝缘电阻值最好使用 1000V 绝缘电阻表，如果没有 1000V 的也可用 500V 的绝缘电阻表。

二次回路的绝缘电阻标准为：运行中的不低于 1MΩ；新投入的室内不低于 20MΩ，室外不低于 10MΩ。

摇测项目有电流回路对地、电压回路对地、直流回路对地、信号回路对地、正极对跳闸回路以及各回路间等。如果需测所有回路对地，则应将它们用导线连起来摇测。

测量中应注意事项：①断开被测电路的交直流电源；②断开与其他回路的连线；③拆除电路的接地点；④摇测完毕应恢复原状。

3-2-29 摇测晶体管保护的二次线绝缘电阻

摇测采用晶体管保护的二次线绝缘，对于与电压互感器、电流互感器连接的二次回路，应按上小节“摇测变电站（所）二次回路的绝缘电阻”所述二次回路绝缘标准和方法进行摇测。对于晶体管保护的直流回路，由于电压等级不同，原则上只使用500V绝缘电阻表进行测量。考虑到保护装置的逻辑元件与信号系统大部分是电子元件，弱电连接。所以在摇测时，应将正负极短接后再进行测量，以免损坏电子元件。特别注意严禁正负极之间摇测，否则将使电子元件击穿损坏。

3-2-30 校验10kV普通阀型避雷器

我国北方大部分地区，变台上所装保护变压器的10kV普通阀型避雷器，一般是冬季来临拆下存放，第二年雷雨季节前（春季结束）安装。阀型避雷器安装前要做数项检查和电气试验，电气试验内容有：绝缘电阻测量、工频击穿电压试验以及泄漏电流测量。电气试验多是送交供电部门的专门试验机构进行，但工矿企业用户单位电工送交之前应进行检查和绝缘电阻测量试验，校验放置数月的阀型避雷器是否受潮，避免送交的避雷器有一两个，甚至三个均有严重受潮缺陷。

测量10kV普通阀型避雷器绝缘电阻时，避雷器外表要擦拭干净。用2500V绝缘电阻表（没有的情况下，用1000V的绝缘电阻表）测量时，绝缘电阻值不应小于1000MΩ。已经使用了几年的避雷器，绝缘电阻值可以降低一些，但不宜小于700MΩ。

3-2-31 检测微小电容的耐压及容量值

用绝缘电阻表可检测0.01μF以下电容的耐压及容量值。选择适当型号的绝缘电阻表，如电容标称电压为200～250V，则选择250V的绝缘电阻表；电容标称电压为400～630V，可选用500V的绝缘电阻表。直接将被测小电容两脚接在绝缘电阻表的L（线路）、E（接地）两个端钮上，然后摇动绝缘电阻表的手柄至额定转速。被测电容若漏电，则绝缘电阻表指示值下降，否则绝缘电阻表指针保持在最大值。当绝缘电阻表的转速由额定值很快降至零时，由于电容上所充电荷释放，会使绝缘电阻表指针向反方向摆动，摆动幅度的大小即可作为估算电容容量的标准。若要较准确地测出电容容量，可用已知容量的标准电容与被测电容对比测量。

3-2-32　检查高压硅堆的好坏

检查高压硅堆好坏的电路接线如图 3-65 所示，绝缘电阻表接线端钮 E、L 分别接高压硅堆的两个金属帽，并用夹子夹紧，按额定转速（一般为 120r/min）摇动绝缘电阻表，读出电阻值；然后改变高压硅堆的极性重测一次，再读出电阻值。若一次电阻值很大，另一次电阻值较小，说明被测硅堆是好的，而且正反向电阻值相差越多越好。若两次电阻值读数都接近无穷大，说明被测硅堆内部开路。若两次电阻值读数都接近零，说明被测硅堆内部短路。如果两次读得电阻值很接近，说明被测硅堆已失效。

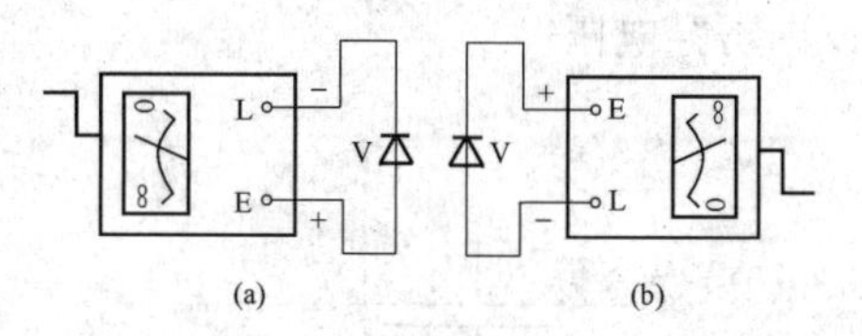

图 3-65　检查高压硅堆接线示意图
（a）正向电阻；（b）反向电阻

3-2-33　检查晶闸管的触发能力

用绝缘电阻表检查晶闸管的触发能力的接线电路如图 3-66 所示。将万用表拨至直流电流 1mA 挡，串联在电路中。在晶闸管控制极 G 与阳极 A 间并联一单极开关 SA。在断开开关 SA 的情况下，按额定转速（一般为 120r/min）摇转绝缘电阻表，绝缘电阻表上的读数很快趋于稳定，说明晶闸管已正向软击穿。把绝缘电阻表输出电压箝位于正向击穿电压值，此时，晶闸管并未导通，所以万用表的读数为零。这时闭合开关 SA，晶闸管导通，绝缘电阻表读数为零，万用表即指示正向电流值。

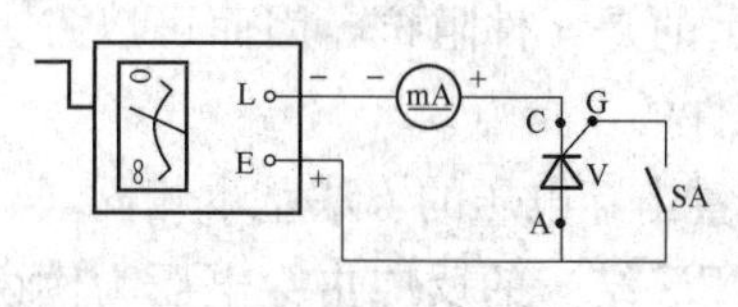

图 3-66　检查晶闸管触发能力接线示意图

例如用 ZC25-4 型绝缘电阻表（1000V）和 MF10 型万用表的直流 1mA 挡，检查 3kP20/500 型晶闸管。单极开关 SA 断开，绝缘电阻表转速达 120r/min 时，绝缘电阻表读数为 25MΩ，万用表读数为零。闭合开关 SA，万用表读数为 0.2mA，绝缘电阻表读数为零，说明被测晶闸管具有控制能力。

上述摇测时，绝缘电阻表指针指零的时间尽可能短些，防止时间过久会烧坏绝缘电阻表的发电机绕组。

3-2-34　测量电子元件的耐压参数

用绝缘电阻表测量电子元件的耐压等参数是一种简单实用、安全准确的方法。

（1）测量基本原理。PN 结的反向电压特性如图 3-67 所示。反向电压低于击穿电压时呈高阻状态，反向饱和电流 I_0 很小（硅管接近于零）。当反向电压达到击穿电压时，反向电流剧增，呈低阻状态。基本测量原理电路如图 3-68 所示。G 为可调直流电源，R 为限流电阻。测量时，调节 G 逐渐升高，同时观察电流表 PA 指示。开始时电流（反向饱和电流 I_0）很小，且随电压升高保持不变。当发现电流突然增大时，立即停止升压并读出电压表 PV 指示，即为所测 PN 结的反向击穿电压。

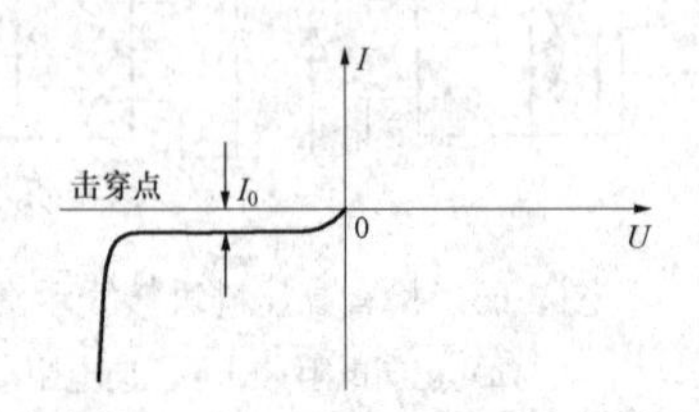

图 3-67 PN 结反向特性示意图

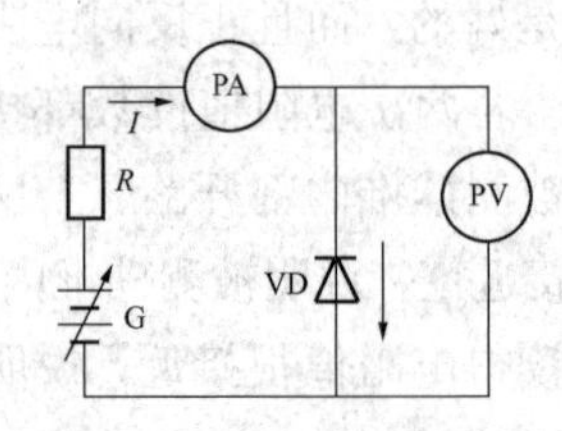

图 3-68 基本测量电路示意图

G 和 R 等效为一高内阻可调电源，其电压调节范围应能基本覆盖半导体元件的耐压范围（0～2000V），且应具有足够小的短路电流才不至于损坏电子元件（特别是大功率硅晶体管，击穿时电流稍大就会发生二次击穿而造成永久性损坏）。绝缘电阻表正是这样一种理想的电源。其输出电压随摇柄的转速平滑变化，最大电流不超过 1mA。由于绝缘电阻表指示的是元件阻抗，因而可以省去图 3-68 中的电流表 PA。阻抗突然下降时就是元件的击穿点。

由于半导体元件大都由 PN 结组成，因此测量击穿电压的方法基本相同。

（2）基本测量方法。现以测量晶体二极管（PN 结）的反向击穿电压为例说明基本测量方法。

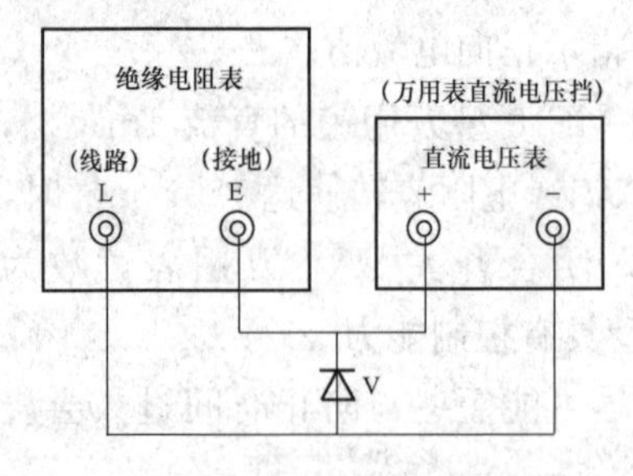

图 3-69 测量电路接线示意图

测量接线如图 3-69 所示。一般测量的步骤为：按图 3-69 接线无误后，缓缓摇动绝缘电阻表手柄，同时注意观察绝缘电阻表和直流电压表（万用表直流电压挡）的指示值，并逐渐加快转速。开始时绝缘电阻表应稳定停留在某一固定位置或缓慢下降。而电压表的指示应随转速加快而逐渐上升。当发现电压表指示不再上升，同时绝缘电阻表指示很快下跌，此时电压表指示的电压即为被测二极管的反向击穿电压。

晶体三极管的基极开路，集电极、发射极间的反向击穿电压（BV_{CEO}），发射极开路，集电极与基极间的反向击穿电压（BV_{CBO}）及晶闸管的正（反）向峰值阻断电压的测量可参照图 3-70 所示接线。图中 E（+）表示该端在测量时应同时接在绝缘电阻表的“接地”端钮和电压表的正极；L（—）表示该端在测量时应同时接在绝缘电阻表的“线路”端钮和电压表的负极。

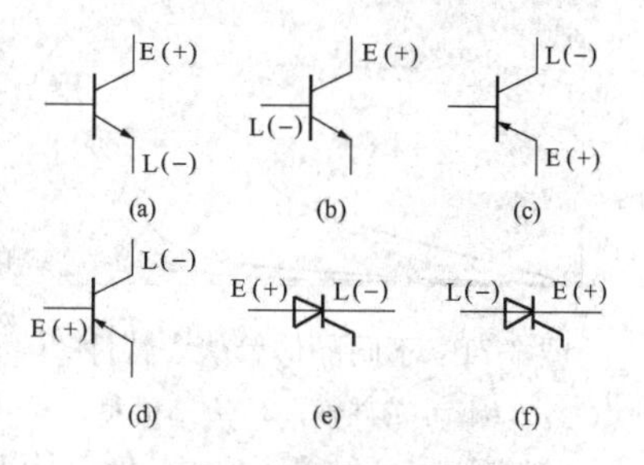

图 3-70　测量不同电子元件的接线示意图

（a）测 NPN 管的 BV_{CEO}；
（b）测 NPN 管的 BV_{CBO}；
（c）测 PNP 管的 BV_{CEO}；
（d）测 PNP 管的 BV_{CBO}；
（e）测晶闸管的正向峰值阻断电压；
（f）测晶闸管的反向峰值阻断电压

（3）绝缘电阻表和电压表的选用。绝缘电阻表应根据待测元件的耐压范围而定。例如要测的元件是黑白电视机的行输出晶体管（其耐压一般为 150～400V），可选用ZC25-3 型绝缘电阻表（额定电压 500V，量程 0～500MΩ）。若要测量彩色电视机的行输出管，则应选用 ZC11-10 型绝缘电阻表（额定电压 2500V，量程 0～2500MΩ）。电压表的满刻度值应与绝缘电阻表的额定电压值相匹配。如选用 ZC25-3 型绝缘电阻表，则应配 0～500V 的直流电压表。电压表的内阻应尽量大些（大于 10kΩ/V）。

在接上待测元件之前，应先将绝缘电阻表和直流电压表按图 3-69 所示接线（但不接二极管）连接。然后转动绝缘电阻表手柄，逐渐加快至额定转速。绝缘电阻表指针应稳定在一固定位置（例如 ZC25-3 型绝缘电阻表配 500 型万用表 500V 直流电压挡时，绝缘电阻表应稳定指示在 10MΩ 左右）；电压表则应由零逐渐增大至满刻度值。记下此空载指示的绝缘电阻值，以便在测量中正确判断晶体管等元件的耐压。

（4）测量精度和安全性。用绝缘电阻表测量电子元件的耐压参数的准确度主要取决于所配用直流电压表的精度。只需采用普通万用表的直流电压挡（如 500 型万用表），测量精度就高于 JT-1 型（或 JT-3 型）晶体管图示仪。特别值得说明的是，用此法测量的重复精度很高。

由于绝缘电阻表本身内阻极高，输出电流很小，因而不会损坏元件。

操作中应注意事项：无论在何种情况下，当绝缘电阻表的指针已十分接近或达到零时，应及时停止摇手柄，否则可能引起元件或绝缘电阻表损坏。

（5）实践经验。在熟练掌握上述基本测量方法的基础上，通过测量过程中的细心观察和分析，可了解晶体管的整个反向特性曲线：①优质硅晶体管的集电极与基极间反向饱和电流 I_{CBO} 和集电极与发射极穿透电流 I_{CEO} 都很小，反向特性曲线如图 3-71 中曲线 1 所示。测量时，随着绝缘电阻表转速的增加，其指针

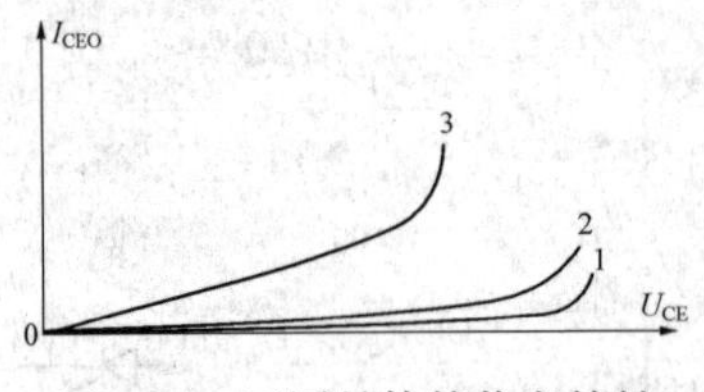

图 3-71　不同晶体管伏安特性
1—I_{CEO}小的硅管；2—I_{CEO}稍大的硅管；3—I_{CEO}较大的晶体管

基本上稳定在上述固定位置。电压表指示稳定上升。当达到雪崩击穿点时，电压停止上升，绝缘电阻表指示值迅速下跌。②穿透电流稍大的晶体管曲线如图 3-71 中曲线 2 所示。随着绝缘电阻表转速增加，电压表指示值稳定上升，而绝缘电阻表读数缓慢下降。当达到雪崩击穿点时，电压停止上升，绝缘电阻表指示值迅速下跌。③质量较差的晶体管曲线如图 3-71 中曲线 3 所示。测量时，尚未达到雪崩击穿点，绝缘电阻表指示值已接近零了。这种情况，可根据该管的具体使用条件确定绝缘电阻表指示值不低于某一具体值（如 1MΩ）时的电压指示值为其耐压值。

至于穿透电流大的锗晶体管，特别是大功率锗管（如 3AD6、3AD30 等），不宜用此法测量耐压。

由于晶闸管具有负阻特性，测量时观察到的情况与晶体管不同。击穿前，绝缘电阻表稳定保持在上述固定位置，电压表指示随着绝缘电阻表转速升高稳定上升。当达到击穿点时，绝缘电阻表和电压表的指针突然摆向零。击穿前瞬间，电压表的最高指示值就是晶闸管的正（反）向峰值阻断电压。

耐压 500V 以下的电子元件都可以用 ZC25－3 型（额定电压 500V，量程 0～500MΩ）绝缘电阻表测量，耐压 500V 以上的元件都可以用 ZC11－10 型（额定电压 2500V，量程 0～2500MΩ）绝缘电阻表测量。因此，只要有这两种型号的绝缘电阻表，再配一块500－Ⅱ型万用表（有 2500V 直流电压挡）就足够了。

3-2-35　检测行管反压特性

黑白电视机及彩色电视机的行管多为易损件。一般要求行输出晶体管（简称“行管”）的集电极—发射极间的反向击穿电压 BV_{CEO}是工作电压的 8 倍以上才耐用。例如工作电压为 110V，则行管的 BV_{CEO}应选择 900V 以上。一般企事业单位的电工不具备检测高反压值的条件，但可根据有关“雪崩”击穿原理，运用绝缘电阻表配合万用表直流电压挡进行估测。

如图 3-72 所示，为检测 NPN 型大功率管的 BV_{CEO}接线图。若是 PNP 型管子应将两只表的正、负表笔对调。万用表量程置于 1000$\underline{\text{V}}$挡（如用 MF47 型，也可用 500－$\frac{\text{Ⅰ}}{\text{Ⅱ}}$型万用表，表笔插

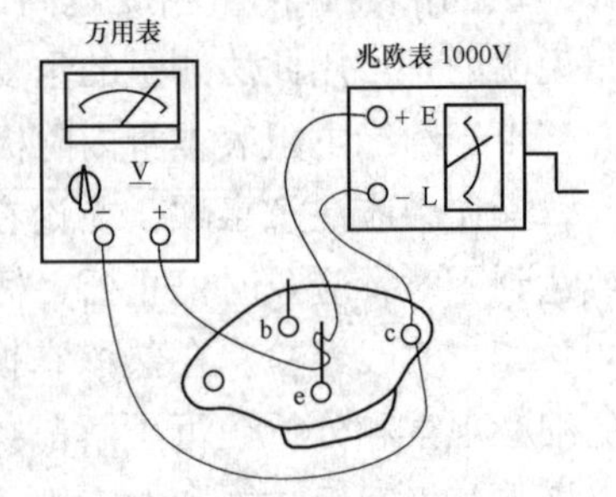

图 3-72　检测行管反压特性示意图

2500 V 孔)，摇动 1000V 的绝缘电阻表直至阻值回零时，此时万用表上显示的是估测的 BV_{CEO}。

注意：此法对内含阻尼管的行输出管不适用。

3-2-36　测量晶体管的反向击穿电压

在测量晶体管反向击穿电压时，一般是在资料中所给出的测试条件（反向电流）下进行。因为晶体管击穿后反向电流增大，但此时电压基本不变，为了测量方便，到某一较大电流便认为此时管子已击穿，因此，反向电流达到测试条件所规定的值，电压表的指示即为反向击穿电压。如果没给出测试条件，可测出 I_{CEO}、I_{CBO}和 I_{EBO}开始上升时的电压即可。

一般万用表 $R\times10$k 挡的电池电压仅 9～15V，只能测量少数三极管的 BV_{EBO}，其他各类反向击穿电压便无法测量。如同时利用绝缘电阻表、万用表及毫安表，便可测量各类反向击穿电压，如图 3-73 所示。图中画的都是 NPN 管，对于 PNP 管应交换电极位置。绝缘电阻表本身内阻很高，具有限流作用，不会导致元件硬击穿。如 ZC25-4 型绝缘电阻表，能输出 1000V 直流电压，内阻约 1MΩ，输出电流被限制在 1～2mA，实际短路电流为 1.6～1.8mA。如此小的电流一般不会损坏被测元件。若测试条件规定的反向电流较大，则可选择内阻较小的绝缘电阻表，使它的输出电流能满足被测管的测试条件。

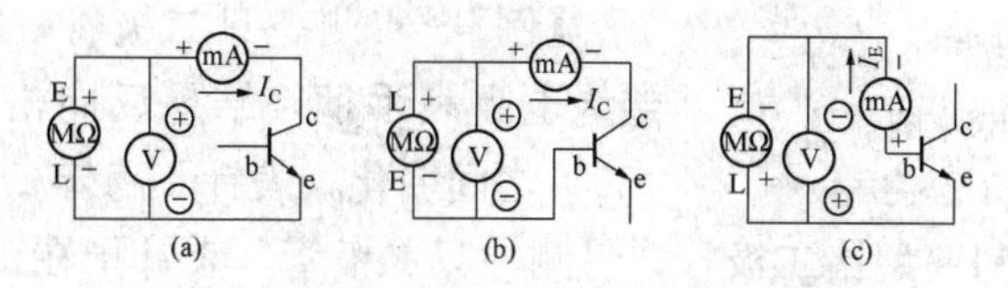

图 3-73　测量晶体管反向击穿电压接线示意图

(a) 测 BV_{CEO}；(b) 测 BV_{CBO}；(c) 测 BV_{EBO}

【例】 测量 3DA1D 的反向击穿电压。先测量 BV_{CEO}。查有关资料得知测试条件为 $I_C=1$mA，按图 3-73 (a) 的测量电路，选择 ZC25-4 型绝缘电阻表、MF30 型万用表和一只满量程为 1mA 的毫安表（或用 MF10 型万用表 1mA 挡）。将万用表拨到直流 100V 挡，按 120r/min 转速摇动绝缘电阻表。当毫安表的读数为 1mA 时，从万用表上读出的反向击穿电压 $BV_{CEO}=86$V。查资料，3DA1D 的 $BV_{CEO}\geqslant75$V，说明被测管子 BV_{CEO} 参数合格。同理，依测试条件 $I_C=500\mu$A，$I_E=500\mu$A，按图 3-73 (b)、(c) 的电路可测出 3DA1D 的 $BV_{CBO}=40$V，$BV_{EBO}=6$V，都大于资料中的规定值（$BV_{CBO}>30$V，$BV_{EBO}>4$V)，此两参数亦合格。

3-2-37　区分二极管和稳压管

稳压管和二极管都具有单向导电性，两者的伏安特性也有相似之处，仅仅靠观察外形有时难以区分。但两者也有主要区别：二极管一般在正向电压下工作，稳压管则必须在反向电压下工作；前者的反向击穿电压较高，一般在40V以上，有的超过几百伏。后者的反向击穿电压较低，一般为几伏到十几伏。根据两者反向击穿电压的不同，就可用万用表区分标记不清的稳压管和二极管。但也有例外的情况，有的二极管反向击穿电压较低（如2AP12，反向击穿电压低于15V），而稳压管稳定电压较高（如2DW58为110～130V）。碰到这类情况也不难加以区分，因为二极管反向击穿区的动态电阻较大，曲线不陡，测量时电压表的表针摆动幅度较大；而稳压管的动态电阻很小，曲线很陡，测量时表针摆动很小。因此，根据表针摆动的大小，就可区分出是稳压管还是二极管。测量反向击穿电压的电路如图3-74所示。采用绝缘电阻表是因为它既能提供击穿电压，本身内阻又有限流作用，只要合理使用，不会导致元件的硬击穿。测量时，按绝缘电阻表的额定转速摇动手柄，发电机直流输出电压迅速升高，当超过被测管子的击穿电压时，元件处于软击穿状态，并将绝缘电阻表的输出电压箝位在击穿电压上。根据测出的反向击穿电压值及表针的摆动情况，就可区分出是稳压管还是二极管。

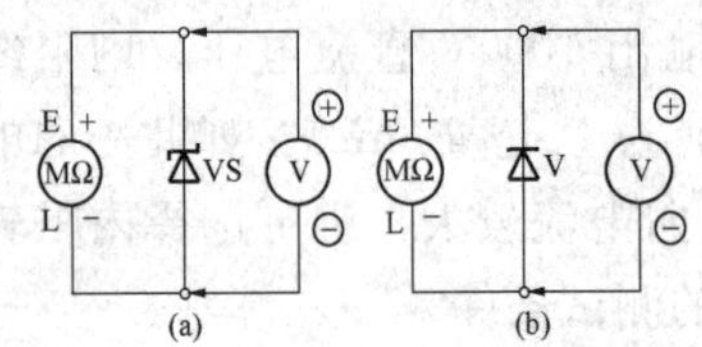

图3-74　测量反向击穿电压的电路图
(a) 测稳压管；(b) 测二极管

【例】 实测一只二极管，按额定转速摇动绝缘电阻表手柄，结果反向击穿电压在110～130V之间变化，表针不稳定，可知是普通二极管，查资料为2AP5型锗二极管；另测一只二极管，表针指在115V位置，且表针稳定，可知是一只稳压管，查手册为2DW58。

3-2-38　判断日光灯管的启辉情况及衰老程度

用绝缘电阻表和万用表快速判断日光灯灯管的启辉情况及衰老程度。检查灯管电路如图3-75所示。选用1000V的绝缘电阻表，将万用表拨至直流电压500V挡。两只表相并联时极性要一致。绝缘电阻表接线端钮L和E分别接日光灯灯管两端灯丝中任一脚，灯管两端灯丝的另一脚空着。

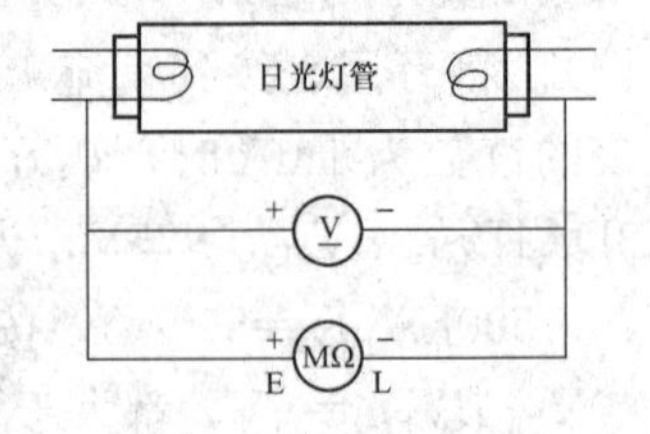

图3-75　检查灯管电路图

按图3-75所示接好线后，摇动绝缘电阻表达额定转速时（一般为120r/min），大约有1000V直流电压加在灯管两端两组灯丝之间，替代镇流器产生的600～700V电压，使灯管内的氩气电离，导致水银蒸气放电和紫外线辐射，激发管壁上的荧光粉发光。日光灯灯管内的气体放电时，有负阻效应，使灯管的压降降至300V以下。

摇测结果，如果灯管不亮，说明灯管已损坏失效；如微弱发光，说明灯管严重衰老。也可以通过测量灯管两端的电压来判断其衰老程度：灯管发光时，电压是150～300V为正常，300～450V为衰老；高于450V时属严重衰老。一般灯管功率（瓦数）越大，正常工作时电压也越高。

3-2-39　绝缘电阻表测判日光灯的启辉器好坏

口诀

日光灯的启辉器，绝缘电阻表测判。
线路接地两引线，连接启辉器两极。
缓慢轻摇表手柄，氖泡放电闪红光。
被测启辉器良好，否则启辉器损坏。

说明　日光灯启辉器静态时，氖泡内动、静接触片是分断的，用万用表无法测检它的好坏。可用绝缘电阻表摇测：将日光灯启辉器的两个极分别与绝缘电阻表线路接线端钮L和接地端钮E相连接，然后缓慢摇动绝缘电阻表手柄。启辉器若有红光闪动，说明启辉器是好的；否则是坏的。此法安全、迅速、准确，能为修理日光灯不亮的故障提供一种准确信息，从而节省大量的检修时间。

3-2-40　判断自镇流高压水银灯好坏

自镇流高压水银灯（高压汞灯）与外镇流高压水银灯的不同之处在于自镇流高压水银灯在灯泡的外泡壳内接有一根钨丝，串联在回路中，起到电阻镇流的作用。所以其不需要外接电感式镇流器，故称为自镇流。

目前，工矿企业、广场、车站、路灯等照明已普及使用自镇流高压水银灯，因为其具有发光强、省电、耐用等优点。但是在使用过程中，总会有一些灯泡接上电压后不能发光工作。检查高压水银灯好坏的电路如图3-76所示。选用1000V的绝缘电阻表，将万用表拨至直流电压500V挡。两只表相并联时极性要一致。绝缘电阻表接线端钮L和E分别接高压水银灯灯头的螺纹触点和灯泡尾触点。

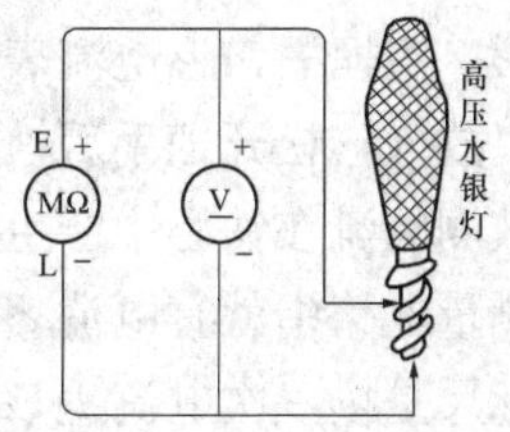

图3-76　检查高压水银灯电路图

检测时将高压水银灯置于较暗处，摇动绝缘电阻表，若高压水银灯中间部分发出淡蓝色光晕，万用表读数是150V左右，绝缘电阻表读数是0.2MΩ左右，说明高压水银灯是良好的；若看不到光晕，则水银灯有故障。当绝缘电阻表指示为零时，说明水银灯内部有短路故障；当绝缘电阻表指示为无穷大时，说明水银灯内部有开路故障；当绝缘电阻表指示为几兆欧至几十兆欧时，说明高压水银灯已衰老失效。

检查高压水银灯好坏的方法，同样适用于检查碘钨灯、钠灯的好坏。

简易检查高压水银灯灯泡的好坏，可只用绝缘电阻表的两接线端钮E和L分别接到灯泡灯头的两电源触点，置水银灯在较暗处，转动绝缘电阻表手柄。若灯泡内部的发光管两电极间产生较弱的放电光晕，说明灯泡内管没有漏气，灯泡内部电路畅通、连接良好。如不发光，则说明灯泡已损坏。

3-2-41 判断测电笔内氖泡是否损坏

要判断测电笔内氖泡是否损坏，可用500V绝缘电阻表摇测。如果氖泡完好，轻摇几转后即能启辉；如绝缘电阻表摇动转速接近额定转速时，氖泡仍不启辉，则氖泡已损坏。如果绝缘电阻表摇测时，表针指示为零，则是氖泡两极黏合。这时用手指轻弹，往往可恢复原状，继续使用。

第3节 用钳形电流表诊断查找电气故障

钳形电流表是用于测量正在运行的电气线路中电流大小的便携式电流表。众所周知，使用普通电流表测量电流时，必须停电断开电路后接入电流表，才能进行测量。在要求不停电就测量电流的场合，通常使用钳形电流表。例如，用钳形电流表可以不停电地测量运行中的交流电动机的工作电流，从而很方便地了解负载的工作情况。

常用的互感式钳形电流表由电流互感器和带有整流装置的磁电系表头组成，其外形如图3-77所示；其工作原理接线如图3-78所示。电流互感器铁心呈钳口形，当捏紧钳形电流表的手柄时其铁心张开，载流导线可以穿过铁心张开的缺口放入，松开把手后铁心闭合，被测电流的导线就成为电流互感器的一次绕组。被测电流在铁心中产生工作磁通，使绕在铁心上的二次绕组中产生感应电动势，测量电路中就有电流 I_2 通过，这个电流按不同的分流比，经整流后通入表头。标尺是按一次电流 I_1 刻度，所以表的读数就是被测导线中的电流。量程的改变由转换开关改变分流器电阻来实现。

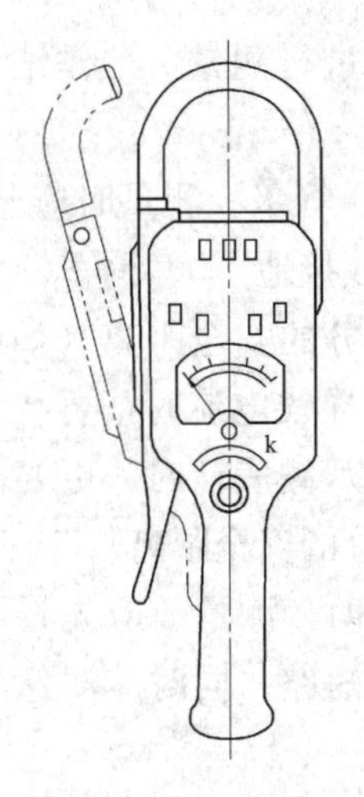

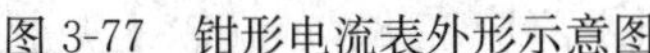

图 3-77　钳形电流表外形示意图

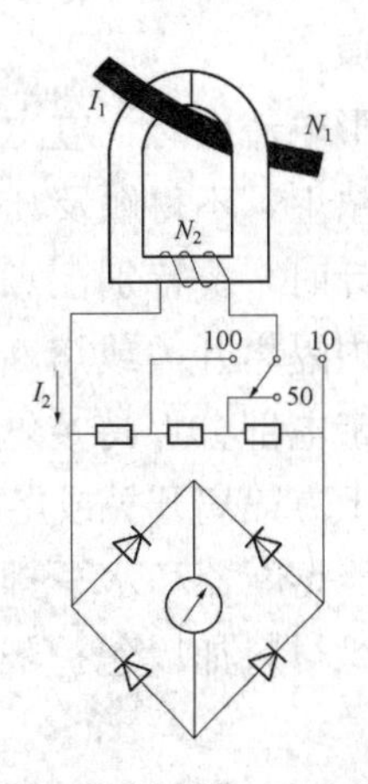

图 3-78　钳形电流表工作原理接线图

常用的互感式钳形电流表，其测量机构是采用整流式的磁电系表头，只能用于测量交流电路。如采用电磁系的测量机构，则可以交、直流两用。目前国产 MG20 型、MG21 型电磁系钳形电流表可以测交、直流电路，其结构见图 3-79 所示。这种表采用电磁系测量机构，卡在铁心钳口中的被测电流导线相当于电磁系机构中的线圈，测量机构的可动铁片位于铁心缺口中央，被测电流在铁心中产生磁场，使动铁片被磁化产生电磁推力，从而带动仪表可动部分偏转，指针即指出被测电流数值。由于电磁系仪表可动部分的偏转与电流的极性无关，因此它可以交、直流两用。特别是测量运行中的绕线型异步电动机的转子电流时，因为转子电流频率很低且随负载变化，若用互感器式钳形电流表则无法测出其具体数值，而采用电磁系钳形电流表则可测出转子电流。

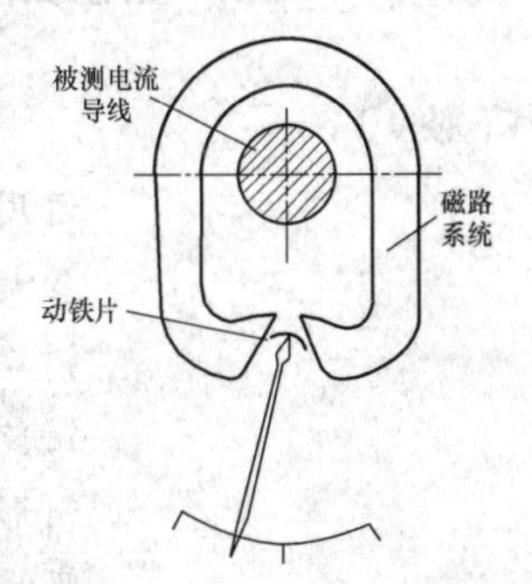

图 3-79　交、直流钳形表结构示意图

钳形电流表是低压电工常用的测量仪表之一。由于它具有携带方便，不需断开线路即可测量线路中的负荷电流的特点，因而很受电工们的欢迎，使用较为频繁。为此本节介绍应用钳形电流表查找电气故障。

3-3-1　使用钳形表进行测量工作时应遵守的安全规程

使用钳形电流表进行测量工作时应遵守下列安全规程：

值班人员在高压回路上使用钳形电流表的测量工作，应由两人进行。非值班人员测量时，应填写第二种工作票。

在高压回路上测量时，禁止用导线从钳形电流表另接表计测量。

测量时若需拆除遮栏，应在拆除遮栏后立即进行测量，工作结束，应立即将遮栏恢复原位。

使用钳形电流表时，应注意钳形电流表的电压等级。测量时应戴绝缘手套，并站在绝缘垫上，不得触及其他设备，以防短路或接地。

观测表计时，要特别注意保持头部与带电部分的安全距离（如站、蹲测量低压开关柜内隔离开关或熔断器直接接出的各相导线电流时，要特别注意人体头部与裸露带电部分保持足够的安全距离。伸头观测表计时，更要注意保持头部与前方或上方隔离开关或熔断器等裸露带电部分的安全距离）。

测量低压熔断器和水平排列的低压母线电流时，测量前应先将各相熔断器或母线用绝缘材料加以包护隔离，以免引起相间短路。同时应注意不得触及其他带电部分。

在测量高压电缆各相电流时，电缆头线间距离应在300mm以上，且绝缘良好，测量方便，方可进行。

当有一项接地时，禁止测量。

3-3-2　正确使用钳形电流表

运用钳形电流表，型号规格选适当。
最大量程上粗测，合理选择量程挡。
钳口中央置导线，动静铁心吻合好。
钳口套入导线后，带电不能换量程。
钳形电流电压表，电流电压分别测。
照明线路两根线，不宜同时入钳口。
钳表每次测试完，量程拔至最大挡。

说明　钳形电流表由电流互感器和磁电系电流表组合而成，电流互感器做得像把钳子，捏紧扳手即可将活动铁心张开，将待测载流导线夹入铁心窗口（即钳口）中。被测导线构成电流互感器的一次绕组（相当于穿心式电流互感器）；固定绕在仪表内铁心上的线圈则为二次绕组。当被测导线有交流电流流过时，互感器二次绕组的感应电流通过电流表显示读数。一次电流的大小与二次电流成正比，显示的读数即为载流导线（一次绕组）的电流值。钳形电流表使用方便，只需将被测导线夹于钳口中即可，故适用于在不便拆线或不能切断电源的情况下进行电流测量，但准确度较低。正确使用方法如下：

（1）钳形电流表的种类很多，有测量交流电流的T-30型钳形电流表，测量交流电流和电压的 MG24 型钳形电流表，还有交、直流两用的钳形电流表等。要根据使用场所、测量电流的性质和大小的不同，合理选择相应型号规格的钳形电流表。

（2）钳形电流表通过转换开关来调整量程。选量程时，应先估计被测电流的大小，以钳形电流表的指针指向中间位置为宜。对被测电流的大小无法估计时，先将转换开关置于最大量程挡进行粗测，然后根据读数大小，减小量程，切换到较合适量程，使读数在刻度线的 1/2～2/3 左右。

（3）钳形电流表钳口套入被测导线后，被测导线必须位于钳口中央位置，并要钳口动、静铁心紧闭，且保持良好的接触、对齐吻合。否则会因漏磁严重而使所测量数值不准确，电流值偏小，误差增大。测量时如有振动噪声，可将钳形电流表手柄转动几下，或重新开合一次。如果仍有杂声，应把钳口中的被测导线退出，检查钳口面是否有油污。若有，可用汽油擦干净。在钳形电流表钳口接触面上粘有异物的情况下进行测量，因磁阻增大故指示的电流值比实际值小。

（4）钳形电流表在测量的过程中不能切换量程挡。因为钳形电流表是由电流互感器和磁电系电流表组成的，如果在测量的过程中切换量程挡位，将造成电流互感器二次线圈瞬时开路。在测量较大电流的情况下，就会出现高电压，严重时会损坏仪表。另外，操作人员是在不停电的情况下手持钳形电流表进行测量的，如果在测量的过程中切换量程挡位，很难保证操作人员对带电导线的安全距离，易发生触电危险。因此，当套入导线后发现量程选择不合适时，应先把钳口中导线退出，然后才可调节量程挡位。

（5）使用带有电压测量挡的钳形电流表，如 T-302 型和 MG24 型钳形电流表，测量电压与测量电流应分别进行，切记不可同时测量。钳形电流电压表进行测量电压时，其两根引线应插在电压测量插孔内，而且预先估计被测设备的电压大小选择适当的量程挡，把转换开关指向电压挡，切勿指向电流挡。然后将两测试笔跨接于电路上，即可测得读数。

（6）钳形电流表测量照明线路、家电插头引线、单相电焊机供电电源线路时，橡胶绝缘良好的钳口不可同时套入同一电路中的两根导线（例如双芯电缆）。因两根导线所产生的磁通势要相互抵消，致使所测数据失去意义。

（7）钳形电流表每次测量完毕后，要把钳形电流表的量程转换开关拨至最大挡上。以防下次使用时未选量程就测量，造成钳形电流表的意外损坏。

3-3-3 交流电流表的刻度大多数是前密后疏

交流电流表的刻度大多数是前密后疏，这是由于使指针偏转的力矩与所测量的电流数值的平方值成比例的缘故，称平方律刻度。交流电流表指针偏转力矩多数由两个磁场（一个由固定线圈所产生，另一个由转动元件所产生）相互作用而产生，而这两个磁场的强度与所测量的电流数值成比例，两磁场相互作用而产生的力矩与所测量的电流数值的平方值成正比例关系。平方律刻度的特点就是电流值越大、刻度越疏。下面通过运算来说明这种现象。

假定测得电流是1，偏转力矩亦是1；假定测得电流是2，偏转力矩将为4（2^2），相差3（4－1）；假定测得电流是3，偏转力矩将为9（3^2），相差5（9—4）；假定测得电流是4，偏转力矩将为16（4^2），相差7（16－9）；假定测得电流是5，偏转力矩将为25（5^2），相差9（25－16），以此类推。

3-3-4　钳形电流表测非工频、正弦波交流电流误差大

钳形电流表工作原理决定了在不同频率下，产生与频率成比例的误差。因此，要在规定的频率范围内使用。

钳形电流表除测定正弦波电流之外，对所有波形电流的测定都会产生误差。一般奇次谐波比偶次谐波的波形误差大，特别是3次谐波，误差最大。用钳形电流表测定半波整流电流，误差较大。

3-3-5　绕线型异步电动机的转子电流不能用交流钳形电流表测量

绕线型异步电动机转子电流的频率是电源频率与转差率的乘积。绕线型异步电动机正常运行时，转差率 s 很低，一般为2%～15%，转子感应电流的频率也很低，一般为1～7.5Hz。例如，一台380V、50Hz的三相六级异步电动机，正常运行时转速为950r/min，此时转差率 $s=\frac{n_1-n}{n_1}=\frac{1000-950}{1000}=0.05$。

转子感应电流的频率 $f_2=sf_1=0.05\times 50=2.5\,(\text{Hz})$。

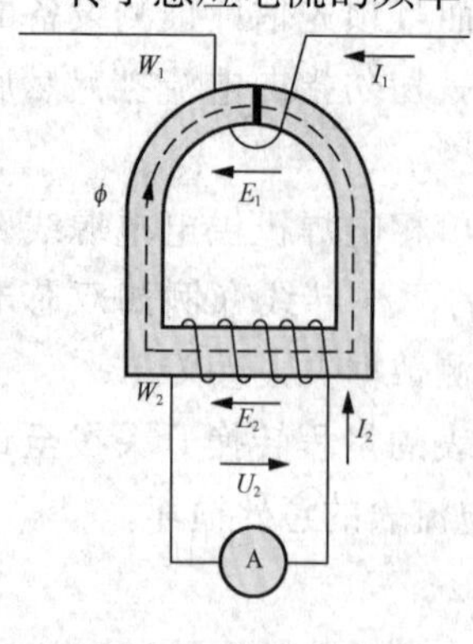

图3-80　钳形电流表等效电路图

如果用交流钳形电流表测量绕线型异步电动机转子电流，则测量误差很大，这是因交流钳形电流表是专门为测量50Hz工频电流而设计的。它应用电流互感器的原理工作，等效电路如图3-80所示。被测大电流 I_1 通过电流互感器的一次侧，利用一、二次侧线圈匝数不等，在二次侧感应出小电流 I_2，送到电流表A的线圈。I_2 主要依靠二次回路中的感应电动势 E_2 来产生，而 $E=-W_2\frac{\mathrm{d}\phi}{\mathrm{d}t}$，决定于磁通的瞬时变化率。在频率为2.5Hz时，磁通波形曲线已

十分平坦，铁心里磁通的变化率已变得很小，因此，二次回路感应的电动势 E_2 也必然很小。又因为

$$E_2 = I_2 \mid Z \mid = I_2 \sqrt{R^2 + X^2}$$

式中 $|Z|$——二次回路总阻抗的模，Ω；

R——二次回路总电阻，Ω；

X——二次回路总电抗，Ω。

在设计电流互感器时，二次负荷功率因数一般采用 $\cos\varphi=0.8\sim1$，故二次绕组的电阻总比感抗大，表计也要求感抗尽量小（钳形电流表的表计一般采用磁电式，并经整流）。当频率降得很低时，在一定小的 E_2 下，二次电流 I_2 的降低比总阻抗 Z 的相应降低要大得多，因此在一次电流 I_1 给定的情况下，当频率为 2.5Hz 时，钳形电流表的指示必然产生很大误差，示值偏低很多且有摆动现象。从而不能正确反映 I_1 值。

例如，某单位新安装一台 JR2-355M2-4 型，190kW 的绕线型异步电动机，额定转速为 1457r/min，星形接法，定子额定电压 380V、额定电流 353A；转子额定电压 240V，额定电流 504A。由于设计安装上的疏忽，电动机的电源线采用了两条，VLV-1kV 的 3×150 的电缆，转子外接电阻的连线仅采用了一条 VLV-1kV 的 3×150 的电缆。空载运行良好，带上负载（球磨机）工作半小时后，转子外接电阻的电缆线温升就达到 80℃。用交流钳形电流表测得电动机转子电流仅为 80A，未超过电缆线的安全载流量的一半，线路距离又不长。因此，开始时，怀疑是电动机集电环的温度过高（认为新电刷与铜滑环摩擦接触不好），经热传导使电缆温升过高。停机检查发现，电刷与铜滑环接触良好、电刷压力适当，而且集电环温度不高。后经分析，确认是因用交流钳形电流表测量频率很低（测时约为 1.5Hz）的电动机转子电流，造成很大的误差。因当时曾用钳形电流表测定电动机的定子电流是 350A。很接近额定电流 353A，说明测试转子电流时也已接近额定电流 504A 了。因此决定并实施，转子外接电阻的连线再并联一条 VLV-1kV 的3×185 的电缆。安装完毕后，开机运行，一切正常。类似同样的误判事例常有发生。故交流钳形电流表不能测量绕线型异步电动机的转子电流。

简洁地讲：常用的交流钳形电流表是由电流互感器和整流式磁电系表头组成，表头从接在电流互感器二次绕组中的电阻上获得电压。因为绕组的感应电压与频率成正比，在测量绕线型异步电动机转子电流等低频电流时，表头上得到的电压将比测量同样电流值的工频电流时小得多，有时还不足以使整流二极管导通，因此，钳形电流表不能正常工作。

交、直流两用钳形电流表没有二次绕组，而是使铁心中的磁通直接通过电

磁系表头，所以频率的高、低对其无影响。因此用交、直流两用钳形电流表可以测量绕线型异步电动机的转子电流。

3-3-6　交流钳形电流表不能测量直流电流

交流钳形电流表不能测量直流电流。交流钳形电流表由一个电流表和一个可以开启的电流互感器组成。电流互感器的铁心上绕有二次绕组，电流表与二次绕组相连，要使电流表有读数，必须在二次绕组中有感应电动势。在测量交流电流时，因导线中的交变电流使互感器铁心中有交变磁通而在二次绕组中感应出电动势来。但在测直流电流时，因电流不是交变的，铁心中的磁通也不交变，所以在二次绕组中就不会感应出电动势来，电流表中也不会有读数。所以，交流钳形电流表不能测量直流电流。

3-3-7　白炽灯在冷态下点燃瞬间电流很大

白炽灯的结构确定后，灯丝的电阻也就确定了，所以白炽灯的电流决定于其供电电压，供电电压变化时电流也随着变化。白炽灯灯丝具有正电阻特性，温度升高时电阻值增大，其正常点燃后电阻较高，而在冷态下电阻较小。所以白炽灯在冷态下点燃的瞬间电流是很大的，可达到其额定电流的 12～16 倍。启动冲击电流的持续时间（降到正常值的时间）为 0.05～0.23s（白炽灯功率愈大时间愈长），这个特点在一般的电路中并不引起注意，但在采用热容量小的快速熔断器保护的电路和采用晶闸管的电路中要考虑这个特点，因为如此大的电流冲击可能使熔丝或晶闸管元件烧断。

交流接触器主要用于交流电动机的控制，其主触点除能长期通过工作电流外，还须能承受刚接通时的冲击电流。在直接启动时，因启动电流是额定电流的 6～7 倍，故交流接触器的接通电流按额定电流的 6～7 倍制造。白炽灯的冷态电阻是热态的十几分之一，即接通时的电流是额定电流的十几（12～16）倍。当用交流接触器控制的白炽灯时，如两者的额定电流相同，则接通时的冲击电流将超过其能力近一倍，会造成事故。所以交流接触器的额定电流须是其所控制的白炽灯电流的一倍。必须注意：用交流接触器控制白炽灯时，只能按其额定电流的一半使用。

3-3-8　测量三相交流电流的技巧

钳形电流表在测量三相交流电流时，钳口套一根相线，读数为本相线的电流；钳口套入两根相线时，读数则是第三相线的电流（在测量工作实践中需知此技巧。例如低压配电柜内断路器或隔离开关下侧三根三相线，可移动长度短，常遇其中一相线穿入电流互感器中。若遇导线截面较大时很难移动。即不易套入，甚至根本不能套入钳形电流表的钳口）。钳口套入三根相线时，如果读数为零，则表示三相负荷平衡；如果读数不是零，则说明被测三相负荷不平衡，读数值是中性线的电流值。

三相三线制中，根据基尔霍夫电流定律，通过O点（同一节点）的三相电流的相量和为零。即 $\dot{I}_1+\dot{I}_2+\dot{I}_3=0$，所以，$\dot{I}_2+\dot{I}_3=-\dot{I}_1$，两相电流的相量和等于第三相电流，且方向相反，如图 3-81 所示。因此，钳形电流表的钳口套入三根相线时，读数应是零；钳口套入 L2、L3 两根相线时，读数则是 L1 相线的电流值。

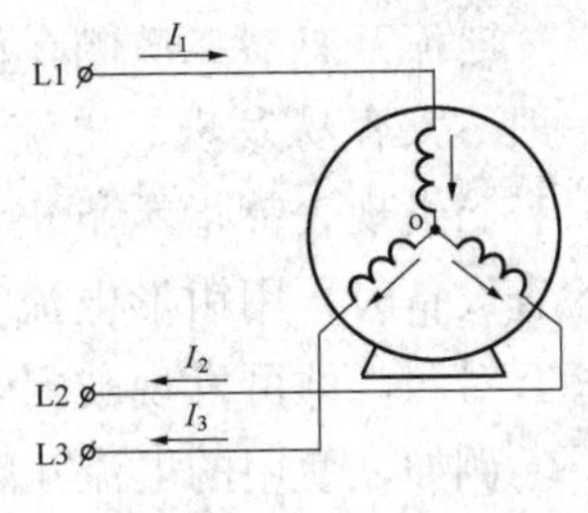

图 3-81 三相三线电流示意图

在三相四线制网络中，负载平衡时，中性线电流的相量和等于零。当使用了三相晶闸管调压器后，在不同的相位触发导通时（全导通除外），中性线的电流相量和都不为零。如果在某一相中使用单相晶闸管调压器而其余两相未使用时，由于其中一相在不同相位触发，产生的电流波形是断续载波而非连续的正弦波，所以中性线的电流相量和也不可能是零。

3-3-9 测量交流小电流的技巧

日常测量照明线路和家用电器时，电流一般为 10A 左右，检查小型三相电动机的三相电流（<10A）是否平衡时。若用钳形电流表测量，其表头最小是 1～10A，同时有的表计第一格就是 2A。2A 以下或零点几安就更无法测量。再说钳形电流表通常在低量程时误差较大，指针偏转小时读数困难等。这时为了得到较准确的电流值，可把负载绝缘线在钳形电流表的铁心上绕 1～2 匝，甚至更多匝。应用电流互感器原理来增强磁场，使二次侧感应出较大电流，从而读得较大些的电流值，如图 3-82 所示。这样取得的读数是扩大了的，但真正的电流值必须减去扩大部分。即加绕一匝时，需将读数除以 2；绕两匝时除以 3；绕三匝时除以 4。反过来说，绕一匝的电流被扩大了 2 倍；绕两匝的扩大了 3 倍；绕三匝的扩大了 4 倍。其规律是匝数增加 N 匝，电流被扩大为 $N+1$ 倍，真正的电流值=表计读数/$(N+1)$。

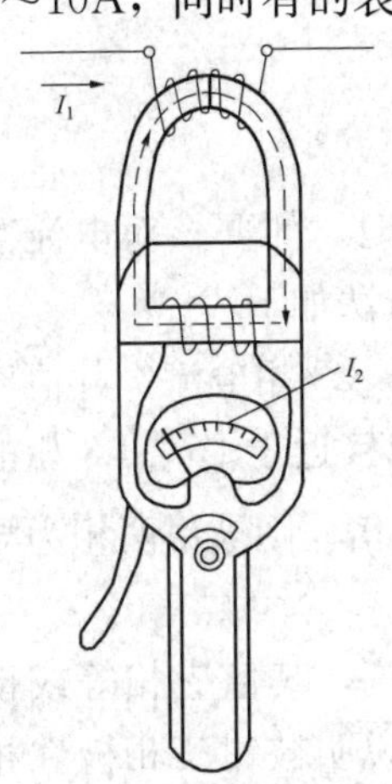

图 3-82 测量小电流示意图

另外，为了消除钳形电流表铁心中剩磁对测量结果的影响，在测量较大的电流之后，如果要立即测量较小的电流，应该把钳形电流表的铁心开、合数次，以消除铁心中的剩磁。

3-3-10　检查电流互感器二次侧开路

电流互感器二次侧在任何时候都不允许开路运行。电流互感器二次侧开路，一般不太容易发现。电流互感器本身无明显变化时，会长时间处于开路状态，只有当发现表针指示不正常或电能损失过大时才会被重视。其实，在日常巡视检查设备时，用钳形电流表钳住一、二次线所测得的电流换算为同级电流，并相互对照，即可发现被测电流互感器是否开路或因接触不良处于半开路状态。

例如，使用的电流互感器为100A/5A、电压400V。用钳形电流表测得一次电流为80A，测得二次电流为4A，换算到一次侧电流为4A×100/5＝80A，即被测电流互感器运行正常；当钳形电流表测得二次电流为零或2A时，2A×100/5＝40A，即可认为被测电流互感器二次开路或半开路。

若电压为10kV，钳形电流表只能测电流互感器的二次电流，可根据负荷有无突变及电能表运转情况，并与同期负荷比较，确定电流互感器是否开路或半开路。

当发现电流互感器二次侧开路时，仍然可用钳形电流表快速查找开路点。首先分别测得每相电流互感器的二次电流，若L3相无电流时，即认为L3相电流互感器二次侧开路。此时，可使用一根绝缘良好内芯可靠短路线，短接L3相电流互感器的二次侧，用钳形电流表测短接两侧L3相电流。若电流互感器侧无电流，则是互感器本身开路；否则，便是二次回路开路。将短路线逐段挪动测试，即可迅速查出开路点。这样既快速且又不需停电查找。

3-3-11　判别电流互感器回路极性

在现场用标准电能表校验正在运行中的高压侧电能表时，如要核对电流互感器回路极性的正确性，可用钳形电流表进行判别。具体方法如下：

对三相三线表来说，先分别钳出引接在标准表上的L1、L3相电流，其值应相等或接近。再钳出L1、L3两相的矢量和，其值若等于或接近于L1、L3相的值，说明被钳两相为同极性；若等于或近于L1、L3相的$\sqrt{3}$倍，则被钳两相为异极性。

对三相四线表来说，须先分别钳出L1、L2、L3相电流，其值应相等或接近。而后钳出L1、L2、L3三相的矢量和。若其值为零，说明被钳三相极性相同；若其值两倍或近似两倍于L1、L2、L3各相的值，则被钳三相之一相或两相极性反接。

同理，若在现场对运行中设备做其他校验时，只要涉及电流互感器二次侧为V、Y或△接法情况下，上述方法同样适用。

此法优点在于不拆接线头即可判别回路极性。

3-3-12 现场检测计量装置中电流互感器的变比

用钳形电流表现场检测计量装置中电流互感器变比的误差，简单方便，判断准确。在不拆动任何原线路和不影响供电情况下，能迅速测算出电流互感器变比和电能表每分钟盘转数。所以这是一项技术性反窃电措施。

用钳形电流表测得一次负荷电流和经电流互感器转换后的二次电流，然后根据测量数据，经简单运算，马上得出电流互感器变比。测算电流互感器变比计算公式为

$$n=I_1/I_2$$

式中 n——电流互感器倍率；

I_1——被测一次负荷电流，A；

I_2——被测电流互感器二次电流，A。

例如，某一计量箱内电流互感器变比标定为150A/5A，用钳形电流表现场测得负荷电流为90A、二次电流为2A，计算电流互感器实际倍率$n'=I_1/I_2=\frac{90}{2}=45$。

已知电流互感器标定的变比为$n=\frac{150}{5}=30$，但通过现场测试计算被测电流互感器实际倍率是45。可见电流互感器原变比标定值150A/5A是不对的。

现举例介绍计算电能表盘转数的方法。

某一计量箱电能表为单相5A、额定电压220V，常数为1200r/kWh，电流互感器变比标定为100A/5A，用钳形电流表现场测得负荷电流70A，同时1min内现场观察记录电能表转了8圈，计算该电能表应转多少圈（功率因数取0.8）。

（1）计算电流互感器一、二次侧功率P_1、P_2。

$$P_1=U\cdot I\cos\varphi=220\times70\times0.8=12320\text{（W）}$$

$$P_2=P_1/n=\frac{12320}{\frac{100}{5}}=\frac{12320}{20}=616\text{（W）}$$

（2）计算电能表1W/min内盘转数。已知1200r/kWh，那么1W/min内的盘转数是：$r'=\frac{1200}{1000\times60}=0.02$（r）。

被测电能表在负荷电流为70A情况下1min内应转圈数为

$$r''=616\times0.02=12.32\ (\mathrm{r})$$

根据现场用钳形电流表测量的负荷电流，该电能表在 1min 内应转 12.32 圈，而现场观察记录在 1min 内电能表只转了 8 圈，这样该电能表漏计电量 35% $\left(\frac{12.32-8}{12.32}\right)$。

通过上述现场检测计量装置中电流互感器变比的方法，能有效地防止五花八门的技术性窃电。如私自更换电流互感器上铭牌、更换内芯，增大变比，改变电流互感器二次绕组线圈匝数、减小二次输出电流等。

3-3-13　检测配电变压器低压计量电能表

电能计算工作中，电能表的运行准确与否，直接影响到供电部门的电费回收和企业本身的经济效益。根据有关规定，电能表的校验周期按其准确等级的要求分别为三个月、一年、两年等。但电能表在校验后的长期运行中，由于负荷的影响及温度、湿度、振动和时间的变化、电能表往往出现快慢误差。故必须经常对计量电能表进行现场检测，以降低线损，提高经济效益。现介绍用钳形电流表结合秒表的检查方法：

(1) 计算电能表 1min 应转圈 n_1。用钳形电流表测出配电变压器低压侧的各相电流（若三相电流不平衡，可取平均值），然后除以电流互感器变比，即为流入电能表的二次电流。再测量现场电压，估算其功率因数（对小型配电变压器供电，若无低压补偿，农村可取 0.8；工矿企业可取 0.75～0.8），按下式计算出电能表 1min 应转圈数 n_1（三相三线和三相四线电能表）

$$n_1=\frac{\sqrt{3}UI_2\cos\varphi C\times10^{-3}}{60}\ (\mathrm{r})$$

式中　U——电能表电压线圈承受的电压，V；

I_2——进入电能表的电流互感器的二次电流，A；

C——被测电能表铭牌上标注的常数，r/kWh；

$\cos\varphi$——功率因数。

(2) 实测电能表 1min 所转圈数 n_2。在测量低压侧各相电流的同时，用秒表测出电能表圆盘转一圈所需的秒数（也可取圆盘转 10 圈时平均一圈的秒数）。再把电能表的转速换算为 1min 的转数 n_2

$$n_2=\frac{60\text{秒}}{\text{实测圆盘转一圈的秒数}}\ (\mathrm{r})$$

(3) 计算电能表的相对误差。计算公式：$r=\frac{n_2-n_1}{n_1}$（%）。

r 为正值，说明被测电能表转快了；若为负值，则说明被测电能表转慢了。

例如某农村有一台 50kVA 的变压器，所带负荷为农业灌溉、照明及农副产品加工混合使用。计量用电流互感器为 75/5（即 150/5 互感器一次穿 2 匝），电能表为 DT8 型三相四线有功电能表。电能表的常数为 450r/kWh。现场实测各相电流为：$I_{L1}=68A$，$I_{L2}=71A$，$I_{L3}=69A$，$U=400V$，$\cos\varphi=0.8$。用秒表测得电能表圆盘转一圈为 4s。

三相平均电流 $I=\dfrac{68+71+69}{3}=69.33$（A）；$I_2=\dfrac{69.33}{15}=4.622$（A）

$$
\begin{aligned}
n_1 &= \frac{\sqrt{3}UI_2\cos\varphi C\times10^{-3}}{60}\\
&= \frac{1.732\times400\times4.622\times0.8\times450\times0.001}{60}\\
&= 19.21\ (\mathrm{r})
\end{aligned}
$$

$$n_2=\frac{60}{4}=15\ (\mathrm{r})$$

$$r=\frac{n_2-n_1}{n_1}=\frac{15-19.21}{19.21}=-0.219\approx-22\%$$

即电能表转慢 22%。

据此查找被测电能表转慢的原因。一般电能表转慢 10%～25%的原因为：①多处电流或电压线接触不牢；②其中一只互感器和其他两只的变比不一样；③电能表内永久磁铁位置变动。

3-3-14　判断用户跨相窃电

现城市里的居民楼多一单元内一层两户。某楼建成一年后，单相有功电能表由原来的每层一电表箱改为楼下集装。改造验收后，四楼两块集装的单相电能表连续几个月电量偏少，而经询问得知两用户家中一直有人居住，且家用电器不少。抄表员怀疑电能表有故障，取下电能表校验，电能表正常无故障。检查集装表箱内电表接线，发现用户 A 电能表进线的相线、中性线接反，但这也不影响计量。用户 B 电能表接线正常，如图 3-83 所示。

在楼下集装表箱处，用钳形电流表分别将 A 表、B 表的相线与中性线同时钳入，表头应指示为零，但表头均有电流值指示；再用钳形电流表分别钳两电表的每根线，发现每块表只有一根线有电流值，且电流数值近似一样，而另一根线指示为零。由此判定这两用户均是跨相窃电。于是从楼下表箱处开始，顺

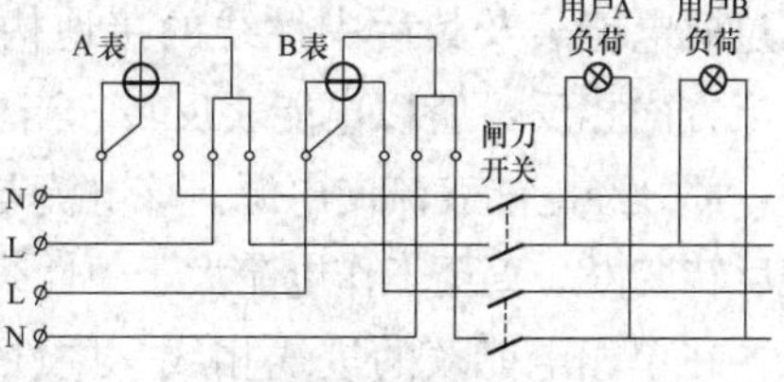

图 3-83　电能表与用户负荷接线示意图

线路检查，结果发现用户将各家用电负荷共同接在A用户闸刀相线和B用户闸刀中性线上，如图3-83所示（原每层电表箱小、深、暗，不易发现）。

电表箱改造时，由于表计数量多，进线相并联，进出线颜色一样，相互重叠，不经测量，难以直接看出各表进出线是否正确。现A表的电源进线相线、中性线虽然接反，但因电能表转动力矩与正确接线时一致，所以表计是能够正确计量。即仅从表箱内接线看，A、B两电表均能正确计量。但A、B两用户将负荷接在A用户闸刀相线和B用户闸刀中性线上时（即将负荷接在A表相线出线和B表中性线出线上），便形成了跨相窃电。这是很特殊的单相跨相窃电，两块电能表均不转或转的很慢。

单相电能表电源侧相线与中性线对调（电工计量人员安装时疏忽，或没认真辨识），就将线接成图3-83中A表的样子，这就给窃电者以可乘之机。窃电者可以在室内插座等处将中性线单独引出来，再与自来水管或隐蔽处接地的金属管道上引线连接，将负载跨接在相线与地线之间。如此窃电方法，因在计量表箱上不动“手脚”、不留痕迹，窃电者使用完毕后切断窃电负载，即无把柄可查。此种窃电方法大多在冬季或临时接用大负荷时运用。对这类跨相窃电，不论是借用相线，还是切断中性线改“一相一地”，均可用钳形电流表在电能表前或后将相（火）线和中性线同时钳入，表头应指示为零。若指示不为零，且数值较大，则有窃电行为发生。

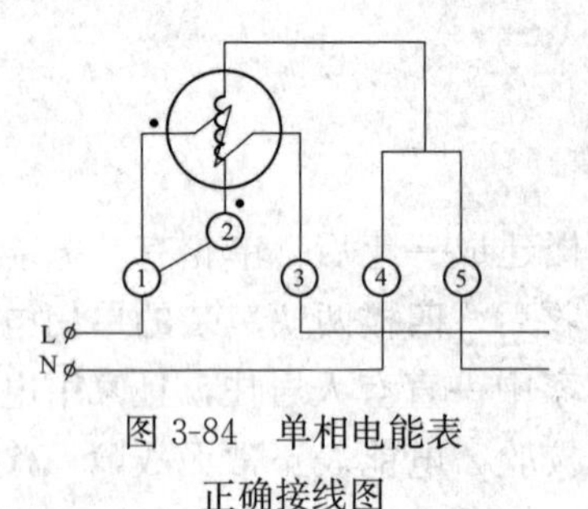

图3-84 单相电能表正确接线图

单相电能表的进线相线、中性线不得颠倒。单相电能表有一个电流线圈和一个电压线圈，如图3-84所示。电流线圈与电路串联，电压线圈与电路并联。如果电能表的进线相线、中性线颠倒，即将中性线接在进线端子①、相线接在进线端子④，一般情况下也可以准确计量用电。但是，如果负荷线路中性线上有接地，电能表可能发生自转现象，而且是反转。当负荷线路的中性线没有接地时，虽然相线、中性线颠倒，但电压、电流同时反向，电能表铝盘转动方向不变。这时，如中性线上有接地，中性线干线上的工作电流有一部分经过此电能表及其后中性线的接地构成回路。因为这个电流的方向与该表负荷电流方向相反，所以电能表反转。当电能表后的线路接通负荷时，其工作电流另有一部分经电能表流向电源。该电流与由中性线干线流来的电源方向相反，电能表反转变慢。直至工作电流大于中性线干线流来的电流时，电能表才会正转。

在单相电能表的进线相线、中性线颠倒接线的情况下，即使中性线干线上没有不平衡电流，也是不允许的。因为该电能表后方的工作电流将有一部分经中性线上的接地构成回路，电能表处中性线上的电流将小于相线上电流，铝盘将转动慢一些，使电能表计量偏低。

3-3-15 测量小功率异步电动机的功率因数

异步电动机的功率因数，一般是用功率表、电流表和电压表来测量的。这些仪表的接线较为复杂，需要技术较熟练的电工实施。现介绍一种既简便又准确，且为一般电工就能掌握的测量方法。

图 3-85 所示测量电动机功率因数的线路接线图（R—三相变阻器），用钳形电流表分别在点 1、2、3 处测量。然后根据测得的电流 I_1、I_2、I_3 的数值，按其比例作出相量图，如图 3-86 所示。由图 3-86 所示相量图得

$$\cos\varphi=\frac{I_3^2-I_1^2-I_2^2}{2I_1I_2}$$

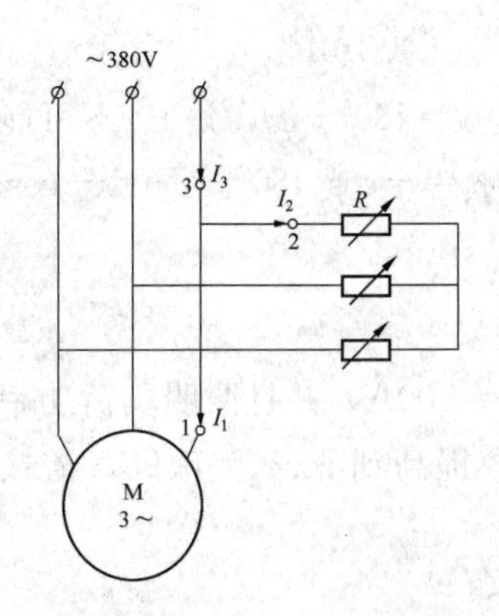

图 3-85 测电动机功率因数接线示意图

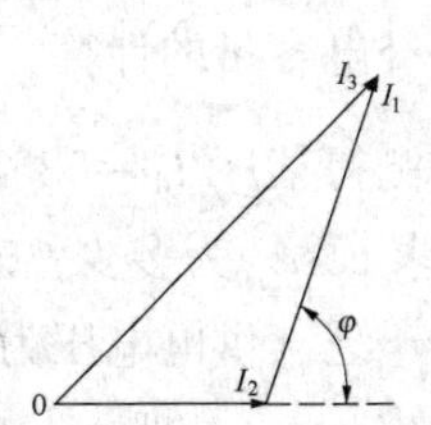

图 3-86 按图 3-85 所示测得电流作的相量图

因为测量是由同一个测量参数（电流）和同一个测量仪表进行的，所以准确度并不次于 0.5～1 级的功率表、电流表和电压表法所测得的数值。

这种方法，对于多数小功率异步电动机的功率因数测量是很方便的；但对大功率异步电动机，因变阻器 R 容量增大，是有困难的。

3-3-16 测算配电变压器低压侧并补电容量

一些小型工矿企业的配电设备都较简陋，缺少必要的测量仪表，致使不能按常规方法测算其配电设备应配备的并补电容量。对此，可利用因电价不同，照明、动力分线供电和照明回路功率因数接近于 1.0 的条件，采用钳形电流表进行测算。具体做法如下：

（1）在图 3-87 所示的 a、b、c 三处分别用钳形电流表钳测全厂负荷电流 I_1、照明电流 I_2 和动力电流 I_3。

（2）以 I_1、I_2、I_3 值按比例作三角形，如图 3-88 所示。并使电压相量 $\dot{U}$ 与 $\dot{I}_2$ 同相位（运算时，照明回路的功率因数值取 1.0）。由图 3-88 可知：$\cos\varphi_1$ 和 $\cos\varphi_3$ 分别为需要测求的全厂功率因数和动力支路功率因数。

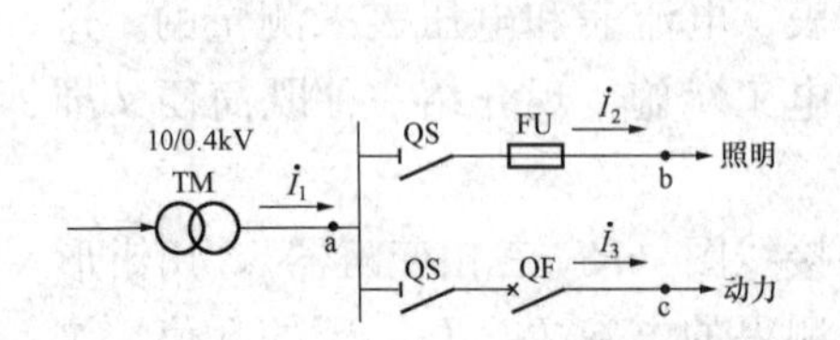

图 3-87　某厂变电所接线示意图

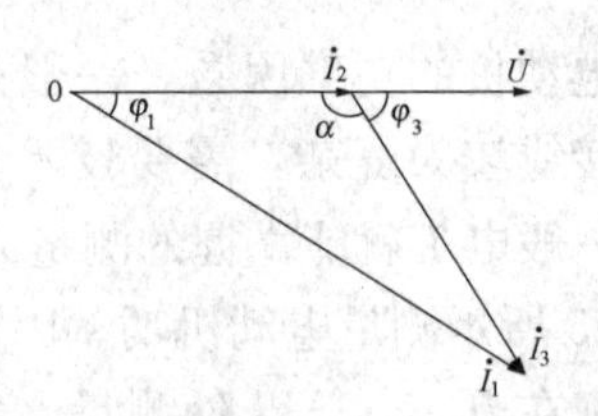

图 3-88　全厂、照明、动力负荷电流三角形示意图

（3）用解三角形的公式求出 $\cos\varphi_1$

$$\cos\varphi_1=\frac{I_1^2+I_2^2-I_3^2}{2I_1I_2}$$

（4）同理，可求出 $\cos\varphi_3$。从图 3-88 看出，$\alpha=180°-\varphi_3$，角 φ_3 不可能大于 90°，故知角 α 必为钝角，$\cos\alpha$ 为负值。又因 $\cos\varphi_3=-\cos(180°-\varphi_3)=-\cos\alpha$，故 $\cos\alpha$ 值乘以（−1）即得 $\cos\varphi_3$。

（5）并补电容量的计算，可依有关公式进行。

【例】 测得某厂 $\dot{I}_1=535\text{A}$，$\dot{I}_2=50\text{A}$，$\dot{I}_3=500\text{A}$，并且照明负荷功率因数等于 1.0，求 $\cos\varphi_1$ 为多少？若把全厂功率因数提高到 $\cos\varphi_2=0.95$，需接入并补电容多少千乏（供电电压为 0.4kV）？

解 先求 $\cos\varphi_1$。把 I_1、I_2、I_3 代入即得

$$\cos\varphi_1=\frac{(535)^2+(50)^2-(500)^2}{2\times535\times50}=0.72$$

需并补电容量为

$$Q_C=P\left[\sqrt{\left(\frac{1}{\cos\varphi_1}\right)^2-1}-\sqrt{\left(\frac{1}{\cos\varphi_2}\right)^2-1}\right]$$
$$=\sqrt{3}\times0.4\times535\times0.72$$
$$\times\left[\sqrt{\left(\frac{1}{0.72}\right)^2-1}-\sqrt{\left(\frac{1}{0.95}\right)^2-1}\right]$$
$$=170\ (\text{kvar})$$

式中　P——全厂有功负荷，kW。

此外，为补偿配电变压器空载电流，并补电容量还应加上配变额定容量千伏安数的 6％～10％。对 1000kVA 及以下的配电变压器来说，大变压器取小值、小变压器取大值。

3-3-17 判断电容补偿之欠补、全补或过补

在电力系统不缺无功电源，不需用户倒送无功时，若用户出现电容过补，则只能徒增线路和变压器损耗，故应避免。对于未装无功功率表或无功电能表，也无功率因数表的诸多小用户（电能紧张时期，100kVA 及以上变压器的用户均要求装电容器补偿），为了解其无功电流，可用图 3-89 所示的三个电流值来判断其属欠补、全补还是过补。这三个电流值可用钳形电流表随时测量所得。

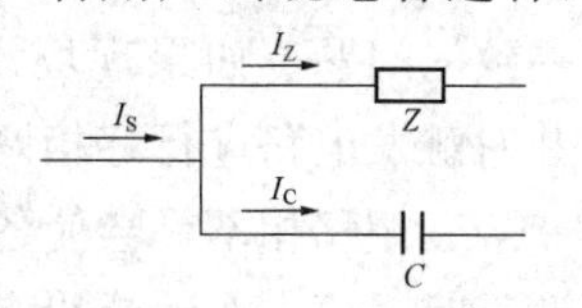

图 3-89 负荷、补偿电容、总电流示意图

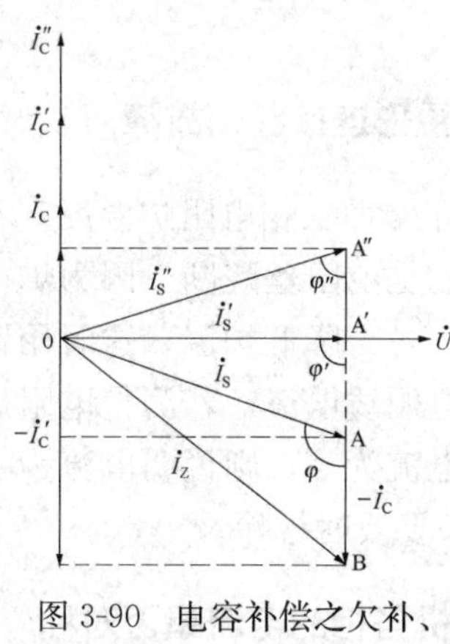

图 3-90 电容补偿之欠补、全补和过补三角形

以负荷电流 $\dot{I}_Z$、总电流 $\dot{I}_S$ 与并联补偿电容器电流之负值 $-\dot{I}_C$ 为三条边作三角形△OAB，如图 3-90 所示。以余弦定理求 $\cos\varphi$，即 $\cos\varphi=\dfrac{I_S^2+I_C^2-I_Z^2}{2I_SI_C}$。若其值小于 0（即 $90°<\varphi\leqslant180°$），为欠补，且其值越小，欠补越甚；若其值等于 0（△OA′B 中，φ 变为 $\varphi'=90°$，$\dot{I}_S$ 和 $-\dot{I}_C$ 对应为 $\dot{I}'_S$ 和 $-\dot{I}'_C$），为全补；若其值大于 0（△OA″B 中 φ 变为 $0\leqslant\varphi''<90°$，$\dot{I}_S$ 和 $-\dot{I}_C$ 对应为 $\dot{I}''_S$ 和 $\dot{I}''_C$），为过补，且其值越大，过补越甚。

3-3-18 检查晶闸管整流装置

日常巡回检查晶闸管整流装置，使用示波器十分不便。实践证明用钳形电流表可以很方便地解决这个问题。因为流过整流元件的是脉动直流电流，它的大小随时间不断地变化，因此可用互感式钳形电流表进行检测。检查时，只要往晶闸管的阳极或阴极连接线上一钳，根据电流读数的有无及大小，即可判断该元件工作是否正常。

若钳形电流表表头指示为零，就说明被测元件不在工作，不是触发电路有故障，便是该元件已损坏，再不然就是熔断器熔芯已熔断（熔芯已熔断而熔断标志未弹出的情况是经常遇到的）。反之，如果三相元件电流值基本平衡，那至少可以断定主电路及触发电路的工作是正常的。假如发现三相电流严重不平衡，除要考虑到触发器是否调试好外，很可能是晶闸管整流装置的交流部分出了故障，如整流变压器一相断开等。

3-3-19 三相晶闸管整流设备三相移相不一的调测

在安装、维修晶闸管调压或整流设备时，可能碰到各相的晶闸管移相角不一致的问题。如果现场没有示波器，可用钳形电流表测量各晶闸管输出电流，并对触发电路进行移相调整，以取得各相平衡。

三相移相不一会使各晶闸管中电流不一致，从而使各晶闸管的负荷率不匀。调试时，要先在整流设备输出端接负载，合上电源开关，调节“调整电压”电位器，使整流设备输出少量电流（导通角很小）；然后用钳形电流表测量各晶闸管输出电流，并对触发电路进行移相调整，以取得各相平衡；接着再逐级加大导通角，细心地进行测量和调整，直到额定输出为止。

3-3-20 判断三相电阻炉的星形连接断相故障

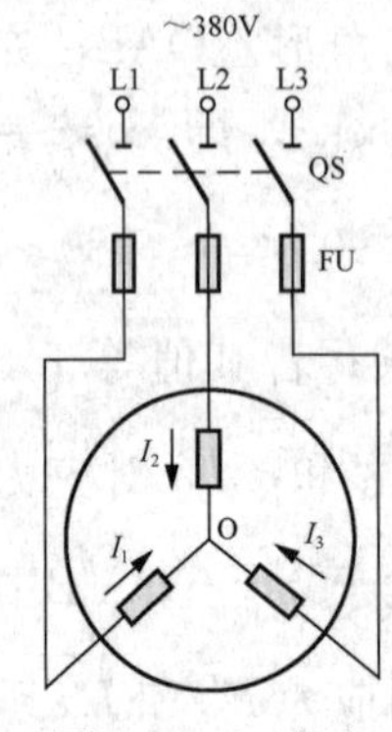

图 3-91 三相电阻炉示意图

如图 3-91 所示，如电源电压正常而三相电阻炉温度升不上去或者炉温升得很慢，则有可能是电阻丝烧断。因为炉内各个接点温度很高，若开炉检测，尚需降低炉温。这时用钳形电流表测量三相电阻炉的三根电源线电流，若测得电阻炉的两相电流小于额定值而另一相电流为零，则说明电流为零的那相电阻丝烧断，属断相故障，要及时排除。

3-3-21 检查三相异步电动机各相的电流是否对称

电动机从电源吸取的有功功率称为电动机的输入功率，一般用 P_1 表示。而电动机转轴上输出的机械功率称为输出功率，一般用 P_2 表示。在额定负载下，P_2 就是额定功率 P_N。

电动机的额定电压为U，额定电流为I，额定出力 P_N 与功率因数 $\cos\varphi$ 和效率η之间有一定关系，可用下式表示

$$I = 1000P_N/\sqrt{3}U\cos\varphi\eta$$

式中 P_N——电动机额定出力，kW；

U——电动机额定电压，V；

$\cos\varphi$——额定功率因数；

η——效率。

用钳形电流表检查三相异步电动机各相的电流是多少，是否对称，是电工检查电动机出力状况、运行情况，以及对发生异常现象的分析的重要依据。用钳形电流表检查三相异步电动机各相的电流时，常常会遇到有一相导线因挤在其他器件中间（例电流互感器铁心中）而无法测量，这时应把能测量的两相导

线同时套入钳形电流表的钳口中，测量所得读数就是第三相的电流。因为基尔霍夫电流定律不仅适用于电路的节点，还可推广应用于电路中任一假设的封闭面。三相异步电动机都是三相三线接法，其三相电流 $\dot{I}_{L1}+\dot{I}_{L2}+\dot{I}_{L3}=0$，即 $\dot{I}_{L1}=-(\dot{I}_{L2}+\dot{I}_{L3})$，所以可用上述方法测得（负号表示 L1 相电流实际上与测得两相的电流代数和大小相等而方向相反，并不影响测量结果）。

3-3-22 测三相电动机的空载电流，检验电动机检修质量

当电动机空载（不带负载）运行时，三相定子绕组中流过的电流称为空载电流。绝大部分的空载电流是用来产生旋转磁场的，称为空载励磁电流，是空载电流的无功电流分量。还有很小一部分空载电流消耗于电动机空载运行时的各种功率损耗（如摩擦和铁心损耗等），这一小部分是有功电流分量，但所占比例很小，甚至可忽略不计。因此，空载电流是基本上不做有用功的无功电流。从这一点来看，空载电流应该越小越好，这样电动机的功率因数提高了，对电网供电是有好处的。如果空载电流大，由于定子绕组的导线截面积是一定的，允许通过的电流是一定的，则允许流过导线的有功电流就只能减小，电动机所能带动的负载就要减小，电动机出力降低，带过大的负载，绕组就容易发热。但是，空载电流也不能过小，否则又要影响到电动机的其他性能，使其性能变差。所以，电动机的空载电流不宜过大也不宜过小，一般小型电动机的空载电流约为额定电流的 30%～70%，大中型电动机的空载电流约为额定电流的 20%～40%。

电动机大、中、小修后以及安装前，除了测量其绝缘电阻外，还需要做空载试验，用钳形电流表测量其空载电流，以判定电动机检修质量好坏，决定其能否使用。电动机的空载电流不宜过大也不宜过小，那么多大为宜呢？因为具体到某台电动机的空载电流是多少，在电动机的铭牌或产品说明书上，一般不标注。就是按电动机的空载电流约为其额定电流的百分数而论，也没有统一规定，再者电动机的额定电流也不易一一记住，遇到旧电动机丢失铭牌或模糊不清时，那就更无法确定某台电动机的空载电流了。

根据经验公式

$$I_0=I_n/3\approx 2P/3\approx 0.6P$$

$$I_0=P$$

$$I_0=I_n\cos\varphi_n\ (2.26-K\cos\varphi_n)\ =0.4I_n\approx 0.8P$$

式中 I_0——电动机空载电流，A；

P——电动机容量，kW；

I_n——电动机额定电流，A；

K——系数（$K=2.1$）；

$\cos\varphi_n$——电动机额定功率因数（取 $\cos\varphi_n=0.85$）。

得出易记计算口诀：

口诀

电动机空载电流，容量八折左右求。
新大极少六折算，旧小极多千瓦数。

计算口诀是由众多的测试数据而得，符合“电动机的空载电流一般是其额定电流的 1/3”；它也符合 $I_0=I_n\cos\varphi_n(2.26-K\cos\varphi_n)$，当 $\cos\varphi_n<0.85$ 时，K 取 2.1；当 $\cos\varphi_n>0.85$ 时，K 取 2.15。同时，也符合实践经验：“电动机的空载电流不超过容量千瓦数便可使用”的原则（指检修后的旧式、小容量电动机）。口诀“容量八折左右求”是指一般电动机的空载电流值是电动机额定容量千瓦数的 0.8 倍左右。中型、4 或 6 极电动机的空载电流，就是电动机容量千瓦数的 0.8 倍；新系列、大容量、极数偏小的 2 极电动机，其空载电流计算按“新大极少六折算”，即新、大、极少三个因素中，只要具备两个则可按 $I_0=0.6P$ 计算；对旧的老式系列、较小容量，极数偏大的 8 极以上电动机，其空载电流按“旧小极多千瓦数”计算，即空载电流值近似等于容量千瓦数，但一般是小于千瓦数。

电动机空载电流过大可能由下列原因造成：

（1）电源电压太高。设法降低电源电压。

（2）电动机本身气隙太大。仔细检查气隙大的原因，然后做相应处理。

（3）定子绕组匝数不够。重新绕制。

（4）电动机装配不当。仔细检查各部位置，重新装配。

（5）星形接线误接成三角形接线。查清改换接线方式。

（6）对于旧电动机，由于硅钢片老化或腐蚀，磁场强度减弱而造成空载电流太大。如果空载电流过大，则应重新绕线。对于小型电动机只要不超过 50% 的额定电流（近似电动机容量千瓦数），就可继续使用。

3-3-23 测得无铭牌电动机的空载电流，判定其额定容量千瓦数

电工日常工作中会遇到上级领导急召你来，指着一台无铭牌电动机问：这是多少千瓦的电动机？或让你到仓库找一台 55kW 电动机！总之，让你解燃眉之急。对无铭牌的三相异步电动机，不知其容量千瓦数是多少，可通过用钳形电流表测量电动机空载电流 I_0（A）值，估算判定出电动机额定容量千瓦数。根据经验公式：

$$P \approx I_0/0.8 = 10I_0/8$$

式中 P——电动机容量，kW；

I_0——测得电动机空载电流，A。

得出估算口诀：

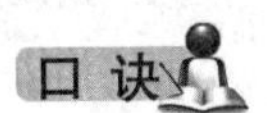

无牌电机的容量，测得空载电流值。

乘十除以八求算，近靠等级千瓦数。

依据电动机的空载电流值，用上述口诀求算电动机额定容量时，会遇到算出的数值恰好在两个电动机容量等级之间。如何“近靠等级千瓦数”，对小容量、转速低、经过大修后的老型号（J、J0 系列）电动机，判定为小于算出数值的容量等级数；相反，对较大容量、转速快、新型号（Y 系列）节能电动机，则判定为大于算出数值的容量等级千瓦数。此经验可在实践中逐步领会掌握。

例如，钳形电流表测得某台电动机空载电流是 2.5A。估算其电动机额定容量为（2.5×10）/8=3.125（kW），判定为 3kW。

又如测得另一台电动机空载电流是 43A。估算其电动机额定容量为（43×10）/8=53.75（kW），判定是 55kW。

请注意：掌握此项判定技术，不仅要记牢计算口诀，而且要熟记新、老型号电动机的容量等级。判定差一个等级（指小型电动机容量等级差数值小）很正常，若判定出一个没有哪个容量等级的电动机，则是笑话啦！

常用三相电动机，Y 系列额定容量 1kW 以上的有：1.1、1.5、2.2、3.0、4.0、5.5、7.5、11、15、18.5、22、30、37、45、55、75、90kW 17 个。J 和 J0 系列，额定容量 1kW 以上的有：1.0、1.7、2.8、4.5、7.0、10、14、20、28、40、55、75、100、125kW14 个。仅供参考熟记。

3-3-24 测得无铭牌 380V 单相焊接变压器的空载电流，判定其视在功率数值

单相交流焊接变压器，即常说的电焊机，常在野外停放和工作，又是经常移动的较重电气设备。所以多数单相交流焊接变压器的铭牌会丢失或铭牌上的字均模糊不清。若要使用电焊机，就需知道电焊机的视在功率，即焊接变压器铭牌上标注容量（kVA）数。以便求算其额定电流，选择电焊机的保护设备及导线等。根据公式

$$S_n = 5I_0$$

式中 S_n——单相焊接变压器的视在功率，kVA；

I_0——单相焊接变压器的空载电流，A。

得出估算口诀：

口诀

三百八焊机容量，空载电流乘以五。

单相交流焊接变压器实际上是一种特殊用途的降压变压器，与普通变压器相比，其基本工作原理大致相同。为满足焊接工艺的要求，焊接变压器在短路状态下工作，要求在焊接时具有一定的引弧电压。当焊接电流增大时，输出电压急剧下降，当电压降到零时（即二次侧短路），二次侧电流也不致过大，即焊接变压器具有陡降的外特性，焊接变压器的陡降外特性是靠电抗线圈产生的压降而获得的。空载时，由于无焊接电流通过，电抗线圈不产生压降，此时，空载电压等于二次电压，也就是说焊接变压器空载时与普通变压器空载时相同。变压器的空载电流一般约为额定电流的6%～8%（国家规定空载电流不应大于额定电流的10%）。这就是口诀和公式的理论依据。取$I_0=0.08I_n$，$S_n=UI_n=0.4\times(I_0/0.08)=5I_0$。同时，根据焊接变压器的额定电流等于2.6倍焊接变压器额定容量（kVA）数值。同样得出$I_0=0.08I_n=0.08\times(2.6S_n)=0.2S_n=S_n/5$。工作实践中发现常用的单相380V焊接变压器，其额定容量（kVA）数值均近似等于其空载电流的5倍。如BX1－330型焊接变压器，容量21kVA，空载电流4.2A，BX3－400型焊接变压器，容量29.1kVA，空载电流5.8A。

【例】 用钳形电流表测得一台380V焊接变压器空载电流是6.5A，估算其焊接变压器视在功率。

解 焊接变压器视在功率$S=5\times6.5=32.5$（kVA），判定被测焊接变压器的视在功率是32kVA的。

3-3-25 测得电力变压器二次侧电流，估算其所载负荷容量

电工在日常工作中，常会遇到上级部门、管理人员等问及电力变压器运行情况，负荷多少？电工本人也常常需要知道变压器的负荷是多少。负荷电流易得知，用相应的钳形电流表测量。可负荷功率是多少？用常规公式来计算，既复杂又费时间，现场运算极不方便。现用测得的电流乘系数法口诀，口算便能很快又准确地回答负荷功率是多少。

根据公式$P=\sqrt{3}IU\cos\varphi$推导出公式

$$P_{0.4}=\sqrt{3}I_{0.4}U\cos\varphi=1.732\times0.4\times0.87\times I_{0.4}=0.6I_{0.4}$$

$$P_3=\sqrt{3}I_3U\cos\varphi=1.732\times3.15\times0.825\times I_3=4.5I_3$$

$$P_6=\sqrt{3}I_6U\cos\varphi=1.732\times6.3\times0.825\times I_6=9I_6$$

式中 $P_{0.4}$——配变二次（0.4kV）测电流时所载负荷容量，kW；

P_3——配变二次（3.15kV）测电流时所载负荷容量，kW；

P_6——配变二次（6.3kV）测电流时所载负荷容量，kW；

$I_{0.4}$——配变二次（0.4kV）实测电流，A；

I_3——配变二次（3.15kV）实测电流，A；

I_6——配变二次（6.3kV）实测电流，A。

得出估算口诀：

口诀

已知配变二次压，测得电流求千瓦。
电压等级四百伏，一安零点六千瓦。
电压等级三千伏，一安四点五千瓦。
电压等级六千伏，一安整整九千瓦。

“电压等级四百伏，一安零点六千瓦”。意思为当测得电力变压器二次侧（电压等级400V）负荷电流后，安培数值乘以系数0.6（可乘2再乘3然后除以10），便得到负荷功率千瓦数。如测得电流为50A时，负荷功率为50×0.6=30（kW）。电流数值乘系数法计算很准，与用公式运算几乎无差异。

【例】 测得一台SL7－1600，10kV/6.3kV电力变压器二次侧负荷电流是120A，估算测时该台变压器负荷容量是多少？

解 $P_6=9\times120=1080$（kW）

3-3-26 测得白炽灯照明线路电流，估算其负荷容量

工矿企业的照明，多采用220V的白炽灯。照明供电线路指从配电盘向各个照明配电箱的线路，照明供电干线一般为三相四线，负荷为4kW以下时可用单相。照明配电线路指从照明配电箱接至照明器或插座等照明设施的线路。不论供电还是配电线路，只要用钳形电流表测得某相线电流值，然后乘以系数220，其积数就是该相线所载负荷容量。

根据公式

$$P=UI=220I$$

式中 P——220V白炽灯照明线路所载负荷容量，W；

I——实测照明线路电流，A。

得出估算口诀：

照明电压二百二，一安二百二十瓦。

测电流估算负荷容量数，可帮助电工迅速调整照明干线三相负荷容量不平衡问题，可帮助电工分析配电箱内保护熔体经常熔断的原因，配电导线发热的原因等。

例如，在照明配电箱处测得负荷开关出线电流是9A，估算其所载白炽灯负荷容量为220×9=1980（W）。

3-3-27　查找与用电设备对应的控制开关

在运转设备较多的化工企业，为了防爆和防腐蚀，生产现场的电气设备只有电动机和按钮，而控制电动机的熔断器、低压断路器和接触器等都集中在配电室内。例如有一台10kW电动机因控制线路短路或接触器触头烧黏而无法用停止按钮停车时，需要跑到几十米远的配电室用低压断路器来停车。可是往往电动机和配电室两边的编号由于腐蚀看不清而对不上号。为了不发生误操作接触器，可用钳形电流表来先查清线路。先到无法停车的电动机旁查看三相电源线的品种和线径。如查得为塑料电缆VLV3×10mm^2。再用钳形电流表分别测得红黄绿三相电流分别为17.5、16.5、17A。然后到配电室在吸合的接触器中找到接触器下端到电动机去的3×10mm^{2}电缆的红黄绿三根电源线，用钳形表复测红黄绿三相电流为17.5、16.5、17A的，即是停不了车的电动机线路。因为同样电动机，运行时负荷总有差别，相序电流也有差别，因此，用此法可在数十只吸合的接触器中找到相应的接触器。为准确可靠起见，可反复测量几次，然后再用接触器上端的低压断路器来安全地把电动机停下来。

3-3-28　判查低压电网接地故障

在低压电网中，当配电线路或电气设备发生接地故障后，要查明具体接地故障点是比较困难的。用钳形电流表测漏电电流的方法判断接地故障，具有测试不需拆、接线，直观和操作简单等优点，可迅速而准确地查找到故障点。

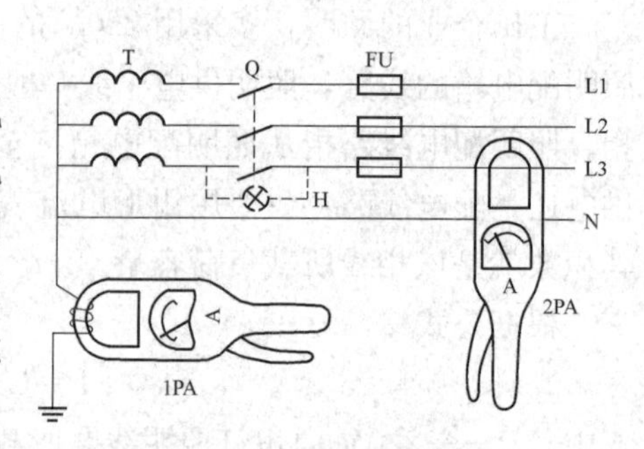

图3-92　查找低压电网接地故障原理接线图

如图3-92所示的低压配电网络中，若发生接地故障时，可先在配电室内的低压电源总开关上分相试送电（可采用临时拆除其他两相熔断器的熔体的方法），然后用钳形电流表（最好使用带有毫安电流挡的钳形电流表，或将被测导线在钳口铁心上多绕几匝）在配电变压器中性点接地线上（图中 1PA 钳形表所示位置），分别测量各相线路的漏电电流。漏电电流大的那一相线路，就是故障相或故障隐患严重的相线路。

确定了故障相线路（L3）后，如图 3-92 中虚线所示，在故障相线路控制开关 Q 处串入一个较大负荷，如 1kW 碘钨灯或白炽灯。这样，一可使电流不至于太小，以便于测量；二可验证被确定的故障相。若灯明亮正常，说明该相接地故障严重，系金属性接地；若灯亮暗淡似电压不足状，甚至只是灯丝发红状，则说明该相接地程度不严重，系电阻性接地。此时，由于该相线路处于接地状态，电压基本上都降在串接的白炽灯两端，从接地点至白炽灯这段线路中便有一相应的电流流过。而接地点之后直到线路末端，基本上没有什么电流通过。这样就可以利用钳形电流表（图中 2PA 所示），通过测量该相线路各处的电流有无或大小，来判断和查找发生接地故障的准确位置。

测检时，先对该线路主干线（三相四线配电线路），查看有无架空导线断线落地或和拉线、电话线、广播线等搭连，以及故障相线路直接和中性线碰连而造成单相接地短路故障，此类接地故障点明显易找。在线路分支线处测检：测得线路主干线的故障相线有电流；只有一条分支线的故障相线有电流，其余分支线路没有电流。这样经检查、测检，确定接地故障点不在主干线，而在有电流的那条分支线路中。确定了某一分支线存在接地故障后，可对该分支线用“对分法”进行测检。即从线路大约一半的部位找一便于检测的测试点，用钳形电流表测量导线，若该测试点测有电流，则说明故障点在测试点的负荷一侧；若该测试点测得无电流或电流非常微弱，则说明接地点在测试点的电源一侧。确定故障点在哪一段线路后，再按上述方法从这段线路的中部检测和判断，如此逐步缩小发生接地故障的范围。当找到电流有与无的分界点时，这一点便是要查找的接地故障点。分支线路的接地故障点，多在电线穿墙、转弯、交叉、绞合、容易腐蚀和受潮的地方。

3-3-29 查找低压配电线路短路、接地故障点

对于低压配电线路断路故障，一般都比较容易查找和排除，但对于短路、接地故障，特别是对于长线路所出现的短路、接地故障，查找起来就显得困难得多。对此检修中多采用钳形电流表查找故障点的方法，不仅省时、省力，并且准确度高。

如图 3-93 所示，AB 是一根有接地故障的导线，在线路的 A 端串接一只 1～

2kW 的电炉和控制开关 SA，按图 3-93 所示接上 220V 电源，合上开关 SA，电阻丝通电发热，然后用钳形电流表对线路由 A 至 B 进行测量，测量中 AH（H 为假设接地点）段均有 4～10A 电流指示；而 HB 段无电流指示。这样，就能很准确地找到了接地故障点 H。

同理同法可查找线路导线间的短路故障点。如图 3-94 所示，l_1、l_2 是两根有短路故障点的导线（M、N 为短路故障点），A、C 为线路的首端。闭合上控制开关 SA，然后用钳形电流表对线路进行测量，测量原理如前所述。根据测量电流变化情况，找到电流有与无的分界点时，这一点便是短路故障点。

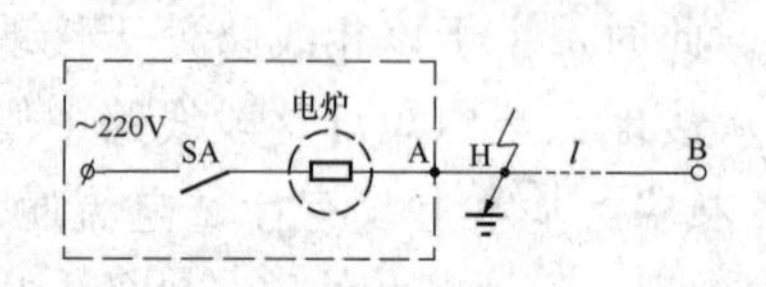

图 3-93　查找线路接地点示意图

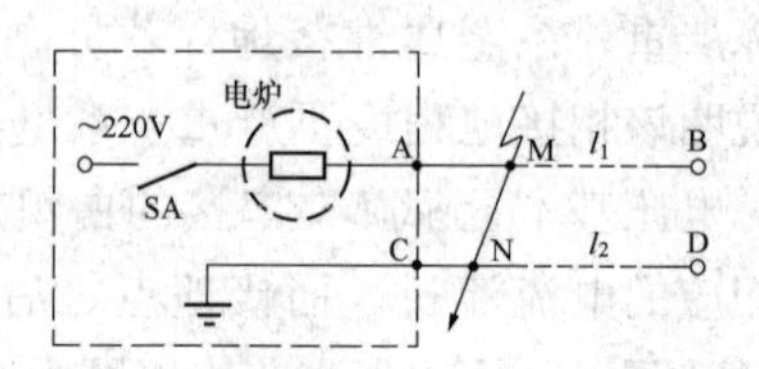

图 3-94　查找线路线间短路点示意图

在使用上述方法查找故障点时，由于是通电检查，虽然电压基本上都降在电炉的两端，但要做好安全措施。同时注意：①此方法仅适用于中性点接地的供电线路故障查找；②有故障导线必须在与原电网断电后方可进行检查工作；③导线为裸导线时，必有可靠的防触电安全措施。

3-3-30　判查直流母线系统接地故障点

发电厂、变电站直流母线系统接地点的寻找是一件较麻烦的工作。通常使用分段寻找法，但费时又需要将直流系统分割，致使部分设备脱离保护。若使用专用设备寻找，不仅需必要的专用仪器，且需耗费一定资金。现介绍一种不影响直流系统正常运行，寻找方便、准确、不需专用设备的查找故障点方法（对“+”和“−”直流电源分支线在同一根电缆内的不能采用）。

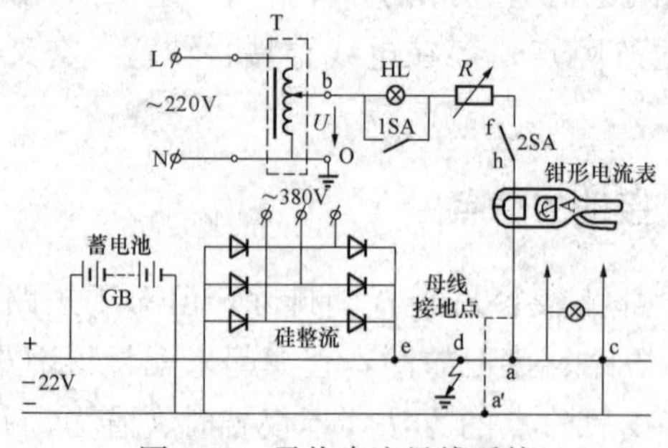

图 3-95　寻找直流母线系统接地故障点接线示意图

如图 3-95 所示，图中直流电源由蓄电池、硅整流装置组成（其他形式亦可），直流母线系统电压 220V（或 110V、48V）。所需测试的设备仪器有：小量程钳形电流表一块、指示灯泡一个，5kVA 以下单相调压器一台，100Ω 以下 3A 左右滑线电阻一只，控制单极开关两只。下面以接地点设在“+”母线上的 d 点为例，介绍查找直流母线系统接地点的原理和步骤。

1. 寻找接地母线

（1）调压器 T 输出调到零伏。

（2）断开控制开关 1SA、2SA。

（3）滑线电阻 R 置较大值。

（4）调压器的引线 ha 先后分别连接于不同极性的母线上：①当引线接于“+”母线 a 点后。合上开关 2SA，这时回路 a→d→地→0→b→f→h→a 内无电压，也无电流，指示灯 HL 不亮（滑线电阻变小也应不亮）；②断开开关 2SA，将引线接于“−”母线上 a′点（图中虚线所示），再合上 2SA，这时在回路 a′→d→地→0→b→f→h→a′内有直流电压 220V，所以该回路有直流电流，指示灯 HL 亮。上述①、②说明：回路内无直流电流（指示灯 HL 不亮），则调压器引线接触的母线有接地故障；回路内有直流电流（指示灯 HL 亮），则调压器引线接触的母线无接地现象。

2. 寻找接地故障点

（1）断开 2SA，将引线 ha 连接于有接地故障的母线上（图 3-95 中“+”母线 a 点）。

（2）合上 1SA 短接指示灯泡 HL。

（3）合上 2SA，调压器逐渐增加交流电压 U；同时减小滑线电阻 R 值。U 不宜提得过高，以减小 R 为主。这时回路 a→d→地→0→b→f→h→a 内有交流电压 U，所以该回路有交流电流。

（4）用钳形电流表测调压器的引线 ha 段的交流电流。若测不出，可再减小 R 值或提高电压 U（U 不宜超过 30V，以确保安全），直至能读出交流电流值。

（5）继续用钳形电流表沿着有交流电流的母线段测量交流电流。交流电流从有到无的分界点即为接地故障点。如有多个接地点，则交流电流有明显变化的分界点也是接地点。图 3-95 中，ac 段无交流电流，所以不再沿 c 方向测量。而 ad 段有交流电流，继续沿着往下测试。de 段又无交流电流，不再沿 e 方向测量。在 ae 段中，交流电流由有到无的分界点是 d，故可找出 d 点是直流系统的接地故障点。

3-3-31 “三极法”测接地电阻

测量接地电阻一般使用接地电阻表（接地摇表），当没有接地电阻表时，可用钳形电流表和电压表（万用表电压挡）来测量接地电阻，其方法如图 3-96 所示。电源为交流电源，但该电源必须是中性点不接地的，否则必须经隔离变压器（如不接地的控制变压器和行灯变压器）。电压接地极应放置在离被测接地极约 20m 左右的地方，电流接地极则可放置在 40m 远的地方。接地电阻由下式求得

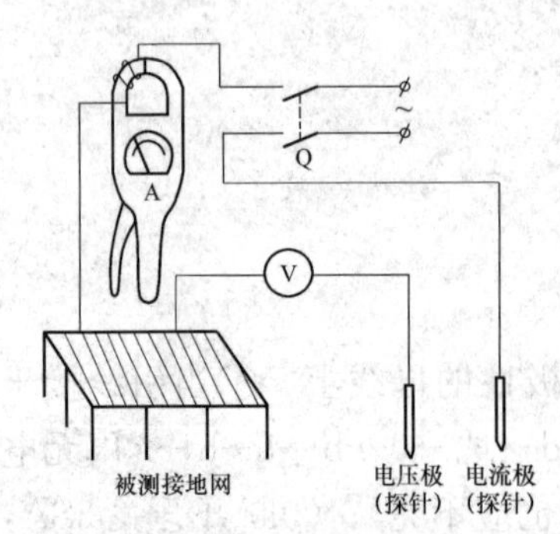

图 3-96 钳形表和电压表法测接地电阻

$$R=\frac{U}{I}$$

式中 U——电压表读数，V；

I——钳形电流表读数，A；

R——被测接地电阻，Ω。

因探针处电压降较大，为防止过大的误差，可选用内阻较大、电压值刻度较细的电压表。此法称三极法。

3-3-32 测两线一地变压器接地电阻

变压器外壳要进行保护接地。两线一地变压器的高压侧要有一相进行工作接地，低压采用三相四线制，中性线也要进行工作接地，避雷器也要接地。配电变压器的工作接地、保护接地与避雷器的接地可使用一个接地体，这样可以节省钢材。对于两线一地线路的高压工作接地应用单独引线，其他引线可合在一起，以防接地引上线断线造成高压串入低压的危险。

接地电阻的测量，一般需用专门的仪器——接地电阻测定器（亦称接地摇表）进行测量。安装两线一地变压器的农村、小型工矿企业，在找不到接地电阻测定器的情况下，可采用如图 3-97 所示的简易测量法。它是利用一只钳形电流表测量变压器高压侧接地相电流大小，在距变压器 20m 处打一辅助接地极。再用万用表的小量程交流电压挡，测量变压器到辅助接地极之间的电压，这个电压值除以钳形电流表测得电流值就是接地电阻。用这个方法测得的接地电阻与用接地电阻测定器测得的相比，数据是很接近的。

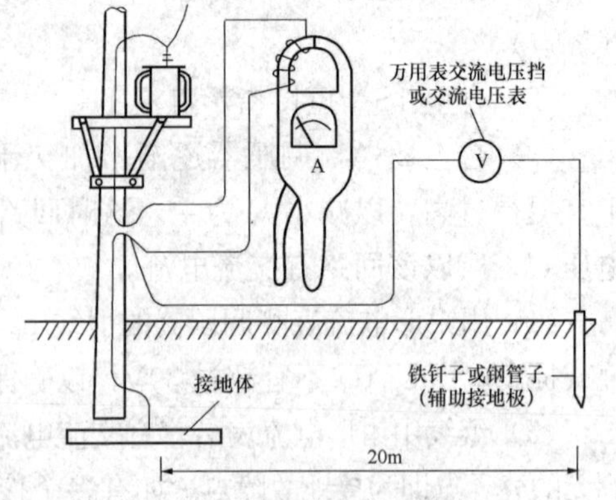

图 3-97 接地电阻简易测量法示意图

小容量变压器高压侧负荷电流很小，可以将接地线在钳形电流表钳口铁心上缠绕几圈，相当于一个电流互感器一样，把电流变大。然后将测量得的电流值除以圈数加 1，就是实际电流值。

【例】 某农村有一台 50kVA 变压器，将高压接地线在钳形电流表上缠绕 4 圈，读数是 7A，用万用表测得由变压器的高压工作接地线到辅助接地极（20m）之间电压是 4.2V。求这台变压器接地电阻值应是多少。

解 变压器高压侧接地相实际电流为 $\frac{7}{4+1}=1.4$（A），则接地电阻值为

$\frac{4.2}{1.4}=3$（Ω）。

应当注意：在测量接地电阻时，应先把变压器高压侧的跌落式熔断器拉开，按图 3-97 接线后（接线要牢固可靠，如松动会产生高压）再闭合跌落式熔断器，然后观察仪表即可（测试期间应穿高压绝缘靴）。

第4章

用测电笔和检验灯诊断查找电气故障

运用测电笔和检验灯查找电气故障，是我国电气工作者在长期检修实践中，探索、试验、总结出来的既有理论，又有技巧的简易设备诊断技术。它与我国管理水平相适应，能不分解、不破坏设备、随时随地定量地检测电气设备状态。

测电笔原本是电工常用的一种辅助安全用具，是一种测试导线和电气设备是否带有较高对地电压的工具。但经几代电工的苦心探索、测试实践，它不仅能区别交、直流电，直流电的正负极等；而且能检查、测判电气设备故障，犹如“神医诊脉的三手指（中、食、无名指）”。成为电工检查电气设备故障的首用工具。

检验灯（电灯式检验灯，同瓦两电灯串联式检验灯，“日、月、星”三光检验灯，汽车、拖拉机电工专用检验灯）是电工熟知白炽灯的光通量、功率、电流、电阻、寿命与线路电压的关系理论知识基础上，在工作实践中“就地取材，自作自用”，成为务实求真的检测器具。在现场，用它替代常用仪器仪表作“表测诊断”。它似“悟空的火眼金睛”，协助电工看到电气设备的隐患、看清设备故障的原因和所在部位。其综合传统常用的检测故障的四法：电位、电压、电阻、试灯法之精华，采用一分为二、顺藤摸瓜方法，能快、准、巧地诊断电路、电器元件的断路、接触不良、短路、接地诸故障；能单独校验螺口灯头的接线、照明安装工程，诊断强电回路接触不良引起的“虚电压”等疑难杂症。

第1节　测电笔诊断查找电气故障

常用的测电笔是一种低压测电笔（或称测电器、试电笔），简称电笔。是一种测试导线和电气设备是否带有较高对地电压的工具，是电工常用的一种辅助安全用具。常见的测电笔有钢笔式和旋凿式两种。测电笔的结构如图4-1所示，在塑料笔杆的前部装着金属触头（笔尖）或者旋凿（螺丝刀），后部有金属帽或者金属夹。笔杆内依次装着一个氖管（氖泡）、一个阻值很大的电阻和弹簧。氖泡内充了氖气，有两个相距很近的电极和氖泡两端相接。要使测电笔内氖管发光需同时具备两个条件：①被测电压高于氖管的起辉电压。目前常用的测电笔的起辉电压为交流65V左右；直流90V左右。②通过氖管的电流需要大于一定数值，一般大于1～2μA。氖管发出的红色辉光，测试者通过透明塑料笔身或者小窗口便可看到。

低压测电笔系氖管验电器类型。使用时，用手指按着测电笔后端的金属夹，笔尖的金属体碰触被检查的物体。在交流供电系统中，用测电笔测试交流电路有无电压，是利用发电厂发电机中性线（星形中点）、电力变压器低压中性线接大地，人站在大地上，手拿测电笔去触及用电设备相线，因人与地之间存在着分布电容、交流电对这个分布电容充电，放电，而使测电笔氖管两端交替发光。这时相线、测电笔、人体、大地、发电厂的发电机等构成闭合回路，氖管发光。由于测电笔里面串联的电阻阻值很大（限流电阻），因此通过人体的电流很微弱，不用担心触电。

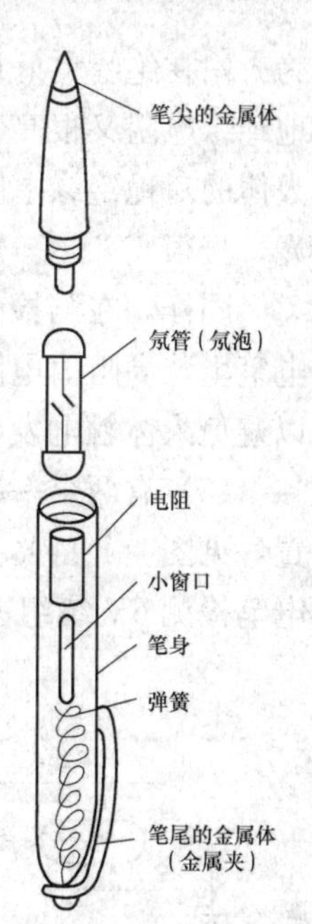

图 4-1　测电笔结构示意图

在直流低压下，人体电阻约几十千欧。因此，只要人一只手按着测电笔后端的金属夹，笔尖搭直流电源一端，比如正端，另一只手摸电源另一端（负端），测电笔氖管就亮了。另外，在测定静电或有残留电荷的充电回路（电容、刚停电的电力电缆）时，氖管仅在电荷放电的瞬间发光。

低压测电笔使用时的几种特殊现象：

(1) 人站在橡胶垫上用测电笔检测 220V 交流电压时，笔内氖管能发光。但是如在测电笔笔头上包上橡皮套后检测，就不发光了。如图 4-2 所示，当测电笔的笔尖与 220V 电源的相线接触时，测电笔、人体和人体对地的阻抗构成测量回路。图中 R 为测电笔的限流电阻、HL 为氖管。人体的电阻 R_1 很小，约在几百欧至几千欧。当人站在橡胶垫上时，人体对地绝缘电阻 R_2 可在 1000MΩ 以上，人体对地电容值 C_2 为一、二百皮法，若设 $C_2=200$pF，则在 50Hz 频率下的阻抗约为 16MΩ，这远小于绝缘电阻 R_2，所以人体的对地阻抗主要由人体的对地电容决定。若人体电阻和测电笔内电阻的总和为 3MΩ，则整个测试回路的阻抗为 19MΩ。设氖管起辉后的管压降为 50V，则可算出通过测电笔的电流约 9μA，所以氖管能正常发光。

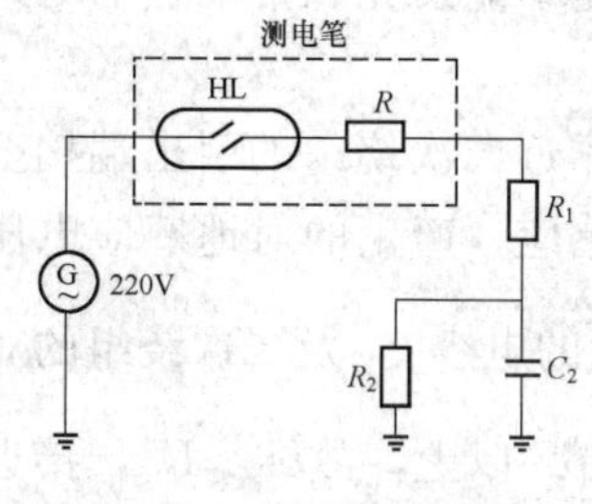

图 4-2　测电笔测试相线示意图

如果测电笔的笔头上套上橡皮套，虽然这种绝缘材料也是串联在测量回路中，但由于笔尖很小，它和电源相线间的电容也很小，约 1pF 以下，在 50Hz 频率下阻抗为几千兆欧。这样一来，整个测量回路的阻抗很高，通过氖管的电流太小，不足以使氖管起辉发光。

(2) 人站在绝缘良好的地面上用测电笔检测高于起辉电压的直流电压，氖管不发光。但如果电源的一端接地，人体接触接地端，氖管就发光了。这是因为人站在绝缘良好的地面上时，直流电流不能通过人体的对地电容流动，而对地绝缘电阻又很高，这使通过测电笔的电流太小，如果人体接触接地导体，则人体的对地绝缘电阻 R_2 和对地电容 C_2 就被短接，如图 4-3 所示，因此氖管能发光，且很亮。

同样，在测检交流电压时，如人体的对地电容被短接，发光也会更亮。测电笔里装高阻值电阻 R，就是为了在这种情况下限制通过人体和测电笔的电流，以避免人体触电发生危险，同时保护氖管，不致因电流过大而烧毁。

（3）有两个一次均接至 220V 电源的变压器，一个二次电压为 6V，两端浮置，见图 4-4（a），另一个二次电压为 40V，有一端接地，见图 4-4（b）。用测电笔检测 6V 绕组能发光，而检测 40V 绕组反而不能发光。

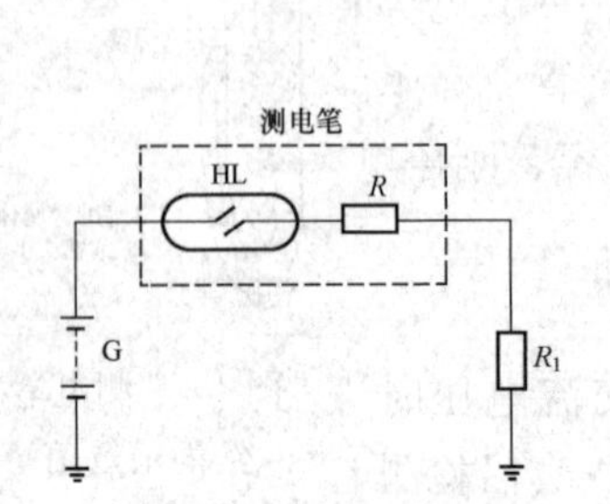

图 4-3　测电笔测直流电压示意图

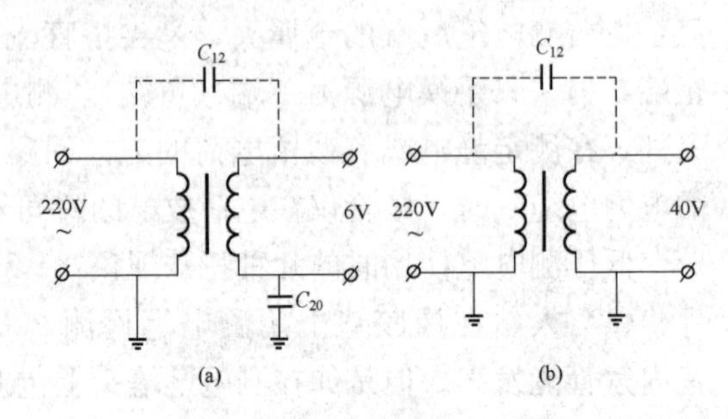

图 4-4　电源变压器示意图

（a）情况一；（b）情况二

这是因为用测电笔检测变压器绕组时，测电笔能不能发光和接触点的对地电位有关，而和绕组两端间的电压无关。

如图 4-4（a）所示的变压器，如果一次绕组中靠近二次绕组的引出端接至电源的相线，则不接地的 6V 绕组受到一次绕组的感应，产生的对地感应电压 $U_2=\dfrac{C_{12}}{C_{12}+C_{20}}\cdot U_1$，此电压的大小与一、二次绕组间的电容 C_{12} 及二次绕组的对地电容 C_{20} 有关。通过 C_{20} 小于几皮法，而 C_{12} 在 100pF 以上，故 $U_2\approx U_1$，接近电源电压。用测电笔检测时的等效电路如图 4-5 所示，图中利用等效发电机定理，把二次绕组对地看作一个等效电源，电动势 $e_2=U_2\approx U_1$，而其相应内阻抗电容 $C_i=C_{12}+C_{20}\approx C_{12}$。若氖管起辉后的压降为 50V，$C_i=200\text{pF}$，人体对地电容 $C_2=200\text{pF}$，人体电阻 R_1 和测电笔内电阻 R 的总和为 3MΩ，则经过简单地计算可知通过氖管的电流约为 5μA，这样大小的电流能使氖管发光。

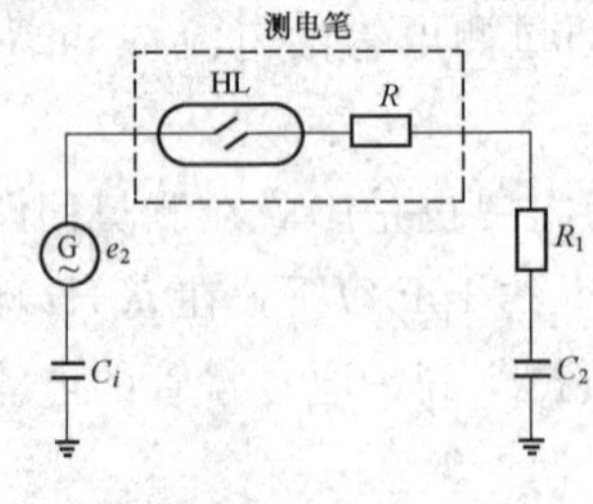

图 4-5　测电笔检测时等效电路图

图 4-4（b）所示情况，因二次绕组接地，故不受一次绕组的电磁感应，用测电笔检测绕组的不接地端，加在氖管两端的电压只有 40V，小于氖管的起辉电压，因而不会发光。同样，如果图 4-4（a）中的二次绕组接地，那么测电笔检测时也不会发光。

简介数显感应测电笔。目前市场上出售的数显感应测电笔，其外形如图 4-6 所示。数显感应测电笔一般有两个电极："直接测检"和"间接测检"（感应断点测检），位于测电笔后端手握部；中间有个显示屏，前端是旋凿式金属触头。数显感应测电笔测试范围：直接测检 12～250V 的交直流电压。其特点：数字显示一目了然，突破传统测电笔界限。

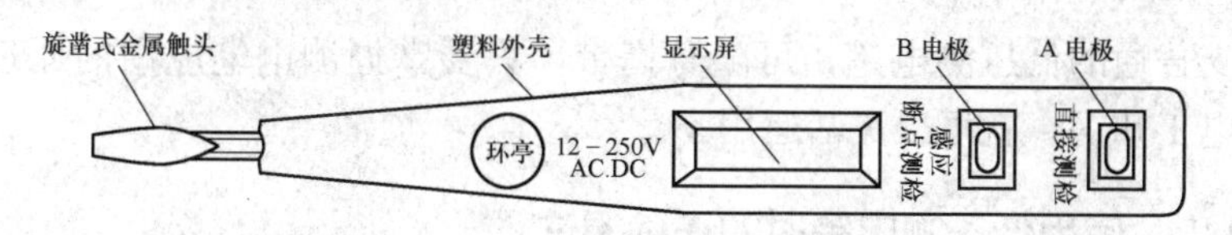

图 4-6 数显感应测电笔外形图

直接测检的握法如图 4-7 所示。大拇指按直接测检 A 电极，旋凿金属触头触及被测裸导体，眼看测电笔中上部显示屏显示数值，如图 4-8 所示。①最后数字为所测电压值。②未到高段显示值 70%时同时显示低段值。③测量直流电压时，应用另一只手碰及直流电源另一极。④测量少于 12V 电压物体是否带电，可用感应电极。

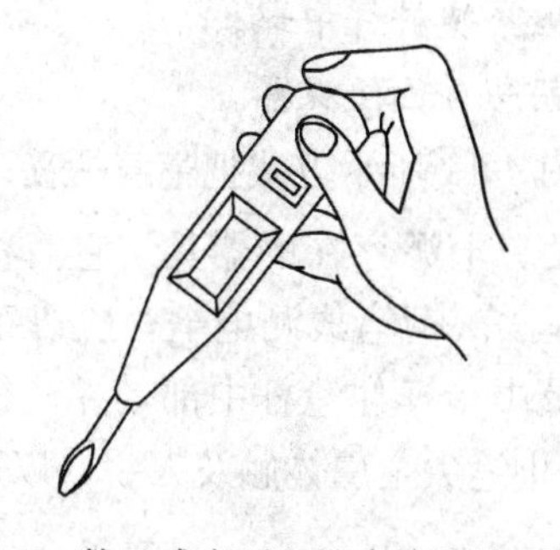

图 4-7 数显感应测电笔直接测检时握法

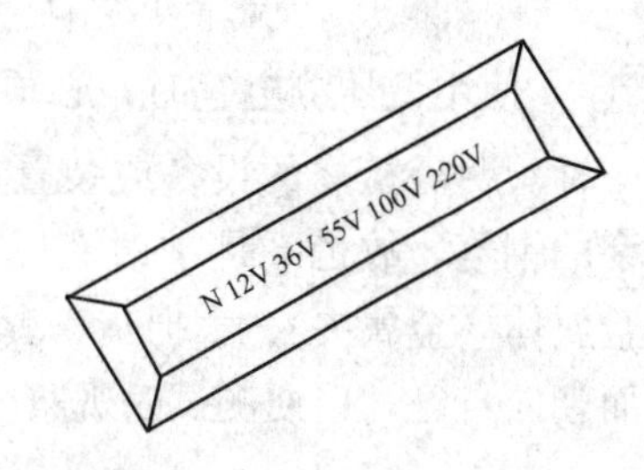

图 4-8 显示屏显示数值示意图

间接测检时，大拇指按感应 B 电极，旋凿金属触头触及带绝缘外皮的导线。例如区别带绝缘外皮的相线、中性线，若并排数根绝缘导线时，应设法增大导线间距离或用另一只手按稳被测导线。显示屏上显示 N 的为相线，如图 4-9 所示。

断点测检时，大拇指按感应 B 电极，旋凿金属触头触及有绝缘外皮的相线，查找电线线芯断路点的方法如图 4-10 所示。沿相线纵向移动，显示屏上无显示时为断裂点处。

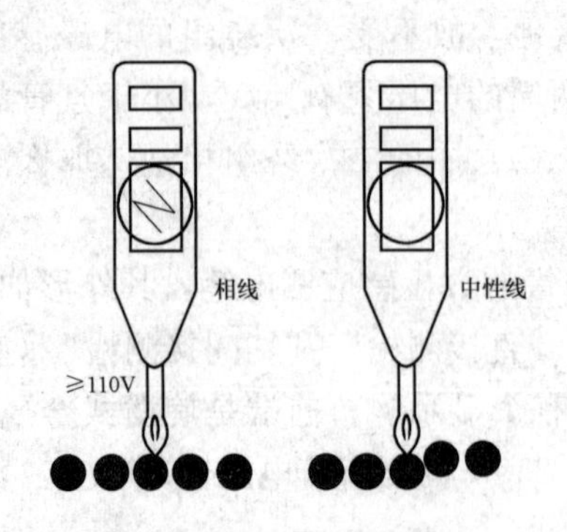

图 4-9　间接测检示意图

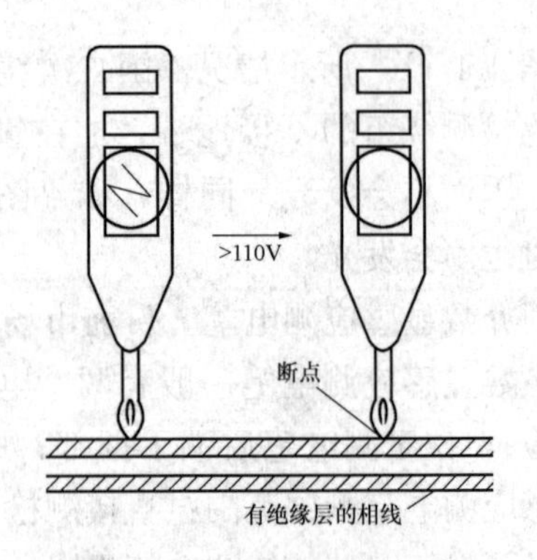

图 4-10　断点测检示意图

一支普通的低压测电笔，可随身携带，只要掌握测电笔应用的原理，结合熟知的电工知识，就可以灵活运用。

4-1-1　使用低压测电笔时的正确握法

常用低压测电笔，掌握测试两握法。
钢笔式的测电笔，手掌触压金属夹。
拇指食指及中指，捏住电笔杆中部。
旋凿式的测电笔，食指按尾金属帽。
拇指中指无名指，捏紧塑料杆中部。
氖管小窗口背光，朝向自己便观察。

说明　使用低压测电笔时，必须按照图 4-11 所示方式把笔身握妥。低压测电笔是一种验明需检修的设备或装置上有没有电源存在的器具。它简称电笔，并非写字的钢笔，故也不是拿钢笔写字的握法。钢笔式测电笔，应以手掌触及笔尾的金属体（金属夹），大拇指、食指以及中指捏住笔杆中部，并使氖管小窗口背光而朝向自己，以便测试时观察。要防止笔尖金属体触及人手，以避免触电。

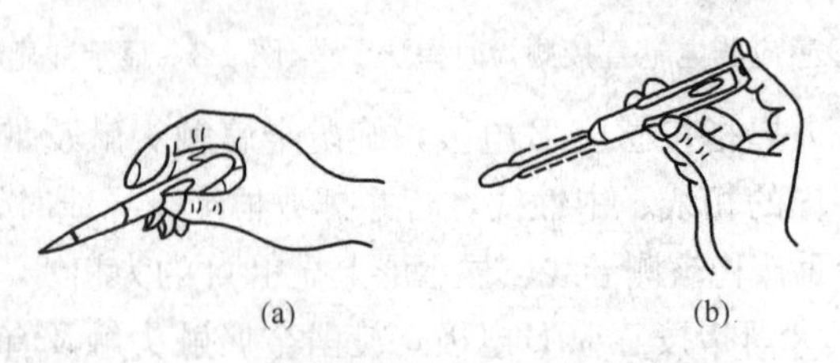

图 4-11　使用低压测电笔时的正确握法
（a）钢笔式测电笔；（b）旋凿式测电笔

旋凿式测电笔握法：以食指按压笔尾端金属帽，大拇指、中指和无名指捏紧旋凿塑料杆中部，并使氖管小窗口背光而朝向自己，以便测试时观察。要注意手指不可触及旋凿金属杆部分（金属杆最好套上绝缘套管，仅留出刀口部分供测试需要），以免发生触电事故。

4-1-2　使用低压测电笔时的应知应会事项

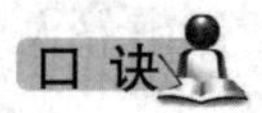

使用低压测电笔，应知应会有八项。
带圆珠笔测电笔，捏紧杆中金属箍。
细检电笔内组装，电阻须在氖管后。
定期测验电阻值，必须大于一兆欧。
旋凿式的测电笔，凿杆套上绝缘管。
用前有电处预测，检验性能是否好。
测试操作要准确，谨防笔尖触双线。
绝缘垫台上验电，人体部分须接地。
明亮光线下测试，氖管辉光不清晰。

说 明　使用低压测电笔时的应知应会事项如下：

（1）市场上出售电工使用的带有圆珠笔芯的测电笔，如图 4-12 所示。测电笔内的电阻所连弹簧顶在笔杆中间的金属圆箍上。金属圆箍两边有螺扣，是连接两边塑料笔杆的，圆箍外径大于笔杆外径。一般此种类测电笔均有个金属笔帽扣戴在圆珠笔芯端，金属笔帽内径和金属圆箍外径紧密插接，其作用相当于钢笔式测电笔笔尾的金属体（金属夹）。但此金属帽易丢失或写完字后忘戴（包括帽子没戴紧），所以在使用带有圆珠笔的测电笔时，手指一定要捏住笔杆中间的金属圆箍（笔尾的圆珠笔头是金属体，但其与电笔内电阻所连接的弹簧没有金属连接）。否则氖泡不亮的假象，往往被误认为无电，结果引起触电事故。

（2）图 4-13 为测电笔内错误组装示意图。图 4-13 中在塑料笔杆的前端是金属触头或螺丝刀，后端是金属帽或者金属夹；笔杆内依次装着一个电阻、一个氖管和弹簧。测电笔笔杆内正确的组装是“电阻须在氖管后”。否则需立刻调换

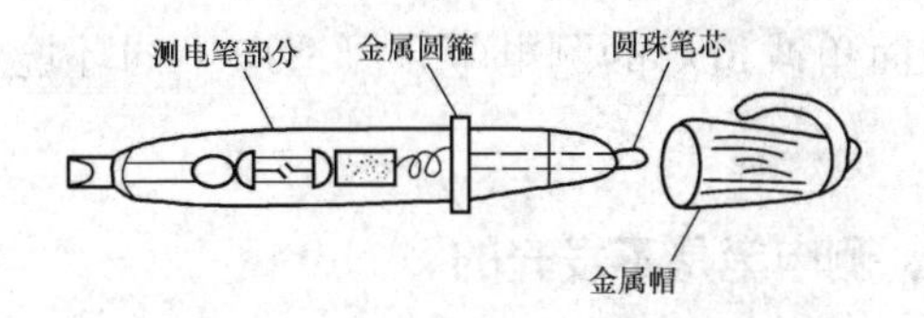

图 4-12　带圆珠笔芯的测电笔

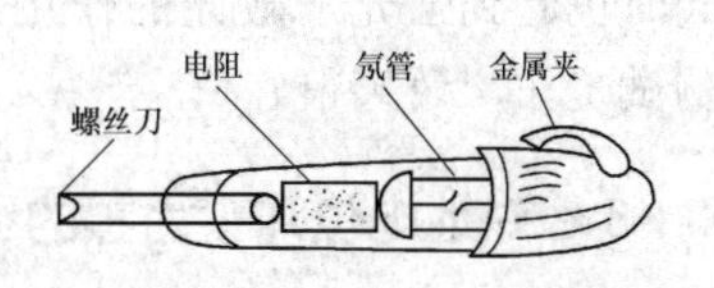

图 4-13　测电笔内错误组装示意图

位置。电阻的作用是限制流经人体和测电笔的电流，以避免人体触电发生危险，同时保护氖管不致因电流过大而烧毁。

(3) 低压测电笔内所装电阻的作用是限制流经人体的电流。为安全可靠，测电笔内电阻应按每伏电压10 000Ω电阻，即 100V 左右用 1MΩ。这样氖管的亮度适合。而测电笔在使用过程中，人用湿手捏拿、潮湿环境中运用等，其内电阻易受潮；另外，测电笔内电阻在使用过程中受振、摩擦以及拆装时均会受机械损伤。因此应定期检查测电笔内电阻，阻值小于 1MΩ 时要及时更换，以确保人身安全。

(4) 使用旋凿式测电笔时，旋凿头金属杆上最好套一根合适可靠的绝缘管（绝缘套管或导线塑料护套)，使笔头只留 1～2mm 的金属头。以防在测试时因不慎引起带电的两只端子间短路，这样设备受损，弧光伤人，甚至短路弧光飞溅引起火灾。

(5) 低压测电笔每次使用前，先要在已确认的带电体（如隔离开关、插座等）上预先测试一下，观察检查测电笔的性能是否完好。性能不可靠的测电笔不准使用，以防因氖管损坏而得到错误的判断。

(6) 电工在检修电气线路、设备和装置之前，务必要用测电笔验明无电，方可着手检修。测试时，必须按照图 4-11 所示方式把测电笔握妥，然后用笔尖去接触测试点，并仔细观察氖管是否发光。测试点若表面不清洁，可用笔尖划磨几下测试点，但绝不能将笔尖同时搭在被测的双线上（相线间或相线、中性线间)，以防短路时弧光伤人。

(7) 当人体相对于大地处于高阻抗状态，例如人站配电柜前的橡胶绝缘垫或绝缘台上验电时，氖管发光极弱或者不发光。所以在使用测电笔验电时，应将人体的一部分直接接地，方能验电。

(8) 目前，市场上出售的部分测电笔，在氖管处均没有蔽光装置，在阳光下或光线较强的地点使用时，往往不易看清氖管的辉光。氖管辉光指示不清晰，给使用者带来不安全因素，也极易造成触电危及使用者。故此时应注意避光测试和仔细观察，但这不能解决根本问题。现介绍解决这一问题的小经验：用一般使用过的废旧胶卷底片卷成圆桶状，保留其底片一侧上的小方孔（剩余部分可剪去)，其长度以笔筒深为宜，紧贴笔筒内壁插入即可。使用胶片既绝缘又透光，同时也起到强光下蔽光的作用。经简单改造后的测电笔，可适应不同环境下的测试工作，效果很好。

4-1-3 对地电位几乎为零的线路，测电笔是不发光的

因为测电笔的氖管系借助于通过人体相对于大地的电位发光的，所以对于

单相线路的中性线、单相三线的中性线和地线、三相四线制的中性线等对地电位几乎为零的线路，测电笔测试氖管是不会发光的。在这种情况下，要知道其是否带电，必须对整个线路进行检测。

4-1-4　用测电笔测试中性线带电现象

我国380V/220V三相四线制供电系统普遍采用中性点直接接地方式。在正常情况下，中性线与大地的电位相等，中性线是不应带电的。中性线带电是线路或用电设备存在故障的反映。如处理不及时将影响正常供电，甚至发生用电器具烧毁或人员触电事故。中性线带电现象是指测量点处，中性线与大地之间存在较明显的电位差。电气人员在工作中一旦发现中性线带电，应立即意识到出现了异常情况，须迅速查明原因并加以处理。引起中性线带电的原因有如下几点：

(1) 中性线开路。

1）在单相供电回路中，若用测电笔测相线、中性线时，氖管发亮程度一致，用电压表测负荷无电压，则可以认为回路的中性线开路。此现象多起源于熔丝熔断或插头、插座等接触点接触不良。

2）对于三相四线制供电回路，若发现各相电压随相负荷的变化而波动很大，但线电压正常，据此可判断中性线干线开路。因中性线干线开路，各单相负荷所接的中性线仅起连接中性点O′的作用。由于各相负荷的不对称，O′点的电位位移，使$U_{OO'}\neq 0$，即中性线带电了。不对称程度越严重，$U_{OO'}$值越大。负荷轻的相上负荷承受的电压将高于220V，反之则低于220V。这类故障若不及时排除，有可能使跨接在等效负荷较小的相上的电器部分或全部烧毁。

(2) 中性线本身无开路，而是变压器中性点的接地电阻过大或开路。

若沿同一电源线路的不同地点均测得中性线有带电现象，则应怀疑变压器中性点的接地电阻过大或开路所致，因各相对地的电容电流不可能完全相等，中性线中有电流，所以中性线与大地之间存在一定的电位差。

(3) 中性线无开路现象，且接地可靠，但在同一电源的中性线中某些点有带电现象，其他点则没有。这时应仔细检查在带电点附近用电设备或线路是否存在相对地短路或严重漏电。故障电流I_k经相线、地、接地线构造回路，见图4-14所示。由于接地体与大地的等效电阻$R\neq 0$，I_k在R上就产生了压降，使故障点周围

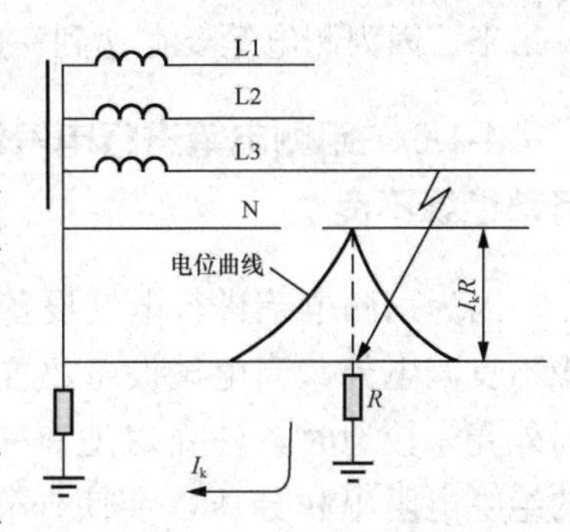

图4-14　相对地短路示意图

的地面（即大地）对中性线的电位升高了，呈现了带电现象。这类故障若发现和处理得不及时，除了使故障扩大外，还容易发生触电事故。电气工作人员对此务必要有足够的重视。

例如，某单位一幢大楼的三层厕所内拧水龙头时，有麻电的感觉。开始认为是大楼供水泵的电动机绝缘损坏而漏电，使上水管带电。但切断水泵的电源后仍然如此。可见原因不在水泵电动机漏电。电工用测电笔测试水龙头，氖管不发光；利用室外的一根防雷接地体，用万用表测量水龙头，水龙头不带电。但用测电笔测拧水龙头时有麻电感觉的手时（现场的人），氖管发光；用万用表测水龙头的表笔接触有麻电感觉的手时，表针摆动较大，约有 50～60V 的电压，表明人体本身带电。

那么，人体为何带电呢？人是站在厕所潮湿水泥地面上，由此怀疑地面带电。为证实这个推断，在水泥地面上洒些水，用测电笔接触水面，氖管发出很亮的光，且以此为中心呈圆状向外扩展、电压逐渐减小（氖管亮度逐渐暗淡，直至不亮）。再分楼层拉断电源，当切断二楼照明电源时，三楼地面上的电压随即消失了，显然三楼地面上带电与装在二楼厕所的线路有关。厕所间的顶板是预制楼板，由于房屋施工的质量及沉降等原因，楼板的接缝处多有细小的裂缝，三楼厕所的水从缝中渗漏到二楼的吸顶灯中。当电源开关闭合时，电线接头处漏电通过潮湿的灯座圆木使水泥楼板带电，而水管是一种自然接地体，所以有些鞋子绝缘不良的人手一接触到水龙头，就形成了手接大地而脚接电源的情况，故有麻电的感觉。

4-1-5　测电笔接触三相交流电气设备的中性点时氖管发亮

三相交流电路的中性点位移时，用测电笔测试中性点氖管放电发光。这就告知测试者，该设备（三相交流电动机，电阻炉等）的各相负荷不平衡，或者内部有匝间短路，或者相间短路。以上现象，只有在故障较为严重时，才能反映出来。因为测电笔要在达到一定程度的电压以后，氖管才能发亮。

4-1-6　用测电笔进行电气设备外壳验电时，测电笔发亮不能肯定电气设备都绝缘不良

因为用测电笔进行电气设备外壳验电时，测电笔发亮除了表明电气设备绝缘不良漏电外，当电气设备放置在绝缘台上（如桌子、凳子等干燥木制品上）而外壳未接地时，外壳对地有一定的绝缘电阻，电源相线对外壳与外壳对地的绝缘电阻串联分压，会使外壳有一定的电压。只要外壳电压大于 50V，便可使测电笔发亮。因此，进行电气设备外壳验电时，测电笔发亮不一定是设

备绝缘不良所引起。

例如，常见的单相台扇放在桌上开动时，用测电笔接触其外壳有时会发亮，且此时用手接触外壳有麻电感觉，但接触后便不觉麻电了。如图 4-15 所示，R_1 为相线对外壳的绝缘电阻；R_2 为外壳对地的绝缘电阻；U 为电源电压。外壳的电压 $U_2=\frac{R_2}{R_1+R_2}U$。当 $U_2>50\text{V}$ 时就会使测电笔发光。如用手接触外壳，就会有麻电感觉。但手接触外壳后，因人体电阻 $R_人$ 与 R_2 并联，并且$R_人 \ll R_2$，使 U_2 值明显减小，因此不再有麻电感觉了。

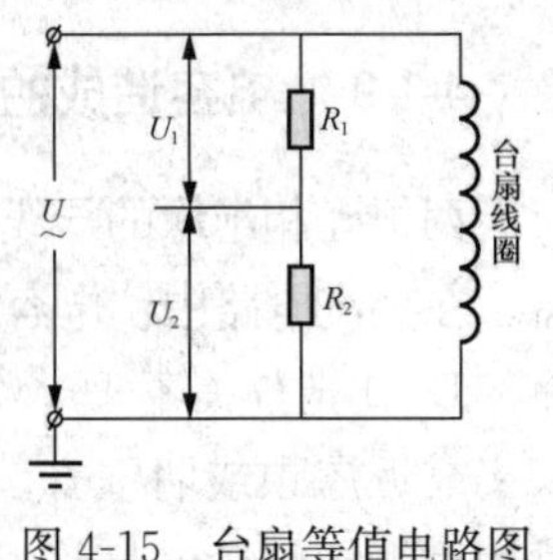

图 4-15　台扇等值电路图

4-1-7　放在绝缘物上的单相电器的外壳，在内部带电时，其能使测试的测电笔发光

单相电器如台灯、电风扇、电熨斗、单相电动机等，由于泄漏电流的作用使外壳和地间有电位差。带电体和外壳及外壳和地间有绝缘电阻，不管该电阻有多大，带电体对地总有很小的泄漏电流，则外壳对地有电位差。带电体对地的电位差越高，外壳对地的电位差也越大。如果外壳对地的电位差大于测电笔起始的辉光电压，电笔便能发光，如果外壳对地的电阻很小或为零时（即外壳接地），则外壳对地的电压便很小或为零，不能使测电笔发光。单相电器的开关通常仅通断一根线，如果开关是接在中性线上，则电器的开关未接通前，内部因带电可能有上述漏电现象。当带电体对外壳绝缘电阻很低而又放在良好的绝缘物上时，如果人站在导电体上无意碰到上述外壳，就会感到麻电。因此，在使用单相电器时，外壳要尽可能接地（接地后还可防止因碰壳而发生触电危险），并且开关要装在相线上。

4-1-8　操作（控制）回路配线，同槽多根、同根电缆多芯线的感应电能使测电笔发光

在配电柜（箱）的配线槽中，操作回路的控制线，多则十几根、甚至几十根；同根控制电缆中的芯线也是十几根。如果其中有一根线接相线，同槽或同根电缆中的其他未接相线的导线，在电磁感应作用下产生感应电压，用测电笔验电时亦显示带电，即氖管发光。这种情况下，氖管发光强弱有差异，但有时很小。经验不足和初干电工者是难于区别的，即很难判定哪根导线是接了相线的。因此，初干电工者对由于电磁感应产生的感应电压之现象要知道并要注意，在工作实践中学会用测电笔判定是相线还是感应电。

4-1-9 电容造成的线路漏电

两根互相绝缘的导线，一块与大地绝缘的金属板，实际上就构成了一个电容器。在交流电路中，电容如此广泛地存在，以至于出现一些令人费解的漏电现象。

1. 日光灯关不灭

靠近屋顶或墙壁安装的日光灯，在开关关掉以后，仍然隐隐发光。如果此时用手触摸灯管，灯管发光增大，这种情况时有发生。如图 4-16 所示，开关 Q 装在中性线上，当开关 Q 断开以后，电流通过灯管和屋顶形成的电容构成回路，所以灯管会隐隐发亮，此时用手触摸灯管，等于通过人体又增加了一条接地回路，所以，灯管亮度增加了。

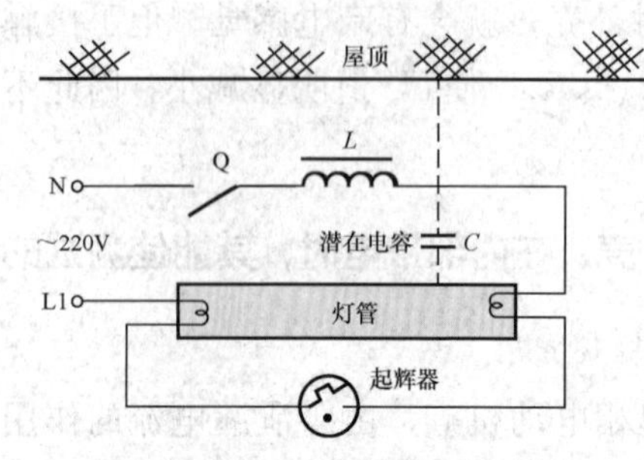

图 4-16 日光灯关不灭示意图

这实际上是电容漏电的一种现象，要解决这个问题，必须把开关改接到相线上。

2. 单相用电设备的感应电动势

电工常用的维修工具电烙铁和手电钻，是单相用电设备，其引出线多是单相电源插头。将电源插头插入两孔单相电源插座后，用测电笔测试电烙铁或手电钻金属外壳时，氖管发光金属外壳上有电；这时把单相插头拔出，两脚对换后重新插入插座，测电笔再测试，氖管不亮了或亮光很暗淡。这是什么道理呢？实际上，这亦是一种电容漏电的现象，如图 4-17 所示。可以认为：单相设备的线圈和金属外壳构成了电容器。当靠近外壳的一层线圈接入的是相线，这个电容两端加的电压就比较高。电容量和外加电压是成正比的，所以漏电就大一些，用测电笔能测试出来［见图 4-17（a)］；将电源线插头两脚对换后，靠近外壳的一层线圈接入的是中性线，电容两端的电压很低，漏电亦小了，测电笔就测不出来了。

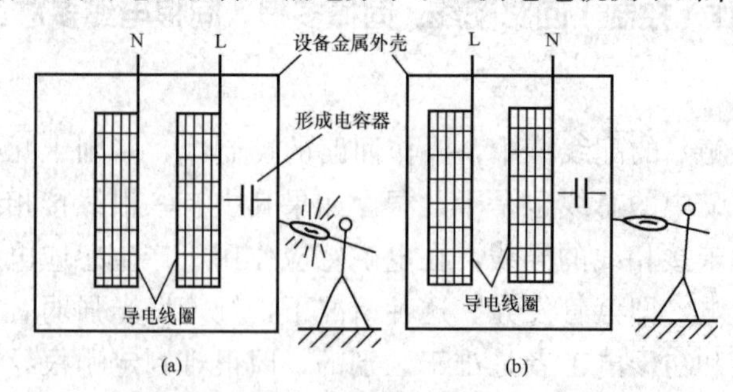

图 4-17 通电单相用电设备的线圈和金属外壳构成电容器示意图

（a）测电笔亮；（b）测电笔不亮

3. 接触中性线不接地的低压网络相线有危险

在配电变压器中性线不接地的低压网络中，站在地上用手触摸一根相线，理论上讲是不会触电的，因为仅有一根相线构不成电流回路。可是，实际上由于架空线路与大地构成电容，当输送电压比较高，架空线路比较长时，构成电容器容量就比较大。那么，通过电容形成的电流回路同样会对人造成伤害。这种情况如图 4-18 所示。

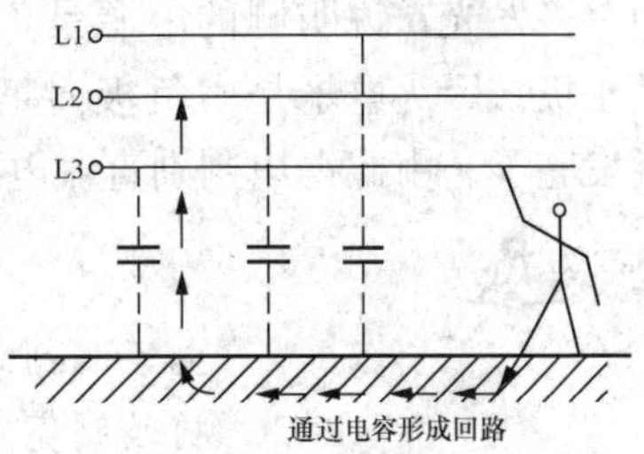

图 4-18　三相三线制供电触电示意图

综上典型例子所述，可知电容对交流电路的影响是很大的，此点必须引起高度重视，谨防漏电造成损失，以确保用电安全。

4-1-10　区别相线和中性线

在测试 380/220V 三相四线制交流电路时，用测电笔触及导线，使氖管发光的被测导线为相线；不发光的为中性线（零线。三相负荷平衡、中性线完好时的情况）。这是因为在 500V 以下的交流电路里，一般地说，发电机或变压器的中性点都是接地的，用测电笔触及相线时就有电压加于测电笔上，电流就从发电机或者变压器经过相线、测电笔、人体而进入大地，再由大地回到发电机或变压器，这样就使测电笔的氖管发光。当测电笔触及中性线时，因为中性线的电压几乎为零或为一很小数值，所以在测电笔内没有电流通过，因此就不亮了。

4-1-11　区别交流电和直流电

在交流电通过测电笔时，氖管里面的两个极同时发亮；在直流电通过测电笔时，氖管里面的两个极只有一个发亮。这是因为交流电的正负极是互相交变的，而直流电的正负极是固定不变的。交流电使氖管的两个极交替地发射着电子，所以两个极都发亮；而直流电只能使氖管的一个极发射电子，所以就只有一个极发亮。

判别交、直流电时，最好在“两电”之间作比较，这样就很明显。判别交流电和直流电的口诀：

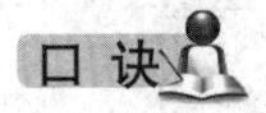

电笔测判交直流，交流明亮直流暗。
交流氖管通身亮，直流氖管亮一端。

4-1-12　区别直流电正极和负极

根据直流电单向流动和电子流由负极向正极流动的原理，可确定所测直流电的正负极。测试时要注意：电源电压为110V及以上。人站在地上，一手持测电笔，一手良好接地。将测电笔接触被测电源，如果氖管的笔尖端（即测电端）的一极发光，说明测的电源是负极；如果是握笔端的一极发光，说明测的电源是正极。因为电子是由负极向正极移动的，氖管的负极发射出电子，所以负极就发亮了。由此得出判别直流电正极和负极的口诀：

口 诀

电笔测判正负极，观察氖管要仔细。
前端明亮是负极，后端明亮为正极。

4-1-13 区别直流电路正负极接地

发电厂和变电站的直流系统，是对地绝缘的，人站在地上，用测电笔去触及直流电的正极或者负极，氖管是不应当发亮的。如果发亮，则说明被测直流系统有接地现象。如果发亮在靠近笔尖的一端，则是正极有接地故障；如果发亮在靠近手指的一端，则是负极有接地故障。判别直流电系统有无接地，正、负极接地的口诀：

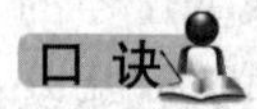

变电站直流系统，电笔触及不发亮。
若亮靠近笔尖端，正极有接地故障。
若亮靠近手指端，接地故障在负极。

4-1-14 判别交流电路中任意两导线是同相还是异相

测电笔可以测判交流电路配线中任意两导线是同相还是异相。其方法是：站在与大地绝缘的物体上，两手各持一支测电笔，然后在待测的两根导线上进行同时测试。如果两支测电笔都发光很亮，则这两根导线是异相，否则是同相。判别两导线是同相还是异相口诀：

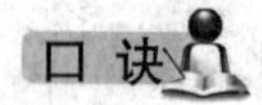

判别两线相同异，两手各持一电笔，
两脚与地须绝缘，两笔各触一根线，
两眼观看一支笔，不亮同相亮为异。

此项判测时要注意，切记两脚，即人体与地必须绝缘。因为我国大部分是380/220V供电，且变压器普遍采用中性点直接接地，所以做测试时，人体与大地之间一定要绝缘。避免构成回路，以免误判断。测试时，两支测电笔亮与不亮显示一样，故只看一支测电笔即可。

4-1-15　判别是漏电还是感应电

用测电笔触及电气设备的壳体（如电动机、变压器的壳体），若氖管发亮，则是相线与壳体相接触（俗称相线碰壳，也称绕组接地，见图 4-19），有漏电现象。但有时用测电笔触及单相电动机、单相用电设备外壳以及测试较长的交流操作回路未通电的导线时，其绝缘电阻很高，测电笔氖管却发亮显示带电。这些现象都是电磁感应产生的感应电压引起的。判断感应电的方法是：在测电笔的氖管上并接一只 1500μF 的小电容（耐压应取大于 250V），在测带电线路时，相线碰壳有漏电时，测电笔氖管可照常发明亮；如果测得的是感应电，测电笔氖管则不亮或暗淡微亮，据此可判别出所测得的是相线漏电还是感应电。

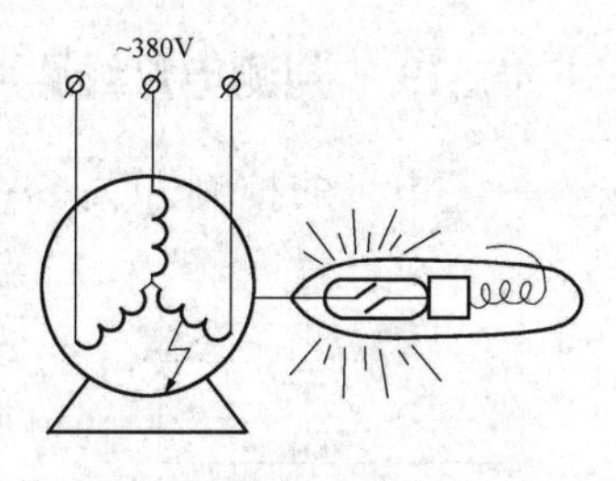

图 4-19　测三相电动机绕组接地示意图

4-1-16　判别漏电还是静电

用测电笔测试用电设备外壳时，如果氖管发光，说明外壳确实有电。究竟是漏电还是静电呢？可用一段两端剥去绝缘的导线（铜导线，截面积在 $2.5mm^2$ 以上），一端先与地接触好，另一端在测电笔金属头上绕两圈，并留出 3～4mm 长，然后将此线头与带电设备外壳断续碰触几次，有明显的火花和声响，就可确定为漏电；如果无火花和声响，且碰触稍长时间后测电笔测之氖管不亮了，则可认为是静电。

4-1-17　判测带电体电压的高低

一支自己经常使用的测电笔，可根据氖管发光的强弱，来估计被测带电体电压高低的约略数值。因为在测电笔的测试电压范围内，电压越高，发光越亮。一般测电笔氖管内光亮发白且较长者，电压高；若测电笔氖管内光暗红而短小，电压低。

在测电笔触及带电体而氖管光线有闪烁时，则可能因线路内有线头接触不良而松动，也可能是两个不同的电气系统互相干扰。这种闪烁，在照明灯上可以明显地反映出来。

4-1-18　判测导线和电器的绝缘优劣

对电源电压为 500V 以下的交直流导线或电器，正常通电情况下，用测电笔测试其外皮或外壳时，氖管不亮；当由于某种原因（如受潮或绝缘老化、损伤），使绝缘性能下降（漏电）或损坏（击穿）以及接线错误（相线与中性线颠倒）时，氖管发光，其亮度与所测电压成正比，电压越高则氖泡越亮，这样可提醒人们检修。

4-1-19 判测电灯线路中性线断路

一盏电灯的控制开关 SA 闭合后，电灯不亮。查看灯泡灯丝未断，取下灯泡。用测电笔测试灯座的两个灯脚（两个接线端子）时，氖管均发亮，说明被测电灯线路的中性线断线。如图 4-20 所示，当中性线在 a 点断线时，用测电笔测相线显然有电；而测中性线时，由于相线与中性线之间存在分布电容，可用等效电容 C 来代替，因此，就在中性线 ab 段（断线点 a 与灯座中性线灯脚之间）产生所谓“感应电”而使测电笔发光。测电笔检测电灯线路的经验口诀：

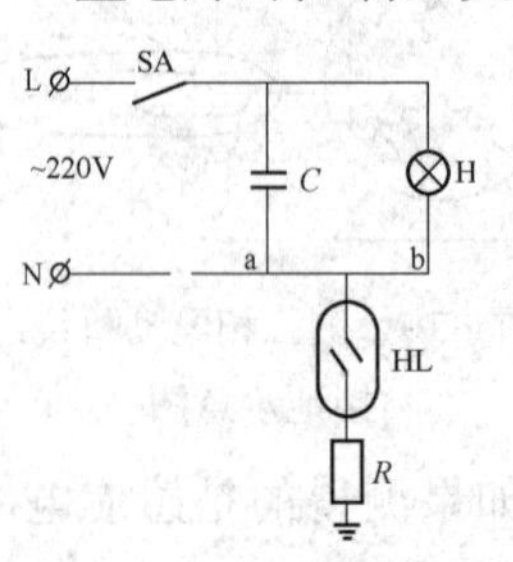

图 4-20 测零线断线示意图

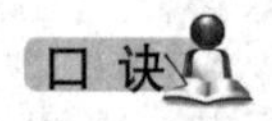

电灯线路开关合，电灯不亮电笔测；
中性相线都发亮，定是中性线断线。

4-1-20 检测高压硅堆的好坏和极性

如图 4-21 所示，在市电（220V）相线与测电笔之间串一只 2CZ 硅整流二极管 V（注意极性），则可判断出高压硅堆的好坏和极性。

当二极管 V 的正极接市电相线 L 时，则负极 A 点为正电压。这时一手捏高压硅堆的一端，把硅堆的另一端紧压触及测电笔后面的金属挂部分（原手握端金属部分），另一只手捏测电笔中部绝缘部分，使测电笔前端金属笔头触及二极管负极 A 点时，测电笔内氖管若发亮，则手捏的高压硅堆一端为负极（正测）；如测电笔内氖管不发亮，则手捏的硅堆一端为正极（反测）。

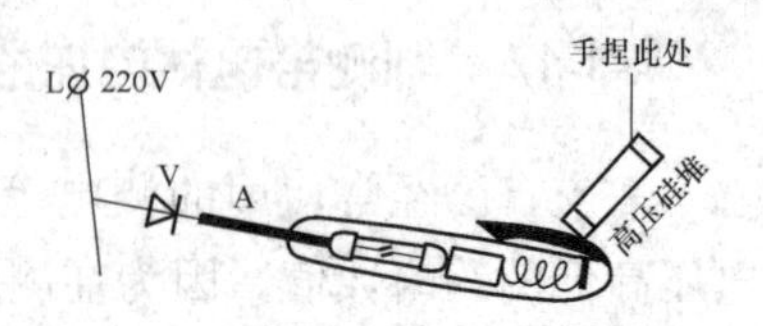

图 4-21 检测高压硅堆接线示意图

手捏高压硅堆极端调换，即压触测电笔后面的金属挂的极端也调换，两次（正测和反测）测电笔内氖管均发光，说明被测高压硅堆内部短路；如果两次测试中，测电笔内氖管均不发亮，说明被测高压硅堆内部断路。

注意：①二极管 V 必须选反向电阻无穷大的硅管，不能用锗管，因锗管的反向电阻太小，这样才能使反测时测电笔内氖管不发光；②二极管 V 的正极接的是相线220V的交流电压，负极A点有近100V的直流电压，测试时切勿触摸，以防触电。

4-1-21　检测电视机显像管高压是否正常

电视机显像管高压系统正常工作时，在其附近会产生较强的静电场，可用测电笔测试空间静电场的有无或强弱来判断高压是否正常。测试时手握测电笔，由远而近地靠近高压线（应远离高压包），距离高压线约4～7cm（12吋电视机）时氖管即发光，说明高压正常；距离高压线3cm内才发光，则高压过低。如测电笔直接搭在高压线外皮上氖管仍不发光，可将高压帽从显像管上拔下，再测高压，若正常，则是显像管故障。若无高压，可将测电笔靠近（并不是触及）高压包，若氖管发光，则是高压硅堆有故障；若发光较弱，则是高压包断线；若不发光，则是高压包开路。

4-1-22　检测备品元件内部有无断路

当你手中有备品元件（如接触器线圈）而无仪表时，可用测电笔检测备品元件内部有无断线故障。

（1）交流电源法。首先用测电笔确认电源相线，然后一手拿备品元件的绝缘部分，将元件一端子搭触电源相线，另一只手握测电笔去触及备品元件的另一接线端子，如图4-22所示。如果测电笔氖管亮了，证明备品元件内部无断线；如果测电笔氖管不亮，则说明元件内部有断线故障。

（2）直流电源法。一只手拿备品元件的一个接线端子，将元件的另一个接线端子与直流电源（110V及以上）一极相连。另一只手握测电笔去搭直流电源的另一极，如图4-23所示。如果测电笔氖管亮了，证明备品元件内部无断线；如果测电笔氖管不亮，则说明元件内部有断线故障。

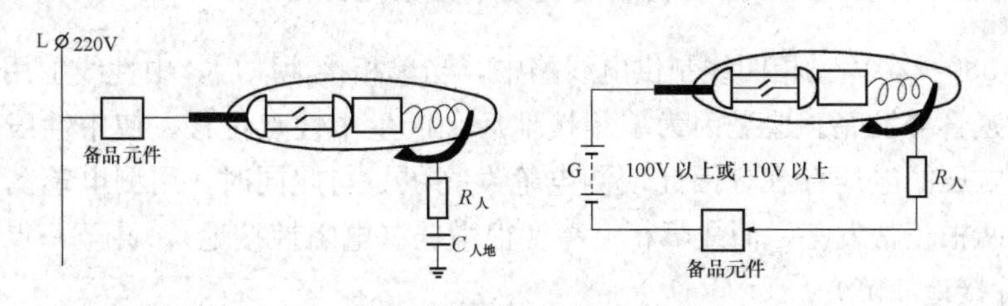

图4-22　交流法检测备品元件　　　图4-23　直流法检测备品元件

4-1-23　判断星形连接的三相电阻炉断相故障

如果电源电压正常而三相电阻炉温度升不上去或者炉温升得很慢，则有可能是电阻丝烧断。可用测电笔来判断炉内电阻丝是否烧断。

星形连接的三相电阻炉电路原理如图 4-24（a）所示，电阻炉是三相平衡负荷，中性点 O′处电压应为零。用测电笔测试中性点 O′，见图 4-24（b）（O′一般都接在电炉的背后），如氖管不发亮，说明电阻丝未烧断；反之，氖管发亮，说明电阻丝烧断了或电源熔丝烧断，也有可能是供电电源线断线。这些故障属于断相，都应及时排除。判断星形连接三相电阻炉的断相故障口诀：

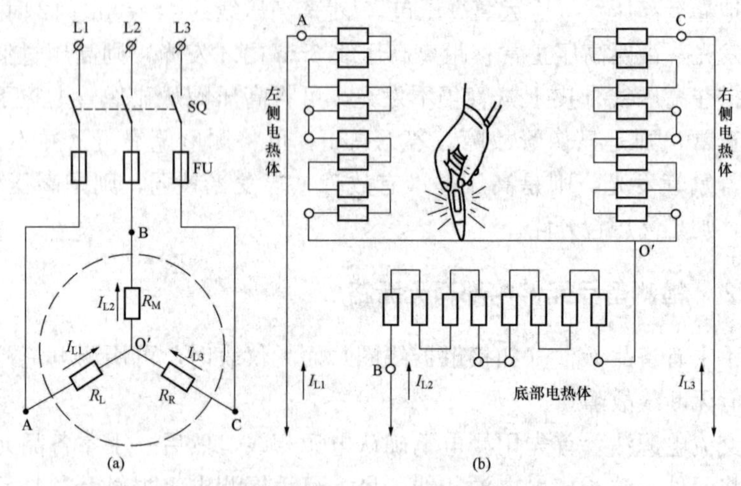

图 4-24　星形连接的三相电阻炉接线示意图

（a）电阻炉电路原理图；（b）测电笔测试中性点示意图

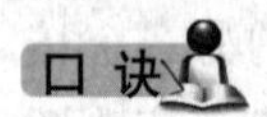

三相电炉中性点，负荷平衡不带电。

电笔触及氖管亮，判定故障是断相。

4-1-24　判断三相四线制供电线路单相接地故障

在 380/220V 三相四线制供电线路中，当单相接地以后，中性线上用测电笔测试，氖管会发亮。这是因为单相接地后，产生中性点位移，使中性线上有接近于相电压的电压存在，因此使测电笔发亮了。与此同时，用测电笔测试三根相线，两根正常发亮，而故障相上亮度很微弱（电阻性接地），甚至一点都不亮（金属性接地故障）。

4-1-25　判断三相四线制供电线路三相负荷不平衡

在 380/220V 三相四线制供电线路里，三相负荷平衡或基本平衡时，中性线对地电压很小，测电笔测试氖管不发光。但当三相负荷严重不平衡时，三相交流电中性点飘移，测电笔触及中性线时会发亮，这时用测电笔测试三根相线，氖管亮度强弱虽有差异，但较正常亮度相似。测试说明三相负荷严重不平衡，必须立即停电进行调整。

4-1-26 判断380/220V三相三线制星形接法供电线路单相接地故障

用测电笔触及三相三线制星形接法的交流电路里三根相线，若有两根比通常稍亮，而另一根上的亮度要弱一些，则表示这根亮度弱的导线有接地现象，但还不太严重；如果两相很亮而另一相几乎看不见亮，或者根本就不亮，则是这一相有金属性接地。因为三相三线制交流电，在单相金属性接地后，该相对地电压等于零，而其他两相电压则升高$\sqrt{3}$倍（即线电压）。判断380/220V三相三线制供电线路单相接地故障口诀：

星形接法三相线，电笔触及两根亮，
剩余一相亮度弱，该相导线软接地，
若是几乎不见亮，金属性接地故障。

4-1-27 测定交流220V控制电路中的故障

当电源为交流220V的控制电路发生故障时，可用测电笔去测试线路各点，根据氖管亮或不亮，可以判断线路中元件的短路、断路和接触不良等故障。如图4-25所示的控制电路，正常时测试各点的氖管亮度情况见表4-1。当某部分发生故障时，测试各点的氖管亮度情况见表4-2。

表4-1 正常时各点测试情况

测试状态	测试点号					
	L1	1	3	5	2	N
KM吸合	亮	亮	亮	亮	熄	熄
KM释放	亮	亮	亮	熄	熄	熄

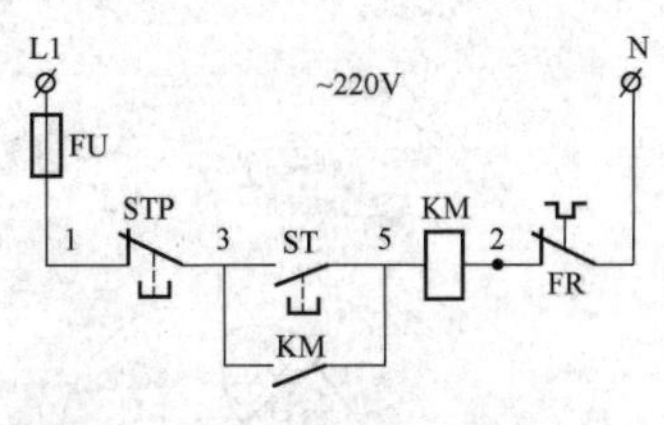

图4-25 交流220V的控制电路图

表4-2 故障时根据各点亮熄判断故障原因

故障现象	测试状态	测试点号						故障原因
		L1	1	3	5	2	N	
ST按下，KM不吸合	ST按下	亮	亮	亮	亮	亮	熄	FR跳开
		亮	亮	亮	亮	亮	亮	零线断路
		亮	亮	亮	熄	熄	熄	ST接触不上
		亮	亮	熄	熄	熄	熄	STP断开
	ST松开	亮	熄	熄	熄	熄	熄	FU熔断

续表

故障现象	测试状态	测试点号						故障原因
		L1	1	3	5	2	N	
ST 按下，KM 不保持	ST 松开	亮	亮	亮	熄	熄	熄	KM 自锁触点断路
STP 按下，KM 不释放	STP 按下	亮	亮	亮	亮	熄	熄	STP 短路
		亮	亮	熄	熄	熄	熄	KM 铁心不释放

这种测试方法尤其适用于电源为交流 220V 的控制电路，可在工作状况下进行，比较直观、简便、迅速。

4-1-28　测定电气线路故障

如图 4-26 所示，在普通测电笔内增加一个与测电笔内同型号规格的电阻，尾端换上一个绝缘盖（旋凿式测电笔将其塑料盖中间的金属圆环去掉则可），将一软导线和弹簧焊好后从绝缘盖中心小孔穿出，焊上鳄鱼夹。就可比较方便、准确地测定 380、220、110V 等电气线路故障。下面以 130kW 绕线型异步电动机的控制动力箱电气线路（见图 4-27）的部分故障为例，来说明用改装后的测电笔测定故障的方法和步骤。

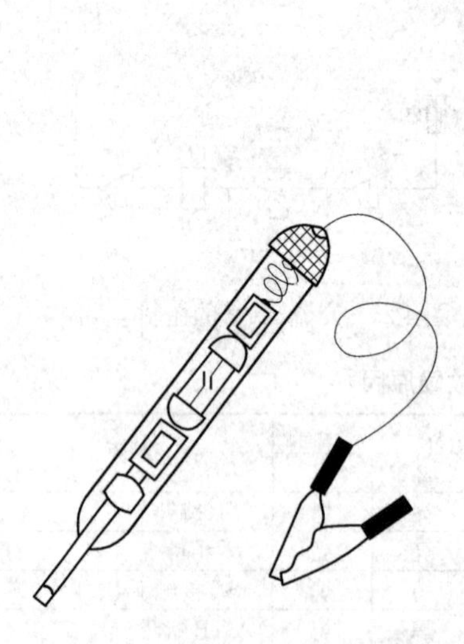

图 4-26　双高阻测电笔示意图

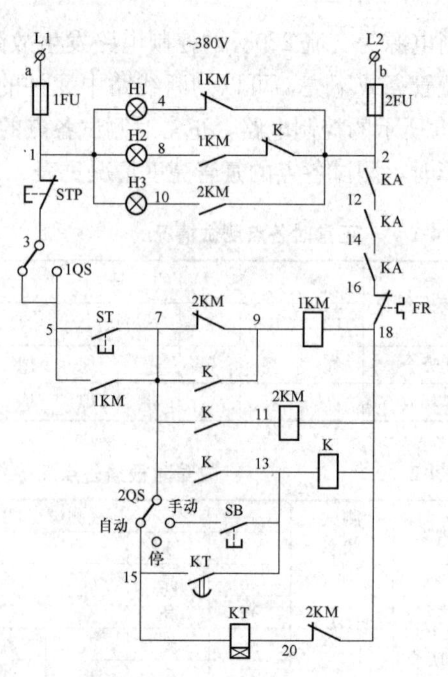

图 4-27　绕线型异步电动机控制动力配电箱线路图

故障1：将选择开关2QS放在“自动”位置，按下起动按钮ST，电动机不起动。

检测步骤如下：

在测试前，应切断主电路，而使控制电路单独通电，以减少电动机和被控制设备的起动次数。鳄鱼夹头夹在L1相熔断器上测a点，测电笔依次测试2、12、14、16、18各点；换过来，鳄鱼夹头夹在L2相熔断器上测b点，按下起动按钮SB，拿测电笔依次测试1、3、5、7、9各点。若测试某点时测电笔氖管不亮，则该测试点前级的触头接触不良或熔丝熔断。如夹头夹在a点，测电笔测试18点时氖管不亮，说明前级的热继电器FR动断触点断开或接线头松脱；若夹头夹在b点，测电笔测试1点时氖管不亮，说明前级熔断器1FU熔丝熔断；若所有测试点处测电笔的氖管均亮，说明接触器1KM的线圈断路。

故障2：接触器2KM动作后，接触器1KM失压跳开，电动机停止运行。

检测步骤如下：鳄鱼夹头放在点18处，即夹头夹在接触器1KM线圈接线桩头与热继电器FR动断触点接线桩头连线上，用测电笔测试9点（边起动边测），当接触器2KM吸合时，如果测电笔氖管不亮，说明中间继电器K的7点到9点之间的动合触点在中间继电器吸合后不接触或接线头松脱。

这种测电笔在使用熟练后，就不必按次序进行测试，可采用优选法或有针对性的测试。例如故障1中，夹头夹在a点，可先测试点18，如果测电笔氖管发亮，2、12、14、16各点就可以不测；换过来，夹头夹在b点，按下起动按钮SB，用测电笔直接测试点9，测电笔发亮，则1、3、5、7各点均可不测，就可断定接触器1KM的线圈断路。

4-1-29 测定油断路器信号灯回路故障

测电笔不仅可以方便地测定电气回路是否带电，而且还可以测定油断路器信号灯回路故障。且无需任何仪表，操作简便、速度快、安全可靠。

查找方法及步骤：众所周知用测电笔测试直流电时，一手握住测电笔后端金属部分，一手触摸控制、保护屏金属部分（或其他接地部分）。如果测电笔氖管靠近手端（后端极）发亮，说明测触的是正极，简称“+”电；非靠近手端（前端极）发亮时，则测触的是负极，简称为“－”电。这是用测电笔查找故障的依据。

油断路器信号灯回路如图4-28所示。正常运用中各元件故障的查找方法如下：

（1）测试操作熔断器FU。熔断器进出端为同性电时，说明被测熔断器完好；如果某极熔断器进出端为异性电时，说明被测熔断器熔体已熔断或熔断器器座接触不良。

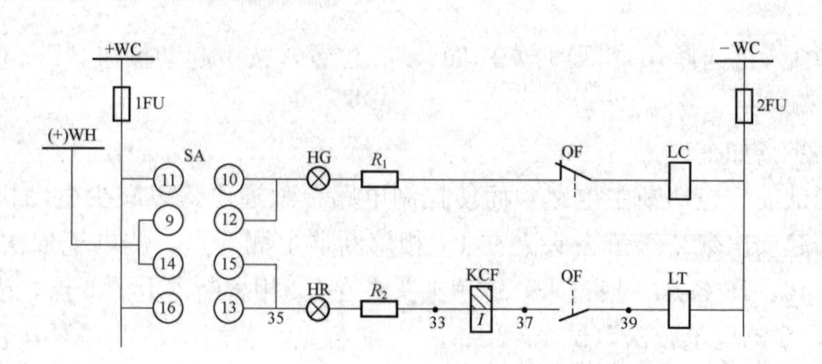

图 4-28　油断路器控制信号回路图

（2）确定信号灯灯丝是否断线。当油断路器处于合闸状态时，信号灯 HR 亮为正常。如果 HR 信号灯不亮，不用取下灯泡进行检查，可用测电笔在灯座两端测试。有“+”“-”电，说明信号灯灯丝断线或灯座接触不良，可取下灯泡验证。当测得灯座两端均为“-”电时，说明控制开关把手 SA⑯-⑬接触不良或端子接线松脱；如果测得灯座两端都为“+”电，同时发现附加电阻 R_2 过热，说明灯座短路；当附加电阻 R_2 不发热时，可取下灯泡检查。如果 HR 信号灯与电阻 R_2 连接处无“-”电，而 33 号点处有“-”电，说明附加电阻 R_2 断线或接点松动；附加电阻 R_2 两端同为“-”电时说明电阻正常。

防跳跃闭锁继电器 KCF、跳闸线圈 LT 的故障可参照上述方法查找。同时，HG 信号灯回路故障的查找方法与上述相似。

4-1-30　七法测定直流电路内的断路点

如某一直流电路中发生断路故障，一般多用万用表检查断路点，这样做既费时又费事，距离稍远时又得有较长的引线，操作很不方便，并且经常需要两人或多人配合进行。而用测电笔检查直流电路中断路故障，一个人即可快而准地查到故障点。现介绍测电笔七法测判直流电路内断线点：

（1）测试元件两端法。根据直流电路中正负电的分界点是在耗能元件的两端上的道理。在主令控制开关 SA 触点闭合情况下，如图 4-29 所示，用测电笔先触及耗能元件中间继电器线圈 KC 的两端，如在正极端（或负极端）测到负电（或正电），说明故障点在正极回路（或负极回路）上。再逐一对正极回路（或负极回路）上的元件两端进行测试，如测试到元件两端（如图中测电笔触及

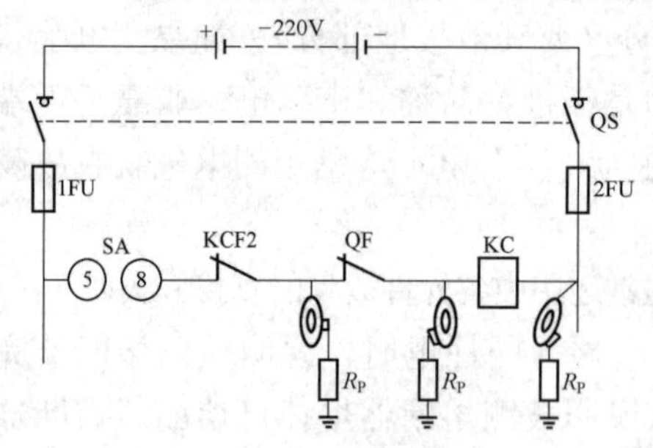

图 4-29　测试元件两端法示意图

断路器触点 QF 两端）或线路两端分别是正负电时，说明断路故障点就在该元件或线路内。

在用测电笔触及耗能元件（中间继电器 KC）两端时，如测出分别是正负电，则说明断路故障点正在耗能元件（中间继电器 KC 线圈）内。

（2）负载并联法。如图 4-30 所示，闭合被测直流电路控制开关 QS，在主令控制开关 SA 触点闭合情况下。一只手摸负载（耗能元件 KC 中间继电器线圈）一端接线桩头，另一只手拿测电笔触及负载另一端接线桩头。如果测电笔内氖管闪亮而负载不工作（中间继电器 KC 不吸合），则说明负载（中间继电器 KC 的线圈）内部有断线故障。

（3）熔断器并联法。如图 4-31 所示，闭合被测直流电路的控制开关 QS，在主令控制开关 SA 触点闭合情况下，不拔掉熔断器的熔体（熔丝）。一只手摸熔断器（2FU）的任一侧接线桩头，另一只手拿测电笔触及熔断器的另一侧接线桩头。如果测电笔内氖管闪亮，则说明被测熔断器的熔丝断了。

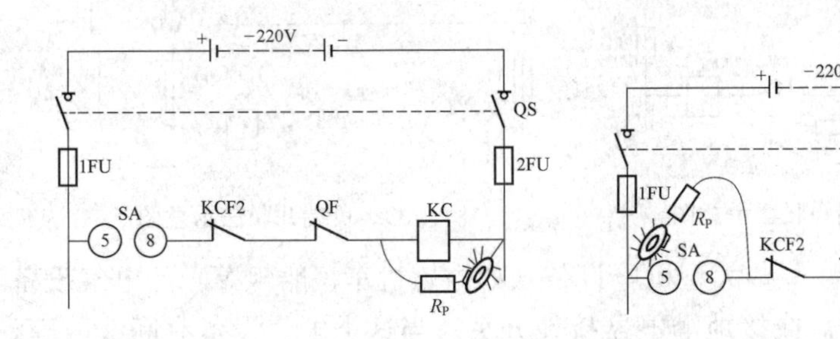

图 4-30　负载并联法示意图　　　　图 4-31　熔断器并联法示意图

同理，一手摸一个闭合触点（如图中主令控制开关 SA 闭合触点）一端接线桩头，在直流电路控制开关 QS 闭合和熔断器 1FU、2FU 均正常完好的情况下，另一只手拿测电笔触及被测闭合触点（SA）另一端接线桩头。如果测电笔内氖管闪亮，则说明被测闭合触点没有闭合正常，存在接触不良的断路故障。

（4）正端并联法。如图 4-32 所示，闭合被测直流电路的控制开关 QS，在主令控制开关 SA 触点闭合情况下。一只手摸负载（中间继电器线圈 KC）的正端接线桩头，另一只手拿测电笔触及直流电源正端母线接线柱。如果测电笔内氖管闪亮，则可断定被测直流电路的断线故障点发生在负载（中间继电器线圈 KC）正端接线桩头与电源正端母线接线柱之间。此时，手摸负载（中间继电器线圈 KC）的正端接线桩头不动，手拿测电笔向靠近负载正端接线桩头方向逐步移动触及测试点。测电笔内氖管从闪亮变至不亮处，便是被测直流电路的断线故障处，如图中所示主令控制开关 SA 和防跳跃闭锁继电器 KCF2 两触点间连接导线内。

（5）负端并联法。如图 4-33 所示，闭合被测直流电路的控制开关 QS，在主令控制开关 SA 触点闭合情况下。一只手摸负载（中间继电器线圈 KC）的负端接线桩头，另一只手拿测电笔触及直流电源负端母线接线柱。如果测电笔内氖管闪亮，则可断定被测直流电路的断线故障点发生在负载（中间继电器线圈 KC）负端接线桩头与电源负端母线接线柱之间。此时，手摸负载（中间继电器线圈 KC）的负端接线桩头不动，手拿测电笔向靠近负载负端接线桩头方向逐步移动触及测试点；或者手拿测电笔触及直流电源负端母线接线柱不动，另一只手离开负载负端接线桩头，向电源负端母线接线柱方向逐步移动触摸直流电路的接线桩头。如果手先后触摸两点时，测电笔内氖管亮熄突变，则这两点之间有断线故障。如图 4-33 中所示负载中间继电器 KC 线圈接线桩头和熔断器 2FU 负荷侧接线桩头间连接导线内存在断线故障。

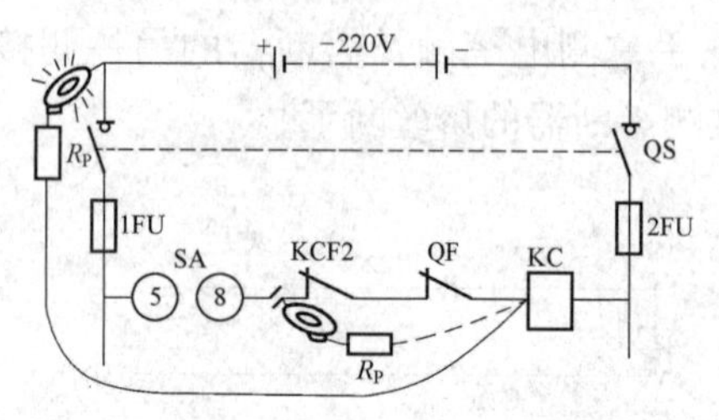

图 4-32 正端并联法示意图

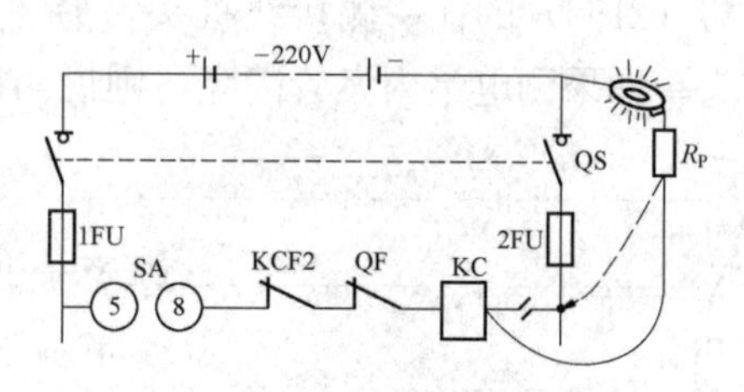

图 4-33 负端并联法示意图

（6）正端接地法。一些大型机电设备（如内燃机车、船舰等）的电气设备都设正负端接地指示灯或接地继电器接地开关。当这类电气设备有断线故障，而电源、线路并无自然接地点发生时，可插上一个接地指示灯（接机体），利用机体，延长人手导电，构成回路，查找断线。插正端接地灯，测电笔从负端往正端查；插负端接地灯，测电笔从正端往负端查。

如图 4-34 所示，闭合被测直流电路的控制开关 QS，在主令控制开关 SA 触点闭合情况下，插上正端接地指示灯。一手摸机体，另一只手拿测电笔从不动作的中间继电器 KC 线圈的负端接线桩头触及测试查到 a 点，测电笔氖管均闪亮，当测电笔触及 b 点时，氖管不亮，则说明 a、b 点之间有断线故障。

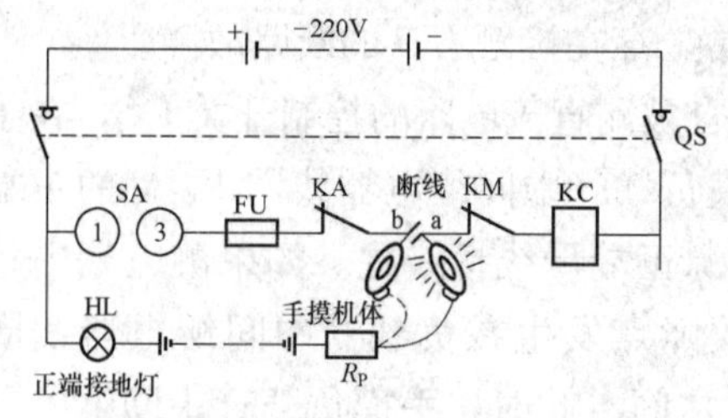

图 4-34 正端接地法查断线示意图

在图 4-34 中，测电笔内的电阻很大，测电笔微小电流在接地指示灯的灯丝上不会产生电压降，人手摸机体，就等于通过指示灯灯丝摸电源正端。测电笔触及 a 点，测电笔两端有 110V 电压，所以测电笔内氖管闪亮；测电笔触及 b 点时，测电笔两端等电位，所以测电笔内氖管不亮。

(7) 负端接地法。在大型机电设备中，如果某电气设备没有人为接地点，可用带鳄鱼夹的导线（最好中间串一个几百欧姆电阻，以便设备运行中查故障，防止突然某处自然接地，产生意外)，将被测直流电路人为接地。

如图 4-35 所示，闭合被测直流电路的控制开关 QS，在主令控制开关 SA 触点闭合情况下，负端装设人为接地线。一手摸机体，另一只手拿测电笔从主令控制开关 SA 触点正端接线桩头触及测试到 a 点，测电笔内氖管均闪亮，当测电笔触及 b 点时，氖管不亮，则说明 a、b 点之间有断线故障。

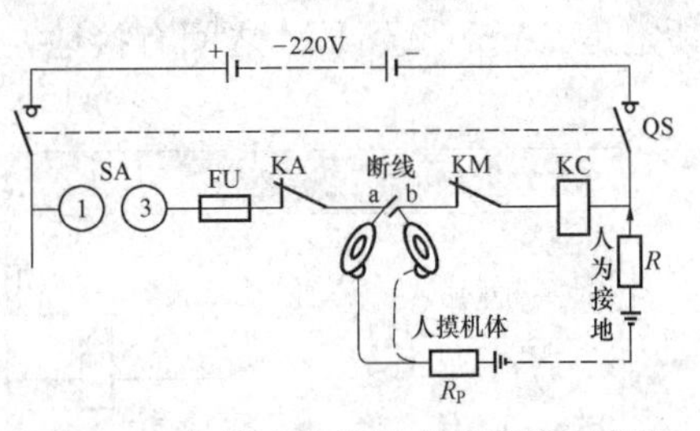

图 4-35　负端人为接地查找断线示意图

这里要注意区分：测试无压降导线段上的两点，测电笔内氖管亮熄突变，是断线故障；氖管时亮时灭的闪烁是线头虚接。而在一个管形电阻丝上测试，如果测电笔内氖管亮熄是逐渐变化的，则是正常压降所致的正常现象。

4-1-31　电位差法测定直流电路内的接地点

发电厂、变电站中的直流电源一般作为主要电气设备的保安电源及控制电源。如果在直流电路上发生了接地故障，应迅速找到接地点并予以修复。直流正极接地有造成保护误动的可能，因为一般跳闸线圈（如出口中间继电器线圈和跳闸线圈等）均接负极电源，若这些回路再发生接地或绝缘不良就会引起保护误动作。直流负极接地与正极接地同一道理，如回路中再有一点接地就可能造成保护拒绝动作（越级扩大事故)。因为两点接地将跳闸或合闸回路短路，这时还有可能烧坏继电器触点。

如何判断直流电源有无接地故障？前已有所讲述，断开电源（以蓄电池为例）开关，手摸机体，测电笔触及电源正极、负极，氖管均不亮，电源无接地。如果测电笔触及电源正极端亮，电源负极端有接地；如果测电笔触及电源负极端亮，则电源正极端有接地。至于直流回路内有接地故障，测电笔查找接地点可用电位差法。即如果接地点发生在控制开关之后与负载之间（包括负载本身)，则可通过接地点在通电前后电位变化而引起测电笔氖管熄亮变化来确定接地点在哪一个回路，这样一下把接地范围从几十个回路缩小到某一个回路。具体方法步骤如下：

测得电源无接地而要查找直流回路接地故障时，先断开回路正负极端人为的接地保护装置的接地点。然后闭合电源开关 QS，手摸机体，测电笔触及电路正极端，氖管发亮，“可能”电路负极端接地，如图 4-36（a）所示。依次对每一个电气元件进行动作试验，扭手柄、按按钮开关，闭合相应的连锁，让每一个回路依次通电试验（为了不让机器或所控设备动作，可用胶皮把会引起机器转动的接触器触头垫起）。当闭合某回路开关 SA⑤-⑧时，测电笔突然熄灭，则断定是 SA⑤-⑧至 KM 之间有接地，如图 4-36（b）所示。

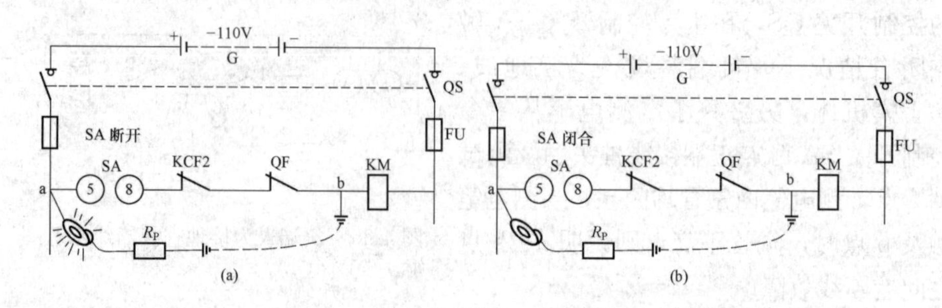

图 4-36　直流系统接地示意图

（a）SA 开关断开时，测电笔氖管发亮；（b）SA 闭合时，测电笔由亮变熄

为什么闭合 SA⑤-⑧测电笔氖管熄灭呢？图4-36（a）中，SA⑤-⑧断开时，a 点电位是 110V，b 点电位是 0V，a、b 两点的电位差为：110－0＝110（V），所以测电笔氖管闪亮。当 SA⑤-⑧闭合后，a 点电位仍是 110V，b 点电位由 0V 变为 110V，U_{ab}＝110－110＝0（V），所以测电笔氖管熄灭。把接地点缩小到某段线路后，利用拔熔断器、垫连锁、拆关键接线柱等方法很快就能找出接地点。只有接地点通电前后都是零电位，才是真正的负端接地，故前面说“可能”是负极端接地。

4-1-32　测电笔式相序指示器

在电力系统测量工作中，正确识别三相交流电路中的 L1、L2、L3 三相电压的排列次序是很重要的，是电器检修、安装工作中常碰到的问题。现介绍利用一支普通测电笔，略加改制即可成为相序指示器，如图 4-37 所示。其特点是：使用方便，制作容易、线路简单，且不破坏测电笔的原有功能。

具体制作时，在测电笔塑料杆的一侧偏后端，即 C 点位置钻一个 ϕ2.5 的孔；测电笔后端金属螺丝上钻个 ϕ2.5 的孔或利用原金属圆环的孔，即图 4-37 中 B 点位置。加装两条 M2×12 螺丝。其作用是内连接电阻 R 和电容器 C_1，外接测试导线。原测电笔中的弹簧去掉，1.5MΩ 的电阻和 2200μF 的电容器均直接焊接在氖管 HL 后端金属帽上。按照图 4-37 所示进行组装后，便是测电笔式相序指示器。其原理接线图如图4-38所示。

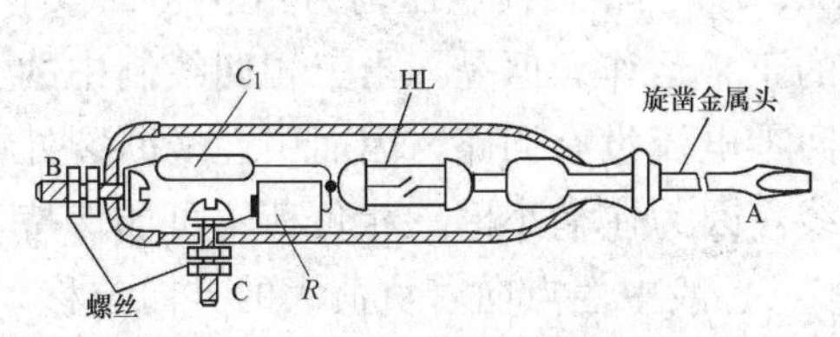

图 4-37 测电笔式相序指示器结构示意图

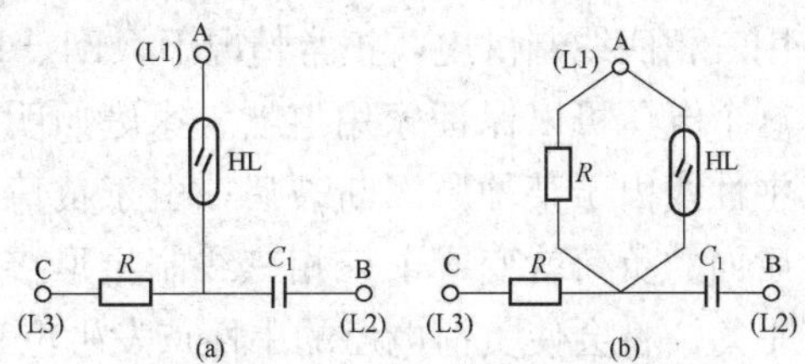

图 4-38 测电笔式相序指示器原理接线图

(a) 用于电压互感器二次回路 100V 的相序指示器；

(b) 用于 380V 系统的相序指示器

R—1.5MΩ，1/8W 金属膜电阻；C_1—2200μF，400V 电容器；HL—原测电笔内的氖管

具体使用方法：先断开所要测试的三相交流电源，然后进行接线。首先将A点，即测电笔前端旋凿金属头接于三相电源的一相上，而后将测电笔后端B点引线接于三相电源的第二相上，此时闭合三相电源开关，测电笔中氖管立即发亮。这时手拿测电笔侧面C点引出的引线绝缘部分，用引线裸露线头触及三相电源的第三相线，氖管熄灭。此时，表明A、B、C三点所触及的三相电源为L1、L2、L3顺序；若第一、二相都已接好，三相电源送电后，最后用测电笔侧面C点引线头触及第三相线时，测电笔氖管仍亮不熄灭，则表明A、B、C三点所触及的三相电源为逆序。

两只这样的测电笔式相序指示器，亦可用作断相指示。如图 4-39 所示接于三相电源上后，在正常运行时，两氖管都不发亮。如果两氖管或其中任一只氖管闪亮，则说明三相电压断了一相。若 1HL 氖管发亮则表明 L1 相断相；2HL 氖管发亮则表明 L2 相断相；1HL、2HL 两氖管均发亮则表明 L3 相断相。

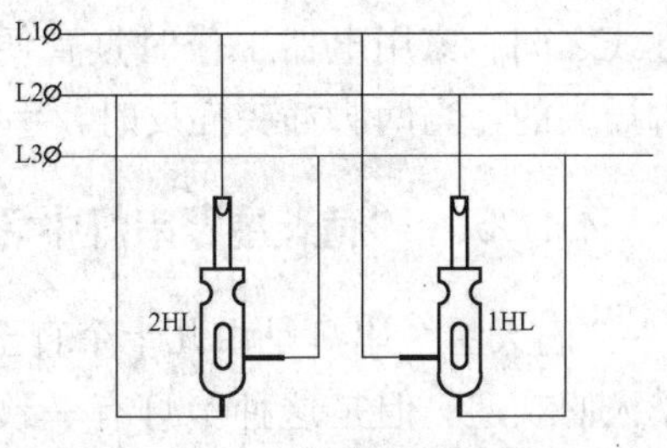

图 4-39 断相指示器接线示意图

4-1-33 测电笔式中性线监视器

在三相四线制 380/220V 供电系统中，采用中性点接地好处有：①能防止因三相负荷不平衡时中性点位移引起的三相电压严重不对称（即不平衡）；②避免当变压器高压线圈绝缘损坏时危及低压系统设备安全；③一旦发生单相接地时，能使开关保护迅速自动断开电源，同时又避免其他两相对地电压升高，从而保证人身和设备的安全；④用中性线作照明线路的中性线，可降低线路投资。

我国大多数地区，在低压电网中，把配电变压器低压侧中性点直接接地并引出中性线实施单、三相混合供电。城镇建起的住宅区（居民小区）大都是采

用三相四线制供电，正常情况下，L1、L2、L3三相负荷电压均为相电压220V，这个电压可以保证家用电器、家庭照明的正常运作。但是，当三相四线制中的中性线由于某种原因断裂后，由于负荷回零电流没有回路，因而中性线断裂处后面的负荷就变成了三相三线制星形接线。因为住宅小区三相负荷不可能保持平衡，将会使负荷电压的中性点发生位移，一般中性点向着负荷大的方向位移，负荷大的那相电压降低；负荷小的那两相电压升高，其所接的照明灯泡亮度增加。若电压过高，其所接的照明灯具、家用电器将被烧毁，给用户带来经济损失。

新建的住宅小区楼房多采用单相三线制供电，住户可用测电笔制作成一只中性线监视器，悬挂在人人能看见的地方。即在测电笔前端笔尖焊接一根软导线与进户中性线相连接，在测电笔的后端（手握部位）金属挂（夹）焊接一根软导线与地线相连接。平时测电笔内氖管不亮，一旦发生户外零干线断裂，测电笔内氖管就立即发亮。提醒用户立即断电关掉所有家用电器和照明灯具，以免被烧毁。

4-1-34　测电笔式家用电器指示灯

将测电笔中的氖管与电阻取出（可从市场购置），两元件串联接妥后装入一透明绝缘的圆管中，其两端引线并联在家用电器电源相线开关负荷侧触点和中性线之间。家用电器工作时氖管便可发光；同时，对于家用电器电源线是用两脚插头的，当两脚插头插反时，手摸家用电器金属外壳时，氖管立即发光。

4-1-35　“满天星”串灯中坏灯泡的快速查找法

“满天星”串灯是由几十个直至上百个小灯泡串联而成，像夜空的繁星，极受人们欢迎。但是这种串灯有一致命的缺点。因其是串联，只要有一只灯泡烧毁，整串“满天星”就会全熄灭。同时因其单个灯泡很小，又很多，直接用眼睛查找烧毁的灯泡是件很困难的事情。现介绍一种快速而简易的查找方法。

如图4-40所示，例有一串满天星由9个灯泡串成（例子简化易说明），其中一只灯泡烧毁。拔下处于中间位置的小灯泡，即第5个灯泡，用测电笔检测其灯座左右两个接线铜片，可能出现以下两种情况：

（1）左侧电路有电，说明坏灯泡在第5个灯泡或第5个灯泡以右的灯泡。

（2）左右两侧都没有电，说明坏灯泡在第5个灯泡以左的电路中1～4个灯泡。

假设出现了（1）情况，即坏灯在第5～9个灯泡中。同前所述一样，再把右半侧段电路从中间分开，第7个灯泡在中间位置。拔下第7个灯泡（把前拔下的第 5 个灯泡插回原灯座内)，用测电笔检测其灯座左右两个接线铜片，同样会出现类似（1)、(2）两种情况。这样反复几次，无故障部分一半一半地被排除，很快地就可以找到烧毁的灯泡。换上新灯泡，满天星便可恢复使用。在绝大多数情况下，“满天星”一次只烧毁一个灯泡。

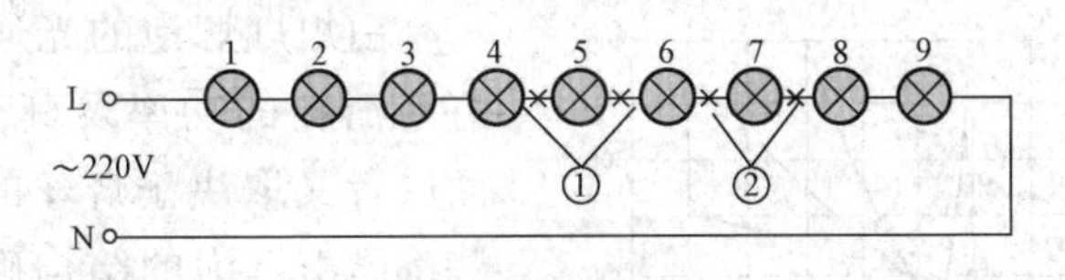

图 4-40　二分法查找坏灯泡示意图

①—第一次测试点；②—第二次测试点

用二分法查找坏灯泡，每次对半地排除无故障部分，可很快地逼近故障点。灯串越长，越能体现这种方法的优越性。比如 100 个灯泡串联的满天星，最多二分 6 次，就可以查找到烧毁的灯泡来。

第 2 节　用检验灯诊断查找电气故障

检验灯，或称校验灯、试验灯、试灯，俗称校火灯、挑担灯等。它是电工在工作实践中“就地取材，自作自用”的检测器具，简单地讲，它就是一盏未接挂线盒、未装灯罩的吊式电灯。电工常用的检验灯如图 4-41 所示。检验灯用螺口式白炽灯灯泡，配防水吊灯座最妥，比较安全；用插口式白炽灯灯泡，配插口吊灯座为最好。所用白炽灯灯泡一般为小于 40W 的 220V 灯泡，所配接的两根引线，需用绝缘良好的 2.5mm^2 橡皮绝缘单芯铜导线。单芯铜导线软而有韧性，两线曲折后易拿不易脱落。平时插挂腰间工具袋、工具钳套上。线头剥皮部分短些且曲折回去，这样可增大导线头截面积；同时又能增大线头硬度，且光滑不挂衣服、不划手。

白炽灯灯泡的结构确定后，灯丝的电阻也就确定了，所以灯泡的电流决定于灯泡的供电电压，供电电压变化时电流也随着变化。白炽灯灯丝具有正电阻特性，温度升高时电阻值增大，灯泡正常点燃后电阻较高，而在冷态下电阻较小，所以白炽灯在冷态下点燃的瞬间电流是很大的，可达到灯泡额定电流的 12～16 倍。白炽灯灯泡所消耗的功率等于流过灯泡的电流

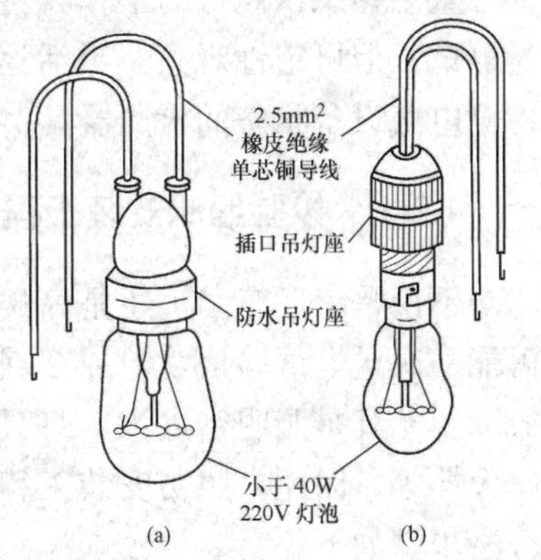

图 4-41　检验灯示意图

(a) 防水吊灯座；(b) 插口吊灯座

与灯泡压降的乘积，灯泡的容量是用灯泡消耗的功率来表征的。显然，灯泡功率与电压有关，白炽灯的规格以功率和电压标称。白炽灯可看作纯电阻负载，因此，灯泡电流、功率和供电电压的关系可以根据欧姆定律确定。线路的功率因数 $\cos\varphi$ 等于 1。

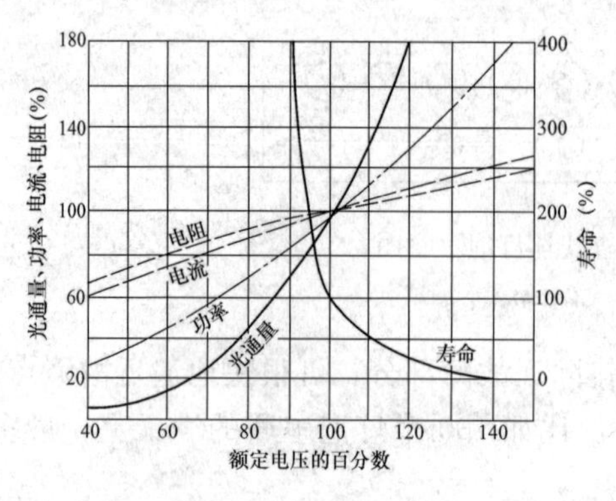

图 4-42　白炽灯的光通量、功率、电流、电阻等参数与线路电压的关系图

白炽灯灯泡的光通量输出决定于灯泡消耗的功率及其光谱能量分布，而后者又取决于灯丝的运行温度。这些都已由灯泡的结构确定了。在运行中，光通量输出随网络电压的变化而较急剧地变化（见图 4-42），这是白炽灯的特点。因为电压变化影响了灯泡的功率和灯丝的温度（电流改变了），这两个参数变化时，对光通量输出的影响趋向是相同的，其中温度的影响最剧烈［光通量是按照辐射对人眼视觉的作用来评价的辐射通量，单位为流明（lm）］。

白炽灯灯泡工作时，灯泡上的电压等于供电电压。供电电压 U 变化时，白炽灯的功率 P、光通量 Φ 等参数均随着变化，变化关系可用下式表示：$\frac{P'}{P}=\left(\frac{U'}{U}\right)^{1.6}$；$\frac{\Phi'}{\Phi}=\left(\frac{U'}{U}\right)^{3.4}$。式中参数带“′”号的为实际值，不带“′”号的为额定值。白炽灯特性参数与线路电压的关系如图 4-42 所示，从图中可知：光通量对线路电压的变化较敏感，电压降低时光通量输出也迅速减少。

重温熟悉白炽灯的工作特性，便知一盏普通的白炽灯虽不能像仪表那样定量测试，但可定性观察。灵活运用巧测试，白炽灯便成为简易实用、随时随地检测电气设备状态的检测器具。

4-2-1　校验照明安装工程

不论是工厂车间，还是高楼大厦，凡新的照明工程安装完毕后，都几乎不可能一次送电试验成功，或多或少地会由于这样和那样的安装错误，造成一些故障。尤其是照明密度大，灯具多，线路上下密布，左右纵横的高层建筑、科研大楼等。因此，照明安装工程正式送电前，必须进行校验。用检验灯校验的方法步骤如下：

第一步。准备临时电源（三相四线），打开照明配电箱，关掉总开关，卸下装熔丝的插盖（或装熔体的旋盖），包括各分路熔断器的插盖，按装灯容量配好熔丝。

第二步。关掉全部照明开关。在配电箱总开关的上侧接线桩头上接上电源（三相四线、相电压220V），中性线接上零线母排。用检验灯测试电源正常情况下，闭合总开关。

第三步。不要急于装上熔丝就试送电，因为新装线路的短路现象（俗称碰线）是时常会发生的，尤其是螺旋式熔断器上的熔体，价格较贵，需避免无谓损失。用100W的检验灯，对各分路的熔断器两端接线桩头进行逐个跨触测试，如图4-43所示。此时，检验灯灯泡会出现以下三种情况：①不亮或很暗、稍暗；②达到100W的正常亮度；③超越100W的正常亮度或非常亮。其中，第一种情况说明此分路正常；第二种情况说明被测分路内有短路情况；第三种情况说明被测分路的零线错接成另一相的相线，或其中性线与其他相线短路而发生两异相相线同一分路。这时根据检验灯灯泡亮的情况，逐一对应校验各分路。

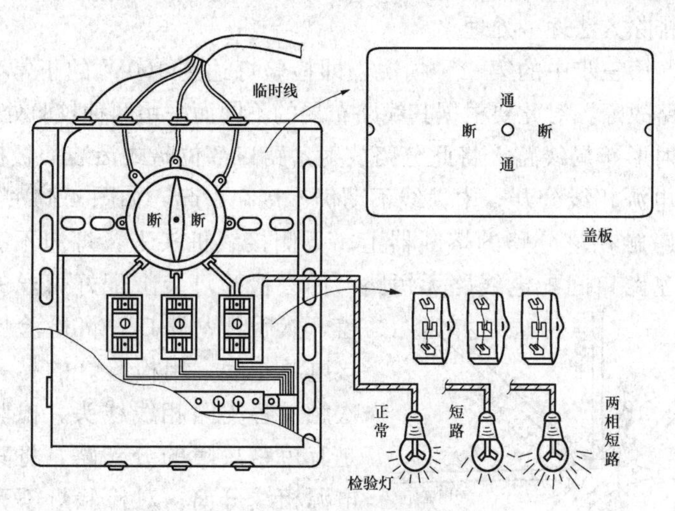

图4-43　检验灯校验照明电路示意图

第四步。第三步中的第一种情况，即检验灯不亮，或很暗、稍暗，只说明是线路暂时无短路情况。还应继续把这一分路的开关逐一合上，同时观察检验灯的亮度变化，其可能出现以下四种情况：

（1）分路内开关逐一合上时，检验灯逐渐增亮，那是回路连通的表现，仍属暂时正常。直至这一分路内的开关全部合上，检验灯仍未达到正常亮度，则说明这一分路正常。可放心地装上熔断器插盖了（已按装灯容量配装熔丝）。

（2）当合上某一开关时，检验灯突然发出正常亮度，在重复几次之后都是如此，这说明所闭合的开关至所控制的灯之间的开关线（相线进开关后，引向灯头的线）有故障。先查开关是否碰壳或错接；如果正常，则大多数是灯头内开关线和灯头线（中性线引至灯头的一根线）碰线。尤其是螺口灯头中的中心点（小舌头）碰到了与螺口金属相连的部分，新灯头小舌头常贴在螺口金属上。排除后，直至合上这一分路的全部开关均无异常。则可拆去检验灯，装上已装配好熔丝的熔断器插盖。

（3）当分路上所有开关都合上，检验灯也不闪亮，即无短路情况。这时拆去检验灯装上熔断器插盖送电，而分路内电灯都不亮，说明该分路内有断路故障。断路故障有两种：一是相线断路，表现为断线后的导线均无电；二是中性线断路，表现是断线后面的中性线均呈带电状况。处理方法是查找第一个不亮的灯位，查出后予以排除，直至正常。

（4）当分路上所有开关都合上，检验灯灯泡逐渐增亮但未达到正常亮度。这时拆去检验灯装上熔断器插盖送电，分路内只有部分电灯亮，而有部分电灯不亮。说明线路无短路和断路故障，不亮的电灯故障在灯具中。此按有关灯具的各类故障排除方法逐一处理。

第五步。第三步中的第二种情况，即检验灯达到 100W 的正常亮度，被测分路内有短路故障。对此要根据其线路布局的不同而采用两种校验处理方法。

（1）放射形布局线路，将此分路放射岔路口部位暗式活装面板拆开，把各支路相线和电源相线分开；中性线不动仍连接在一起，如图 4-44 所示。此时，用检验灯再跨触在该分路的熔断器上、下侧接线桩头上，灯泡不亮，说明配电箱至放射岔路口间配电线路无短路。拆去检验灯装上配好熔丝的熔断器插盖，然后到岔路口，将检验灯的一端连接电源相线，用检验灯的另一端分别依次触及各支路相线线头。检验灯亮的则是有短路故障的分支路，将其相线仍与电源相线分离；对检验灯不亮的分支路相线头和电源相线头连接包扎绝缘。再到配电箱处，拔去此分路熔断器上的插盖，将检验灯跨接在分路熔断器上、下侧接线桩头上，把线路中无短路的各支路按第四步校验方法处理好。剩下的有短路故障分支路，用下述树干形布局线路进行校验处理。

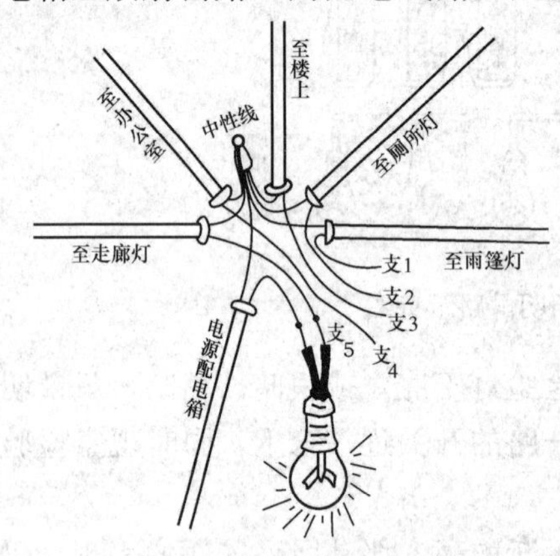

图 4-44 放射岔路口放射形布局线路示意图

（2）树干形布局线路，可在该分支路的 1/2 或 2/3 处把相线断开，如图 4-45 所示。将检验灯两端引线头跨接在该分路的熔断器上、下侧接线桩头上，如果检验灯仍然达到正常亮度，说明该分支路相线断开分段处前半段有短路故障；如果检验灯不亮，则说明该分支路分段处后半段有短路故障。

对前半段线路有短路故障的分支路，可将其前半段的1/2处断开相线，再观察检验灯的亮度变化。如果检验灯达正常亮度，则短路故障在靠电源侧的那一小段内。如此这般分一、二次后，各小段内就只有几个灯具了。通过观察分析就可很容易找到短路故障的所在之处，即检查所怀疑的暗开关、暗插座是否碰壳；接线盒、过路箱内是否相线和中性线相连接等。解决了前半段线路，因后半段线路无短路故障，可重新连接好相线，然后按第四步所述方法进行校验。对后半段有短路故障的分支路，可在分路熔断器上装上配好熔丝的插盖，在分段处用检验灯两引线头跨接相线断口两线头。仍用上述分段方法校验，查找短路故障所在处。

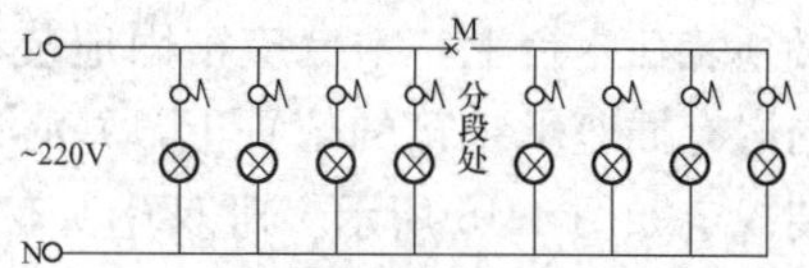

图4-45 分支路树干形布局线路示意图

第六步。第三步中的第三种情况，即熔断器上、下侧跨接的检验灯超越正常亮度。说明被测分路内有不同相的两根相线接在此分路上，多数是多回路导线共穿在一根管子中，而在叉口分路时，错把相线当作中性线连接。此情况较明显，在分叉口处拆开就能发现。排除后将检验灯跨接到分路熔断器上、下侧接线桩头上，按第四步所述方法进行校验。

运用检验灯校验照明安装工程。既方便省时，又安全准确，不易遗漏故障。成功地达到避免经济损失，防止故障扩大的目的，实用性很强。

4-2-2 校验单相插座

照明工程安装，以往是以灯为主而插座少。现在不论新楼房居民住户，还是办公大楼，因家用电器繁多，办公室用电设备也很多，现代的照明工程中插座的数量较灯具还要多，其线路也是上下密布，左右纵横。在照明工程安装完毕后，应对所有单相插座进行校验，且应对着用户用简易而明显的检验灯校验。

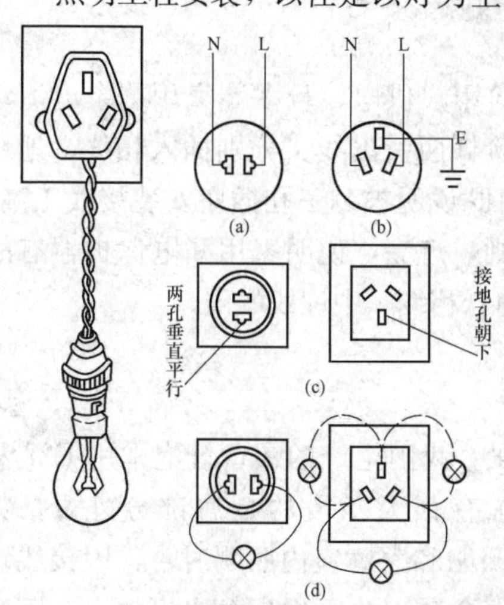

图4-46 检验灯检测单相插座示意图
(a) 两孔；(b) 三孔；(c) 不正确的安装方式；(d) 正确的安装方式

插座是供家用电器、办公用电设备等插用的电源出线口。照明工程中常用的插座分有双孔、三孔两种，如图4-46（a）、（b）所示。其中三孔（三眼）的应选用品字形排列的扁孔结构，不应选用等边三角形排列的圆孔结构，后者因容易发生三孔互换而造成触电事故。

插座的安装方法：装于墙面上的插座

必须装在木台上，木台应牢固地装在建筑面上；暗敷线路的插座，必须装在墙内嵌有插座承装箱的位置上，并必须选用与之配套的专用插座。两种插座的安装规定如图 4-46 所示。对双孔（双眼）插座的双孔应水平并列安装，不准垂直安装。如果垂直并列安装，可能会因电源引线受勾拉而使插头的柱销在插座孔内向上翘起，从而使孔内触片向上弯曲，严重时就会使触片触及罩盖固定螺钉，甚至触及另一个触片而造成短路事故。对三孔插座的接地孔，必须置在顶部位置，不准倒装或横装。单相 220V 插座孔接电源线的规定口诀：

单相插座分两种，常为两孔和三孔。
两孔左中右为相，左中右相上为地。

运用检验灯检测单相 220V 插座很简单实用。将检验灯（220V，功率大小均可）的两引出线头分别插入 L、N 接线孔，灯亮正常，则说明被测插座安装正确；如果灯不亮，则说明被测插座有断路故障；如果灯光闪烁，则说明被测插座的接线桩头接线接触不良。如果所检测的照明工程中插座数量较多，最好在检验灯的两引出线头上装置插头，这样使用方便且安全，如图 4-46 所示。

220V 单相三孔插座校验时，尚需检测三孔接线正确与否。即用检验灯的两引出线头分别插入相线（右边扁孔）、地线（上面较粗的孔）接线孔，灯亮正常；检验灯两引出线头分别插入中性线（左边扁孔）、地线接线孔，灯不亮[图 4-46（d）中虚线所示]。则说明被测三孔插座安装正确；否则被测三孔插座接线不正确。

新建的居民区楼房，多为单相三线制向用户供电，且多装家用剩余电流动作保护器。用检验灯检测三孔插座时，检验灯两引出线头分别插入相线、地线接线孔，用户控制开关立即断电。这一现象既说明被测三孔插座安装接线正确，又说明所装设的家用漏电保护器完好。否则，灯亮，说明家用漏电保护器有故障；灯不亮，说明被测三孔插座接线不正确，相线、中性线颠倒。

4-2-3 校验螺口灯头的接线

螺口灯头事故多，主要原因是接线错误。我国生产的螺口灯泡采用 E27 和 E40 的金属螺纹，在灯泡旋入灯座后，总有很大一段的金属部分外露，如图 4-47 所示。螺口灯头作为工矿企业生产照明和家庭室内照明时，常因接线错误而在更换灯泡时，操作者手触及灯头外露金属部分而发生触电事故。在正常通电未闭合单极控制开关 SA 情况下，用检验灯一端引出线头触及接地线或中性线 N，另一端引出线头触及灯泡的金属外露部分，如图 4-48 所示。灯不亮，说明被测螺口灯头的接线是正确的：单极开关SA串接在相线中，且相线L接在螺口灯头的中心电极上。如果灯亮，则说明被测螺口灯头的接线是错误的：亮度达正常时，相线L不接在灯头的中心电极，单极开关SA未串接在相线上；亮度不达正常时（亮度与所装灯泡的容量大小成反比），相线L接在灯头的中心电极上，但单极开关SA未串接在相线上。

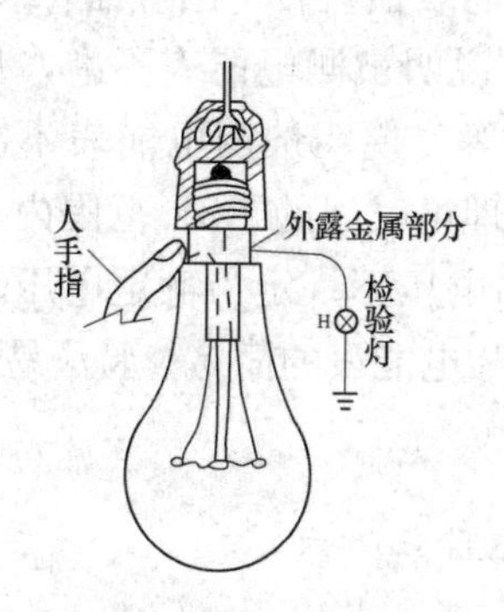

图4-47 螺口灯头和灯泡组装示意图

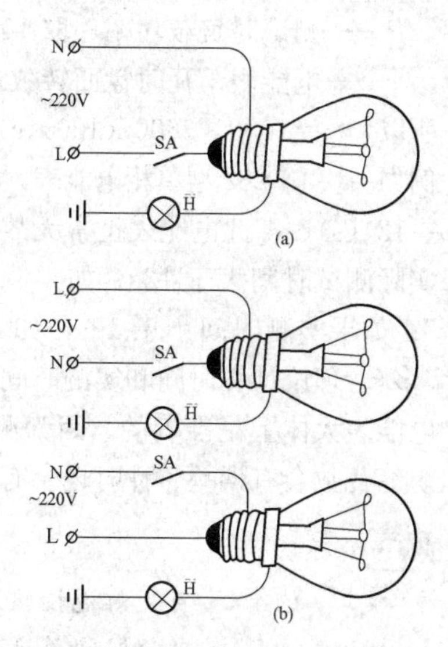

图4-48 检测螺口灯头接线示意图
(a) 正确接线；(b) 两种错误接线

4-2-4 校验单相电能表

我国生产的家用单相电能表多是感应式电能表，电压220V，频率50Hz，其标定电流等级为10、5、3、2.5（2）、1A数种。电能表的规格通常是以标定电流值来划分大小。

新装的单相电能表，如果想知道其准确与否，或运行中的电能表有如下现象：所有负载均停用，电能表还微微转动一直不停（潜转动不超过一圈是正常的）；响声过大，并且不规则；产生异常响声等。此时，电工可用下述简单、易学、准确的方法校验电能表。

如图4-49所示，将电能表所带负荷全部断开，相线、中性线间跨接一盏220V、100W的白炽灯灯泡，灯泡亮开始计时（手表、电子表，秒表为最好），看记电能

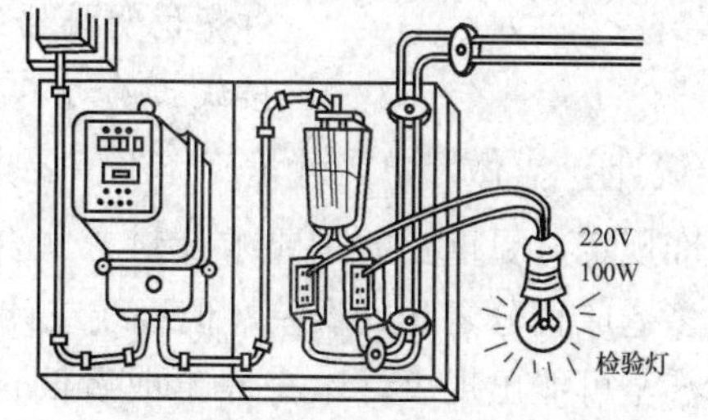

图4-49 检验单相电能表接线示意图

表的铝盘转一圈需多少秒。为了准确，可看记电能表的铝盘转 10 圈所需时间，10 圈所需时间除以 10，便是铝盘转一圈所需的时间；此测记方法可重复几次，取几次的平均值。

理论时间 t_n 的计算公式

$$t_n = kWh/Pc(s)$$

式中 P——测试时负载功率，取 100W；

c——电能表千瓦时盘面转数，r/kWh。

所以，$t_n=1000\times3600/(100\times c)=36000/c$（铝盘转一圈，s）。

例如一块 DD282 型单相电能表，$c=3000$r/kWh。将 c 代入上式得 $t_n=36000/3000=12$（s）。即此电能表正常无故障时，电能表铝盘转一圈应需 12s 的时间。如果实际测试时间大于 12s，如 14s、15s 等，说明被测电能表不准，且是“走字少”；如果实测时间小于 12s，如 10s 或 9s 等，说明被测电能表不准，且是“走字多”。理论计算时间和实测时间的差值在理论时间的±2%范围内，可认为被测电能表大体上是准确的。因为测试时电网电压不一定为额定电压、所选用的白炽灯瓦数会有误差、计时也会有误差。单相电能表的简易校验法易记口诀：

百瓦灯泡校验表，盘转数除三万六，
理论时间单位秒，实测一圈多少秒，
两个时间相比较，误差百分之二好，
实多理少走字少，实少理多走字多。

4-2-5 灯泡核相法检查三相四线电能表接线

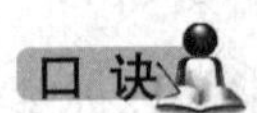

三相四线电能表，接线检查核相法。
两盏检验灯串联，两引出线跨触点：
某元件电压端子，该相电流电源线。
灯亮说明接错线，电压电流不同相。
接线正确灯不亮，电压电流是同相。

说明 做好电能计量工作不仅要求电能表本身的检修、检验符合国家有关标准规定，更重要的是要求计量方式合理、接线正确。一块不合标准的电能表最多造成百分之几的误差，但接线或计量方式错了，误差就可能达到百分之几十，甚至可能出现表计本身停走或者倒走，给电能计量带来很大的损失。三相四线制的计量方式是低压供电系统的主要计量方式，用电炉丝检查三相四线电能表接线是一种简单而实用的办法，故农村电工普遍采用。而大部分电工在用电炉丝检查电能表接线时，忽视了电能表同一元件上的电压和电流是否同相的问题，看电能表正转了即认为接线对了。这样容易将试验是正转而实际是错误接线误认为是正确接线，使计量装置在错误接线下运行，造成计量不准确。

如图4-50所示，三相四线三元件电能表的两边相电流互感器极性接反，且两元件的电压线接错，即元件电压和电流不同相，就会出现用电炉丝检查是正转而误认为是正确接线的现象（从理论上可以证明，当各元件电压和电流之间的夹角小于90°时都会出现正转的现象）。这种错接线时电能表虽正转，但结果上少计量1/3。所以，核相检查是必需的程序，绝不可忽视。

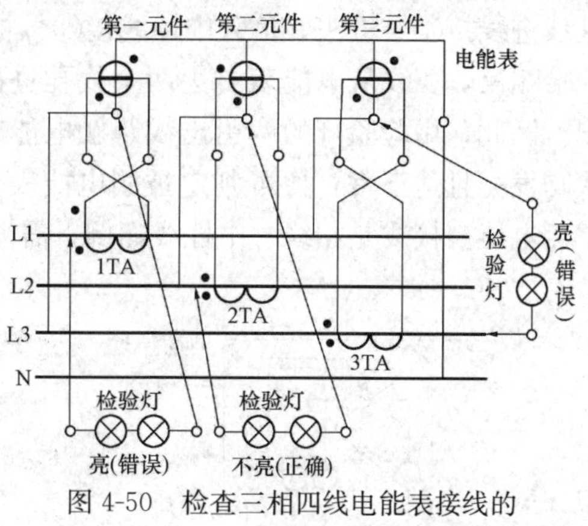

图4-50 检查三相四线电能表接线的灯泡核相法示意图

而用灯泡核相法既简单又方便。用两个220V同功率的灯泡串联起来，然后一端接电能表某一元件的电压端子，另一端接该相电流电源。如灯泡不亮，则说明电压电流是同相，接线正确；若灯泡亮，则说明电压电流不同相，接线错了。

经用灯泡核相法纠正了错相以后，再用电炉丝检查三相四线电能表接线，就不会将错接线误认为正确接线了。

4-2-6 检测单相电能表相线与中性线颠倒

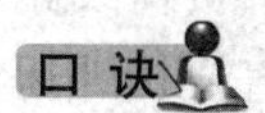

国产单相电能表，一进一出式接线。
验灯两条引出线，一个线头先接地，
另头触及表端子，右边进线和出线。
接线正确灯不亮，灯亮相零线颠倒。

说明 单相电能表是计量电能不可缺少的装置，接线是否符合电气规程、规范的规定，直接影响到计量收费和用电管理、安全等问题。单相电能表的接线比较简单，且每块电能表的接线桩头盖子上均印有接线图。但单相电能表用量多（我国实行一户一表制），安装的数量就多，在集装电能表箱施工时，表计数量多，进表线相互并联；当安装导线颜色一样时，如装表工疏忽大意，则易发生接线错误，常见的错误接线就是将相线（火线）与中性线（零线）颠倒，如图4-51（a）所示。

单相电能表正确接线如图 4-51（b）所示，电能表有四个接线端子。根据接线盒上的排列，国产单相电能表的进线、出线从左到右相间排列，即谓一进一出电能表。即相线从电能表左边两个线孔进出（电源相线接①号桩头，并连②号桩头；负载相线接③号桩头出），中性线从电能表右边两个线孔进出（电源中性线进线接④号桩头，负载中性线接⑤号桩头出）。而相线、中性线颠倒错误接线恰相反，相线从电能表右边两个线孔进出；中性线从电能表左边两个线孔进出。因此，用检验灯的两引出线跨触电能表右边进线（或出线）与地，灯泡两次均发亮且达正常，便可判定被测电能表接线是相线、中性线颠倒。一旦发现单相电能表接线是相线、中性线颠倒，需立刻纠正。

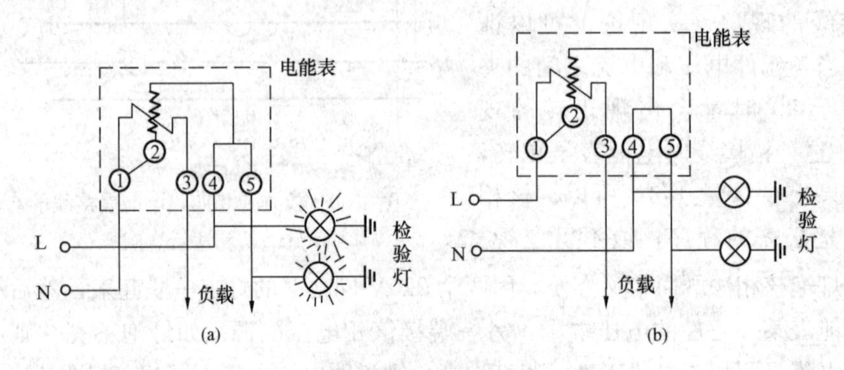

图 4-51　检验灯检测电能表接线示意图

（a）相线与中性线颠倒；（b）正确接线

单相电能表有一个电流线圈和一个电压线圈，电流线圈与电路串联，电压线圈与电路并联。电能表的电源进线相线、中性线颠倒，一般情况下因电能表转动力矩与正确接线时一致，故表计能够正确计量用量。但是，如果负荷线路中性线上有重复接地现象（我国大部分地区配电变压器的中性点是直接接地运行的），负荷电流的一部分便可不经电能表的电流线圈，致使电能表少计电量。更有甚者，因中性线上有接地，中性线干线上的工作电流有一部分经过此电能表及其后中性线上的接地构成回路。因为这个电流的方向与该电能表负荷电流方向相反，所以该电能表会反转。另外，单相电能表的电源进线相线与中性线颠倒，给窃电者以可乘之机。即窃电者可以在室内插座等处将中性线单独引出，接至自来水管或隐蔽处接地的金属管道上，将负载跨接在相线与地线之间。

4-2-7　判别静电与漏电

设备外壳电笔测，氖管发亮有电压。

带电部位大地间，跨接验灯来判断。

验灯不亮是静电，灯亮不熄为漏电。

说明 用测电笔测试用电设备外壳时，如果氖管发亮，说明外壳确实有电。究竟是漏电还是静电可用检验灯快速判别。实例如下：

某厂铸造车间的桥式行车出现了异常带电情况（机加工车间也易发生类似情况）。地面上的一位操作工用手去牵动行车的起重挂钩来钩挂铁水包，在手指触及挂钩的一刹那，有强烈的麻电感，整个手臂瞬间就麻木了，于是顺势一甩，手指离开了挂钩，因而未造成触电伤害。因高温铁水急待吊运，所以马上请来电工检修。电工用测电笔测试挂钩，电笔氖管发亮，说明挂钩的确带电；又用万用表的电压挡测量，其对地电压高达154V。

当时认为是漏电，于是用绝缘电阻表去检查线路、电器的绝缘，却未发现异常。后来用检验灯两引出线线头触及挂钩与接地线，检验灯一点也不亮；紧接着又用万用表测量挂钩的对地电压，此次电压值为零。据此得出挂钩的带电不是漏电引起而是静电造成的。静电从何而来呢？在正常情况下，行车轨道接地良好，在运行中产生的静电荷不会大量积聚和呈现很高的电位。由于维护管理不当，行车轨道上积满了灰尘和油污，因而造成接地不良，产生的静电荷就积聚在行车上，越积越多而呈现很高的电位。当人触及挂钩时，行车上的静电荷经人体入地，所以有麻电感；因触及时间很短暂，静电荷没有被完全中和，故用万用表测试时仍高达154V。用检验灯跨触挂钩与地时，因积蓄的静电荷毕竟有限，不能形成持续电流，故检验灯不亮，但静电荷却通过检验灯灯丝入地而被中和掉了，因而随后再用万用表测量电压为零。如果积蓄的静电荷相当多，也可能使检验灯灯丝在瞬间微微发红，但不能使检验灯持续地正常发亮。

如果是漏电，其检测结果与上述截然不同。选用电压接近的检验灯去测试，会持续地亮，且检验灯引线头去触及挂钩时，会有明显的火花和声响。

维修电工在长期工作实践中总结出：当用测电笔测试用电设备外壳带电时，将检验灯跨接在带电部位与大地间。检验灯持续地亮则是漏电；检验灯不亮则是静电。

4-2-8 调测日光灯电感式镇流器

日光灯电感式镇流器的作用是，当接通电源日光灯起辉器跳开而断路时，镇流器线圈由于自感作用，会产生一个脉冲高电压，点燃灯管。同时，镇流器又起限制灯管的电流的作用，因此，镇流器又叫限流器。

常用的15～40W日光灯镇流器从外部看，大小都是一样的，里面所用的硅钢片大小也一样，漆包线匝数也相差无几，直流电阻在28～32Ω之间，但却适用于不同功率的日光灯。原因是电感式镇流器存在一个空气间隙的问题。一般镇流器在两块铁心中间的缝隙里都垫有数层适合线圈骨架空间的小纸片，其目的就是要铁心两端之间留有一定的距离。这个距离就叫做镇流器的空气隙。之所以能适用于不同功率的日光灯，原因就在于它们的空气隙是不相同的，所以，对镇流器的调试，重点是调整空气隙的大小。

常见的15～40W日光灯，若遇日光灯每次开灯均不能立即起辉点燃（无连线脱落或接触不良现象）；日光灯能正常点燃，但噪声始终很大（镇流器各部件螺丝，特别检查夹紧铁心上的螺丝，均紧固正常）；日光灯一年内就要更换四五只灯管，镇流器噪声也大等等故障时。用常规方法无法排除，很有可能是因为镇流器的空气隙调节不当，使镇流器感抗很大，日光灯不能立即起辉点燃；或使镇流器的感抗变小，流过灯管的电流变大，出现大电流威胁灯管，致使灯管常被损坏；同时镇流器的负荷相对加重而出现的过负荷噪声。为此，可将日光灯镇流器拆下检测调试。见表4-3。

表4-3　　镇流器调试参考表

镇流器功率（W）	A、B两点间电压（V）	镇流器功率（W）	A、B两点间电压（V）
8	160	30	97
15	130	40	72
20	115		

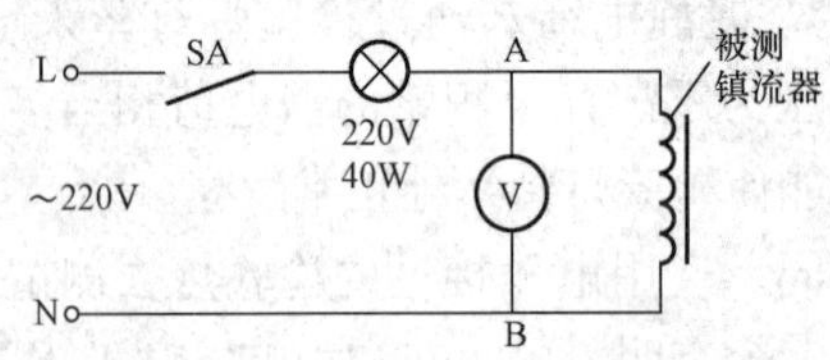

图4-52　调试镇流器示意图

电感式镇流器检测调试方法如图4-52所示，将修复或有故障的镇流器串联一只220V 40W的检验灯，再将检验灯另一引线头上串联开关SA，然后跨接在交流220V电源上。闭合开关SA后，用万用表交流电压挡（交流电压表）在被测镇流器的两端测量电压。参照表4-3所列数据，当实测A、B两点的电压值与表中所对应的功率有出入时，可以调整镇流器的空气隙：实测电压值偏高，则扩大铁心的空气隙；实测电压值偏低，则减小铁心的空气隙。例如被测镇流器是20W的，实测A、B两点的电压值应为115V，若电压表读数相差太大，就需调整空气隙的大小。如果A、B两点的实测电压大于115V，就需把两铁心放松一点，注意用小锤小心左右敲打，勿损坏线圈。反之，实测电压值小于115V，就相应把铁心敲紧些（缩小空气隙），若还不能达到115V，就需要拆开一半铁心，取出数张小纸片，插上铁心重新调试。其他功率的镇流器，也用此法检测调试。

4-2-9 调测三相晶闸管整流设备的相位接错

三相晶闸管整流设备中，如果晶闸管主回路和控制回路不同步，主回路上的晶闸管就不能处于正常自然换流状态。此时，调节“调整电压”电位器时，输出电压不能相应变化，电压表指针会出现来回摆动和跳跃的异常现象。

调测时首先脱开负载，将检验灯 H（功率大些，60～150W）按图 4-53 所示方法接好逐相检查，检查一相（如 L1 相）时必须断开其余两相（L2、L3 相）；然后接通电源，调节“调整电压”电位器，使导通角由小到大。此时，如果检验灯灯泡也由暗到亮，说明被测相触发器与晶闸管同步；如果调节导通角的范围很小或出现验灯灯泡一闪一闪地发光，则说明被测相不同步，这时可将晶闸管的控制极按顺序换接在另一组触发器输出端子上，直到正常为止。对其他相可按上述方法逐一检测。

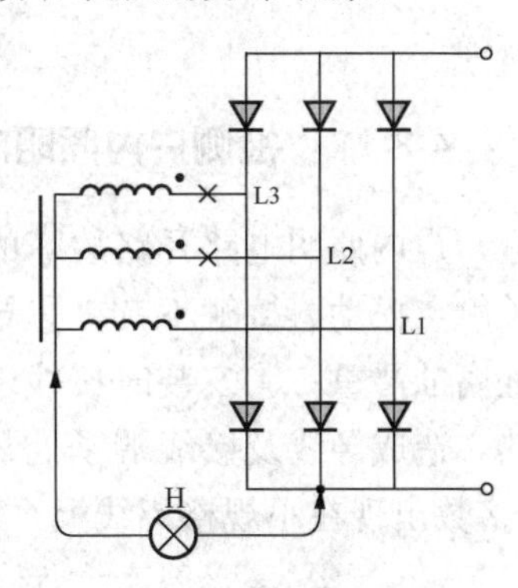

图 4-53 相位接错的调测

有一点要注意：原线路是三相半控桥式电路，移相范围为 0°～120°；而检测时的线路是单相半波电路、电阻负载，移相范围为 0°～180°，因此“调整电压”电位器的调节范围不能满足移相全程的要求。

4-2-10 检测户内照明电路短路故障

户内照明线路因种种原因造成绝缘损坏，发生短路故障。用检验灯检测户内照明电路短路故障点是一种较简易方便的方法。

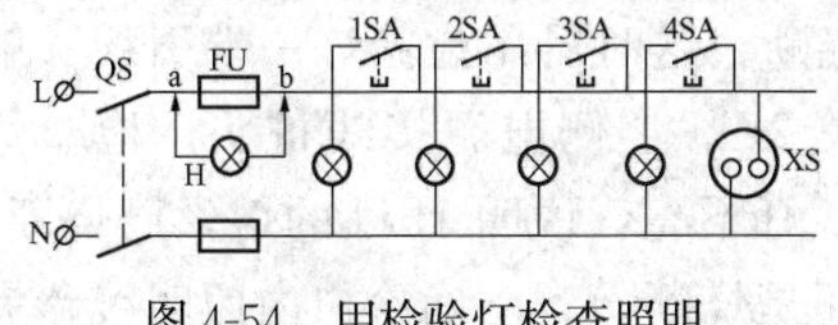

图 4-54 用检验灯检查照明电路的短路故障

如图 4-54 所示，先拔掉故障电路上所有家用电器的电源插头，拉开所有照明灯具的控制开关，拉开电源总开关 QS，拔下两只熔断器 FU 中的一只熔断器（最好是相线上的）的熔丝。然后将检验灯（瓦数略大些，60～100W）并联在取下熔丝的熔断器上下侧接线桩头上。这时闭合总开关 QS，如果检验灯发亮正常，说明短路故障在线路上；如果检验灯不发亮或微微发红，说明线路没有问题，再对每盏灯具及家用电器进行检测。因为当户内照明线路发生短路时，相线（火线）与中性线相通，此时拔下熔丝的熔断器上下侧接线桩头间，即检验灯两引线头跨触的 a、b 两点间的电压U_{ab}＝220V，所以灯会发亮正常。如果短路故障不在线路上，相线不与中性线连接，拔下熔丝的熔断器两端无电压存在，所以灯不亮。

检测每盏电灯和家用电器时，可依次将每盏电灯的控制开关（SA）闭合和逐个插入家用电器电源插头，每合一个开关或插入一个家用电器都要同时观察检验灯。正常现象是检验灯微亮或灯丝发红，但远达不到正常亮度。如果闭合某盏电灯或插入某一家用电器时，检验灯突然达到正常亮度，则说明短路故障在该用电器内部或其电源线内。需立即拉开电源总开关 QS，进行检修排除短路故障。

4-2-11 检测户内照明电路开路故障

户内照明电路开路故障的原因一般有：①因负荷过大而使熔丝熔断；②开关触点松动、接触不良；③导线断线及接头松脱，铜、铝导线直接连接的接头处腐蚀严重；④安装时接线端子处压接不实，接触电阻过大，使接触处长期过热，造成导线及接线端子处氧化变质；⑤因施工质量欠佳，在转角处折断线芯（多数出现在小规格铝线上）等。

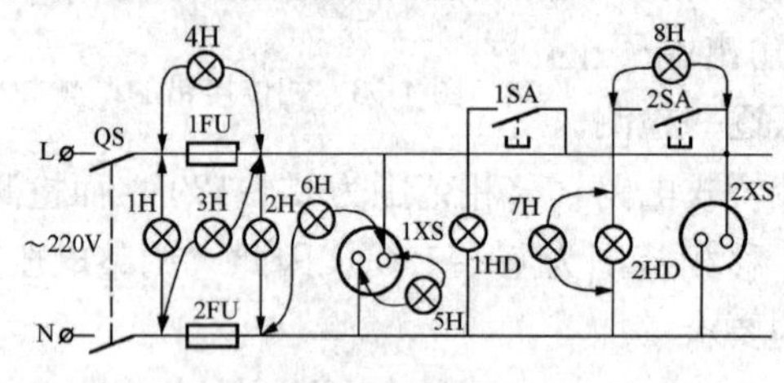

图 4-55 检验灯检测照明电路开路故障示意图

如果户内的电灯都不亮，家用电器不工作，而左右邻居仍有电。对此，如图 4-55 所示：首先用检验灯（1H）的两根引出线线头跨触进户线后的总开关 QS 下侧负荷接线桩头，灯不亮，说明总开关 QS 动静触头接触不良；灯亮且正常，说明电源总开关 QS 正常。接着用检验灯（2H）的两根引线头跨触两熔断器下侧负荷接线桩头，灯亮，说明两熔断器内熔丝完好正常；如果灯不亮，说明两熔断器内的熔丝均烧断或其中一只熔断器内熔丝烧断。这时可用检验灯一端引线头触及 1FU 下侧接线桩头，另一端引线头触及 2FU 上侧电源接线桩头，检验灯（3H）灯亮，说明熔断器 1FU 的熔丝完好；灯不亮，说明 1FU 的熔丝已烧断。同理同法可判定熔断器 2FU 的熔丝是完好还是烧断。若已确诊户内照明线路完好（如照明灯突然全部熄灭），怀疑是熔断器的熔丝烧断。可用检验灯（4H）的两根引线头跨触怀疑烧断的熔断器上下侧接线桩头，闭合户内照明灯具开关，检验灯灯丝发红或微亮，同时闭合开关的照明灯也亮，则说明被测熔断器内的熔丝已烧断；相反，检验灯和闭合开关的照明灯均不亮，则说明未被测试的熔断器内的熔丝已烧断，或是两只熔断器内的熔丝均已烧断。

经上述测知电源开关和相线、中性线熔断器均正常无开路故障，由此说明户内照明电路发生了负荷相线或中性线开路故障。因住户楼房多是暗线敷设，检测相线、中性线开路故障的方法是：用检验灯（5H）两引线头跨触靠电源近些的插座（1XS）相线、中性线插孔，灯不亮，说明被测插座至电源段照明线路内有断路故障。这时，检验灯（6H）的一引线加长，直接接在中性线熔断器下侧接线桩头上，拿检验灯（6H）的另一引线头触及插座相线孔（插座右边插孔），灯亮正常，说明被测插座前段至电源处的中性线有断线；灯不亮，则说明被测插座前段至电源处的相线有断线故障。

如果是个别电灯不亮，可用检验灯（7H）两引线头跨触不亮电灯（2HD）两电极接线端子，闭合电灯的控制开关（2SA），检验灯亮且正常，说明被测灯泡的灯丝烧断或灯头里有接触不良之处；如果检验灯不亮，观察灯丝未断、灯头里的接线完好，这时可用检验灯（8H）两引线头跨触被测灯具的控制开关（2SA）动、静触头，如检验灯灯丝发红或微亮，同时被测灯泡也发亮，则说明被测控制开关（2SA）有故障，多是动静触头闭合不好，或接线头松脱，接触不良；如果检验灯、被测灯泡都不亮，则说明被测灯具的供电导线有断线故障。

4-2-12 检测日光灯灯管的好坏

日光灯（荧光灯）灯管使用一段时间，常出现不能启动现象，有的是灯丝断了，有的是灯丝电子发射物质耗尽。如何判定灯管能否继续使用？可用检验灯 H 串联日光灯管的端管脚后跨接 220V 交流电源上检验，如图 4-56 所示。被测日光灯管的两端管脚均如此测试。如果检验灯 H 发亮，并且被测日光灯管也有辉光，则说明被测日光灯管是好的，还可继续使用；如果有一端属上述情况，另一端检验灯不发光，说明灯管内灯丝已断。这时，只要用一根细熔丝（3A）或一根细裸铜丝将两管脚短接还可以继续使用一段时间。如果检验灯发亮，但被测日光灯管无辉光，则说明灯管的灯丝电子发射物质已耗尽，需要更换新灯管；如果用此法检测某灯管时，灯管两端的检验灯都不发光，则说明被测灯管的两端灯丝均已断，这时也需更换新的日光灯管。

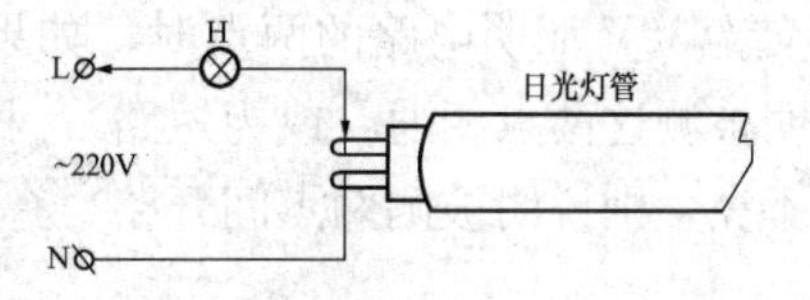

图 4-56 检测日光灯管示意图

在用检验灯串联日光灯管的端管脚后跨接 220V 交流电源上检测时，为准确判断日光灯管灯丝的电子消耗状况，特别要注意检验灯灯泡与灯管的功率匹配。检验灯的灯泡是 25W 时，可检测 15W 以下的小型管或细管日光灯管；检验灯灯泡是 60W 时，可检测 15～40W 的常用日光灯管。

4-2-13 检测日光灯的镇流器好坏

如果发现日光灯灯丝烧断、灯管忽暗忽明、起跳不正常等现象时，怀疑其镇流器有毛病。这时可用检验灯来检测，如图 4-57 所示：将检验灯 H 和镇流器

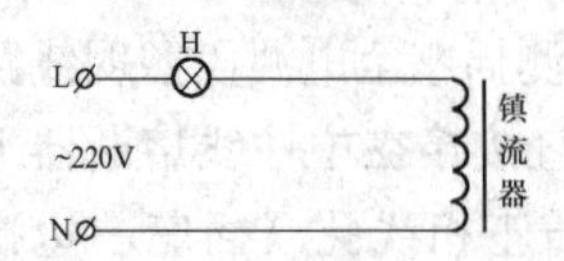

图 4-57　检测镇流器示意图

串联后，跨接到交流 220V 电源上，根据检验灯亮度来判断被测镇流器好坏（检测的是电感式镇流器，新型的电子镇流器不能用此法检测）。

（1）检验灯不亮，则被测镇流器断线（内部或引出线）或脱焊（引出线）。若断线应更换；若脱焊应连接焊好后方可使用。

（2）检验灯呈红橙色，即发光暗淡，则说明被测镇流器无故障，是好的。日光灯的不正常现象应另找原因。

（3）检验灯亮度接近正常，则说明被测镇流器烧毁或局部短路，应更换新镇流器。

4-2-14　检测交流 36V 照明灯故障

交流 36V 低压照明灯发生故障后，在没有万用表的情况下，可用检验灯来检测。如图 4-58 所示，将 220V、小功率检验灯 H 的一引出线线头直接接在 220V 电源相线上，检验灯的另一引出线线头与电源中性线分别焊在表棒上引出。当两根表棒触及被测交流 36V 照明电路的两点时，如果检验灯亮，则说明被测这两点相通（或为短路）；相反，如果检验灯不亮，则说明被测两点间开路。

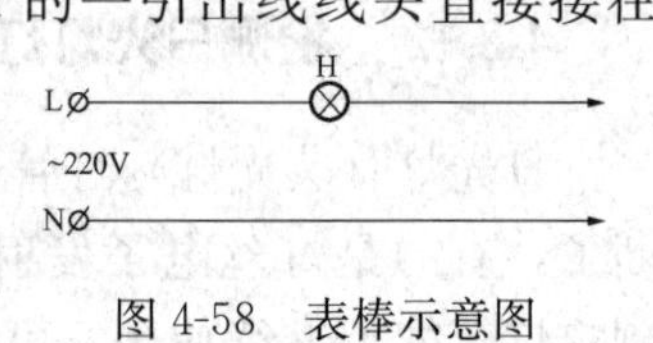

图 4-58　表棒示意图

4-2-15　检测三相四线供电线路断线故障

三相四线供电线路，相线、中性线均可能出现断线故障。断线发生后的基本特征是闭合控制开关后，电气设备不工作（如电灯不亮或电扇不转等）。单相电路出现断路时，负载不工作；三相用电设备如发生电源断相时，会造成毁坏用电设备等不良后果；三相四线供电线路负荷不平衡时，如中性线断线会造成三相电压不平衡，负荷大的一相相电压降低，负荷小的一相相电压增高，很容易引起单相类家用电器毁坏事故。

检测三相四线供电线路断线故障的方法很多，但用检验灯检测简便、直观。如图 4-59 所示，用两个额定电压为 220V，功率相同的白炽灯（功率越小越好）串联起来，即为同功率两检验灯串联起来的检验灯，双手各持双灯泡串联检验灯的一根绝缘引线，用其裸线头触及线路四根线中的任两根线，如此两两触及，灯泡亮则为正常无断线；灯泡不亮，则说明被测触及的两根线

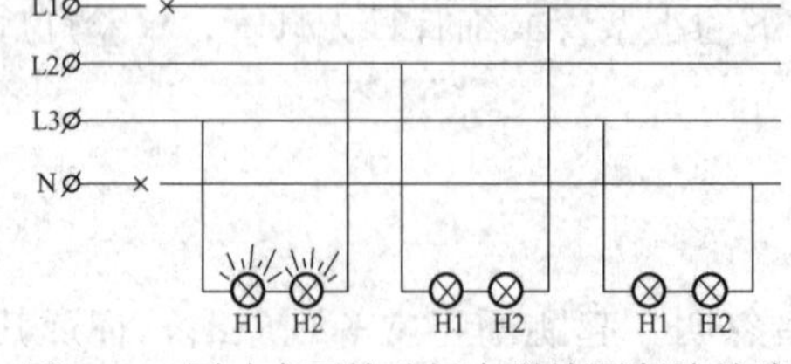

图 4-59　同功率两检验灯串联检测断路故障

中必有一根存在断线故障，或两根线均发生断线故障。以图4-59所示为例，同功率双灯泡检验灯检测L2、L3相两相线时，灯亮（两只220V灯泡串联可承受440V电压），说明L2、L3相的两根相线正常无断线；检验灯检测L2、L1相两根相线时，灯不亮，则说明其中必有一根线断线，L2相相线完好，那就是L1相相线断线；检验灯检测L3相线和中性线N时，灯不亮，因L3相相线正常，所以是中性线N断线。用同功率双灯泡检验灯检测三相四线供电线路断线故障，简便易行且准确。

4-2-16　检测机床线路短路故障点

一次机床控制回路的熔断器熔丝突然烧断，更换上同规格的熔丝，工作约半小时后又烧断了，这种状态重复数次。熔丝烧断，多数为电路中存在短路故障。机床电气配电箱内电气元件多，线路紧凑，短路故障点较难找到。如图4-60所示，在多次烧断熔丝的熔断器两端并联较大功率的检验灯，在熔丝烧断的情况下，检验灯便串入电路，让电流通过短路点，但限制了短路点的电流，这有助于找到短路点。

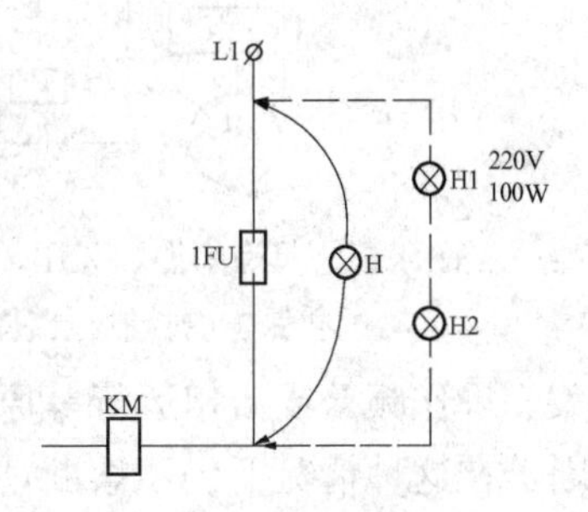

图4-60　检测电路短路故障示意图

根据上述的道理，又因不知是相与相间短路，还是相对地短路，故先将大功率（220V、100W）“同功率双灯泡串联起来的检验灯”并联在多次烧断熔丝的熔断器1FU两端（见图中虚线所示）。再更换上同规格的熔丝，接通电源，使机床再次工作。约25min后熔断器1FU的熔丝又烧断。从双灯泡串联起来的检验灯灯丝发红暗淡亮光可知，熔断器1FU两端的电压是相电压220V，为相对地短路。为了增大流过短路点的电流，更换为大功率单灯泡检验灯，灯的亮度接近正常明亮，如图4-60实线所示。继续让检验灯亮着，并对机床电气箱进行监视（箱内照明亮度也较前好多），经过4～5min便闻到一股胶木件烧焦的气味，还发现冒烟。顺着烟路找到了冒烟点在一块接线板上。切断电源，拆下这块有缺陷的接线板进行检查（拆前应记下接线板上每根导线的位置）。从接线板胶木件烧焦的痕迹来看，是固定接线板的螺钉（接地）与相邻的接线片（经1FU接L1相电源）之间发生接线板内部绝缘击穿，造成相对地短路。原先每次击穿时，因熔丝立即熔断并切断电源，故找不到故障点。采用检验灯检测法让负载电流把故障点烧焦、炭化，并冒出烟来，就能将击穿点显示出来。此法较安全，不会使故障恶性扩大，很实用可行。

4-2-17 检测继电器—接触器控制电路的断路故障

继电器—接触器控制电路的任务通常是控制电气设备的工作状况。它一旦发生故障，往往导致电气设备电控系统失灵，生产无法正常进行，严重时还会造成事故。继电器—接触器控制电路实际上就是触点电路，实践证明其最常见的故障就是触点故障，且多为触点开路故障。

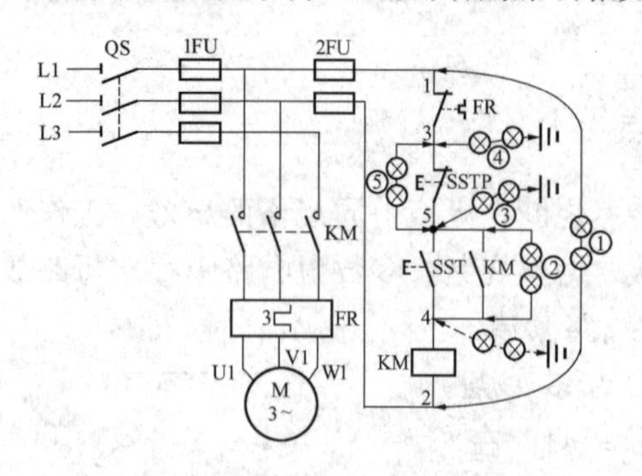

图 4-61 具有短路、欠压、失压、过载保护的控制线路图

图 4-61 所示是具有短路、欠压、失压、过载保护的电动机全压起动正转控制线路图，图中 1FU 熔断器是小容量电动机常用的短路保护；起动按钮 SST 并联接触器 KM 的一副辅助动合触点 KM 叫自锁（或自保）触点。具有自锁的控制线路的重要特点是它具有欠压与失压保护作用。具有短路、欠压和失压保护的线路还不够，因为电动机在运转过程中，如长期负载过大、操作频繁或断相运行等原因都可能使电动机的电流超过它的额定值，如熔断器在这种情况下仍不熔断，将会引起电动机绕组过热，若温度超过允许温升就会使绝缘损坏，影响电动机的使用寿命，严重的甚至烧毁电动机。因此对电动机必须采用过载保护，一般采用热继电器作为过载保护元件，如图中 FR 为热继电器，其热元件串接在电动机的主回路中，动断触点则串接在控制回路中。

如图 4-61 所示控制线路，当按下起动按钮 SST 时，接触器 KM 未得电吸合，当然电动机 M 也未起动运行。现从分析这一故障现象和电路工作原理入手，运用“额定电压 220V，同功率两灯泡串联起来的检验灯”来检测继电器—接触器控制电路（控制回路电源电压 380V）的断路故障。

如图 4-61 所示，首先用检验灯两引出线线头触及 L1、L2 两相熔断器 2FU 下侧接线桩头（1、2 线号），灯不亮，说明熔断器熔丝烧断；如果灯亮且正常，则说明控制回路电源正常。并且得知能使检验灯灯泡亮度正常的电流，一般都能使吸引线圈（如 KM）吸合。万用表（用万用表电压挡测量控制电源两端的电压）之所以起不到这个作用，就是因通过表内高阻值线圈的电流太小的缘故。

测得控制电路电源正常情况下，采用优选法逐步缩小故障范围。用检验灯两引出线线头直接跨触控制电路的中段部分电器元件起动按钮 SST（或接触器 KM 常开辅助触点）两端接线端子（4、5 线号），检验灯灯丝发红发暗淡亮光，说明控制电路正常无断路故障；如果检验灯一点也不亮，则说明被测控制电路内存在断路故障。这时检验灯的一引出线线头不动，如触及 4 号线头不动，检验灯的另一引出线线头改为触地（见图中虚线所示），灯发亮，说明电源 L2 相熔断器下侧到 4 号线头端子，这一段线路无断路故障；如触及 5 号线头的检验灯引出线线头不动，检验灯的另一引出线线头改触地，灯不亮，则说明电源 L1 相熔断器下侧到 5 号线头段存在断路故障。检验灯触地引出线线头不动，另一引出线头触及有故障电路段中间部分一接线桩头，即触及 3 号线头端子。灯立即发亮，则说明断路故障点在 3 号与 5 号线头端子之间，即停止按钮 SSTP 中。为证实测判的准确性，检验灯两引出线线头跨触停止按钮 SSTP 两端接线桩头、按下起动按钮 SST，检验灯立即发亮，确定停止按钮 SSTP 内有断路故障。

停电后检查，发现 LA2 型停止按钮不灵，断开很利落，但手指离开按钮后，触点闭合不好，甚至有时就没有闭合。原因是按钮开关安装得有点倾仰，轴线往后倾斜了一个角度，致使停止按钮不灵。

4-2-18 检测强电回路接触不良引起的“虚电压”

电气设备长期运行中，强电回路的各连接点接触不良往往会产生“虚电压”故障，致使设备不能起动或不能正常运行。有时，还会使电动机因单相运行而烧毁。

强电回路中的“虚电压”故障，用测电笔、万用表以及绝缘电阻表来检查，常常是查无异常，找不到故障之处。例如某厂的一台 15/3 吨双钩桥式起重机，其电气线路采用固定式滑触线（角钢）供电，装有接触器构成的总开关，如图 4-62 所示。有一次，头一天设备运行正常，工作完毕停放厂房东端，夜间未动。第二天早上行车，大、小车，主、副钩均起动不了，总接触器也不吸合。用测电笔触及总开关断路器 QF 上端三接线桩头 L11、L21、L31，氖管发光正常且近似一样。万用表交流电压挡测量，断路器 QF 上端三接线桩头间线电压均在 380V 左右。随后检测主控回路，均未见异常。忙了整整一上午，故障原因没找到。午后用“额定电压 220V，同功率两灯泡串联起来的检验灯”两引出线线头跨触总开关断路器 QF 上端接线桩头，L11—L21 间和 L11—L31 间检验灯灯发暗淡亮光；只有 L21—L31 间检验灯亮达正常。这时用“额定电压 220V，单灯泡检验灯”的一端引出线线头触地，另一端引出线线头触及断路器 QF 上端 L11 接线桩头，灯

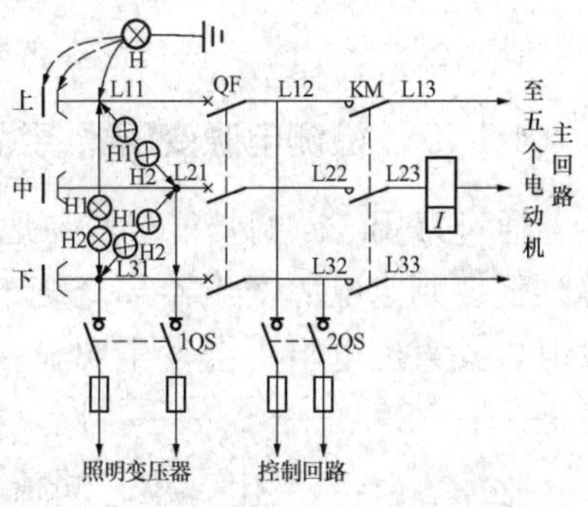

图 4-62 15/3 吨双钩桥式起重机电源总开关示意图

丝发红不显亮；检验灯另一端引出线线头移触及连接 L11 接线桩头的滑块，仍是灯丝发红不显亮；检验灯另一端引出线线头再移触及上角钢滑线时，灯突然闪亮达正常（见图中虚线所示）。仅用检验灯两引出线线头跨触两点三、五次，立即判断出上角钢滑触线与其滑块间接触不良。这时派两人站在轨道上将行车向西推了半米，在断路器 QF 闭合情况下，总接触器 KM 能吸合，大、小车，主、副钩均能起动，且运行正常。

究其原因有：上角钢滑触线东端处有积尘，行车工作完毕停车时，行车在惯性作用下，上角钢滑线上的滑块压在有积尘的滑线段，造成线路接触不良引起“虚电压”故障。类似强电回路接触不良引起的“虚电压”故障，既多又常见，用检验灯检测线路中产生的“虚电压”，既方便又很直观。在电源故障一时查不出来时，多可用检验灯来诊断，检验灯诊断出多起自动断路器的主触头、接触器的主触头、熔断器熔芯，以及铜铝相接的线头等接触不良造成的不易检查出的“虚电压”故障。对此工人中流传着一段很形象的顺口溜：

口诀

电路发生“虚电压”，电工师傅头也胀。
电笔触之氖管亮，万用表量有电压。
主、控回路似正常，电机就是不动作。
若问故障在何处，需请验灯来诊断。

4-2-19　检测电源变压器绕组有短路故障

通过万用表欧姆挡能较容易地测量判定电源变压器绕组的断线（开路）故障。但要判定电源变压器部分绕组的短路就较困难，尤其是当绕组的圈数较少时，其直流电阻不会发生明显变化。采用检验灯检测可以较方便准确地判断。如图 4-63 所示，在电源变压器二次绕组开路情况下，变压器初级电路中串入检验灯，然后接通 220V 交流电源。检验灯微红或不亮，说明电源变压器绕组内无短路故障；如果检验灯较亮，则说明变压器绕组内有短路故障，应进行检修或更换。

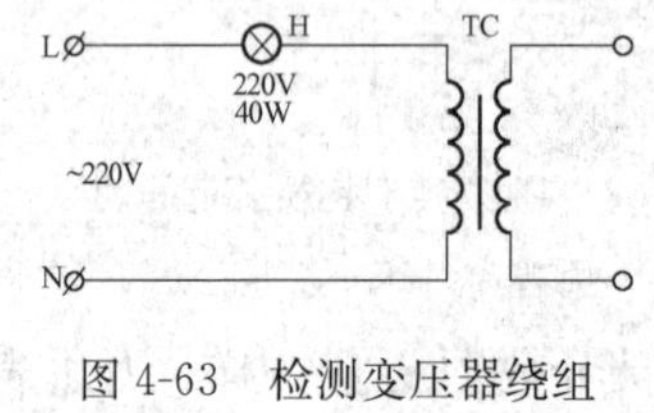

图 4-63　检测变压器绕组短路故障示意图

4-2-20　检测三相电动机电源断相运行

众所周知，三相异步电动机因电源断相运行而烧毁的数量很惊人，其多数情况是因为低压断路器或隔离开关接触不良；接触器触头烧毛，不能可靠接触接通；熔断器使用期过长而熔丝氧化腐蚀，受起动电流冲击烧断等。用检验灯检测三相异步电动机电源断相运行故障的方法有两种，且这两种方法既可单独使用，又可同时使用相互验证。

（1）如图 4-64 所示，将检验灯的一根引出线线头可靠接地或中性线，检验灯的另一根引出线线头分别触及直接接通电动机的断路器，或接触器、熔断器的各相下侧接线桩头。灯亮且达正常亮度，则说明被测相正常没有断相；若灯微亮只灯丝发红，则说明该相电源已断线或严重的接触不良，需立即停机进行检修。

（2）如图 4-65 所示，用检验灯的两根引出线线头分别跨触接通电动机电源相线的隔离开关、断路器、熔断器以及接触器等的各相上下侧接线桩头。如果灯不亮，说明被测相正常；如果灯突然灯丝发红暗淡亮，则说明被测相有断线故障，并且断相故障点就在被测的隔离开关、断路器、熔断器或接触器该相动静触点（熔断器中的熔体）间断线或存在严重的接触不良。所测的电动机电源断相运行，需立即停止运行，排除故障。其依据三相异步电动机断相运行理论：运行中的星形接法三相电动机，如图 4-66 所示，当一相熔断器熔丝烧断，即断了一相电源时，电动机仍继续运转。断相的电动机绕组仍有感应电压产生，其感应电压的大小和电动机的转速有关。当负载很轻，电动机转速接近同步转速时，感应电压接近电网电压；反之，负载较重，转速变低，感应电压也变低，低的程度视负载而定。熔断熔丝熔断器两端的电压值 $U'=U'_{L1}-U_{U1}$，其中 U'_{L1} 是指 L1 相对电动机中性点（U2、V2、W2）而言的电压，U_{U1} 是随负载变化的低于相电压的感应电压。U' 值经实测一般在 50～120V 之间，负载轻时偏近于 50V，负载重时偏近于 120V。

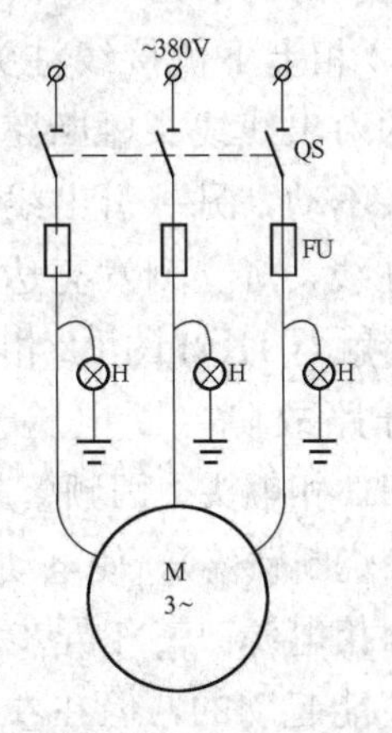

图 4-64　检测电动机电源断相运行

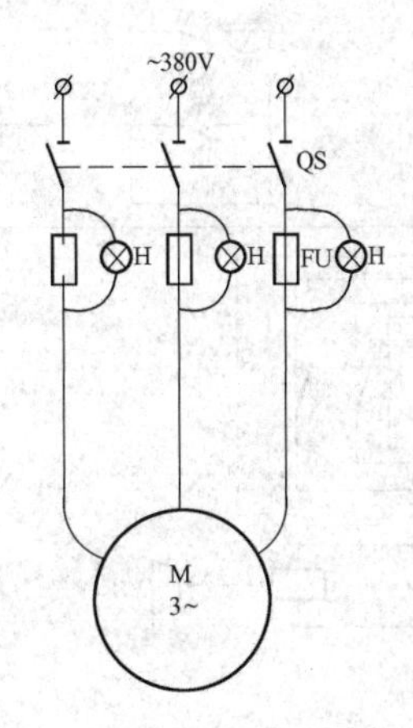

图 4-65　检测电动机电源断相运行

如图 4-67 所示，运行中的三角形接法三相异步电动机，当一相熔断器熔丝烧断后，断相一线所连接的电动机定子两绕组串联与第三个绕组（受全线电压作用的绕组）并接在线电压上，电动机单相运行。已烧断熔丝熔断器两端的电压 U'，近似等于断相相电压与未断相相间线电压的 1/2 矢量和，其值在 70V 左右。故有“当电动机断相运行时，若其断开点间的电压低于 70V，则可安全运行；若大于 70V，则可能导致电动机烧毁”的说法。

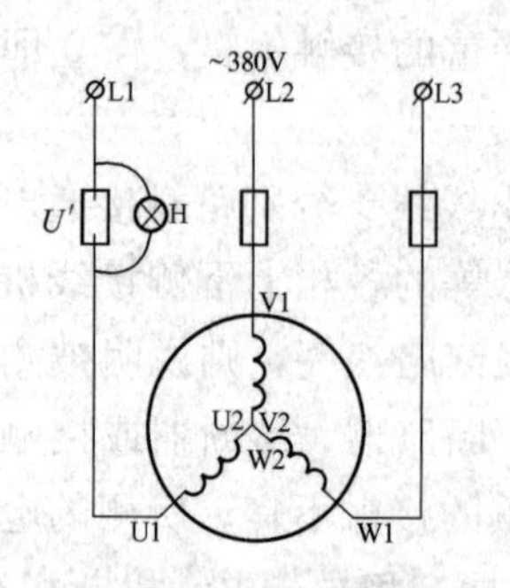

图 4-66　电动机电源断相示意图

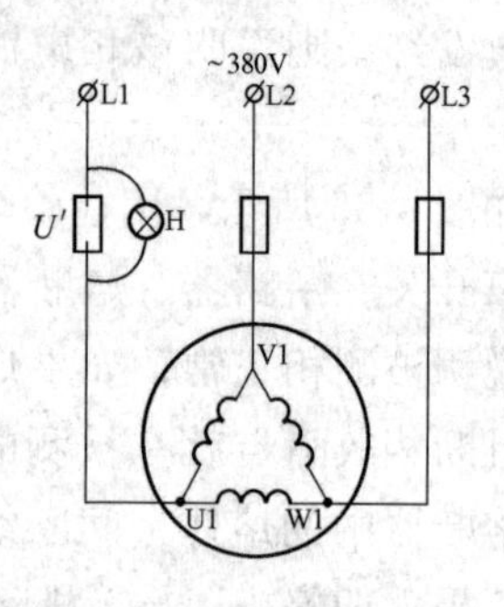

图 4-67　电动机电源断相示意图

三相异步电动机电源断相运行，不仅易损坏电动机而且会造成事故。如图 4-68 所示的一台卷扬机，一次突然发生无论按动提升按钮还是下降按钮，卷扬机均下降。停机后，经检查控制线路和负载电动机都正常。送电后，按下提升按钮 STU，用检验灯两引出线线头分别跨触直接接通电动机电源相线的接触器 1KM 各相上下侧接线桩头。结果发现测试 L1、L3 相时灯一点也不亮；而当测试 L2 相时检验灯突然灯丝红亮。接着用检验灯两引出线线头跨触断路器 QF 的 L2 相上下侧接线桩头，灯不亮；检验灯的引出线线头触断路器 QF 下侧接线桩头不动，另一引出线线头改接触地或中性线，灯立刻发亮达正常。则说明提升接触器 1KM 的 L2 相触头接触不良，有开路故障（断电检查，接触器 1KM 的 L2 相触头，因频繁起动等原因，动触头已烧断跌落），使电动机实际得到的只是两相电源。三相异步电动机断一相后是不能起动的，但在卷扬机中，通常料斗及钢丝绳总是要加给电动机一个向下的外力矩（此时制动电磁铁也能吸

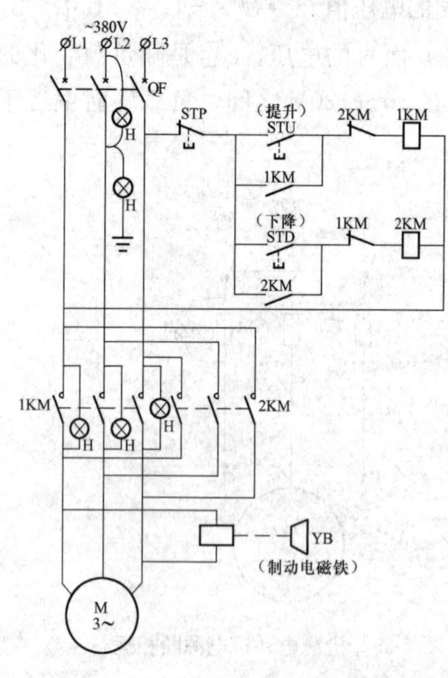

图 4-68　卷扬机主、控电路线路图

合而松开制动器，因断相的是L2相）。因而，当按动提升按钮STU时，卷扬机却是下降的；当按动下降按钮STD时，卷扬机当然也是下降。

从上述检测及分析可知，如果不是接触器的故障，而是电源L2相断线或断路器触头接触不良等原因引起电源L2缺相，同样也会发生类似情况。遇到这类情况，应及时停机，查出故障，以免损坏电动机和造成事故。

4-2-21 检测三相电动机绕组断路故障

三相异步电动机断相故障分为电源电路和电动机本身两个方面。当电动机定子绕组发生断路故障时，用检验灯检测的方法如图4-69所示。

首先拆开电动机的接线盒，查看被测电动机的接线［如图4-69（a）所示］。Y接法电动机三相定子绕组的引出头，尾端U2、V2、W2三个线头用铜质连接板连接，不用拆开。将交流220V电源中性线与星形点直接连接。检验灯的一根引出线线头与220V电源相线连接，拿检验灯的另一根引出线线头依次与三相绕组的引出头首端U1、V1、W1三个线头触及，见图4-69（b）。如果灯亮，则说明被测绕组正常；如果灯不亮，则断相故障就在被测的这一相绕组内。

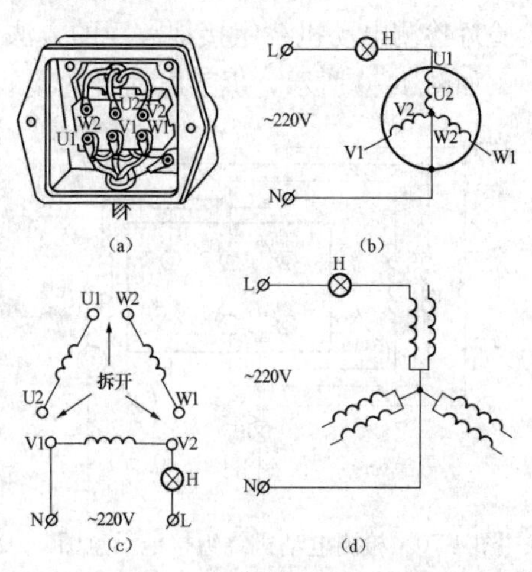

图4-69 检验灯检测电动机绕组断路示意图
（a）拆开的电动机接线盒；（b）Y接法电动机检测接线图；（c）△接法电动机检测接线图；（d）多路Y接法电动机检测接线图

△接法电动机三相定子绕组六个引出线头，U1与W2、V1与U2、W1与V2两两线头用铜质连接片连接，应拧掉螺母拆开，每个线头悬空，如图4-69（c）所示。将检验灯的一根引出线线头与交流220V电源相线连接，手拿检验灯的另一根引出线线头和电源中性线引出线线头，分别跨触各相绕组的引出线首、尾端头，即U1与U2、V1与V2、W1与W2。如果灯亮，说明被测相绕组正常；如果灯不亮，则断线故障就在被测的这一相绕组内。

有几条并联支路的绕组，应该先把每相绕组各并联支路的端头连接线拆开，然后再分别检测各支路的两端，如图4-69（d）所示。如果灯不亮，就表示支路内有断线故障。

4-2-22 检测三相电动机绕组接地故障

任何电动机修理后，必须先检查绕组对地的绝缘情况。正常的电动机绕组是与机壳绝缘的。三相电动机定子绕组接地（通地）故障是绕组与机壳短接（碰壳），一般较易发生。造成接地故障的原因很多，总的来说都是由于绕组与铁心之间的绝缘材料陈旧，或者损坏而失去绝缘能力所造成的。例如，在线圈嵌线时，由于嵌线人员粗心或硬敲线圈而损伤导线绝缘；漆包线拉得过紧而使绝缘擦伤；电动机使用时绝缘受到过电压冲击造成击穿（例如雷击）而碰铁；电动机运行中由于周围空气潮湿、灰尘太多及腐蚀性气体以致绝缘易于陈旧变质；电动机因长期过载运行以致导线发热，绝缘焦脆等情况，都能形成电动机绕组接地故障。

电动机绕组接地故障不仅影响设备的正常运行，而且使电动机在运行过程中机壳带电。如果机壳接零或接地不良，很可能使工作人员发生触电事故。用检验灯检测电动机绕组接地故障的方法如下：

如图 4-70 所示，拆下电动机的接线盒上盖，并且拆除绕组各相的铜质连接片。将交流 220V 电源中性线 N 直接和接线盒内的外壳接地螺丝（或电动机的外壳）连接。检验灯的一根引出线线头与 220V 电源相线连接，拿检验灯的另一根引出线线头依次与三相绕组的引出线首端 U1、V1、W1（或尾端 U2、V2、W2）三个线头触及。如果灯不亮，则说明被测绕组正常；如果灯亮，则说明被测绕组有接地（碰壳）故障。

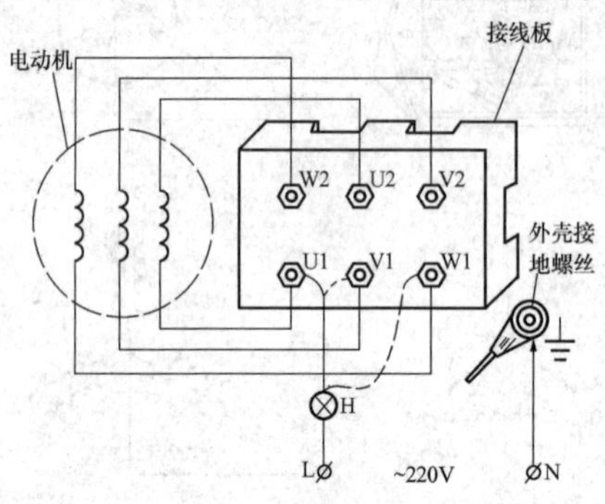

图 4-70 检测电动机绕组接地示意图

查出电动机绕组接地故障后，立即拆卸风罩、风叶、轴承盖和端盖等，抽出或吊出转子。先分段详细检查接地故障相绕组里各导线的绝缘物有没有破裂或焦黑的地方，这些地方常常是导线碰壳接地故障所在。然后仍将检验灯跨接在 220V 电源相线与电动机接地相绕组引出线首端（或尾端）线头上（电源中性线仍和接线盒内的外壳接地螺丝连接的情况下），接着把该绕组各线圈轻轻前后摇动，同时注意检验灯的亮光，如果闪烁或者暗淡下去，就说明接地故障点就在这个线圈里。在接地故障点处，一般会发生电火花。

4-2-23 检测低压电气设备的绝缘状况

低压电器（500V 以下）的绝缘状况，最好用 500V 绝缘电阻表测检。在特殊情况下，如无绝缘电阻表，可采用检验灯粗略检测。

如图 4-71 所示，将检验灯两引出线线头

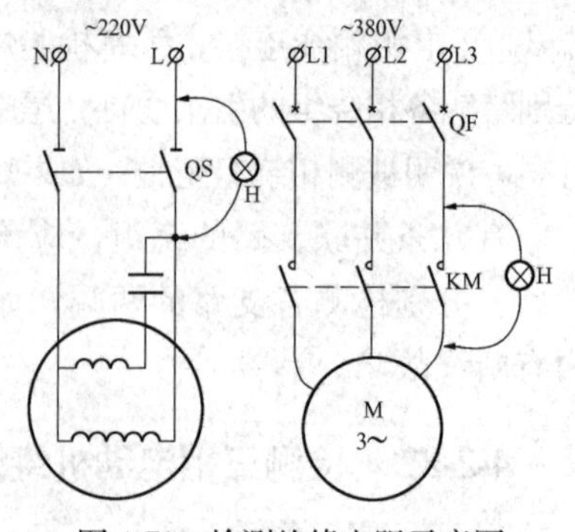

图 4-71 检测绝缘电阻示意图

跨触直接接通低压电器电源相线的负荷开关QS或接触器KM的上下侧接线桩头。如果灯一点也不亮，说明被测低压电器的绝缘尚好，可以送电运行；如果灯丝发红，则表明被测电器的绝缘轻微损坏，稍有漏电现象，但在紧急的情况下，其保护灵敏可靠，可以送电运行；如果灯亮达正常，则说明被测低压电器的绝缘严重损坏，不能送电，需检修或更换新的电器。

4-2-24 检测汽车直流发电机电枢绕组接铁故障

汽车直流发电机的电枢主要由转子铁心和绕组构成，并与换向器装在同一轴上。电枢铁心是由硅钢片冲成圆形铁片，外圆有绕线槽，固定在电枢轴上，铁片之间用漆或氧化物绝缘。电枢绕组由高强度漆包线绕成，并浸以绝缘漆。

由于导线的绝缘损坏，绕组与电枢轴和铁心接触而接铁时，维修电工可用检验灯检测。如图4-72所示，交流220V电源中性线焊接一表棒，直接触及换向器上换向片；检验灯的两引出线线头分别触及电源相线与电枢轴。灯亮，说明电枢绕组有接铁处。为了找到接铁的线匝，可将电源中性线表棒笔头尖沿换向片滑动，当表棒笔头接触到接铁处的换向片时，检验灯显示最亮。

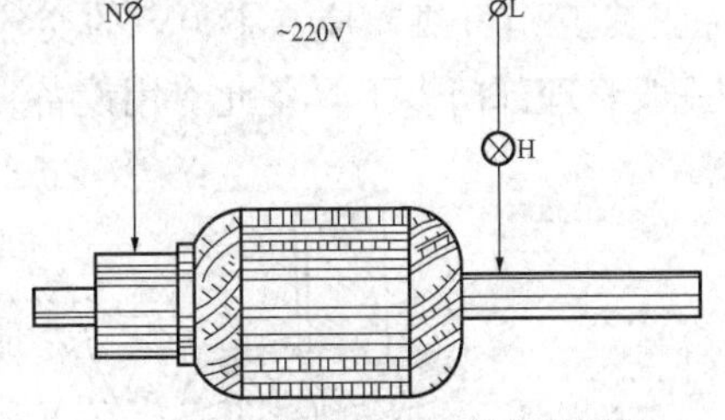

图4-72 检测电枢绕组接铁示意图

4-2-25 检测汽车起动用直流电动机励磁绕组的故障

汽车和许多拖拉机都采用电力起动机起动，电力起动装置由直流电动机、传动装置及控制机构三部分组成。起动用直流电动机（简称起动机）的磁极由铁心及励磁绕组构成，固定在机壳的内壁上。通常的起动机有四个磁极，大功率的起动机也有六个磁极的。

磁极的检查应先检查励磁绕组各接线头是否有松动和脱焊现象，然后再检查励磁绕组有无断路和绝缘损坏情况。如图4-73所示，交流220V电源中性线上焊接一个表棒，直接和起动机接线柱连接，检验灯的一引出线线头和电源相线连接，另一引出线线头触及电刷。灯不亮，则说明励磁绕组内有断路。电源中性线连接起动机接线柱不动，检验灯的另一引出线线头移触及起动机外壳。如果灯亮，则说明被测励磁绕组绝缘损坏而接铁。

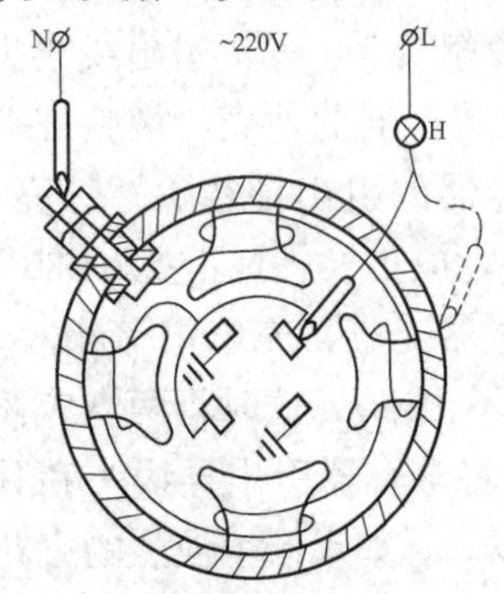

图4-73 检测励磁绕组的故障示意图

4-2-26　检测车用断电—配电器外壳上的电容器

断电—配电器外壳上的电容器由铝箔或锡箔制成，绝缘介质是浸有石蜡的特种纸张。其结构如图4-74所示，两条箔带2覆在纸带1上，并卷成筒形。纸带较金属带稍宽些，保证金属带互相绝缘。每条箔带上均有软导线3引出。箔带卷成圆筒后放在真空室中，除去层间的空气，然后浸以溶化石蜡。再装在金属外壳4中。一个箔带的引出线和金属外壳相接，安装到断电—配电器外壳上；另一箔带的引出线5包在绝缘的套管中，由壳中引出，接在动触点臂上。电容器在温度20℃时，应具有不低于50MΩ的绝缘电阻（对直流而言），绝缘不良的电容器会使触点烧蚀严重，点火困难。严重短路时，就根本不能点火。电容器工作时要承担触点分开时一次线圈产生的200～300V自感电动势的作用，为了保证其工作可靠，应在600V的交流电压下进行试验，历时1min无击穿现象（一般修理部门多不具备此专用设备）。

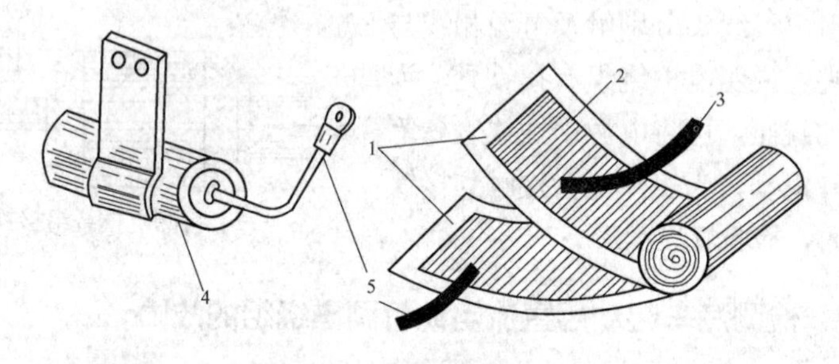

图4-74　电容器结构示意图

1—纸带；2—箔带；3—软导线；4—金属外壳；5—引出线

用检验灯可以检测电容器短路、断路和漏电故障。如图4-75所示，将220V小功率检验灯的一引出线线头直接接在220V交流电源相线上，另一引出线线头与电源中性线分别焊接一表棒。中性线表棒针头触及电容器的外壳，检验灯引出线表棒针头触及电容器的引出导线头。灯亮，说明被测电容器已短路，应更换。灯不亮（220V交流电经检验灯向电容器充电，充电电流很小，故在检验灯灯泡中反应不出来），这时将两支表棒针头离开电容器，随后将电容器引出导线头和其外壳相碰（图中虚线所示）。如果产生强烈的火花（电容器放电），则说明被测电容器良好；如果无火花产生，则说明被测电容器内或引出线有断路故障，或是电容器有漏电现象。

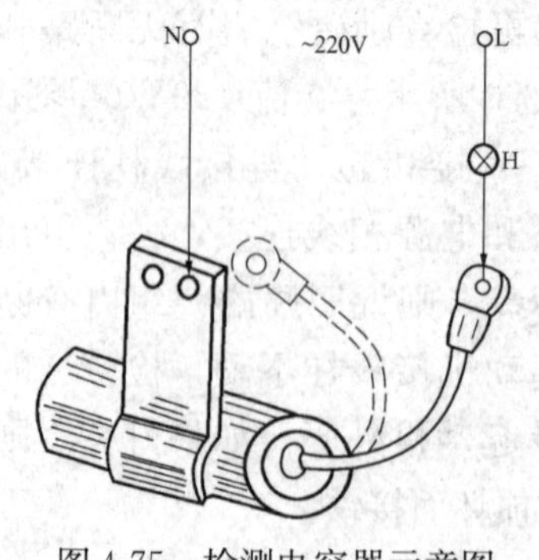

图4-75　检测电容器示意图

4-2-27 辨别三相电动机定子绕组的首尾端

使用日久的三相异步电动机，常因电机定子绕组引出线头上标记号模糊不清或遗失，而造成定子三相绕组引出线的首尾端头混乱。因此往往由于定子绕组一相反接而引起电动机的损坏。所以，就需要辨别电动机定子绕组引出线的首尾端头，辨明后方可再接线。检验灯辨认线头的简易方法，即为交流灯泡法。

找出每相线圈的两个线头。如图 4-76（a）所示，将检验灯串接在交流220V 电源线上（最好是相线上）。把检验灯的一根引出线线头与任意一个电动机线头连接，并把这个电动机线头记为“1”；把电源的另一个线头依次与电动机其余五个线头接触，当接触到某一个电动机线头而灯亮时，说明这个线头与“1”是同一个线圈，并把它记上“4”。如图 4-76（b）所示，用同理同法继续辨认其余一相线圈，并把两个线头假定记上“2”、“5”。余下两个线头就可假定记上“3”、“6”。

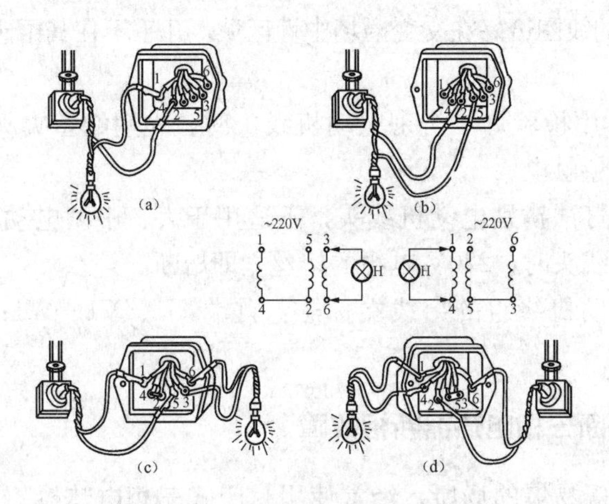

图 4-76 辨认电动机线头示意图

（a）找出两个线头；（b）找出四个线头；（c）辨认线圈的首尾（一）；（d）辨认线圈的首尾（二）

找出每相线圈的首尾端。先假定上面所记的编号是正确的，如图 4-76（c）所示，把“4”“2”连接，“1”“5”跨接 220V 交流电源，“3”与“6”号线头接上检验灯。通电后如果检验灯灯丝发红微亮，则说明“2”“5”的编号正确；如果灯不亮，只要把“2”“5”编号对换即可。如图 4-76（d）所示，把“5”“3”连接，“2”与“6”号线头跨接 220V 交流电源，“1”与“4”号线头接上检验灯，检验灯灯丝发红微亮，则说明“3”“6”的编号正确；如果灯不亮，只要把“3”“6”编号对换即可。

交流灯泡法测试原理。如图 4-77（a）所示，电动机定子绕组第一相尾端 U2 连

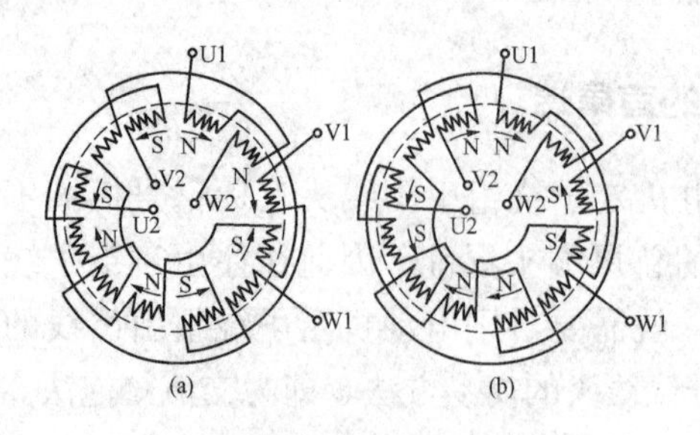

图 4-77 交流灯泡法辨别绕组首尾端原理示意图

(a) U2 与 V1（4 号与 2 号线头）连接，灯亮；
(b) U2 与 V2（4 号与 5 号线头）连接，灯不亮

接第二相首端 V1（4 号与 2 号线头连接），由第一相首端 U1 和第二相尾端 V2 接通电源后（1 号与 5 号线头跨接电源）。则在第一相和第二相中的电流，如箭头所示。设顺时针方向的电流都在各线圈内部形成 N 极；反时针方向的电流在各线圈内部形成 S 极，在电动机定子中共组成四个磁极。而第三相的线圈恰在此交变磁场磁路的正中，所以，能在其中感应出 100V 左右的电压，因此，检验灯灯泡闪亮。

如图 4-77（b）所示，当电动机定子绕组第一相尾端 U2 连接第二相的尾端 V2（4 号与 5 号线头连接），由第一相首端 U1 和第二相首端 V1 接通电源后（1 号与 2 号线头跨接电源）。在第一相和第二相中的电流亦如箭头所示，同样在定子中组成四个磁极。而第三相的线圈恰好在交变磁场中性区域，几乎不在其中感应出电压，所以检验灯灯泡不亮。

注意：（1）用检验灯法辨别电动机线头时，先用鳄鱼夹夹住电动机线头，后接通电源，以免触电。

（2）用检验灯法辨别电动机线头，不适用于大、中型电动机。若用此法辨别大中型电动机线头时，220V 电源的熔丝立即熔断。

（3）三相电动机绕组的出线端标志：首端 U1、V1、W1；尾端 U2、V2、W2。

4-2-28 判断三相电热器断相故障

在制氧车间等易爆的场所，经常使用封闭式三相电热器。及时了解这种电热器的运行情况，对保证箱内的正常温度是很重要的。如图 4-78 所示，在电热器的中性点 O′和地线 O 之间跨接检验灯，根据检验灯亮度的变化情况即可判断正在运行的星形接法三相电热器的故障情况。

当电热器内三相电阻运行正常时，配电变压器低压侧的中性点 O 与电热器的中性点 O′是等电位，检验灯不亮；当电热器某一相烧断时，电热器中性点电位约 110V，检验灯的灯丝发红亮度暗淡；当电热器中有两相烧断时，相当于电热器正常运行的一相与检验灯串联后接于 220V 电源上，又因检验灯灯泡（220V25W）的电阻大大超过电热器电阻，

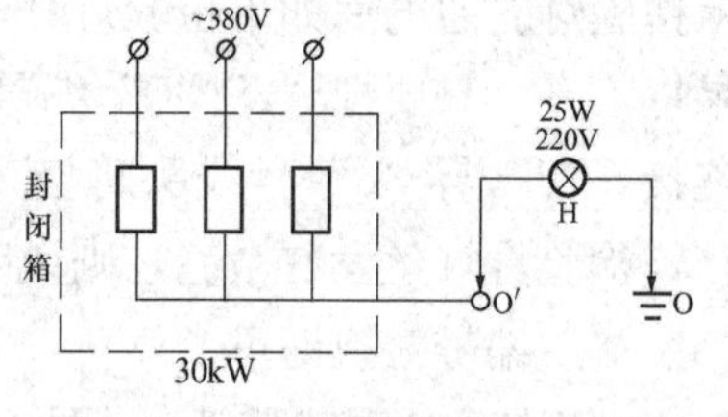

图 4-78 检测电热器断相示意图

所以加在检验灯两端的电压接近220V，灯亮达正常亮度。

4-2-29 检验灯既可检测就地补偿电容器是否有电，又可作电容器的放电电阻

加装补偿电容器，提高功率因数，最好的方式是就地补偿。因与电动机同时接入电源，一则不会出现超前的无功功率；二来补偿后，在该支路上因无功电流引起的传输损耗可被消除。所以，目前中型以上的电动机大都增设了补偿电容器。在施工安装时，由于受地方空间或环境所限，常常是将移相电容器的三根引线与电动机的三根引线并接在接通电源的接触器下侧或热继电器接线桩头上，如图4-79所示。这样当检修更换接触器或热继电器，以及电动机需换向调换线时，就要触动补偿电容器的引出线。单台电动机的补偿电容器均不装设白炽灯放电电阻，若需知电容器三根引出线是否有电，可用检验灯检测，且检测时检验灯灯泡就是电容器的放电电阻。如图4-79所示，用单灯泡检验灯检测时，检验灯一个引出线线头触地，另一个引出线线头触及电容器的一个引出线线头；用同功率两灯泡串联起来的检验灯检测时，检验灯两引出线线头跨触电容器的两个引出线线头。

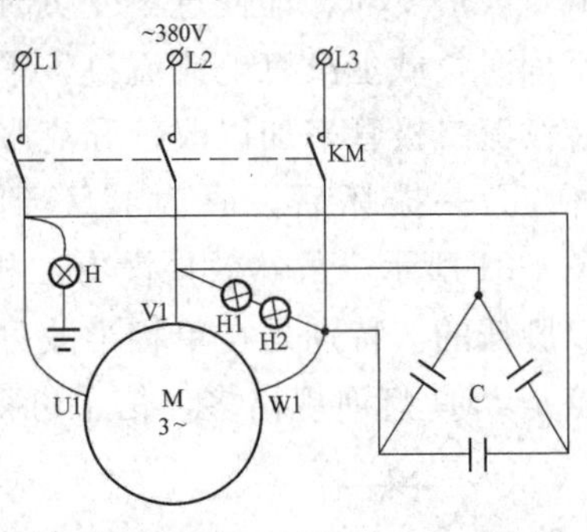

图4-79 检测补偿电容器示意图

4-2-30 简易相序指示器

在电力系统测量工作中，正确识别三相交流电路中的L1、L2、L3三相电压的排列次序是很重要的，是电气检修、安装电工常碰到的问题。在工矿企业的配电板及配电箱中，都没有相序指示器之类的器具来确定电源的相序。

如图4-80所示，用两个功率相同的220V白炽灯泡（额定电压220V，同功率两灯泡串联起来的检验灯）和一只电容器组成不对称的三相星形负载，接到三相电源上去，便可确定电源的相序。电容器C的引出线线头接于三相电源中的一相上，假定为中相L2，灯泡亮度暗的灯泡引出线线头接的是L1相，灯泡亮度高的灯泡引出线线头接的是L3相。即相位超前于电容器所在相的那相灯泡的端电压低（光暗），而相位落后的另一相灯泡的端电压高（光亮）。

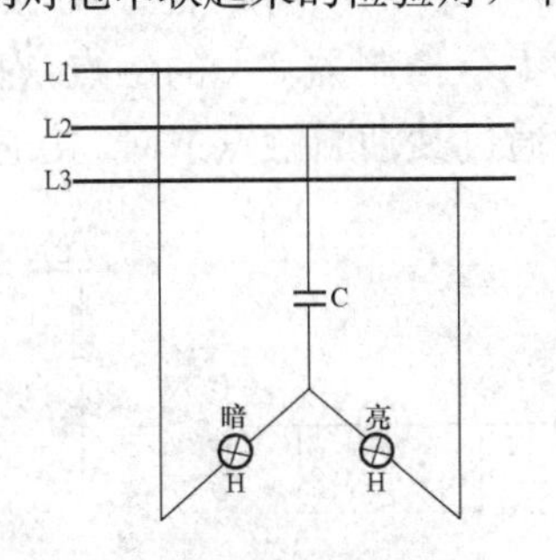

图4-80 简易相序检测示意图

简易相序指示器所用220V白炽灯灯泡的功率与电容器电容量的匹配见表4-4所示。

表 4-4　简易相序指示器灯泡电容器匹配表

白炽灯灯泡功率（W）	25	40	60	100
电容器电容量（μF）	0.33	0.47	0.68	1.0

4-2-31　检验灯应急取代续流二极管

单相半波晶闸管整流线路中，由于负载电感存在，因此当输入电压由正变负时，电感负载的能量（也即由于在电流变化过程中，负载中感应出一个与原极性相反的电压）反馈回电源，加到晶闸管 V 阳极，使 V 维持导通，造成过零关不断的现象。这时负载上流过负半周电流，使得负载上的平均电压值降低，波形变坏。即使过零变负时能可靠关断晶闸管，也会因为是半波整流，负半周时负载上没有电流流过，平均值也较低，而导致脉动度大。所以一般均加装续流二极管来加以改善和克服。在运行中，由于某种原因，续流管有可能损坏。万一损坏后，一时找不到合适的二极管，可用检验灯应急取代，如图 4-81 所示，虽然效果没有二极管好，但在中小电动机的调速线路中还是可以胜任的。特别是在单相半波可逆线路中，直接采用检验灯续流更方便。其优点是：① 灯泡规格多，信手可得；② 可作维修人员和操作人员监视晶闸管状态之用。其缺点是灯泡要消耗一定的能量。灯泡瓦数要视晶闸管输出电流的大小和要求而定，一般瓦数大效果较好，因为灯泡热电阻 $R \approx U^2$（输出电压）/P（白炽灯瓦数）。当最大输出电压高于 200V 时，用两个同功率白炽灯串联起来的检验灯为宜，这样分配到每只白炽灯上的电压较小，可延长白炽灯寿命。

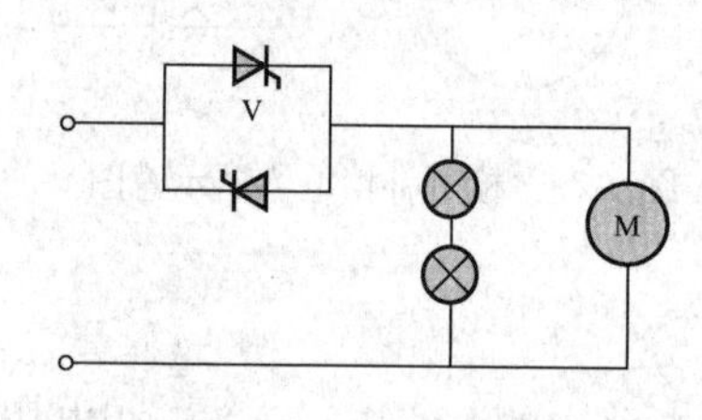

图 4-81　检验灯取代续流二极管示意图

4-2-32　检验灯应急取代经济电阻

如图 4-82 所示，检验灯两引出线线头并联接触器 KM 的动断触点 KM1 后，串联接触器 KM 的线圈跨接到 220V 直流电源，当主令控制器 SA 的触点（如 LW5 系列万能转换开关）接通后，接触器 KM 线圈通过其动断触点 KM1 接通，接触器吸合。

这种方法与固定的管形电阻相比较，有以下优点：

（1）因白炽灯是非线性电阻，随温度的变化而变化，对线圈 KM 能起稳流作用。当线路电压升高时电流

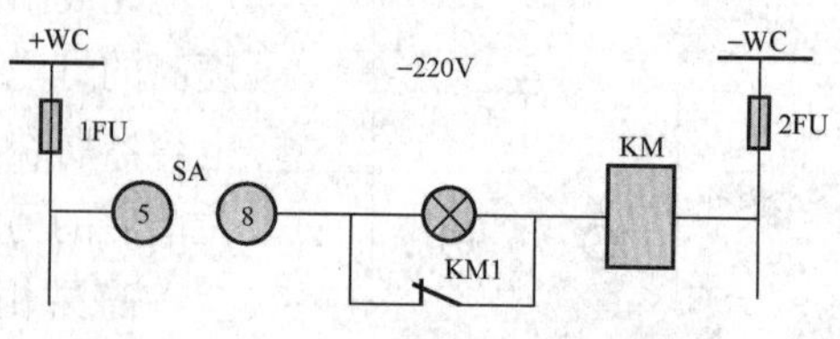

图 4-82　检验灯做经济电阻的接线图

变大，灯丝的温度升高，电阻变大、阻止电流的增长。电压降低时电流变小，灯丝温度降低，电阻变小，能阻止电流的变小。由于以上原因使吸持力比较稳定。

（2）当接触器刚吸合时，由于碰撞振动，需要较大的吸持力，这时白炽灯是由常温变到200℃以上，电阻由最小值增长到最大，电流则由最大值降至最小值，满足了起始接触器吸上衔铁时所需较大的吸持力。

（3）白炽灯能作经济电阻与照明两用，起明显的指示作用。

（4）用白炽灯代替绕线管形电阻，由于白炽灯与线圈串联，白炽灯上端电压较低，不容易烧坏。

4-2-33 诊破用户一相一地制方式窃电

安装单相电能表的工人疏忽大意，将电能表电源进线相线、中性线颠倒，给窃电者以可乘之机，进行一相一地制用电方式窃电，如图4-83所示。用户在室内暗插座盒（或挂线盒、暗接线箱）处将照明线路的中性线N接地，负荷中性线在总开关QS的熔断器FU处断开，形成一相一地制用电方式窃电，致使单相电能表的电流线圈无电流通过而不转动走字。对此，用电灯式检验灯两引出线线头跨触开关QS上侧电源接线桩头、熔断器FU下侧负荷接线桩头时，检验灯H灯泡亮且亮度正常，看似正常无毛病；这时将用户一两盏电灯开关闭合，照明灯亮也正常。此时拉开总开关QS（照明灯熄灭），用检验灯两引出线线头跨触开关QS相线电源、负荷侧接线桩头，检验灯H灯泡和照明灯均闪亮；而用检验灯两引出线线头跨触开关QS中性线电源、负荷侧接线桩头时，检验灯H灯泡和照明灯均不亮。由此说明该用户进行一相一地制用电方式窃电。此判定还可当场验证，即在总开关QS断开的情况下，检验灯一引出线线头触及开关QS相线电源接线桩头，检验灯另一引出线线头触及中性线熔断器负荷侧接线桩头，检验灯H灯泡亮度正常。

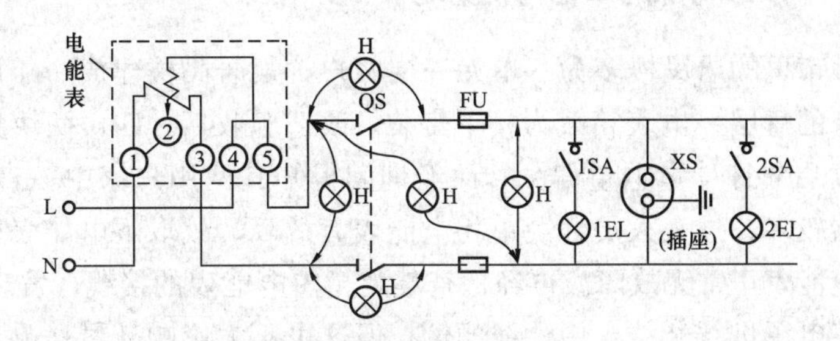

图4-83 电能表相线和中性线颠倒，用户一相一地制窃电示意图

窃电者在室内暗接线箱、挂线盒和暗插座盒等暗处，将照明线路的中性线N接地；由单相电能表引出至总开关QS的中性线，不剥导线绝缘外皮虚接在开关

QS 电源侧接线桩头上，即接线螺栓虚压带绝缘外皮上。如图 4-84 所示，用户进行一相一地制用电方式窃电，其照明电路总开关 QS 仍控制所有照明、家用电器负荷；熔断器 FU 相线熔丝仍起着保护作用，但单相电能表中电压线圈不承受 220V 电压，致使电能表在满负荷的情况下只是微动，远远达不到正常转动走字。对此，用电灯式检验灯两引出线线头跨触熔断器 FU 下侧两负荷接线桩头，检验灯 H 灯泡亮且达正常；随着将用户一两盏电灯开关闭合，照明灯亮得也很正常。此时拉开总开关 QS，照明灯熄灭，用检验灯两引出线线头跨触总开关 QS 电源侧接线桩头时检验灯 H 灯泡不亮；再用检验灯一引出线线头触及开关 QS 相线电源侧接线桩头，检验灯另一引出线线头触及相线熔断器负荷侧接线桩头，这时检验灯 H 灯泡和关闭开关的照明灯均闪亮。由此怀疑用户照明线路有问题。检验灯一引出线线头触及开关 QS 相线电源侧接线桩头不动仍触及，检验灯另一引出线线头移动去触及中性线熔断器负荷侧接线桩头，检验灯 H 灯泡亮度达到正常。根据上述情况便可断定被测用户是一相一地制用电方式窃电。将该用户的总开关 QS 闭合，把照明电路中所有灯具的单极开关闭合、家用电器电源插头插入插座运行的情况下，该用户装置的单相电能表只是微动，远远达不到正常转动。

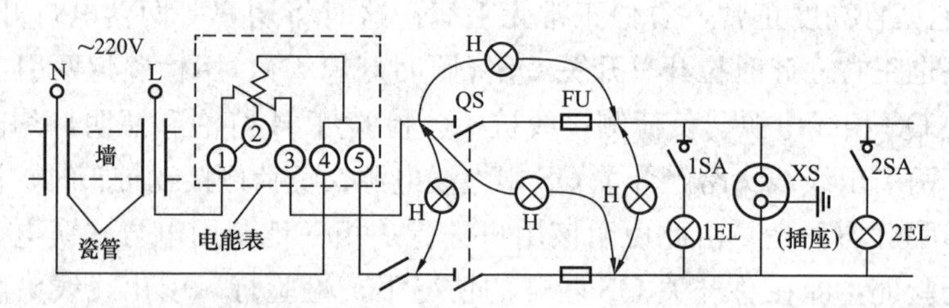

图 4-84　电灯式检验灯检测用户一相一地制用电方式窃电示意图

4-2-34　诊破特殊的单相跨相窃电

现在城市里的居民楼多为一单元一层两户，某居民楼建成一年后，单相电能表由原来的每层一电表箱改为楼下集装。改造验收后，四楼两块集装的单相电能表连续几个月计量电量偏少，而经询问得知其两用户家中一直有人居住，且家用电器较多。抄表人员怀疑单相电能表有故障，故取下电能表校验，但经校验确认电能表正常无故障。再经检查集装箱内电能表的接线，发现用户 A 的单相电能表电源进线相线、中性线颠倒，但这也不太影响计量（单相电能表进线相线和中性线的反接，即使电压线圈、电流线圈都反接，从相量关系来看，电压、电流相量都比正确接线时倒过 180°，而两个相量的相对关系都未变。所以送电后表圆盘正转，在正常情况下不影响电能表的计量）；用户 B 的单相电能表接线正确，如图 4-85 所示。于是到用户家中检测，查找故障原因。

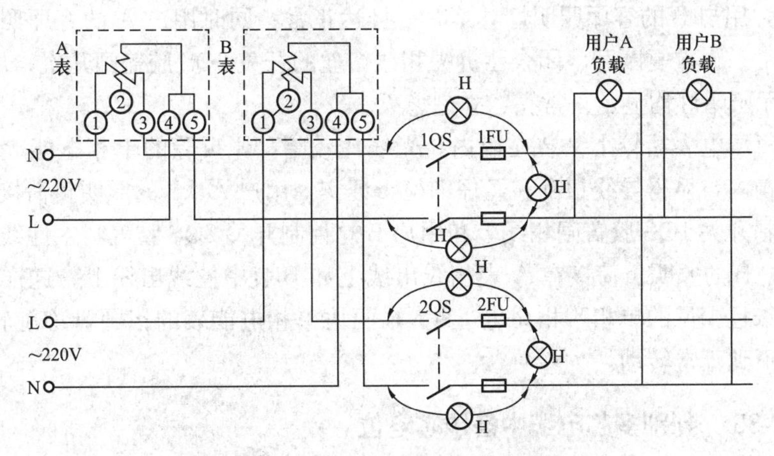

图 4-85　电灯式检验灯检测用户跨相窃电示意图

用户 A、B 的照明电路控制总开关均仍装在原每层电表箱内。首先检测的是用户 A 的总控制开关 1QS 胶盖闸，用电灯式检验灯两引出线线头跨触开关 1QS 胶盖闸负荷侧相线、中性线接线桩头，检验灯 H 亮且达正常；这时断开总开关 1QS，检验灯 H 灯泡立刻熄灭，同时用户 A 的照明灯也熄灭（事先通知该单元用户们要检查线路，让人将各户客厅的照明灯开关闭合，以便观察），看似正常无毛病。此时用检验灯两引出线线头跨触开关 1QS 胶盖闸相线电源侧和负荷侧接线桩头，检验灯 H 灯泡和用户客厅的照明灯均闪亮，于是用检验灯两引出线线头跨触开关 1QS 胶盖闸中性线电源侧和负荷侧接线桩头，检验灯 H 灯泡和用户客厅的照明灯却不亮，由此判定用户 A 跨相窃电或进行一相一地制用电方式窃电。随之拆去控制总开关 1QS 胶盖闸上的中性线熔丝，闭合开关 1QS，用户 A 的客厅照明灯亮且达正常；再重复断开、闭合拆去中性线熔丝的开关 1QS 胶盖闸几次，用户 A 的客厅照明均显示正常亮、熄灭。同时发现用户 B 的客厅照明灯也随着用户 A 控制开关 1QS 的闭合、断开而显示正常亮和立刻熄灭。闭合用户 A 拆去中性线熔丝的开关 1QS 胶盖闸后，用电灯式检验灯两引出线线头跨触用户 B 总控制开关 2QS 胶盖闸负荷侧相线、中性线接线桩头，检验灯 H 灯泡亮且达正常；这时断开开关 2QS，检验灯 H 灯泡立刻熄灭，同时用户 B 的客厅照明灯也熄灭，看似正常无毛病。但发现用户 A 的客厅照明灯也熄灭了，于是用检验灯两引出线线头跨触开关 2QS 胶盖闸相线电源侧和负荷侧接线桩头，检验灯 H 灯泡不亮，属正常现象；再用检验灯两引出线线跨触开关 2QS 胶盖闸中性线电源侧和负荷侧接线桩头，检验灯 H 灯泡和用户客厅的照明灯均闪亮。由此可判定用户 B 跨相窃电，且其照明负荷没用电源总开关 2QS 胶盖闸上的相线，而是外引入的相线。随之拆去开关 2QS 胶盖闸上的相线熔丝后，闭合开关 2QS，用户 B 的客厅照明灯立刻亮了且达正常；同时用户 A 的客厅照明灯也亮达正常。再重复断开、闭合已拆去相线熔丝的开关 2QS 胶盖闸几次，用户 A、B 的客厅照明灯均显示正常亮、立刻熄灭。

原每层电表箱较小又装在墙内，光线比较暗，原拆除的单相电能表接线线头还在箱内，显得导线很乱。经仔细检查证实：用户 A、B 的照明负荷接在用户 A 总控制开关 1QS 胶盖闸相线上和用户 B 总控制开关 2QS 胶盖闸中性线上，即用户 A、B 的照明负荷接在 A 表相线出线上和 B 表中性线出线上。这样便形成了很特殊且少见的单相跨相窃电，A、B 两块单相电能表的铝圆盘均旋转很慢，远远达不到正常转动。

4-2-35　判别多芯电缆中各线芯电位

图 4-86 是常见的电动葫芦的控制电路，虚线方框内是悬挂的按钮站。进按钮站的七芯控制电缆（内有两根备用线）在按钮站盒外齐断线，电缆线内七芯线头用测电笔测试均显示出有电。对此可用电灯式检验灯检测判别。检验灯任一引出线线头良好接地，拿检验灯另一引出线线头逐个触及七根芯线线头。检验灯 H 灯泡亮达正常的被测线是①号相线 L1；检验灯 H 灯丝发红亮暗光的被测四根线，是通过 1KM、2KM、3KM、4KM 接触器线圈的②、③、④、⑤号导线；检验灯 H 灯泡一点也不亮的两根被测线是备用线。

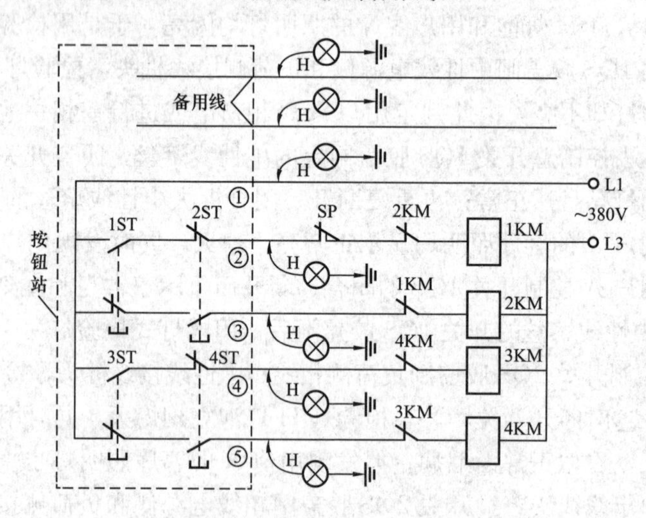

图 4-86　电灯式检验灯检测电动葫芦的控制电路导线电位

某工地一次架设一盘百米长的 500V 级三芯橡皮绝缘动力电缆。在一根芯线接上 220V 相线电源，其余两根芯线尚未接电源相线的情况下，有人误触及未接相线电源的两根线线芯时，均有麻电的感觉。用测电笔测试动力电缆三芯线线头，氖管均发亮；再用万用表电压挡分别测量未接相线电源的线芯对地电压，都有近 120V 的电压值。因此怀疑所架设的电缆绝缘有问题。这时有电工运用电灯式检验灯来检测。检验灯任一引出线线头良好接地，拿检验灯另一引出线线头分别触及被测电缆三芯线，如图 4-87 所示。结果连接电源相线的芯线线头测试时，检验灯 H 灯泡亮且达正常；另外两根未接电源相线的芯线线头测试时，检验灯 H 灯泡一点都不亮。即可判定此故障是“感应电”所致，并非电缆绝缘不良。此结论可再用万用表不同的电压挡测量“感应电”对地电压时，测量结果相差很悬殊的现象来验证。用万用表 500V 挡测量得 115V；换 250V 挡测量得为 75V；再换用 100V 挡测量得是 40V；再换用 50V 挡测量时其指示值只有 20V 左右。故判定被测 500V 级三芯橡皮绝缘电缆两根未接电源相线的芯线“带电”故障，是“感应电”所致，并不是电缆的绝缘不良。

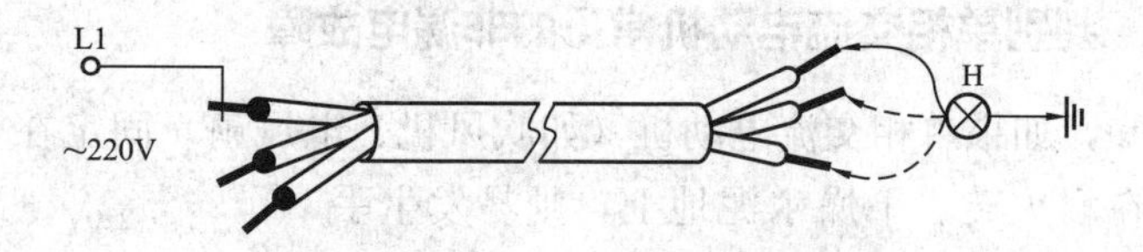

图 4-87　电灯式检验灯检测三芯电缆芯线的电位

三芯电缆线中，当一根芯线接上 220V 电源相线时，其余两根芯线亦会有电，这是通过泄漏电流形成的，这与三相电动机当其定子绕组一相接上电源相线时，其余两相定子绕组亦会带电的情况是一样的。如图 4-88 所示，设三芯电缆中只有 A 芯接上电源相线 L。A、B 电缆芯线间的绝缘电阻为 R_1，A、C 电缆芯线间的绝缘电阻为 R_2，B、C 电缆芯线对地绝缘电阻为 R_3、R_4；B、C 电缆芯线间及 A 芯线对地间的绝缘电阻和所有分布电容都不考虑，忽略不计。在通路A→B→地和 A→C→地中总存在着泄漏电流 i_1 和 i_2，此泄漏电流使 B、C 电缆芯线得到较高的电压。即 $U_B=\dfrac{R_3}{R_1+R_3}i_1$；$U_C=\dfrac{R_4}{R_2+R_4}i_2$。这就是三芯电缆线中虽然只有一根芯线接上 220V 电源相线，但其余两根芯线均可用万用表电压挡测得较高的对地电压的原因之一。这里需要说明：三芯电缆线中未接 220V 电源相线而有电的两根芯线，绝不会使电灯式检验灯检测时灯泡发亮，因为泄漏电流很小；只有接上 220V 电源相线的那一根芯线才会使检验灯 H 灯泡发亮且达正常。

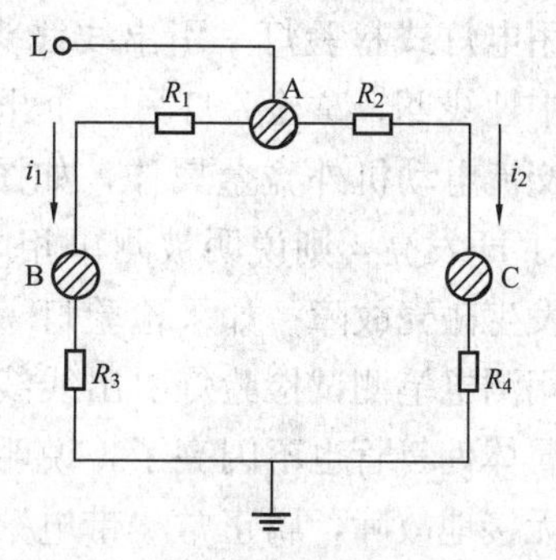

图 4-88　三芯电缆线中泄漏电流示意图

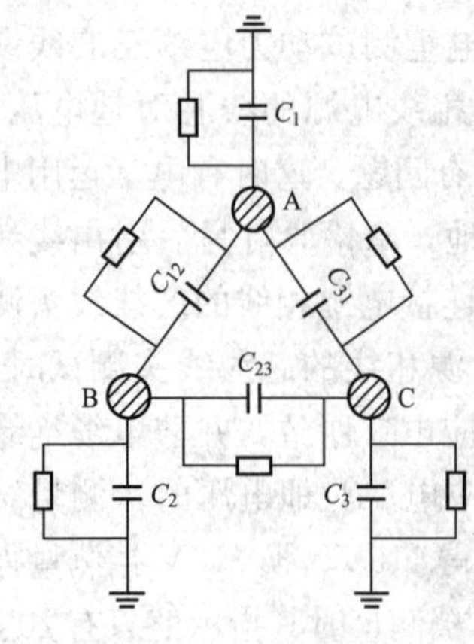

图 4-89 三芯电缆线分布电容和电阻示意图

三芯电缆线中虽然只有一根芯线接上 220V 电源相线，但其余两根芯线均可用万用表电压挡测得较高的对地电压值的原因之二是分布电容作用。如图 4-89 所示，当电缆线 A 芯线接上 220V 电源相线时，C_1、C_{23} 的大小与 B、C 芯线上的电压值无关，而 C_{12}、C_2 和 C_{31}、C_3 两组串联分布电容的容量及其比值大小直接影响 B、C 芯线上的电压值。由于是百米长的电缆，C_{12}、C_{31} 分别比 C_2、C_3 的电容量要大得多，而交流电压在串联电容上的分配与电容量成反比，所以 B、C 芯线上均可用万用表电压挡测得较高的对地电压值。

4-2-36 判别单相交流电动机常见的非漏电故障

众所周知，如果单相交流电动机（如吹风机、电风扇）固定在干燥木板上，或直接放置在耐火砖、干燥水泥地上，则易发生手触机座有麻电现象，且用测电笔测试时有电；用万用表电压挡测得机座与大地间有较高电位差。此时用电灯式检验灯一引出线线头触接 220V 交流电源中性线 N，拿检验灯另一个出线线头触及被测单相交流电动机外壳金属体，如图4-90所示。如果检验灯 H 发亮，则说明被测单相电动机绕组绝缘老化，发生碰壳故障；如果检验灯一点也不亮，且此时若用测电笔测试检验灯引出线线头触及电动机外壳金属体处氖管也不闪亮了，说明被测单相电动机绕组无接地故障，属正常“带电”现象。其原理是：单相电动机放在绝缘物上，机座和大地之间有很高的绝缘电阻，电动机绕组的绝缘电阻也很高；但当电动机接通电源相线后（单相电动机的两脚电源插头插反时，或电动机的单极控制开关 QS 串接在电源中性线 N 上），由于泄漏电流通过相线 L 与机座和机座与大地间的绝缘电阻，使机座与大地间有电压降，即有了电位差。

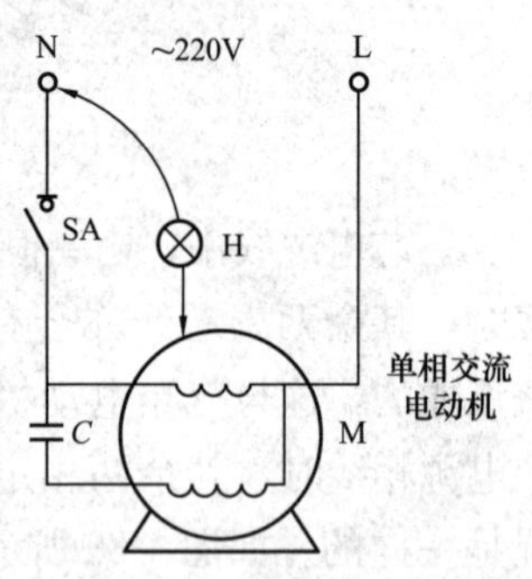

图 4-90 电灯式检验灯检测电动机外壳是否带电示意图

如图 4-91 所示，单相电动机绕组接通电源相线后，相线与机座的电压降为 $U_1=I'R_1$，机座和大地间的电压降为 $U_2=I'R_2$（R_1 为绕组和机座间的绝缘电阻；R_2 为机座和大地间的绝缘电阻；I'为绕组对地的泄漏电流）。当电源相线的电位是 220V 时，设 $R_1=R_2$，$I'R_1=I'R_2=\frac{1}{2}\times220=110$（V），即机座和大地间有110V的电位差。所以用手触及机座时有麻电现象，测电笔测试时氖管闪亮，用万用表交流电压挡测量得较高对地电压值。用万用表两表笔跨接到机座（S）与大地（E）间，S、E间便并联了一个电阻R_V，使得S、E间的总电阻减少，因而使U_2降低。从图4-91所示及具体数值来说明：设$R_1=R_2=2\text{M}\Omega$，$R_V=1.8\text{M}\Omega$（500型万用表），$R_{SE}=\dfrac{R_VR_2}{R_V+R_2}=\dfrac{2\times1.8}{2+1.8}=0.95$（MΩ）；机座与大地间的电压降为$U_2'=220\times\dfrac{0.95}{2+0.95}=71$（V）（注意：用万用表不同的电压挡测量所测得的电压数值不一样，且相差悬殊）。

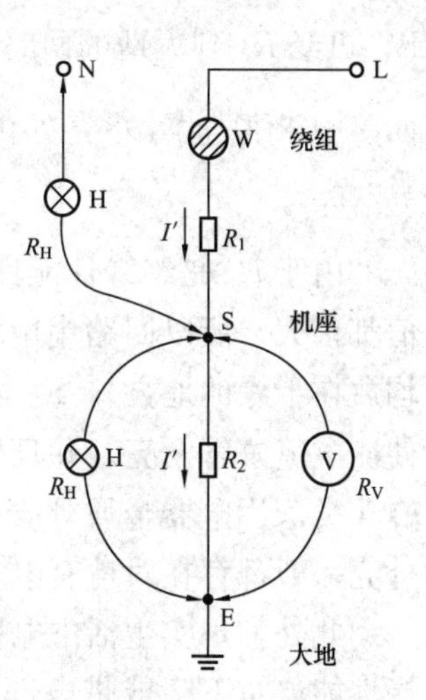

图4-91　单相电动机的泄漏电路示意图

运用电灯式检验灯检测时，即检验灯两引出线线头跨触机座（S）和大地（E）间，S、E间并联的电阻R_H电阻值小，只有2MΩ的千分之一或千分之二。使得S、E间的总电阻值很小，因而使机座和大地间的电压降U_2极小，故检验灯H灯泡一点也不亮。例如$R_H=0.004\text{M}\Omega$，则$R_{SE}\approx0.004\text{M}\Omega$，$U''_2\approx0.4\text{V}$。由此可见，单相交流电动机常见的非漏电故障用电灯式检验灯来判别，既快又准还简便。

4-2-37　判别电熨斗类家电金属外壳带电现象

家用电器越来越普遍地进入到人们的日常生活中，保证家用电器的安全使用应值得重视。

电熨斗、电木梳、电烙铁等单相家用电器，都是使用一根相线和一根中性线直接向电热丝供电的。当电源一接入，其金属外壳就“带电”，测电笔测试能发亮。要了解这类单相电器金属外壳的带电原因，如图4-92所示。图4-92中，电熨斗放置在绝缘的干燥木桌上，其中A为电热丝、B为金属外壳、C为电热丝与金属外壳间的绝缘物，即氧化镁粉。若设电热丝A对外壳B的绝缘电阻为R_1，由于外壳不接地，因此金属外壳与大地之地存在着绝缘电阻R_2，于是构成一条由电热丝A（相线）经R_1到金属外

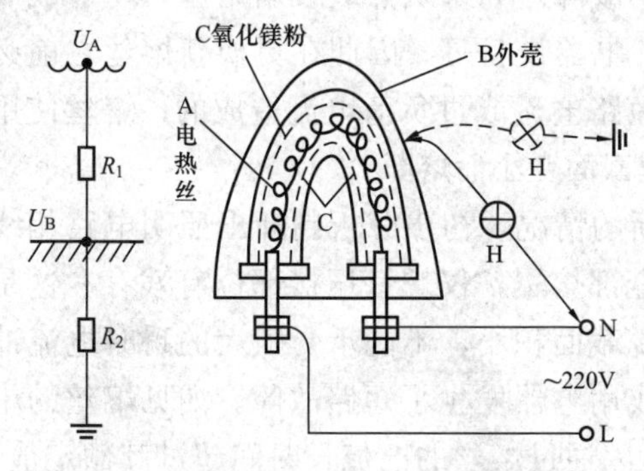

图4-92　电灯式检验灯检测电熨斗的金属外壳带电示意图

B，再经 R_2 到大地的回路。在忽略分布电容的情况下，根据欧姆定律很容易从回路中求得金属外壳处的对地电位为 $U_B=\frac{U_A}{R_1+R_2}R_2$（式中：$U_A$ 为相电压 220V）。

由于 R_1 是绝缘性能良好的氧化镁粉，R_2 是绝缘的干燥木桌子，两者的电阻值都很大，所以回路中电流很小。因为电熨斗放置在干燥的木桌上（一般家电均放在干燥的地方），R_2 值很大，致使其金属外壳 B 对地电位 $U_B>70V$，故能使测电笔氖管发亮。并且外壳 B 对地绝缘电阻越大，其对地电位 U_B 就越高。电熨斗类家用电器金属外壳在不接地的情况下，尽管其本身绝缘良好，但其金属外壳一般都存在对地有电压的“带电”问题，这种“带电”现象是正常现象。

此外，现实生活中电熨斗类家用电器确实存在故障带电，即由于电器的绝缘性能严重下降或带电部分（电热丝）直接碰到了金属外壳，这时同样使测电笔氖管发亮。这种带电现象严重威胁着人的安全，弄不好就可能发生触电伤亡事故。那么，这种故障带电与上述的正常带电如何判别呢？如图 4-92 所示，用电灯式检验灯的任一引出线线头触接 220V 电源中性线 N，拿检验灯另一根引出线线头触及家用电器的金属外壳。如果检验灯 H 灯泡不亮，这时人用手触摸被测家用电器的金属外壳也没有麻电的感觉，或此时用测电笔再测被测家用电器的金属外壳而氖管不闪亮，则说明被测的家用电器金属外壳“带电”是正常现象；如果检验灯 H 灯泡发亮，甚至其亮度达正常，此时再用测电笔测试，其氖管闪亮不熄，则说明被测家用电器的绝缘性能严重降低，甚至发生相线碰壳，即是故障带电。必须立即停止使用，进行检查修理。

4-2-38 判断照明电路中相线熔丝烧断的原因

照明电路经常遇到相线熔丝烧断的故障。如果贸然装设新熔丝，易造成烧伤操作者，或烧毁熔断器、电灯灯具、电器设备等。因此在更换新熔丝之前必须判断清楚相线熔丝烧断的原因：是短路电流或过负荷电流造成的；熔丝使用过久氧化腐蚀或安装时机械损伤使熔丝截面变小而熔断。

有经验的维修电工，根据熔丝熔断的情况，初步分析判断出照明电路相线熔丝烧断的原因。如见熔丝外露部分全部熔爆，仅螺钉压接部位有残存。这是因为中间部位仅有熔丝导体，相对来说截面积小，不能承受强大的瞬时电流冲击因而全部熔化，由此判定照明线路或用电器发生了短路故障。如见熔丝的中间部位烧断，但两断头均不伸长。这是因通过熔丝的电流长时间超过其额定值，熔丝两端的热量可经压接螺钉散发掉，而中间部位热量聚集不散以致熔断，由此判定照明线路长时间过载。如见熔丝烧断口在压接螺钉附近且断口较小。这种状态时往往可以看到螺钉变色，产生氧化现象。这是由于安装时压接不紧或螺钉松动所致，并非照明电路内有故障。

感官诊断熔丝烧断情况后，可用电灯式检验灯检测验证。如图 4-93 所示，照明电路中相线熔丝烧断、原负荷不变的情况下，用电灯式检验灯两引出线线头跨触相线熔断器两端接线桩头。如果检验灯 H 灯丝发红，说明被烧断的相线熔丝使用时间太久，氧化腐蚀或接触虚，负荷起动电流大，开关闭合时熔丝烧断；如果检验灯 H 灯泡闪亮，但亮度较暗，说明被测照明电路的负荷大；如果检验灯 H 灯泡亮度达正常，说明被测照明电路内有短路故障。相线熔丝烧断的原因弄清后，查明、排除故障点，然后再装配新熔丝，安全可靠有保障。

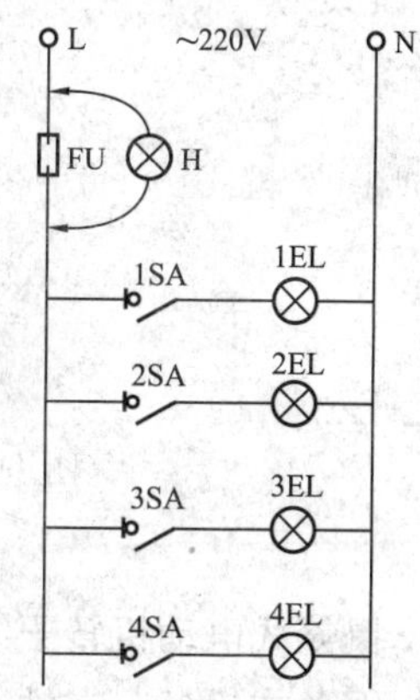

图 4-93　电灯式检验灯检测相线熔丝烧断的原因

4-2-39　判断三相绕线式异步电动机转子绕组回路接地

绕线式与鼠笼式三相异步电动机的主要区别在转子上。绕线式转子绕组与定子绕组很相似，用绝缘导线绕成三相绕组，按一定的规律对称地放在转子铁心槽中。转子的三相绕组一般接成星形，三个绕组的末端并联在一起，三个绕组的首端分别接到固定在转子轴上的三个铜制滑环上，再经与滑环摩擦接触的三对电刷与三相变阻器相连接。滑环之间及滑环与转轴之间都应相互绝缘。绕线式三相异步电动机，又叫滑环式电动机。绕线式电动机转子的外形与结构如图 4-94 所示。

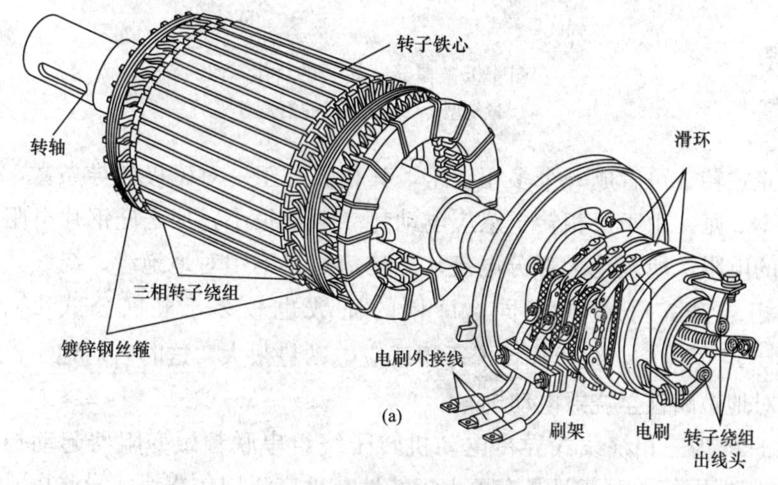

图 4-94　线绕式电动机转子的外形与结构（一）

（a）外形

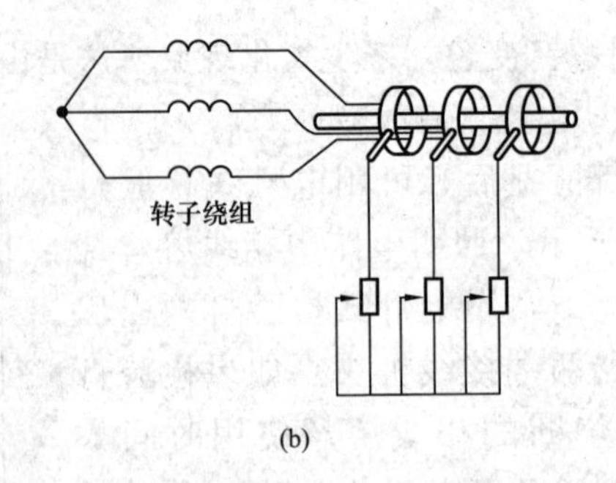

图 4-94 线绕式电动机转子的外形与结构（二）
(b) 结构

鼠笼式电动机转子绕组的结构与定子绕组完全不同，每个转子槽内只嵌放一根铜条或铝条，在铁心两端槽口处，由两个铜或铝的端圆环分别把每个槽内的铜条或铝条连接起来，构成一个短接的导电回路。如果去掉转子铁心，留下来的短接导线回路结构很像一个鼠笼，如图 4-95（a）所示。目前国产的中小功率鼠笼式电动机，大都是在转子铁心槽中，用铝液一次性浇铸成铝笼型转子，有的还在端环上同时铸出许多叶片，作为冷却用的风扇，如图 4-95（b）所示。

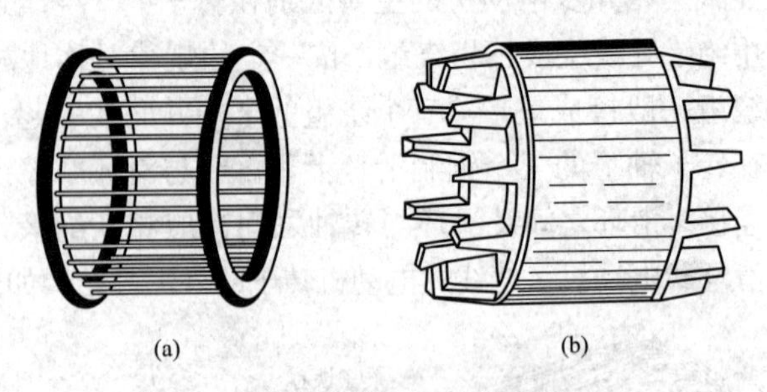

图 4-95 鼠笼式转子的绕组
(a) 鼠笼型；(b) 浇铸成的铝笼型

鼠笼式转子可看成一个多相绕组，其相数等于一对磁极的导条数，每相匝数等于 1/2 匝。由于每相转子感应电动势一般都很小，加之硅钢片电阻远大于铜或铝的电阻，所以绝大部分电流从导体流过，不用对地绝缘。绕线式转子绕组中，相数和定子绕组相同，每相的匝数也较多，根据公式 $U_2=E_2=4.44K_2f_2N_2\Phi$ 可知，绕线式转子每相感应电动势很大。这时若对地不绝缘，就会产生对地短路甚至烧毁电动机。

图 4-96 为三相绕线式异步电动机转子绕组串联频敏变阻器起动控制线路(频敏变阻器因简单可靠且具有恒力矩特性，被广泛用作绕线式异步电动机的起动电器。对于那些不经常起动或操作不甚频繁的重复短时工作制的绕线式异步

电动机，用频敏变阻器取代传统的起动变阻器有明显的好处）。从图 4-96 中可以看出电动机 M 转子绕组三个首端 K、L、M 经三个滑环、三根导线和频敏变阻器 RF 三个线圈的首端相连接，而且均接在 2KM 交流接触器的三个静主触头接线桩头上；交流接触器 2KM 的线圈一端接线端子（A 点）接控制电路电源公共相线。这样，用电灯式检验灯的任一引出线线头触接接触器 2KM 线圈接电源公共相线端接线桩头 A 点，拿检验灯另一引出线线头触及接触器 2KM 任一静主触头接线桩头（B、B′、B″）。在控制电路正常情况下，检验灯 H 灯泡发亮，则说明被测绕线式异步电动机转子绕组回路有接地故障；如果检验灯 H 灯泡不亮，则说明被测绕线式电动机转子绕组回路没有接地故障。

如图 4-97 所示，三相绕线式异步电动机转子绕组串联电阻变阻器起动的控制线路（用频敏变阻器起动绕线式异步电动机时，控制系统比较简单、经济，好处是明显的。但是，对于一些操作很频繁的重复短时工作制的绕线式电动机，如桥式吊车主、副钩电动机，拖动轧钢车间运输辊道的绕线式异步电动机等，是不宜采用频敏变阻器代替起动变阻器的。否则，将使绕线式异步电动机的温度升高，传动系统的机电过渡过程延长，有时因此而影响设备的生产率）。从

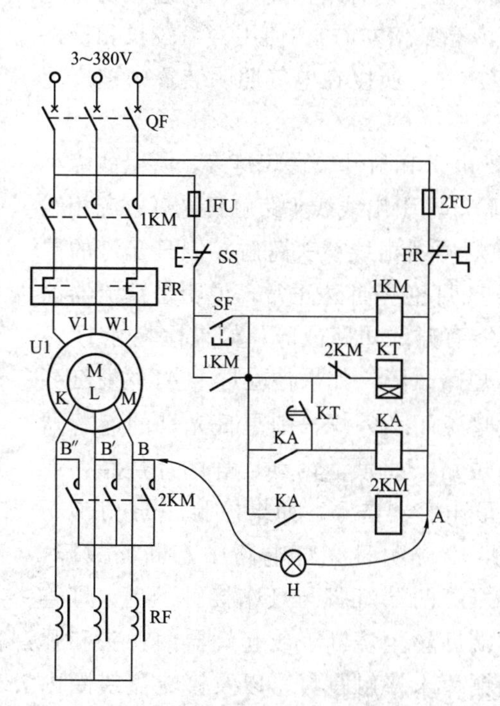

图 4-96　电灯式检验灯检测绕线式电动机转子绕组回路接地示意图

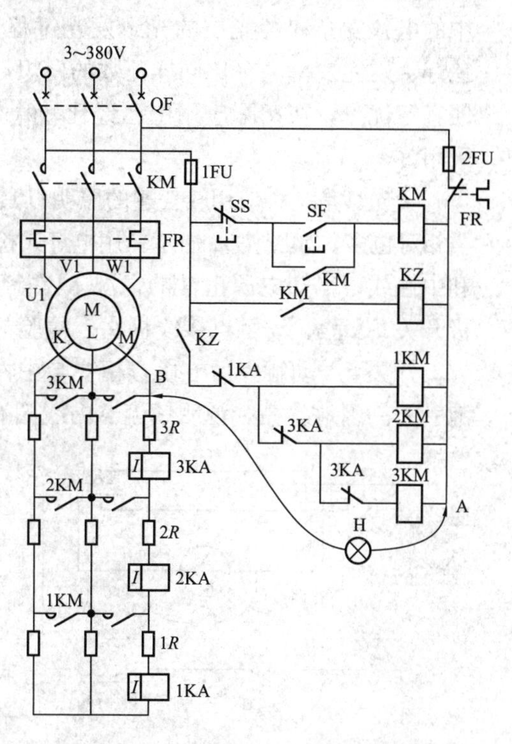

图 4-97　电灯式检验灯检测绕线式电动机转子绕组回路接地示意图

图 4-97 中可以看出，绕线式电动机转子绕组三个首端 K、L、M，经三个滑环、三根导线和接成星形的三相电阻器三根引出线线头连接。三相电阻器三根引出线线头分别接在交流接触器 3KM 动合主触头的动触头接线桩头上，加速接触器 3KM（全部电阻切除的接触器）的线圈一端点 A 接线桩头接在控制电路电源公共相线上。这样，用电灯式检验灯的任一引出线线头触接接触器 3KM 线圈接电源公共相线端 A 点接线桩头上，拿检验灯另一引出线线头触及接触器 3KM 任一动触头接线桩头（如 B 点）。在控制电路正常情况下，检验灯 H 灯泡发亮，则说明被测绕线式电动机转子绕组回路有接地故障；检验灯 H 灯泡一点也不亮，则说明被测绕线式电动机转子绕组回路没有接地故障。

综上所述可知，用电灯式检验灯在配电柜（盘）处，并且只在一只交流接触器上，只用一“招”操作检测，便可准确地判断出三相绕线式异步电动机转子绕组回路有无接地故障。

4-2-40 诊断日光灯故障

日光灯（又称荧光灯）是一种低气压汞蒸气放电光源，它利用了放电过程中的电致发光和荧光质的光致发光过程。日光灯具有结构简单、制造容易、光色好、发光效率高（比同样瓦数的白炽灯泡亮三倍左右）、使用寿命较长和价格便宜等优点，在实际应用中已经比较稳定成熟，所以在电气照明装置中被广泛采用。

日光灯是一种应用较普遍的照明灯具，由于其附件较白炽灯多，所以故障种类相对也多。如图 4-98 所示，用电灯式检验灯两引出线线头跨触日光灯电源相线和中性线，得知电源正常的情况下，检验灯两引出线线头跨触控制日光灯的单极开关 SA 静、动触点接线桩头。检验灯 H 灯泡亮且达正常，说明是镇流器前方、开关 SA 动触点后方段，相线与中性线有碰线短路故障；如果检验灯 H 灯泡一闪一闪地发亮，说明镇流器内线圈有短路故障；如果检验灯 H 灯丝发红亮度暗淡而不闪烁，则是日光灯的起辉器内短路，如氖泡内动、静触片烧结，或并联电容器击穿；如果检验灯 H 灯泡不亮，则说明日光灯电路中有断路故障，如灯管两端灯脚与灯座接触不良，灯管两端灯丝全烧断，或起辉器两触头和弹簧铜片未接触良好，以及镇流器线圈内断线（包括引出线断线）等。

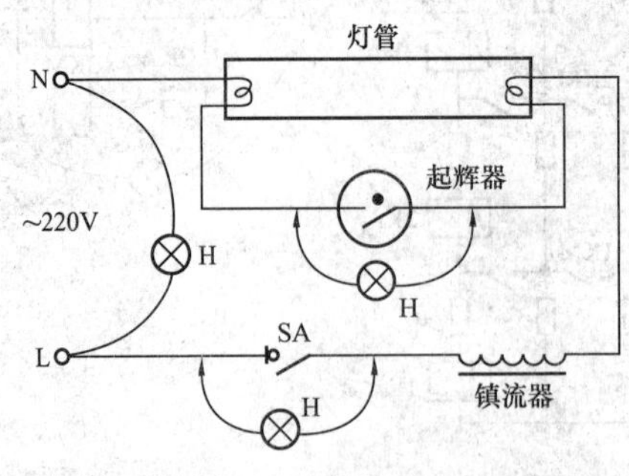

图 4-98 电灯式检验灯检测日光灯故障示意图

日光灯的故障诊断看似很简单，但

对初当维修电工来说，有时也会束手无策。其实万变不离其宗，根据日光灯的接线原理图（见图 4-98）来检测还是很方便的。日光灯在运用时不能把灯管直接接到 220V 交流电源上，而必须同时连接两个主要附件镇流器和起辉器。镇流器是一个具有铁心的线圈，它与灯管串联，在日光灯工作中起着稳流作用（镇流器的稳流作用是由于它具有上升的伏安特性。当回路电流增大时，镇流器的电压降增大，作用于灯管上的电压减小，因此电流便能够稳定）。在热阴极日光灯中灯丝需要加热，因此在一般的接线中用一个起辉器来自动接通和断开灯管灯丝的加热电路。从图 4-98 所示日光灯接线原理图中可看出，在确知电源线路正常的情况下，当控制开关 SA 闭合时，其起辉器底座两端应该有 1/2～2/3 的电源线路电压（由于日光灯工作时必须串入镇流器元件，故灯管电压比线路电压低）。故这个部位就是诊断日光灯不发亮的关键部位。

若遇日光灯不发亮，首先将起辉器取下，然后用电灯式检验灯两引出线线头跨触起辉器底座内弹簧铜片，如图 4-98 所示。检验灯 H 灯泡发亮且达正常，说明镇流器已烧毁或线圈内局部短路。如果检验灯 H 灯丝发红亮度暗淡，则表明日光灯电路是畅通的，故障在起辉器本身（例如仅灯管两头发光时，起辉器内部发生短路故障：氖泡内动、静金属片烧结，或并联小纸电容器击穿短路）或起辉器两触头与其底座内弹簧铜片接触不良。如果检验灯 H 灯泡一点也不亮，则说明日光灯电路中有断路故障。例如灯管两端灯脚与其灯管座接触不良，灯管两端灯丝已全烧断，或镇流器内线圈断路、线圈引出线脱焊，或控制开关动、静触点接触不良等。

4-2-41　活动临时照明灯

电工在日常检测、检修和维护电气设备工作时，经常会遇到在开关柜、配电盘背后，或在房角暗处进行操作。光线暗淡看不太清楚，既影响工作效率，又易发生意外工伤事故。这时可将随身携带的电灯式检验灯任一引出线线头固定在中性线 N 或与地良好连接的金属体上（如开关柜接地螺栓上），把检验灯另一引出线线头与相线 L 连接固定（连接时可取下灯泡后进行），如图 4-99 所示。这样一盏临时的照明灯就很快安装完毕。安全操作得到保障，工作效率明显提高。

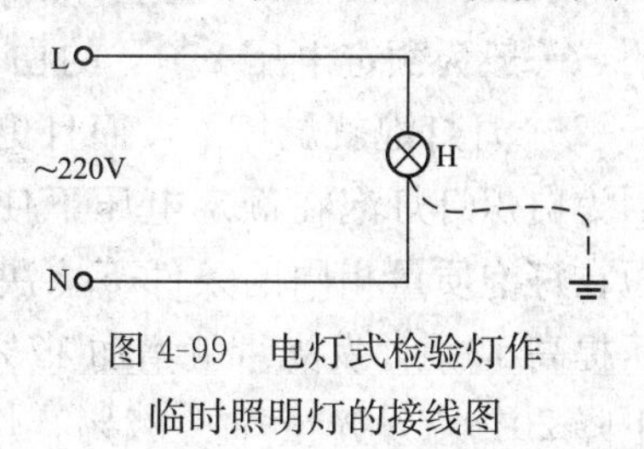

图 4-99　电灯式检验灯作临时照明灯的接线图

4-2-42　烘干电动机绕组

众所周知，电动机有定子绕组，绕组是否干燥直接影响到线圈的绝缘程度。

绕组线圈绝缘不良，最易击穿、发生烧坏事故。因此，电动机在下列情况下均应进行干燥：新电动机在投入运行之前，检查发现绝缘电阻小于 0.5MΩ；检修时，电动机的全部或部分绕组线圈更换；电动机停用时间很久，检测发现其绝缘电阻小于 0.5MΩ 等。

烘干电动机绕组的方法很多，但最简便的方法是灯泡烘干法（外部加热烘干法）。即把电动机的转子拆除，将其定子垂直放置，把 100W 以上的大功率灯泡悬吊在电动机定子铁心腔内，不可贴住线圈，以免烘坏线圈的绝缘层，如果电动动定子内腔较大，可多放几盏电灯式检验灯。同时注意要在电动机外壳下端四周垫上木块，使绕组线圈不致受压；另外，还要在电动机外壳上下端加盖木板，以减少热量散失，如图 4-100 所示。采用大功率灯泡检验灯烘干电动机定子绕组时，电动机也可平放。把灯泡放入定子内腔偏下一点的位置，在灯泡周围垫放铁丝网，以防烤坏线圈绝缘层。

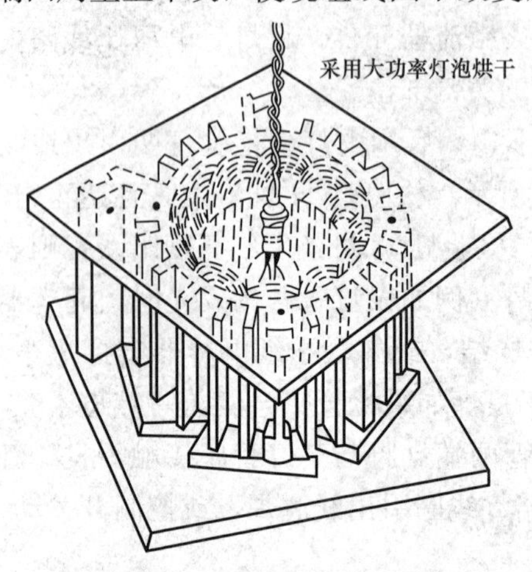

图 4-100 电灯式检验灯烘干电动机绕组示意图

用大功率灯泡烘干电动机定子绕组时，灯泡离绕组线圈较近，一般烘干温度保持在 100℃左右。烘干 2～4h 便测量电动机定子绕组绝缘电阻，当连续 6h 能保持稳定的合格值时，烘干工作便可结束。切记：烘烤电动机定子绕组时不可把温度提得很高，焙烘时间也不要过长，以免烘焦绕组线圈。

4-2-43 同瓦两电灯串联式检验灯

学校、部队、工矿企业等的宿舍和办公楼走廊、楼道及厕所中所采用的照明，一般为额定电压 220V 的白炽灯。使用中的特点是通宵长明，但往往用 1～2 个月灯泡就烧坏了，而且更换这些高于地面 2m 以上的灯泡又十分麻烦。因为白炽灯灯泡在额定电压下使用时，平均寿命为 1000h 左右，而其寿命长短在灯泡质量相同的条件下取决于电压高低。有关技术资料说明，当线路电压提高 10%，发光量就增加 17%，而灯泡的寿命却降低至 280h；若线路电压下降 20%，发光量降低 37%，灯泡寿命增长至 2000h。

因深夜凌晨用电负荷减小时，线路电压上升 5%～10%，所以灯泡寿命减少。解决的办法很简单，只需将两个额定电压 220V、功率相同的灯泡串联使用，就可收到满意的效果，如图 4-101 所示。因为在串联电路中，总的端电压等于分电压之和，所以两个串联电灯中每个灯泡所分配到的电压由 220V 降至 110V，即下降了 50%（每个灯泡所承受的电压为线路电压的一半，通过的电流也随之减少约一半，如图 4-102 所示。这样因电流小，热量不大，即使灯泡长时间通电也不会烧坏）。若依上述类推，其灯泡使用寿命可达 5000h，每夜使用时间按 12h 计算，则可使用 416 天。此办法把短命的长明灯变为长命灯，且大大减少常换灯泡的麻烦。但应注意：该办法只有在对照明照度的要求不高，但不能缺少照明的情况下才可采用；串联的灯泡要功率相同，且至少要用 60W，以免影响照明度。

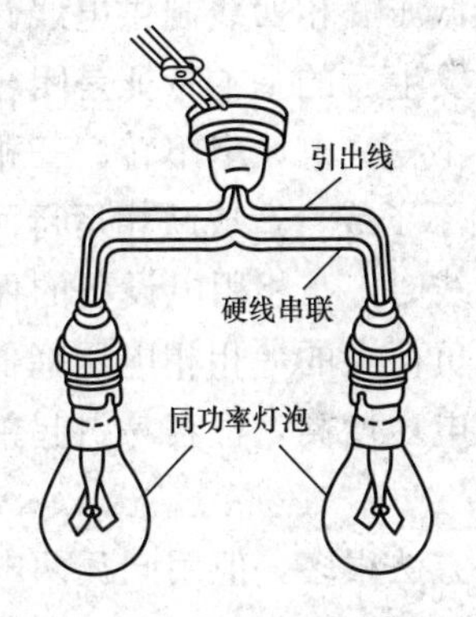

图 4-101 同功率两电灯串联使用示意图

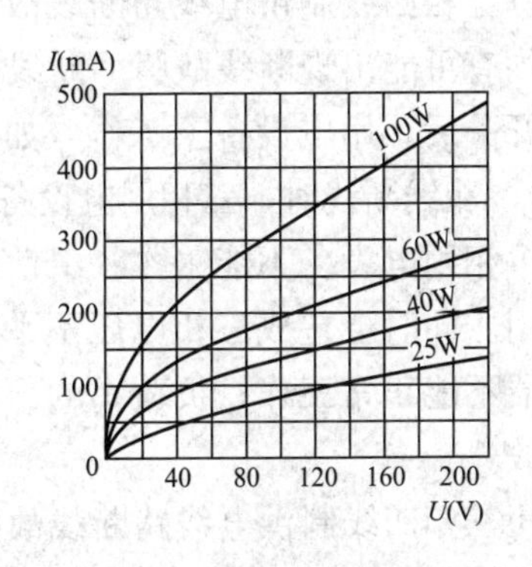

图 4-102 25、40、60、100W 灯泡的有效值伏安曲线图

俗话道“工欲善其事，必先利其器”“七分工具，三分手艺”。这说明了解工器具的使用方法和善于运用工器具是非常重要的。如图 4-103 所示，用两个额定电压为交流 220V、额定功率小于等于 40W 的相同规格白炽灯灯泡串联起来，制作成“同瓦两电灯串联式检验灯”。用此检验灯像用万用表电压挡那样检测电气电路中两端点间电压。即用检验灯两吊灯座引出的导线头触及所需测试的低压线路接线桩头，或低压电气设备接线端头，根据检验灯两灯泡的亮与不亮、亮度大小，定性地得知被测两点间有电压还是没电压、电压等级。由此可简捷地分析判断被测电路、电器元件断路、接触不良、短路、接地等诸故障。同时，用同瓦两电灯串联式检验灯检测电气线路故障时比较安全可靠，不必担心会发生相间短路事故。此外，用同瓦两电灯串联式检验灯查找电气线路故障，老一辈维修电工们积累了不少宝贵经验。如检测 380V 的继电器—接触器控制电路，能使检验灯两灯泡亮度正常

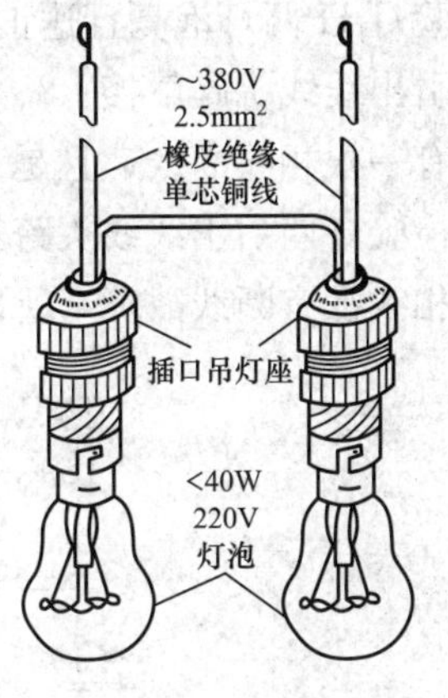

图 4-103 同瓦两电灯串联式检验灯示意图

的电流一般都能使回路中的吸引线圈吸合。而万用表之所以起不到这个作用，就是因为通过表内高阻值线圈的电流太小的缘故。

具体制作同瓦两电灯串联式检验灯应注意：用插口式白炽灯灯泡配插口吊灯座，若用螺口式白炽灯灯泡，宜配防水吊灯座；两吊灯座引出线线头剥皮部分短些且曲折回去（这样既可增大导线头截面积，又能增大线头硬度，还因光滑不挂衣服、不划手）；两灯泡必须采用相同功率的灯泡（这样，两灯泡亮度和大小能相一致，看起来也比较舒适、美观）。现介绍“同瓦两电灯串联式检验灯”简易实用善检测电气设备故障的功能。

（1）检测三相四线制供电线路断线故障。低压三相四线制供电线路中，相线、中性线均有可能出现断线故障。断线故障发生后的基本特征是闭合上用电设备的控制开关后，用电设备不工作（如电灯不亮、电风扇不转、三相电动机起动不了等）。相线断线时，三相用电设备起动不了或会造成缺相运行而烧毁等不良后果，单相用电设备不能工作。中性线断线时，三相用电设备的保护接零失去保护作用。同时会造成三相电压不平衡，负荷大的一相相电压降低，致使单相类用电器不能正常工作；负荷小的一相相电压增高，很容易引起单相类用电器毁坏事故。

检测低压三相四线制供电线路断线故障的方法很多，但用同瓦两电灯串联式检验灯检测简便、直观、准确。如图 4-104 所示，用同瓦两电灯串联式检验灯两吊灯座引出线线头跨触接线路四根线中的任意两根线，如此两两触及，检验灯 H 两灯泡亮则为正常无断线；检验灯 H 两灯泡不亮，则说明被测试触及的两根线中必有一根线存在断线故障，或两根线均发生断线故障。以图 4-104 所示为例说明：同瓦两电灯串联式检验灯两引出线线头跨触接 L2、L3 相两相线时，检验灯 H 两灯泡亮且达正常，说明 L2、L3 相的两根相线正常无断线；检验灯两引出线线头跨触接 L2、L1 相两根相线时，检验灯 H 灯泡不亮，则说明其中必有一根相线断线，且是 L1 相相线断线（因前一次测试中得知 L2 相相线完好）；检验灯两引出线线头跨触接 L3 相线和中性线 N 时，检验灯 H 灯泡不亮，因 L3 相线没有断线故障，所以说明是中性线 N 断线了。

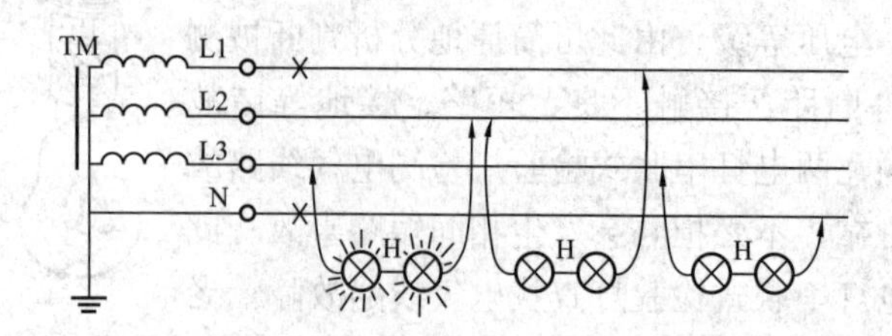

图 4-104　同瓦两电灯串联式检验灯检测三相四线制供电线路断线故障示意图

（2）检测低压架空线路相线和中性线有电还是停电。从配电变压器低压侧引出，接至以线电压380V（相电压220V）给用电处输送电能的架空线路，称为低压架空线路。低压架空线路主要是由导线、电杆、横担、绝缘子、金具和拉线等组成。其中低压架空线路通常都采用多股绞合的裸导线来架设（多股绞合线与单股线相比具有的优点是：当截面较大时单股线由于制造工艺或外力而造成缺陷时就不能保证其机械强度，而多股绞线在同一处都出现缺陷的几率很少，相对地多股绞线的机械强度较高；当截面较大时多股绞线较单股线柔性高，这使导线的制造、安装、存放均较容易；当导线受风力作用而产生振动时，单股线容易折断而多股绞线则不易折断），导线的散热条件好，所以导线的载流量要比同截面的绝缘导线高出30%～40%，从而降低了线路成本。架空线路还具有结构简单、安装和维修方便等特点，故应用广泛。最常见的就是三相四线制照明和动力混合架空线路，电压等级规定为380/220V。

在维修和增设新用电处输送电能的三相四线制架空线路时，常需确知原架空线路有电还是停电、哪根导线是中性线（零线）。登杆定位站稳后，用测电笔在明亮光线下，特别是在阳光下测试，氖管辉光指示不清晰，很难确定线路有电还是停电，也不易区别相线和中性线。若用同瓦两电灯串联式检验灯检测，既简便又准确。如图4-105所示，先将同瓦两电灯串联式检验灯的任一引出线线头钩挂到任一根裸导线上，拿检验灯的另一根引出线线头分别触及其余三根裸导线。三次测试检验灯H灯泡均不亮，说明被测架空线路已停电；如果三次测试时检验灯H两灯泡灯丝发红光暗淡（阳光下），说明检验灯引出线线头钩挂的那根裸导线是中性线；如果测试时检验灯H两灯泡两次呈现正常亮光，一次呈现灯丝发红光暗淡，那么呈现灯丝发红光暗淡的那一次测试时检验灯另一根引出线线头触及的是中性线，而检验灯引出线线头钩挂的是相线。

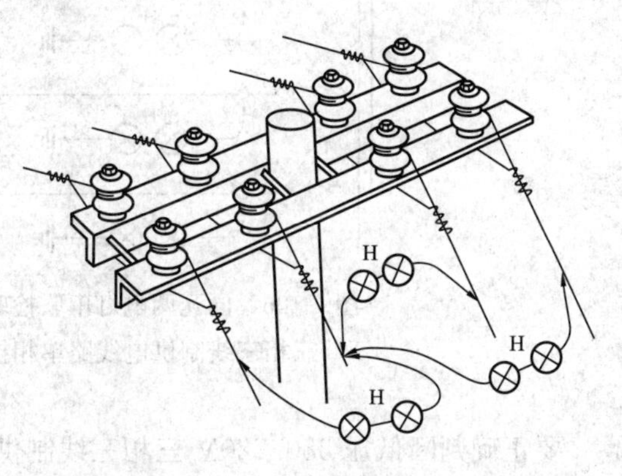

图4-105 同瓦两电灯串联式检验灯检测低压架空线路相线和中性线示意图

（3）检测380/220V三相三线制供电线路单相接地故障。低压380/220V供电系统采用中性点不接地的运行方式时（三相三线制供电线路），运行中常由于相线绝缘不良或其他原因而发生相线金属性接地或电阻性接地的故障。如图4-106所示，在确认配电变压器正常运行情况下，用同瓦两电灯串联式检验灯的任一引出线线头触接接地线，拿检验灯的另一根引出线线头分别触及三相供电导线接线桩头 A、B、C。如果检验灯 H 两灯泡三次均灯丝发红光暗淡，说明被测三相供电线路正常无接地故障；如果检验灯 H 两灯泡两次亮度达正常而有一次不亮，则说明两灯泡不亮的那次测试所触及的相线已接地，而且是金属性接地故障；如果检验灯 H 两灯泡三次均发亮，但亮度有很大差异，其中一次亮度达正常、剩余两次均灯丝发红亮暗淡光或一次呈现亮度暗淡而另一次灯丝发红不显亮，由此可判定被测三相供电线路中有单相接地故障，并可确定是电阻性接地。故障相的确定是：以检验灯 H 两灯泡亮度达正常（亮度最大）相为依据，按相序顺序往下推移一相（三相电压谁最大，下相一定有故障）。这就是中性点不接地系统中单相接地故障的判定规律。同时，以故障相检验灯 H 两灯泡亮的程度，可以粗略地判断其接地程度。

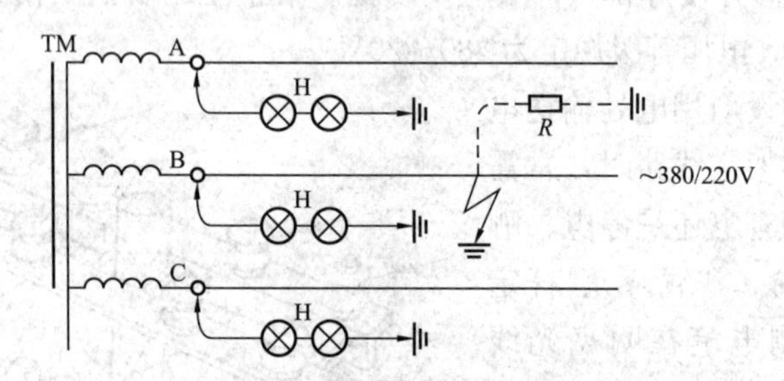

图 4-106　同瓦两电灯串联检验灯检测 380/220V 三相三线制供电线路单相接地故障示意图

要正确判断低压 380/220V 三相三线制供电线路单相接地故障相，首先要知道单相接地故障时三相系统的中性点位移轨迹，才能得出准确的判断。各相对地的电压由相线导线与大地之间存在的电容确定。在正常运行时，三相导线对地电容呈对称性，故电压与电流关系为 $\dot{U}_{OA}+\dot{U}_{OB}+\dot{U}_{OC}=0$；$\dot{U}_{OA}j\omega C_{OA}+\dot{U}_{OB}j\omega C_{OB}+\dot{U}_{OC}j\omega C_{OC}=0$。

在图 4-107 所示的电压三角形内，任意选取一点 O′，并假定其处于大地电位，此时电压关系为 $\dot{U}_{O'A}=\dot{U}_{O'O}+\dot{U}_{OA}$；$\dot{U}_{O'B}=\dot{U}_{O'O}+\dot{U}_{OB}$；$\dot{U}_{O'C}=\dot{U}_{O'O}+\dot{U}_{OC}$。

系统通过对地电容流向大地的三个电流为 $i_1=(\dot{U}_{O'O}+\dot{U}_{O'A})j\omega C_{O'A}$；$i_2=(\dot{U}_{O'O}+\dot{U}_{O'B})j\omega C_{O'B}$；$i_3=(\dot{U}_{O'O}+\dot{U}_{O'C})j\omega C_{O'C}$。

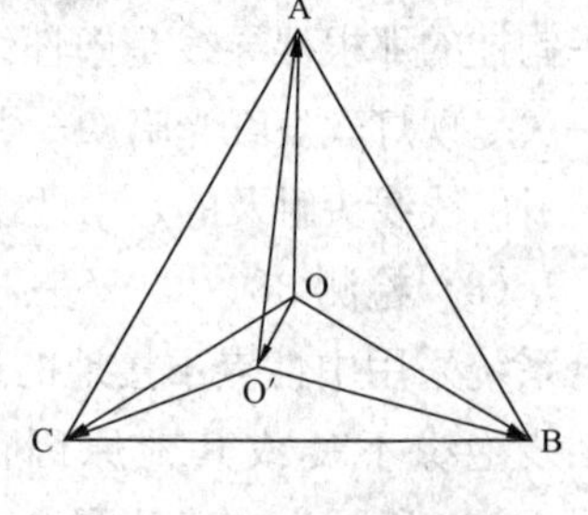

图 1-107　电压三角形

如果系统与大地之间没有其他连接，流向大地的电流没有别的归路，因此全部电流之和等于零。即（$\dot{U}_{OA}j\omega C_{O'A}+\dot{U}_{OB}j\omega C_{O'B}+\dot{U}_{OC}j\omega C_{O'C}$）$+\dot{U}_{O'O}j\omega$（$C_{O'A}+C_{O'B}+C_{O'C}$）$=0$。移项后得$\dot{U}_{OA}j\omega C_{O'A}+\dot{U}_{OB}j\omega C_{O'B}+\dot{U}_{OC}j\omega C_{O'C}=-\dot{U}_{O'O}j\omega(C_{O'A}+C_{O'B}+C_{O'C})$。

这是一个基本关系式，它表明三个相电压通过各自的对地电容，向大地输送的电流之和，等于中性点位移电压作用于所有对地电容并联在一起，所产生的电流的负值。其物理意义是：它确定了一个点 O′，在这个点上可集中所有对地电容之和，使得它等效于在电压三角形各顶角上的不同电容的分别作用。不难看出，如果三相对地电容相等，则 $\dot{U}_{O'O}=0$，O′点与O点重合，这就是正常运行，中性点处于大地电位，不产生位移电压的情况。但是，如果三相对地电容大小不等，如图 4-108 所示。O′点与O点不能重合，O点不在大地电位上，而移动了一个位移至 O′点，这时中性点位移电压 $\dot{U}_{O'O}\neq0$。

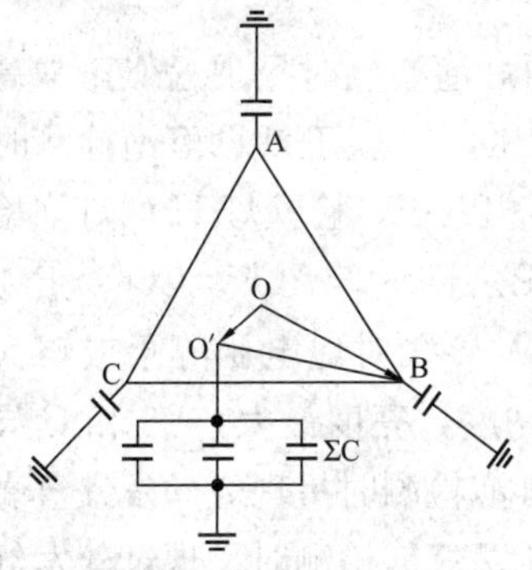

图 1-108　中性点位移示意图

确定中性点位移轨迹。假设一条三相三线制多股绞合裸导线架空线路，L2 相 B 线被树枝所钩挂连接，使得原来完全对称的系统在 L2 相 B 导线上附加了一个电阻 R，如图 4-109 所示。这时就会产生不对称电流流经 R 和 C，中性点就从 O 点移至大地 O′点。由图 4-110 所示可知，$\dot{U}_{OO'}(U_C)$ 与 $\dot{U}_{O'B}(U_R)$ 是正交的，因此可得出中性点位移轨迹（即 O′点移动轨迹）为以 OB 为直径的半圆，即以故障相为直径的半圆弧$\overset{\frown}{OB}$，如图 4-110 所示（图 4-110 中 $\dot{U}_{d\phi}$ 为故障相电压）。

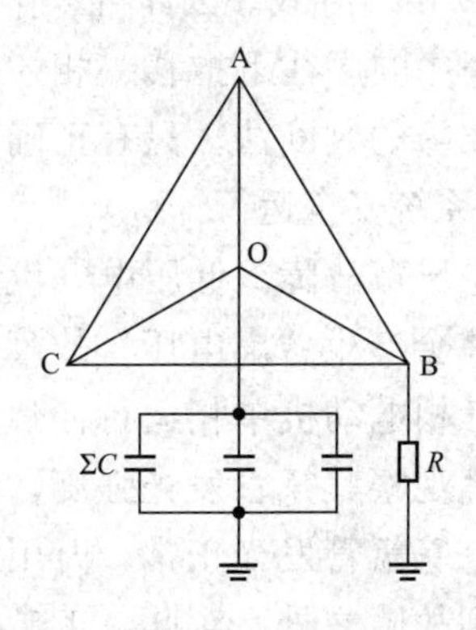

图 4-109　B线（L2 相）接地示意图

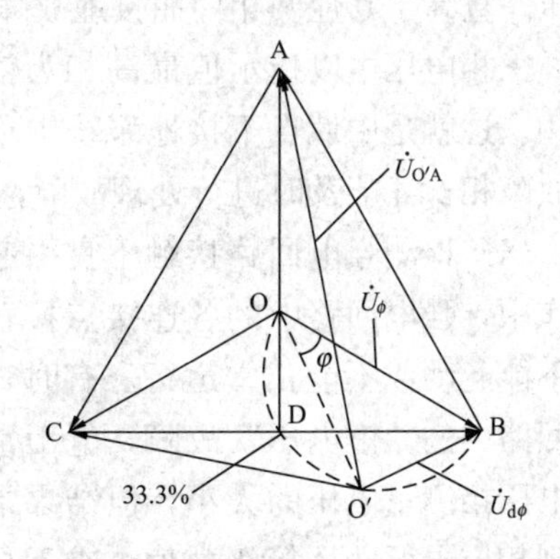

图 4-110　中性点位移轨迹示意图

按照图 4-110 所示的中性点位移轨迹，就可以找出接地故障相的判定规律。在正常运行时，三相电压平衡，三相对地或中性点均为相电压 220V，故检验灯 H 两灯泡均呈现灯丝发红亮度暗淡，表明三相供电线路中没有接地故障。而当 L2 相 B 导线金属性接地时，中性点 O 移至 B 点，L2 相 B 导线对地电压为零，检验灯 H 两灯泡检测时不亮；L1、L3 相两导线 A、C 对地电压均为线电压 380V，检验灯 H 两灯泡检测时均呈现近似正常亮度。当 O′沿轨迹移动在$\overset{\frown}{OD}$之间时，$AO'>BO'>CO'\left(AD=\frac{\sqrt{3}}{2}AC,\ BD=CD<OB\right)$，所以，L1 相 A 导线对地电压近似等于$\sqrt{3}/2$线电压，检验灯 H 两灯泡检测时呈现近似正常亮度，亮度最大；L2 相 B 导线对地电压近似等于相电压，检验灯 H 两灯泡检测时呈现灯丝发红亮暗淡光；L3 相 C 导线对地电压小于相电压，检验灯 H 两灯泡检测时呈现灯丝发红略显亮。当 O′沿轨迹移动在$\overset{\frown}{DB}$之间时，$AO'>CO'>BO'$（$AO'\geqslant AB$，$CO'\geqslant OC$，$BO'<OB$），因此，L1 相 A 导线对地电压等于或略大于线电压 380V，检验灯 H 两灯泡检测时呈现正常亮度，亮度最大；L3 相 C 导线对地电压等于或大于相电压 220V，检验灯 H 两灯泡检测时呈现灯丝发红显亮光；L2 相 B 导线对地电压远小于相电压，检验灯 H 两灯泡检测时呈现灯丝发红不显亮。当 O′与 D 点重合时，$AO'=AD=\frac{\sqrt{3}}{2}AC$，$CO'=CD=\frac{\sqrt{3}}{2}OC$，$BO'=BD=\frac{\sqrt{3}}{2}OB$，$CO'=BO'$，$AO'>CO'$。所以，L1 相 A 导线对地电压等于$\sqrt{3}/2$的线电压，检验灯 H 两灯泡检测时呈现近似正常亮度，且亮度最大；L2 相 B 导线和 L3 相 C 导线的对地电压等于$\sqrt{3}/2$的相电压，检验灯 H 两灯泡检测时均呈现灯丝发红略显亮。这样就得出一个规律，在$\overset{\frown}{OB}$位移轨迹上，L1 相 A 导线对地电压一直高于其他两相，而接地故障相又是 L2 相 B 导线。因此可以作出如下结论：三相电压中以指示值最高相为依据，按相序顺序往下推移一相才是接地故障相。这就是中性点不接地系统中单相接地故障的判断法。只有正确判断出接地故障相，才能及时进行处理故障，确保电力系统安全运行。

（4）检测强电回路接触不良引起的“虚电压”故障。低压电气设备长时期工作中，强电回路中的各连接点接触不良往往会产生“虚电压”故障，致使设备不能起动或不能正常运行。有时，还会使三相电动机单相运行而烧毁。检查强回路中的“虚电压”故障，电工常用测电笔观察其氖管发光强度，或用万用表电压挡测量电压的大小，但结果常常是测电笔氖管发光正常，万用表所测值达到相应电源电压等级数值，查无异常找不到故障之处。对此，工矿企业的工人中流传着一段很形象的顺口溜：电路发生“虚电压”，电工师傅头也胀。电笔触之氖管亮，万用表量有电压。主、控回路似正常，电机就是不动作。若问故障在何处，需请验灯来检测。

例如某厂的一台15/3t双钩桥式起重机，其电气线路采用固定式滑触线（角钢）供电，装有接触器构成的总开关，如图4-111所示。有一次，该台15/3t双钩桥式起重机的司机反映：昨天设备运行正常，工作完毕后停放在厂房东端，夜间未动；今早上班后行车的大、小车，主、副钩均起动不了，总接触器KM也不吸合。对此，电工用测电笔触及总开关断路器QF上端（电源侧）三个接线桩头L11、L21、L31，其氖管发光正常且近似一样；用万用表交流电压挡测量，断路器QF上端三接线桩头间线电压均在380V左右。随后检测主控回路，均未见异常。然后用“同瓦两电灯串联式检验灯”两引出线线头跨触总开关断路器QF上端接线桩头，L11与L21间和L11与L31间检验灯H两灯泡呈现灯丝发红暗淡亮光；只有L21与L31间检验灯H两灯泡亮度达正常。这时用同瓦两电灯串联式检验灯的一个引出线线头触接大地（接地线），拿检验灯另一个引出线线头触及断路器QF上端L11接线桩头，检验灯H两灯泡不亮；拿检验灯另一个引出线线头移触及连接L11接线桩头的滑块，检验灯H两灯泡仍然不亮；检验灯触接大地的引出线线头不动，拿检验灯另一个引出线线头移触及上角钢滑触线时，检验灯H两灯泡突然呈现灯丝发红暗淡亮光（如图4-111中虚线所示）。仅用检验灯两引出线线头跨触两测试点3～5次，立刻可判断出上角钢滑触线与其滑块间接触不良。这时派两人站在轨道上将该双钩桥式起重机向西推了半米，在断路器QF闭合情况下，其总接触器KM便能吸合，大、小车及主、副钩电动机均能起动，并且都能正常运行。

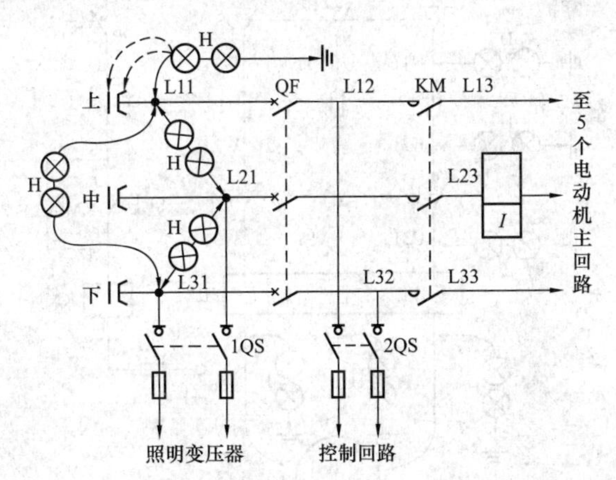

图4-111 15/3t双钩桥式起重机电源总开关示意图

究其原因是上角钢滑触线东端处有积尘。该台双钩桥式起重机工作完毕停车时，行车在惯性作用下，上角钢滑触线上的滑块压在有积尘的滑触线段上，造成 L1 相主回路接触不良引起“虚电压”故障。即 L1 相主回路上角钢滑触线与滑块之间存在着虚接触现象，其主要表征为电路呈现高阻抗导通，在电路不带负载时电压表现正常，而加上负载后表现出无电压。可以认为相当于在 L1 相主回路中串入一个较大的阻抗，这个阻抗是虚接引起的。在该台双钩桥式起重机的总接触器 KM 未吸合时，用万用表交流电压挡测量断路器 QF 上端三接线桩头间线电压均和电源电压相同，或相差甚少。

强电回路接触不良引起的“虚电压”故障很多且常见。时隔不久，该厂一台具有过载保护的电动机，其控制线路如图 4-112 所示。当按下起动按钮 SF 时，电动机 M 不能起动；在起动瞬间，用钳形电流表检测，此状态为单相起动。采用常规的分段检查办法，停电后（拉开隔离开关 QS），拆除电动机 M 接线盒处的三根电源进线。首先检查电动机 M，情况正常无故障；然后将电动机 M 的三根电源进线头分别包缠绝缘胶布带绝缘妥善并悬空，送电（闭合隔离开关 QS，按下起动按钮 SF 使接触器 KM 吸合），用测电笔分别在热元件 FR 三个出线接线桩头上验电，观察到氖管亮度一样；又用万用表电压挡在三个接线桩头间测量线电压，均在 380V 左右。上述检查办法说明电动机的进线都有电压似正常。再复查电动机也未见异常，不知故障在何处。此时，将同瓦两电灯串联式检验灯任一引出线线头触接接地线，拿检验灯另一引出线线头分别触及热元件 FR 三个出线接线桩头。结果发现只有 V1、W1 两个接线桩头检测时检验灯 H 两灯泡亮，而检测 U1 接线桩头时检验灯 H 两灯泡不亮。于是，在检验灯触接

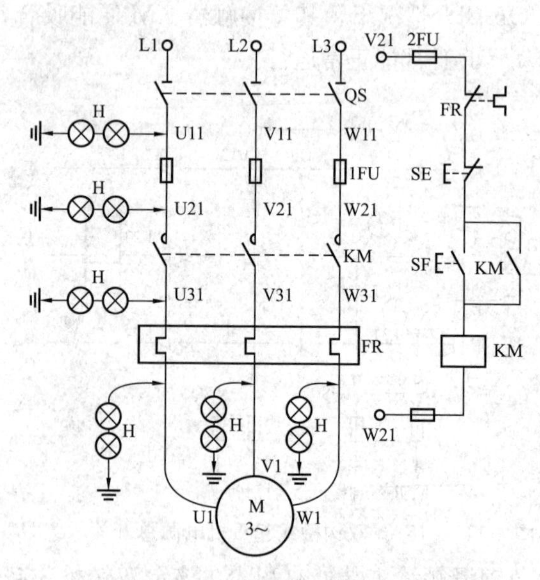

图 4-112　具有过载保护的电动机正转控制线路图

接地线引出线线头保持不动的情况下，拿检验灯另一引出线线头移触及热元件FR进线接线桩头U31、接触器KM进线接线桩头U21，检测时检验灯H两灯泡也不亮；最后，拿检验灯另一引出线线头移触及熔断器1FU电源侧接线桩头U11时，检验灯H两灯泡突然闪亮，呈现灯丝发红暗淡亮光（见图4-112）。用检验灯检测L1相电源熔断器1FU进线接线桩头时亮、出线接线桩头时不亮的现象，说明L1相电源熔断器1FU有问题。经停电检查，发现L1相电源RL1型低压螺旋式熔断器1FU的瓷帽螺扣松动，致使熔芯接触不良（RL1系列低压螺旋式熔断器具有较高的断流能力，使用方便，所以应用较广。但其在有振动的环境中长期运行时，螺扣有渐松的现象。尤以装在附近的接触器分合闸冲击振动对它的影响较明显，容易造成熔芯接触不良的情况。如果保护对象是三相电动机，就会造成电动机单相运行。对此，可对熔断器采取加装一个圆柱螺旋弹簧的方法，以提高熔断器运行的可靠性，如图4-113所示。例如对RL1-15型熔断器施加的圆柱螺旋弹簧参数：钢丝直径为1.6mm；平均圈径为14.5mm；有效工作圈数为2圈；长度为11mm。弹簧装在熔芯有熔断指示器一端。当瓷帽上紧后，弹簧压缩。为保证熔芯接触紧密，应使弹簧最大压缩剩余高度小于熔芯颈高h）。将RL1型螺旋式熔断器的瓷帽拧紧后，恢复电动机M的三根电源进线头接线。送电后，电动机起动运行正常。

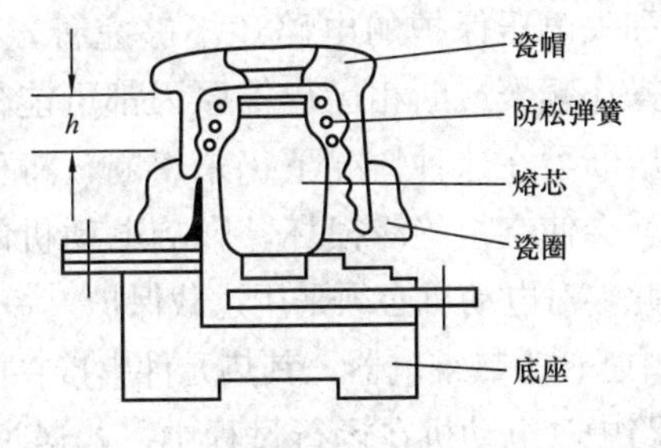

图4-113　加防松弹簧熔断器示意图

用同瓦两电灯串联式检验灯检测上述类似强电回路接触不良引起的“虚电压”故障，既简便又直观，而且准确、省时间。在电源故障一时查不出来时，多可用同瓦两电灯串联式检验灯来检测诊断。诸如强电回路自动开关的主触头、接触器的主触头、熔断器熔芯以及铜铝相接的线头等接触不良造成的不易检查出的“虚电压”故障，运用同瓦两电灯串联式检验灯来检测，均是被测设备不解体、不拆线，只需3～5次测试便可判定故障点。这里需要指出：用同瓦两电灯串联式检验灯检测出的“虚电压”，对人身仍是危险的，不允许触及。

（5）检测继电器——接触器控制电路的触点开路故障。生产实践中常见的由继电器、接触器、按钮等有触点电器组成的控制线路，是为了满足生产机械电力拖动的起动、制动、反向和调速等要求的。继电器—接触器控制电路在控制系统中是比较简单的，也是最基本的控制电路，其任务是控制电气设备的工作状况。它一旦发生故障，往往导致电气设备电控系统失灵，生产无法正常进行，严重时还会造成事故。继电器—接触器控制电路实际上就是触点电路，生产实践证明其最常见的故障就是触点故障，且多为触点开路故障。

图 4-114 所示是具有短路、欠电压、失电压、过载保护的电动机全压起动正转控制线路图。图 4-114 中 1FU 熔断器是小容量电动机常用的短路保护。起动按钮 SF 并联接触器 KM 的一副辅助动合触头 KM 叫做自锁（或自保）触头，具有自锁的控制电路的重要特点是它具有欠电压与失电压（或零电压）保护作用（欠电压保护：当线路电压下降时，电动机转矩便要降低，转速也随之下降，会影响电动机正常运行，线路电压下降严重时还会发生损坏电动机事故。在具有自锁的控制电路中，当电源电压低到正常工作电压的 85%时，接触器线圈磁通减弱、电磁吸力不足，其动铁心释放、辅助动合触头分断失去自锁，同时接触器的主触头也分断，被控制的电动机停止转动而得到保护。失电压保护：采用自锁控制的电路，在电源临时停电后恢复供电时，由于自锁触头已分断，控制回路就不会接通，接触器线圈没有电流通过，常开的主触头不会闭合；因而被控制的电动机不会自行起动运转，可避免意外事故的发生）。具有短路、欠电压和失电压保护的电路还不够完善，因为电动机在运转过程中，若遇长期过载、操作频繁或断相运行等原因都可能使电动机的电流超过它的额定值，如果电源熔断器在这种情况下仍未熔断，将引起电动机绕组过热，当温度超过允许温升就会使绕组绝缘损坏，影响电动机的使用寿命，严重的甚至会烧坏电动机。因此，对电动机必须采用过载保护，一般采用热继电器作为其过载保护。如图 4-114 中 FR 为热继电器，其热元件串接在电动机的主回路中，动断触头则串接在控制回路中（电动机在运行过程中，若遇过载或其他原因使负载电流超过其额定值时，经过一定时间串接在主回路中的热继电器的双金属片因受热弯曲，致使串接在控制回路中的动断触头分断，切断控制回路；此时接触器线圈断电，其动铁心释放、主触头分断；电动机便脱离电源停转，达到了过载保护的目的）。

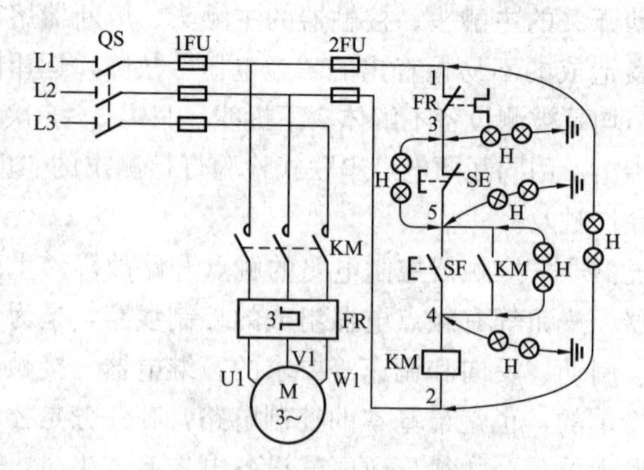

图 4-114 具有短路、欠电压、失电压、过载保护的控制线路图

如图 4-114 所示的具有短路、欠电压、失电压及过载保护的控制电路中，当按下起动按钮 SF 时，接触器 KM 线圈未得电吸合，当然电动机 M 也未能起动运行。现从分析这一故障现象（接触器线圈完好情况下）和电路工作原理入手，运用同瓦两电灯串联式检验灯来检测该继电器—接触器控制电路（控制回路电源电压 380V）的触点开路故障。

如图 4-114 所示，首先用同瓦两电灯串联式检验灯两引出线线头触及 L1、L2 两相熔断器 2FU 下侧（负载侧）接线桩头（①、②线号）。检验灯 H 两灯泡不亮，说明熔断器熔丝烧断；如果检验灯 H 两灯泡亮且达正常，则说明被测控制回路电源正常。并且得知能使检验灯 H 两灯泡亮度达正常的电流，一般都能使吸引线圈（如图 4-114 中 KM 线圈）吸合。而用万用表（用万用表电压挡测量控制回路电源电压）之所以起不到这个作用，就是因通过表内高阻值线圈的电流太小的缘故。

检测得知控制电路电源正常情况下，宜采用优选法逐步缩小故障范围，用检验灯两引出线线头直接跨触控制电路的中间部段的电器元件起动按钮 SF（或接触器 KM 辅助动合触头，即自锁触头）两端接线端子（④、⑤线号），检验灯 H 两灯泡灯丝发红发暗淡亮光，说明被测控制电路正常无断路故障；如果检验灯 H 两灯泡不亮，则说明被测控制电路内存在断路故障。这时检验灯的一引出线线头不动，如触及④线号的引出线线头不动，检验灯的另一引出线线头移触及地，检验灯 H 两灯泡发亮，说明电源 L2 相熔断器下侧到④线号接线端子间这段线路无断路故障；如果触及⑤线号的检验灯引出线线头不动，检验灯的另一引出线线头移触及地，检验灯 H 两灯泡不亮，则说明电源 L1 相熔断器下侧到⑤线号接线端子间段的线路存在断路故障。此时，检验灯触及地的引出线线头不动，拿检验灯的另一引出线线头触及有故障线路段中间部段一接线端子，即触及③线号接线端子。检验灯 H 两灯泡立即发亮，则说明被测控制电路内断路故障点在③线号与⑤线号接线端子间段线路中，即控制电路的触点开路故障点在停止按钮 SE 中。为证实检测判断的准确性，可用检验灯两引出线线头跨触停止按钮 SE 两端接线端子（③、⑤线号），按下起动按钮 SF，检验灯 H 两灯泡立即发亮。由此可以判定停止按钮 SE 内触点开路。

停电后检查，发现 LA2 型停止按钮不灵活，断开很利落，但手指离开按钮后触点闭合不好，甚至有时就没有闭合。原因是该停止按钮安装得有点倾仰，轴线往后倾斜了一个角度，致使停止按钮有失灵的故障。

（6）检测接触器联锁的电动机正反转控制电路。工矿企业单位在考核电工应知应会技能时，常出的实际操作题为：按图安装接触器联锁的电动机正反转控制线路。由于被考核的电工众多、水平不一，加上有时间限制，“考生”安装时易出现导线漏接、错接或未接牢，造成短路或断路等错误。而“考卷”要当场公开评判，才能公平合理，这使诸“考官”感到棘手为难。用万用表电阻法检查诊断，费时费事；逐一实试又怕发生事故，造成一些经济损失。对此，若用同瓦两电灯串联式检验灯检测评判“考卷”，快、准、安全又直观。

如图 4-115 所示，在配电盘上接上正常的三相交流电源后，在断开主回路开关低压断路器 QF 和控制回路开关隔离开关 QS 的情况下，用同瓦两电灯串联式检验灯两引出线线头跨触及控制回路电源开关 QS 上侧两接线桩头，验明电源正常，即检验灯 H 两灯泡亮且亮度达正常，表明电源电压等级 380V。随后用同瓦两电灯串联式检验灯两引出线线头分别跨触控制回路开关 QS 上、下侧接线桩头，检验灯 H 两灯泡不亮，表明控制线路无通地现象；检验灯 H 两灯泡发亮，则说明被测控制线路内存在接地故障。此项测判通过后（无通地现象情况下），拔去任一相熔断器 FU 的熔丝、闭合控制开关 QS，用同瓦两电灯串联式检验灯两引出线线头跨触拔去熔丝的熔断器上、下侧接线桩头，检验灯 H 两灯泡闪亮，表明被测控制线路内有短路故障。在检验灯 H 两灯泡一点也不亮的状况下（控制线路内无短路故障），装上拆去的熔丝，用检验灯两引出线线头跨触接触器 KF（正转）的自锁触头两端接线桩头，检验灯 H 两灯泡立刻亮且亮度近似达正常，此表明正转接触器 KF 的控制电路畅通，无断路故障；这时取下接触器 KR（反转）的灭弧罩，按下其主触头（对 40A 以下衔铁直线运动螺管式的要如此；对 60A 以上衔铁绕轴转动拍合式的交流接触器，不用拆取灭弧罩，可直接按下

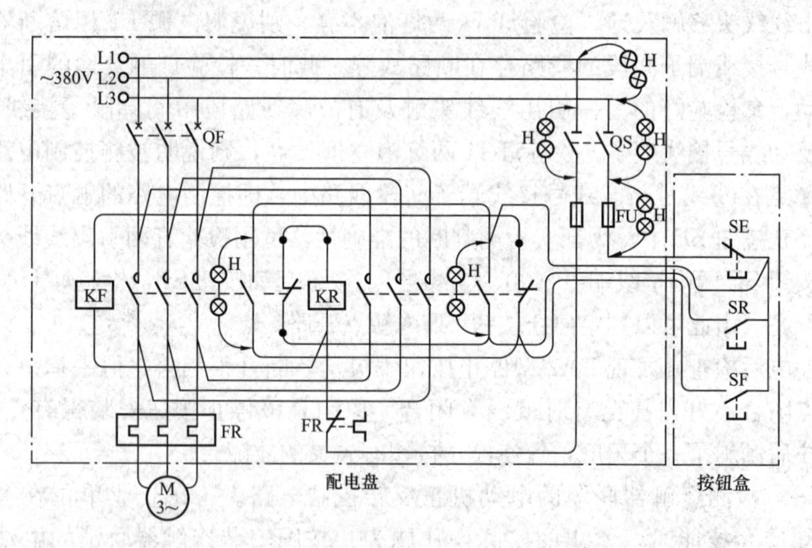

图 4-115 同瓦两电灯串联式检验灯检测接触器联锁的电动机正反转控制电路示意图

动铁心），跨触在接触器 KF 自锁触头两端接线桩头上的检验灯 H 两灯泡立刻熄灭，由此判定正转接触器 KF 的控制线路接线基本正确。同法同理，用同瓦两电灯串联式检验灯两引出线线头跨触到反转接触器 KR 的自锁触头两端接线桩头上，检验灯 H 两灯泡立刻亮且亮度近似达正常；这时按下正转接触器 KF 的主触头，检验灯 H 两灯泡立刻熄灭。否则被测接触器联锁的正反转控制电路接线有错误。

在实际生产实践中，生产机械往往要求运动部件具有正反两个运动方向的功能，如机床工作台的前进与后退、主轴的正转与反转、起重机的上升与下降等，这就要求电力拖动的电动机能够正、反转（可逆旋转）。根据电动机电磁原理可知，要使电动机可逆旋转，只要将引向电动机定子绕组的三相电源线的任意两相对调一下就可以了。因为此时电动机定子旋转磁场方向改变了，所以转子感应电动势、电流以及产生的电磁转矩方向都要发生改变。因此，只要用两只交流接触器，通过其主触头把主电路两相电源线对调，便可以达到电动机可逆旋转的目的。常见的电动机全压起动接触器联锁的正反转控制线路如图 4-116 所示。其采用了两个交流接触器，即正转用的接触器 KF 和反转用的接触器 KR。当 KF 接触器三副主触头闭合接通时，三相电源的相序按 L1—L2—L3 接入电动机 M；而当 KR 接触器三副主触头闭合接通时，三相电源的相序按 L3—L2—L1 接入电动机 M。所以当两个接触器分别工作时，电动机 M 的旋转方向相反。

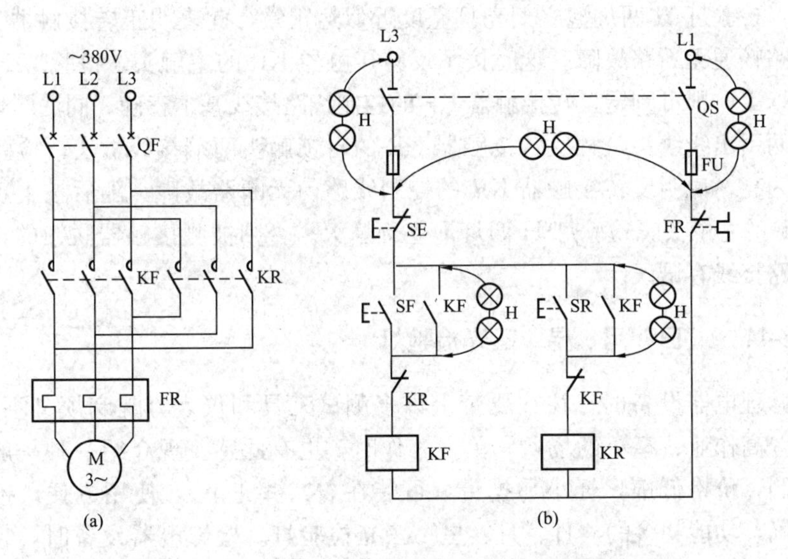

图 4-116　电动机全压起动接触器联锁的正反转控制线路图

(a) 主回路；(b) 控制回路

电动机全压起动接触器联锁的正反转控制线路要求接触器 KF 和接触器 KR 不能同时得电闭合，否则其主触头同时都闭合接通，将造成 L1、L3 两相电源短路（对调接线的两相电源线，一般是两边相电源线）。为此在接触器 KF 与接触器 KR 线圈的各自控制电路中相互串联了对方的一副动断辅助触头，以保证接触器 KF 与接触器 KR 不会同时得电闭合，如图 4-116（b）所示。KF 与 KR 这两副动断辅助触头在线路中所起的作用称为联锁（或互锁）作用，这两副动断触头就叫做联锁（互锁）触头。

图 4-116 所示的电动机全压起动接触器联锁的正反转控制线路是一种典型控制线路，应用甚广，如各种机床的正反转电气控制线路一般都采用接触器的动断辅助触头实行联锁。故在日常实际工作中，可以用同瓦两电灯串联式检验灯校验电动机全电压起动接触器联锁的正反转控制线路安装工程；可用同瓦两电灯串联式检验灯检测接触器联锁的正反转控制电路的检修质量。如图 4-116（b）所示，用检验灯两引出线线头跨触断开的控制回路电源开关（一般采用胶盖瓷底刀开关，其由刀开关 QS 和熔断器 FU 组合而成）上、下侧接线桩头，检验灯 H 两灯泡闪亮，说明被测控制电路内存在接地故障；如果检验灯 H 两灯泡不亮，则说明被测控制电路内无通地现象。在测知控制电路内无接地故障情况下（此项检测时应在断开主回路断路器 QF 的情况下进行，故在进行第二项检测时必须检查确定主回路断路器 QF 处在断开状态），闭合控制回路电源开关（闭合刀开关 QS）。然后用检验灯两引出线线头跨触正转接触器 KF 的自锁触头两端接线桩头，检验灯 H 两灯泡立刻亮且亮度近似达正常，此表明正转接触器 KF 的控制电路畅通无断路故障。这时按下反转接触器 KR 的主触头，检验灯 H 两灯泡立刻熄灭，则可判定正转接触器 KF 的控制线路接线基本正确。同法同理，用检验灯两引出线线头跨触反转接触器 KR 的自锁触头两端接线桩头，检验灯 H 两灯泡闪亮，说明反转接触器 KR 的控制线路内无断路故障。随后按下正转接触器 KF 的主触头，检验灯 H 两灯泡立刻熄灭。否则被测接触器联锁的正反转控制线路接线有错误。

4-2-44 “日、月、星”三光检验灯

在修理电器设备时，往往要带上许多测试工具和仪表。既麻烦又不方便，特别在登高作业、窄小的场所，单人工作时，更有此感。现介绍一种一般电工都可自制，价格低廉，轻小易携带（可装在衣、裤兜里），使用方便，指示迅速、准确，功能甚多的“日、月、星”三光检验灯。检修电器设备时，它能代替低压测电笔、万用表、绝缘电阻表以及钳形电流表测试诊断。凡是应用过“日、月、星”三光检验灯的维修电工，都深感它是电工们的得力助手。

1. 结构与材料

如图 4-117 所示，“日、月、星”三光检验灯由 110V、8W 普通指示灯灯泡、电阻 R_1 和 R_2（1kΩ、10～15W）、两支检测笔和软绝缘铜导线组成。在工矿企业高低压电气装置和自动化电气设备中，使用着不少 110V、8W 指示灯灯泡（ZSD38 型信号指示灯），故市场上、单位库房中均有 110V、8W 指示灯灯泡。同样电功率的白炽灯泡，额定电压越低，发光效率越高，也就越经济。220V 照明用灯泡平均寿命为 1kh，而 40W 以下的指示灯灯泡寿命较长，平均寿命可达 2kh 左右。两支检测笔可用用尽了油的圆珠笔芯（或中性笔芯）塑料空杆护套软导线，目的是加强绝缘和提高刚度；软绝缘铜导线穿过塑料空杆，然后将去皮线头和笔尖钎为一体。灯泡、电阻焊接牢固后，外边加套红塑料管，以增强绝缘（一般塑料管能耐压 1kV 以上），防止灯泡破碎，同时灯光呈红色（红色光波长最长，波长范围是672～780pm，故穿透性最强，不易散射，而且能透过透明微粒；在迷雾、下雨或晴朗的天气，总是红色光传送最远。此外，人们把红、橙、黄等颜色称为暖色，认为它们有温暖感、柔软感，红色和橙色还有使人兴奋的作用）。红塑料管内空隙处填石蜡或沥青，固定线头的焊接点。还可用废弃的小孩玩具塑料娃娃或寿星头壳替代红塑料管，制作一个漂亮的“日、月、星”三光检验灯，如图 4-118 所示。

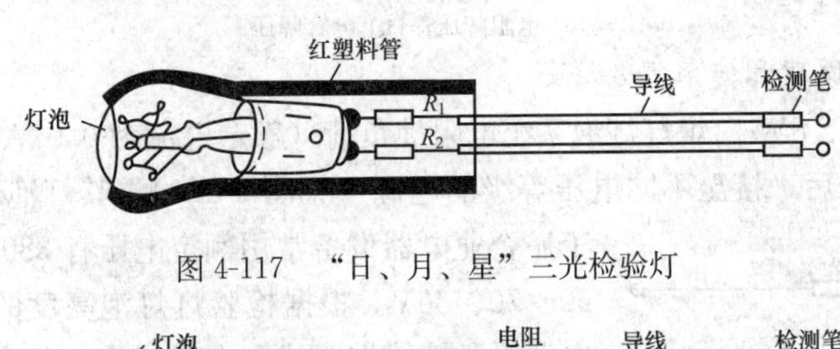

图 4-117 “日、月、星”三光检验灯

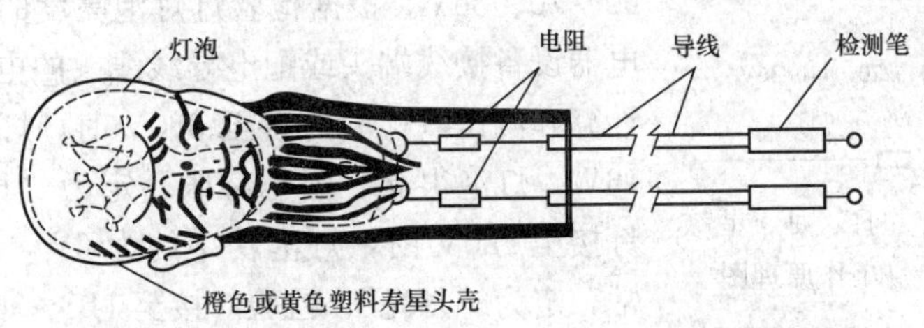

图 4-118 雅致的“日、月、星”三光检验灯示意图

这里需要特别指出的注意事项是：在工矿企业高低压电气装置中应用的 ZSD38 型指示灯，为了节省电能，可把降压电阻改为降压电容，如图 4-119 所示。但在制作“日、月、星”三光检验灯时，不能把电阻 R_1 和 R_2 改为电容。因为电容器是储能（电场能量）元件，根据能量不能突变的原理（电容器两端的电压不能突变），在用“日、月、星”三光检验灯测试的初瞬间，电容器的电压初始

值必与在测试前的电压值相等。如果电容器在检验灯测试前的电压等于零，则电容器端电压在测试的初瞬时也保持零值，此时被测试的电源电压将全部加在110V、8W指示灯泡上。交流电源电压的最大值为$\sqrt{2}U$，若在此（交流电源电压正好在峰值）最不利的情况下测试，加在指示灯泡上的瞬时电压将达537V（设U=380V），这必然使110V、8W指示灯泡烧毁。只有在被测试电源电压在110V以下、瞬时值甚小的情况下去测试，指示灯泡才不会烧坏。这样，“日、月、星”三光检验灯就不是“功能甚多”，而只能当普通低压测电笔使用了。同时，若把“日、月、星”三光检验灯中的电阻（R_1和R_2）改为降压电容，用其测试110V交流电源时，指示灯泡没有烧毁（根据电容的充电曲线，其时间常数很小，即灯泡过电压仅为2ms左右），测试者双手误触检验灯两检测笔金属头，便会发生触电事故（电容放电）。

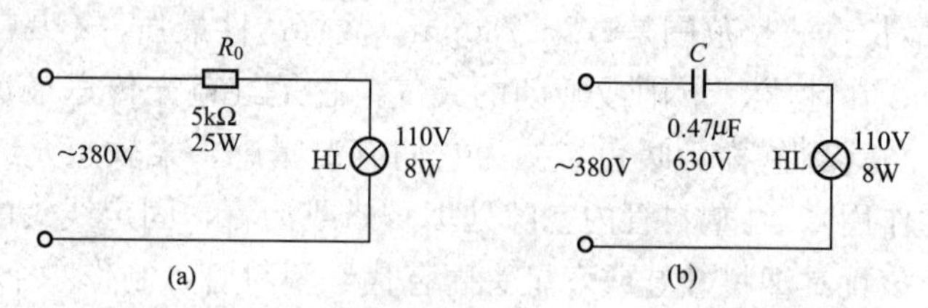

图4-119　指示灯的降压电阻改为降压电容示意图

(a) 电阻降压；(b) 电容降压

2. 工作原理和使用方法

因110V、8W白炽灯灯泡系统电阻性负荷（额定电流为0.07A），灯泡串联电阻R_1、R_2后，接至不同电压等级的电源（见图4-120），其灯泡的亮度不同。

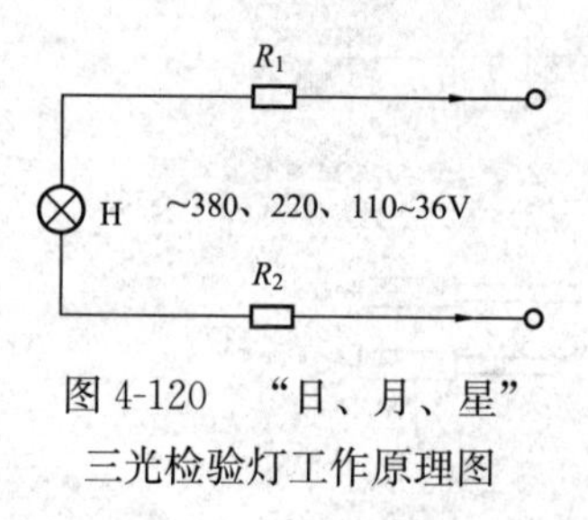

图4-120　“日、月、星”三光检验灯工作原理图

工矿企业电器设备常用额定电压有380、220、110、60～70、36V。根据检验灯灯泡亮度的变化可判断电器设备接线端头或配电导线线头的电位电压。经计算和测试，检验灯接至380V时，灯泡功率约为16W，灯泡很亮、闪烁耀眼，定为“日光”；检验灯接至220V时，灯泡功率约为6W，灯泡亮度正常，定为“月光”；检验灯接至110～36V电压等级时，灯泡功率为1.5～0.2W，灯泡略亮灯丝发红，称之为“星光”。故称为“日、月、星”三光检验灯。根据上述检验灯工作原理，只要将检验灯两检测笔直接接触所需测试的电气设备接线端头，不需停电就可测试。并且不必担心发生短路事故，呈现不真实的显示。

3. 功能举例说明

(1) 识别相线与中性线。如图4-121所示，拿“日、月、星”三光检验灯两支检测笔分别触及被测两根导线接线端子，检验灯H灯泡亮月光，说明被测两根导线是相线和中性线。此时拿检验灯的任意一支检测笔接触地，另一支检测笔分别触及被测两根导线接线端子。检验灯H灯泡亮月光时被测导线是相线，检验灯H灯泡不亮的那根导线是中性线。运用“日、月、星”三光检验灯识别相线与中性线比用低压测电笔测试准确、直观，因测电笔在强光下或白天室外测试时，看不清氖管的发光。

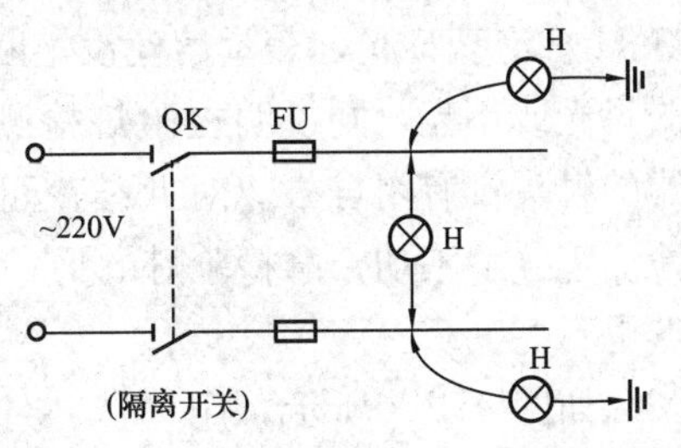

图4-121 检测相线、中性线示意图

“日、月、星”三光检验灯具有识别相线与中性线的功能，再根据其工作原理，便知它能判断电器设备所接的电源电压等级。在正常通电情况下，用检验灯的两支检测笔直接触及设备的电源两端头；检验灯H灯泡亮日光，则是380V；灯泡亮月光，则是220V；灯泡亮星光，则是110V以下、36V以上。

(2) 带电检测强电回路的电路通断。万用表的欧姆挡和常用通断测试器在使用时不能测有电压的线路。而“日、月、星”三光检验灯能带电检测强电回路中熔断器熔丝熔断，断路器、负荷开关、接触器等触头接触不良（虚接）的故障（三相异步电动机因电源断相运行而烧毁的数量很惊人，其多数情况是断路器、负荷开关接触不良，接触器触头烧毛不能可靠接通电路，熔断器熔丝烧断等。强电回路接触不良引起的“虚电压”故障的主要表征为电路呈现高阻抗导通，致使电气设备不能起动或正常运行)。如图4-122所示，在确定线路电源电压正常，即被测熔断器或开关、接触器电源侧电压正常而没带负载的情况下，用“日、月、星”三光检验灯两检测笔直接接触上述电器设备的一相上侧（电源侧）和另一相下侧（负荷侧），例如测L1相上侧和L2相或L3相下侧。检验

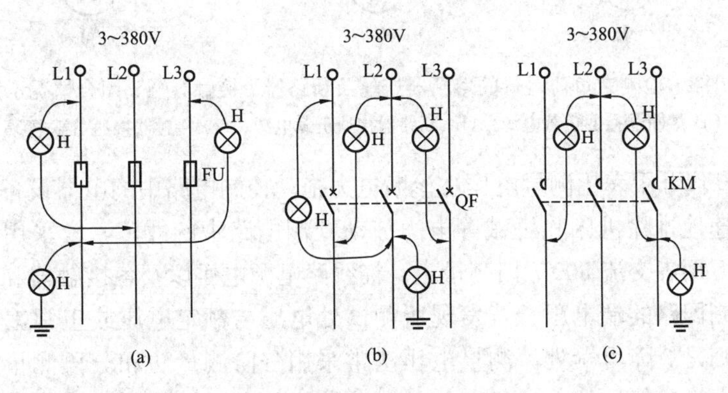

图4-122 检测空载熔断器熔丝及开关触头闭合情况示意图

(a) 熔断器；(b) 断路器；(c) 接触器

灯 H 灯泡亮日光，表示熔丝没熔断，开关、接触器触头接触正常；检验灯 H 亮弱星光或不亮，则说明检验灯检测笔触及下侧的那一相熔丝烧断，开关或接触器的触头没有闭合好。对此结论可当场验证，即判定断相的那一相下侧检验灯检测笔接触不动，拿检验灯的另一支检测笔接触接地线，此时检验灯 H 灯泡一点也不亮。

如图 4-123 所示，用“日、月、星”三光检验灯检测带负荷运行中的熔断器熔丝熔断、断路器或接触器等触头接触不良的故障。在确定线路电源电压正常情况下，用“日、月、星”三光检验灯两检测笔跨触上述电器设备的各相上、下侧接线桩头。检验灯 H 灯泡一点也不亮，表示被测熔丝没熔断，断路器或接触器触头闭合正常；检验灯 H 灯泡亮星光，则说明被测试相线的熔丝烧断，断路器或接触器触头接触不良达开路。对此结论可当场验证，即将检验灯的任意一支检测笔接触接地线，拿检验灯另一支检测笔分别触及被判定断相的那一相上、下侧接线桩头，两次测试检验灯 H 灯泡亮度差别大：测试上侧时灯泡亮月光；测试下侧时灯泡亮弱星光。由此“当场验证”原理可知，同理同法可用“日、月、星”检验灯检测继电器—接触器控制电路中的触点开路故障点。

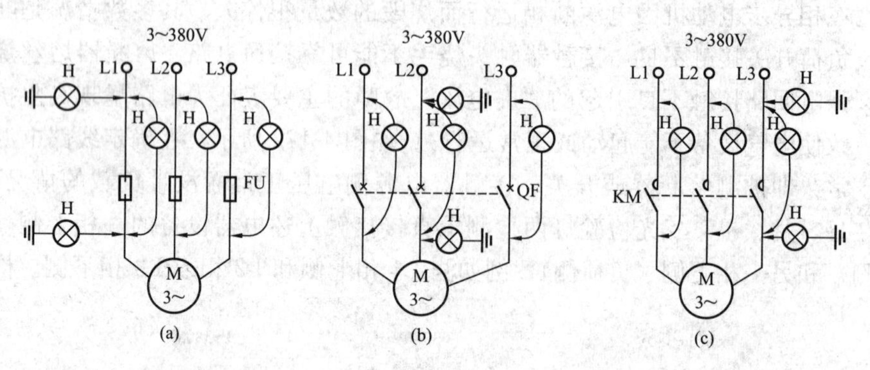

图 4-123 检测带负荷运行的熔断器熔丝及断路器、接触器触头闭合情况示意图

(a) 熔断器接通负载电源；(b) 断路器接通负载电源；(c) 接触器接通负载电源

(3) 替代万用表用测量电压法诊断电力拖动控制电路中的电器设备故障。要准确而迅速地排除机床和机械等电力拖动控制电路中的故障，常采用测量电压法，即用万用表交流 500V 挡测量主、控线路电源电压以及各接触器和继电器线圈、各控制回路的端电压。若发现所测试处电压与额定电压或正常工作电压不相符合，则是故障可疑处。测量电压法常采用分阶测量法和分段测量法。现以具有自锁、过载保护的电动机正转控制电路为例，说明如何用测量电压法来检查故障（下述文中，用万用表交流 500V 挡即用“日、月、星”三光检验灯；

红、黑色表笔即检验灯两支检测笔；电压值为 380V 即检验灯 H 灯泡亮日光；电压值为零即检验灯 H 灯泡不亮。如此讲述的目的是便于理解“日、月、星”三光检验灯替代万用表用测量电压法诊断电力拖动控制电路中的故障原理)。检测时把万用表的选择开关拨到交流电压 500V 挡位上。

电压的分阶测量法如图 4-124 所示。检测时，首先用万用表测量①、⑦两点间的电压，若电路正常应为 380V。然后按住起动按钮 SF 不放，同时将黑色表笔接到⑦点上，红色表笔按⑥、⑤、④、③、②标号点依次向前移动触接，分别测量⑦-⑥、⑦-⑤、⑦-④、⑦-③、⑦-②各阶之间的电压，电路正常情况下，各阶的电压值均应为 380V。如测到⑦-⑥时无电压，说明是断路故障，此时可将红色表笔向前移动触接。当移触至某点（如是②点）时电压正常，则说明此点以前的触点或接线是完好的；而此点以后的触点或连接线有断路故障。一般是此点（②点）后第一个触点（即刚跨过的停止按钮 SS 的触头）或连接线断路。根据各阶电压值（检验灯 H 灯泡亮度）来检测故障的方法可见表 4-5 所列。这种测量方法像上台阶一样，所以称为分阶测量法。

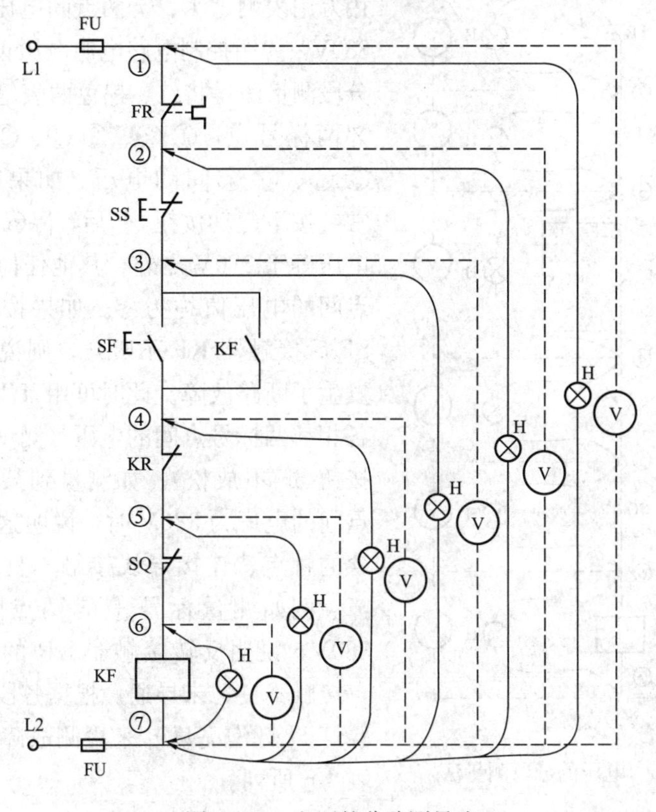

图 4-124 电压的分阶测量法

表 4-5　分阶测量法所测得电压值（检验灯 H 灯泡亮度）及故障原因

故障现象	测试状态	⑦-⑥	⑦-⑤	⑦-④	⑦-③	⑦-②	⑦-①	故障原因
按下正转起动按钮 SF 时接触器 KF 不吸合	按下起动按钮 SF 不放松	0（不亮）	380V（亮日光）	380V（亮日光）	380V（亮日光）	380V（亮日光）	380V（亮日光）	SQ 动断触点接触不良
		0（不亮）	0（不亮）	380V（亮日光）	380V（亮日光）	380V（亮日光）	380V（亮日光）	KR 动断触点接触不良
		0（不亮）	0（不亮）	0（不亮）	380V（亮日光）	380V（亮日光）	380V（亮日光）	SF 按钮动合触点接触不良
		0（不亮）	0（不亮）	0（不亮）	0（不亮）	380V（亮日光）	380V（亮日光）	SS 按钮动断触点接触不良
		0（不亮）	0（不亮）	0（不亮）	0（不亮）	0（不亮）	380V（亮日光）	FR 动断触点接触不良

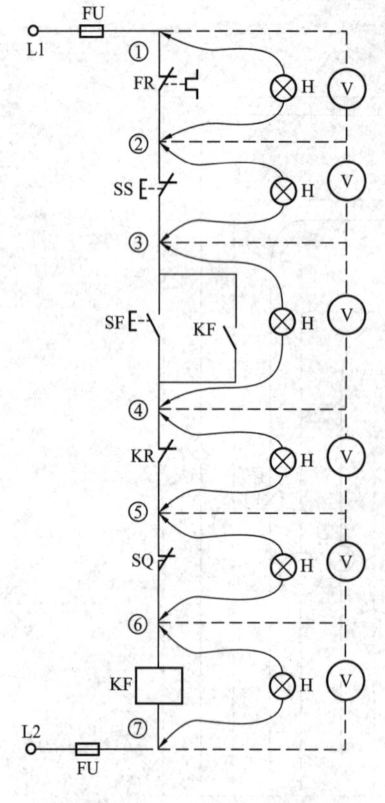

图 4-125　电压的分段测量法

电压的分段测量法如图 4-125 所示。先用万用表测试①、⑦两点间电压，电压值为 380V，说明控制电路电源电压正常。电压的分段测量法是将红、黑色两表笔逐段测量相邻两标号点，①-②、②-③、③-④、④-⑤、⑤-⑥、⑥-⑦间的电压。如果被测电路正常，按下起动按钮 SF 后，除⑥-⑦两点间的电压等于 380V 之外，其他任何相邻两标号点间的电压值均为零。如果按下起动按钮 SF 后接触器 KF 不吸合，则说明被测电路发生了断路故障。此时可用万用表逐段检测各相邻两标号点间的电压（测试时按下起动按钮 SF 不放松）。如测量到某相邻两标号点间的电压为 380V 时，说明这两点间所包含的触点、连接导线接触不良或有断路故障。例如测量标号④-⑤两点间的电压为 380V，说明反转接触器 KR 的辅助动断触点接触不良，未导通。根据各段电压值（检验灯 H 灯泡亮度）来检测故障的方法可见表 4-6 所列。

表 4-6　　分段测量法所测得电压值（检验灯 H 灯泡亮度）及故障原因

故障现象	测试状态	①-②	②-③	③-④	④-⑤	⑤-⑥	故障原因
按下正转起动按钮 SF 时接触器 KF 不吸合	按下起动按钮 SF 不放松	380V（亮日光）	0（不亮）	0（不亮）	0（不亮）	0（不亮）	FR 动断触点接触不良
		0（不亮）	380V（亮日光）	0（不亮）	0（不亮）	0（不亮）	SS 按钮动断触点接触不良
		0（不亮）	0（不亮）	380V（亮日光）	0（不亮）	0（不亮）	SF 按钮动合触点接触不良
		0（不亮）	0（不亮）	0（不亮）	380V（亮日光）	0（不亮）	KR 动断触点接触不良
		0（不亮）	0（不亮）	0（不亮）	0（不亮）	380V（亮日光）	SQ 动断触点接触不良

（4）能判断低压电器设备绝缘是否良好或已接地。对 500V 以下、100V 以上的交流直流电器设备，在其运行时安装的位置处，便可随时用“日、月、星”三光检验灯检测它们的绝缘状况，能及时发现绝缘缺陷。

如图 4-126 所示，用“日、月、星”三光检验灯两支检测笔跨触接直接接通低压电器设备（如电动机）电源相线的断路器 QF 或接触器 KM、负荷开关 QS 的上下侧（电源侧和负荷侧）接线桩头。如果检验灯 H 灯泡一点也不亮，则说明被测电器设备的绝缘尚好，可以送电运行；如果检验灯 H 灯泡灯丝微发红，则表示被测电器设备的绝缘已有轻微损坏，稍有漏电现象，但在紧急的情况下，其保护灵敏可靠，可以送电；如果检验灯 H 灯泡亮月光，则说明被测低压电器设备的绝缘已严重损坏，甚至击穿碰壳。此时不能送电，否则将发生短路事故。整个测试过程操作简便、显示直观，故有一定实用价值。

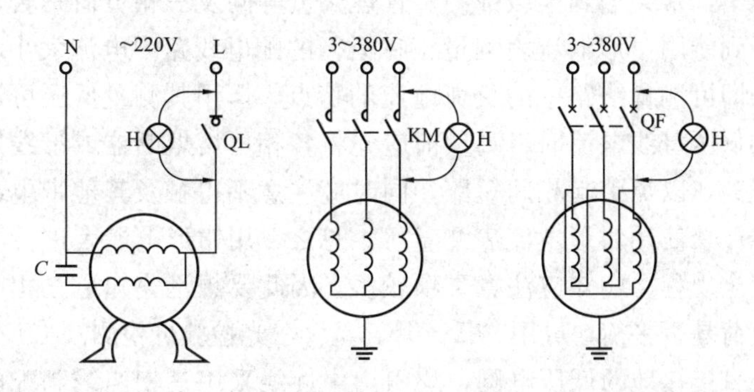

图 4-126　检测低压电器设备的绝缘状况示意图

低压电器设备的绝缘状况，应用 500V 或 1000V 绝缘电阻表进行摇测。但在实际作业中，由于绝缘电阻表测量单位是兆欧级，读数较大，如测试水泵房等潮湿地方安装的电动机或瓷绝缘子上有尘埃的较长线路时，很可能使绝缘电阻表的读数为零，而实际上绝缘电阻值不是零。因为低于兆欧级以下的绝缘电阻值，绝缘电阻表是测量不出来的。所以绝缘电阻表摇测时读数为零，被测设备并不一定有故障。其原因有下列五条，逐条分析排除后方可定论。

1）绝缘电阻表的选用不适当及测量范围不适合。如低压输电线路绝缘电阻的检测应用 500V 绝缘电阻表测量，而不宜用 1000V 绝缘电阻表检测（两者测得的数值会相差百倍）；应选用读数从零开始的绝缘电阻表，而不宜用读数从 1MΩ 或 2MΩ 开始的绝缘电阻表（低压线路的绝缘电阻值一般相对地应不小于 0.22MΩ）。

2）使用绝缘电阻表的方法不正确。如绝缘电阻表的引线采用较长的绞合线（当引线绝缘不好时就相当于使被测的电器设备并联了一个低值电阻）而使绝缘电阻值下降，甚至误将引线短路。

3）在相当潮湿的环境下测试，被测电器设备泄漏电流较大。

4）被测低压输电线路较长、绝缘子多或沾有尘埃污垢较多，致使积累起来的泄漏电流值较大。

5）被测低压电力电缆线路较长、电气设备较大，而用绝缘电阻表摇测时间较短，在未充电前读数为零。如检测较大容量的三相电动机，只要电动机各相绕组的引线没有相通，在用绝缘电阻表测试相间绝缘电阻时，由于电容的存在，所以刚开始时可能因充电而使表针指示为零，这时不能断定被测电动机绕组相间绝缘击穿。绝缘电阻表持续摇测 1min 以上，如果电阻值上升，则被测电动机绕组相间绝缘是好的。

（5）检测低压电网三相四线制供电线路三相负荷不平衡。在低压配电室或低压架空线路下，常会遇到上级部门、管理人员等问及三相负荷是否平衡。谈到负荷必联想到能用钳形电流表测量正在运行的配电线路中电流大小，其具有不需断开线路即可测量线路中的负荷电流的特点。但用其测量低压可熔熔断器和水平排列的低压母线电流时，测量前应先将各相可熔熔断器或母线用绝缘材料加以包护隔离，以免引起相间短路；同时应注意不得触及其他带电部分。绝缘不良或裸线严禁使用钳形电流表测量等。总之，用钳形电流表进行测量工作时应遵守的安全规程、应知应注意事项较多。因此要想迅速知道三相四线制配电线路三相负荷是否平衡，可用“日、月、星”三光检验灯检测。

中性点直接接地的低压电网，均引出中性线采用三相四线制配电线路，可同时供单相、三相设备用电，其负荷分布一般没有严格的规律。在低压配电室里查得配电变压器低压侧熔断器 FU 完好、中性线 N 与中性点接地等连接完好的情况下，用“日、月、星”三光检验灯两检测笔跨触中性线 N 和大地检测。若发现检验灯 H 灯泡闪亮，则表示被测配电线路内存在故障且可能是三相负荷不平衡（因三相熔断器完好，排除有中性线 N 碰触某相线故障；在配电室内检测，可排除中性线 N 断线故障）。这时，检验灯触及中性线 N 的检测笔不动，拿检验灯的另一支检测笔分别触及三相低压母线 W，如图 4-127（a）所示。测得检验灯 H 灯泡三次均闪亮，但灯泡发亮程度差异大：亮月光、强星光和星光（三相负荷平衡时三次灯泡呈现相同的月光）。由此断定被测三相四线制配电线路存在三相负荷不平衡故障。然后再用检验灯两检测笔分别跨触两两相低压母线排 L1-L2、L2-L3、L3-L1，如图 4-127（a）所示。测得检验灯 H 灯泡三次均闪亮，但灯泡亮度差异很大：亮日光、强月光、弱月光。当场验证了被测配电线路存在三相负荷不平衡故障。并且得知检验灯跨触中性线和相线时呈现月光的那相母线上所载负荷较小，而呈现星光的那相母线上所载负荷太大。同理同法，携带“日、月、星”三光检验灯登杆检测低压三相四线制架空输电线路，检验灯一支检测笔触接中性线 N，拿检验灯的另一支检测笔分别触及三根相线，如图 4-127（b）所示。若测得检验灯 H 灯泡三次呈现亮度差异很大，则说明被测低压三相四线制架空线路存在三相负荷不平衡故障；并且得知检验灯 H 灯泡呈现最亮的那一次所测相承载负荷较小，而灯泡呈现亮度最低的那一次所测相承载的负荷太大。该结论在杆上就可验证：用检验灯两支检测笔分别跨触两根相线，测得结果都是检验灯 H 灯泡三次呈现亮度差异很大。查得低压三相四线制配电线路三相负荷不平衡，必须停电进行调整处理。否则，必然导致配电变压器不对称运行；不仅造成很大的电能浪费，而且还严重影响电气设备运行安全。

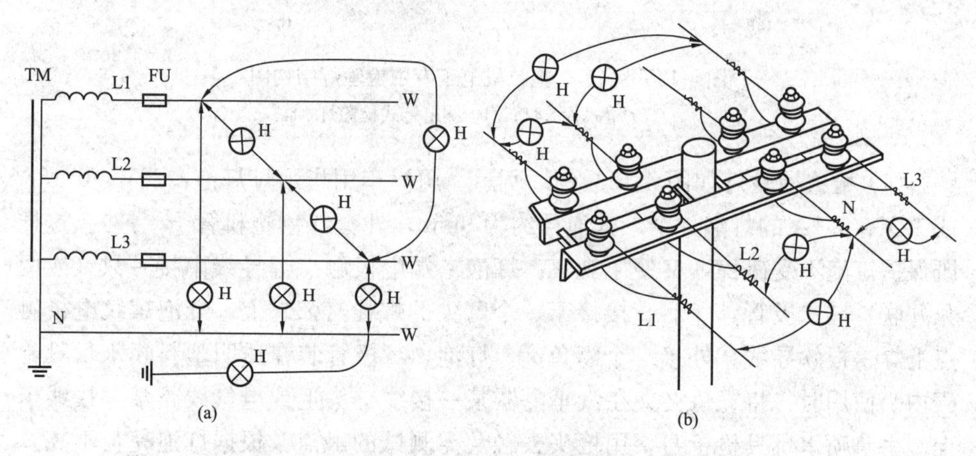

图 4-127　检测三相四线制配线路三相负荷不平衡示意图

（a）在低压配电室内低压母线上检测；（b）在低压架空裸导线上检测

“日、月、星”三光检验灯具备了“电灯式检验灯”和“同瓦两电灯串联式检验灯”的基本功能，且青出于蓝而胜于蓝；其检测、诊断电气设备的故障时更简捷、干练、准确。

4-2-45 汽车、拖拉机电工专用检验灯

在汽车、拖拉机上电能的作用是点燃工作混合气、起动发动机、照明、发出信号、仪表和辅助装置用电等，形成一个综合的电气设备系统。汽车、拖拉机电气系统是汽车、拖拉机的重要组成部分，它可以大大减轻驾驶员的劳动强度，提高汽车、拖拉机的利用率，确保汽车、拖拉机的安全运行。随着汽车、拖拉机制造工业高速发展，维修汽车、拖拉机行业也蓬勃发展。但汽修业缺少全能“汽车医生”，即缺的是能够诊断故障、有一定文化水平的技师。另外，越来越多的人加入到车主的行列。为此，广大的汽车、拖拉机电器设备修理工、驾驶员可制作汽车、拖拉机电工专用检验灯（见图 4-128），以提高日常检修效率。检验灯结构简单，携带和使用极方便。具体制作方法如下。

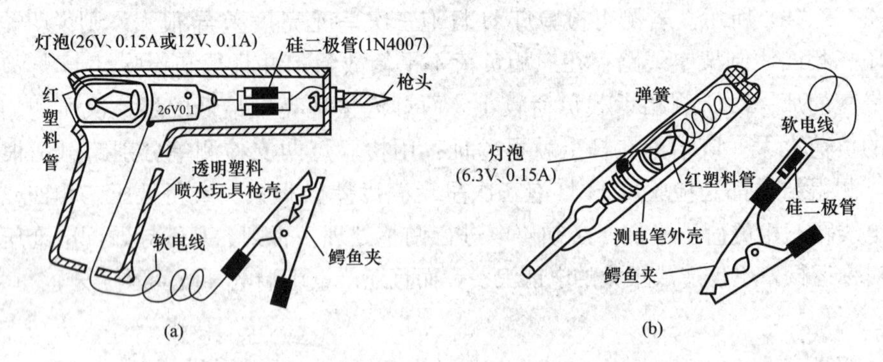

图 4-128 汽车、拖拉机电工专用检验灯结构图

(a) 枪式检验灯；(b) 测电笔式检验灯

(1) 枪式检验灯如图 4-128（a）所示。用汽车用指示灯灯泡：26V、0.15A 或 12V、0.1A 的灯泡一个，其泡径约为 9mm，外套红色塑料管子（ϕ8）。这样既保护灯泡不受碰撞，又便于观察。灯泡末端电极触点焊导线串接一只（或两只并联）硅二极管，然后直接接于一个磨尖的螺栓（ϕ3）上。灯泡螺纹电极触点上焊一根软导线，外接一个鳄鱼夹。灯泡、二极管装在透明塑料喷水玩具枪壳内。使用时，将鳄鱼夹夹在汽车电器某一接线桩头上或电气线路某一接线卡上。手拿喷水玩具枪枪身，用枪头去触及需测试的触点。根据灯泡亮与不亮及亮度大小去查找故障（枪式检验灯枪壳内也可装 6.3V 指示灯灯泡制作，以适用于车辆电源电压等级选择）。

(2) 测电笔式检验灯如图 4-128（b）所示。用汽车用指示灯灯泡（6.3V、0.15A）一个，其泡径约为 6mm，外套红色塑料管。灯泡螺纹电极触点上焊根

软导线，串接一只硅二极管（不串接二极管也可，串二极管的目的是多个功能，能区分直流电正负极），外接一个鳄鱼夹。灯泡尾端电极触点直接压接在测电笔杆内金属旋凿杆尾端，灯泡泡头压接一个弹簧，保证泡尾触点和金属杆尾端接触良好。其使用方法与枪式检验灯一样。

汽车用指示灯灯泡是纯电阻性负荷，灯泡串联硅二极管后接至交流 50V 基本安全电压及以下安全电压等级的电源时，灯泡亮度不同；正向接至直流 24V 及以下至 1.5V 直流电源时，灯泡亮，但亮度不同；反向接至直流 24V 及以下直流电源时，灯泡不亮。如图 4-129 所示，汽车、拖拉机电工专用检验灯的刀头或枪头与鳄鱼夹跨触被测电路两点，根据灯泡亮和不亮、灯泡的亮度大小来判断被测电路正常与不正常；查找电器设备故障点。由图 4-129 所示汽车、拖拉机电工专用检验灯工作原理图可知，此检验灯并不仅仅是汽车拖拉机电气系统专用检测工器具，它也是强电维修电工日常诊断电气设备故障的得力助手。现介绍“汽车、拖拉机电工专用检验灯”简易检测电气设备故障的功能。

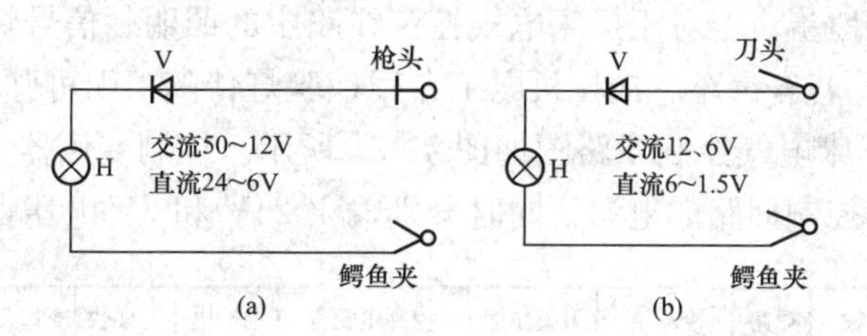

图 4-129 汽车、拖拉机电工专用检验灯工作原理图
(a) 26V 灯泡；(b) 6.3V 灯泡

（1）检测交流 36V 照明灯故障。我国规定的基本安全电压为 50V（交流有效值），常用的安全电压等级为 42、36、24、12、6V 五种，以 36、24V 最为常用。相关国家标准中指出：工作在安全电压下的电路，必须与其他电气系统和任何无关的可导电部分实行电气上的“隔离”。即要求安全电压电路不接地。其原因是：减少触电机会；防止引入高电位（大地或中性线并不是始终保持零电位的。由于线路负荷的严重不平衡或中性线断线等原因，都有可能使这部位的电位升高到危险电位）。使用安全电压照明灯的场所多是潮湿、多导电粉尘、工作面积狭窄或闷热的金属容器内，故当安全灯发生故障后应快速、准确地诊断清楚故障原因，以便及时处理。运用汽车、拖拉机电工专用检验灯检测交流 36V 照明灯故障如图 4-130 所示。用 26V、0.15A 枪式检验灯跨触交流 36V 电源两端，检验灯 H 灯泡亮达正常，说明电源有电且正常；检验灯 H 灯泡不亮，则说明电源无电，有故障。测知电源正常情况下，枪式检验灯跨触单极控制开关 SA 动、静触点接线桩头，检验灯 H 灯泡微亮，且所控制的 36V 灯泡 EL 也

闪亮，说明被测控制开关没闭合或闭合的开关接触不良（包括接线头松脱）；检验灯 H 灯泡和照明灯 EL 均不亮，则说明被测 36V 照明电路中有开路故障。枪式检验灯跨触 36V 灯泡 EL 两接线桩头、闭合控制开关 SA，检验灯 H 灯泡亮且达正常，则说明被测灯泡 EL 的灯丝已烧断。

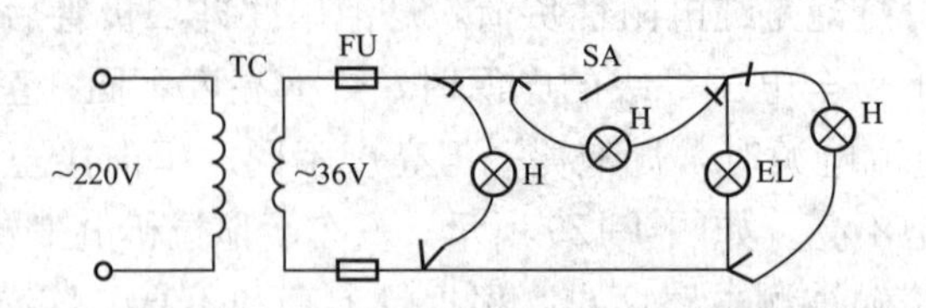

图 4-130　枪式检验灯检测交流 36V 照明灯故障示意图

(2) 伴随“日、月、星”三光检验灯检测机床电气控制线路中照明、信号灯电路故障。维修电工在掌握机床控制线路的工作原理的情况下，运用“日、月、星”三光检验灯检测机床电气线路中故障，动起手来轻车熟路，常常能达到“灯到病知”的地步。但对于机床电气控制线路中的照明、信号灯电路，则是束手无策。对此，若有汽车、拖拉机电工专用检验灯伴随，则可弥补其先天不足。CA6140 卧式车床电气控制线路图如图 4-131 所示。控制变压器 TC 二次侧输出 110V 电压作为控制回路的电源；同时分别输出 24V 和 6V 电压，作为机床低压

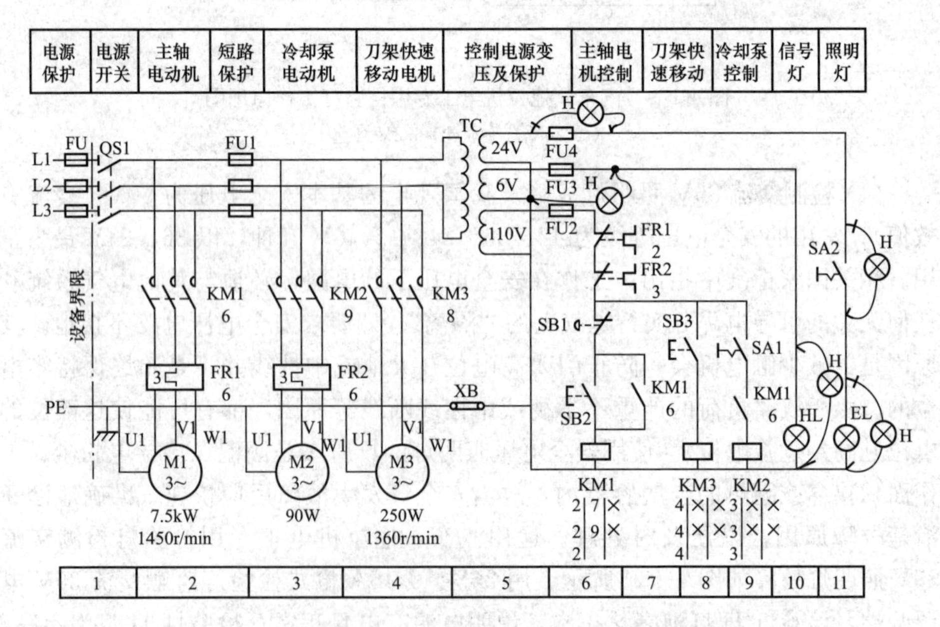

图 4-131　汽车拖拉机电工专用检验灯检测 CA6140 型卧式车床电气控制线路中照明、信号灯电路示意图

照明灯和信号灯的电源。当电源信号灯 HL 或机床的低压照明灯 EL 发生故障时，将汽车、拖拉机电工专用检验灯跨触 24V（或 6V）电源两端，根据检验灯 H 灯泡亮与不亮，便知电源有电没有电。检验灯跨触拆去熔丝的电源熔断器上下侧接线桩头，或跨触单极控制开关动、静触点接线桩头，根据检验灯 H 灯泡和所控制的灯泡亮与不亮，便知控制开关闭合接触状况，即电路中有无开路故障。在测知熔断路、控制开关等正常情况下，闭合开关后用检验灯跨触照明灯（或信号灯）灯泡两端接线桩头，根据检验灯 H 灯泡亮与不亮，便知被测灯泡的灯丝是否已烧断（包括接线线头松脱与否）。同理同法，可用汽车、拖拉机电工专用检验灯检测其他机床电气控制线路中照明、信号灯电路故障。例如，M7120 型平面磨床就有五个指示灯电路。汽车、拖拉机电工专用检验灯大有用武之地。

（3）测判旧干电池的好坏。在日常生活中用干电池作电路电源的用电器很多，如手电筒、收音机和玩具等。电工用万用表欧姆挡测量电阻时，也需用干电池作电源，且在测电阻前要检查一下表内电池电压是否足够。万用表内若使用一般干电池，必须常检查，避免电池耗尽或存放过久而变质，漏出电解液腐蚀电池夹和电路板。干电池损坏的标志是内阻增高，放电电流趋近于零，而端电压并不一定等于零。因此，用万用表电压挡测量干电池端电压方法判断电池好坏并不准确。不论是充电电池还是普通干电池，用万用表测量得电压是电池的开路电压（没带负载），如果充电电池充得时间不够长，或干电池存放的时间比较长，它们的开路电压都可能和标称的电压数值相同，但电池的内阻却要比正常电池大很多，所以接上较重的负载（如玩具电动机）时，很大一部分电压都会降在电池内阻上，实际供给负载的电压就不够了（人们常说的没电了）。如图 4-132 所示，电工可用汽车、拖拉机电工专用检验灯测判万用表内干电池的好坏。用检验灯的鳄鱼夹夹干电池的负极（或用干电池的负极压住检验灯的鳄鱼夹），拿检验灯的金属旋凿刀头触及干电池的正极。检验灯 H 灯泡亮且亮度正常不减弱，说明被测干电池可用；如果检验灯 H 灯泡不亮或亮一下后熄灭，则说明被测干电池已损坏（初使用检验灯不清楚内装二极管的正负极端，可用检验灯正反两次跨触被测电池正、负电极，灯泡两次测试均不亮，则说明被测电池已损坏）。此方法比用万用表毫安挡测试瞬时放电电流的方法（将万用表拨在 500mA 挡，用两表笔瞬时碰触电池两电极，若放电电流大于

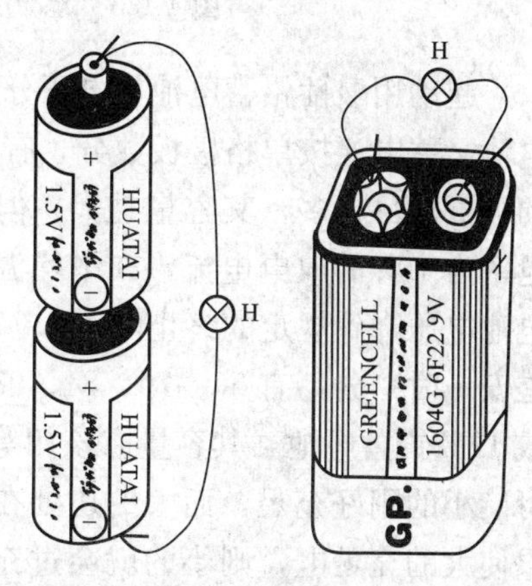

图 4-132 汽车、拖拉机电工专用检验灯测判旧干电池的好坏示意图

100mA 以上则可用；低于 100mA 则不可用）更简单、直观。

（4）检测汽车、拖拉机上的蓄电池极性。蓄电池是汽车、拖拉机上的直流电源之一，它将电能转变为化学能储蓄起来，故称蓄电池，需用电时又将化学能转变为电能放出来。它的功用是当发动机起动时，对起动机和点火系统供电；承受发电机过载的负荷，向蓄电池充电；或转速和负荷变化时，保持稳定的电压；在发动机停止工作或发动机低转速时，对用电设备供电。蓄电池由正极板、负极板、隔极、接线柱（电极桩头）、连接铅条、壳体（外壳）和电解液等部分组成，如图 4-133 所示。蓄电池通常由三只或六只单电池串联而成。每个单电池内装有栅格型的片状正极板和负极板（铅制），它们各自并联连成极板组。为了防止正、负极相碰而产生短路，两极板之间隔有槽形的木隔板。各单格电池用连接铅条予以连接，在各罩盖上用沥青与池壳密封。每个单电池内都装有高出极板上端面的电解液。

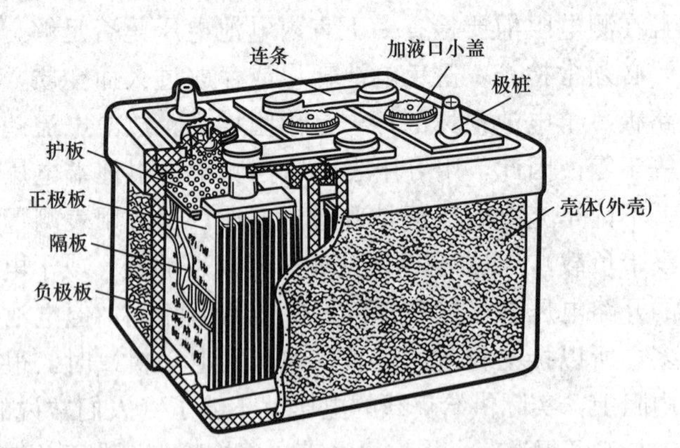

图 4-133　起动用酸性铅蓄电池的构造示意图

起动用酸性铅蓄电池按电压分，有 6V 及 12V。汽车上一般用两个 6V 的蓄电池。蓄电池按单格极板数分，有 11、13、15、17、19、21 片等（单格蓄电池的极板数目越多，其容量越大，但电压是不变的，为 2V）。蓄电池按容量（放电率为 10h 的放电电流，在平均温度为 30℃的电解液下，连续放电 10h，单格电池电压降到规定的终止电压 1.7V，蓄电池所输出的电量称为额定容量，单位是安·时）分，有 56、70、84、98、112、126A·h 等（同一车上用的两个 6V 或 12V 铅蓄电池，其容量应该相等。对于使用两个容量不等的蓄电池，充电时可能小的刚好充足，而大的还处在半充电状态，还有许多硫酸铅没有还原；如果使大的充足电，则小的就会过充电，损坏极板。在蓄电池放电时，小的会因放电电流偏大或过多，造成极板硫化或出现反极现象而缩短使用寿命）。

在装接汽车上的蓄电池时，必须首先弄清楚所装车辆的搭铁（搭接在车架上）极性。蓄电池的搭铁极性应与同车发电机的搭铁极性相同。如果发电机是正极搭铁，而蓄电池为负极搭铁，就使两者串联起来了（即“+”“-”相接）。当发电机正常发电时，就会构成回路产生大电流，烧毁发电机、调节器，同时使其他电器也不能正常工作。配套于硅整流发电机的铅蓄电池，如果正、负极性接错，会将硅二极管击穿烧坏；同时会使电流表对充、放电的指示相颠倒，而误将放电认作充电。因此，识别蓄电池极性很重要。一般蓄电池的极柱上均刻有正（+）、负（-）记号，但经过长期使用或修理后而失去标志，记号模糊不清的铅蓄电池可用汽车、拖拉机电工专用检验灯检测确定。如图 4-134 所示，用测电笔式检验灯跨触蓄电池的两个电极桩头。如果检验灯 H 灯泡亮，检验灯的金属旋凿刀头触及的是正极，鳄鱼夹夹住的是负极；如果检验灯 H 灯泡不闪亮，说明检验灯旋凿刀头触及的是负极，而鳄鱼夹夹住的是正极。

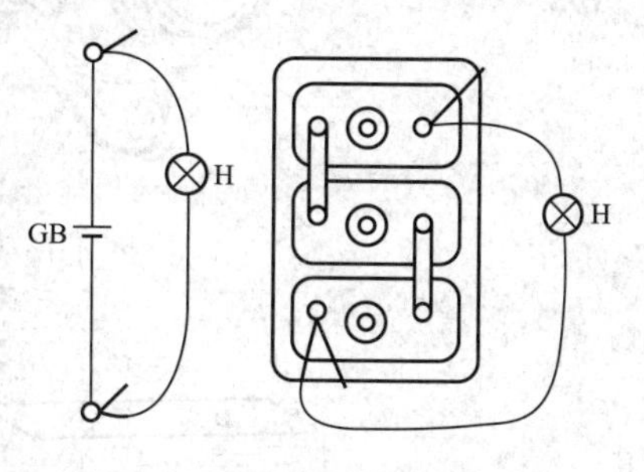

图 4-134 测电笔式检验灯检测蓄电池的极性示意图

往汽车上装蓄电池时，应先接相线，再接两个蓄电池之间连线（汽车上的蓄电池导线截面均在 $35mm^2$ 以上），最后才装接搭铁电极桩头（接线柱）。这样操作程序的目的，主要是防止扳手万一搭铁而发生火花引起蓄电池爆炸；从车上拆下蓄电池时，应按相反步骤进行，即首先拆下搭铁线。

（5）检测车用直流发电机不发电故障。发电机是一种将机械能变为电能的电机，在汽车、拖拉机上是由发动机经三角皮带来驱动，使它旋转而发出电来。在汽车、拖拉机正常工作时，发电机除向用电设备供电外，还将多余的电能向蓄电池充电，以补充蓄电池放电时的消耗，因而它是汽车、拖拉机的主要电源。汽车、拖拉机所采用的直流发电机大多为并励式发电机，它利用机械开关（电刷和整流子）将交流电转换为直流电，具有工作可靠、使用维护方便等优点。直流发电机由机壳、磁极、电枢、整流子（或叫换向器）、端盖、电刷和皮带轮等部分组成，结构如图 4-135 所示。其中磁极的作用是在发电机中产生磁场，它由铁心和绕组组成，如图 4-136 所示。磁极铁心由软钢制成（大功率的直流发电机磁极铁心用硅钢片叠成），其形状呈蹄形，如图 4-136（a）所示。上部安置励磁绕组，下部扩大为极掌，用来挡住励磁绕组，并使磁力线分布较好。磁极用埋头螺钉固定在机壳上。励磁绕组用以磁化铁心，以建立发电机的磁场。其用高强度漆包线绕制而成，且外用白布带包扎后浸漆，如图 4-136（b）所示。励磁绕组一端接铁，一端与机壳上的“磁场”接线柱连接。励磁绕组的励磁电流由电枢供给，在电枢未产生电流前，磁极间保持有微弱的“残磁”。

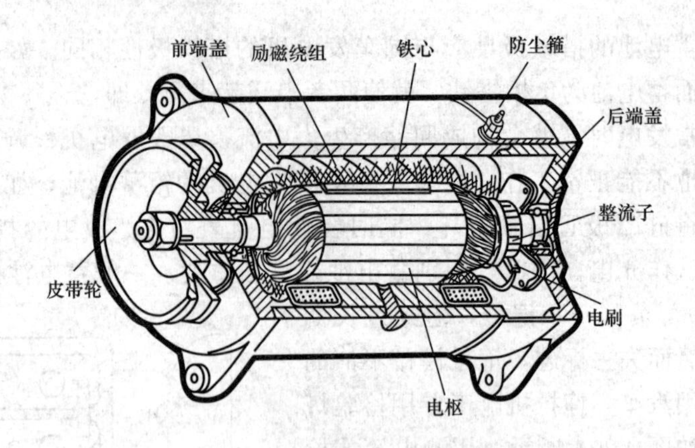

图 4-135　直流发电机的结构

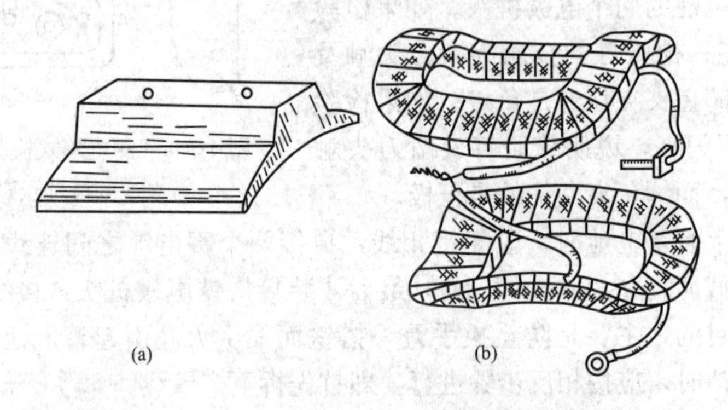

图 4-136　车用直流发电机的磁极示意图
(a) 磁极铁心；(b) 励磁绕组

直流发电机的电枢是用来将机械能转换为电能的部分，它由转子铁心、电枢线圈及整流子组成，用轴装在前、后端盖的轴承内（见图 4-135）。铁心是由硅钢片冲成圆形铁片叠成，外圆有绕线槽。电枢线圈绕在槽内，线圈的线头以一定的次序焊接在整流子的片上（整流子是由若干鸽尾形的铜质整流子片叠成，呈圆筒形），整流子的相邻两整流子片间和片与轴之间用云母绝缘。整流子和电枢铁心都压装在轴上。

当发现直流发电机不发电时（发电机电压不能建立），通过直接观察检查，其原因不在机械方面。此时可用汽车、拖拉机电工专用检验灯检测直流发电机励磁绕组的通断及搭铁，如图 4-137 所示。国产内搭铁式的直流发电机，其电枢绕组和励磁绕组通常是并联的，它们的一个极在内部接铁，另一个极经接线柱通出机壳外。故在弄清直流发电机是用正极电刷与机壳连接（铭牌上有标注）、蓄电池的搭铁极性（正极）正确且接触可靠情况下，用枪式检验灯（12V、0.1A）的鳄鱼夹夹住蓄电池负极接线桩头，拿检验灯枪头触及“磁场”接线柱

（注意：测试时必须使直流电源的极性与励磁绕组的剩磁极性相符，以防退磁）。检验灯 H 灯泡闪亮，说明被测发电机励磁绕组无断路；如果检验灯 H 灯泡不亮，则说明被测发电机励磁绕组内有断路故障（包括接线头脱焊等）。当测知励磁绕组无断路故障后，将励磁绕组接铁端从壳体上拆下，这时仍用检验灯鳄鱼夹夹住蓄电池负极接线桩头，拿枪头触及“磁场”接线柱，检验灯 H 灯泡闪亮说明励磁绕组有搭铁处。同理同法，用 12V、0.1A 的枪式检验灯鳄鱼夹夹住蓄电池负极接线桩头，拿检验灯枪头触及“电枢”接线桩，如图 4-138 所示。同时用手转动皮带轮一周多，观察检验灯 H 灯泡闪亮是否有变化。检验灯 H 灯泡一直闪亮不熄灭，方可确定发电机电枢绕组无断路故障；否则，灯泡有熄灭现象便是电枢绕组内存在个别线圈断路故障。同样在测知电枢绕组无断路故障后，将电枢绕组接铁端从壳体上拆下，检验灯跨触蓄电池负极接线桩头和“电枢”接线柱，用手转动皮带轮一周多。检验灯 H 灯泡不亮为正常；如果检验灯 H 灯泡闪亮，则说明被测电枢绕组与电枢轴和铁心间有搭铁处。电枢绕组由于导线绝缘损坏，或绝缘电刷（直流发电机一般有两个电刷，一个接铁，另一个与端盖绝缘）、“电枢”接线柱因绝缘损坏，而造成搭铁故障后，就等于用发电机机壳作导体将电枢绕组短路。在这种情况下，即使发电机的转速再高，也只能产生一个小电动势（切割剩磁产生的电动势），且这个小电动势的电流仅通过发电机的机壳从负电刷到正电刷。发电机没有励磁电流，剩磁得不到加强，所以电动势也自然提高不了。因此，直流发电机发不出电来（指产生正常的端电压）。

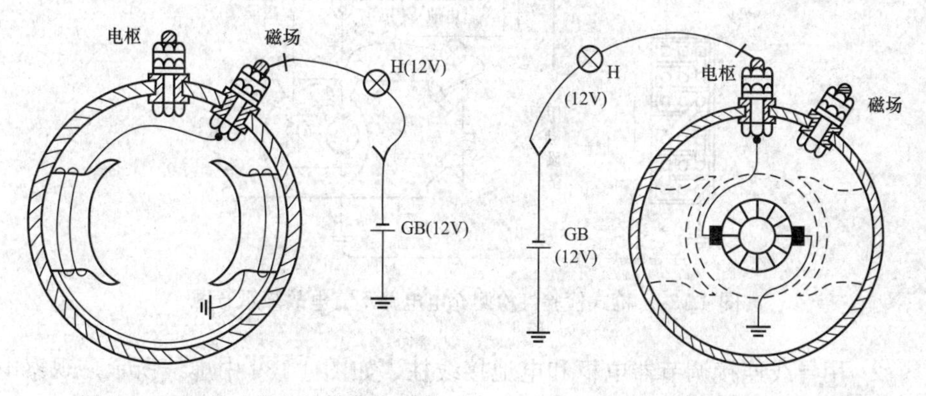

图 4-137　用枪式检验灯检测直流发电机励磁绕组通断示意图

图 4-138　用枪式检验灯检测直流发电机电枢绕组的通断示意图

（6）检测汽车发动机中高转速运行时不充电故障。汽车上有两个电源：蓄电池和发电机。蓄电池是在汽车停止时，或发动机以低转速工作时供应所有用电设备的电流。而发电机则在发动机中等转速或高转速时供应所有的用电设备，以及向蓄电池充电。当汽车发动机在中、高转速运行时，开亮大灯，电流表指向放电，说明充电电路有故障。这时应首先检查风扇皮带是否过松而打滑、皮带上是否有油污、电枢是否运转自如、导线连接处有无松动和接触不良的现象等。如果上述各项均正常，即故障原因不在这里，再按下列方法步骤进行检查。

1）如图 4-139 所示，用内装 12V、0.1A 灯泡的枪式检验灯鳄鱼夹夹住直流发电机电枢接线柱，手拿喷水枪壳，用枪头去触及发电机机体。检验灯 H 灯泡闪亮且亮度正常，说明发电机本身及发电机磁场接线柱、电压调节器、电流限制器、发电机电枢接线柱整个励磁电路是良好的。故障应在调节器电枢接线柱、逆流切断器至电流表一段。如果检验灯 H 灯泡不亮或亮度很微弱，则说明发电机或发电机磁场接线柱，经电压调节器、电流限制器至发电机电枢接线柱整个励磁回路有故障。以往汽车驾驶员或修理工对汽车发动机在高转速运行时不充电故障的检查方法是：用旋凿（起子）杆在发电机电枢接线柱与机体之间试火（碰火法）。此法易损坏发电机电枢接线柱，甚至会烧毁发电机（用旋凿杆将高速正常发电的发电机电枢接线柱搭铁，就等于将电枢绕组短路，会产生很大的短路电流，使发电机温度急剧上升，甚至迅速烧毁），更主要的是火花不明显，常常需试火数次。

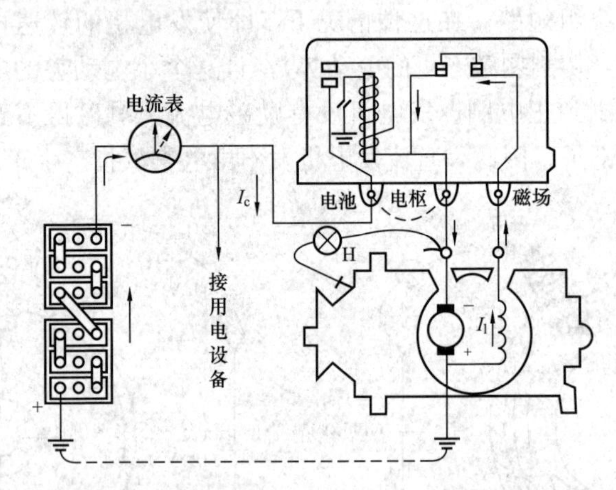

图 4-139　枪式检验灯检测充电电路不充电故障示意图

2）用导线连接调节器电枢和电池接线柱，如图 4-139 中虚线所示。观察电流表，可能有两种现象：一种是有充电电流，这说明逆流切断器触点烧蚀或并联线圈断路，致使触点不能闭合；另一种是无充电电流，这说明调节器电池接线柱至电流表连线断路或接触不良。

3）如图 4-140 中虚线所示，用导线连接直流发电机电枢和磁场接线柱，这时有两种可能：一种是充电，这表明发电机良好，故障在通过电压调节器的励磁电路断路，如由于触点烧蚀或弹簧拉力过弱，致使触点接触不良，两触点间连接线断路或稳定电阻烧坏等；另一种是不充电，则可拆下发电机连接调节器的导线，如图 4-140 中两个“×”所示。这时用内装 12V、0.1A 灯泡的枪式检验灯鳄鱼夹夹住直流发电机电枢接线柱（电枢接线柱和磁场接线柱用导线连在一起未拆开情况下），拿检验灯枪头去触及发电机机体。检验灯 H 灯泡闪亮且亮度正常，则表明发电机是良好的，不充电的原因可能是通过调节器的励磁电路搭铁；检验灯 H 灯泡不亮，则表明发电机本身有故障，可能是电刷和换向器（整流子）接触不良，电枢或励磁绕组断路、搭铁等故障。

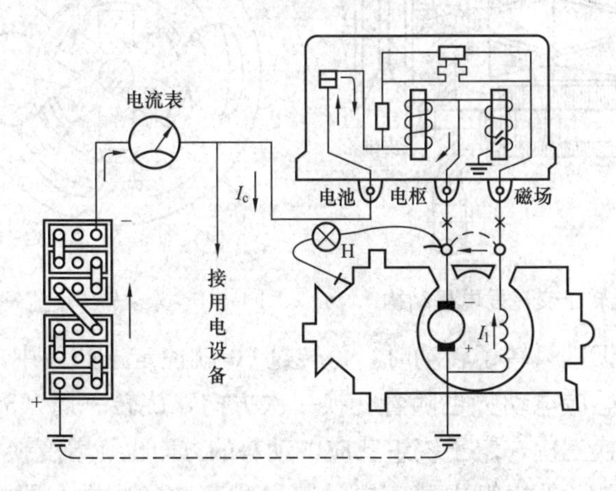

图 4-140 枪式检验灯查找充电电路不充电原因示意图

(7) 检测东方红-75 拖拉机上照明灯不亮故障。在不用电力起动的拖拉机上没有蓄电池，用电设备只有照明灯（不需要直流供电），这样只要采用结构简单的永磁转子交流发电机就能满足要求。拖拉机经常在尘土多的条件下工作，由于永磁转子交流发电机没有电刷、换向器及调节器等，因此使用可靠，维修保养简单。现以国产东方红-75 拖拉机上的 160 型永磁转子交流发电机为例，介绍它的结构、工作原理、特性和使用。

永磁转子交流发电机的结构如图 4-141 所示。它由钡铁氧转子（磁极）、定子铁心、定子绕组、前后端盖、皮带轮和轴等组成。其中永磁转子是交流发电机产生磁场的部分，由钡铁氧永久磁铁和导磁片两部分组成。极数与定子绕组数相同，即有三对磁极，相邻的两极极性相反，如图 4-142 所示。定子铁心由环形内侧有凸齿的硅钢片叠成，固定在前后端盖之间，六个定子绕组分别绕在定子的六个凸齿上，相邻两绕组按电动势相加的原则串联成一组，各绕组的尾端连接在一起，接在与机体壳绝缘的搭铁接线柱 M 上。各绕组的首端分别经相线接线柱与照明灯 EL 连接。定子三相绕组按星形连接，如图 4-142 所示。发电机的轴用非磁性材料（如黄铜、不锈钢等）制成或用较厚的非磁性衬套和磁环隔离。它支承在前后端盖的轴承上，一端伸出盖外，并装有皮带轮。

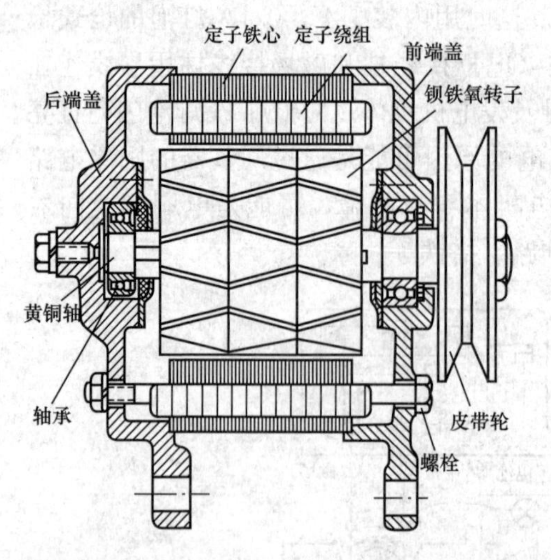

图 4-141 永磁转子交流发电机结构

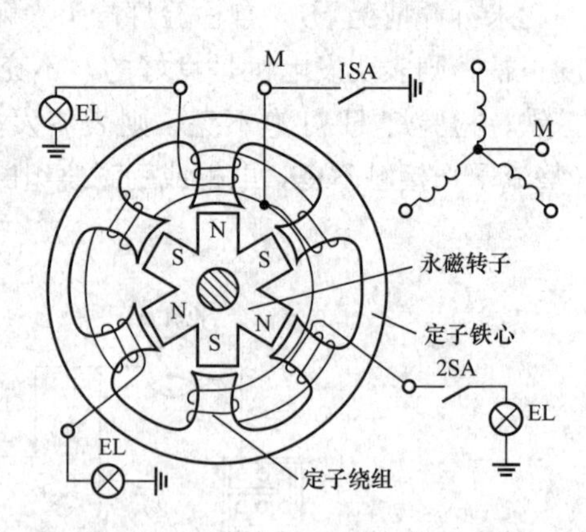

图 4-142 永磁转子交流发电机的线路示意图

当发动机使钡铁氧转子转动时，每转过 60°就使定子凸齿中的磁通变换一次方向；定子绕组感应电动势也随着变换一次方向，旋转一周（360°），定子凸齿中的磁通方向变换三次，定子绕组感应电动势的方向也随着变换三次。若转子每分钟转数为 n，则定子绕组中感应电动势每秒变化的次数，即频率为 $f=6n/60$（Hz）。定子绕组线圈均匀地布置在定子铁心上，这就使三组线圈在转子三对磁极的磁场中总是处在同相位，因而三组线圈中的感应电动势也是同相位，故此是单相三路交流发电机。

这种永磁转子交流发电机向照明灯的供电中，当转速变化时能自行调节电流。其原理是：当转子转速增高时，铁心中磁通变化率增加，绕组中的感应电动势增加；但与此同时，由于磁通和感应电动势的频率增加，使绕组中感抗增加（即对电流的阻力增加）。当感应电动势增加时，有使灯泡电流增加的趋势；当感抗增加时，有使灯泡电流减少的趋势。这两种趋势相互制约着，电流可以不随发电机转速的增高而产生大的变动。因此，这种发电机在转速变化时有自动调节电流的性能。负载灯泡上的电压 $U=IR$，当 R 不变时，U 将随负载电流而变，但由于转速变化时 I 变化不大，所以电压 U 变化也不大。发电机绕组的感抗随转速的增加而增加，自动地限制发电机的电压和负载电流，使之变化不大，这就省去了电压调节器和电流限制器。由于拖拉机上的用电负载一般是照明灯，对发电机电压稳定性要求不高。因此，这种发电机基本能满足使用要求。

使用永磁转子交流发电机时应注意的问题是：发电机每一电路的负荷（电功率），应按该发电机使用说明书配用，不可随意增减灯数或换用不同功率的灯泡，否则不能正常工作；白天使用拖拉机不需要接通照明灯时，一定要拆掉发电机轴上的皮带，使之停止运转，否则发电机处在空载状态（开路情况下），电压失去调节，可能烧坏发电机；发电机在正常转速下照明灯的亮度不够（即电压偏低）时，其原因一般是转子已退磁，应立即充磁（检修发电机，抽出转子时宜用铁片将转子包住，以免转子退磁）。

永磁转子交流发电机的电压有6V和12V两种，功率在60～180W之间。安装在国产东方红-75拖拉机上的160型永磁转子发电机，其功率为60W，电压为6V，工作转速变化在1300～2300r/min之间时，电压变化为4.75～7.1V。

测电笔式检验灯检测东方红-75型拖拉机电气线路图如图4-143所示。当装上永磁转子交流发电机轴上的皮带、发电机正常运转时，前后灯均不闪亮。此时从分析故障现象和电路工作原理入手，用测电笔式检验灯的鳄鱼夹夹住发电机上的搭铁接线柱M，然后手拿测电笔笔杆用旋凿刀头触及发电机上三个相线接线柱。检验灯H灯泡不亮，则说明是发电机本身有故障（不发电），如电枢线圈短路、搭铁或开路；如果检验灯H灯泡均闪亮且正常，则说明发电机本身发电正常，而照明电路有故障，可能是开关盒中搭铁接线柱M引入线控制开关没闭合，或开关触点接触不良以及灯泡灯丝均断裂等。这时用检验灯的鳄鱼夹搭铁（夹拖拉机机身任一铁螺栓），拿测电笔旋凿刀头触及发电机上任一相线接线柱。检验灯H灯泡亮，则说明开关盒中搭铁接线柱M引入线开关没闭合，或开关触点接触不良，开关闭合后前后灯的灯泡就亮了；如果开关闭合好后灯泡仍不亮，则说明照明电路或灯泡灯丝有断路故障。

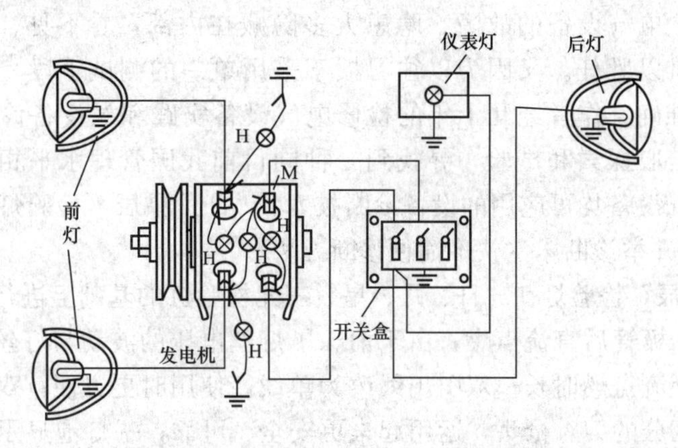

图4-143 测电笔式检验灯检测东方红-75型拖拉机电气线路图

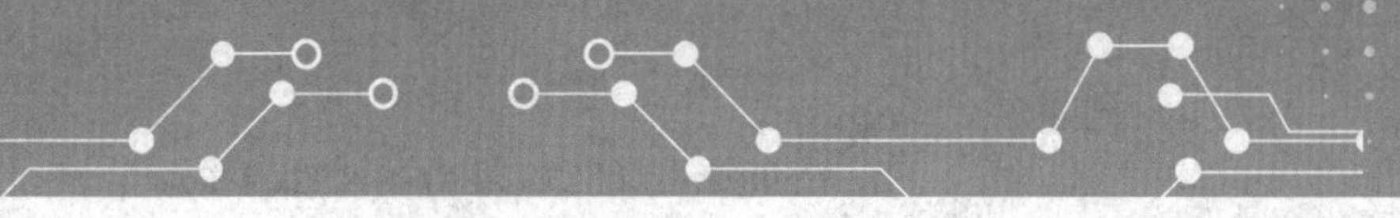

第5章

“日月星辰”检验灯，刀枪并举诊断术

设备诊断技术定义为：不分解、不破坏设备，定量地掌握设备的状态，即掌握影响设备状态的因素、故障、劣化程度及强度性能，预测其寿命及可靠性，并实施决定保全（维修）措施的技术。设备诊断技术是从20世纪60年代初美国为适应宇宙开发及军事需要而发展起来的，并逐渐将其推广到其他产业。目前，此技术已在许多国家推荐使用，并得到迅速发展。我国接触设备诊断技术，是从1979年开始的。1983年1月11日国家经委以经生［1983］38号文下达了《国营工业交通企业设备管理试行条例》，在第十一条第三项中明确提出：“根据生产需要，逐步采用现代故障诊断和状态监测技术，发展以状态监测为基础的预防维修体制。”这就是说，通过国家条例的形式，促进设备诊断技术在全国有效地开展。从这年开始，全国从中央到地方，有更多的单位和个人对这个问题有了进一步的认识和理解，围绕设备诊断技术开展的活动日益频繁，从而开创了一个生动活泼的局面。

应用现代化的设备诊断技术是当前发展的方向，但因投资较大，且需与管理水平相适应，以及对有些设备（普通设备）宁可采用日常和定期点检再加上大、中、小修比较合算的从经济实效出发的思想观点。所以目前许多工矿企业，特别是规模小些的乡镇企业、广大农村，绝大多数普通设备还使用感官诊断。而感官诊断属于主观监测方法，由于各人的技术经验不同，诊断结果有时会有所不同。加之电气设备的故障、隐患大多隐藏在内部，看不见、摸不得，只凭感官诊断难以胜任。又因为以往习惯于采用单一的测试手段，工作效率不高或结果不准确。作者经几十年的检修电气设备实践和对设备诊断技术的认识和理解，苦心探索和试验，寻找到一种同目前我国管理水平相适应、绝大多数普通电气设备均可应用的设备诊断技术：“日月星辰”检验灯（诊断用的仪器），刀枪并举诊断术（快准简便诊断方法）。

“日月星辰”检验灯在“日、月、星”三光检验灯的基础上进行了改革：白炽灯灯泡串二极管后直流点燃，由于消除了灯丝电压的波动与灯丝的抖晃，其使用寿命比交流点燃时长；双引出线改为单线，使用时更方便；双检测笔改为刚度高且易区分的刀、枪头，运用起来更安全、可靠；一灯泡显示改为一灯泡两管（氖管、发光二极管）三显示，相互验证，双重判断；增设直流电源干电池，使其本身为一个完整的电路，能像万用表的欧姆挡一样测试电路或电器元件的通断，同时具备了随时随地进行自检的功能。如图5-1所示，经改革后的“日月星辰”检验灯（由110V、8W普通指示灯灯泡、1kΩ电阻、4个硅二极管、发光二极管、9V叠层电池以及软绝缘铜导线等组成，装在一只塑料玩具枪内）与一支低压测电笔结合，联手打造成为同目前我国管理水平相适应，能多科综合诊断的设备诊断技术的简易、实用、理想的仪器。

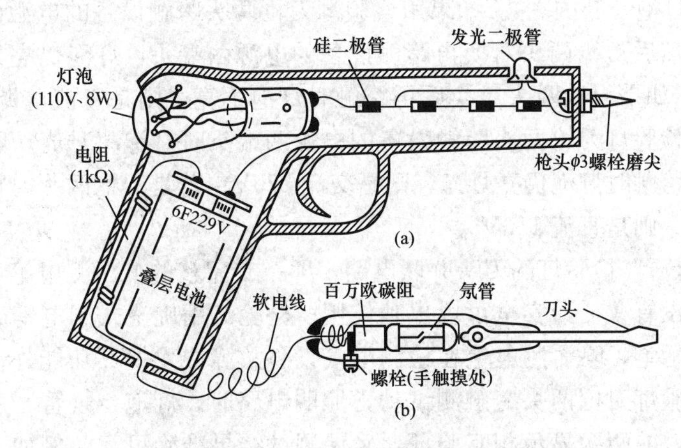

图5-1 “日月星辰”检验灯实物组装示意图

(a) 塑料玩具废枪壳；(b) 旋凿式测电笔

由图5-1所示实物组装图和图5-2所示原理接线图可见，“日月星辰”检验灯是一个完整的电路，刀、枪两头是单极“开关”，它本身就有直流电源干电池G、负载灯泡H和电阻R，故检验灯具有极简易的自检功能。只要将刀、枪两头碰触，VP发光二极管发全红光，则表示灯泡、电阻、二极管等均完好。否则，检验灯内有故障。检验灯随时随地能自检，以确保工作安全、测试结果准确可靠。检验灯是一种串联一定的外阻，带发光二极管显示的直流电源，刀、枪两头是电源的正、负极端。经计算和测试实验，根据发光二极管VP（图5-2中V2、V3、V4三只二极管起稳压作用，为VP发光二极管提供2.1V的电压）发光全红、微红、点红显示，判定刀、枪两头跨触的导体、电器元件阻值的大小，范围为0～5kΩ。同时可判断电子元件的阴、阳极，1.5～24V直流电源的正、负极等。检验灯的刀枪两头跨触380V AC、220V DC电源时（直流电源应正向跨触。下同），灯泡最亮，灯泡功率12W左右，定为“日光”；刀枪两头跨触220V AC、110V DC电源时，灯泡功率约为6W，灯泡较正常亮，定为“月光”；刀枪两头跨触36～100V AC、24～48V DC电源时，

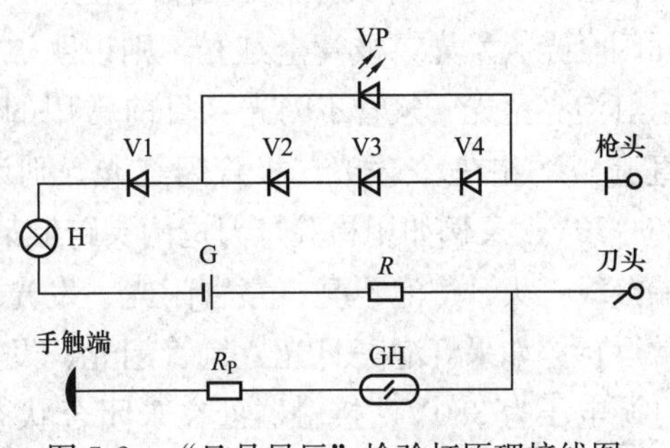

图5-2 “日月星辰”检验灯原理接线图

灯泡功率为 1W 左右，灯丝发红或微光闪亮，称之为“星光”；刀枪两头跨触 36V AC、24V DC 以下电压电源时，灯泡不亮，只是发光二极管 VP 闪红光，称为“辰光”（刀枪两头跨触上述 36V AC、24V DC 以上电压电源时，发光二极管 VP 均同灯泡一起闪亮）。如果用检验灯刀枪两头跨触设备的电源两端头，灯泡亮日光，然后刀枪两头对换再跨触设备的电源两端头，灯泡仍亮日光，则是交流 380V；如果刀枪两头对换后再跨触时灯泡不亮，则是直流电源 220V。同样道理，用检验灯刀枪两头跨触设备的电源两端头时灯泡亮月光，随后刀枪两头对换后再跨触时灯泡仍亮月光，则是交流 220V；若是刀枪两头对换后再跨触时灯泡不亮，则是直流 110V。

“日月星辰”检验灯的刀头并联电路，即一支完整的低压测电笔，测电笔的性能和功能没有改变，安全可以单独使用。检验灯用旋凿式测电笔的金属螺钉旋具作刀头触笔，除需测电笔在检测电气设备故障中发挥其功能外，还有其重要一点：检验灯刀枪两头跨触测试动力照明电路时，灯泡、氖管、发光二极管三者均显示，或两两显示相互验证，确保测试结果准确可靠。例如，用检验灯刀枪两头触及中间继电器的两接线桩头，灯泡亮日光、氖管中间闪全光、发光二极管全红光，则说明被测两接线桩头间交流电压为 380V；若灯泡不亮、氖管中间闪全光、发光二极管全红光，则说明被测两接线桩头的两线头是同相相线；如果灯泡亮星光、氖管不闪光（目前常用的测电笔氖管起辉电压为交流 65V 左右、直流 90V 左右）、发光二极管闪红光，则说明被测两接线桩头间电压范围为交流 36～70V。又例如用检验灯刀枪两头跨触某继电器—接触器控制回路的起动按钮两端接线桩头，灯泡不亮、氖管闪光、发光二极管全红光，则说明被测控制回路正常运行；如果灯泡亮日光、氖管闪光、发光二极管全红光，则说明被测控制回路电源电压为 380V，接触器处在未闭合状态，该控制回路内未有断路现象，且测试时不会使接触器吸合。

目前，为了节能降耗，在工矿企业高低压电气装置和自动化电气设备中，多不使用 ZSD-38 型信号灯了，即 110V、8W 指示灯灯泡备件少了或没有了。对此可制作孪生姐妹“日月星辰”检验灯，如图 5-3 所示。其由普通 220V、15W 指示灯灯泡、红色的发光二极管、普通测电笔内氖管、1N4007 硅二极管、百万欧碳阻、9V 叠层电池（最好用废旧叠层电池的接线片焊线插接电池两极）、塑料单芯软电线等七种元件分装两绝缘外壳内，枪壳用玩具塑料枪，易组装、易手握，主要是灯泡对着人的眼，易观察；另一个外壳用新旧低压测电笔塑料壳。按照图 5-3 所示组装完毕后，其外形结构与图 5-1 所示“日月星辰”检验灯实物完全一样，均携带使用方便，平时插入钳套中还不易丢失；其内装元器件与“日月星辰”检验灯略有差异，即灯泡额定电压、功率不同，少一个 1kΩ、10W

电阻，多一个1N4007硅二极管。由图5-4所示接线图可知，孪生姐妹“日月星辰”检验灯内装的白炽灯系纯电阻性负载（额定电流为0.068A），灯泡串接硅二极管后跨接至不同电压等级的电源上，其灯泡的亮度不同。经计算和实测，检验灯接至380V AC、220V DC电源时（直流电源应正向跨接，下同），灯泡功率13～15W，亮度定为“日光”；检验灯跨接220V AC、110V DC电源时，灯泡功率是10W左右，灯泡较亮，定为“月光”；检验灯接至100V AC、48V DC电源时灯泡功率为6W左右，灯泡亮度暗淡，定为“星光”；检验灯跨触36V AC、24V DC以下电压电源时，灯泡不亮，只是发光二极管闪红光，称之为“辰光”（检验灯跨接上述40V AC、24V DC以上电压电源时，发光二极管均同灯泡一起闪亮发光）。检验灯反向跨接至直流24～220V电源时，因电路内串接硅二极管，所以灯泡和发光二极管均不闪亮发光。图5-4中的V1硅二极管在测交流电压时作半波整流作用，使加在灯泡H上的电压为被测电压的0.45倍；V1并联两只1N4007二极管，是为防止跨触交流400V电压时恰遇交流峰值，确保二极管1N4007额定电流（1A）富余。V2、V3、V4三只二极管起稳压作用，主要为VP发光二极管提供2.1V的电压。图5-4中的G电池（6F22型9V叠层电池）在测通断时作为VP发光二极管的电源，此时灯泡H作限流电阻（常温下约300Ω），测试范围为0～5kΩ，VP发光二极管发光全红、微红、点红，亮度与电阻大小成反比；电池G在检验灯测试电压时接受充电。孪生姐妹“日月星辰”检验灯的刀头并联一支低压测电笔，测电笔的性能和功能没有改变，完全可以单独使用。其测试时通过氖管闪亮状况判定被测电源的电位和极性，在检测电气设备故障中可充分发挥其功能，辅助检验灯灯泡H确保测试结果准确可靠。

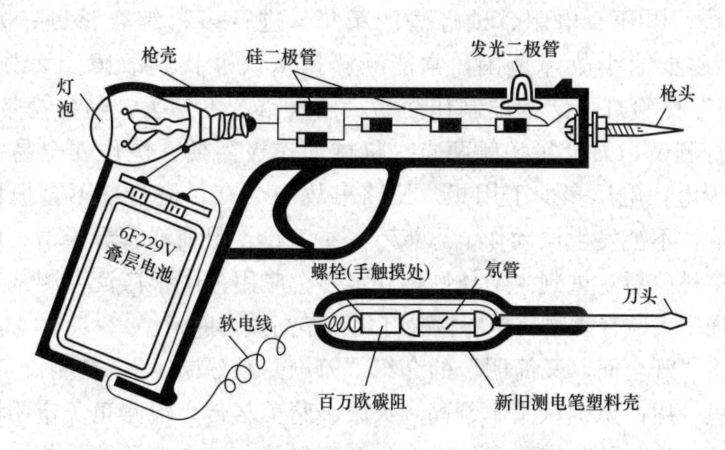

图5-3 孪生姐妹“日月星辰”检验灯实物结构示意图

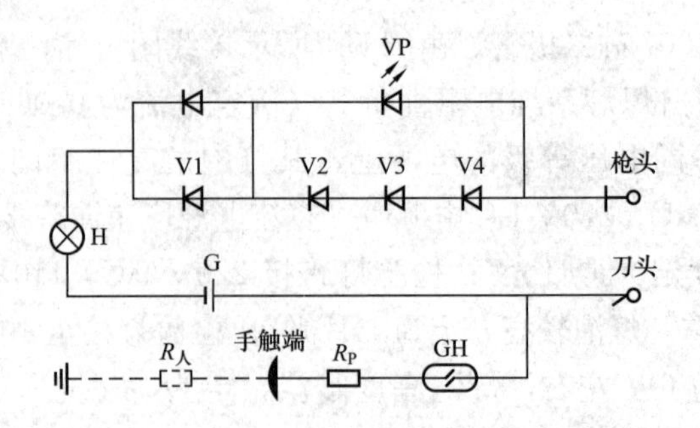

图 5-4 孪生姐妹“日月星辰”检验灯原理接线图

综上所述“日月星辰”检验灯的结构和工作原理可得出：“日月星辰”检验灯，结构简单易制作，操作简便易掌握，一泡两管显示真，多科综合巧诊断，科学快捷且实用。具有电工基础知识的人，都能掌握会应用。检验灯的刀、枪两头，恰似万用表的黑、红两表笔，内装 9V 叠层电池，故可作万用表的欧姆挡使用。检测电器元件电阻大小和电路通断，识别电子元件的极性和好坏。检验灯的刀枪两头作“线头”或“触头”，串接于电路中，根据灯泡亮的程度，即刀头、枪头端所分压大小，判测电路负载电阻值大小。检验灯灯泡亮度与被测原电路中电阻值成反比，亮度越高，电阻值越小，测试范围为零到百万欧，且随所接电源电压等级增大而测试范围增大。检验灯刀枪两头可随时随台跨触电路或电气设备电源端，根据灯泡、发光二极管和氖管的可靠、准确地定量显示，便可识别交直流电，判断电源电压等级，掌握设备的运行状态。在这两方面，检验灯可替代 500V 绝缘电阻表和万用表电压挡使用，且操作简便，测试结果准确无误。运用检验灯检测电气设备故障时，极易实施传统的电位、电压、电阻、试灯法的精华，进行多科综合诊断；方便采用“二分法”逐步缩小故障范围，常能顺藤摸瓜快准找到故障点。总而言之，“日月星辰”检验灯，结构酷制作简易。插入钳套不易丢，随身携带很潇洒。运用检验灯测试，刀枪并举触两点。机械动作极简便，操作安全易掌握。不需考虑有无电，电压多少不用想。短路事故不会有，检验灯不会损坏。电路运行不影响，不会发生误动作。思想专一举刀枪，眼前泡管看得清。压阻定量显示真，多科诊断双重判。绝技妙招功能多，应用范围很广泛。测试工艺精而简，劳动强度大减轻。物美价廉检验灯，科学高效诊断术。

本章将“既全面，又简明”的介绍“刀枪并举诊断术”：判测设备不解体，判定故障只一招；识别认头本领高，火眼金睛美名传；检测正负定阴阳，异曲同工判好坏；随时随台查隐患，安全生产有保障；供电电源缺一相，一目了然快准断；疑难杂症巧诊断，排忧解难只等闲；善诊照明众故障，查找窃电有高招；家电插头同法测，速判断路和碰壳；直流电路诸故障，简便可靠双重判；汽车拖拉机电器，检测鉴别是行家；检测库房备品件，检修质量有保障；特异功能众多项，实用价值更显高等十二节。

本章共一百三十四小节，总结了诊断电气设备故障经验、技巧、资料，且一看就明其理知其意。阅读学习后深感“日月星辰”检验灯是电工的良师益友，得心应手的“诊断仪器”。“刀枪并举诊断术”简化了测试程序和手续，减免了使用仪表测试时的那些停电、拨挡、放电以及众多注意事项，且能使电工深感棘手甚至头痛的“虚电压”“触点”“似是而非”等故障诊断得清清楚楚。青年电工、刚参加工作的电气技术人员边学边用、加深理解、心领神会，能开拓多科诊断的思路、举一反三，快速成为诊断电气设备故障的行家里手。

打铁全凭本身硬，“日月星辰”检验灯随时随地可自检。“日月星辰”检验灯本身是个完整的电路，它既有一个直流电源（内装 9V 叠层电池），又有一个真实的负载（白炽灯灯泡），刀、枪两头就是单极“开关”的动、静触点。在用检验灯检测电气设备故障的前和后，将检验灯的刀枪两头碰触，如图 5-5 所示。如果发光二极管闪全红光，则说明检验灯本身的灯泡、电池、二极管、连接导线和发光二极管均完好正常；如果发光二极管闪红星点光，则说明内装的 9V 叠层电池容量已不足，其他元器件正常；如果发光二极管不闪亮，则说明检验灯本身内有断路故障，需进行解体检修。这就是检验灯简便而可靠的自检功能，这也是使用检验灯的注意事项，即检验灯的刀枪两头不能常短接，新的电池时有 0.018A 直流电流通过灯泡、二极管和导线，经常短接易将电池内的电放尽。此外，为使本章阐述文字简练，“日月星辰”检验灯简称为检验灯；文字符号为“H”，图形符号用“刀头 ⊗ 枪头”来表示。

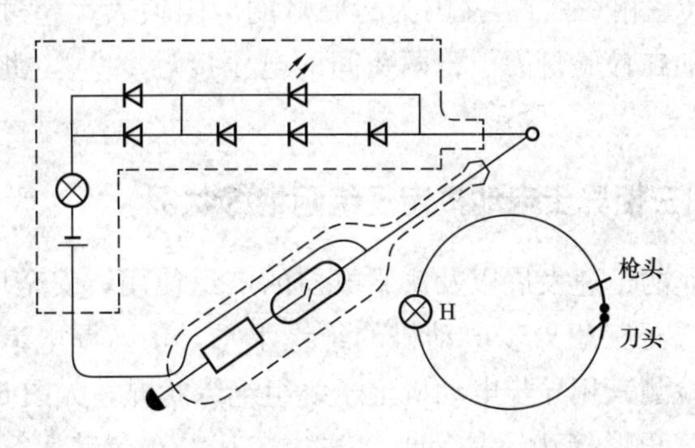

图 5-5 “日月星辰”检验灯自检功能示意图

第1节　判测设备不解体，判定故障只一招

5-1-1　在通电的情况下测判封闭式三相星形接法电阻炉的断相故障

在工矿企业的热处理车间里，经常用的封闭式三相星形接法电阻炉，在通电升温时常有电阻丝伤断的现象发生。若不能及时地发现断丝而继续使用，则迟迟达不到设定温度，而在停炉换丝时则迟迟冷却不下来。这不仅延误工时和增加电耗，而且有可能影响工件的质量。对此，当电源电压正常而三相电阻炉温度升不上去或者炉温升得很慢时，在正常通电情况下，用检验灯刀头触及电阻炉的中性点O′（O′一般都接在电炉的背后），拿检验灯的枪头触及接地线，如图5-6所示。检验灯H氖管、灯泡都不闪亮，则表示三相电阻丝未断，而是温升计量系统有故障；氖管闪亮、灯泡灯丝发红亮星光，则表示电阻炉有一相电阻丝烧断；氖管闪亮、灯泡亮月光，则表示被测电阻炉有两相电阻丝烧断。

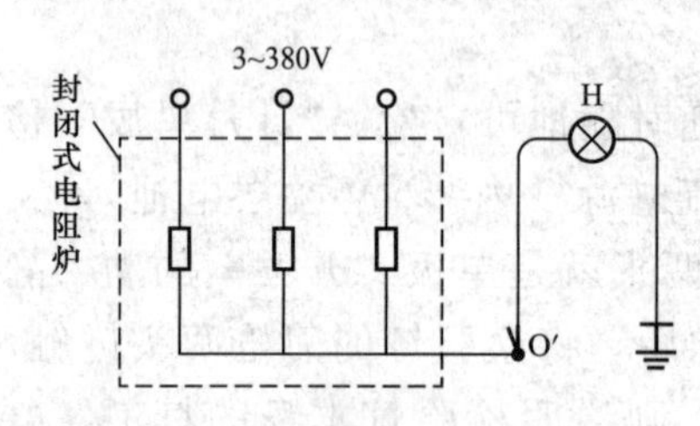

图5-6　检验灯检测电阻炉示意图

检验灯一蹴而就双重判，一目了然定故障。因三相星形接法电阻炉是三相平衡电阻性负载，当三相电阻丝运行正常时，供电变压器的中性点N与电阻炉的中性点O′是等电位，用测电笔（刀头）测量中性点O′时氖管不发亮，检验灯刀枪两头跨触中性点O′和接地线（中性线N）时灯泡不闪亮。当电阻炉内某一相电阻丝烧断时，电阻炉中性点O′电位约为110V，测电笔测量中性点O′时氖管发亮，检验灯刀枪两头跨触中性点O′和接地线时灯泡亮星光；当电阻炉内有两相电阻丝烧断时，相当于电阻炉内正常运行的一相电阻丝与检验灯串联后接于220V电源上（一相一地），又因为检验灯的电阻值大大超过电阻炉内电阻丝的电阻值，所以加在检验灯刀、枪两头间的电压接近220V，此时氖管发亮，灯泡亮月光。

5-1-2　测判三相异步电动机定子绕阻绝缘状况

随着电力工业的迅速发展以及家用电器的广泛使用，安全用电越来越重要。为了更好地监视低压三相异步电动机的绝缘水平，预防漏电事故的发生，可用检验灯随时随台检测三相异步电动机定子绕组绝缘状况，如图5-7所示。三相异步电动机不论是三角形接法还是星形接法，在其没有起动运行时（即在断开电源停止转动时），用检验灯的刀头接触直接接通电动机电源的接触器或断路器任

一相电源侧接线桩头，测电笔氖管闪亮，确认电源正常有电，然后拿检验灯枪头触及该接触器或断路器该相负荷侧接线桩头。如果检验灯 H 仅氖管发亮而灯泡和发光二极管不闪亮，则说明被测电动机定子绕组没有接地故障；如果检验灯 H 的氖管、灯泡和发光二极管均闪亮，则说明被测电动机定子绕组绝缘已损坏或严重受潮（在确认连接电动机的导线绝缘正常的情况下）；若检验灯 H 的灯泡亮月光，则说明被测电动机定子绕组已直接碰壳，发生绕组接地故障。检验灯 H 的灯泡亮度与被测电动机定子绕组绝缘电阻值成反比，亮度高，绝缘电阻值小，测试范围为 0～1MΩ。

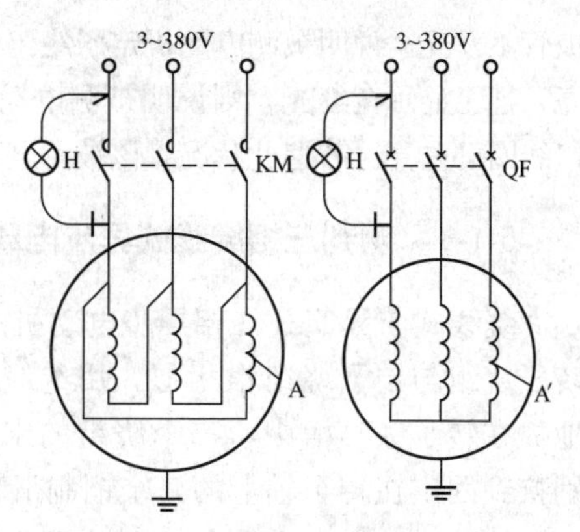

图 5-7 检验灯检测电动机定子绕组绝缘示意图

三相异步电动机定子绕组接地故障是绕组线圈导线与机壳短接（碰壳），造成故障的原因很多，总的来说是由于绕组线圈与铁心之间的绝缘材料陈旧，或者受损而失去绝缘能力而造成的。例如：在线圈嵌线时，由于嵌线人员粗心或硬行敲击线圈而损伤导线绝缘；漆包线拉得过紧而使其绝缘擦伤；电动机使用期间线圈绝缘受到过电压冲击（如雷击）造成击穿而碰及铁心；电动机因长期过载运行以致导线发热、绝缘焦脆；电动机运行中由于周围空气潮湿、灰尘多及腐蚀性气体侵入，以致绝缘陈旧变质等。这些都能造成电动机定子绕组接地故障。三相异步电动机运行时，若发现转速变慢，一相电流显著增加，而且电源一相熔断器熔丝经常发生烧断等现象，则可初步确定是电动机一相绕组碰壳通地，该电动机断开电源停止转动后，用手触摸其机壳，会感到局部地方很烫手。三相电动机定子绕组发生接地故障后，不仅影响设备的正常运行，而且会使电动机在运行过程中机壳带电。如果机壳接零或接地措施不妥，很可能使工作人员发生触电事故。

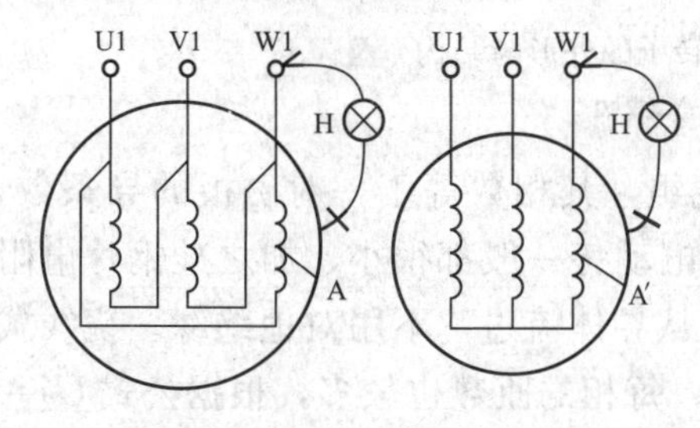

图 5-8 检验灯检测未安装就位的电动机定子绕组绝缘示意图

对尚未安装就位的三相异步电动机，在放置电动机处没有电源、没有 500V 绝缘电阻表的情况下，可用检验灯粗略检测。如图 5-8 所示，用检验灯枪头触及被测电动机的机壳，拿检验灯的刀头触及电动机任一根引出线线芯（当然可用枪头触及电动机的任一根引出线线芯，而用刀头触及电动机的机壳）。检验灯 H 的发光二极管不发光，说明被测电动机定子绕组绝缘正常；如果检验灯 H 的发光二极管闪亮，甚至显示全红光，则说明被测电动机定子绕组绝缘受损或严重受潮，甚至绕组线圈已碰壳。若遇此状况，该被测电动机绝对不能使用，必须进行检修。

5-1-3 测判三相绕线式异步电动机转子绕组回路接地

绕线式与鼠笼式三相异步电动机的主要区别在转子上。绕线式异步电动机转子绕组与定子绕组很相似，用绝缘导线绕成三相绕组，按一定的规律对称地放在转子铁心槽中，三个绕组的末端一般并联在一起，三个绕组的首端分别接到固定在转子轴上的三个铜制滑环上（即三相绕组接成星形），再经与滑环摩擦接触的三个电刷与三相变阻器连接。滑环之间及滑环与转轴之间都应相互绝缘。绕线式电动机转子的外形与结构如图 5-9 所示。

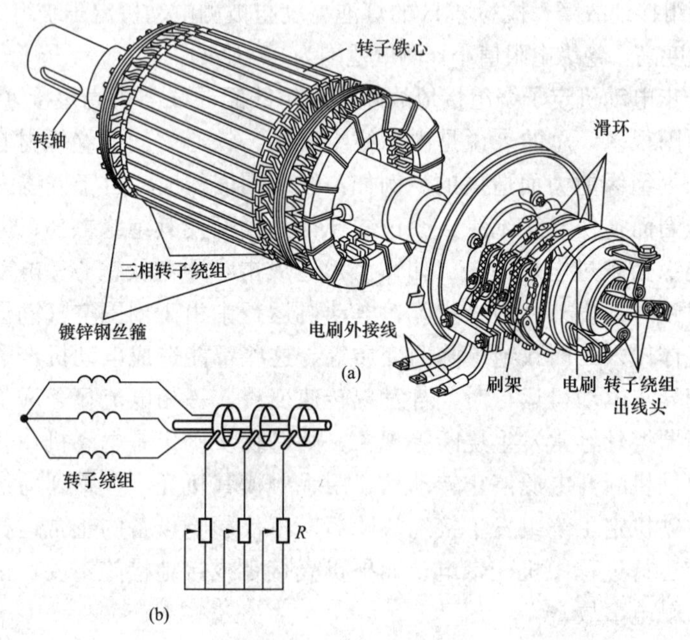

图 5-9　线绕式电动机转子的外形与结构

(a) 外形；(b) 结构

鼠笼式电动机转子可看成一个多相绕组，其相数等于一对磁极的导条数，每相匝数等于 1/2 匝。由于每相转子感应电动势一般都很小，加之硅钢片电阻远大于铜或铝的电阻，所以绝大部分电流从导体流过，不用对地绝缘。绕线式电动机转子绕组中，相数和定子绕组相同，每相的匝数也较多，根据公式 $U_2=E_2=4.44K_2f_2N_2\Phi$ 可知，绕线式转子每相感应电动势很大。这时若对地不绝缘，就会产生对地短路甚至烧毁电动机。

图 5-10 为三相绕线式异步电动机转子绕组串联频敏变阻器起动控制线路。从图 5-10 中可以看出，电动机 M 转子绕组三个首端 K、L、M 经三个滑环和三根导线与频敏变阻器 RF 三个线圈的首端相连接，而且均接至 2KM 交流接触器的三个静主触头接线桩头上。交流接触器 2KM 的线圈一端接线端子（A 点）接至控制电路电源公共相线。这样，用检验灯的刀头接触接触器 2KM 线圈接线端子 A 点，氖管闪亮，验明电源相线正常有电，然后拿检验灯枪头触及接触器 2KM 任一静主触头接线桩头 B（或 B′、B″）。此时检验灯 H 仅氖管发亮而发光二极管和灯泡均不闪亮，说明被测绕线式电动机转子绕组回路没有接地现象；如果检验灯 H 氖管、灯泡和发光二极管均闪亮，则说明被测绕线式异步电动机转子绕组回路内有接地故障。这时，检验灯的枪头触及接触器 2KM 静主触头接线桩头 B 点不动，用检验灯刀头移触及接地线。检验灯 H 的发光二极管闪红光，验证了被测绕线式电动机转子绕组回路内有接地故障。双重测判，准确无误。

图 5-11 为三相绕线式异步电动机转子绕组串联电阻变阻器起动控制线路。从图 5-11 中可以看出，电动机转子绕组三个首端 K、L、M，经三个滑环、三根导线和接成星形的三相电阻器三根引出线线头连接。三相多级电阻器三根引出

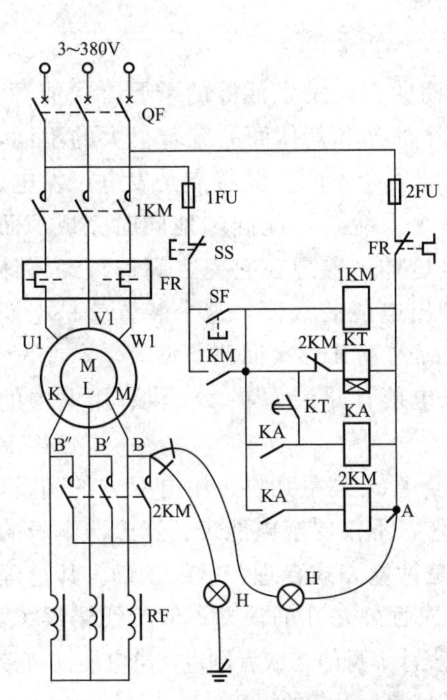

图 5-10 检验灯检测绕线式电动机转子绕组串联频敏变阻器回路接地示意图

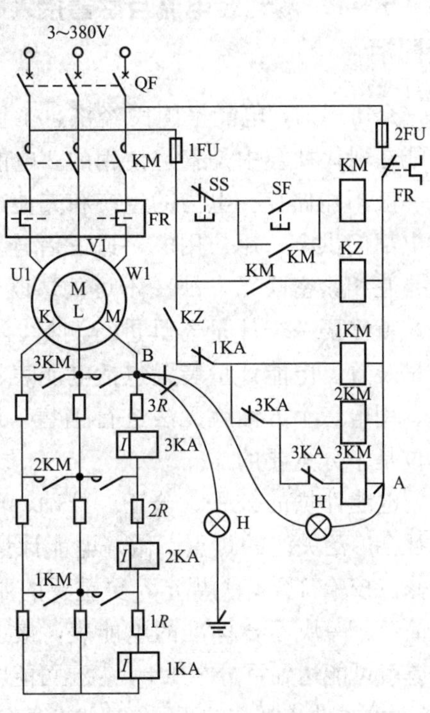

图 5-11 检验灯检测绕线式电动机转子绕组串联电阻变阻器回路接地示意图

线线头分别接至交流接触器 3KM 常开主触头的动触头接线桩头上，加速接触器 3KM（全部电阻切除的接触器）的线圈一端点 A 接线端头接在控制电路电源公共相线上。这样，用检验灯的刀头接触接触器 3KM 线圈一端接线端子 A 点（公共相线上），氖管闪亮，验明电源相线正常有电，然后拿检验灯枪头触及接触器 3KM 任一动触头接线桩头（如 B 点）。此时检验灯 H 仅有氖管发亮而灯泡和发光二极管均不闪亮，说明被测绕线式电动机转子绕组回路没有接地现象；如果检验灯 H 氖管、灯泡和发光二极管均闪亮，则说明被测绕线式电动机转子绕组回路内有接地故障。这时，检验灯的枪头触及接触器 3KM 动触头接线桩头 B 点不动，用检验灯刀头移触及接地线。检验灯 H 的发光二极管闪红光，验证了被测绕线式电动机转子绕组回路内有接地故障。

综上所述可知，用检验灯在配电柜（盘）处，并且只在一只交流接触器上，只用一“招”操作检测，便可准确地判断出被测三相绕线式异步电动机转子绕组回路有无接地故障；同时可当场验证其判断的正确性。双重检测，万无一失。

5-1-4　测判经电流互感器接入的三相电能表同一元件上电压和电流是否同相

众所周知，电能是国民经济、工业、商业、人民生活等的重要二次能源，电能在现代社会中是普遍使用的。电能这个商品和其他商品有着很大的不同，它一般不能储存。电力的生产和其他产品的生产不同，其特点是发电厂发电、供电部门供电、用户用电，这三者连成一个系统，不能间断地同时完成，而且是互相紧密联系，缺一不可的。既然是这样，要想在它们之间进行经济计算，就需要一个计量器具进行测量，计算出电能的数值，这个装置就是电能计量装置。电能计量装置包括电能表、互感器及其二次回路。没有它，在发、供、用电三个方面就无法进行销售，所以电能计量装置在发、供、用电中的地位是十分重要的。

电能计量的公平、公正、准确、可靠，直接关系到供、用电双方的利益，是社会广泛关注的焦点。做好电能计量工作，不仅要求电能表、互感器本身的检修、校验符合有关规定，更重要的要求是计量方式合理、接线正确。其道理很简单：一块不合标准的电能表，最多造成百分之几的误差；但接线错误了，误差就可能达到百分之几十，甚至可能出现表计本身停走或者倒走，给电能计量带来很大的损失；严重的还可能造成人身伤亡或仪表、设备的损坏。

用电炉丝检查电能表接线是一种简单而实用的办法，被一些工矿企业、农村电工普遍采用。其方法是：用一根 1.5kW 或 2kW 的电炉丝，在负载刀开关拉开后，在刀开关前侧（电源侧）将电炉丝接电，由电能表的转向来判断某相（电能表某元件）接线正确与否。正转为正确，反转为不正确，不转有故障。实践说明：用电炉丝检查经电流互感器接入的三相电能表接线时，容易忽视电能表同一元件上电压和电流是否同相的问题。当三相三线有功电能表某元件上电压和电流不同相且电流进出线极性接反时，就会出现因用电炉丝检查法是正转而误认为是正确接线的现象；对于三相四线有功电能表某元件上电压和电流不同相且电流进出线极性接反的错误接线，当其元件上电压和电流之间的夹角小于90°时，就会出现因用电炉丝检查法是正转而误认为是正确接线的现象。实践经验告知，用电炉丝法检查电能表接线，核相检测是必须进行的程序；只要用简单的"检验灯核相法"检测纠正了电能表同一元件上电压和电流不同相的错误后，再用电炉丝法检查电能表接线时就不会将错误接线误认为是正确接线了。现举实例分析说明。为了简便叙述、避免混淆，实例中三相交流电源相线标记代号为：L1 是 A；L2 是 B；L3 是 C。"检验灯核相法"是用检验灯刀头触接被测电能表第一元件电压端子，氖管闪亮，验明元件电压端子有电，然后拿检验灯的枪头触及 A 相电源线某点上该相电流电源。此时检验灯 H 氖管、发光二极管闪亮而灯泡不亮，说明被测电能表第一元件上电压和电流是同相，接线正确；如果检验灯 H 的氖管、发光二极管和灯泡均闪亮，且灯泡亮日光，则说明被测电能表第一元件上电压和电流不同相，接错线了。同法同理，用检验灯检测判断电能表第二元件上电压和电流是否同相。这些测判阐述在实例中不再赘述，只在图中简明标注。

【例 1】 如图 5-12 所示，三相三线有功电能表经电流互感器电压线和电流线分开的接线，接入的电压相序为负相序 A、C、B，接入的电流回路为 $\dot{I}_A$、$-\dot{I}_C$（进出线极性接反）。即接入电能表第一元件的电压为 $\dot{U}_{AC}$，电流为 $\dot{I}_A$，接入第二元件的电压为 $\dot{U}_{BC}$，电流为 $-\dot{I}_C$。据此可作出如图 5-12（b）所示相量图。当电炉丝 R 一端接地或接中性线，而另一端接 A 相电源线时，电能表第一元件测得的功率为 $P_1=U_{AC}I_A\cos(30°-\varphi)=U_{AC}I_A(\cos30°\cos\varphi+\sin30°\sin\varphi)=U_{AC}I_A\left(\frac{\sqrt{3}}{2}\cos\varphi+\frac{1}{2}\sin\varphi\right)$。因为电炉丝 R 是电阻性负载，$\varphi=0°$。所以 $P_1=\frac{\sqrt{3}}{2}U_{AC}I_A$。试验时电能表正转。

当电炉丝 R 一端接地而另一端换接至 C 相电源线时，电能表第二元件测得的功率为 $P_2=U_{BC}I_C\cos(30°-\varphi)=U_{BC}I_C\left(\frac{\sqrt{3}}{2}\cos\varphi+\frac{1}{2}\sin\varphi\right)$。因为电炉丝 R 是电阻性负载，$\varphi=0°$。所以 $P_2=\frac{\sqrt{3}}{2}U_{BC}I_C$。试验时电能表正转。

当电炉丝 R 一端接地而另一端移接到 B 相电源线时，因 B 相电流没有接入电能表的两元件中，故电能表两元件都不工作。

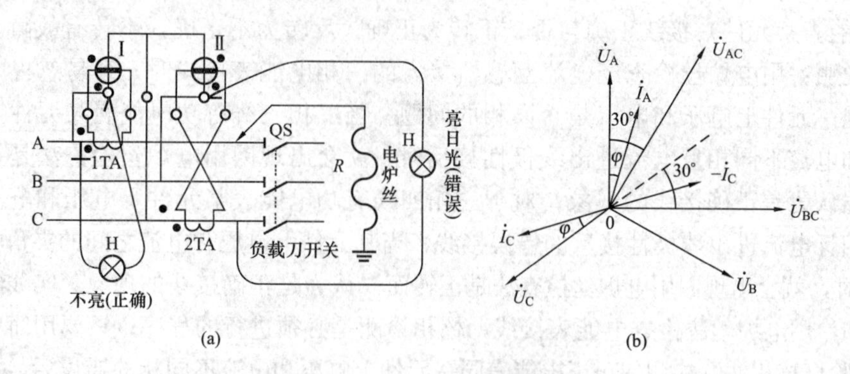

图 5-12　接入电能表电压负相序 A、C、B 而电流回路相序是 I_A、$-I_C$ 的接线及相量图

（a）接线图；（b）相量图

按上述三次用电炉丝检查电能表接线所得到的结果来判断，表明被测三相三线有功电能表的接线是“正确的”。但此时用检验灯检测电能表各元件上电压和电流是否同相，如图 5-12（a）所示。则可得知被检查的电能表第二元件上电压和电流不同相，由此说明该电能表的接线是错误的。

【例 2】 如图 5-13 所示，三相三线有功电能表经电流互感器电压线和电流线分开的接线，接入的电压相序为负相序 B、A、C；接入的电流为 $-\dot{I}_A$（进出线极性接反）、$\dot{I}_C$。即接入电能表第一元件的电压为 $\dot{U}_{BA}$，电流为 $-\dot{I}_A$；接入电能表第二元件的电压为 $\dot{U}_{CA}$，电流为 $\dot{I}_C$。据此可作出如图 5-13（b）所示相量图。

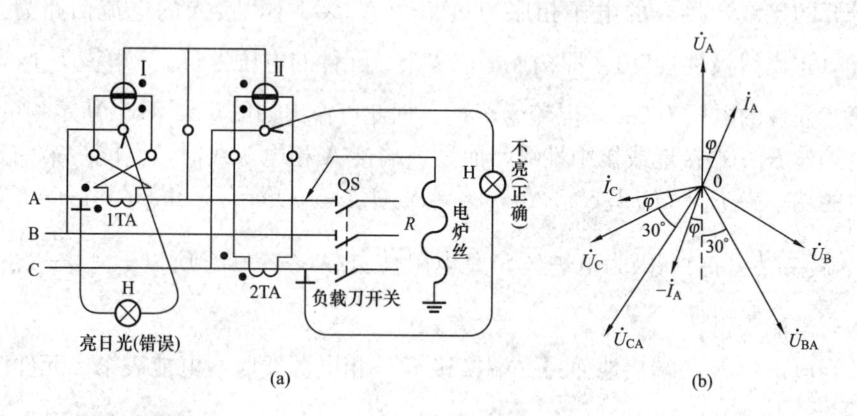

图 5-13　接入电能表电压负相序 B、A、C 而电流回路相序是 $-I_A$、I_C 的接线及相量图

（a）接线图；（b）相量图

当电炉丝 R 一端接地或接中性线，而另一端接至 A 相电源线时，电能表第一元件测得的功率为 $P_1=U_{BA}I_A\cos(30°+\varphi)=U_{BA}I_A(\cos30°\cos\varphi-\sin30°\sin\varphi)=$

$U_{BA}I_A\left(\frac{\sqrt{3}}{2}\cos\varphi-\frac{1}{2}\sin\varphi\right)$。因为电炉丝 R 是电阻性负载，$\varphi=0°$。所以 $P_1=\frac{\sqrt{3}}{2}U_{BA}I_A$。电能表在试验期间正转。

当电炉丝 R 一端接地而另一端移接至 C 相电源线时，电能表第二元件所测得的功率为 $P_2=U_{CA}I_C\cos(30°+\varphi)=U_{CA}I_C\left(\frac{\sqrt{3}}{2}\cos\varphi-\frac{1}{2}\sin\varphi\right)$。因为电炉丝 R 是电阻性负载，$\varphi=0°$。所以 $P_2=\frac{\sqrt{3}}{2}U_{CA}I_C$。电能表在试验期间正转。

当电炉丝 R 一端接地而另一端移接至 B 相电源线时，因为 B 相电流没有接入电能表的两元件中，故电能表两元件都不工作，即在试验期间电能表不转动。

按上述用电炉丝检查电能表接线的三次试验所得到结果来判断，表明被测试的三相三线有功电能表的接线是“正确的”。但此时用检验灯检测被测电能表各元件上电压和电流是否同相，如图 5-13（a）所示，则可发现被检查的电能表第一元件上电压和电流不同相，由此说明该电能表的接线是错误的。

【例 3】 如图 5-14 所示，三相四线有功电能表经电流互感器电压线和电流线分开的接线，其电流回路按正相序 A、B、C 接入，但两边相 A、C 电流进出线极性接反；而电压回路误按负相序 C、B、A 接入。即该电能表第一元件是 A 相倒进电流、C 相电压，第二元件是 B 相电流、B 相电压，第三元件是 C 相倒进电流、A 相电压。据此可作出如图 5-14（b）所示相量图。

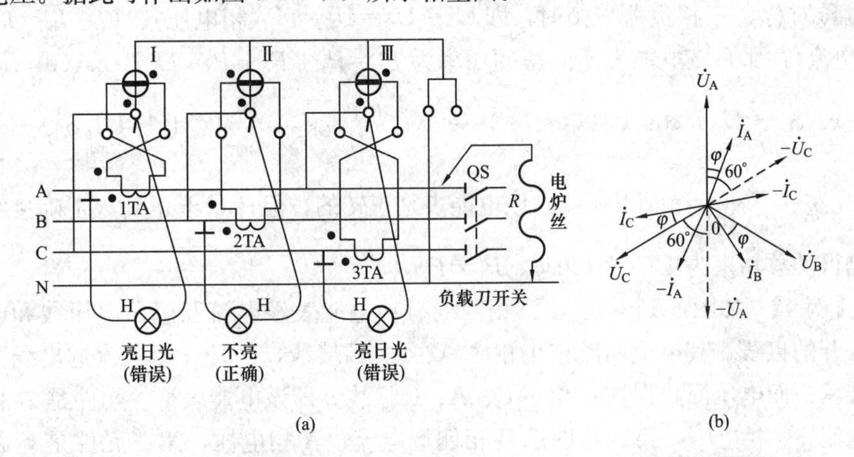

图 5-14 接入电能表电流回路是正相序 A、B、C 且两边相电流进出线接反，而电压回路是负相序 C、B、A 的接线及相量图

（a）接线图；（b）相量图

当电炉丝 R 一端接到中性线 N 上，另一端接至 A 相电源线时，电能表第一元件测得的功率为 $P_1=U_CI_A\cos(60°-\varphi)=U_CI_A\left(\frac{1}{2}\cos\varphi+\frac{\sqrt{3}}{2}\sin\varphi\right)$。因为电炉丝 R 是电阻性负载，$\cos\varphi=1$，$\varphi=0°$，$\sin\varphi=0$。所以 $P_1=\frac{1}{2}U_CI_A$。试验时电能表正转。

当电炉丝 R 一端接到中性线 N 上，另一端移接至 B 相电源线时，电能表第二元件测得的功率为 $P_2=U_BI_B\cos\varphi$。因为电炉丝 R 是电阻性负载，$\cos\varphi=1$。所以 $P_2=U_BI_B$。试验时电能表正转。

当电炉丝 R 一端接中性线 N，另一端移接至 C 相电源线时，电能表第三元件测得的功率为 $P_3=U_AI_C\cos(60°+\varphi)=U_AI_C\left(\frac{1}{2}\cos\varphi-\frac{\sqrt{3}}{2}\sin\varphi\right)$。因为电炉丝是电阻性负载，$\cos\varphi=1$，$\varphi=0°$，$\sin\varphi=0$。所以 $P_3=\frac{1}{2}U_AI_C$。试验期间电能表正转。

按上述三次用电炉丝检查电能表接线所得结果来判断，表明被测试的三相四线有功电能表的接线是“正确的”。但此时用检验灯检测被测电能表各元件上电压和电流是否同相，如图 5-14（a）所示，则可发现被检测的电能表第一元件、第三元件上电压和电流不同相，由此说明该电能表的接线是错误的。再由图 5-14（b）所示相量图得知，假定该电能表所计量的三相四线制电路三相电压对称、三相负荷平衡时，即 $U_A=U_B=U_C=U$（相电压）、$I_A=I_B=I_C=I$（相电流），那么该电能表所测得的功率为 $P'=P_1'+P_2'+P_3'=U_CI_A\cos(60°-\varphi)+U_BI_B\cos\varphi+U_AI_C\cos(60°+\varphi)=UI\left(\frac{1}{2}\cos\varphi+\frac{\sqrt{3}}{2}\sin\varphi\right)+UI\cos\varphi+UI\left(\frac{1}{2}\cos\varphi-\frac{\sqrt{3}}{2}\sin\varphi\right)=2UI\cos\varphi$。该电能表是正转的，但计量不正确（正确接线时所测得的总功率为 $P=3UI\cos\varphi$。$P'\neq P$）。

【例 4】 如图 5-15 所示，三相四线有功电能表经电流互感器电压线和电流线分开的接线，其电流回路按正相序 A、B、C 接线，并且三相电流进出线极性都接反；而电压回路误按正相序 C、A、B 接线。即该电能表第一元件是 A 相倒进电流、C 相电压，第二元件是 B 相倒进电流、A 相电压，第三元件是 C 相倒进电流、B 相电压。据此可作出如图 5-15（b）所示相量图。

当电炉丝 R 一端接到中性线 N 上，另一端接到 A 相电源线时，电能表第一元件所测得的功率为 $P_1=U_CI_A\cos(60°-\varphi)=U_CI_A\left(\frac{1}{2}\cos\varphi+\frac{\sqrt{3}}{2}\sin\varphi\right)$。因为电

炉丝 R 是电阻性负载，$\cos\varphi=1$，$\varphi=0°$，$\sin\varphi=0$。所以 $P_1=\frac{1}{2}U_C I_A$。试验期间电能表呈正转状态。

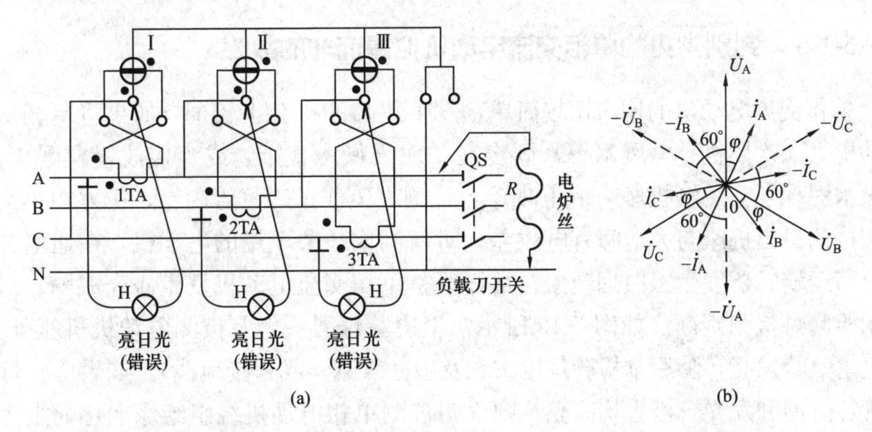

图 5-15 接入电能表电流回路是正相序 A、B、C 且三相电流进出线都接反，而电压回路是正相序 C、A、B 的接线及相量图

(a) 接线图；(b) 相量图

当电炉丝 R 一端接至中性线 N 上，另一端移接至 B 相电源线时，电能表第二元件测得的功率为 $P_2=U_A I_B\cos(60°-\varphi)=U_A I_B\left(\frac{1}{2}\cos\varphi+\frac{\sqrt{3}}{2}\sin\varphi\right)$。因为电炉丝 R 是电阻性负载，$\cos\varphi=1$，$\varphi=0°$，$\sin\varphi=0$。所以 $P_2=\frac{1}{2}U_A I_B$。试验期间电能表呈正转状态。

当电炉丝 R 一端接至中性线 N 上，另一端移接至 C 相电源线时，电能表第三元件测得的功率为 $P_3=U_B I_C\cos(60°-\varphi)=U_B I_C\left(\frac{1}{2}\cos\varphi+\frac{\sqrt{3}}{2}\sin\varphi\right)$。因电炉丝 R 是电阻性负载，$\cos\varphi=1$，$\varphi=0°$，$\sin\varphi=0$。所以 $P_3=\frac{1}{2}U_B I_C$。试验期间电能表呈正转状态。

按上述三次用电炉丝检查电能表接线所得的结果来判断，该被测三相四线有功电能表的接线是“正确的”。但此时用检验灯检测被测电能表各元件上电压和电流是否同相，如图 5-15（a）所示，则会发现被测的电能表第一元件、第二元件及第三元件上电压和电流不同相，由此说明该电能表的接线是错误的。再由图 5-15（b）所示相量图得知，该错误接线的电能表所测得的功率为 $P'=P_1'+P_2'+P_3'=U_C I_A\cos(60°-\varphi)+U_A I_B\cos(60°-\varphi)+U_B I_C\cos(60°-\varphi)$。假定三相电压对称、三相负载平衡，即 $U_A=U_B=U_C=U$（相电压）、$I_A=I_B=I_C=I$

（相电流），则该电能表所测得的功率为 $P'=3UI\cos(60°-\varphi)=\frac{3}{2}UI(\cos\varphi+\sqrt{3}\sin\varphi)$。电能表是呈正转状态，但计量不正确。

5-1-5 判别常见的单相交流电动机似是而非的故障

单相交流电动机的构造比较简单，发生故障的机会也较少。如果将单相交流电动机（如吹风机、电风扇等）固定在一块干燥木板上，或直接放置在耐火砖、干燥水泥地上，手触机座有麻电现象，且测电笔测试时氖管闪亮，用万用表交流电压挡测量出机座与大地间有电位差；对新制或长久不用的电动机，在通电开始带负荷运转时还发生冒白烟现象。常怀疑是单相交流电动机发生碰壳故障，对此可用检验灯检测判断。如图 5-16 所示，用检验灯刀头触及被测电动机机座外壳，测电笔氖管发亮，随后拿检验灯枪头触及中性线 N（或是接地线）。如果检验灯 H 氖管、灯泡和发光二极管均闪亮，则说明被测单相电动机绕组绝缘老化而发生碰壳故障；如果检验灯 H 氖管、灯泡和发光二极管均不闪亮，则说明被测单相电动机绕组无接地故障，属正常“带电”现象。其道理是：单相电动机放置在绝缘物上，机座和地之间有很高的绝缘电阻，电动机绕组的绝缘电阻也很高，但当电动机绕组接通电源相线后（单相电动机的两脚电源插头插反时，或电动机的单极控制开关 SA 串接在电源中性线 N 上），由于泄漏电流（所谓绝缘体并不是绝对能隔电，只不过是绝缘电阻很高；绝缘电阻虽高，泄漏电流总是无法避免的）通过相线 L 与机座和机座与大地间的绝缘电阻，使机座和地间有电压降，即有了电位差存在。以上抽象的阐述，或许不够清楚，现用图 5-17 所示再予以说明。

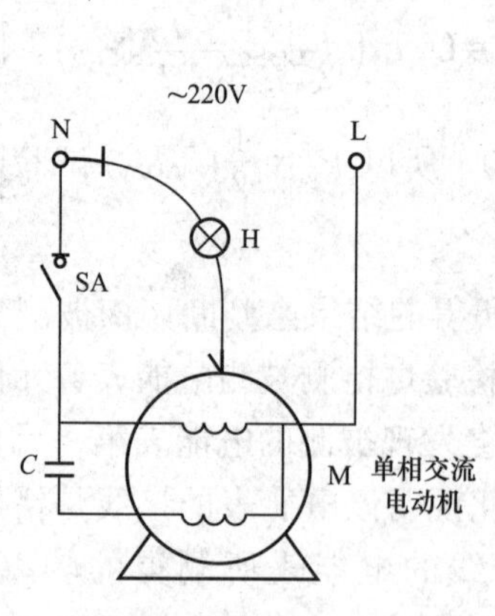

图 5-16 检验灯检测电动机外壳是否带电示意图

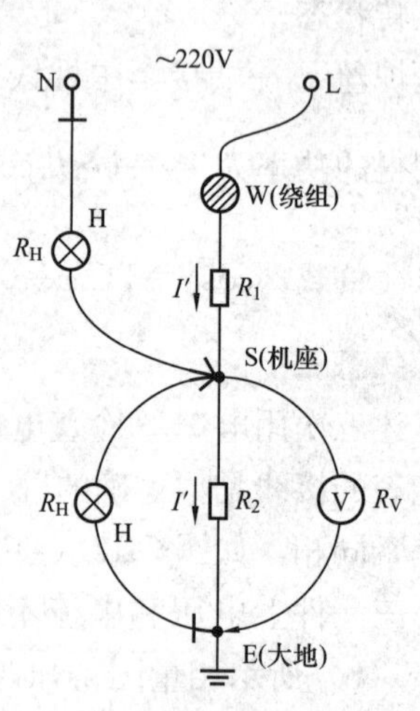

图 5-17 单相电动机的泄漏电路示意图

单相电动机绕组接通电源相线后，相线与机座的电压降为$U_1=I'R_1$，机座和大地间的电压降为$U_2=I'R_2$（R_1为绕组和机座间的绝缘电阻；R_2为机座和地间的绝缘电阻；I'为泄漏电流）。当电源相线的电位是220V时，设$R_1=R_2$，$I'R_1=I'R_2=\frac{1}{2}\times220=110$（V），即机座和地间有110V的电位差。所以用手触及机座时有麻电现象，测电笔测试时氖管发亮（有电），用万用表交流电压挡测量得出较高对地电压值（电压值随表内阻值的不同而变化）。用万用表两表笔跨接到机座（S）与大地（E）间，S、E间便并联了一个电阻R_V，使得S、E间的总电阻值减少，因而使U_2降低。由图5-17所示及具体数值来说明：设$R_1=R_2=2M\Omega$，$R_V=1.8M\Omega$（500型万用表），$R_{SE}=\frac{R_VR_2}{R_V+R_2}=\frac{2\times1.8}{2+1.8}=0.95$（$M\Omega$）；机座与大地间的电压降为$U_2'=220\times\frac{0.95}{2+0.95}=71$（V）（注意：用万用表不同的电压挡测量，所测得的电压数值不一样，且相差悬殊）。

运用检验灯检测时，检验灯刀枪两头跨触机座和大地间，SE间并联的电阻R_H电阻值小，只有2MΩ的千分之一或千分之二。使得S、E间的总电阻值很小，因而使机座和大地间的电压降U_2极小，故检验灯H灯泡不亮。例如$R_H=0.004M\Omega$，则$R_{SE}\approx0.004M\Omega$，机座和大地间电压降为$U_2''\approx0.4$（V）。由此可见，常见的单相交流电动机似是而非的故障用检验灯来判别，既快又准还简便。

单相交流电动机这种经检验灯检测判定属正常“带电”现象，对于经常检修电动机的老电工来讲便易理解和处理。因为一台绝缘电阻很高的三相电动机，放在木制的工作台案上（绝缘物上），用一相电源通入电动机，可用万用表交流电压挡量出机座和地间有电位差，用测电笔也可测试出机座带电，用手触及机座时有麻电现象（接触后便不再麻电）；不但如此，将三相分开，一相通电，可用测电笔测试出其他两相也带电。

新制或长久不用的单相电动机及鼠笼式三相电动机，其转子槽内附有不少油污和潮气、绕组表面受潮，在起动或开始负荷运转时，绕组线圈以及转子铜条温度增加很快，使油污和潮气蒸发形成白烟。由于实际上并非故障，所以电动机的电流及声音正常，也无焦臭气味，线圈表面和槽内的油污及水分有限，所以形成的白烟能在短时间内由浓而淡至无。这也是电动机的一种似是而非的故障现象。

5-1-6 判别电熨斗类家电金属外壳带电现象

电熨斗、电木梳、电烙铁、台灯等家用电器都是使用一根相线和一根中性线直接向电热丝供电的。当电源一接入，金属外壳就“带电”，测电笔测试时氖管发亮。其原因如图 5-18 所示，普通型电熨斗放置在绝缘的木桌上，其中，A 为电热丝，B 为金属外壳，C 为电热丝与金属外壳间的绝缘物，即氧化镁粉。若设电热丝 A 对外壳 B 的绝缘电阻为 R_1，由于外壳不接地，因此金属外壳与地之间存在着绝缘电阻 R_2，于是构成一条由电热丝 A（相线）经 R_1 到金属外壳 B，再经 R_2 到大地的回路。在忽略分布电容的情况下，根据欧姆定律很容易从回路中求得金属外壳处的对地电位$U_B=\frac{U_A}{R_1+R_2}R_2$（式中：$U_A$ 为相电压 220V）。

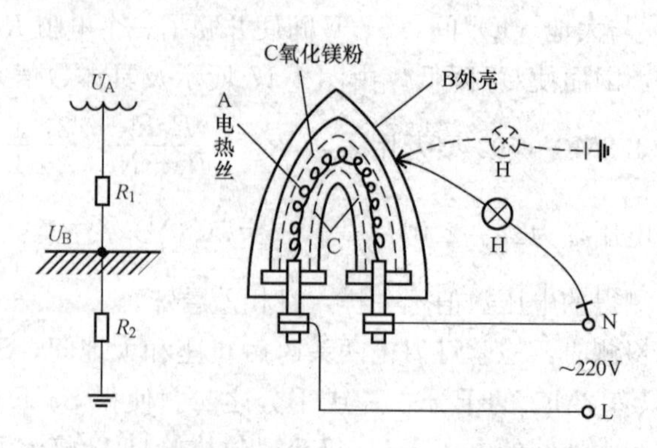

图 5-18　检验灯检测电熨斗的金属外壳带电示意图

由于 R_1 是绝缘性能良好的氧化镁粉，R_2 是绝缘的干燥木桌子，两者的电阻值都很大，所以回路中电流很小。因为电熨斗放置在干燥的木桌上，R_2 值很大，致使其金属外壳 B 对地电位 $U_B>70V$，故能使测电笔氖管发亮。并且外壳 B 对地绝缘电阻越大，其对地电位 U_B 就越高。电熨斗类家用电器金属外壳在不接地的情况下，尽管其本身绝缘良好，其金属外壳一般都存在对地有电压的“带电”问题。这种“带电”现象是正常带电现象（看上去电位较高，但实际上电流很小）。

此外，现实生活中电熨斗类家用电器确实存在故障带电，即由于电器的绝缘性能严重下降或带电部分（电热丝）直接碰到了金属外壳，这时同样使测电笔氖管发亮。这种故障带电现象严重威胁着人的生命，弄得不好就可能发生伤亡事故。这种故障带电与上述的正常带电如何判别呢？如图 5-18 所示，用检验灯刀头触及被测电熨斗类家用电器的金属外壳，测电笔内氖管发亮，随后拿检验灯的枪头触及中性线 N 或地（见图 5-18 中虚线）。检验灯 H 氖管、灯泡和发光二极管均不闪亮，这时人用手触摸被测家用电器的金属外壳，也没有麻电的感觉，则说明被测家用电器金属外壳带电是正常带电现象；如果检验灯 H 灯泡亮星光，甚至呈现月光，氖管闪亮不熄，则说明被测家用电器的绝缘性能降低，甚至发生相线碰壳故障，此乃是故障带电。必须立刻停止使用，进行停电检查修理。

电熨斗类家用电器的金属外壳在不接地的情况下，都存在正常带电的现象，看上去电位较高（测电笔氖管发亮），但实际上电流很小，人体一旦触及外壳时，流过人体的电流很小（1mA以下），一般都不会发生触电情况。但可能有轻微的麻电感觉，也有个别人对电特别敏感，会出现麻电惊倒的情况。这时发生危险的不在麻电本身，往往由于惊倒撞伤或从高处跌倒而发生意外事故。这种情况虽说少见，但也必须引起重视。加上这种正常带电现象与故障带电又不易区分，因此要使用三极插头电源线的电熨斗类家用电器，且配以与之相应的三眼插座，将其中的接地线与家电金属壳体牢固地连接（接地线要可靠接地），以确保安全用电。

5-1-7　判别漏电还是感应电

用测电笔触及电气设备的壳体（如电动机、变压器的壳体），若氖管发亮程度很高，则是相线与壳体相接触（俗称相线碰壳），有漏电现象。但有时用测电笔触及单相电动机、单相用电设备外壳以及测试较长的交流操作回路线路时，其绝缘电阻很高，回路为开路，测电笔氖管却闪亮显示带电。这些现象都是电磁感应产生的感应电压引起的。感应电不仅能使测电笔氖管发亮，人误触及会有麻电感觉，用万用表测量也可量得一定电压，甚至有时在进行交流控制回路的动作程序试验时，会使高阻抗的继电器误动作。这些往往使人感到困惑，常怀疑是绝缘有问题而发生漏电故障。例如，一次架设一盘百米长的500V级三芯橡皮绝缘电缆，当一根芯线接220V相线，其余两根芯线未接电源相线时，人误触未接相线的两根线线芯时均有麻电感觉。随后用测电笔测试电缆三芯线线头，氖管均发亮；用万用表电压挡分别测量未接相线线芯对地电压，都有近200V电压值。为此怀疑所架设的电缆线绝缘有问题。后来用检验灯枪头触及接地线，拿检验灯的刀头分别触及被测电缆三线芯，如图5-19所示。结果连接相线的电缆线线头触及时，检验灯H氖管、灯泡和发光二极管均闪亮，且灯泡亮月光；另外两根未接相线的电缆线线头触及时检验灯H氖管、灯泡和发光二极管都不闪亮。由此判定所架设的电缆线并非绝缘不良，而是感应电所致。

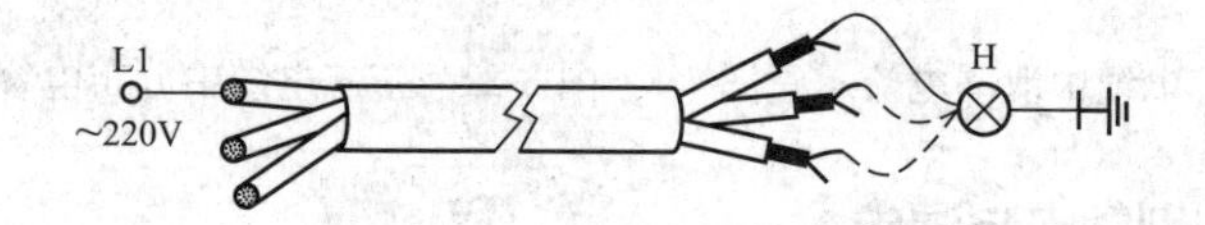

图5-19　检验灯判别漏电还是感应电实例示意图

三芯电缆线中，当一根芯线接上220V电源相线时，其余两根芯线亦会对地有电压，这是通过泄漏电流形成的。这与三相电动机当一相绕组接入电源时，其余两相绕组也会带电的情况是一样的。如图5-20所示，设三芯电缆中只有A

芯线接上电源相线；A、B电缆芯线间的绝缘电阻为 R_1，A、C电缆芯线间的绝缘电阻为 R_2，B、C电缆芯线对地绝缘电阻为 R_3 和 R_4；B、C电缆芯线间及A芯线对地间的绝缘电阻和所有分布电容都略去。在通路A→B→地和A→C→地中总存在着泄漏电流 i_1 和 i_2，此电流使B和C电缆芯线得到较高的电位。其中 $U_B=\frac{R_3}{R_1+R_3}i_1$，$U_C=\frac{R_4}{R_2+R_4}i_2$。这就是三芯电缆线中虽只有一根芯线接上220V电源相线，其余两芯线均可用万用表测得较高对地电压的原因。这里尚需说明：三芯电缆线中未接220V电源相线而有电的两芯线，绝不会使检验灯的灯泡发亮，因泄漏电流很小，只有接上220V电源相线的那一根芯线才会使检验灯的灯泡发亮。

上述三芯电缆线是一条长百米的500V级橡套电缆，绝缘电阻达1000MΩ以上，因其影响可以忽略，起主要作用的是分布电容，如图5-21所示。当A芯线接上220V电源相线，C_1、C_{23}的大小与B、C芯线上的电压值无关，而 C_{12}、C_2 和 C_{31}、C_3 两组串联分布电容的容量及其比值的大小直接影响B、C电缆芯线上的电压值。由于是成盘的电缆线，C_{12}、C_{31} 分别比 C_2、C_3 的电容量要大得多，而交流电压在串联电容上的分配与电容量成反比，故B、C电缆芯线上均可用万用表测得近200V的对地电压值（万用表电压挡量程大些的情况下。用万用表不同的电压挡测量感应电对地电压时，测量结果相差很大）。

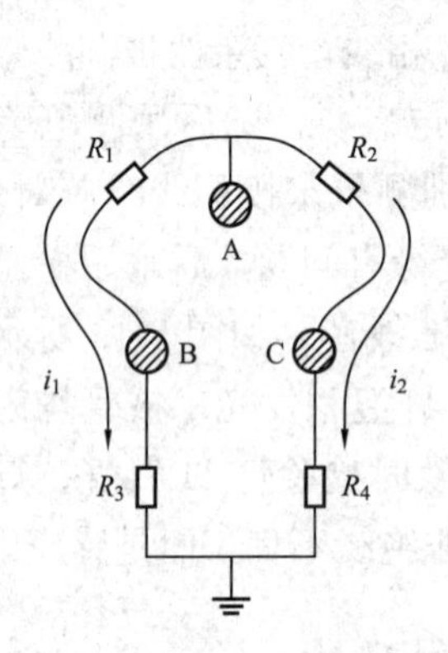

图5-20　三芯电缆中泄漏电流示意图

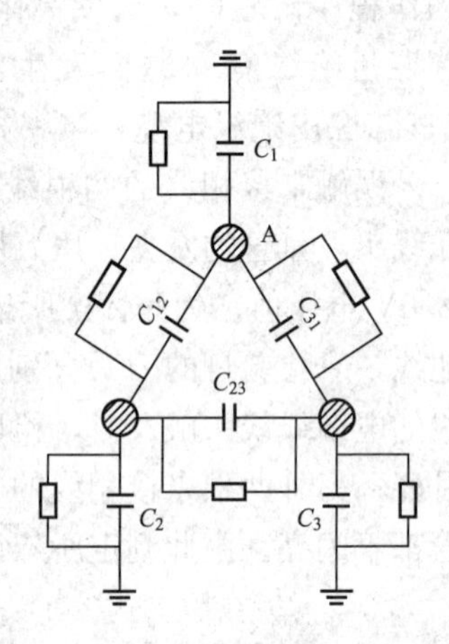

图5-21　三芯电缆中分布电容和电阻示意图

5-1-8　判别静电与漏电

人们对电的认识首先是从静电开始的。如今，静电在生产方面已得到日益广泛的应用，如静电植绒、静电印刷、静电喷漆等都是比较先进的生产工艺。但是，在另一些情况下，静电则是有害的，它不仅妨害生产，而且有损于人的健康、安全，特别是静电引起的火花放电可能会导致火灾或爆炸事故。

在工矿企业粉尘较多的车间工段，粉尘飞扬因流动摩擦能产生静电（在相同体积、相同重量的情况下，颗粒细粉尘产生的静电荷多；粉尘浓度大，在流动中碰撞摩擦机会多，产生的静电荷亦多）。常常因维护管理不当、导除静电的方法或防范措施不力等原因，会使产生的静电荷大量积聚到电气设备非正常带电部位，且呈现很高的电位，致使工作人员触及发生触电事故。此类现象发生后，人们常常怀疑是电气设备漏电，停止生产让电工检查处理，但结果又多是未发现异常，原因不明，致使影响了生产。

一次，某厂铸造车间的桥式行车出现了异常带电情况。地面上的一位操作工用手去牵动行车的起重挂钩来钩挂铁水包，在手指触及挂钩的一刹那，感到有强烈的麻电感，整个手臂一下子就麻了，于是大呼有电，并顺势一甩，手指离开了挂钩，因而未造成触电伤害。因高温铁水亟待吊运，所以马上请来电工检修。电工用测电笔测试挂钩，氖管发亮，说明挂钩的确带电；又用万用表电压挡测试，其对地电压竟高达154V。

由于当时认为是漏电，所以用绝缘电阻表去检查线路、电气设备的绝缘，却未发现异常。原因没弄清楚，行车就不能使用，车间被迫停产。其实遇此现象，首先要弄清电气设备非正常带电部位带电是静电还是漏电。如图5-22所示，用检验灯刀头触及非正常带电部位（行车挂钩），氖管发亮，验证非正常带电部位确实有电，随后用检验灯的枪头触及中性线N或接地线。检验灯H氖管、灯泡和发光二极管均发亮，且持续发亮不熄，则说明被测非正常带电部位带电是电气设备漏电所致；反之，检验灯H灯泡不亮，或只闪亮一下，随即熄灭，同时氖管也不闪亮了，则说明被测非正常带电部位带电是静电所造成的。运用检验灯判别电气设备的非正常带电部位带电是静电还是漏电，其结果直观、准确。因为积蓄的静电荷虽呈现较高的电位，但毕竟有限；用检验灯检测时不能形成持续电流，故灯泡不能闪亮，同时静电荷通过灯丝入地而被中和掉了，随后电压为零了，氖管也不亮了。而电气设备的漏电，用检验灯检测时灯泡和氖管会持续闪亮不熄，且亮度没有明显变化。

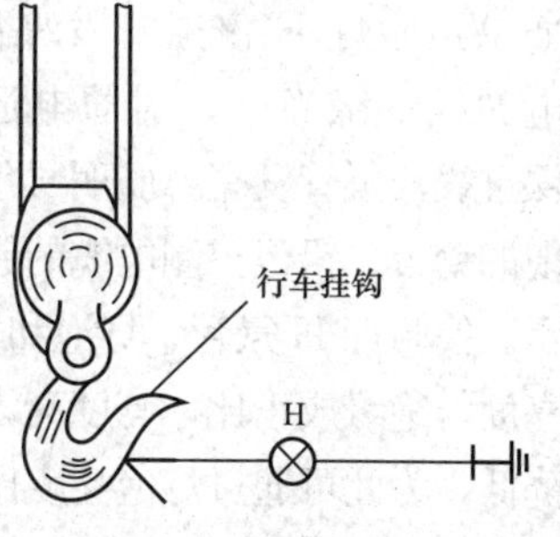

图5-22 检验灯检测非正常带电部位示意图

5-1-9 检测导线绝缘优劣

对明设和暗设的低压输电线路，为了保证线路投入运行后安全可靠，线路安装或大修完毕后必须经过仔细检验，合格后方可接电运行。线路绝缘电阻的检验是其中的主要项目，应用500V绝缘电阻表测量，其绝缘电阻值不应低于设计规定值（一般相对地应不小于0.22MΩ）。低压输电线路投入运行后，在日常维护和定期安全检查时，为了减少停电次数，推广绝缘的带电测试，可用检验灯在线路运行的情况下检测导线绝缘。这样便可做到随时检测，反映导线绝缘的实际情况和变化规律；对绝缘状况作出可靠性预测，能及时发现绝缘缺陷。

对500V以下、100V以上的交直流输电导线或用电器，正常通电情况下，用测电笔测试其外皮或外壳时，氖管不亮；当由于某种原因（如受潮或绝缘老化、损伤）使绝缘性能下降（漏电）或损坏（击穿）时，氖管发亮，其亮度与所测电源电压成正比，电压越高，氖管越亮，这样可提醒人们检修。测电笔检测导线绝缘优劣的结果可用检验灯验证，或说用检验灯直接检测导线绝缘优劣的方法如图5-23所示。对断开负载的负载电源线，用检验灯刀头触接接通电源的开关电源侧接线桩头，氖管发亮，验明电源电压正常有电，随后拿检验灯的枪头触及开关负荷侧接线桩头，如图5-23（a）所示。检验灯H氖管、灯泡和发光二极管均闪亮，则说明被测负载电源线绝缘已损坏且接地；如果检验灯H仅氖管发亮而灯泡和发光二极管一点也不亮，则表示被测负载电源线绝缘尚好。对通电运行的导线，用检验灯刀头触及通电导线线芯、低压裸母线，氖管发亮，验明导线带电，随后拿检验灯的枪头触及导线的外皮（铠装电缆的钢带、铅包控制电缆的铅皮、安装母线绝缘子的角钢），如图5-23（b）、（c）所示。检验灯H氖管、灯泡和发光二极管均闪亮，表示被测导线绝缘尚好，且灯泡的亮度与绝缘成正比，亮度高，绝缘高（较被测电压等级的亮度降低则表明绝缘强度降低，为此可通过灯泡亮度比较，了解被测导线绝缘老化的程度）；如果检验灯H仅有氖管发亮而灯泡一点也不亮，则说明被测导线绝缘老化严重，急需检修或更换。

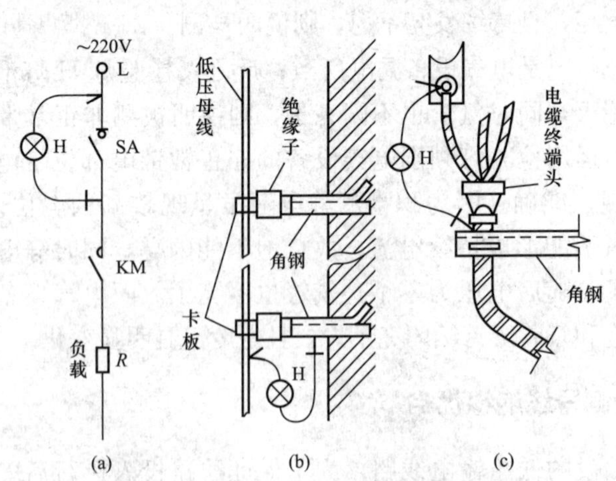

图5-23　检验灯检测低压线路导线绝缘示意图

（a）导线未通电；（b）通电母线；（c）通电电缆线

5-1-10 判断照明电路中相线熔丝烧断的原因

工厂车间、工段或集体宿舍楼的照明电路在夜间常遇到相线熔丝烧断的故障。有时熔丝连续换了几次都熔断，甚至还会使故障扩大，损坏了线路或大量灯具，造成不应有的损失。因此，在更换新熔丝之前必须判断清楚相线熔丝烧断的原因。

有经验的维修电工会根据熔丝熔断的情况，初步分析判断出照明电路相线熔丝烧断的原因。如见熔丝外露部分全部熔爆，仅在螺钉压接部位有残存，是因为中间部位仅有熔丝导体，相对来讲截面积较小，不能承受强大的瞬时电流冲击因而全部熔化，由此判定照明线路或用电灯具发生了短路故障。如见熔丝的中间部位烧断，但两断头均不伸长，是因通过熔丝的电流长时间超过其额定值，熔丝两端的热量可经压接螺钉散发掉，而中间部位热量聚集不散以致熔断，由此判定照明线路长时间过载。如见熔丝烧断口在压接螺钉附近，且断口较小；同时看到螺钉变色，产生氧化现象。这是由于安装时压接螺钉未拧紧，螺钉压触熔丝松动所致，并非照明电路内有故障。

感官诊断熔丝烧断状况后，可用检验灯检测验证，如图 5-24 所示。照明电路中相线熔丝烧断、原负荷不变的情况下，用检验灯刀头触接熔断器电源侧接线桩头，氖管发亮，验明电源正常有电，随后拿检验灯的枪头触及熔断器负荷侧接线桩头。检验灯 H 灯丝发红亮弱星光（同时检验灯氖管、发光二极管闪亮，下同），说明被测烧断的熔丝使用时间太久，氧化腐蚀或接触虚，负荷起动电流大，开关闭合时熔丝烧断；检验灯 H 灯泡亮强星光，说明被测照明电路的负荷大；检验灯 H 灯泡亮月光，说明被测照明电路内有短路故障，必须先查找出碰线故障点，多数是在灯具内，或是导线的绝缘损伤（相、中性线间短路）；如果检验灯 H 灯泡亮强月光或日光，则说明被测照明电路电源方向中性线断线，或是中性线碰触异相相线。照明电路中相线熔丝烧断的原因弄清后，查找、排除故障点有方向，能迅速排除故障。然后再装配新熔丝，安全可靠有保障。

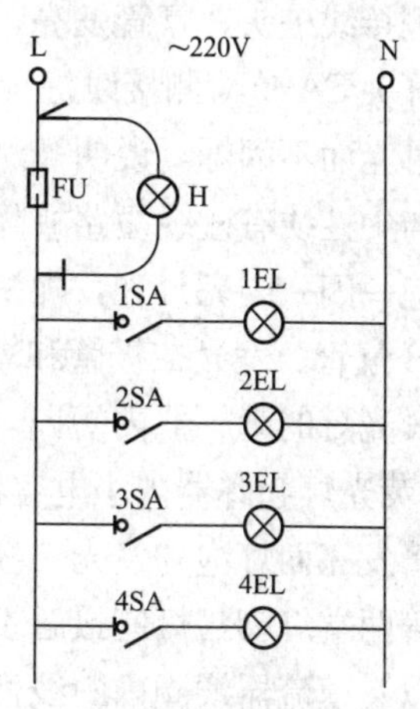

图 5-24 检验灯检测相线熔丝烧断的原因

5-1-11 诊断日光灯故障

日光灯（又称荧光灯）是一种低气压汞蒸气放电光源，它利用了放电过程中的电致发光和荧光质的光致发光过程。日光灯具有结构简单制造容易、光色好、

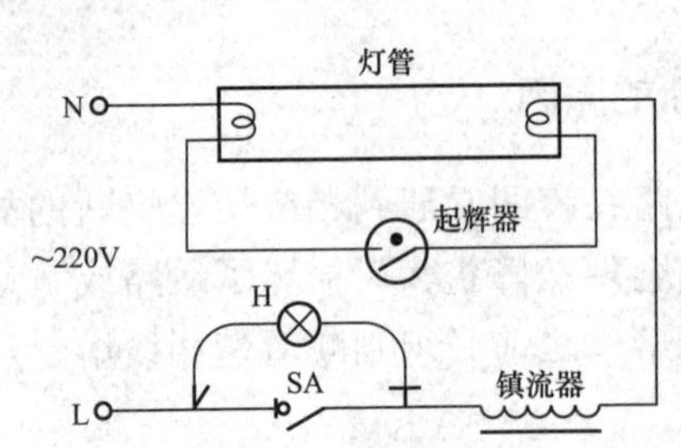

图 5-25 检验灯检测日光灯故障示意图

发光效率高、寿命长和价格便宜等优点，在实际应用中已经比较稳定成熟，所以在电气照明装置中被广泛采用。日光灯按其阴极的型式分为热阴极和冷阴极两种，目前国内主要生产和使用热阴极日光灯。预热式日光灯由灯管、起辉器、镇流器、灯架和灯座等组成，其工作电路图如图 5-25 所示。起辉器的作用是自动控制灯管内灯丝的预热时间（约通电 1～3s）。通电后，起辉器动合触点辉光放电接通灯丝电路。触点的热元件在辉光放电加热下膨胀使触点闭合，辉光放电中断，触点受冷却又分开，切断灯丝电路。镇流器线圈在灯丝预热过程中起限流作用，在起辉器切断灯丝电路的瞬间，由自感作用产生脉冲高压，将灯管中的汞蒸气击穿形成电弧。管壁上涂敷的荧光剂把汞蒸气放电时辐射的紫外线转变为可见光。运行中镇流器主要起维持灯管的工作电压和限制灯管工作电流的作用。

日光灯是一种应用较普遍的照明灯具，由于其附件比白炽灯多，所以故障种类相对亦多。但根据日光灯的接线原理和工作电路图，用检验灯来检测其故障还是很方便的。如图 5-25 所示，用检验灯刀头触接日光灯的单极控制开关 SA 电源侧接线桩头，氖管发亮，验明电源相线正常有电，随后拿检验灯的枪头触及单极开关 SA 负荷侧接线桩头。检验灯 H 氖管、发光二极管和灯泡均闪亮，且灯泡亮月光而不闪烁，说明被测日光灯的镇流器前方、单极开关 SA 动触点后方段，相线与中性线有碰线短路故障；如果检验灯 H 氖管、发光二极管和灯泡都闪亮，且灯泡一闪一闪亮月光，则说明被测日光灯的镇流器内线圈有短路故障；如果检验灯 H 氖管、发光二极管和灯泡都闪亮，且灯泡一直亮较强星光而不闪烁，则是被测日光灯的起辉器内短路，如起辉器内氖泡动、静触片烧结，或并联小电容器击穿（荧光灯起辉器内小电容器经常承受高电压的冲击，故易损坏）；如果检验灯 H 氖管发亮而灯泡和发光二极管都不亮，则说明被测日光灯电路中有断路故障，如灯管两端灯脚与灯座接触不良、灯丝全烧断、起辉器两触头和弹簧铜片未接触良好，以及镇流器线圈内断线（包括线圈引出线脱焊）等。

第 2 节 识别认头本领高，火眼金睛美名传

5-2-1 识别低压单相交流电源电压等级

DL 408—1991《电业安全工作规程（发电厂和变电所电气部分）》、DL

409—1991《电业安全工作规程（电力线路部分）》中规定：电气设备分为高压和低压两种，高压指设备对地电压在250V以上者，低压指设备对地电压在250V及以下者。此规定是考虑到高压和低压对人身安全的威胁不同，以及安全措施的分界。如250V及以下就不需加遮栏等，而250V以上就需保持一定的安全距离，必要时还需加遮栏等安全措施。但安全规程所指的低压，并不是对人身没有危险的电压，只是安全措施不同而已。在实际工程上采用1kV作为划分标准，其规定是凡额定电压超过1kV以上者称高压，在1kV及以下者则称低压。以1kV为界划分高低压是从工程技术角度划分的。

电压等级标准是电气技术中最基本的标准之一，对电力系统和电气设备的设计、制造和使用影响极大。电压等级国家标准GB/T 156—2007《标准电压》中，交流380V及以下电气设备额定电压值（所谓额定电压，就是能使各类电气设备处在设计要求的额定或最佳运行状态的工作电压）为6、12、24、36、48、110、220、380V。

如图5-26所示，用检验灯刀、枪两头跨触低压单相交流电源两极开关负荷侧接线桩头。检验灯H灯泡亮日光、发光二极管和氖管闪亮，被测单相交流电源电压为380V；检验灯H灯泡亮月光、发光二极管和氖管（刀头触及相线）闪亮，被测单相交流电源电压为220V；检验灯H灯泡亮强星光、发光二极管和氖管（刀头触及相线）闪亮，被测单相交流电源电压为110V（或127、100V）；检验灯H灯泡灯丝发红亮弱星光、发光二极管闪亮而氖管不亮，被测单相交流电源电压为36V或48V。

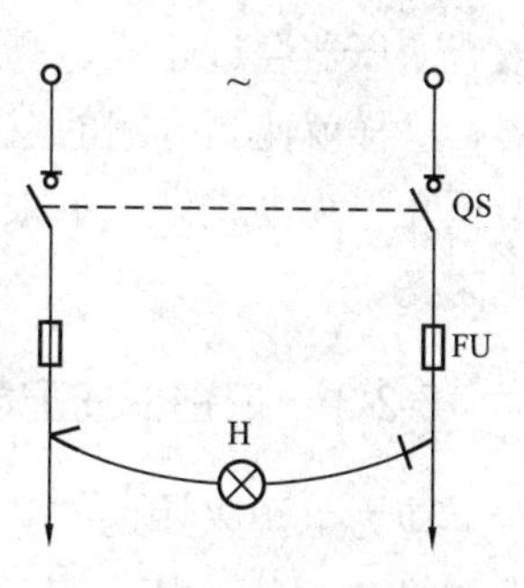

图5-26　检验灯检测单相交流电源电压等级示意图

5-2-2　识别单相交流220V电源相线与中性线

低压配电电压是量大面广的交流电压。GB/T 156—2007中，根据我国现实情况，仍采用了220/380V和380/660V。我国照明网络一般采用220/380V三相四线制中性点直接接地系统，一般场所照明、家用电器用电为交流电压220V。故平时所讲低压配线，就是将额定电压为220V或380V的电能传送给用电装置的线路。在室内配线工程及日常检修照明电路时，常常需要识别清楚交流220V电源相线和中性线。

如图5-27所示，用检验灯刀、枪两头分别触及电器设备两根接线端头，或照明电路的两线头。检验灯H灯泡亮月光，说明被测两线是一相线一中性线，电压为220V；氖管两极均闪亮，刀头触及的是相线，枪头触及的是

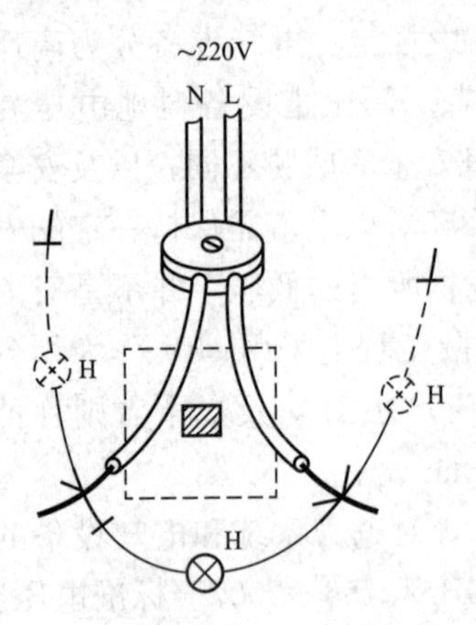

图 5-27 检验灯检测交流电源相线与中性线示意图

中性线；氖管不闪亮，则刀头触及的是中性线，枪头触及的是相线［此时若枪头触及相线不动，刀头离开触及的（中性线）线头，检验灯 H 灯泡和发光二极管立即熄灭，而氖管后端（手拿端）一极闪亮］。

当场验证检验灯检测判定结果是否正确：①检验灯刀、枪两头对调分别再触及被测两线头，检测现象同前次相同；②如图 5-27 中虚线所示，只用检验灯的刀头分别测试两线头，检验灯 H 氖管两极均闪亮，被测线头是相线；检验灯 H 氖管不闪亮，被测线头是中性线。这是因为在 500V 以下的交流电路里，一般地说发电机或配电变压器的中性点都是接地的，用测电笔触及相线时就有电压加于测电笔上，电流就从发电机或者变压器经过相线、测电笔、人体而进入大地，再由大地回到发电机或变压器，这样就使测电笔的氖管发亮。当测电笔触及中性线时，因为中性线的电位电压几乎为零或为一个很小数值，所以在测电笔内没有电流通过，因此氖管就不闪亮。

5-2-3 识别低压配电盘上三相交流电的正向相序

动力电源采用的交流电为三相对称正弦电流电。这种交流电是由三相交流发电机产生的，特点是三个相的正弦交流电的最大值（或有效值）相等，相位各差 1/3 周期（120°）。所谓相序，就是三相交流电各相瞬时值达到正的最大值的顺序即相位的顺序。国家标准中规定：交流系统的电源第一相为 L1，第二相为 L2，第三相为 L3。三相交流电 L1、L2、L3，一般表示 L1 相比 L2 相超前 120°，L2 相比 L3 相超前 120°，L3 相又比 L1 相超前 120°时的相序，即正向相序（简称正序，也称为顺相序）。在发电厂、变电所中，三相母线的相别是用不同的颜色表示，并规定用黄色表示 L1 相，绿色表示 L2 相，红色表示 L3 相。由于发电机是依固定的方向旋转的，因此相序确定了以后，一般就不会再改变了。

在低压配电室配电柜或配电盘上，运用检验灯能快速识别同电源系统中三相交流电路中的 L1、L2、L3 相序。先从母线颜色或排列位置得知电源相序 L1、L2、L3。在正常通电情况下，用检验灯刀头触接所要测试的端头或线头，氖管发亮，验明被测端头或线头相线正常有电，随后拿检验灯的枪头触及电源处的 L1、L2、L3 相线，如图 5-28 所示。检验灯 H 氖管、发光二极管闪亮而灯泡不亮，说明检验灯刀枪两头所触及的导线是同相，如枪头触及电源处的L3相，刀头触接所测试的线头也是L3相；检验灯H氖管、发光二极管闪亮而灯泡亮日光，则说明检验灯刀枪两头所触及的导线是异相，如枪头触及电源处的L3相，刀头触接所测试的线头是L1相或L2相。这样根据检验灯H灯泡不亮是同相和灯泡亮日光是异相的现象，检测数次便可知道三相电气设备所接三相交流电相序排列次序。同理同法，则可知道端子板上某接线端子所接导线的相别名称，也可测知配电盘上某根导线的相别名称。

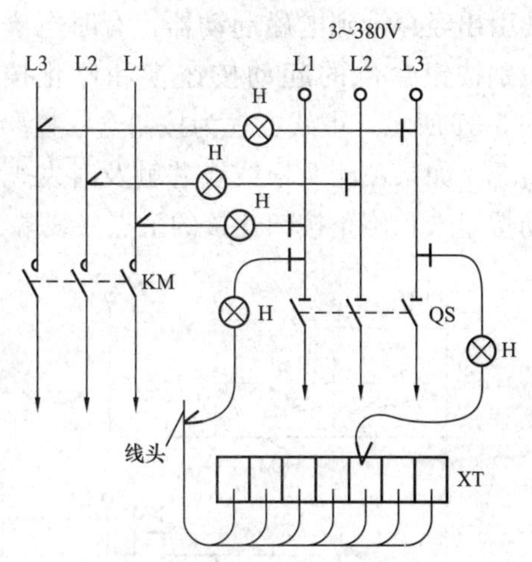

图5-28 检验灯检测识别配电盘上三相交流电路中的L1、L2、L3相序示意图

5-2-4 识别电磁起动器按钮盒的引出线

按钮开关是用于发布指令以接通或切断控制电路的低压电器，它与被控制电路的连接导线虽然截面很小，但根数往往较多。优化按钮开关的接线方案，对于节约导线、减少安装工时、方便检修和提高运行可靠性，具有重要的意义。例如，按钮控制操作交流接触器（电磁起动器）的电路，如图5-29所示。这个电路中，控制按钮与接触器之间需要4根连接导线（见图5-29中①～④），并且控制按钮中的起动按钮SF和停止按钮SS分别处在交流接触器KM线圈（压降元件）的两侧电源上，SS和SF以及与它们连接的导线，如果由于某种原因使导电部分相碰，则将造成控制电源短路，很不安全。图5-29所示电路优化后的接线方案如图5-30所示。很明显，优化后的电路控制按钮与电磁起动器的连接导线只有三根，并且按钮SS和SF及其连接导线都处在接触器线圈KM的同一侧。

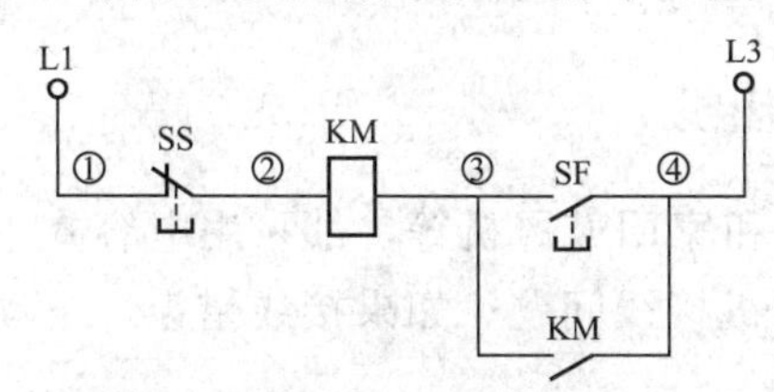

图5-29 按钮控制接触器电路

电气维修小经验：电磁起动器（交流接触器）至按钮盒的三根线，只要记住一根线，即辅助触头与线圈（或电源）连接的A点（或A′点），必须接到起动按钮①处（即起动按钮未和停止按钮连接的触点接线端子），如图5-30所示。其他两根线可任意连接，都能够顺利达到要求，并且安全可靠。在安装施工和维修时，按钮盒内接妥线，用一根三芯控制电缆引出，或用三根同型号规格电

线引出经穿管到电磁起动器，有时电磁起动器与按钮盒隔室隔墙距离远，怎样识别按钮盒内的起动按钮未和停止按钮连接的触点接线端子引出线呢？如图 5-31 所示，虚线方框为按钮盒，检验灯刀、枪两头跨触按钮盒引出的两根线线芯。如果被测两根线线芯触及时发光二极管闪亮，那么余下的一根线就是起动按钮未和停止按钮连接的触点接线端子引出线。

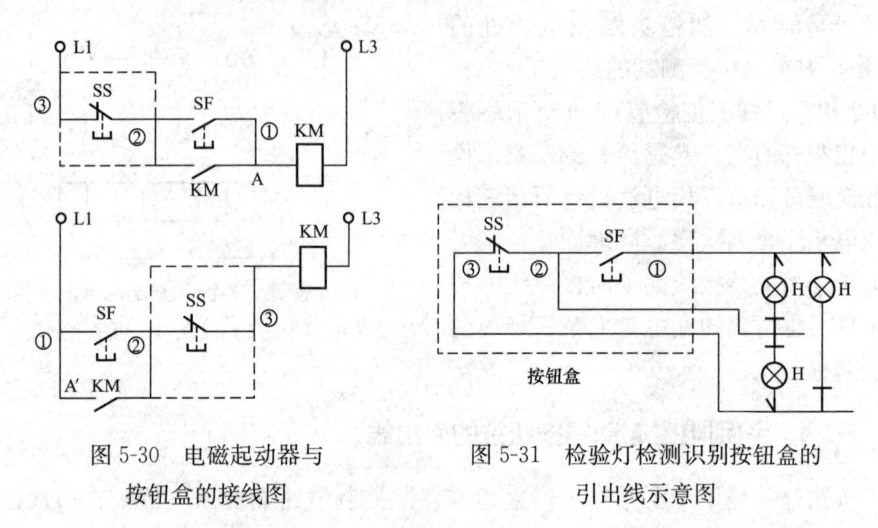

图 5-30 电磁起动器与按钮盒的接线图

图 5-31 检验灯检测识别按钮盒的引出线示意图

5-2-5 识别电容式单相电动机绕组引出线

很多家用电器，如洗衣机、台扇、吊扇和家用鼓风机等，都采用电容式单相电动机拖动。在维护检修时，常碰到电动机接线问题。如果接线错误，电动机不能正常运转，严重时还会造成事故。

电容式单相电动机定子内有主绕组和副绕组，一般三根引出线，其中一根是公共引出线。主绕组应接电源，副绕组应串电容器后接电源。要做到电动机接线正确，必须首先识别清楚公共引出线与主、副绕组引出线。如图 5-32 所示，给被检测电容式单相电动机绕组三根引出线，分别标记为①、②、③。取线头①和 220V 电源中性线 N 连接，随后用检验灯刀头触及电源相线 L，拿检验灯的枪头触及引出线线头②，检验灯 H 灯泡亮较强星光；枪头移触及引出线线头③，检验灯 H 灯泡亮较弱星光，如图 5-32（a）所示。取电动机引出线线头③接电源中性线 N，用检验灯刀头触接电源相线 L，拿检验灯的枪头触及引出线线头①，检验灯 H 灯泡亮较弱星光；拿枪头移触及引出线线头②，检验灯 H 灯泡灯丝发红亮极弱星光，如图 5-32（b）所示。取电动机引出线线头②接电源中性线 N，用检验灯刀头触接电源相线 L，拿检验灯的枪头触及引出线线头①，检验灯 H 灯泡亮较强星光；枪头改移触及引出线线头③，检验灯 H 灯泡灯丝发红亮极弱星光，如图 5-32（c）所示。由此可见，电动机引出线线头②、③串检验灯跨接电源时，检验灯 H 灯泡灯丝发红亮度最暗，说明电动机引出线标记①是公共引出线；电动机引出线线头①、②串检验灯跨接电源时，检验灯 H 灯泡亮度最高，说明引出线标记②是主绕组的引出线（一般主绕组直流电阻较小）；余下的引出线标记③则是副绕组的引出线。电容式单相电动机，一般副绕组的线径细、匝数多、阻抗大，故引出线线头①、③串检验灯跨接电源时，检验灯 H 灯泡亮度较暗。

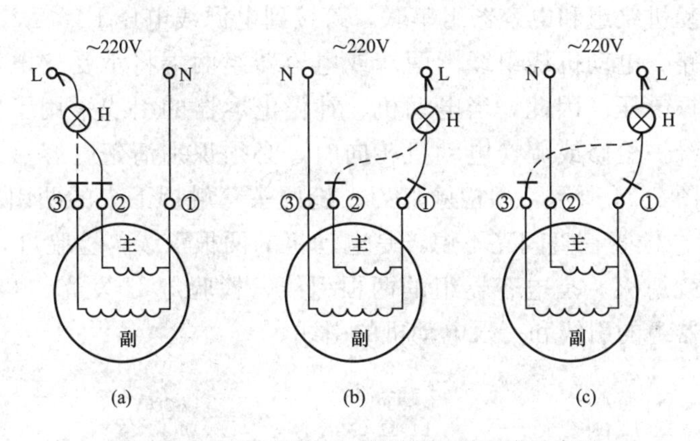

图 5-32 检验灯识别电动机绕组引出线示意图

（a）引出线①接电源中性线 N；（b）引出线③接电源中性线 N；（c）引出线②接电源中性线 N

这里需指出，洗衣机用的电容式单相电动机是可逆的，其两套绕组对称、阻值相等。因此，只要找出公共引出线即可。电动机接线时，将电容器接在两绕组单独引出线之间（洗衣机的电动机靠定时器控制，使其两绕组轮流承担主、副绕组的作用）。

5-2-6 识别个别补偿移相电容器和电动机的引出线

加装补偿移相电容器提高功率因数，最好的方式是个别补偿（也称就地补偿）。因与电动机同时接入电源，一是不会出现超前的无功功率；二是补偿后，在该支路上因无功电流引起的传输损耗可被消除。所以，目前中型以上的电动机大都设置了补偿电容器。在施工安装时，由于受安装电动机的地方空间或环境所限，常常是将移相电容器的三根引线与电动机的三根引线并接在接通电源的接触器或热继电器接线桩头上，且在安装时为了方便而使用了同型号、规格的电线。这样给维护检修带来了麻烦，埋下极易产生串联谐振电路的隐患。当检修更换接触器或热继电器时，或电动机需换向调换线时，一不小心就易发生事故，轻则电动机转向没变，重则构成串联谐振电路。只要合闸通电试车，事故就会发生，且后果不堪设想，如图 5-33 所示。因为采用个别补偿的电动机大都是中型以上的异步交流电动机，通电起动时电动机单相起动电流很大，况且电动机根本不能起动，迫使保护动作跳闸。由于电容器组是并联跨接在电源线电压上，电容器充电电流的瞬时值为零时，这时电压的瞬时值为最大。断开电容器组时容易因电弧重燃而产生过电压。同时在断开电源的瞬间，接触器 KM 下侧 L1 相接线桩头端点经电动机绕组线圈，通过接触器 KM 下侧 L3 相接线桩头串接电容器组到接触器 KM 下侧 L2 相接线桩头，如图 5-33（c）所示。即电动机绕组和电容器组串联，跨接到电源线电压 L1、L2 上，形成了串联谐振电路。电动机绕组线圈两端或电容器组两端将承受比电源线电压高很多倍的谐振电压。因此，当电动机、补偿电容器的引线采用了同型号规格的电线，在维护检修或调换电动机转向时，必须识别清楚电容器组和电动机的引线。如图 5-34 所示，用检验灯刀、枪两头跨触拆下来的两引线线头。检验灯 H 发光二极管一直闪亮不熄，是电动机的两根引线；检验灯 H 发光二极管一闪亮后就熄灭，是电容器组的两根引线；检验灯 H 发光二极管不闪亮，是一根电容器组的引线和一根电动机的引线。

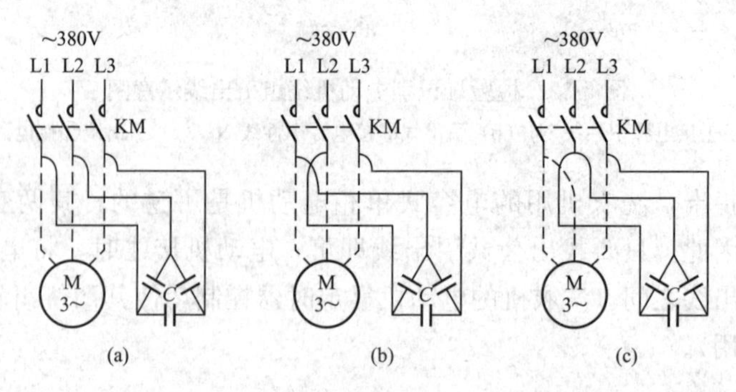

图 5-33 个别补偿电容器和电动机的引线并接接线示意图（虚线为电动机的引线）

（a）原来通常正确的接线；（b）调换了两根电容器的引线；（c）调换了电动机和电容器的各一根引线

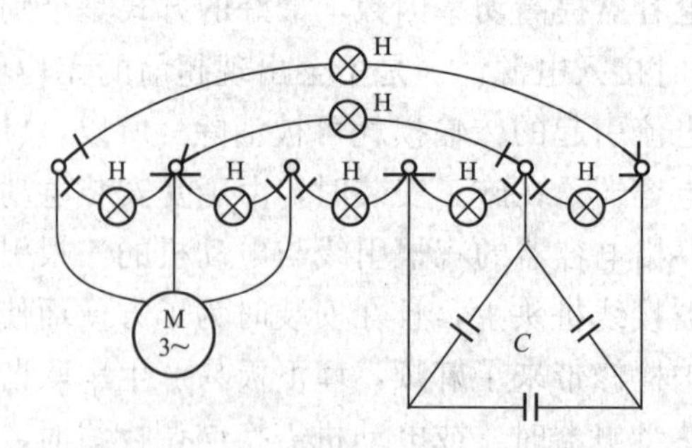

图 5-34 检验灯检测识别个别补偿移相电容器和电动机的引出线示意图

5-2-7 识别门吊主副钩绕线式电动机定转子的引出线

起重机小车馈电方式多采用电缆导电，门吊的主、副钩三相绕线式电动机馈电方式多采用如图 5-35 所示的挂缆导电。电动机的定、转子引出线由配电柜（箱）经端子箱后电缆导电，施工安装时常采用同型号、规格的电缆，两条电缆引到电动机处，哪条电缆是接定子绕组的呢？用检验灯刀、枪两头跨触每条电缆的两线芯，检验灯 H 发光二极管发亮，这条电缆是接电动机转子绕组的；如果检验灯 H 发光二极管不发亮，这条电缆是接电动机定子绕组的。由于门吊运行时挂缆会有附加长度的产生（电缆随中间滑车往返运动而时伸时缩，日久必然会使电缆延伸一定的附加长度；电缆自重也会引起延伸），加上维护或操作不当，故日常检修时常遇两条电缆同时压断，断口杂乱无法辨认。此时识别方法同上所述，用检验灯测试端子箱方向电缆两线芯，检验灯 H 发光二极管不闪亮，则是电动机定子绕组的供电电缆；检验灯 H 发光二极管闪亮，则是电动机转子回路外接电阻连接电缆。日常检修时需调线换相变转向，端子箱内操作很方便，但必须认清是定子绕组供电电缆。拆下两线头，用检验灯刀、枪两头跨触，检验灯 H 发光二极管不闪亮，则是电动机定子绕组供电电缆；若拆下两线头，用检验灯测试时发光二极管闪亮，这时用检验灯刀、枪两头跨触拆去线头的两端子桩头，检验灯 H 发光二极管不闪亮，则拆下的两线头是电动机定子绕组的引线；如果检验灯测试拆去线头的两端子桩头时，发光二极管仍闪亮，那么拆下两线头的电缆是电动机转子回路外接电阻连接电缆，如图 5-35 所示。

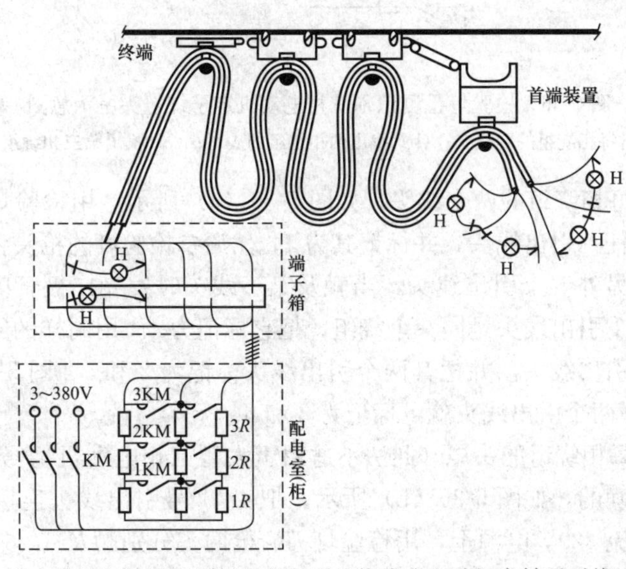

图 5-35 检验灯检测识别门吊主、副钩绕线式电动机定转子引线示意图

5-2-8 识别三相电动机定子绕组的头尾

使用日久的三相异步电动机，常因电动机定子绕组引出线头上标记号模糊不清或遗失，而造成定子三相绕组引出线的首尾端头混乱，由此发生定子绕组一相反接而引起电动机损坏的严重事故。所以，简捷而准确地辨别出电动机定子三相绕组引出线的首尾端头是非常重要的。运用检验灯识别三相电动机定子绕组的首尾端方法步骤如图 5-36 所示。

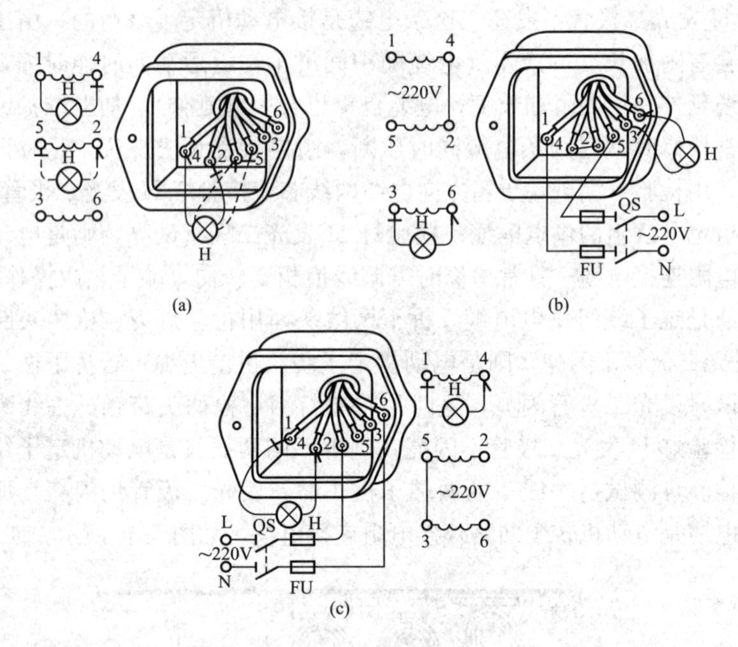

图 5-36 检验灯检测识别三相电动机定子绕组头尾示意图

(a) 找出每相绕组的两线头；(b) 找出两相绕组的头尾；(c) 找出第三相绕组的头尾

(1) 找出每相绕组的两个线头，如图 5-36 (a) 所示。用检验灯刀头触接电动机定子绕组任一引出线头，并标记其为 1，然后拿检验灯的枪头依次触及电动机定子绕组的另外五个引出线头，当触及某一线头时发光二极管闪亮，这个引出线头与标记 1 引出线头是同一个绕组，把它标记为 4。用同样的方法步骤辨认另一相绕组的引出线头，并把其两个引出线头标记为 2 和 5 [图 5-36 (a) 中虚线所示]。余下两个引出线头就可标记为 3 和 6。

(2) 找出每相绕组的头尾（此法不适用于大型三相电动机）。先假定上述的标记编号是正确的，如图 5-36 (b) 所示。把 4、2 号引出线头连接，1、5 号引出线头跨接交流 220V 电源上，用检验灯刀、枪两头分别触及 3、6 号引出线头。检验灯 H 灯泡闪亮，说明 1、4 和 2、5 号引出线头编号是正确的；如果检验灯 H

灯泡不亮，则把2和5标记编号对换即可。如图5-36（c）所示，把3和5号引出线头连接，2和6号引出线头跨接交流220V电源上，用检验灯刀、枪两头分别触及1和4号引出线头。检验灯H灯泡闪亮，说明3和6号引出线头编号是正确的；如果检验灯H灯泡不亮，只要把3和6号标记编号对换即可。这样，编号标记为1、2、3的引出线头便是电动机定子绕组的首端；编号标记是4、5、6的引出线头则为电动机定子绕组的尾端。

运用检验灯识别三相电动机定子绕组的头尾端方法的依据是变压器原理：两相绕组串联，则另一相绕组有感应电动势产生。1和4号或3和6号引出线头跨接检验灯，检验灯H灯泡闪亮，说明串联两相磁通势相加，所以判定串联的两相绕组是头尾相连接；如果检验灯H灯泡不亮，则说明两相磁通势抵消，那么串联的两相绕组是头头或尾尾相连接。

5-2-9　识别星形接法小型三相电动机定子绕组的头尾

星形接法小型三相异步电动机定子绕组的六根引出线头上没有了标记，需要辨认清楚后再接线。运用检验灯可以简捷而准确地辨别出电动机定子绕组引出线的首尾端。打开被测电动机接线盒后，按照图5-36（a）所示方法步骤找出每相绕组的两个引出线头，并作记号1、4，2、5，3、6。如图5-37所示，将标号1、2、3引出线头并连接在一起，且与照明220V电源中性线N连接；把标号4、5、6引出线头隔开固定，任取其中一引出线头（例5号线头）与相线L连接，并做好绝缘。用检验灯刀头触接相线L或与相线L连接的引出线头5，拿检验灯的枪头分别触及标号4和6引出线头。此时检验灯H灯泡亮较强月光，随后用检验灯刀、枪两头跨触标号4和6的引出线头。检验灯H灯泡不亮，说明被测电动机定子绕组引出线头4、5、6是头，引出线头1、2、3是尾，原引出线头标记编号是正确的。如果用检验灯刀、枪两头跨触引出线头5和4、5和6时，检验灯H灯泡两次都亮星光，则说明被测电动机定子绕组引出线头4、2、6是头，引出线头1、5、3是尾；如果用检验灯刀、枪两头跨触引出线头5和4时，检验灯H灯泡亮强月光，而用检验灯刀、枪两头跨触引出线头5和6时，灯泡亮星光，则说明被测电动机定子绕组引出线头4、5、3是头，引出线头1、2、6是尾。其

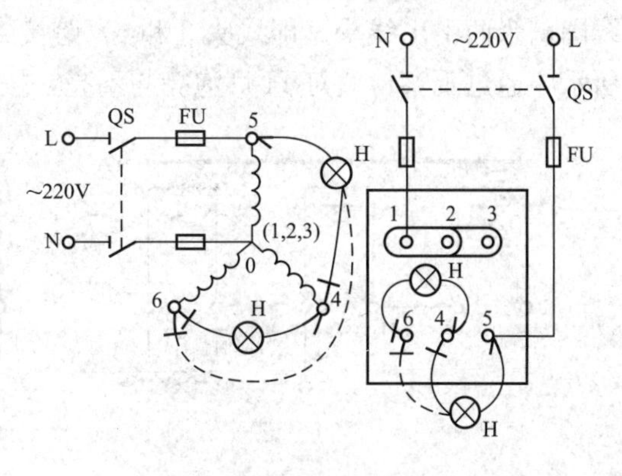

图5-37　检验灯识别星形接法电动机绕组头尾示意图

测判原理是三相异步电动机星形接法时，在一相绕组上加电压后，此绕组便产生了交变的磁场，而在其余两相绕组中感生了电压。由于这两相绕组线圈在空间位置上与跨接外电源相绕组均相差120°电角度，在绕组头尾连接正确的情况下，它们的感应电动势相等，且接相线的引出线头与其余两引出线头间电压大于外接电源电压。

5-2-10 检测三相交流制动电磁铁线圈的头尾

电磁铁的主要用途是操纵或者牵引机械装置以完成自动化的动作。从自动化系统来看，电磁铁是断续动作的执行机构。其基本工作原理是：当线圈通以电流后使铁心磁化产生了一定的磁力，将衔铁吸引而达到做功的目的。三相交流制动电磁铁广泛地应用于电气传动装置中，对电动机进行制动，以达到准确停车制动的目的（提高生产效率和保障安全生产）。在日常维修三相交流制动电磁铁时，常因更换线圈后产生头、尾错接而引起磁吸力减弱，甚至造成一相线圈发热、烧毁。故在检修或更换线圈时要检测三相线圈的头尾。

如图5-38所示，取任意两个相邻线圈中各一个引出线头，编号2和3连接在一起，另外两个引出线头编号1和4。剩余的一个线圈两引出线头编号5和6，并且和检验灯的刀、枪两头分别连接包扎绝缘。这时将串联的两线圈没连接的1号和4号线头跨接在交流220V电源上。检验灯H灯泡闪亮，说明串联两线圈的引出线头2和3，一个是线圈的头，另一个是线圈的尾，即串联的两线圈是头尾相连的；如果检验灯H灯泡不亮，则说明串联的两线圈是头和头或尾和尾相连（此时把其中一个线圈的线头编号调换一下，如3改为4，4改为3）。这样就确定了两个线圈的头尾端。随后断开电源，拆去检验灯，拆开串联两线圈的连接线。将原串联的两线圈中的边相线圈两引出线头跨接检验灯，中相线圈和原接检验灯的线圈串联，即线圈引出线头4和5用导线连接起来。然后把串联的两线圈剩余两引出线头（即线头3和6）跨接到交流220V电源上，如图5-38（b）所示。通过观察检验灯H灯泡亮与不亮，按上述判定方法确定第三个线圈头尾。

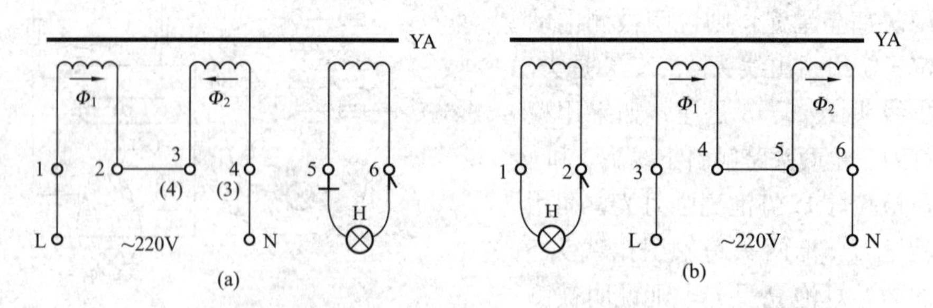

图5-38 检验灯检测三相交流制动电磁铁线圈的头尾示意图

（a）第一步测试后确定两线圈的头尾；（b）第二步测试后确定第三个线圈头尾

运用检验灯测判三相交流制动电磁铁线圈头尾的方法依据：三相交流制动电磁铁的两个线圈串联后，接至交流电源就产生磁通 Φ_1、Φ_2。如果磁通 Φ_1 和 Φ_2 的方向相反，由于其等值，两者相互抵消，在铁心中没有周期性变化磁通，所以接有检验灯的线圈中不能产生感应电流，检验灯 H 灯泡就不亮。反之，Φ_1 和 Φ_2 两磁通方向相同，两者相加，在铁心中就有一个合成磁通，接有检验灯的线圈内就产生感应电流，所以检验灯 H 灯泡就闪亮。即磁通 Φ_1 和 Φ_2 是同方向，则串联两线圈的引出线头是一头一尾，检验灯 H 灯泡闪亮；如果磁通 Φ_1 和 Φ_2 方向相反，检验灯 H 灯泡不亮，则串联两线圈的引出线头都是头或者都是尾。

5-2-11 判别双线圈荧光灯镇流器的引出线

荧光灯的各项特性（包括灯管电压、灯管电流、光通量、寿命、功率等）受电源电压变动的影响很大。当电源电压高于额定电压时，灯管电流增加得很快，灯丝上的电子粉大量发射电子，引起灯管早衰和端部环形发黑，缩短使用寿命。如电源电压达到或超过额定电压的 1.2 倍时，灯丝将因温度过高而迅速烧断。当电源电压过低时，起动电流降低，造成起动困难，起辉器闪跳次数增加，灯丝反复接受起动时高电压的冲击，电子粉飞溅，玻璃壁上形成黑斑，同样缩短灯管使用寿命。因此在电源电压波动较大的地方荧光灯宜采用双线圈镇流器（也称带副线圈镇流器），荧光灯灯管配用双线圈镇流器时的接线如图 5-39 所示。

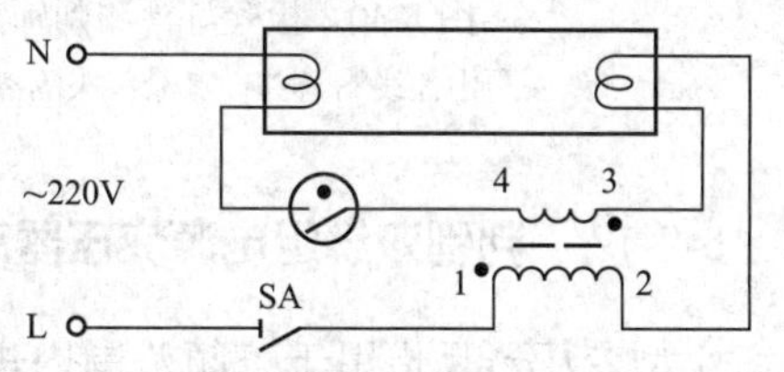

图 5-39 双线圈荧光灯镇流器接线示意图

双线圈镇流器（亦称四线镇流器）在同一铁心上，出线头 1、2 为主线圈，其线圈匝数比单线圈镇流器要多些；出线头 3、4 为副线圈，其线圈匝数比主线圈少得多。因主、副线圈的绕向相反（1、3 为线圈始端），故两磁力线方向相反。当荧光灯接通电源时，副线圈两端的感应电动势与主线圈叠加，由于磁力线互相抵消，使主线圈阻抗减小，电流增大，故荧光灯灯管预热快。当起辉器断开时，因主线圈匝数多，感应电动势高，所以也有利于荧光灯起动。灯管起动后，副线圈暂时失去作用，因主线圈匝数较多，故其限流作用要比单线圈镇流器的好。尤其当电源电压波动时，双线圈镇流器主线圈匝数比单线圈镇流器多，因而起动、稳流性能均较好，使灯管受电压变化的影响减小。这样灯管的工作电流变化小、亮度稳定，便可延长使用寿命。

双线圈荧光灯镇流器使用久了，往往看不清哪两个线头是主线路、哪两个线头是起动线路，万一接错了线，不仅影响灯管的寿命和起动性能，甚至会烧毁镇流器（副线圈匝数较少而误接入主线路）。根据双线圈镇流器的主线圈匝数比副线圈匝数多得多（副线圈的匝数约为主线圈匝数的6%～9%），两者直流电阻相差很大，可用检验灯检测判别。如图5-40（a）所示，取镇流器的任一引出线头和中性线N连接，其余三个线头隔离固定。用检验灯刀头触接220V电源相线L，拿检验灯枪头分别触及相互隔离固定的三线头。检验灯H灯泡亮的被测引出线线头和接中性线N的线头是一个线圈，剩余两线头为另一个线圈。如图5-40（b）所示，将测知的两线圈各任取一线头连接在一起，且与中性线N连接。用检验灯刀头触接220V电源相线L，拿检验灯枪头分别触及两线圈的未并连接的两线头。观察检验灯H灯泡亮星光的程度，灯泡亮弱星光的为镇流器主线圈，灯泡亮强星光（近似达月光）的则是镇流器副线圈。

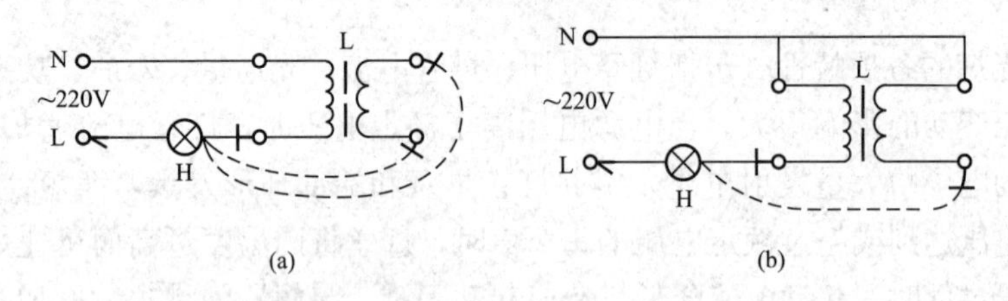

图5-40　检验灯检测判别双线圈镇流器的引出线示意图

（a）一线头与中性线N连接，其余线头隔离固定；（b）两线圈各取一线头与中性线N连接

5-2-12　判别双绕组电源变压器高低压侧的引出线

小型变压器是指用于工频范围内进行电压变换的小功率变压器，容量从几瓦至1kW。其中电源变压器的品种规格最多，应用最广，它们大多数都采用互感双线圈结构，即一次和二次侧由两个线圈构成。例如，安全电源变压器和1∶1隔离变压器禁止采用自感单线圈结构。

双绕组电源变压器各绕组引出线端子的标记不清或标记遗失（通常变压器各绕组的同极性端用符号“·”或是“*”标明），在现场可用检验灯检测判别。如图5-41（a）所示，将被测电源变压器各绕组任取一引出线线头（如A、C），用导线连接起来并接至电源中性线N上，然后用检验灯刀头触及220V电源相线L，拿检验灯的枪头分别触及两绕组未接线引出线线头（B和D）。观察检验灯H灯泡亮星光的程度，灯泡亮弱星光的是高压侧绕组（线圈匝数较多，导线截面积较小），灯泡亮强星光的是低压侧绕组（线圈匝数较少，导线截面积较大）。测知电源变压器高、低压绕组后，如图5-41（b）所示，用根绝缘导线连接变压器一次、二次绕组的各一引出线线头（即前次测试时A、C引出线线头间连接导线不用拆除，只是断开与中性线N的连接线），然后闭合开关QS接通交流220V电源（电源电压要等于或小于被测电源变压器一次绕组的额定电压）。这时用检验灯刀、枪两头跨触变压器一次绕组两引出线线头（A和B），测得检验灯H灯泡亮月光，随后用检验灯刀、枪两头分别触及变压器一次、二次绕组未用短接导线连接的引出线线头B和D。如果检验灯H灯泡亮弱月光（较测试电源时亮度低），说明检验灯刀、枪两头所触及的两引出线线头B和D为同极性端，即同名端；如果检验灯H灯泡亮强月光（较测试电源时亮度高），则说明检验灯刀、枪两头所触及的两引出线线头B和D为异极性端，而B和C两引出线线头是同极性端。

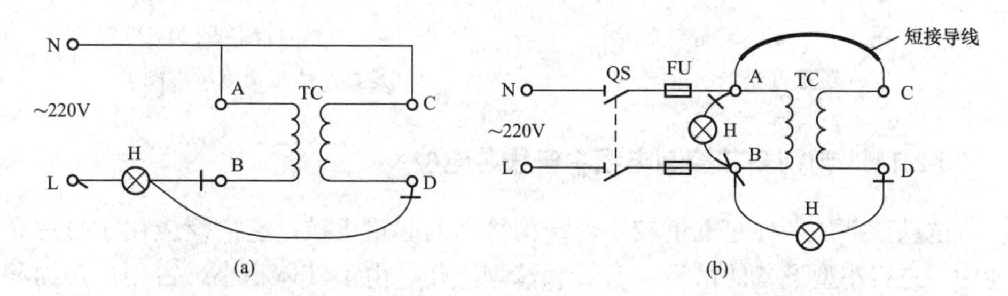

图5-41 检验灯检测判别电源变压器高低压侧的引出线示意图

(a) 判别变压器高低压侧绕组；(b) 鉴别变压器绕组极性

5-2-13 判别220V电源是直流还是交流

低压测电笔是电工常用的一种辅助安全用具，用于检查500V以下导体或各种用电设备的外壳是否带电。测电笔还能测出导体带的是交流电还是直流电，即能测试判别交流电还是直流电，如图5-42所示。人与大地不绝缘，直流系统中设有接地点。在测试时氖管A、B两端只有一端发亮，则是直流电；如果氖管的A、B两端都发亮，则为交流电。这是因为交流电的正负极是互相交变的，而直流电的正负极是固定不变的。交流电使测电笔氖管的两个极交替地发射着电子，所以两个极都发亮。而直流电只能使测电笔氖管的一个极发射电子，所以就只有一个极发亮。由此可知，只要掌握记牢“交流氖管通身亮，直流氖管亮一端”的现象，便可运用测电笔判别220V电源是直流电还是交流电。

运用检验灯检测判别220V电源是直流还是交流，如图5-43所示。用检验灯刀、枪两头跨触电源熔断器FU下侧接线桩头，检验灯H灯泡亮日光、发光二极管闪亮、氖管前端（刀头端）极发亮。随后将检验灯刀、枪两头对调再测试，检验灯H灯泡和发光二极管均不亮而氖管后端（手握端）极发亮，说明被测220V电源是直流电。若用检验灯刀、枪两头跨触电源熔断器FU下侧接线桩头时，检验灯H灯泡亮月光，发光二极管闪亮，氖管两极均发亮；随后将检验灯刀、枪两头对调再测试时，检验灯H灯泡仍亮月光，发光二极管仍闪亮而氖管不闪亮，则说明被测 220V 电源是交流电。

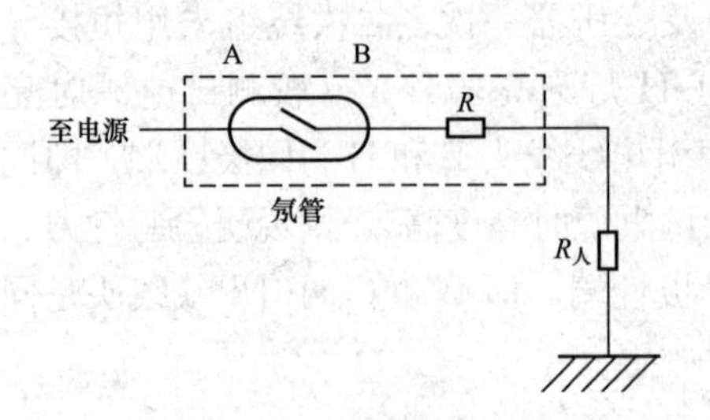

图 5-42　测电笔测判交流电还是直流电示意图

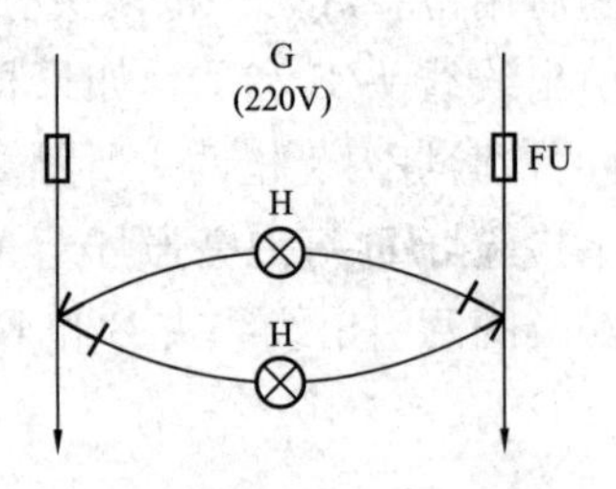

图 5-43　检验灯测判 220V 电源是直流还是交流示意图

5-2-14　判别多芯控制电缆中各线芯电位

电动葫芦是一种起重量较小、结构简单的起重机械，它广泛应用于工业企业中，进行小型设备的吊运、安装和修理工作。由于其体积小，占用厂房面积较少，故使用起来灵活方便。电动葫芦由提升机构和移动装置构成，结构上相互有联系，它们都由各自的电动机拖动，其外形如图 5-44 所示。电动葫芦的提升鼓轮由提升电动机经过减速箱拖动，主传动轴和电磁制动器的圆盘相连接，电动葫芦借导轮的作用在工字钢梁上来回移动，导轮则由行走电动机经过圆柱形减速箱带动。移动机构设有电磁制动器，电动葫芦用撞块和行程开关进行向前、向后、向上的终端保护。

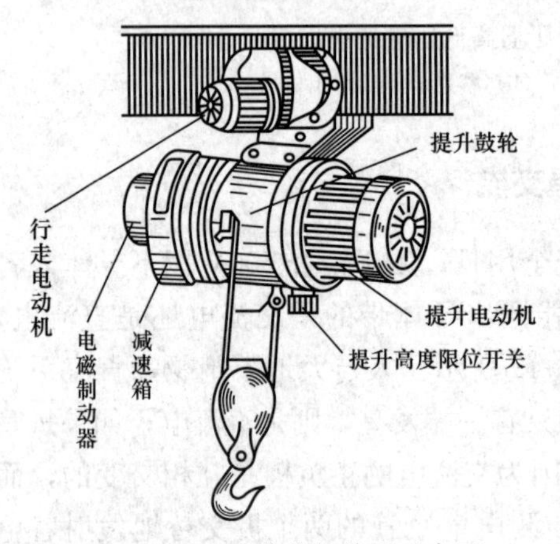

图 5-44　电动葫芦的外形示意图

图 5-45 所示为电动葫芦的控制电路，虚线方框是悬挂按钮站（1SB～4SB 是电动葫芦悬挂按钮站内的复式按钮，对电动机点动控制，可以保证在操作人员离开按钮站时，电动葫芦的电动机就能自动断电停止转动），进按钮站的七芯控制电缆（内有二根备用线）在站外齐断线时，电缆内七芯线头用测电笔测试均呈现带电。对此，用检验灯枪头触接接地线，拿检验灯的刀头逐个触及七根线芯。检验灯 H 灯泡亮月光时，被测线芯是 1 号相线 L1；检验灯 H 灯泡亮较强星光时，被测四根线芯是通过 1KM、2KM、3KM、4KM 交流接触器线圈的 2、3、4、5 号导线；检验灯 H 灯泡不亮时的两根被测线芯是备用线。

同理同法，可运用检验灯判别只接入一根相线的三芯电缆线芯电位，判别暗设钢管线路中各导线电位等，在此不再赘述。

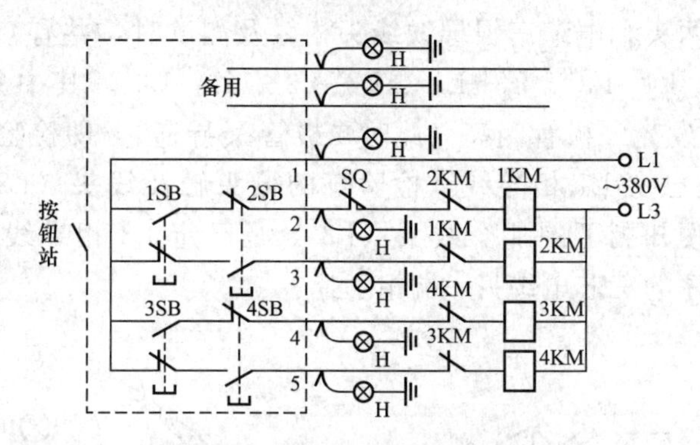

图 5-45 检验灯测判进按钮站电缆各线芯的电位示意图

5-2-15 判定一端已定相序的很长三芯电缆另一端相序

电气工程施工或日常维修中，常遇很长三芯动力电缆线芯绝缘皮不分色，或是穿管动力线一端已确定其三相的相序（如在变电所低压柜安装就位，或在水泵房电动机已安装），此时如何简便快速确定该条电缆另一端的相序呢？如图 5-46 所示，先将电缆两端的六个线头相互隔开并绝缘固定，在已确定的一端，L1 相导线线芯接中性线 N 或接地，L2 相导线线芯接电源相线 L，余下 L3 相导线头悬空固定不用动。然后到电缆的另一端，用检验灯枪头触接地或中性线 N，拿检验灯的刀头分别触及电缆三根线芯。检验灯 H 灯泡亮月光时的被测线头是 L2′，即是已确定的 L2 相导线。这时检验灯刀头触及 L2′线头不动，拿检验灯的枪头离地去触及剩余两线头。检验灯 H 灯泡亮月光时的被测线头是 L1′，就是已确定的 L1 相导线；而检验灯 H 灯泡不闪亮时的被测线头是 L3′，则是已确定的 L3 相导线。

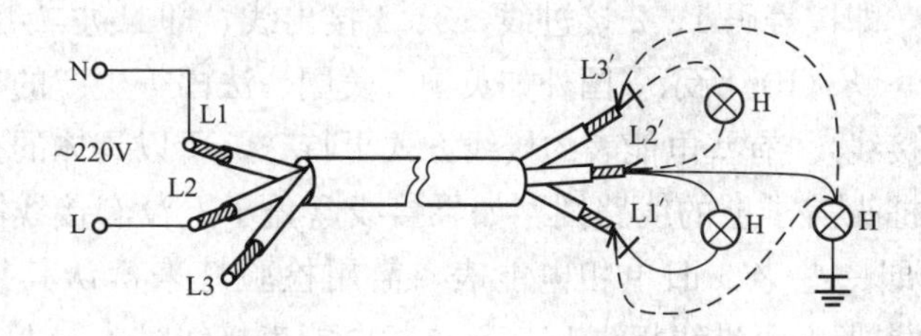

图 5-46 检验灯测判一端已定相序的三芯电缆另一端相序示意图

在电气工程施工现场没有三相四线制交流电源的情况下，如何运用检验灯检测判定一端已定相序的很长三芯电缆另一端相序呢？如图 5-47 所示，在已确定相序的一端，可在被测电缆已定 L1 相导线线头和 L2 相导线线头间串接一只二极管 V，剩余 L3 相导线悬空隔离。然后到电缆的另一端，用检验灯刀、枪两头和电缆三根导线线头相触及测试时，共有六种情况：L1′-L2′、L2′-L1′、L1′-L3′、L3′-L1′、L2′-L3′、L3′-L2′。其中只有一种情况下检验灯 H 的发光二极管闪亮（此时二极管 V 导通），即检验灯的刀头触及线头（L1′）是已定 L1 相导线，检验灯的枪头触及线头（L2′）是已定 L2 相导线。由此便知剩下的那个线头（L3′）是已定 L3 相导线。这样就确定了一端已定相序的三芯电缆另一端相序。

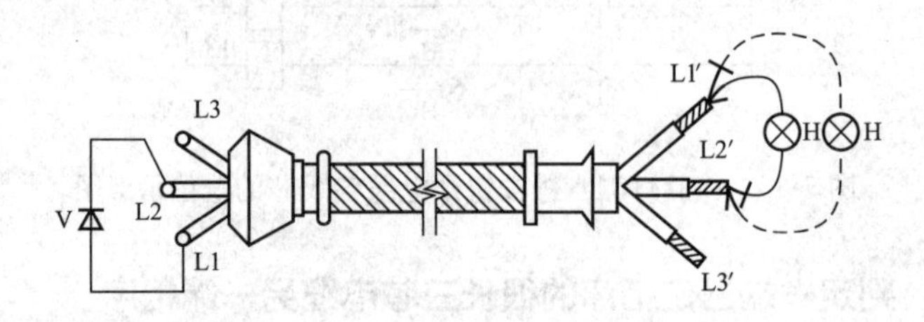

图 5-47　已定相序端 L1 相和 L2 相线头间串接一只二极管后检验灯测判电缆另一端相序示意图

5-2-16　辨认单相电能表四个接线桩头

单相电能表是计量单相电路中负载有功电能消耗的电气仪表，俗称单相电度表或小火表，应用很广。其接线虽然非常简单，但如不慎或不懂，就会造成错误接线，致使电能表不能正确计量甚至烧坏。

单相电能表只有四个接线桩头，根据接线盒上的排列，从左至右编号 1、2、3、4。单相电能表接线方式大体上有两种类型：一类是电能表的进线、出线从左到右相间排列，即按号码 1、3 接进线，2、4 接出线，即一进一出（单进单出）电能表，如图 5-48（a）所示；另一类是两进线在接线盒的左边，两出线在接线盒的右边，即按号码 1、2 接进线，3、4 接出线，即二进二出（双进双出）电能表，如图 5-48（b）所示（国外如英国、美国、法国等生产的单相电能表大多数采用这种接线）。有些电能表的接线方式更特殊，所以具体的接线方式要参照电能表接线桩头盖子上的线路图。如果接线盒盖子上没有接线图，或接线图模糊看不清，即一些老、旧单相电能表，需用检验灯来辨认其接线桩头。如图 5-49 所示，先把电源进线相线 L′接至单相电能表接线桩头①上，电源进线中性线 N′连接检验灯刀头。在进线 L′、N′接至 220V 交流电源后，用检验灯的枪头分别触及电能表接线桩头②和③。如果枪头触及③号桩头时，检验灯 H 灯泡亮月光，则进线 N′应接在接线桩头②上，而接线桩头③和④为出线接线桩头；如果枪头触及②号桩头时，检验灯 H 灯泡亮月光，则进线 N′应接在接线桩头③

上，而接线桩头②和④为出线接线桩头。

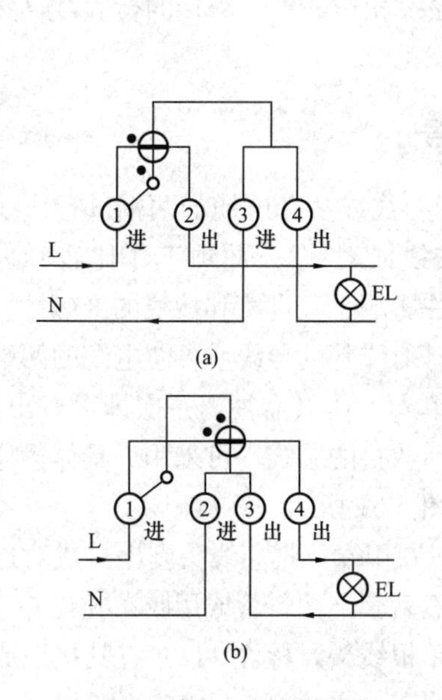

图 5-48 单相电能表接线图
(a) 一进一出电能表；(b) 二进二出电能表

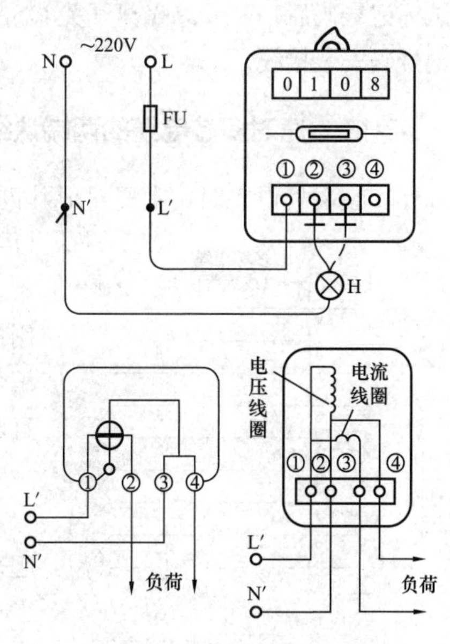

图 5-49 检验灯辨认单相电能表接线桩头示意图

5-2-17 统一三相插座接线认头法

为了使安装的三相插座接线统一，达到三相用电设备相序一致。如图 5-50 所示，先将电源总隔离开关 QS 拉开，拆除任意两相上的熔断器熔体（L2、L3 相），并在其中已拆除熔体的一相熔断器两端接线桩头上跨接检验灯（如 L3 相上，跨接时检验灯的刀头接在电源侧）。闭合电源总隔离开关 QS 后，在各个安装三相插座处，用检验灯的枪头触接接地线或中性线 N，拿检验灯刀头分别触及互相隔开的三相导线线头。检验灯 H 灯泡亮月光的测试线头上标号 1（L1 相）；检验灯 H 灯泡亮星光的测试线头上标号 3（L3 相）；检验灯 H 灯泡不闪亮的测试线头上标号 2

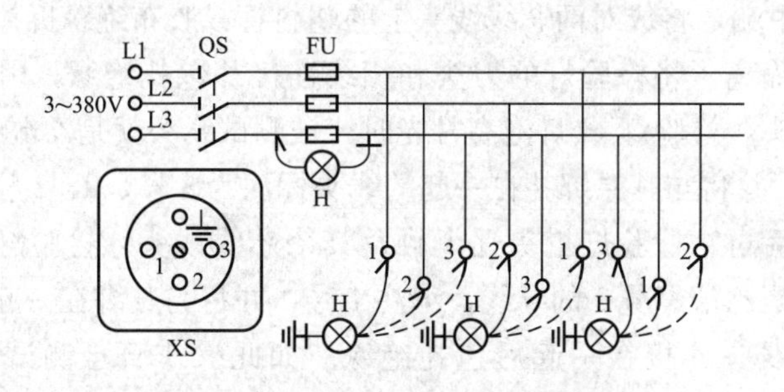

图 5-50 统一三相插座接线的检验灯认线头法

（L2 相）。这样测试便很快找出 L1、L2、L3 相导线线头。全部安装三相插座处都测试标记号码后，断开总隔离开关 QS，拆去一相熔断器上跨接的检验灯，然后按标记号码安装接线。

5-2-18　速对多芯电缆的两端认线编号

在安装电气设备时，常要对成扎的穿管导线或多芯电缆的两端进行认线编号（俗称校线或对线）。此项工作比较麻烦、困难，往往影响工程进度和接线的准确性。若采用检验灯对成扎的导线或多芯电缆的两端认线编号，单人工作只需往返一次即可对出线头，且对任何数目的芯线均可采用。具体操作方法步骤如图 5-51 所示。

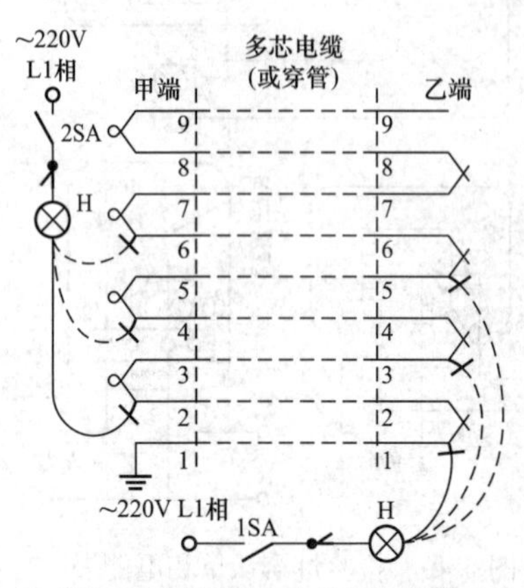

图 5-51　检验灯对多芯电缆的两端进行认线编号示意图

(1) 在甲端，把芯线头剥出并成对地连接起来，然后套上塑料管或用胶布扎住并头。剩下一个单根线头，标注 1，并将其接地或接照明中性线 N。

(2) 到乙端，将检验灯刀头和相线连接（验明有电）并包扎绝缘，然后拿检验灯枪头逐个触及被剥开的芯线线头。检验灯 H 灯泡亮月光时，被测试线头为甲端接地的那根编号为 1 的导线，标注编号 1。这时任取一根芯线编号为 2，并和编号 1 线头连接后用胶布包扎。随后用检验灯枪头逐个触及其余芯线线头，检验灯 H 灯泡亮时，被测试线头导线编号 3。再任取一芯线编号为 4，并和 3 线头连接包扎。随后再用检验灯枪头逐个触及剩余线头，检验灯 H 灯泡亮时，被测试线头导线编号 5，任取一芯线编号为 6，并和 5 线头连接包扎。随后再拿检验灯枪头逐个触及剩余线头，检验灯 H 灯泡亮时，被测试线头导线编号 7。依此类推直至编完所有芯线线头，然后取下检验灯的刀头。

(3) 回到甲端，将成对两芯线线头上的塑料管或胶布绝缘拆掉，露出线头并将各线头分开隔离。将检验灯的刀头和相线连接并包扎绝缘，用检验灯枪头逐个触及芯线线头，检验灯 H 灯泡亮月光时，被测试线头就是乙端编号 2 的导线，故标注编号 2，并将与其原绑扎在一起的线头标注为 3 号，2、3 号线头连接后用胶布包扎。随后再拿检验灯枪头逐个触及其余芯线线头，检验灯 H 灯泡亮时，被测试线头便是乙端编号 4 的导线，编注 4 号，并将与其绑在一起的线头编注为 5 号，4、5 号线头连接在一起后包扎绝缘。如此操作直至测试编完所有芯线线头。

如果需校对电缆芯线为偶数，则在甲端应留下两根单线头，即任取一对连接起来的两线头共同接地线，其中一芯线编号为 1，另一根芯线编注最后一个号码。到乙端时首先找到这两根芯线，只用一根芯线就可以了，余下另一根最后确定。其余电缆芯线按照 2 与 1 连、4 与 3 连的原则认线编号。总之，这种认线编号法对任何数目的芯线均可采用，且容易掌握。

第 3 节 检测正负定阴阳，异曲同工判好坏

5-3-1 测判晶体二极管

在使用晶体二极管时，必须注意它的极性不能接错，否则电路不能正常工作，甚至往往烧毁管子和其他元件。晶体二极管的型号、极性通常可由管子的结构形式及外壳上的标记来辨认，但有些二极管的管壳上没有任何标志或特征，这就需要借助工器具进行测试。晶体二极管具有单向导电性，其反向电阻远大于正向电阻。根据二极管的这一特点，可用检验灯判别二极管两管脚的极性，并能粗略地检测管子质量的好坏。

如图 5-52 所示，用检验灯刀、枪两头跨触晶体二极管的两管脚。此时检验灯 H 发光二极管闪亮，则检验灯刀头所触及的管脚为正极，枪头所触及的管脚为负极。这时将检验灯刀、枪两头调换触及两管脚，检验灯 H 发光二极管不发亮，说明被测二极管是好的。若用检验灯刀、枪两头跨触二极管两管脚，上述两次测试时检验灯 H 发光二极管均闪亮，则说明被测二极管已击穿；如果用检验灯刀、枪两头跨触二极管两管脚，上述的两次测试时检验灯 H 发光二极管都不闪亮，则说明被测二极管内部断路。

对整流二极管还可采用图 5-53 所示方法测判。将被测整流二极管的任一管脚接地或接中性线 N，然后用检验灯刀头触接相线 L，拿检验灯枪头触及二极管的另一管脚。检验灯 H 灯泡、发光二极管和氖管均发亮，此时检验灯的枪头触及的管脚为负极，二极管接地或接中性线 N 的管脚是正极。随后调换被测二极管两管脚，即原枪头触及的管脚接到中性线 N，检验灯刀头接触相线 L，拿检验灯枪头触及原接中性线 N 的二极管管脚。检验灯 H 灯泡和发光二极管都不闪亮，仅氖管发亮，说明被测二极管正常良好。否则，上述两次测试时，检验灯 H 灯泡、发光二极管和氖管均闪亮，被测二极管已击穿。如果两次测试时，检验灯 H 灯泡和发光二极管均不亮，仅有氖管发亮，说明被测二极管内部开路。

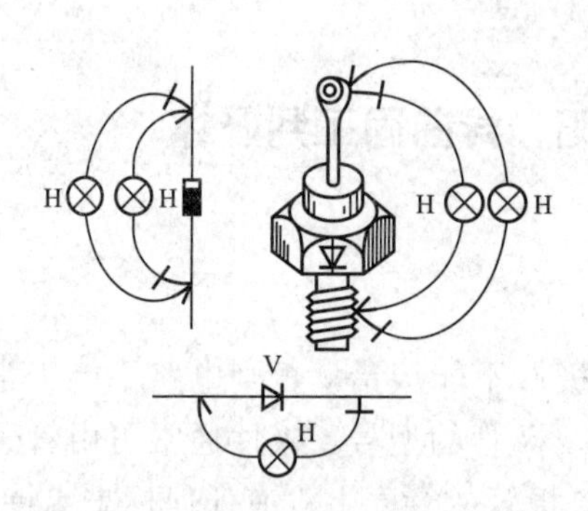

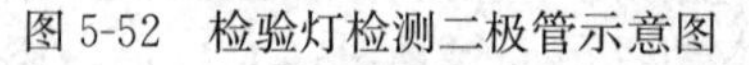

图 5-52　检验灯检测二极管示意图

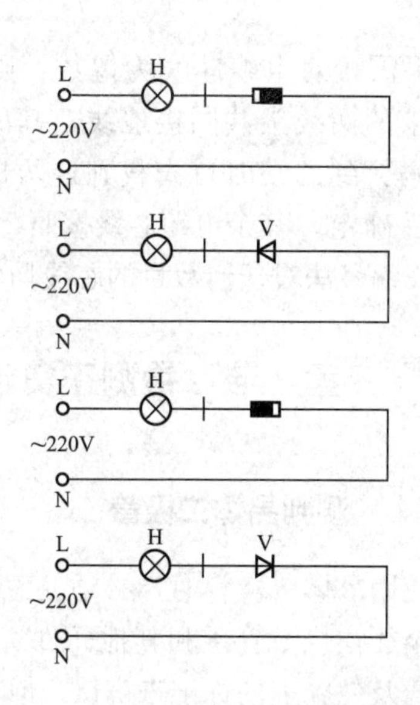

图 5-53　检验灯检测整流二极管示意图

5-3-2　测判发光二极管

发光二极管是晶体二极管的一个种类。发光二极管的电极有阳极（A）和阴极（K），从这两个电极引出两根引线，但是并不知道哪根引线接在哪个电极上。由于各厂家不同，品种也不一样。有的元件细线为阳极，粗线为阴极；有的长线为阳极，短线为阴极；还有中心的引线为阴极，外侧的引线为阳极等。这样一来，当使用这些元件时就很难判断其极性。因此需要在使用前预先测试证实一下发光二极管的极性，并粗略地检测一下管子的质量。

如图 5-54 所示，用检验灯刀、枪两头跨触发光二极管的两根引线。检验灯 H 的发光二极管和被测试的发光二极管均闪亮，则检验灯刀头所触及的引线为阳极，而枪头所触及的引线是阴极。这时将检验灯的刀、枪两头调换触及发光二极管的两根引线，检验灯 H 发光二极管和被测发光二极管均不闪亮，说明被测发光二极管是好的，否则被测发光二极管是坏的。

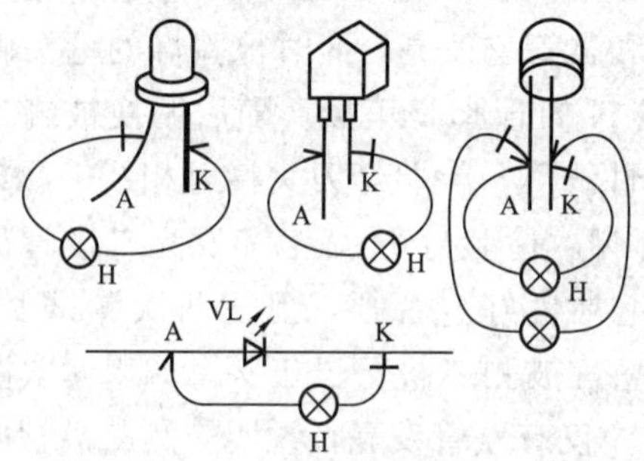

图 5-54　检验灯检测发光二极管极性及好坏示意图

发光二极管的工作电流依其不同的发光颜色而各异。一般红色为 5～10mA，绿色为 10～20mA。如果电流低于这一范围，发光二极管就不亮了；如果高于这一范围，就会缩短使用寿命。因此，在用检验灯检测发光二极管的极性或好坏时，要注意测试时间不可太长，以免损坏元件。因为检验灯刀、枪两头短接时，直流电流为18mA。也就是说检验灯的工作电流要比万用表大得多，在测试半导体元件时要注意这一点。

5-3-3 测判晶体三极管

为了正确地使用晶体三极管，确保电子线路的工作可靠性，在使用三极管之前，应该先辨明其三个管脚的极性，不同型号的三极管管脚排列规则不一样。当手边没有手册、说明书时，可用检验灯来判别，其方法步骤如下。

(1) 先判定三极管的基极b。判定基极管脚的依据是：从基极b到集电极c和从基极b到发射极e，分别是两个PN结，而PN结的特性是反向电阻大、正向电阻小。判定的方法如图5-55所示，任选三个管脚中的一个，先假定其为“基极”。用检验灯枪头触接假定的“基极”，拿检验灯刀头分别触及管子的另外两个管脚。如果检验灯H发光二极管两次均闪亮，则说明检验灯枪头所触接的是被测三极管的基极b，而且被测管子是PNP型。这时用检验灯刀头触接假定的“基极”，拿检验灯枪头分别触及管子的另外两个管脚。如果检验灯H发光二极管两次都不发亮，则说明上述判定的三极管的基极b和管型PNP是正确的。

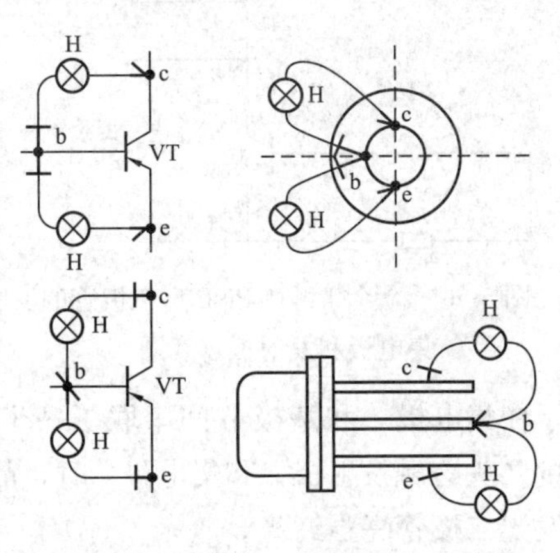

图5-55 检验灯测判三极管基极示意图

当假定“基极”后，若用检验灯刀头触接管子的假定“基极”，而拿枪头分别触及管子的另外两个管脚。如果检验灯H发光二极管两次均闪亮，则说明检验灯刀头所触接的是被测三极管的基极b，而且被测管子是NPN型。这时用检验灯枪头触接假定的“基极”，拿检验灯刀头分别触及管子的另外两个管脚。如果检验灯H发光二极管两次都不发亮，则说明上面判定的基极和管型NPN是正确的。

运用上述判定基极的方法时，用检验灯刀头或枪头触接假定“基极”后，拿检验灯的枪头或刀头分别触及管子的另外两管脚，此时结果为检验灯H发光二极管是一次闪亮而另一次不发亮，则说明原假定的“基极”不是基极。这就需要重新假定另一个管脚为“基极”，然后按上述方法进行测试，直至找到被测三极管的基极为止。

(2) 判定集电极c和发射极e。如图5-56所示，对PNP型三极管，用手食

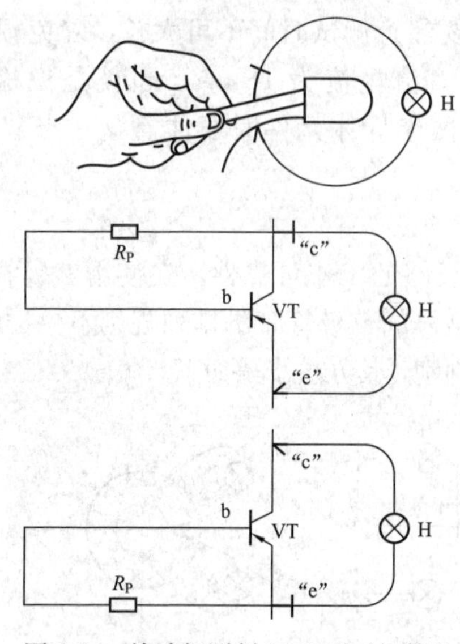

图 5-56 检验灯测判 PNP 型三极管的集电极和发射极示意图

指、大拇指紧捏住基极（已判定的基极 b）和另一个管脚，两个管脚要相距很近但不要短接，然后拿检验灯枪头触及手捏的另一个管脚，刀头触及手未捏的管脚。检验灯 H 发光二极管亮强红光。这时将手捏的另一个管脚和手未捏的管脚调换，随后拿检验灯枪头触及手捏的刚调换进去的管脚，刀头触及手未捏的管脚。此时检验灯 H 发光二极管只亮一点小红光，则说明发光二极管亮强红光的那次测试，手捏的管脚是管子的集电极 c，手未捏的管脚是管子的发射极 e。对 NPN 型三极管也用同法测判，只是要用检验灯枪头触及手未捏的待测管脚，而用检验灯刀头触及手捏的待测管脚。其判定原理是：当用手捏住管子的管脚 b 和 c 时，相当于在集电极 c 和基极 b 间串联了一个电阻 R_P（约为 800～1000Ω）。检验灯刀、枪两头跨触发射极 e 和集电极 c 时，晶体三极管将处于导通状态，所以检验灯 H 发光二极管亮强红光。

5-3-4 测判结型场效应管的三个电极

场效应晶体管是一种应用电场效应控制半导体中多数载流子运动的半导体器件，和晶体管相比，它具有输入阻抗高、噪声低、动态范围大和受温度影响小等优点，因而获得了广泛的应用。结型场效应晶体管有三个电极，即栅极 G、源极 S 和漏极 D。从管子的结构来看，栅极 G 和源极 S、栅极 G 和漏极 D 间分别为两个 PN 结，也就是说，它们相当于两个二极管。对 N 沟道结型场效应管，栅极 G 相当于这两个二极管的正极，源极 S 和漏极 D 分别相当于这两个二极管的负极。如图 5-57 所示，用检验灯刀头触接管子三个管脚中的一个，先假定它为“栅极 G”，然后拿检验灯枪头分别触及另外两个管脚。如果检验灯 H 发光二极管两次测试时均闪亮，则检验灯刀头触接的是管子的栅极 G。这时用检验灯枪头触及预先假定的“栅极 G”，拿检验灯的刀头分别触及另外两个管脚。检验灯 H 发光二极管两次都不闪亮，则说明上述判定的栅极 G 是正确的。对于正常良好的 N 沟道结型场效应管，栅极 G 对其他两个电极的正向电阻值都很小，而反向电阻值却都很大，这就是判定 N 沟道结型场效应管栅极 G 的依据。找到管子栅极 G 以后，剩下的另外两个管脚（即源极 S 和漏极 D）之间的正反向电阻值基本相等。由于这两个电极在结构上是对称的，所以源极S和漏极D可以互换使用，不必严格区别。

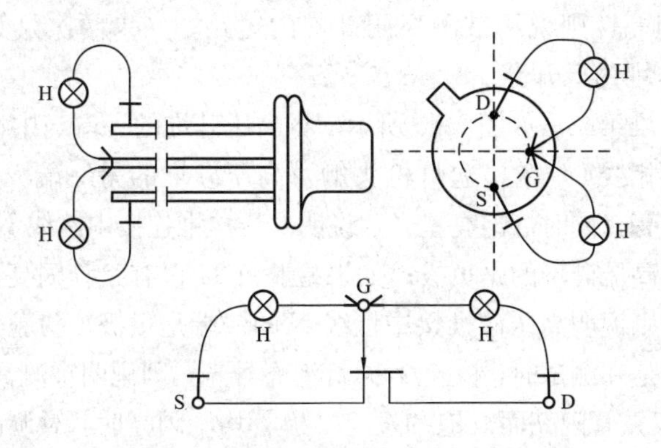

图5-57 检验灯测判N沟道结型场效应管三电极示意图

对于P型沟道结型场效应管的三个电极，测判方法同测判N沟道结型场效应管三电极一样，只是用检验灯枪头触接选定的假定“栅极G”管脚，而拿刀头分别触及另外的两个管脚，如图5-58所示。在测判时，用检验灯刀头或枪头触接选定的假定“栅极G”管脚后，拿检验灯的枪头或刀头分别触及管子的另外两管脚，此时结果检验灯H发光二极管是一次闪亮而另一次不闪亮，则说明原假定的“栅极G”是不正确的，既不是栅极G。这就需要重新假定一个管脚作“栅极G”，然后再按上述方法进行测试。直至找到被测管子的栅极G为止。如果在测试中，发生任意两个电极管脚间，用检验灯刀、枪两头跨触和刀、枪两头互调换后跨触，其检验灯H发光二极管两次均闪亮或不闪亮，则说明被测的结型场效应管是坏的（结型场效应管因为不是利用感应电荷的原理工作，所以不至于形成感应击穿的情况。但是要注意栅源间的电压极性不要接反，否则PN结将处于正向易烧坏管子）。

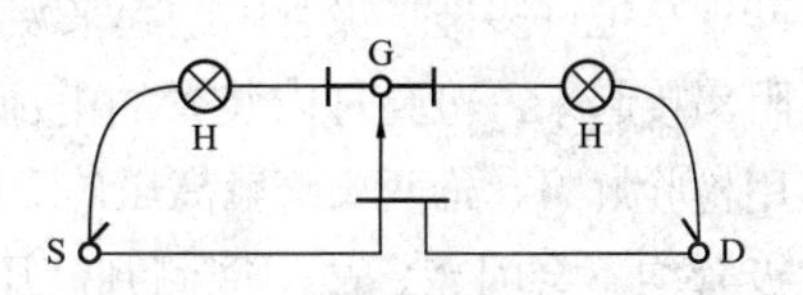

图5-58 检验灯测判P沟道结型场效应管三电极示意图

5-3-5 测判高压硅堆

检测判别高压硅堆极性第一法如图5-59所示。用检验灯枪头触接市电相线L（220V），将检验灯刀头（图5-59中测电笔）放在与地绝缘的木桌上，手捏高压硅堆的一端头，将其另一端头压触及检验灯刀头测电笔后面的金属部分（原手握端金属部分）。如果检验灯H氖管闪亮，则手捏高压硅堆的一极为负极；如果检验灯 H 氖管不闪亮，则说明手捏高压硅堆的一极为正极。这时手捏高压硅堆的端头调换，再将其另一端头压触及检验灯刀头测电笔后面的金属部分。如果两次氖管均闪亮，则说明被测高压硅堆内短路；如果两次氖管都不闪亮，则说明被测高压硅堆内已开路。

测判高压硅堆第二法如图 5-60 所示。将高压硅堆的一端与中性线 N 连接，用检验灯刀头触接相线 L，拿检验灯枪头触及高压硅堆的另一端。检验灯 H 氖管、发光二极管均闪亮，同时灯泡亮星光，说明高压硅堆连接中性线 N 的一端是正极，检验灯枪头触及高压硅堆的是负极；如果检验灯 H 仅有氖管闪亮而灯泡和发光二极管均不闪亮，则说明高压硅堆接中性线 N 的一端是负极，检验灯枪头触及高压硅堆的正极。若是在测试时，检验灯 H 灯泡亮月光，则说明被测高压硅堆内短路；若是检验灯 H 仅氖管闪亮而灯泡和发光二极管均不闪亮时，对调高压硅堆的两端头测试（即接中性线 N 的端头和枪头触及的端头对调），此时检验灯 H 还是仅氖管闪亮而灯泡和发光二极管均不闪亮，则说明被测高压硅堆内已开路。因为高压硅堆是把许多硅二极管串联起来装成一个整体的，相当于把许多个 PN 结的正向电阻串接起来，检验灯内装置的电池电压低，达不到硅堆的起始电压，所以直接采用检验灯刀、枪两头跨触高压硅堆的两端，进行正反向测试时，检验灯 H 发光二极管均不会闪亮。故不能测判高压硅堆的正负极，也不能判测高压硅堆的好坏。

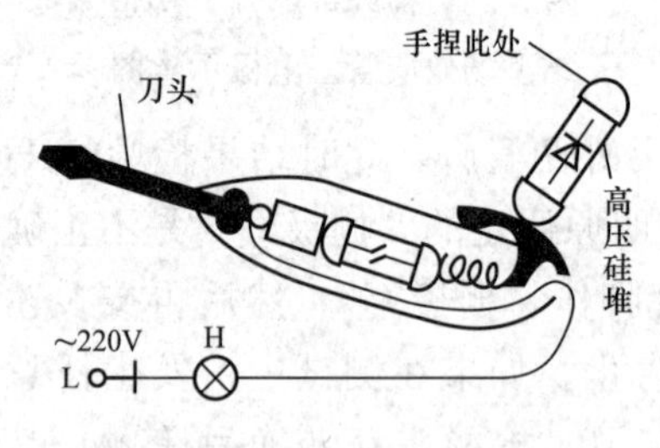

图 5-59　测试高压硅堆示意图

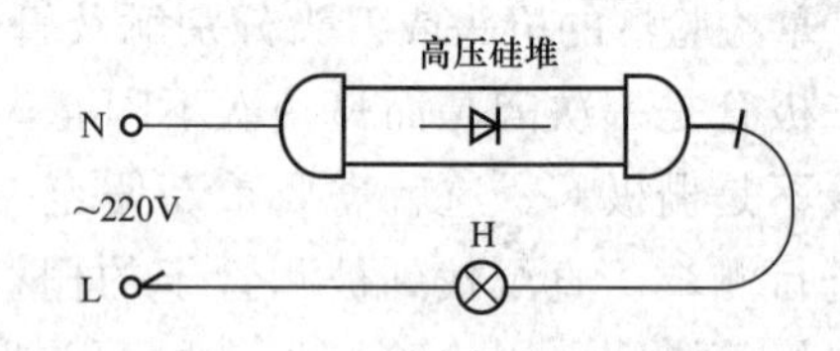

图 5-60　检验灯测判高压硅堆的极性及好坏示意图

5-3-6　测判晶闸管元件

晶闸管元件（曾称可控硅元件）是在硅二极管的基础上发展起来的新型电子元件。它可以把交流电变换成电压大小可以调节的直流电，如目前广泛应用在蓄电池充电机、直流电动机的无级调速、电解和电镀等方面。晶闸管元件有螺旋式（小容量）和平板型压接式（大容量）两种，有三个引出电极，比硅二极管增加一个控制极 G。平板型压接式晶闸管阴极 K 和阳极 A 在外形上易识别，小容量螺旋式的晶闸管阴阳两极有时就很难区别。根据半导体 PN 结具有单向导电性能的基本原理，即晶闸管阳极 A 与阴极 K、阳极 A 与控制极 G 之间正反向阻值应当很大，在几百千欧以上。晶闸管控制极 G 与阴极 K 之间正向阻值大约为十几欧至几百欧，而反向阻值却大得多，约为正向阻值的 3～10 倍。因此可用检验灯检测鉴别晶闸管的管脚和粗略判断管子的好坏，如图 5-61 所示。用检验灯刀头触接易识别的晶闸管控制极 G。然后拿检验灯枪头分别触及其余两电极。检验灯 H 发光二极管闪亮的管脚是阴极 K，检验灯 H 发光二极管不闪亮的管脚是阳极 A。在测试时，如果检验灯 H 发光二极管两次均闪亮，则说明被测晶闸管已坏。另外，在用检验灯判定晶闸管的阴阳两极后，再用检验灯刀、枪两头跨触晶闸管的阴、阳极，此时检验灯 H 发光二极管闪亮，则说明被测晶闸管内已短路。

在维修晶闸管设备时，一般只要判断晶闸管元件的好坏而并不一定要知道晶闸管的各种参数。由晶闸管的工作原理可知：要使晶闸管导通，阳极、阴极间必须加正向电压，同时控制极与阴极之间必须加一定的正向触发电压，使其有足够的控制极电流流入，这样晶闸管会立即导通，阳极与阴极间的电阻就很小。故可用两只检验灯同时检测判定被测晶闸管的好坏，如图 5-62 所示。两检验灯的枪头同时触及晶闸管阴极 K，其中一只检验灯的刀头触及晶闸管阳极 A，检验灯 2H 发光二极管不闪亮，随后拿另一只检验灯的刀头触及晶闸管控制极 G。这时两检验灯（1H 和 2H）发光二极管均闪亮，则说明被测晶闸管是好的。否则，被测晶闸管已坏。

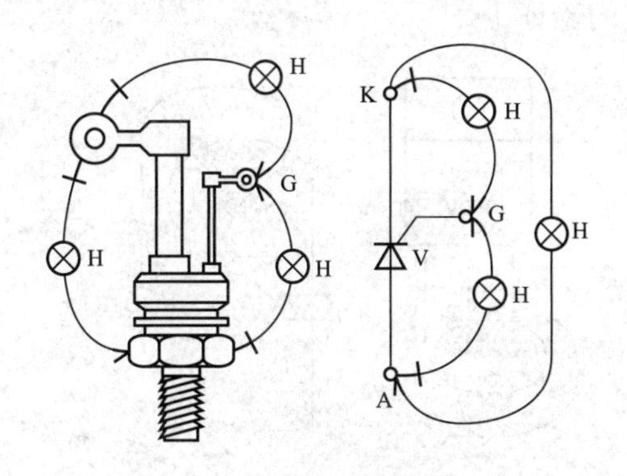

图 5-61　检验灯测判晶闸管示意图

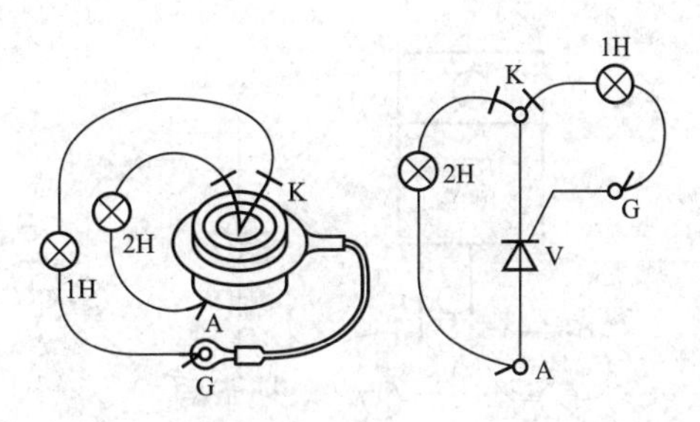

图 5-62　两检验灯测判晶闸管的好坏示意图

5-3-7　测判双向晶闸管

在交流电路中，常常需要将两个普通晶闸管反并联使用，双向晶闸管就是应这一要求而发展起来的。双向晶闸管无论从结构上，还是从特性上都可以把它看做是一对反并联的晶闸管，主要用于交流调压和交流开关，可简化电路、减少装置的体积和重力。大功率双向晶闸管从外形看，其三个电极很容易区别。一般门极 G 的引出线较细，阳极 T1 在位置上远离门极 G，阴极 T2 靠近门极 G。塑料封装的小功率（5A 以下）双向晶闸管，其极性的判别通常是面对双向晶闸管外形有字的一面，并使管脚向下，一般从左向右依次为T2、T1、G。对于规格、型号、外形不同的一般双向晶闸管，以及表面已没有了字的塑料封装双向晶闸管，较难确定其各电极。对此用检验灯测判的方法如下。

(1) 判定双向晶闸管阳极T1。如图5-63所示，用检验灯刀头触及被测双向晶闸管的任一电极，拿检验灯枪头分别触及管子的另外两电极。检验灯H发光二极管两次均不闪亮，说明检验灯刀头所触及电极是被测双向晶闸管的阳极T1。如果检验灯枪头碰触另外两电极时，有一个电极触及时检验灯H发光二极管闪亮，那么检验灯刀头所触及的电极不是阳极T1。这时用检验灯刀头换触及另一个电极，重复上述的测试过程，直至找到被测双向晶闸管的阳极T1为止。

(2) 两只检验灯测判双向晶闸管的阴极T2和门极G。如图5-64所示，用两只检验灯枪头同时触及预先假定的双向晶闸管阴极T2电极，一只检验灯刀头触及上述已确定的阳极T1，另一只检验灯刀头触及剩余的门极G。如果两只检验灯（1H、2H）发光二极管均闪亮，则说明假定的双向晶闸管阴极T2电极是正确的，剩余的一个电极确是门极G；如果两检验灯中只有一只检验灯的发光二极管闪亮，那么说明两只检验灯枪头同时触及的电极是双向晶闸管门极G，剩余的一个电极是阴极T2。此时，可将假定的阴极T2和门极G调换重新测试一次，其结果现象便是判定的验证。

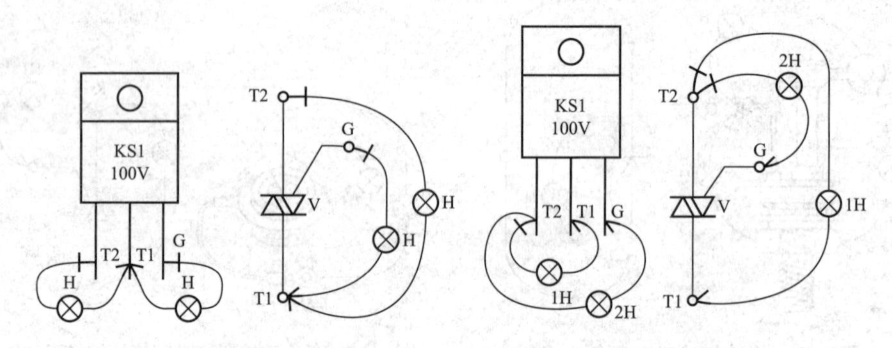

图5-63 检验灯测判双向晶闸管阳极T1示意图

图5-64 双检验灯测判双向晶闸管的阴极T2和门极G示意图

上述用检验灯判定双向晶闸管阳极T1的测试过程中，检验灯刀头触及阳极T1，枪头分别触及另外两电极（T2和G）时，检验灯H发光二极管均闪亮，则说明被测双向晶闸管已经短路击穿。在用两只检验灯判定双向晶闸管阴极T2和门极G的测试过程中，两检验灯枪头同时触及双向晶闸管阴极T2电极，两刀头分别触及管子的阳极T1和门极G时，两检验灯发光二极管均不闪亮，则说明被测双向晶闸管内已断路。此判断只要用检验灯枪、刀两头跨触双向晶闸管阴极T2和门极G时，检验灯发光二极管不闪亮，便可判定被测双向晶闸管内有断路故障（双向晶闸管门极 G 和阴极 T2 间，正反向电阻值均不大于几百欧）。

5-3-8 测判电解电容器

电解电容器在各种电子设备中是必不可少的重要元件，根据它在电路中接入的位置不同，所起的作用也不相同。在直流稳压电源中起滤波作用；在公共直流电源供电回路中起退耦滤波作用；在脉冲电路中起充放电延时作用；在交流信号放大电路中起耦合、隔直和旁路交流信号的作用；在有接点开关电路中起灭火花作用；在振荡电路中起能量储存交换作用等。依据各类电子电路的不同需要，电解电容器的电容量一般从几微法至几千微法，工作电压从几伏至几百伏不等。倘若在一台仪器仪表中，任何一只电解电容器容量减退、击穿或维修不当，都会造成电路工作不正常。

在各种晶体管电路中，当工作电压不高时，一般普遍使用小型铝、钽、铌等电解电容器。它们的正负极性往往不易识别，稍不注意常常在维修中将极性接反，致使电容器损坏，给电路带来不良影响。以铝电解电容器为例，它的正极是铝箔，负极是电解质，正负极之间的绝缘物是铝箔表面的一层氧化铝膜，氧化铝膜具有单向导电性能。当电容器正极接高电位、负极接低电位时，绝缘电阻很大，漏电流很小。若极性接反了，氧化膜就不起绝缘作用，绝缘电阻较小，漏电流很大，导致电容器发热甚至损坏。

理想电容器对直流相当于开路。在交流电路中，作用到电容器上的电压是交变的，对电容器交替充电和放电，使电容器通过电流。这种电流并不是由于自由电子通过电容器绝缘介质产生的传导电流，而是绝缘介质中电场变化引起的位移电流。实质上，可把电解电容器当作一个理想电容器和一个“二极管”相并联的电路，如图 5-65 所示。可见，在直流电路中它将出现反向漏电流；在交流电路中，除了有位移电流外，还包含有“二极管”产生的正反向漏电流。

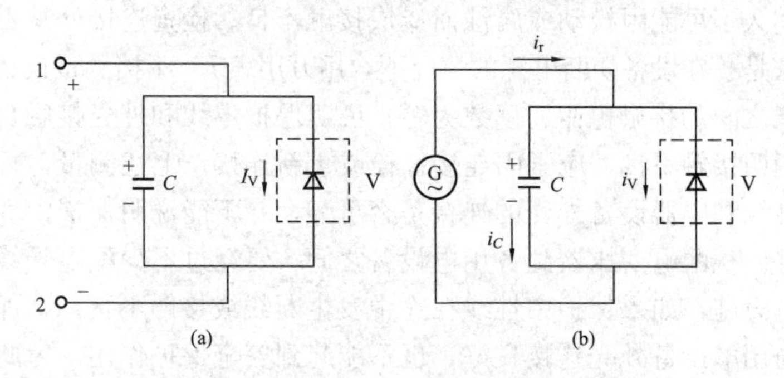

图 5-65 电解电容器等效电路示意图

（a）直流电路中的电解电容器；（b）交流电路中的电解电容器

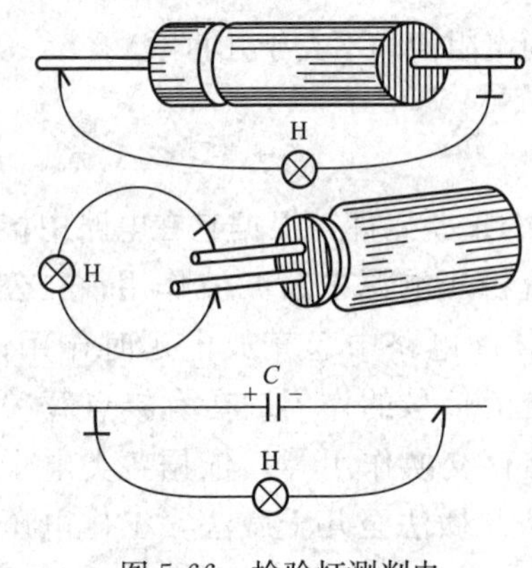

图 5-66　检验灯测判电解电容器示意图

运用检验灯测判电解电容器的方法很简单，如图 5-66 所示。在被测电解电容器处于放电状态（即电容器的两根引出线碰触一下）下，用检验灯刀、枪两头跨触电解电容器两电极。检验灯 H 发光二极管闪亮，说明检验灯刀头触及的电极是电容器的负极，枪头触及的电极是电容器的正极；如果检验灯 H 发光二极管不闪亮，则说明检验灯枪头触及的电极是电容器的负极，刀头触及的电极是电容器的正极。如果此时调换检验灯刀、枪两头再跨触被测电解电容器的两电极，两次测试时检验灯 H 发光二极管均闪亮，则说明被测电解电容器已击穿；如果两次测试时检验灯 H 发光二极管均不闪亮，则说明被测电解电容器内部开路。

第 4 节　随时随台查隐患，安全生产有保障

5-4-1　保护接零的检查

在配电变压器中性点直接接地的 380/220V 三相四线制系统中（中性点接地可以防止导线对地电压的严重不对称，并可限制对地电压不超过 250V），采用保护接零是防止触电的基本保护措施之一。电气装置在长期运行中，除了应通过测量电流、电压等来了解设备是否处于正常状态外，还应定期对其保护接零进行检查和测量，借以判断是否处于完好状态。

引到电气设备的保护中性线（零线）和其金属外壳的连接，一般采用螺栓紧固，时间久了可能因松动或腐蚀而造成接触不良。检查连接处是否接触良好的一般方法是：在设备切断电源的情况下，用万用表 $R\times1$ 挡测量设备金属外壳和保护零线之间的接触电阻，读数为零，说明保护零线和外壳接触良好；读数不为零，说明接触不良，应紧固连接螺栓或重新连接。上述测量，只能用来判别保护中性线和电器设备外壳的连接是否可靠，并不能说明保护中性线本身是否连接完好。从配电变压器到各用电设备之间，要经过不少配电干线、支线以及各种配电设施，如果保护中性线在途中发生断线或接触不良，则即使“保护中性线”与用电设备外壳连接良好，也不能起到安全保护作用。为此，必须要检查保护中性线本身是否连续完好。一般检查方法是接通用电设备的电源开关，用万用表交流电压挡分别测量各相导线和保护中性线之间的电压是否为 220V。

保护中性线和配电变压器中性点之间未发生断线时，电压应为220V；如果测得的电压为零，则说明保护中性线已断，应立即停止测量并关断电源。因为此时相电压经万用表加在设备金属外壳上，如有人触及设备外壳就要触电。因此，进行此项目测量时，要派人监护，并采取一些预防措施。再用万用表交流电压挡测量相零电压只能判断保护中性线有否断线，而并不能说明保护中性线途中的各连接点接触是否良好。如图5-67所示，保护中性线N-N′虽未断线，但有较大的接触电阻R_C，若万用表的内阻为R_V，忽略导线阻抗的情况下，则$U_{AN'}=U_{AN}\dfrac{R_V}{R_C+R_V}$。设$U_{AN}=220V$，接触电阻$R_C=1k\Omega$，万用表（500型）内阻$R_V=1.8M\Omega$，则计算得$U_{AN'}=219.88V$。$U_{AN'}$仅比$U_{AN}$小0.12V，万用表无法区别这样微小的变化。因此，用万用表测量相零电压不能区别保护中性线的接触电阻大小。

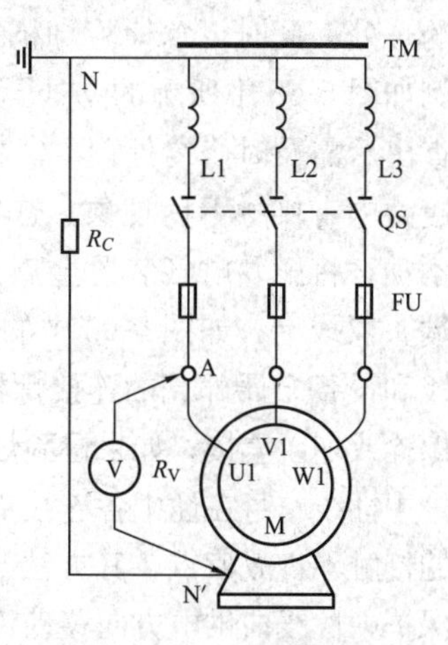

图5-67 万用表检测保护中性线示意图

综上所述可知，万用表$R\times1$挡可检测电气设备金属外壳和保护中性线之间的接触电阻（检测时要检查表内电池电压是否足够；要“调零”等多项操作），但需在被测设备切断电源的情况下进行。万用表交流电压挡可检测保护中性线本身有否断线故障，并不能测知保护中性线途中各连接点的接触是否良好。检测实践证实，用检验灯可在不停电（被测设备运行）的情况下，很方便、安全地检测电气装置的保护接零“接触”“断线”以及其“连续性”，定性地判断保护接零是否处于完好状态。

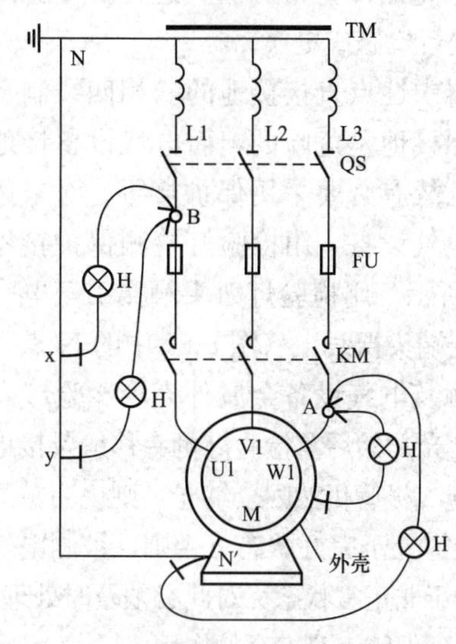

图5-68 检验灯检测电气装置的保护接零示意图

如图5-68所示，用检验灯枪头触接电气装置（例如三相电动机）的金属外壳，拿检验灯刀头触及电气装置的任一电源相线（例L3相A点）。检验灯H氖管和发光二极管闪亮，灯泡亮月光，则说明被测电气装置的保护接零处于完好状态。否则电气装置的保护接零处于非正常状态：①检验灯H灯泡不亮，则表示被测保护中性线本身在途中发生断线或严重接触不良故障，应立即停止所测试电气设备运行，寻找保护中性线断线故障点。方法是检验灯的枪头沿线路向供电方向移动触及保护零线，检验灯刀头同时随移动触及供电电源任一相线；一直测试到检验灯刀、枪两头触及时检验灯 H 灯泡亮月光，例如图 5-68 中所示的 x 处。此时再拿检验灯枪头向后移动触及几次，检验灯 H 灯泡不闪亮为止，例如图 5-68 中所示的 y 处。在此 x-y 小段中就很容易发现保护中性线的断开点，查出后需及时修复处理。②检验灯 H 灯泡亮星光，则表示被测保护中性线各连接处中有接触不良现象，连续性差。这时检验灯刀头触及电气装置的电源相线不动，将触及电气装置金属外壳的枪头，移动触及引至电气设备的保护中性线端头裸线上，如图 5-68 中的 N′点。如果检验灯 H 灯泡亮月光，则表示保护中性线和设备金属外壳的连接螺栓松动，或因腐蚀而造成接触不良，应停电紧固连接螺栓或加以重接；如果检验灯 H 灯泡仍同前枪头触及外壳一样亮星光，则表示保护中性线本身在途中各连接点有接触不良故障。寻找保护中性线本身各连接点中的接触不良故障点，其方法与寻找保护中性线断线处相似，检验灯刀、枪两头沿保护中性线向供电方向移动跨触相线和保护中性线。对发现的隐患逐一及时处理，以保障设备和人身安全。③检验灯 H 灯泡亮较强月光或日光，这种情况很少见，但发生时则说明被测电气设备的绝缘已损坏，并造成检验灯刀头未触及的另外两相中有一相绕组导线碰壳，构成单相接地故障；同时还说明该设备的保护中性线已断线或是其总阻抗值太大（如严重的接触不良），或是该设备的保护装置整定值调整不合理（包括保护元件损坏），致使短路电流未使保护装置动作。总之，该被测电气设备存在严重故障，带“病”运行。应立即断电停止运行，进行检修或更换。

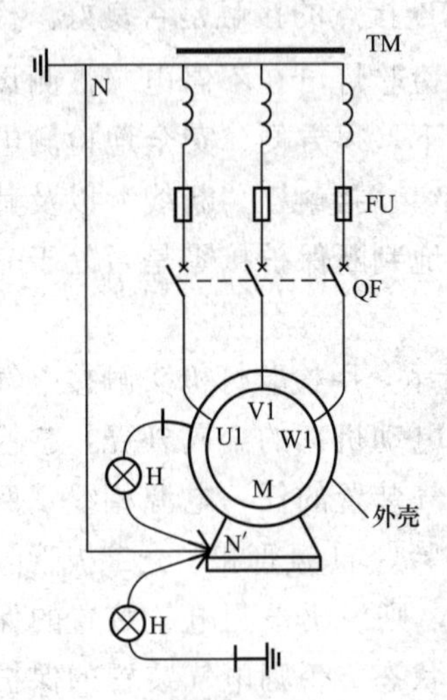

图 5-69　检验灯检测新装置的保护接零示意图

在配电变压器中性点直接接地的三相四线制系统中，电气设备不接地是危险的，而电气设备接地也不能确保安全，故有必要采用保护接零。对未运行的、新安装的电气设备，用检验灯检测保护接零的方法如图 5-69 所示。用检验灯刀头触接引至电气设备的保护中性线端头裸线上（图 5-69 中的 N′点），拿检验灯的枪头触及电气设备金属外壳，检验灯 H 发光二极管闪全红光；然后拿检验灯枪头移触及接地线，检验灯 H 发光二极管仍然闪全红光，则说明被测电气设备的保护接零处于完好状态。否则，被测电气设备的保护接零处于非正常状态。对此必须及时处理，使保护接零真正起到保障人身安全的作用。

5-4-2 检测380/220V供电线路的中性线

我国通常普遍采用380/220V三相四线制、配电变压器中性点直接接地的供电系统，在正常情况下中性线N（俗称零线）与大地的电位电压相等，中性线N是不应该带电的。中性线N带电是线路或用电设备存在故障的反映，所以应对中性线N与大地间的电位差进行检测，根据中性线N带电时所表现出的不同症状进行故障判别。

如图5-70所示，在单相供电线路上，用检验灯刀头触接电源中性线N时氖管闪亮，随后拿检验灯枪头触及地。检验灯H氖管和发光二极管闪亮，灯泡亮星光。这时检验灯刀头触接中性线N不动，拿检验灯枪头移触电源相线L（或用检验灯刀、枪两头跨触被测试线路负载R_L的两端）。检验灯H灯泡不亮，说明被测单相供电线路的中性线N断路。此故障多数是电源处中性线N熔断器的熔丝熔断，或是插头、插座等接触点处接触不良。

如图5-71所示，在三相四线制供电线路上，用检验灯刀头触接中性线N时氖管闪亮，随后拿检验灯枪头触地。检验灯H氖管、发光二极管和灯泡均闪亮，则说明被测供电线路存在故障，轻则三相负荷严重不平衡，重则中性线N断线或中性线N碰触某根相线。这时，检验灯刀头触接中性线N不动，拿检验灯的枪头分别触及三相相线L1、L2、L3，检验灯H灯泡闪亮程度差异大，有亮强月光、亮月光、亮星光。随后用检验灯刀、枪两头分别跨触两两相导线，检验灯H灯泡均亮日光，则说明被测三相四线制供电线路的中性线N干线已断路，此故障需断电及时排除。否则跨接在负荷较小的相线上单相用电器会因电压过高而烧毁（在三相四线制供电的电路中，当中性线N干线断线时，由于三相负

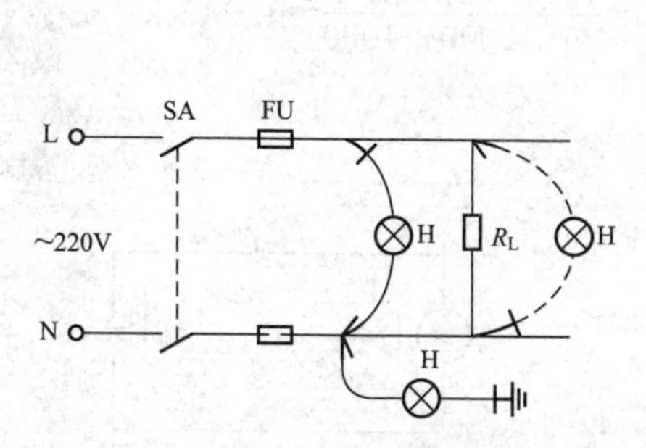

图5-70 检验灯检测单相供电线路中性线示意图

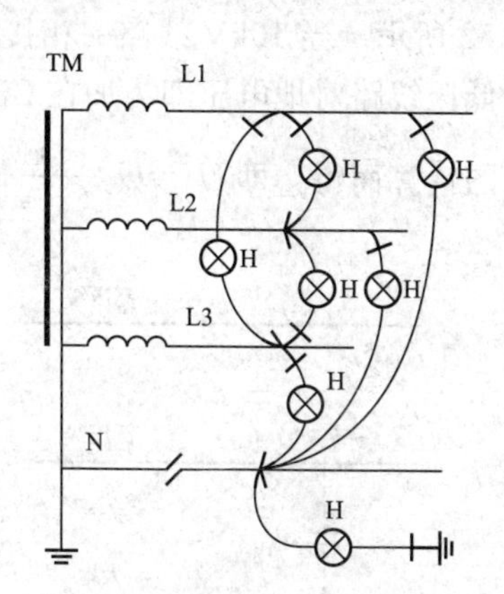

图5-71 检验灯检测三相四线制供电线路的中性线示意图

载不对称，将会使负荷电压的中性点发生位移。一般中性点向着负荷大的方向位移，负荷大的那相电压降低，负荷小的那两相电压升高，所接的灯泡亮度增加。若电压过高，灯泡将会烧坏）。

5-4-3 检测架空线路的非正常带电

在实际工作中，往往在没有通电的架空线路，甚至在架设中的架空线路上工作时有麻电的感觉。这说明线路已非正常带电了，这种非正常带电还往往易造成触电伤亡事故。

架空线路非正常带电归纳起来有如下几个主要原因。

(1) 架空线路对地存在分布电容 C。这种电容与线路的长度有关，大致为 $C=\frac{l}{160(或220)}$（μF）（式中：l 为架空线路的长度，km。当没有避雷线时，式中分母取 220；当有避雷线时，式中分母取 160）。

在架空线路正常通电时，电容 C 被充电，电压可达额定相电压。停电以后，如果没有将线路放电，人触及导线时电容中的电荷就会通过人体放电。人体的电阻值越小，放电电流越大；人体电阻值越大，放电时间越长。无论是哪种情况，对人都是比较危险的。

(2) 两条平行架设的线路，由于线路间存在电容，如果其中一条线路带电，就会通过电容耦合到另一条不通电的线路上去，特别是当带电线路三相电压不平衡或有一相导线接地时，不通电线路可能有较高的对地电压。例如，有一条 380/220V 的低压线路，中性点未接地，其中有一段线路挂在 10kV 线路下。假定低压线路对地电容 $C_{11}=2000$pF，高低压线路间的电容 $C_{12}=1000$pF，如图 5-72 所示。当 10kV 线路一相接地时，其中性点对地电压 $U_{o}=10/\sqrt{3}$（kV），那么低压线路对地电压即为加在 C_{11} 上的电压 U_{d}，U_{d} 值可按图 5-73 所示的等值电路图计算而得，即 $U_{d}=U_{o}\frac{C_{12}}{C_{11}+C_{12}}=\frac{10}{\sqrt{3}}\times\frac{1000}{2000+1000}=1.93$（kV）。

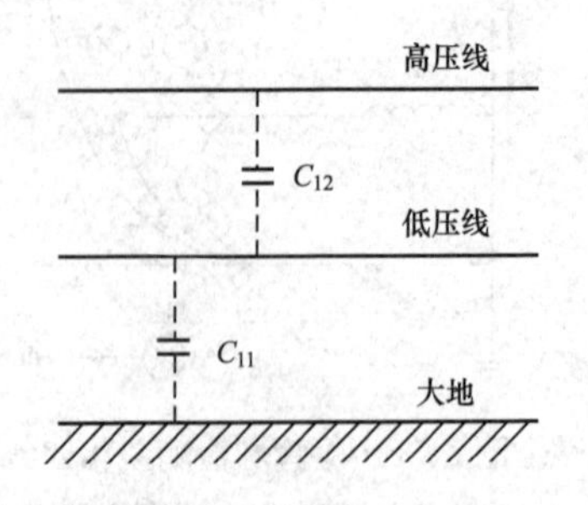

图 5-72 线路间存在电容示意图

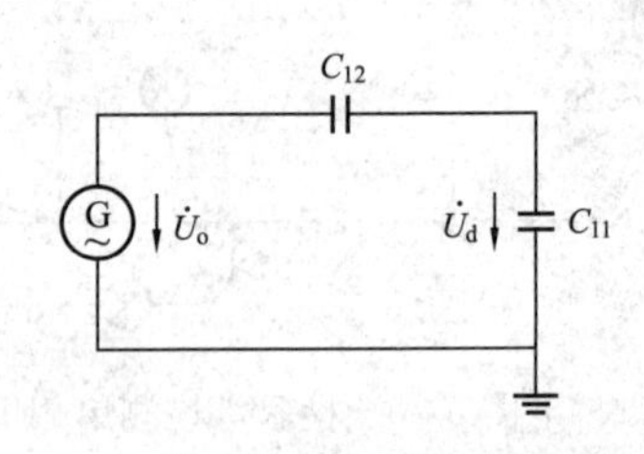

图 5-73 低压线路对地电压等值电路图

(3) 在一定条件情况下，经过配电变压器的非平行高低压线路，其带电的高压线能使不通电的低压线非正常带电；带电的低压线也能使不通电的高压线非正常带电。如图5-74所示，在通常的情况下，当高压线（如10kV线路）停电时，用户的自备发电机开始发电，虽然变压器TM低压侧出线总开关QF是断开的，但中性线N一般不断开。如果低压线路中性点未接地，在有一相接地的条件下，低压中性点对地电压U_o最大可能达到相电压，这一电压就会通过变压器TM高、低压绕组间的电容C_{12}和高压线对地电容C_{11}反映到停电的高压线上去。高压线对地电压U_H可按图5-75所示的等值电路图计算得$U_H=U_o\dfrac{C_{12}}{C_{11}+C_{12}}$。

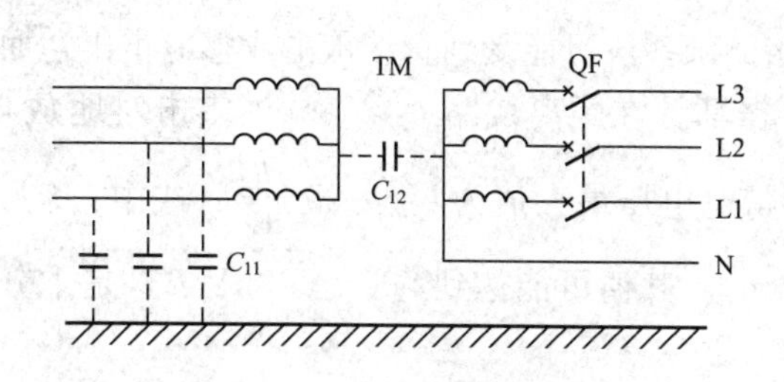

图5-74 中性线带电使停电的高压线非正常带电示意图

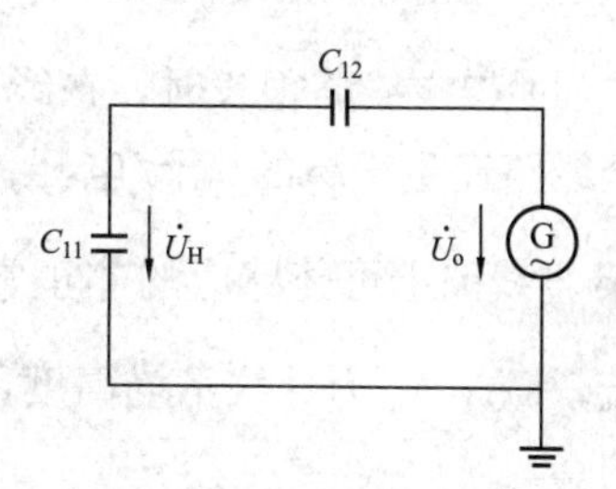

图5-75 高压线路对地电压等值电路图

显然，如果高压线路不长，其电容C_{11}可能小于C_{12}，那么电压U_H也会对人存在一定的危险。特别是当高压线存在对地电感（例如高压线接有消弧电抗器、电压互感器等），且电感、电容达到某一配合使之谐振时，那么低压中性线N对地电压很低的情况下也会使高压线对地产生很高的电压。如图5-76所示，高压线接有一台10/0.1kV的电压互感器TV（图5-76中只画出高压绕组）。假定其10kV侧励磁感抗每相为450kΩ，三相并联感抗$X_L=\dfrac{1}{3}\times450=150$（kΩ）。高压线路每相对地电容$C_{11}=6500$pF，三相并联容抗$X_C=\dfrac{1}{3\omega C}=\dfrac{10^{12}}{3\times314\times6500}=163$（kΩ）。$\dfrac{L}{3}$与$3C_{11}$并联后，即为10kV侧对地感抗，其数值为$X'_L=\dfrac{163\times150}{163-150}=1880$（kΩ）。

假定配电变压器高、低压绕组的电容为2000pF，则其容抗为$X_{C12}=\dfrac{10^{12}}{314\times2000}=1590$（kΩ）。

如果该配电变压器低压侧中性线N对地电压为200V，如图5-77所示等值电路图，那么10kV线路对地非正常带电电压为$U_H=U_o\dfrac{X'_L}{X'_L-X_{C12}}=200\times$

$\frac{1880}{1880-1590}=1.3$（kV）。

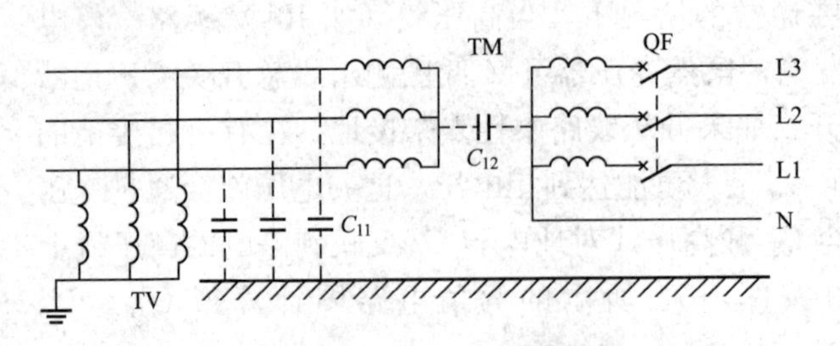

图 5-76　中性线带电使接有电压互感器的停电高压线非正常带电示意图

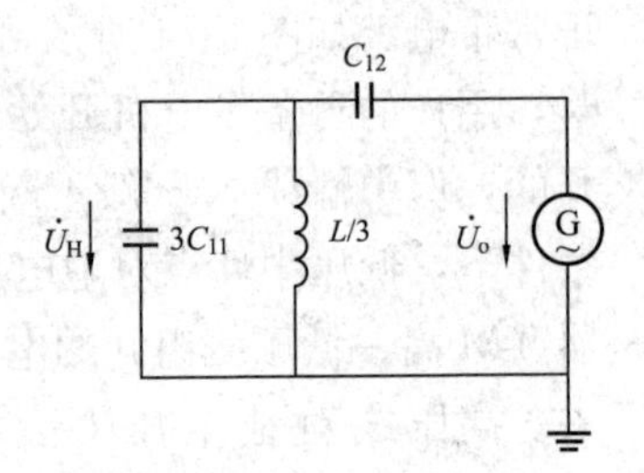

图 5-77　接有电压互感器的高压线路对地电压等值电路图

(4) 架空线路很长时，在线路的某些段可能受到直接雷击或感应雷击，而使整个线路产生很高的危险电压。据估计在距离线路 $L>65$m 处雷击对地放电，在架空线路上可能感应的非正常带电电压最大值为 $U_m=25\frac{Ih_d}{L}$（式中：I 为雷电流，kA；h_d 为导线平均高度，m)。其值可能达到 500～600kV，这是十分危险的。

(5) 当气候比较干燥时，架空导线及绝缘子在空气中不停地摆动，摩擦而积聚的静电荷又无法泄入大地时，将使架空线路对地电压达到相当的数值。

架空线路的非正常带电，一方面可能使在线路上工作的人员遭到电击，更主要的是工作人员突然感到麻震，容易出现慌乱而从空中摔下来，造成严重的伤亡事故。因此在停电的线路上工作，必须遵守 DL 409—1991 中的规定，切实做好“验电”“装设接地线”等安全措施，才能保证工作人员的安全。但在实际工作中，检修低压架空线路时，架设新的高、低压架空线路时，往往做不到“装设接地线”。主要原因：一是条件有限，没有三相短路接地线；二是认为装设接地线是防止误送电而造成停电线路突然有电，架设新线路根本不存在误送电的情况。因此，在停电检修低压架空线路时，需应用检验灯实施“验电”，“装设接地线”放电。既方便实用，又直观可靠。

如图 5-78 所示，在停电检修低压架空线路时，一般都需要三人以上进行。登杆后，用检验灯的刀枪两头跨触两根裸导线（相线与相线或相线与中性线)，检验灯 H 氖管、发光二极管和灯泡均不闪亮，说明被检修线路确无电压。随后将验电检验灯枪头插入中性线 N 裸绞线中，刀头刺入一相线裸绞线中（为防脱落，可用胶布或绑扎线固定)。同法装挂同时携带的两只检验灯，这样三只检验灯跨接各相线与中性线之间，久留被检修的低压架空线路作业段，直至检修工作完毕再拆除检验灯（特别是小型企业、农村电工，没具备“等地位保安线”

的情况下必须采用此项措施）。检修架空线路期间，如果线路有非正常带电现象，检验灯H氖管、发光二极管和灯泡闪亮，立刻告知工作人员；同时非正常带电电荷经检验灯H灯泡、中性线N流入大地，确保线路上工作人员的人身安全。对强制使用“等地位保安线”的大型企业、电力部门，检修人员登杆后用检验灯验电及相线、中性线间跨接三只检验灯，然后实施挂接“等地位保安线”（图5-78中虚线所示）。在此期间，检验灯H起着监视线路突然来电的作用，同时能检测挂设的“等地位保安线”是否接触良好（三只检验灯H发光二极管均闪全红光为接触良好。此时再拆除检验灯），从而保证了线路上工作人员的人身安全。

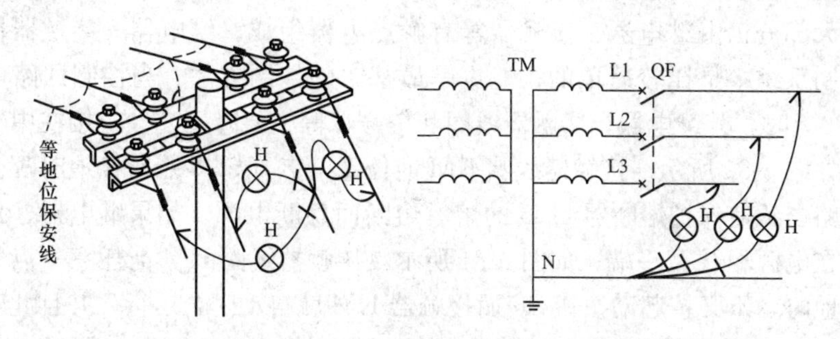

图5-78　检修低压架空线路时用检验灯验电和放电接线示意图

5-4-4　检测检修线路后是否拆除短接线及遗留金属物件

DL 409—1991中规定：严禁带负荷合隔离开关（刀闸），检修工作完毕后要检查有无遗留物件等。在实际工作中，检修开关柜、配电柜以及线路后，有时会出现忘记拆除三相短接线、检修工具或金属物件横跨母线上而忘记清理等情况，导致闭合总隔离开关造成事故。

低压线路检修工作完毕后，检修人员清扫、整理现场，检查检修工作质量、设备状况等工作，然后拆除三相短接线、清理现场等。值班运行人员或工作负责人在闭合电源总隔离开关QS前，要用检验灯的刀枪两头跨触总隔离开关QS负荷侧接线桩头，且

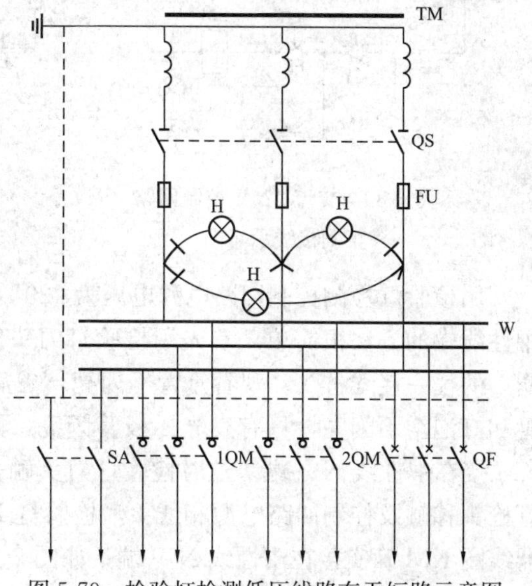

图5-79　检验灯检测低压线路有无短路示意图

三相接线桩头均要两两跨触，如图 5-79 所示。只要检验灯 H 发光二极管闪亮，则说明被跨触的两相间存在金属物件短接的隐患，不能合闸操作，要先查清隐患原因。只有检验灯三次检测时，检验灯 H 发光二极管均不闪亮，方可进行合闸操作。

5-4-5 检测电压 220V 控制回路中的继电器、接触器线圈是否接在中性线端

交流异步电动机是工农业生产中应用最广泛的一种电动机，电力拖动控制线路绝大部分仍由继电器、接触器等有触点电器组成。继电器—接触器控制线路在控制系统中是比较简单的，但也是最基本的控制方法。当控制回路电源电压为 220V 时，其继电器、接触器线圈和信号灯等主要降压元件应接在中性线 N 一端，如图 5-80 所示。接触器线圈 KM 前任意一点（如 A 点）接地时都会造成单相短路，致使保护熔断器 1FU 的熔丝熔断而切断电源。如果继电器、接触器线圈接在电源相线 L 一端，如图 5-81 所示，接触器线圈 KM 前任意一点（如 A 点）接地时，不必按起动按钮 SF 而接触器 KM 就自动闭合运行，并且此时按下停止按钮 SS 也不能切断接触器线圈 KM 电路（停止按钮失灵），同时由于没有构成单相短路故障，故保护熔断器 2FU 的熔丝也不会烧断，安全可靠性极差。

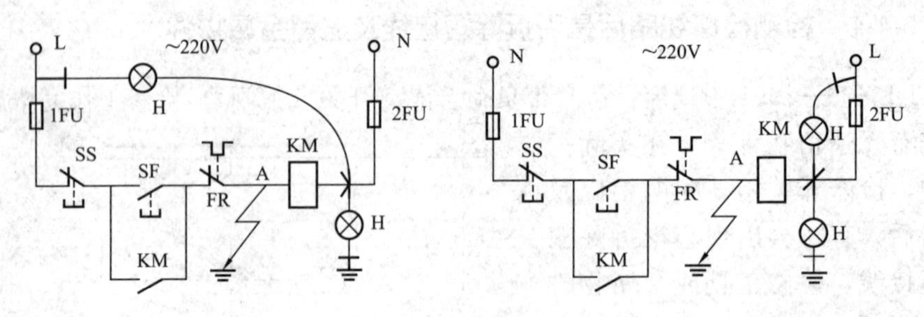

图 5-80 交流 220V 控制回路正确接线示意图

图 5-81 交流 220V 控制回路接线错误示意图

用检验灯检测控制回路电源电压为 220V 时，继电器、接触器线圈是否接在中性线端的方法很简单。首先用检验灯刀头触及接触器线圈 KM（或继电器线圈）的任一接线桩头，观看氖管不闪亮，然后拿检验灯枪头触地。检验灯 H 氖管和灯泡均不闪亮，只有发光二极管闪亮，则说明被测控制回路中接触器线圈 KM 接在中性线 N 一端。这时检验灯刀头触及线圈 KM 接线桩头不动，拿检验灯枪头移触及控制回路电源相线 L，检验灯 H 灯泡立刻闪亮。由此可验证接触器线圈 KM 确实接在中性线 N 一端，如图 5-80 所示。如果用检验灯刀头触及接触器线圈 KM 任一接线桩头时，氖管闪亮，随后拿检验灯枪头接地，检验灯 H

灯泡闪亮，则说明被测控制回路中接触器线圈 KM 接在相线 L 一端。这时检验灯刀头触及线圈接线桩头不动，拿检验灯枪头移触及控制回路电源相线 L，检验灯 H 氖管和发光二极管闪亮而灯泡一点也不亮。由此可验证接触器线圈 KM 确实接在相线 L 一端，如图 5-81 所示。被测控制回路的错误接线必须立刻改正，否则易发生误动作而造成事故。

5-4-6 检测三相电动机定子绕组是否碰壳

三相异步电动机定子绕组是电动机的主要组成部分，它是整台电动机的最关键部位，其嵌放在定子铁心槽内。定子绕组的常见故障有绕组断路、绕组短路、绕组碰壳（通地或漏电）、绕组接错嵌反等。其中三相电动机定子绕组碰壳（故障绕组与机壳短接）又叫绕组对地短路。造成电动机绕组接地故障的原因很多，总的来说是由于绕组线圈与铁心之间的绝缘材料陈旧，或者损坏而失去绝缘能力所造成的。例如，在线圈嵌线时，由于嵌线人员粗心或硬敲线圈而损伤导线绝缘，漆包线拉得过紧而使绝缘擦伤；电动机使用时绕组绝缘受到过电压冲击（如雷击）造成击穿而碰触铁心；电动机运行中由于周围环境潮湿、灰尘多以及腐蚀性气体的侵蚀等，致使绕组绝缘陈旧变质；电动机长期过载运行以致导线发热、绝缘焦脆等。这些都能造成电动机定子绕组碰壳故障。电动机定子绕组碰壳后，电动机外壳带电，容易造成工作人员触电事故。用检验灯检测三相电动机定子绕组是否碰壳的方法步骤如下。

如图 5-82 所示，首先拆下被测电动机的接线盒上盖，并且拆除绕组引出线线头上的铜质连接片。用检验灯刀头触接电动机的外壳接地螺栓，拿检验灯的枪头分别触及电动机定子绕组引出线尾端 U2、V2、W2（或首端 U1、V1、W1）三线头。检验灯 H 发光二极管三次测试均不亮，说明被测电动机定子绕组正常无碰壳现象；如果检验灯 H 发光二极管闪亮，则说明检验灯枪头触及的绕组有碰壳故障。对此检测结果可当场验证，即将交流 220V 电源中性线 N 直接和接线盒内的外壳接地螺栓（或电动机的外壳）连接；用检验灯刀头触接相线 L，拿检验灯枪头依次与三相绕组引出线首端 U1、V1、W1（或尾端 U2、V2、W2）三线头触及。检验灯 H 仅氖管闪亮而灯泡和发光二极管均不闪亮，说明被测电动机定子绕组正常无碰壳现象；如果检验灯 H 氖

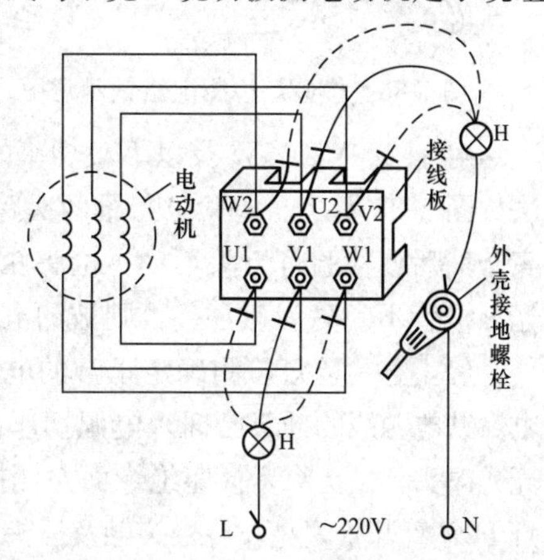

图 5-82 检验灯检测电动机绕组碰壳示意图

管、发光二极管和灯泡都闪亮，且灯泡亮月光，则说明检验灯枪头触及的绕组有碰壳故障。

如果测定出定子绕组有碰壳故障，则需要分情况进行修理。新嵌线电动机的绕组碰壳点往往发生在线圈伸出铁心末端处（即槽口），因为在嵌线时不慎，极易损坏槽口处的线圈绝缘，可用绝缘纸或竹片垫入线圈与铁心槽口之间；如果绕组碰壳点发生在端部，可用绝缘带包扎，再涂上自干绝缘漆；如果发现是槽内的导线绝缘损坏而碰壳，则需更换绕组，或采用线圈穿绕修补的方法更换碰壳线圈。

5-4-7　检测电烙铁和手电钻

电烙铁是常用的电热焊接工具。常因使用不当发生漏电现象或接线错误发生触电事故。所以，在使用电烙铁前和通电后进行必要的检测。

如图 5-83 所示，对于三芯电源线的电烙铁，用检验灯刀枪两头跨触没有明显接地线标志（⏚）的两桩头（一样较短、细的桩头 L、N）。检验灯 H 发光二极管闪亮，说明被测电烙铁电源导线和发热件电阻丝正常。这时检验灯的枪（刀）头不动，刀（枪）头移触及接地线桩头，检验灯 H 发光二极管不闪亮，则说明被测电烙铁完好可用；如果检验灯 H 发光二极管闪亮，则说明被测电烙铁的绝缘性能已丧失或接线错误（地线和中性线 N 或地线和相线连接）。此时，必须旋开电烙铁木柄后盖，检查三个接线柱接线和测试其绝缘。

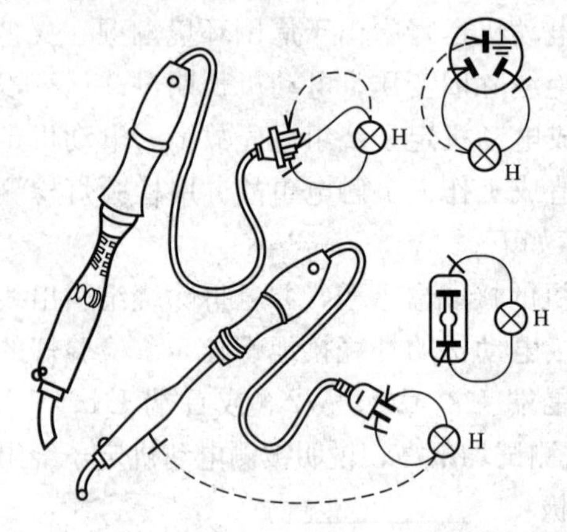

图 5-83　检验灯检测电烙铁示意图

对于 220V、75W 及以下小功率的电烙铁，习惯上使用两极插头，其检测方法如图 5-83 所示。检验灯刀枪两头跨触电源插头两极，检验灯 H 发光二极管闪亮。然后使检验灯刀头不动，枪头触及电烙铁的金属外壳或焊头，检验灯 H 发光二极管不闪亮为正常。否则被测电烙铁的绝缘损坏或接线错误，需停用检修。

经上述检验灯检测确定正常的电烙铁或未经检测的电烙铁，如图 5-84 所示，电烙铁电源线的插头已插入电源插座。此时可用检验灯刀头触及电烙铁的金属外壳或锝头，枪头靠紧插座绝缘面左侧插入触及插头接中性线 N 的桩头。如果检验灯 H 氖管开始闪亮，待枪头触及插头中性线 N 桩头后立即熄灭，检验灯 H 灯泡和发光二极管均不闪亮，说明被测电烙铁正常可用；如果检验灯 H 氖管一直闪亮不灭，灯泡和发光二极管也均闪亮，则说明被测电烙铁漏电。此被测电烙铁不能使用，需立刻拔出电源插头，断电进行检修。

手电钻是一种手提式电动工具，使用比较普遍，但常发生电击伤亡事故，究其原因，大都是由于手电钻漏电所致。故手电钻在使用前必须检测其绕组与机壳间的绝缘。因手电钻多是单相串激电动机，所以检测方法和检测电烙铁很相似，如图 5-85 所示。用检验灯刀枪两头跨触没有明显接地线标志（⏚）的两桩头（一样较短、细的桩头 L、N），检验灯 H 发光二极管闪亮，说明被测手电钻电源导线和电动机的定子、转子绕组没有断路（按下开关的情况下）故障。这时检验灯枪头触及原桩头不动，刀头触及接地线桩头，开关仍按下不动，检验灯 H 发光二极管一点也不闪亮，说明被测手电钻的电动机绕组绝缘良好；如果检验灯 H 发光二极管闪亮，则说明被测手电钻的电动机绕组绝缘已老化损坏或绕组导线直接碰壳。此被测手电钻不能使用，需及时修理。

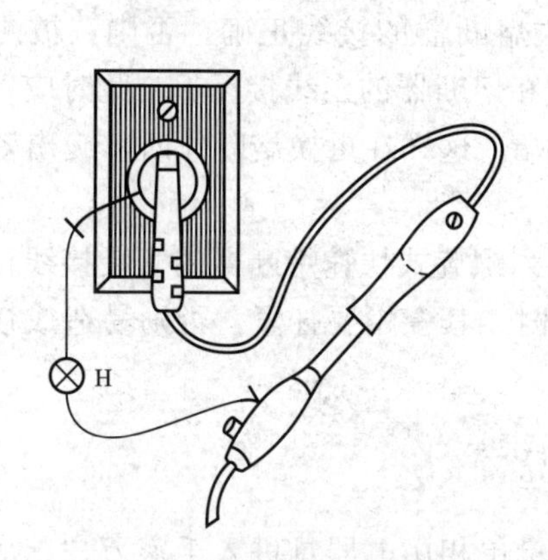

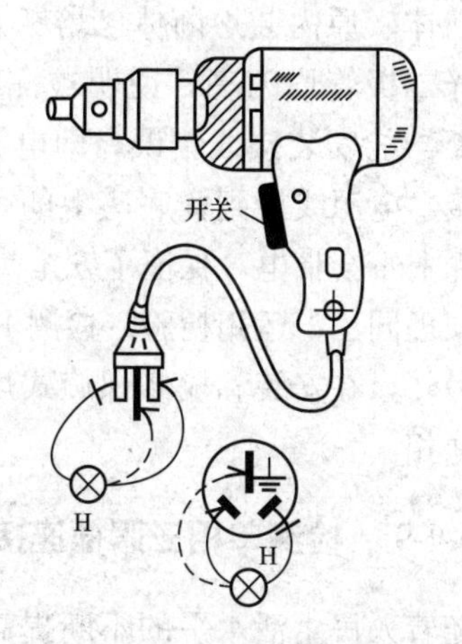

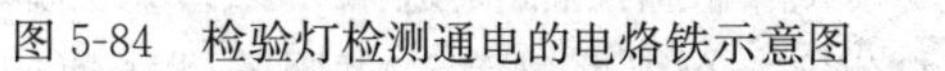

图 5-84　检验灯检测通电的电烙铁示意图　　图 5-85　检验灯检测手电钻示意图

5-4-8　检测螺旋式熔断器的安装接线

螺旋式熔断器主要由瓷帽、熔断体（熔断管或芯子）、瓷套、上接线端、下接线端及底座等组成。常用的 RL1 系列螺旋式熔断器的额定电压为 500V，其额定电流为 15～200A，分断能力为 20～50kA。由于它具有较高的分断能力，结构不是十分复杂（更换熔断体方便），安装尺寸小，能切断一定的短路电流，所以它常被用于照明线路和中小型电动机的保护。

螺旋式熔断器在装接时，用电设备的连接线应接到连接金属螺纹壳的上接线端，电源线应接到瓷底座上的下接线端。这样在安装熔断体和检修时，一旦有金属工具等物触碰壳体造成短路，则熔断体就会及时熔断，避免事故扩大。

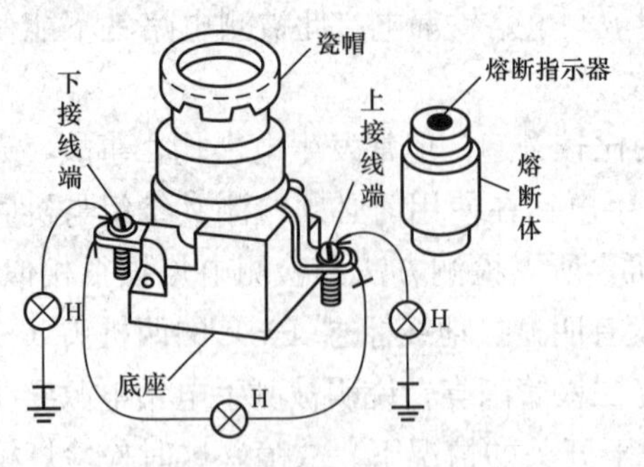

图 5-86　检验灯检测螺旋式熔断器安装接线示意图

如果螺旋式熔断器的电源进线和出线接反，而螺纹壳又较易与外界触及，当发生上述情况时就无熔断体保护了。故在装置、更换新熔断体之前要检查螺旋式熔断器的安装接线。

如图 5-86 所示，在未装熔断体或已知原内装熔断体已熔断（熔断体上端盖上中央熔断指示器弹出，用检验灯刀枪两头跨触熔断器上、下接线端，检验灯 H 灯泡闪亮）的情况下，将检验灯枪头触接地线或中性线 N，拿检验灯的刀头分别触及螺旋式熔断器上、下接线端。测试上接线端时检验灯 H 灯泡、氖管和发光二极管均不亮（此测试也可验证未装熔断体、原内装熔断体已熔断），测试触及下接线端时检验灯 H 灯泡、氖管和发光二极管均闪亮，说明被测螺旋式熔断器的接线正确。否则，被测螺旋式熔断器的安装接线错误，即电源进线和熔断器的出线接反了。此时应停电重新装接：电源线接到瓷底座上的下接线端。这样在更换熔断体时，旋出瓷帽后螺纹壳上不会带电，保证了安全。

同理同法，运用检验灯检测 RLS 系列螺旋式快速熔断器的安装接线正确与否。另外，在安装和检修螺旋式熔断器时，其瓷帽要拧紧，否则易造成接触不良或缺相。

5-4-9　检测单相三眼插座接线状况

随着人民生活水平的不断提高，大量单相用电器具进入千家万户，成为人们的日常生活用品，也广泛应用在办公室、公共场所和许多服务性场所中。家用电器的大量应用，使在配电设计中如何确保安全、防止触电事故的发生成为电气工作者的首要任务。民用建筑配电中单相三线和三相五线制广泛应用，现代照明工程中插座的数量比灯具还要多，其线路也是上下密布、左右纵横。在电气安装工作中，经常会发生单相三眼插座接线不正确的情况。相线、地线接反虽属个别情况，但危害性极大。相线和中性线接反则属常见故障，所占比例极高。断线、同相接两个接线桩头等问题也时有发生。这些问题的存在，对使用者的人身安全、电器设备的寿命都有很大影响。为此，在使用前需对各个单相三眼插座的安装接线情况进行检测。

单相三眼插座在罩盖外表面及其座内靠近导电极的地方，均分别标出“相”“中”和“地”的标志。其线性排列顺序为顺时针方向，E 在 12 点位置，依次为

E、L、N。即当从插座的顶面看时，以接地极为起点，按顺时针方向依次为相线、中性线。如图 5-87 所示，面对插座看，由上插孔开始，按顺时针方向，用检验灯的枪刀两头跨触上、右插孔，右、左插孔，左、上插孔。三次测试时检验灯 H 灯泡显示的情况为月光、月光、无光即不闪亮。则说明被测单相三眼插座接线是正确的，是符合安装接线规程规定的唯一正确接线。简记“月月无”为正确，吉语月月无事故。否则，其余七种检验灯 H 灯泡三次显示的情况均是错误接线，具体见表 5-1。

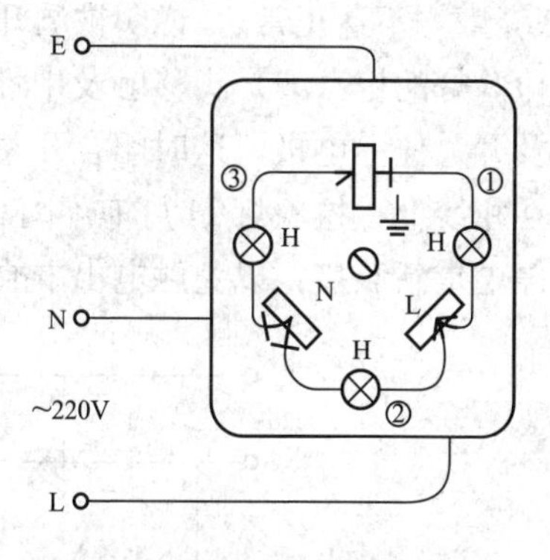

图 5-87 检验灯检测单相三眼插座接线示意图

表 5-1 检验灯检测单相三眼插座安装接线时检验灯 H 灯泡显示亮度情况

序号	1	2	3	4	5	6	7	8
接线情况	E N L	L N E	E L N	E N	E L	N L	L N L	E L L
	接线正确	相、地接反	相、中接反	相线漏接	中性线漏接	地线漏接	相线误并在接地孔上	相线误并在中性线孔上
灯泡亮	月、月、无	月、无、月	无、月、月	无、无、无	月、无、无	无、月、无	无、月、月	月、无、月

5-4-10 检测电灯开关的安装接线

安装照明线路时，应首先识别清楚相线和中性线。将电源的相线（俗称火线）接入开关，这就是通常所说的“相线进开关”。即单极的电灯开关应接在相线内（或说电灯开关必须接在相线上），如图 5-88（a）所示。

为什么一定要相线进开关呢？因为这种安装接线法能保证在开关断开时，电灯的灯头不带电。这样无论在更换灯泡或检修时都不会发生触电，保证了安全用电。但有些人不重视相线进开关，而按图 5-88（b）的方法接线，即将单极开关串联在中性线上。这种安装接线法，虽然开关闭合时电灯照样正常亮，但是在开关断开时，灯丝回路虽被切断而灯头与相线仍然相连带电。此时，更换灯泡时触及灯头便会触电。所以这种接线方法是不正确的，一定要保证“相线进开关”，对于其他用电设备，同样要求正确接线。

核对电灯开关是否接在相线上的检测方法，如图 5-88 所示。用检验灯刀枪两头跨触单极电灯开关 SA 两电极，检验灯 H 灯泡和被控制照明灯 EL 均闪亮

(亮度均不达正常)，说明被测开关未闭合，照明灯 EL 灯丝完好未断丝。此时将检验灯的枪（刀）头移触及中性线 N 或接地线，检验灯的刀（枪）头不动仍触及开关任一电极，这时闭合开关 SA。检验灯 H 灯泡亮月光，则所测电灯开关接在相线上；检验灯 H 灯泡不闪亮，则所测电灯开关串接在中性线 N 上，需立刻停电重新装接，以免触电出事故。

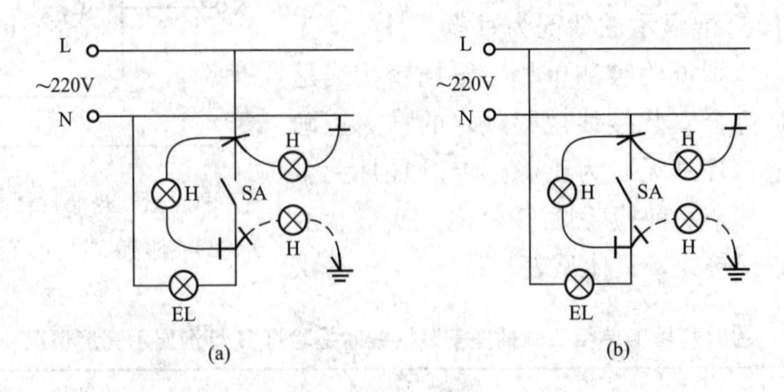

图 5-88　检验灯检测电灯开关的接线示意图

(a) 开关串接在相线上；(b) 开关串接在中性线上

在日常生活中，看到电灯开关已经关了（断开），日光灯（特别是小功率日光灯）仍在隐隐发光，则表示相线没有进开关，灯管带电。

5-4-11　检测螺口灯头接线状况

螺口灯头事故多，主要是安装接线错误的原因。我国生产的螺口灯泡有 E27/27 和 E27/35 两种，这两种灯泡的金属螺纹的直径都为 27mm，而高度分别为 27mm 及 35mm，通用一种螺口灯座。当用 100W 及以下容量的 E27/27 螺口灯泡时，在灯泡旋入或旋出过程中会有部分金属外露，容易触电。如果用 100W 以上 E27/35 灯泡时更不安全，不管灯泡是否旋入灯座，总有很大一段的金属部分外露，如图 5-89（a）所示。螺口灯头作为工矿企业生产照明和家庭室内外照明时，操作者常因接线错误而在更换灯泡时用手触及灯头外露金属部分，而发生触电事故。

核对螺口灯头接线是否正确的检测方法如图 5-89（b）、（c）所示。在正常通电未闭合单极开关 SA 的情况下，用检验灯枪头触接地线或中性线 N，拿刀头触及灯泡的金属外露部分。如果检验灯 H 氖管和发光二极管均闪亮，灯泡亮月光，则说明被测螺口灯头的接线是错误的：相线 L 不接灯头的中心电极，单极开关 SA 未串接在相线上。如果检验灯 H 灯泡亮较强星光（亮度与被测电灯灯泡的容量大小成反比），氖管和发光二极管均闪亮，则说明被测螺口灯头的接线是错误的：相线 L 接在螺口灯头的中心电极上，但单极开关 SA 未串接在相线上。如果检验灯 H 灯泡和氖管均不闪亮，只有发光二极管闪亮，则说明被测螺口灯头的接线是正确的：单极开关 SA 串接在相线中，且相线 L 接在螺口灯头的中心电极上。

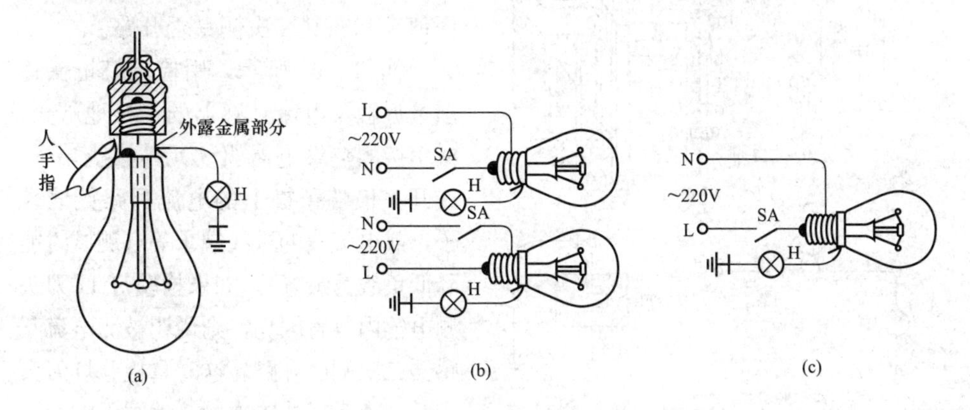

图 5-89 检验灯检测螺口灯头接线示意图

(a) 螺口灯泡易触电示意图；(b) 两种错误接线；(c) 正确接线

另外，在安装或调换螺口灯头前，应检查螺口灯头的中心弹簧片（舌头）位置是否在正中心，有无松动现象和弹簧片螺钉是否拧紧等。因为不管是座灯式螺口灯头还是软线吊灯式螺口灯头，其中心弹簧片一般用螺钉固定在灯头上。但往往由于出厂时螺钉未拧紧或路途运输振动的原因，不少螺口灯头的中心弹簧片偏离中心位置，甚至中心弹簧片和金属螺纹的底相接触。如果装灯泡前不检查、不处理，将灯泡装上去时，中心弹簧片和金属螺纹的底相连接在一起，在送电时就会造成短路故障，烧毁灯头，烧断熔丝。

5-4-12 测判电流互感器二次侧是否开路

电流互感器二次侧在任何时候都不允许开路运行。但电流互感器二次侧开路一般不太容易发现，电流互感器本身无明显变化时，会长时间处于开路状态，只有当发现电流表表针指示不正常或电能损失过大时才会被重视。在日常巡视检查设备时如何迅速、准确地判断电流互感器二次侧是否开路呢？正常运行的电流互感器的二次绕组输出电压很低，最高值一般不超过 10V（因为二次侧所接仪表的线圈阻抗都很小，二次侧接近短路状态，所以电压不高）。二次侧开路的电流互感器的二次感应电压可按 $E_2=kfN_2AB$ 确定。当一只电流互感器设计、制造完成后，二次绕组的匝数 N_2、铁心截面 A 都已确定，而且系统频率 $f=$ 50Hz 也确定，唯一可变的是铁心的磁通密度 B。磁通密度 B 与电流互感器的一次电流有关，一般来讲，一次电流增大，B 也增大，因而感应电动势也增高。

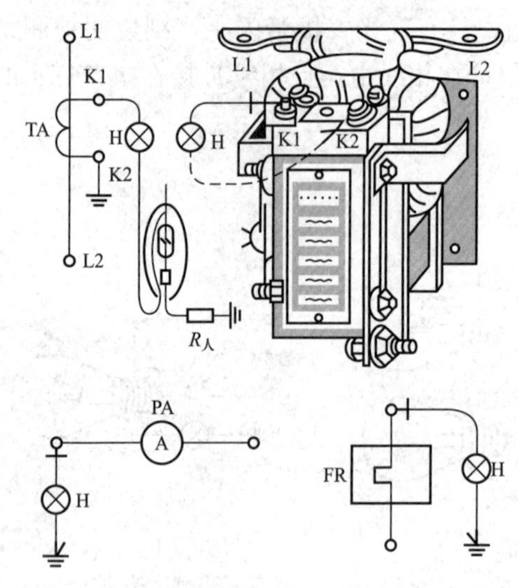

图 5-90　检验灯测判电流互感器二次绕组开路示意图

即电流互感器一次侧电流越大，其二次感应电动势越高，甚至高达数千伏。因此，可用电流互感器二次侧输出电压值来判断其二次侧是否开路。

如图 5-90 所示，用检验灯枪头逐渐接近触及电流互感器的未接地端子，或串接的热继电器驱动元件接线端子，或开关柜端子排上的电流回路接线端子，或电流表的进线端子等（测试时能降低负载为最好）。如果检验灯 H 刀头测电笔内氖管闪亮，则说明被测电流互感器二次侧已开路。这时拿检验灯刀头触及电流互感器二次侧接地端子或直接触及接地线，检验灯 H 灯泡和发光二极管均闪亮，则可验证被测电流互感器二次侧已开路。如果检验灯 H 刀头测电笔内的氖管在枪头逐渐接近，直至直接触及电流互感器未接地的端子时都不闪亮，这时拿刀头触及电流互感器接地端子或直接触及接地线，检验灯 H 灯泡不闪亮，只有发光二极管闪红光，则说明被测电流互感器二次侧未开路。

用检验灯测判电流互感器二次侧是否开路时，切记一定要用检验灯枪头逐渐接近，直至直接去触及端子（细心观察刀头端测电笔内氖管状态），这样端子的交流电位电压经检验灯内的整流二极管整流降压一半，又经检验灯内灯泡和电池内阻的降压，氖管前端极的直流电压就较低（指电流互感器二次侧开路时），操作者手捏刀头测电笔的金属帽端是安全的。

5-4-13　判断 380/220V 三相三线制供电线路单相接地故障

低压 380/220V 供电系统采用中性点不接地的运行方式时（三相三线制供电线路），运行中常由于相线绝缘不良或其他原因而发生相线金属性接地或电阻性接地的故障，如图 5-91 所示。在确认配电变压器正常运行（高压侧正常无缺相）情况下，用检验灯枪头触及接地线，拿检验灯的刀头分别触及三相供电导线接线桩头 A、B、C。检验灯 H 灯泡三次均亮月光为正常，即三相供电线路无接地故障。如果检验灯 H 灯泡两次亮日光或近似日光，而有一次不闪亮，则可判定灯泡不亮时检验灯刀头触及相线已接地，而且是金属性接地故障。如果检验灯 H 灯泡三次均闪亮，但亮度有很大差异，其中一次亮日光或近似日光，剩余两次亮星光，或一次亮月光，另一次亮星光，由此均可判定供电系统中有单相接地故障，且是电阻性接地。故障相的确定是以检验灯H灯泡亮日光或近似日光相为依据，按相序顺序往下推移一相即故障相（三相电压谁最大，下相一定有故障）。这就是中性点不接地系统中单相接地故障的判定规律。同时，根据故障相检验灯H灯泡亮的程度，可以粗略地判定其接地程度：故障相灯泡亮度近似月光（三次灯泡亮度为近似日光、近似月光、星光）时，接地程度低于33.3%；故障相灯泡亮度和另一相一样均显星光（三次灯泡亮度为近似日光、星光、星光）时，接地程度为33.3%；故障相灯泡亮度是星光或弱星光（三次灯泡亮度为：日光、星光、较强月光）时，即故障相灯泡亮度最弱时，接地程度高于33.3%。

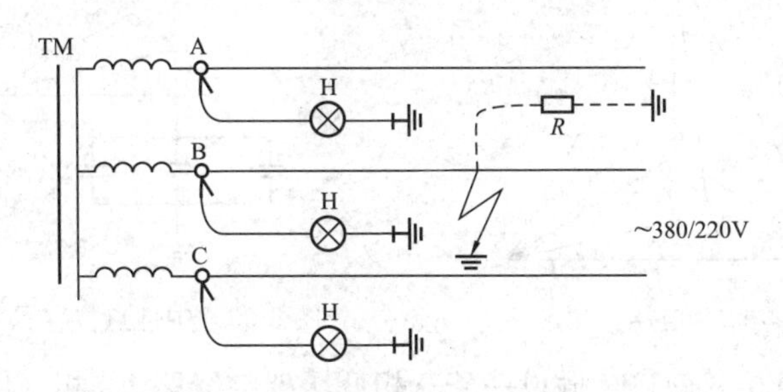

图5-91　检验灯检测380/220V三相三线制供电线路单相接地故障示意图

要正确判断低压380/220V三相三线制供电线路单相接地故障相，首先要知道单相故障接地时三相系统的中性点位移的轨迹，才能得出正确的判定。各相对地的电压由导线与大地之间存在的电容确定。在正常运行时三相对地电容呈对称性，故电压与电流关系为$\dot{U}_{OA}+\dot{U}_{OB}+\dot{U}_{OC}=0$，$\dot{U}_{OA}j\omega C_{OA}+\dot{U}_{OB}j\omega C_{OB}+\dot{U}_{OC}j\omega C_{OC}=0$。

在图5-92所示的电压三角形内，任意选取一点O′，并假定其处于大地电位，此时电压关系为$\dot{U}_{O'A}=\dot{U}_{O'O}+\dot{U}_{OA}$，$\dot{U}_{O'B}=\dot{U}_{O'O}+\dot{U}_{OB}$，$\dot{U}_{O'C}=\dot{U}_{O'O}+\dot{U}_{OC}$。

系统通过对地电容流向大地的三个电流为$i_1=(\dot{U}_{O'O}+\dot{U}_{O'A})j\omega C_{O'A}$，$i_2=(\dot{U}_{O'O}+\dot{U}_{O'B})j\omega C_{O'B}$，$i_3=(\dot{U}_{O'O}+\dot{U}_{O'C})j\omega C_{O'C}$。如果系统与大地之间没有其他连接，流向大地的电流没有别的回路，则全部电流之和等于零，即（$\dot{U}_{OA}j\omega C_{O'A}+\dot{U}_{OB}j\omega C_{O'B}+\dot{U}_{OC}j\omega C_{O'C}$）$+\dot{U}_{O'O}j\omega(C_{O'A}+C_{O'B}+C_{O'C})=0$。移项后得$\dot{U}_{OA}j\omega C_{O'A}+\dot{U}_{OB}j\omega C_{O'B}+\dot{U}_{OC}j\omega C_{O'C}=-\dot{U}_{O'O}j\omega(C_{O'A}+C_{O'B}+C_{O'C})$。这是一个基本关系式，它表明三个相电压通过各自的对地电容，向大地输送的电流之和，等于中性点位移电压作用于所有对地电容并联在一起，所产生的电流的负值。其物理意义是：它确定了一个点O′，在这个点上可集中所有对地电容之和，使得它等效于在电压三角形各顶角上的不同电容的分别作用。不难看出，如果三相对地电容相等，则

$\dot{U}_{O'O}=0$。O′与O重合，这就是正常运行时中性点处于大地电位，不产生移位电压的情况。但如果三相对地电容大小不等，如图5-93所示，O′点与O点不能重合，O点不在大地电位上，而移动了一个位移至O′点。这时中性点位移电压$\dot{U}_{O'O}\neq0$。

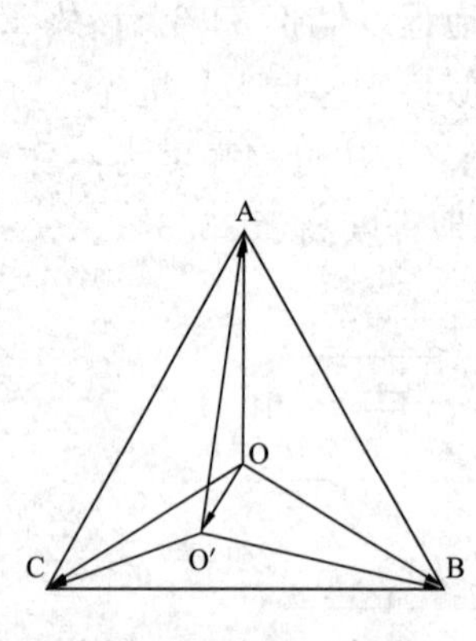

图5-92 电压三角形

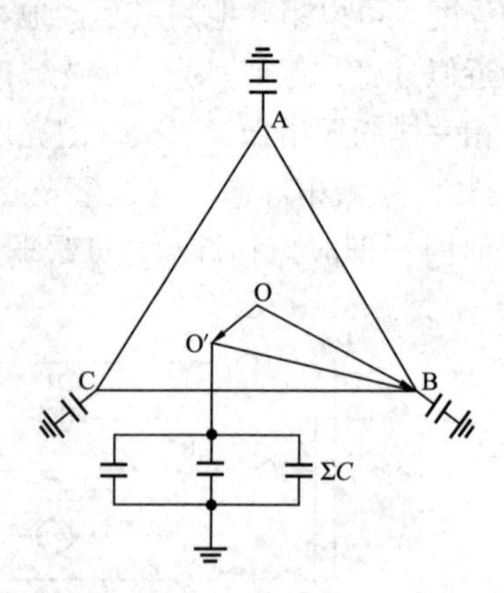

图5-93 中性点位移示意图

确定中性点位移轨迹。假设一条三相低压架空线路L2相（供电导线B）被树枝所碰触，使得原来完全对称的系统在L2相导线B上附加了一个电阻R，如图5-94所示。这时就会产生不对称电流流经R和C，中性点就从O点移至大地O′点。由图5-95所示可知，$\dot{U}_{OO'}(U_C)$与$\dot{U}_{O'B}(U_R)$是正交的，因此可得出中性点位移轨迹（即O′点移动轨迹）为以OB为直径的半圆，即以故障相为直径的半圆弧$\overset{\frown}{OB}$。

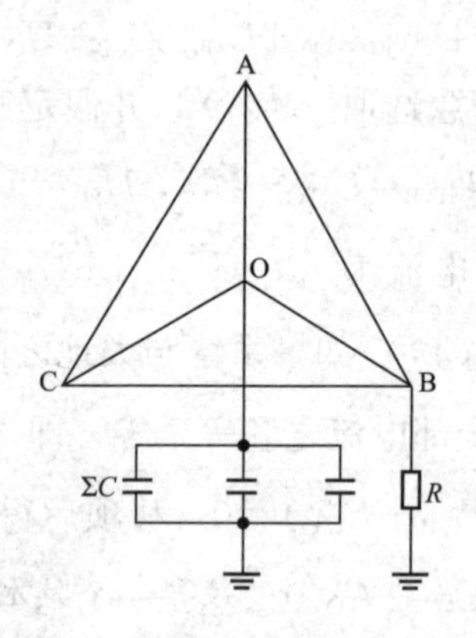

图5-94 B导线（L2相）接地示意图

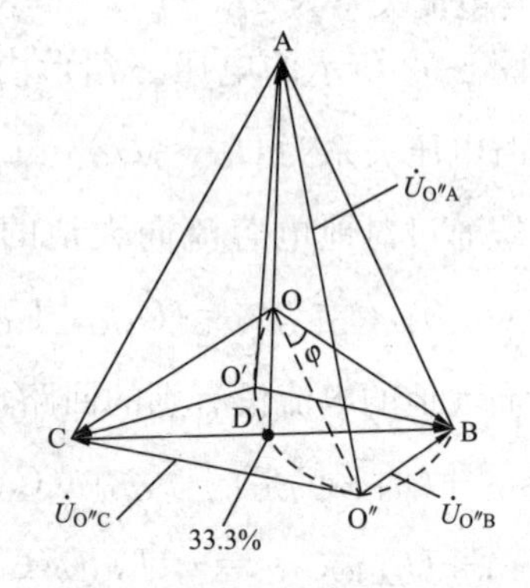

图5-95 中性点位移轨迹

按照图5-95所示的中性点位移轨迹，就可以找出接地相的判断规律。在正常运行时三相电压平衡，三相对地相电压均为220V，检验灯H灯泡亮月光，接地程度δ为0%，表示没有接地现象。而当L2相B导线金属性接地时，中性点

O移至B点，L2相B导线对地电压为零，检验灯H灯泡不闪亮；L1、L3两相A、C导线对地电压均为线电压380V，检验灯H灯泡亮日光，接地程度δ为100%，即故障相B导线对地短路了。当O′沿轨迹移动在$\overset{\frown}{OD}$之间时，AO′>BO′>CO′（AO′近似等于$\frac{\sqrt{3}}{2}$AC，BO′近似等于BO，CO′小于CO）。所以，L1相A导线对地电压近似等于$\frac{\sqrt{3}}{2}$线电压，检验灯H灯泡亮近似日光；L2相B导线对地电压近似等于相电压，检验灯H灯泡亮近似月光；L3相C导线对地电压小于相电压，检验灯H灯泡亮星光。当O′沿轨迹移动至D点时$\left(AD=\frac{\sqrt{3}}{2}AC，BD=CD=\frac{\sqrt{3}}{2}OC\right)$，L1相A导线对地电压为$\frac{\sqrt{3}}{2}$线电压，检验灯H灯泡亮近似日光；L2相B导线和L3相C导线对地电压均等于$\frac{\sqrt{3}}{2}$相电压，检验灯H灯泡亮星光。由图5-95所示可知，把$\overset{\frown}{OB}$分成一百等份，$\overset{\frown}{OD}$则占$\overset{\frown}{OB}$的33.3%，即当L2相B导线电阻性接时，中性点O移至D点，其接地程度δ为33.3%。当O′沿轨迹移动在$\overset{\frown}{DB}$之间时，AO″>CO″>BO″（AO″≥AB，CO″>CO，BO″<OB）。因此，L1相A导线对地电压大于或等于线电压，检验灯H灯泡亮日光；L3相C导线对地电压大于相电压，检验灯H亮月光（或强月光）；L2相B导线对地电压小于相电压，检验灯H亮星光。由图5-95所示可知，$\overset{\frown}{OO''}$占$\overset{\frown}{OB}$的百分值大于33.3%，故其接地程度δ大于33.3%。这样就得出一个规律，在$\overset{\frown}{OB}$位移轨迹上，L1相A导线对地电压一直高于其他两相，而接地故障相是L2相B导线。这就是中性点不接地系统中单相接地故障的判定方法——“三相电压谁最大，下相一定有故障”，即三相电压中以指示值最高相为依据，按相序顺序往下推移一相就是接地故障相。

第5节 供电电源缺一相，一目了然快准断

5-5-1 判断Yyn0接线配电变压器高压侧缺相

配电变压器的低压侧一般都接成Y形，并且中性点直接接地，Yyn0接线方式是配电变压器目前应用较广的接线方式。它将高压10kV（中性点不接地）变成低压400V，然后送电给各用户。Yyn0接线的配电变压器常见故障是高压侧缺相（跌落式熔断器一相熔丝熔断）。当发生高压侧缺相故障时，用户正常用电受到影响。如果采取措施不及时或处理不当，损失会更大。

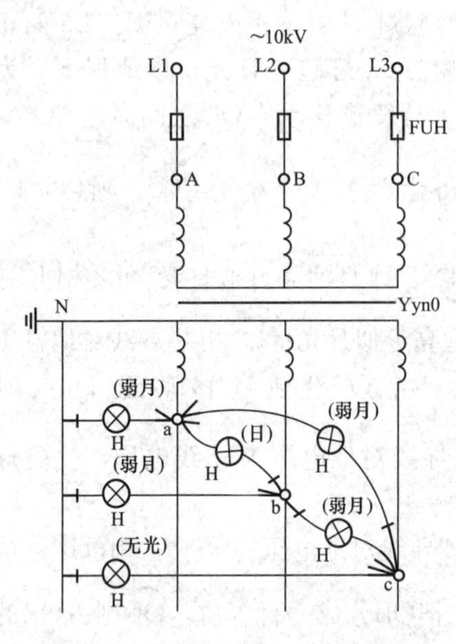

图 5-96　检验灯测判 Yyn0 接线配电变压器高压侧缺相故障示意图

如图 5-96 所示，Yyn0 接线配电变压器高压侧进线接线桩头为 A、B、C，低压侧出线接线桩头为 a 、b 、c。在配电变压器空载情况下，用检验灯枪头触接变压器的中性点 N 或所连接的中性线，拿检验灯的刀头分别触及变压器低压侧出线接线桩头 a 、b 、c，或 a、b、c 所连接低压断路器（熔断器或隔离开关）的电源侧接线桩头（以方便为好）。检验灯 H 灯泡三次均亮月光为正常。如果检验灯刀头触及一桩头时检验灯 H 灯泡不亮，而触及其余两相接线桩头时，检验灯 H 灯泡亮弱月光，则说明被测配电变压器高压侧缺相，而且是检验灯 H 灯泡不亮的低压侧相所对应的高压侧相（L3 相）断相。此判断结果可当场验证，即用检验灯刀枪两头分别跨触配电变压器低压侧两两出线接线桩头 a-b、b-c、c-a，如图 5-96 所示。检验灯 H 灯泡一次亮日光，两次亮弱月光（线电压的一半）。检验灯 H 灯泡亮日光时刀枪两头所触及的低压侧两相所对应的高压侧相未断电，而剩余的一相（L3 相）是断相。

如图 5-96 所示 Yyn0 接线配电变压器高压侧 C 相熔断器熔丝熔断，这时 A、B 两相绕组成串联，并承受线电压 U_{AB} 的一半。其高压侧的电动势由正常的 $\dot{E}_{OA}$、$\dot{E}_{OB}$ 分别降低为 $\dot{E}_{O'A}$、$\dot{E}_{O'B}$，并各向前、向后位移 30°，即方向相反，如图 5-97（a）所示。所以 $E_{O'A}=E_{O'B}=E_{OA}\cos30°=E_{OB}\cos30°=\frac{\sqrt{3}}{2}E_{O1}$（$E_{O1}$ 为正常时的高压侧电动势）。由于变压器的低压侧电动势是随高压侧电势的变化而变化的，因此，低压侧电动势也相应地分别向前、向后位移 30°，即方向相反，如图 5-97（b）所示。所以 $E_{N'a}=E_{N'b}=E_{Na}\cos30°=E_{Nb}\cos30°=\frac{\sqrt{3}}{2}E_{N2}$（$E_{N2}$ 为正常时的低压侧电动势）。因此，接在 a、b 两相之间的负载，其电压降必等于 U_{ab}，且两相的负载电压降 $U_{aN'}$、$U_{bN'}$ 相等，即为线电压的一半。当变压器高压侧 C 相断相时，其低压侧 $\dot{U}_{ab}=\dot{I}_aR_a-\dot{I}_bR_b$，如果 a、b 两相负载相等，即 $R_a=R_b$，则 $\dot{I}_a=-\dot{I}_b$，也就是说 $\dot{I}_a+\dot{I}_b=0$，这时中性线 N 上无电流通过。所以 $U_{aN'}=U_{bN'}=I_aR_a=I_bR_b=\frac{\sqrt{3}}{2}U$（$U$ 为正常时的低压

侧相电压)。由此说明：c 相检验灯 H 灯泡不亮，而 a、b 两相检验灯 H 灯泡承受正常相电压 U 的 86.6%$\left(\frac{\sqrt{3}}{2}\right)$亮弱月光。即 Yyn0 接线配电变压器空载时，变压器一次侧任一相断电，断电相对应的二次侧相电压数值为零（或接近于零)。其二次侧其余两相电压数值为原线电压的一半，为原相电压的 0.866 倍。

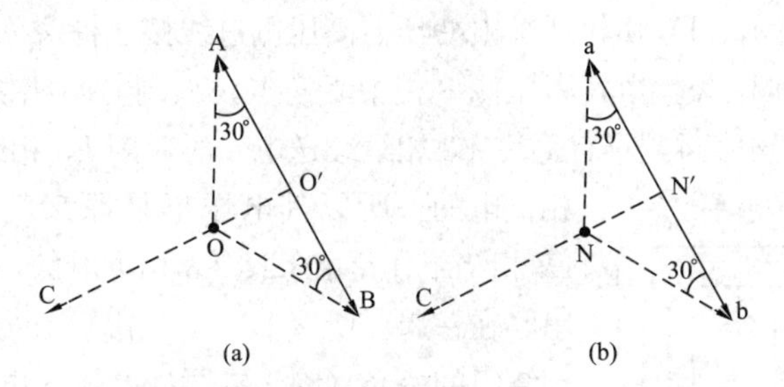

图 5-97 变压器高压侧熔断器一相熔丝熔断时的相量图
(a) 高压侧；(b) 低压侧

Yyn0 接线配电变压器高压侧如果有两相断电，则高压绕组仅有一相带电，不能构成回路，无法运行。

5-5-2 判断 Dyn1 接线配电变压器高压侧缺相

在 10kV 及以下变电设备中，配电变压器接线组别的采用经过几次演变。如在 1954 年以前，一般采用 Dyn1 接线；而 1954 年以后，除特殊场所之外，则广泛采用 Yyn0 接线。但在中性点直接接地的 TN 及 TT 低压配电系统中，Yyn0 接线配电变压器存在损耗大和不利于降低三次谐波影响的缺点（Yyn0 接线配电变压器二次侧，三次谐波电流以中性线作为回路。在一次侧由于二次侧三次谐波感应电流不能在线一线间流通，三次谐波磁通在铁心中没通路，它只能以漏磁的方式依靠油箱和空气的高磁阻作回路，这样就必然在油箱中引起涡流损耗。据有关资料介绍，当铁心柱中的磁通密度为 1.4T 时，油箱中的损耗为铁心中损耗的 10%。当铁心柱中的磁通密度增加到 1.65T 时，油箱中的损耗可增加至铁心中损耗的 50%以上)。因此，为了

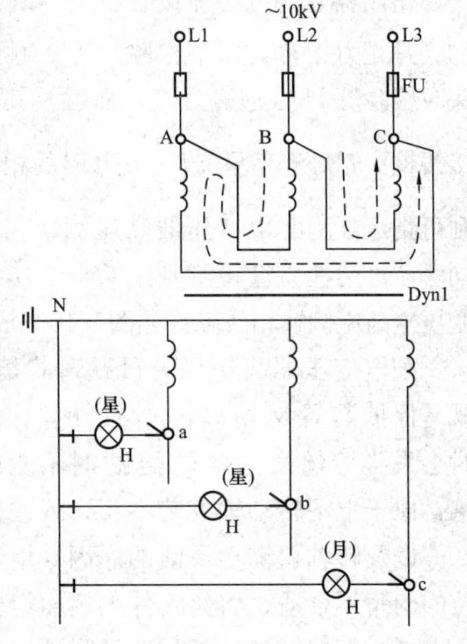

图 5-98 检验灯测判 Dyn1 接线配电变压器高压侧缺相示意图

减少配电变压器的电能损耗，降低三次谐波的影响，在TN及TT接地系统的低压配电网中，10kV配电变压器宜选用Dyn11接线方式（Dyn11接线配电变压器，由于一次侧绕组接成△形，三次谐波电流可以在△形内环流；也可以在变压器铁心柱上另增加一个接法为△形的第三绕组，给零序电流提供一个低阻抗通道，使变压器铁心柱中的磁通保持正弦波形）。

如图5-98所示，Dyn1接线配电变压器高压侧进线接线桩头A、B、C；低压侧出线接线桩头a、b、c。当其高压侧一相中断送电，只剩另两相供电（如L1相跌落式熔断器的熔丝熔断，只有L2、L3相继续送电）时，因L3相绕组是由L2、L3相供电的，所以其电压仍是原来的线电压；而L1、L2相绕组亦是由L2、L3相供电的，但因这两个绕组串联在一起，所以L1、L2相绕组的每匝电压只有L3相绕组的一半（因为在同样的输入电压下，绕组匝数增加一倍），A、B两铁心柱所感应的磁通亦只有C铁心柱的一半（见图5-99）。同理，这两相低压侧所感应出来的电压亦只有原来的一半了。

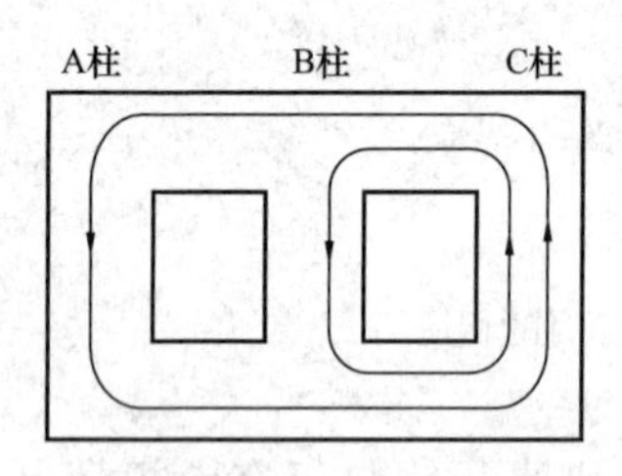

图5-99　变压器高压侧缺相时铁心感应磁通示意图

依据上述原理，在配电变压器空载时，用检验灯枪头触变压器中性点N或所连接的中性线，拿检验灯的刀头分别触及变压器低压侧出线接线桩头a、b、c，或与a、b、c所直接连接低压断路器（或隔离开关、熔断器）的电源侧接线桩头（以方便触及为好）。三次测试时检验灯H灯泡均亮月光为正常。如果检验灯刀头触及一桩头时检验灯H灯泡亮月光，而触及其余两相接线桩头时灯泡亮星光（$\frac{1}{2}$正常时的相电压），则可判定被测配电变压器高压侧缺相。同理同法，可用检验灯检测判定Dyn11接线配电变压器高压侧缺相故障，如图5-100所示。

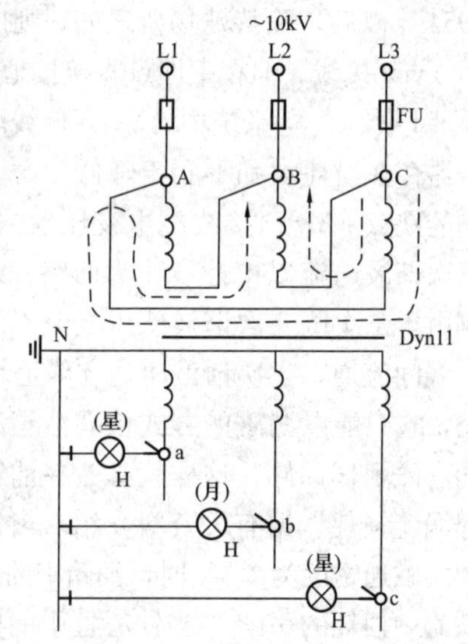

图5-100　检验灯测判Dyn11接线配电变压器高压侧缺相示意图

配电变压器高压侧装设跌落式熔断器，既是保护装置又用以进行投切操作。其有时会发生熔丝管在熔丝熔断时不能迅速跌落：由于上下转动轴安装不正，或被杂物阻塞，以及转轴粗糙不灵活的原因；熔丝管安装的俯角不合适；熔丝附件太粗而熔丝管内孔太细，即使熔丝熔断，熔丝附件也不易从管中脱出而使熔丝管不能迅速跌落。此点在检测配电变压器高压侧缺相故障时要注意！

5-5-3 判断10kV两线一地制配电变压器高压侧缺相

在10kV两线一地制（L2相接地）配电系统中，采用Yyn0接线配电变压器。当其高压侧一相断线中断供电（如L1相熔断器熔丝熔断）时，三相三柱一个铁心的变压器三相之间有电磁联系，虽然高压侧有一相（L1相）断电，但由于L2、L3两相绕组的磁力线有少量流入L1相，因此，在L1相低压绕组中感生一个较低的电压（约50V）。L2相和L3相铁心柱内磁力线也不完全相同，所以L2、L3相低压绕组中感生的电压也不相同，有明显差异且偏差较大。

10kV两线一地制Yyn0接线配电变压器，在正常情况下的高、低压侧电压相量图如图5-101所示（变压器高压侧进线接线桩头为A、B、C，低压侧出线接线桩头为a、b、c）。根据实测结果，U_{ab}、U_{bc}、U_{ca}各线电压和U_{ao}、U_{bo}、U_{co}各相电压值是基本平衡的。当配电变压器高压侧L1相（A接线桩头）断电时（该相跌落式熔断器的熔丝熔断），在变压器空载情况下实测得结果、高压侧和低压侧的电压相量图如图5-102所示。

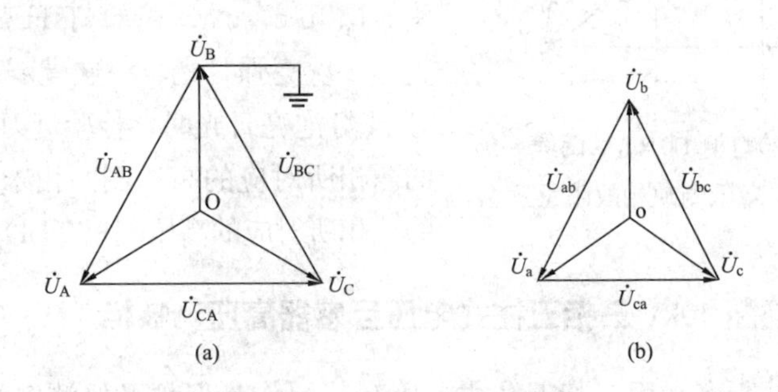

图5-101 正常时变压器高、低压侧的电压相量图

（a）高压侧；（b）低压侧

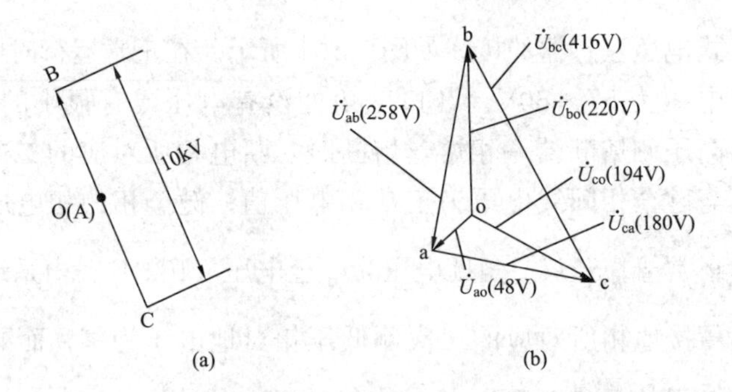

图5-102 变压器高压侧L1相断电时高、低压侧的电压相量图

（a）高压侧；（b）低压侧

根据上述原理分析及实例测量可知，在 10kV 两线一地制配电变压器空载时，用检验灯枪头触接变压器低压侧中性点 N 或其所连接的中性线，拿检验灯的刀头分别触及变压器低压侧出线接线桩头 a、b、c，或与 a、b、c 所直接连接低压断路器（或隔离开关、熔断器）的电源侧接线桩头（以方便操作为好），如图 5-103 所示。三次检测时检验灯 H 灯泡均亮月光为正常。如果检验灯刀头触及一相接线桩头时，检验灯 H 灯泡灯丝只发红（亮弱星光），氖管不闪光，而触及其余两相接线桩头时检验灯 H 灯泡亮月光（亮度略有差异），氖管和发光二极管均闪亮。则可判定被测配电变压器高压侧缺相，且检验灯 H 灯泡亮弱星光的低压侧相所对应的高压侧相（L1）断电开路。这时用检验灯刀枪两头分别跨触配电变压器低压侧两两出线接线桩头 a-b、b-c、c-a。检验灯 H 灯泡一次亮日光、一次亮强月光、一次亮弱月光，且检验灯 H 灯泡亮日光时，检验灯刀枪两头所触及的两相所对应的高压侧两相未断电，而剩余的一相所对应的高压侧相（L1）是断电相。

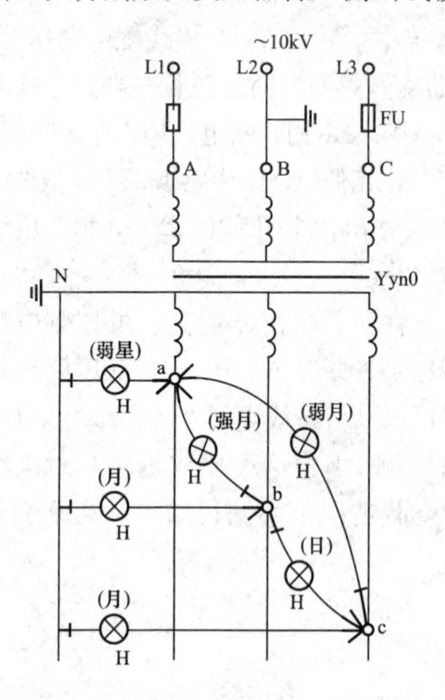

图 5-103　检验灯测判 10kV 两线一地制配电变压器高压侧缺相故障示意图

5-5-4　判断 10kV 三相五柱式电压互感器高压侧缺相

10kV 变电所多采用三相五柱式电压互感器作为保护及监测电源。因其既能测量线电压和相电压，又能组成绝缘监察装置和供单相接地保护用，故应用较广泛。

三相五柱式电压互感器的接线如图 5-104 所示。在正常运行时电压互感器二次侧各相对地电压为 57～60V。开口三角处没有电压或有很小的不对称电压。当电压互感器高压侧熔断器一相熔丝熔断时，断电相所对应的二次侧相对地电压接近零；其与健全相间线电压为正常相电压值；健全相的相电压及两健全相间线电压均为正常值；开口三角处电压为$\frac{1}{3}$全电压（100V）。当系统发生单相完全接地时，高压接地相所对应的二次侧低压相对地电压为零，而剩余两相则升高$\sqrt{3}$倍，即为线电压数值，这时开口三角处电压达 100V 全电压（零序电压）。由上述依据可知，在开关柜端子排上的电压回路接线端子处，用检验灯枪头触地或中性线 N，拿检验灯的刀头分别触及互感器二次侧低压三相熔断器电源侧接线桩子。三次检测时检验灯 H 灯泡亮星光，且闪亮程度均一样，说明被测电压互感器运行正常。如果三次检测中有一次检验灯 H 灯泡不闪亮，而其余两次检验灯 H 灯泡亮星光（100V）。此时用检验灯刀枪两头跨触开口三角形接线引出线线头 a1 和 x1，检验灯 H 灯泡亮星光（100V）。则说明被测电压互感器所接高压系统发生单相接地故障，且检验灯 H 灯泡不闪亮时，检验灯刀头所触及的二次侧低压相所对应的高压侧相有接地故障。如果三次检测中有一次检验灯 H 灯泡不闪亮，而其两次检验灯 H 灯泡亮弱星光（57～60V）。此时用检验灯刀枪两头跨触开口三角形引出线线头 a1 和 x1，检验灯 H 灯泡不闪亮，仅有发光二极管闪亮。则说明被测电压互感器高压侧熔断器有一相熔丝已熔断，且检验灯 H 灯泡不亮时检验灯刀头所触及的低压侧相所对应的高压侧相熔断器内熔丝熔断，如图 5-104 所示（互感器高压侧 L2 相熔断器熔丝熔断）。一旦发现这种情况就应认真检查，10kV 电压互感器高压侧熔断器熔丝熔断多是因为互感器一次侧过电流造成的。同时要切记：10kV 电压互感器高压侧熔丝熔断后，不能用普通熔丝代替。

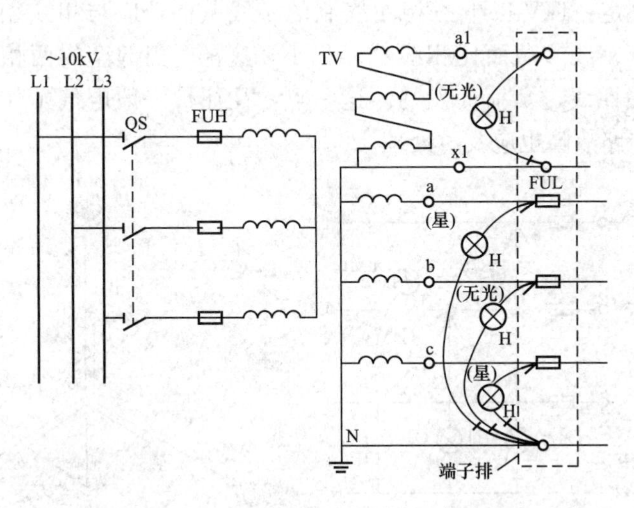

图 5-104　检验灯测判三相五柱电压互感器高压侧缺相故障示意图

10kV 电压互感器的一次侧常采用 RN2 或 RN4 型熔断器作短路保护。其熔丝的额定电流为 0.5A，1min 内的熔断电流为 0.6～1.8A。这两种熔断器的熔体管均用石英砂填充，因而具有较好的灭弧性能和较大的断流容量（不小于 1000MVA）。由于它的熔丝是采用镍铬丝制成，总电阻约为 90Ω，因而具有限制短路电流的作用。若用普通熔丝代替，当电压互感器因故障或其他原因使熔丝熔断时，既不能限制短路电流，又不能熄灭电弧，很可能烧毁设备，甚至酿成系统停电事故。所以当电压互感器的高压侧熔丝熔断后，应换用原规格型号的熔丝而不能用普通熔丝代替。

5-5-5 判断配电变压器低压侧缺一相

配电变压器的低压侧一般都接成Y形，并且中性点直接接地，如图 5-105 所示。对 380/220V 三相四线制照明负载，当配电变压器低压侧出线接线桩头 a、b、c 所连接的熔断器一相熔丝熔断时，断路的一相电压为零，灯不亮，其余两相工作正常。现设出线头 a 所接熔断器熔丝熔断，则 $U_{aN}=0$，U_{bN} 和 U_{cN} 均为正常的相电压。未断相时 $\dot{I}_N=\dot{I}_a+\dot{I}_b+\dot{I}_c$；断相后中性线电流是未断相的相电流相量和，即 $\dot{I}_N=\dot{I}_b+I_c$。由于 $\dot{I}_b$ 和 $\dot{I}_c$ 的相位相差 120°，若其有效值相等，即 $I_b=I_c$ 时，则中性线电流的有效值也与 I_b、I_c 相等，即 $I_N=I_b=I_c$。相量图如图 5-106 所示（中性点不变，$\dot{U}_{bN}$ 与 $\dot{U}_{cN}$ 仍保持 120°相位差）。按照过去 SDJ 206—1987《架空配电线路设计技术规程》规定：三相四线制的零线截面，不宜小于相线截面的 50%（DL/T 5220—2005《10kV 及以下架空配电线路设计技术规程》中规定：1kV 以下三相四线制的零线截面，应与相线相同）。也就是说，中性线（零线）截面比相线截面积小，这样，当健全的两相负荷较重时，必然会导致中性线过负荷而发热。这一点，往往被一般电气工作人员所忽视。所以，一相断路故障也应及时处理。

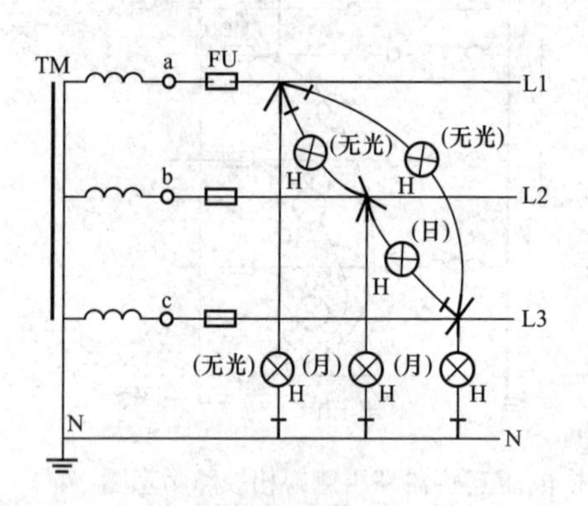

图 5-105 检验灯测判配电变压器低压侧缺一相故障示意图

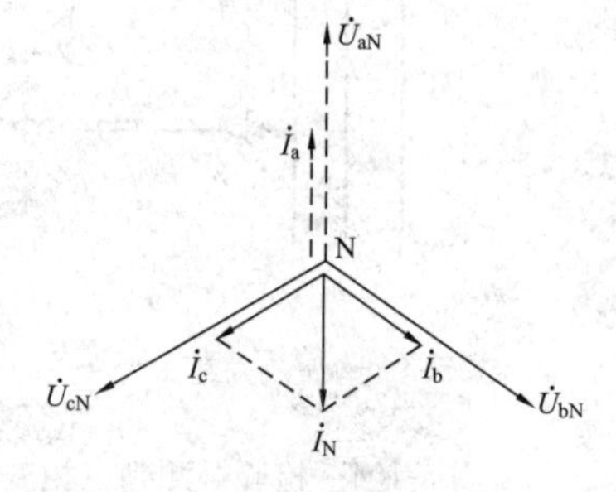

图 5-106 变压器低压侧缺一相时的相量图

由上述依据可知，在配电变压器空载情况下，用检验灯枪头触接变压器中性点 N 或其所连接的中性线，拿检验灯刀头分别触及变压器低压侧出线接线桩头 a、b、c 所接低压断路器或熔断器的负荷侧接线桩头，即 L1、L2、L3 相线。三次检测时检验灯 H 灯泡亮月光为正常。如果三次检测中有一次检验灯 H 灯泡不闪亮，而其余两次检验灯 H 灯泡亮月光，则说明被测配电变压器低压侧有一相线断电，且检验灯 H 灯泡不闪亮时刀头触及的相线断电，如图 5-105 所示 L1 相（出线头 a 所接熔断器熔丝熔断）断电。对此判断结论可当场验证：用检验灯刀枪两头分别跨触两两相线 L1-L2 、L2-L3、L3-L1。检验灯 H 灯泡一次亮日光、两次不闪亮，则可确定被测配电变压器低压侧缺一相，且检验灯 H 灯泡亮日光时检验灯刀枪两头所触及的两相线正常，剩余的一相线（L1 相）断电。

从上述用检验灯测判配电变压器低压侧缺一相可知，其操作程序和方法与测判 Yyn0 接线、Dyn1 接线配电变压器高压侧缺相完全相同，但检验灯 H 灯泡显示亮度却有很大区别。故能用检验灯测判识别被测配电变压器是高压侧缺相还是其低压侧缺一相，且判断准确。另外告知，配电变压器低压侧发生两相断路时，未断路的一相仍能正常工作，这时中性线电流等于该相电流。其测判方法就不再赘述了。

5-5-6 判断运行中的三相异步电动机电源缺相

众所周知，运行中的三相异步电动机因断相而烧毁的数量惊人，其多数情况是因为低压断路器或隔离开关有一相动、静触头接触不良，接触器有一相触头烧坏不能可靠接触接通电路，熔断器使用期过长而有一相熔丝烧断等。用检验灯检测三相异步电动机电源断相运行故障的方法有两种，且这两种方法既可单独使用，又可同时使用，相互验证。

如图 5-107（a）所示，在被测电动机通电运行时，用检验灯枪头触及地或中性线 N，拿检验灯的刀头分别触及直接接通电动机电源的熔断器（或接触器、断路器）的各相负荷侧接线桩头。检验灯 H 灯泡亮月光，说明被测电源相正常。如果检验灯 H 灯泡亮星光，则说明被测电动机该相电源断相或有严重接触不良故障。此判断结论可当场验证（或说另一种检测方法）：如图 5-107（b）所示，用检验灯刀枪两头分别跨触直接接通电动机电源相线的熔断器（或断路器、接触器）的各相上、下侧接线桩头。检验灯 H 灯泡不亮而氖管和发光二极管均闪亮，说明被测电源相正常未断相。如果检验灯 H 灯泡亮星光，氖管和发光二极管均闪亮，则说被测电源相有断路或存在严重接触不良故障，且开路点就在被检测的熔断器（或断路器、接触器）内。所测试的三相异步电动机断相运行，需立即断电停止运行，排除故障。

运用检验灯测判三相电动机断相运行的依据。如图 5-108 所示，运行中的星形接法三相电动机，当电源一相熔断器的熔丝烧断时，电动机仍能继续运行。断相的电动机绕组仍有感应电压产生，其感应电压数值的大小与电动机的转速有关。当负载很轻，电动机转速接近同步转速时，感应电压接近电网电压；反之，负载较重，转速变低，感应电压也变低，低的程度视负载而定。熔断熔丝的熔断器两端间电压值 $U'=U'_{L1}-U'_{U1}$，其中 U'_{L}是指 L1 相对电动机中性点（U2、V2、W2）而言的电压；U'_{U1}是随负载变化的低于相电压的感应电压。U'值经实测一般为 50～120V，负载轻时偏近于 50V，负载重时偏于 120V。

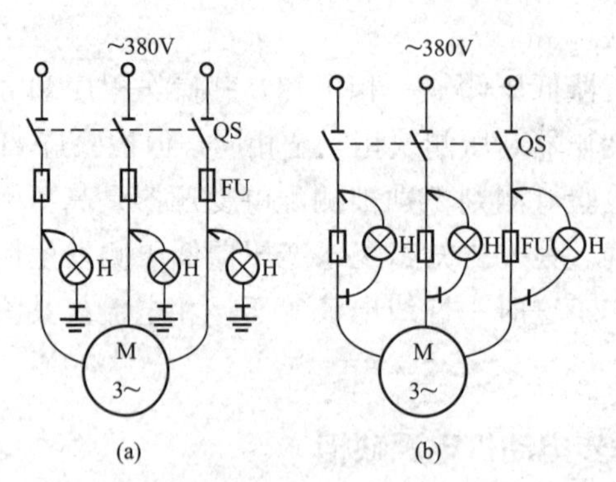

图 5-107　检验灯测判三相电动机电源断相示意图
（a）跨触相地间；（b）跨触熔断器两端桩头

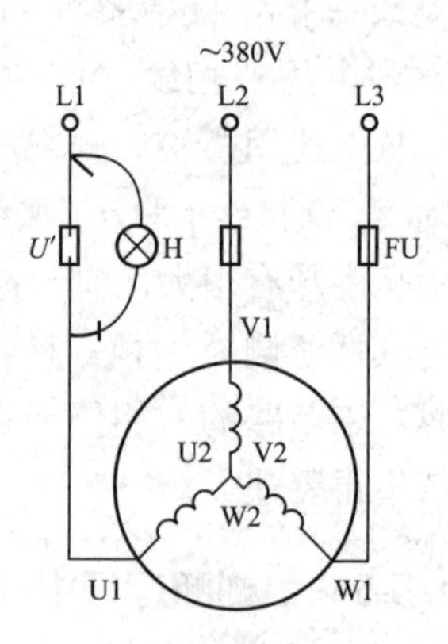

图 5-108　星形接法电动机电源断相示意图

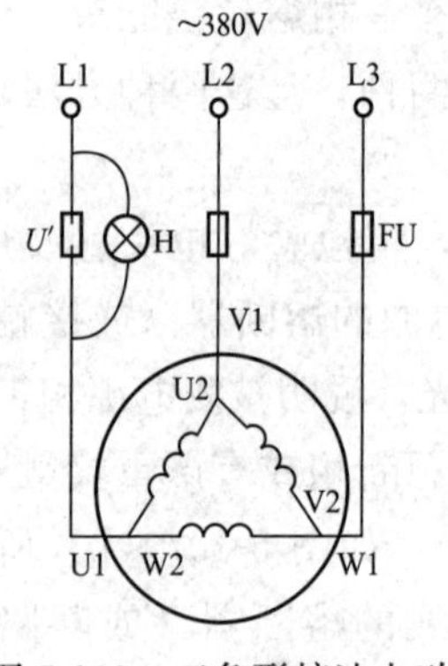

图 5-109　三角形接法电动机电源断相示意图

如图 5-109 所示，运行中的三角形接法三相电动机，当电源一相熔断器的熔丝烧断时，断相一线所连接的电动机定子两绕组串联与第三个绕组（受全线电压作用的绕组）并接在线电压上，电动机单相运行。已烧断熔丝的熔断器两端间电压 U'近似等于断相相电压与未断相相间线电压的$\frac{1}{2}$矢量和，其值在 70V 左右。故有“当电动机断相运行时，若其断开点间的电压低于 70V，则可安全运行；若大于 70V，则可能导致电动机烧毁”的说法。

5-5-7　判断运行中绕线式异步电动机转子一相引出线开路

绕线式三相异步电动机转子绕组和定子绕组基本上是一样的，也是三相，并按照极相组的多少把它们构成一个完整的三相对称绕组。这种转子三相绕组通常接成星形，把三个尾端连接在一起形成星点，而把三个首端分别与套在机轴上的三个互相绝缘的滑环相连接。在滑环上有用弹簧压着的碳刷，借滑环与碳刷的滑动接触，把转子绕组中感应而产生的电流通入变阻器。通过改变变阻器的电阻调节转子绕组中的电流，即可改变电动机的转矩和转速。如图 5-110 所示，绕线式异步电动机转子绕组串联电阻起动的电路图（如中型吊车上的主、副钩电动机）。电动机转子绕组三个首端 K、L、M 经三个滑环、三根导线和接成星形的三相电阻器端头 a、b、c 连接，并分别接在 3K 接触器主触头的两对动、静触头上（也有用三对主触头的）。以图 5-110 所示为例，当接触器 3K 线圈通电时，接触器主触头闭合，电动机转子绕组外接电阻完全切除，但电动机的转速比正常时慢很多，电动机的定子电流比正常时大很多，而且周期性地大小波动（电流表的指针来回摆动）。由此则可怀疑该电动机的转子回路有一相开路（转子绕组串联电阻起动的电缆线较长且经常移动，故易发生断线故障）。

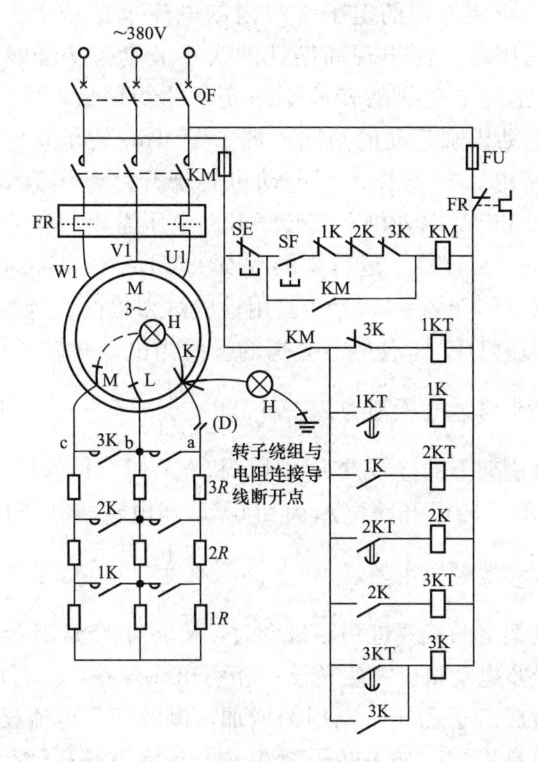

图 5-110 检验灯测判绕线式电动机转子绕组一相引出线开路示意图

此时，打开电动机装滑环端上的封闭盖，用检验灯刀枪两头跨触碳刷架上的两两接线桩头。如果有一接线桩头（如 K）与其余两桩头用检验灯刀枪两头跨触时，检验灯 H 灯泡均闪亮。这时触及此桩头（K）的刀（或枪）头不动，拿检验灯的枪（或刀）头移触及机壳（地），检验灯 H 灯泡仍然闪亮，如图 5-110 所示。则可确诊判定被测电动机转子回路有一相引出线开路，并且是检验灯刀头触及的接线桩头（K）绕组相开路（检验灯刀枪两头跨触相地时灯泡亮的转子绕组相开路）。其依据是：①绕线式三相异步电动机转子一相引出线开路时，其他两相则构成单相串联的电路。电动机起动时定子磁场在转子中将感应出周率为 sf 的单相电流（s 为转差率；f 为定子电源频率），由这个电流产生的脉振转子磁动势与旋转定子磁动势相互作用产生转动力矩，当然这个力矩与对称时产生的异步起动力矩相比较是不大的，此时如能克服阻力矩，转子会转动起来。但转速只能达到一半的同步转速就稳定下来了。此时电动机定子电流与正常对称时电流相比大$\sqrt{2}$倍，转子闭路相的电流与正常对称时电流相比增大$\sqrt{3}$倍（转子开路时，定子旋转磁场切割转子速度大，因而转子铁心中涡流也大，而定子电流是转子电流与励磁电流的相量和）。由于转子开路相的绕组内没有感生电流，使对应于这一转子断相位置的定子绕组内的电流也比较小，随着转子旋转位置的改变，定子三相电流便出现周期性的大小波动。②绕线式异步电动机转子感应电动势 E_2 是随电动机的转差率而变化的物理量，感应电动势 E_2 和转差率成正比。在电动机刚起动的瞬间，即 $s=1$ 时，转子感应电动势称为电动机转子的额定开路电压。YZR 系列电动机转子开路电压为 200V 左右。例如 YZR-355LA-10、132kW 电动机，其转子开路电压为 389V。按异步电动机的额定转差率为 1.5%～6%计算，运行中的 YZR-355LA-10、132kW 电动机转子相间电压不达 30V（389×6%=23.3V）。用检验灯刀枪两头跨触其碳刷架上的两两接线桩头时，检验灯 H 灯泡是不会亮的。而当电动机转子回路一相开路时，转子开路相接线桩头对地电压则为 225V$\left(389\times\frac{1}{\sqrt{3}}=224.6\right)$，所以用检验灯刀枪两头跨触开路相碳刷架上的接线桩头和地（机壳）时，检验灯 H 灯泡会亮月光。即便 YZR 系列电动机转子开路电压为 200V，当电动机转子回路一相开路时，其开路相接线桩头对地电压也超过 100V$\left(200\times\frac{1}{\sqrt{3}}=115\right)$。此时，用检验灯刀枪两头跨触开路相刷架上的接线桩头和机壳时，检验灯 H 灯泡会亮的。

测知绕线式异步电动机已发生转子一相引出线开路，应将电动机停止运行。因为转子断相会造成定子和转子铜损的增加，以及定子电流摆动对母线上其他用电设备运行有不良影响。如果转子断相前电动机是满载运行，定子电流将严重过负荷，为了不使电动机被烧坏，应把电动机负载降低至额定值的$\frac{1}{\sqrt{3}}$。也可以说，电动机的转子一相开路时只有在特殊的情况下允许短时间运行。

5-5-8　判断交流弧焊机一次侧绕组缺相

交流弧焊机实际上是一种特殊用的降压变压器，具有陡降外特性。为了保证其陡降外特性及交流电弧的稳定燃烧，在弧焊机中应有较大的感抗，而获得感抗的方法一般是增加弧焊变压器自身的漏磁或在变压器的二次回路中串联电抗器。故交流弧焊机大体上分两类，即串联电抗器类和漏磁变压器类，但不论何类型的弧焊变压器都是在短路状态下工作。又因弧焊变压器一次侧电源引线常拖拉地面，受机械损伤机会很多，所以交流弧焊机常见故障之一是一次侧绕组电源缺相。

如图 5-111 所示，用检验灯刀枪两头跨触弧焊变压器一次侧绕组两引出线接线桩头（接线板上），即供电电源导线接线桩头。检验灯 H 灯泡亮日光，氖管和发光二极管均闪亮，说明被测弧焊机供电电源正常。如果检验灯 H 灯泡不亮或亮星光，则说明被测弧焊机供电电源线缺一相。此时用检验灯枪头触及弧焊机机壳或接地线，拿检验灯的刀头分别触及接线板上的两一次绕组引出线接线桩头。检验灯 H 灯泡亮月光的接线桩头所接电源相线正常，检验灯 H 灯泡亮星光的桩头所接电源相线开路断电。这时到电源开关处，用检验灯刀枪两头跨触电源开关负荷侧两接线桩头便知道：检验灯 H 灯泡亮日光，则是弧焊机电源引线断路；检验灯 H 灯泡不亮，则是电源开关熔丝烧断。

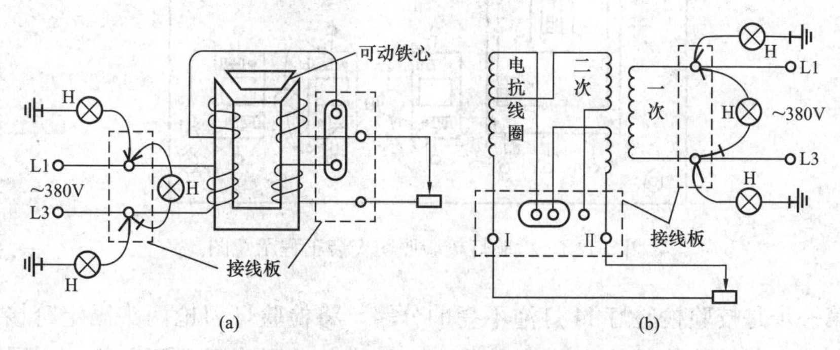

图 5-111 检验灯测判交流弧焊机一次侧绕组缺相示意图

（a）BX1-500 型交流弧焊机；（b）BX1-330 型交流弧焊机

第 6 节 疑难杂症巧诊断，排忧解难只等闲

5-6-1 校验照明安装工程

不论是工厂车间，还是高楼大厦和居民楼房，凡新的照明工程安装完毕后，多不能一次性送电试验成功，总或多或少地会由于某些安装错误而造成一些故障，尤其是照明密度大、灯具多，线路上下密布、左右纵横的高层建筑、科研大楼。因此，照明安装工程正式送电前，必须进行校验。用检验灯校验的方法

步骤如下。

打开照明配电箱，断开总低压断路器，卸下各分路熔断器的插盖，断开全部单极照明开关。在总低压断路器的上侧接线桩头上接上电源（三相四线，相电压为220V），用检验灯测试电源正常情况下闭合总低压断路器。如图5-112所示，用检验灯刀枪两头跨触各分路的熔断器上下侧接线桩头。这样检验灯H灯泡会呈现三种情况：①灯泡不亮，说明被测分路正常或可能有断路现象；②灯泡亮月光，说明被测分路有相线和中性线短接或相线碰壳（接地）故障；③灯泡亮日光，说明被测分路的中性线错接成另一相的相线，或中性线与其他相线短路而发生两异相相线同一分路。这时根据检验灯H灯泡亮度的情况，逐一对应校验各分路。

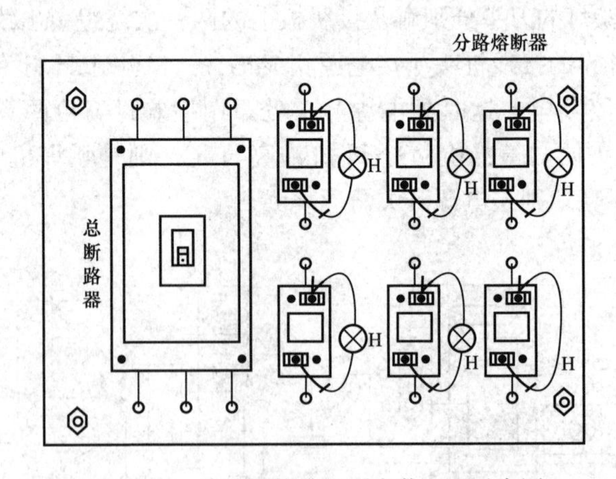

图5-112 检验灯校验照明安装工程示意图

第一步是校验检验灯H灯泡不亮的分路。将检验灯刀枪两头固定跨接在分路熔断器上下侧接线桩头上，然后把这一分路上的照明开关逐一闭合，同时观察检验灯H灯泡的亮度变化，其可能出现下述四种情况。

(1) 分路内开关逐一合上时检验灯H灯泡逐渐增亮，但直至开关全部合上也只亮星光，说明这一分路正常。可放心地按照装灯容量配装熔丝，将熔断器的插盖装上。

(2) 当合上某一照明开关时，检验灯H灯泡突然亮月光，再重复几次后都是如此，说明所闭合的开关所控制的灯（照明灯不亮）之间的开关线有故障。先查该开关是否碰壳或错接，如果正常，则大多数是灯头内开关线和灯头线碰线。尤其是螺口灯头中的中心点（小舌头）碰到了与螺口金属相连的部分，新的灯头小舌头常靠贴在螺口金属上。排除后，直至合上这一分路的全部开关且均无异常，则可拆去检验灯，配装熔丝，装上熔断器插盖。

（3）当分路上所有开关都合上，检验灯H灯泡不闪亮，即无短路情况。这时拆去检验灯装上熔丝送了电，而分路内电灯都不亮，说明分路内有断路故障。断路故障有两种：一是相线断路，表现为断线后的导线均无电，即用检验灯刀枪两头跨触导线与地，检验灯H灯泡不闪亮；二是中性线断路，表现为断线后的导线（包括中性线）均呈现带电状况，即用检验灯刀枪两头跨触导线与地，检验灯H灯泡闪亮。处理方法是查找第一个检验灯H灯泡不亮的灯位，查出后予以排除，直至正常。

（4）当分路上所有开关均合上，检验灯H灯泡亮星光，但拆去检验灯装上熔丝送电后，分路内只有部分电灯亮而有部分电灯不亮。说明分路的线路无短路和断路故障，不亮电灯的故障在灯具中（此按有关灯具的各类故障排除方法进行逐一处理）。

第二步是校验检验灯H灯泡亮月光的分路。对线路上有短路故障的分路，要根据其线路布局的不同而采用两种校验处理方法。

（1）放射形布局线路。将此分路放射叉路口部位暗式活装面板拆开，把各支路相线和电源相线分开，中性线不动仍连接在一起，如图5-113所示。此时将检验灯刀枪两头跨接在该分路的熔断路上下侧接线桩头上，检验灯H灯泡不亮，说明配电箱至放射叉路口间配电线路无短路故障。拆去检验灯装配熔丝送了电，然后到叉路口用检验灯刀头连接电源相线，拿检验灯的枪头分别依次触及各支路相线线头。检验灯H灯泡亮月光者，则是被测触的支路内有短路故障，并仍将它暂时与电源相线分离；对检验灯H灯泡不闪亮者，将其支路相线线头和电源相线线头连接并包扎绝缘。再到配电箱处，拆去此分路熔断器上的熔丝，将检验灯刀枪两头跨接在分路熔断器上下侧接线桩头上，按第一步所述校验处理分路中无短路故障的各支路。所剩的有短路故障支路，可用下述树干形布局线路进行校验处理。

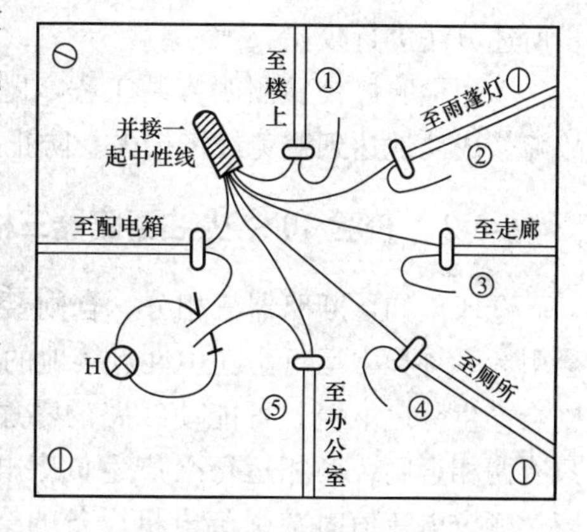

图5-113　放射叉路口放射形布局线路示意图

（2）树干形布局线路。可以在该分路的1/2或2/3处把相线断开，如图5-114所示。将检验灯刀枪两头跨接在该分路的熔断器上下侧接线桩头上，如果检验灯H灯泡亮月光，则说明该分路相线断开分段处前半段有短路故障；如果检验灯H灯泡不闪亮，则说明该分路分段处后半段有短路故障。对前半段线路有短路故障的分路，可将其前半段的1/2处断开相线，再观察检验灯H灯泡的亮度变化。如果灯泡亮月光，则短路故障在靠电源侧的那一小段内。如此分一二次后，各小段内就只有几个灯具了。通过观察分析就可很容易找到短路故障点的所在之处，即检查所怀疑的暗开关、暗插座是否碰壳，接线盒、过路箱内相线和中性线是否相连接等。解决了前半段线路，因后半段线路无短路故障，故可重新连接好相线，然后按第一步所述方法进行校验。对于后半段有短路故障的分路，可在分路熔断器上装上配好熔丝的插盖，在分段处用检验灯刀枪两头跨接相线断口（M 处）两线头。仍用上述分段方法进行检验，便可很快查找到短路故障所在处，直至排除全部故障。

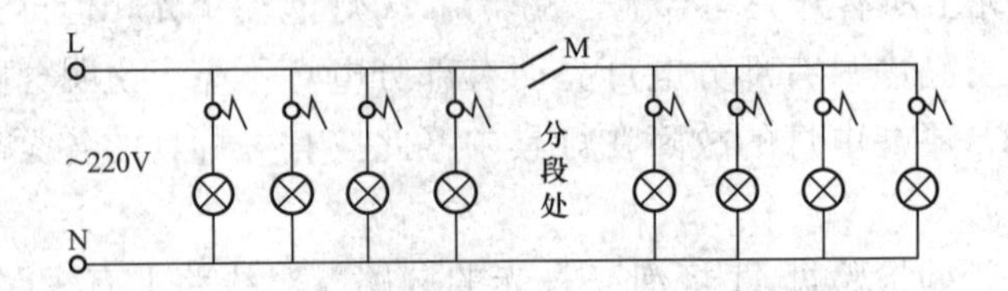

图 5-114　照明分路树干形布局线路示意图

最后一步是校验处理检验灯 H 灯泡亮日光的分路。检验灯 H 灯泡亮日光是不同相的两根相线接在此分路上，多数是多回路导线共穿在一根管子中，而在叉口分路时错把相线当作中性线连接。此情况较明显，在分叉口处拆开就能发现。排除后将检验灯刀枪两头跨接到该分路熔断器上下侧接线桩头上，按第一步所述方法进行校验。

运用检验灯校验照明安装工程，既方便省时，又安全准确，而且不易遗漏故障。成功地达到避免经济损失、防止故障扩大的目的，其实用性很强。

5-6-2　校验 10kV 少油断路器三相合闸接触一致性

众所周知，断路器三相分、合闸要同期。如果断路器三相分、合闸不同期，会引起系统异常运行。在中性点接地的系统中，如断路器三相分、合闸不同期，则会产生零序电流，可能使线路的零序保护动作；在不接地系统中，若断路器只有两相合闸，两相运行会产生负序电流，使三相电流不平衡，个别相的电流超过额定电流值时会引起电机设备的绕组发热；在消弧线圈接地的系统中，断路器三相分、合闸不同期时所产生的零序电压、电流和负序电压、电流会引起中性点位移，使各相对地电压不平衡，个别相对地电压很高，会产生绝缘击穿事故。同时零序电流在系统中产生电磁干扰，威胁通信系统的安全。所以断路器三相分、合闸必须同期。故在检修常见的 10kV 室内少油断路器时要求：在进行导电触杆备用行程调整时，同时要进行三相合闸同期性的调整工作（如果少油断路器三相合闸同期调整的误差大，则会使断路器中的变压器油烧黑、触头烧伤，影响性能等）。

室内少油断路器三相合闸一致性的调整如下：断路器合闸、开闸时，其三相导电触杆与筒内的触头接触或分离应一致，并保证每相导电触杆插入筒内触头应有 40mm 的深度。对此可用三只检验灯来校验三相合闸一致性，其接线方法如图 5-115 所示。具体操作方法是：将三只检验灯枪头均固定在断路器筒底夹母线的螺母间（测试时可用一导线将三相连接），把三只检验灯的刀头分别固定在三相导电触杆过渡接头螺钉上；然后用手动慢慢合闸，当最先接通的一相检验灯 H 发光二极管刚闪亮时，在该相导电触杆上作一记号，随后继续合闸，相应于最迟的一相检验灯 H 发光二极管刚闪亮时，在与前同一水平位置仍在导电触杆上作另一记号，两者间的距离为三相合闸时不一致程度的表示值，各相间之差不得超过 2mm。当不能满足要求时，应进行调整，调整方法与备用行程的调整相同。

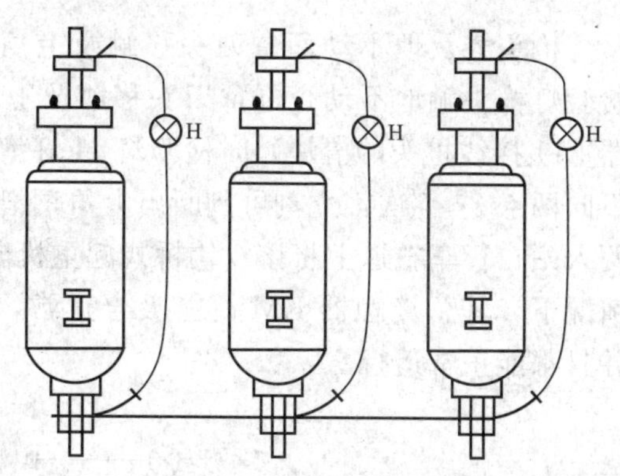

图 5-115 检验灯校验检测少油断路器三相合闸接触一致性示意图

5-6-3 诊断强电回路接触不良引起的“虚电压”

电气设备长期运行中，强电回路中的各连接点接触不良往往会产生“虚电压”故障，致使设备不能起动或不能正常运行。有时还会使三相异步电动机单相运行而烧毁。

用测电笔、万用表以及绝缘电阻表来检测强电回路中的“虚电压”故障，常常是查无异常，找不到故障之处。例如某厂的一台 15/3t 双钩桥式起重机，其电气线路采用固定式滑线（角钢）供电，装有交流接触器构成的总开关，如图 5-116 所示。有一次，该台 15/3t 双钩桥式起重机的司机反映：昨天设备运行正常，工作完毕后停放在厂房东端，夜间未动；今日早上班后行车的大小车、主副钩均起动不了，总接触器也不吸合。对此电工用测电笔触及总开关断路器 QF 电源侧三个接线桩头 L11、L21、L31，其氖管均发光闪亮。用万用表交流电压挡测量，断路器 QF 电源侧三接线桩头间线电压均在 380V 左右。随后检测主、控回路，均未见异常。随后用检验灯刀枪两头跨触总开关断路器 QF 电源侧接线桩头，L11-L21 间和 L11-L31 间检验灯 H 灯泡亮月光；只有 L21-L31 间检验灯 H 灯泡亮日光。这时用检验灯枪头触接大地（接地线），拿检验灯刀头触及断路器 QF 电源侧 L11 接线桩头，检验灯 H 灯泡亮星光；检验灯枪头触及地不动而拿刀头移触及上角钢滑触线，检验灯 H 灯泡亮月光；检验灯枪头触地不动，再拿刀头移触及上角钢滑触线上的滑块（即连接断路器 L11 接线桩头的滑块）时检验灯 H 灯泡亮星光。仅用检验灯刀枪两头跨触不同两点 3～5 次，立刻可判断出上角钢滑触线与其滑块间接触不良。此时派两人站在行车轨道上将该双钩桥式起重机向西推行了半米，在断路器 QF 闭合情况下，其总接触器 KM 便能吸合正常，大小车及主副钩电动机均能起动，并且都能正常运行。

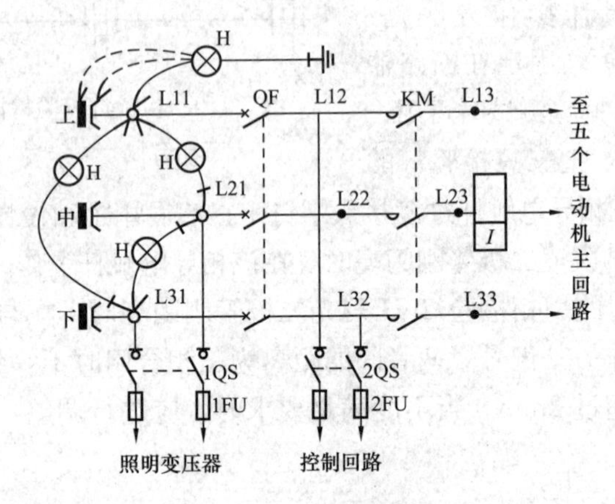

图 5-116　15/3t 双钩桥式起重机电源总开关示意图

究其原因是上角钢滑触线东端处有积尘，该台双钩桥式起重机工作完毕停车时，行车在惯性作用下，上角钢滑触线上的滑块压在有积尘的滑触线段上，造成 L1 相主回路接触不良而引起“虚电压”故障。即 L1 相主回路上角钢滑触线与滑块之间存在着虚接触现象，其主要表征为电路呈现高阻抗导通，在电路不带负载时电压呈现正常，而加上负载后则表现出无电压（或电压很低）。故该台双钩桥式起重机的总接触器 KM 未吸合时，用万用表交流电压挡测量断路器 QF 电源侧三接线桩头间线电压均与电源电压相同，或相差甚少。

类似强电回路接触不良引起的“虚电压”故障既多又常见，用检验灯检测线路中产生的“虚电压”故障既方便又直观。在电源故障一时查不出来时，多可用检验灯来诊断。检验灯诊断出多起自动断路器的主触头、交流接触器的主触头、熔断器熔体以及铜铝相接的线头等接触不良造成的不易检查出的“虚电压”故障。对此工人中流传着一段很形象的顺口溜：电路发生“虚电压”，电工师傅也头胀。电笔触之氖管亮，万用表量有电压。主控回路似正常，电机就是不动作。若问故障在何处？需请检验灯诊断。这里尚需指出：用检验灯检测出来的“虚电压”，对人身仍是危险的，不允许用手触及。

5-6-4 检测矿热炉短网对地绝缘和其接触电阻大小

矿热炉用变压器二次绕组、短网（短网是矿热炉变压器二次端子到电极一段电路的通称）、电极和熔池构成一个电路，在此电路上流过大电流。短网在此电路中起了很重要的作用。它由大量导体组成，具有外形复杂、所处环境条件恶劣的特点。作为传输大电流的短网必须满足五个基本要求：①具有足够的断面积及载流能力；②短网电阻值必须小；③短网感抗值必须足够小；④短网必须对地有可靠的绝缘；⑤必须有良好的机械强度。其中，①、③、⑤对已运行的矿热炉已成定局，日常变化也不太大。而对短网对地绝缘和其电阻值需定期不间断地进行检测。

短网必须对地有可靠的绝缘。对于普通电力变压器，在高压侧合闸送电前，常将其低压侧总开关断开，先合高压侧开关，再合低压侧总开关送电。矿热炉变压器则不然，其低压侧无法与短网分开，而且短网比较复杂，对地的泄漏支路也多，大量导体裸露。因此每次检修后、开炉前必须检查短网对地绝缘，以避免合闸时发生事故。但用绝缘电阻表测试是不行的。一是绝缘电阻表的单位数值太大（MΩ），测试时常是零，不能断定短网是否绝缘；二是绝缘电阻表的端电压高（低的也是250V），一旦遇短网某相对地绝缘损坏，绝缘电阻表表笔触及另一相，测试时易使矿热炉变压器一次感应出高电压，发生矿热炉变压器保护误动作，甚至造成事故。以往不少单位常规用交流电焊机打火法测试，交流电焊机空载电压为60～70V，工作电压为30～40V，是交流电。测试时很容易使矿热炉变压器一次侧感应出高电压，且常达到变压器原一次额定高压值（1000kVA矿热炉变压器，其二次侧电压额定值为65V左右）。我国已有单位发生矿热炉停电检修，电工、电焊工、司炉工等多工种交叉作业，因电焊工在变压器二次侧焊接短网，使在变压器一次侧10kV母线上清扫的电工触电受伤，险些造成人身死亡事故。实践证明，运用检验灯检测短网对地绝缘，安全、简便、可靠可行。

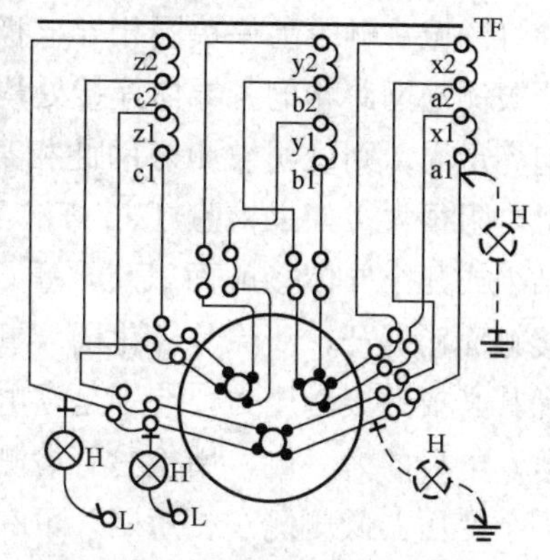

图 5-117 检验灯检测矿热炉短网对地绝缘示意图

如图5-117所示虚线检验灯H：用检验灯枪头（刀头）触地，拿检验灯的刀头（枪头）触及短网任一裸露导体。检验灯H发光二极管闪亮，说明被测短网有接地故障；检验灯H发光二极管不闪亮，说明被测短网对地有可靠的绝缘。为保证确诊短网对地绝缘状况，还有一种方法可以当场验证，如图5-117所示实线检验灯 H。因矿热炉炉台和矿热炉变压器室内均有 380/220V 电源（照明、冷却风机等），用检验灯刀头触接相线 L，拿检验灯的枪头触及短网任一裸露导体。检验灯 H 灯泡亮月光，说明被测短网经电阻（矿粉、碳粉及含碳粉的灰尘）接地；如果检验灯 H 灯泡一点也不亮，则说明被测短网对地绝缘良好，可以送电开炉。用此法检测或验证被测短网对地绝缘，安全、可靠、简便。因为检验灯刀、枪头跨触相线 L（电压 220V）和短网，若遇短网未触及相导体接地，此时矿热炉变压器二次绕组通入的是电压很低的直流电，变压器一次侧不会感应出高电压。

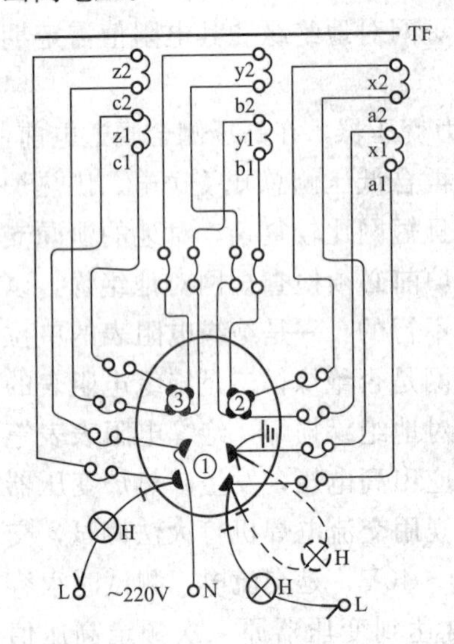

图 5-118 检验灯检测矿热炉短网接触电阻大小示意图

矿热炉的短网电阻值必须很小，因为导体内功率损耗与其电流的平方及其电阻的乘积成正比。短网的电阻值稍有增加，导体的损耗功率将显著增大，这样入炉的有效功率大大减少。并且将同时会使导体本身温度大大提高，其阻值及损耗进一步加大，造成恶性循环。但是矿热炉的短网常受炉面高温辐射，炉焰、灰尘的侵蚀，母线接触点导体间接触面氧化，均能增大接触电阻。因此应定期测试接触电阻，评定其接触好坏。用检验灯检测短网接触电阻的方法如图 5-118 所示。在停炉时，降下某一电极（如 1 号），电极端压实料面，下放锥形环（锥套），松开导电板（铜瓦或颚板）。将（1 号）电极的同相导电板一块接地或连接中性线 N，然后用检验灯刀头触接相线 L，拿检验灯的枪头触及另一块同相导电板或其连接的铜管。检验灯 H 灯泡亮月光，说明被测短网此相的各导体连接处均接触良好，接触电阻很小；如果检验灯 H 灯泡亮星光，则说明被测短网此相某个或几个导体连接处存在接触不良现象，接触电阻很大；如果检验灯 H 灯泡不闪亮，则说明被测短网此相中存在开路故障，某个或几个导体接触面氧化严重，已达到电流不能导通的程度。必须将各导体接触面均拆开，清除其氧化层（氧化铜薄膜）；更换必须更换的紧固零件，以保证其必要的接触压力，特别是软电缆和铜头间的压接薄弱处。同理同法，在（1 号）电极的另一侧，用检验灯检测矿热炉变压器低压侧另一相短网的接触电阻。剩余变压器低压侧一相短网，可在夹紧（1 号）电极导电板后，上升（1 号）电极离开料面，然后再降下 2 号（或 3 号）电极。仍用上述方法检测剩余的第三相短网接触电阻。

如果因生产任务紧迫，停炉时间较短。较简单的方法是松开某电极（如1号）导电板后，用检验灯刀枪两头跨触同相两导电板，如图5-118中虚线检验灯所示。检验灯H发光二极管闪全红光，说明被测相短网各导体连接处接触良好，接触电阻很小；如果检验灯H发光二极管闪点红光或不闪亮，则说明被测相短网某个或几个导体连接处接触不良，导体接触面氧化严重，甚至达到直流电不能导通程度。必须停产将此相短网系统所有导体接触面进行处理。

5-6-5 检测电动机和补偿电容器直接并接引线的对错

加装补偿电容器提高功率因数，最好的方式是就地补偿。因为与电动机同时接入电源，一则不会出现超前的无功功率；二来补偿后在该支路上因无功电流引起的传输损耗就被消除。所以目前积极推广运用，在中型以上的电动机都增设了补偿电容器。但在施工安装时，由于受安装电动机的地方空间或环境所限，常常是将补偿电容器的三根引线与电动机的三根引线并接在接通电源的接触器（或热继电器）接线桩头上，并且在安装时为了方便，使用了同型号规格的电线。这样给维护检修工作带来了麻烦，埋设下极易产生串联谐振电路的隐患。当检修更换接触器或热继电路，或电动机需换向调换时，一不小心就易发生事故：电动机的方向没有改变或构成串联谐振电路，只要合闸通电试车，事故就会发生，且后果不堪设想。因此，对六根同型号规格电线两两并接在接触器（或热继电器）负荷侧三接线桩头的接线，在合闸通电试车前必须认真检测其对错。

如图5-119所示（图5-119中虚线为补偿电容器的引线），用检验灯刀枪两头跨触两两并接引线的接线桩头，三次检测时检验灯H发光二极管均闪亮，说明被测电动机引线与并接补偿电容器引线的接线是正确的。

如图5-120所示（图5-120中虚线为补偿电容器的引线），用检验灯刀枪两头跨触两两并接引线的接线桩头，三次检测时检验灯H发光二极管只有一次闪亮（跨触a、b两接线桩头时），而有两次不闪亮或只闪亮一下就熄灭了。说明被测电动机引线与并接补偿电容器引线的接线是错误的，且被测电动机三根引线接在电源两相上，剩余一相电源相线上接着两根电线均是补偿电容器的引线。其判断依据是：用检验灯测试时，检验灯刀枪两头输出是直流电流，电动机定子绕组能通过直流电流，而补偿电容器是通交断直的。因此，被测电动机和补偿电容器直接并接在接触器负荷侧a、b、c三接线桩头上的六根电线必须拆下，用检验灯识别个别补偿移相电容器和电动机的引出线方法识别清楚（参见第5-2-6）。然后重新安装接线，再用检验灯刀枪两头跨触两两并接引线的接线桩头，达到三次检测时检验灯H发光二极管均发亮，才能合闸通电试车。否则，如图5-120所示错误接线，只要接触器KM主触头闭合通电试车，事故就会发生。

因采用个别补偿的电动机大多是中型以上的三相异步电动机，通电起动（单相起动）时起动电流很大，况且电动机根本不能起动成功，迫使其保护动作掉闸。由于电容器组 C 是并跨接在电源线电压（L1、L3）上的，对此电容负荷来讲，电流的瞬时值为零时，电压的瞬时值为最大。断开电容器组 C 时容易由于电弧重燃而产生过电压，同时在送、断电的瞬间，接触器 KM 负荷侧 L2 相接线桩头端点 b 经电动机绕组，通过 L1 相接线桩头 a 点和电容器组串联到 L3 相接线桩头 c 点，形成了在电力系统中尽量避免的串联谐振电路。电动机绕组线圈两端或电容器组两端将承受比电源电压高很多倍的谐振电压。

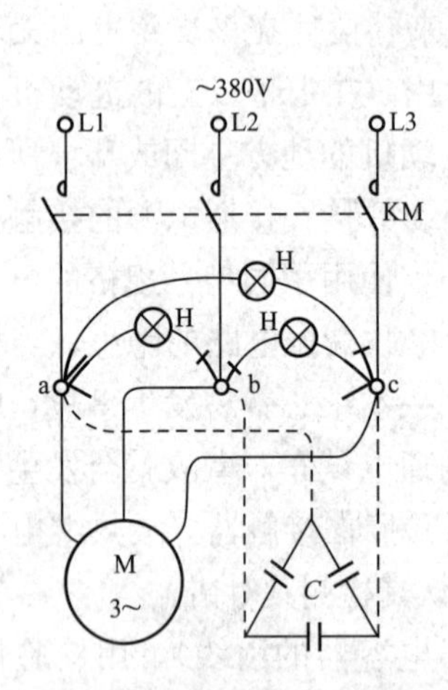

图 5-119　正确并接示意图

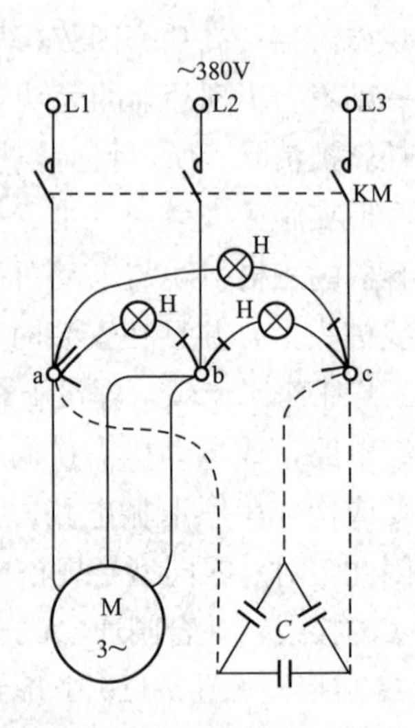

图 5-120　接线错误示意图

5-6-6　检测接触器联锁的电动机正反转控制线路

工矿企业在考核电工时，常出的实际操作题目是按图安装接触器联锁的电动机正反转控制线路。由于被考核的电工较多，水平不一，安装时易出现导线漏接、错接或未接牢等错误，造成短路或断路故障。而“考卷”要当场公开评判，但用万用表电阻法检测评判费时费事，逐一测试又怕发生事故，造成一些经济损失。因此，可运用检验灯检测评判，快准安全又直观。

如图 5-121 所示，在配电盘上接上正常的三相电源后，在断开主回路断路器 QF 和控制回路开关 QS 的情况下，用检验灯刀枪两头跨触控制回路开关 QS 电源侧两接线桩头，验明电源正常，即检验灯 H 灯泡亮日光，表明电源电压等级为 380V。随后用检验灯刀枪两头跨触开关 QS 上、下侧接线桩头，检验灯 H 灯泡不亮，表明控制线路无通地现象；如果检验灯 H 灯泡亮月光，则说明被测控制线路存在接地故障。此项测判通过后（无通地现象），拆去任一相熔断器 FU

的熔丝，闭合控制回路开关 QS，用检验灯刀枪两头跨触拆去熔丝的熔断器上、下侧接线桩头。检验灯 H 灯泡闪亮，表明被测控制线路内有短路故障。在检验灯 H 灯泡不闪亮情况下（控制线路内无短路现象）装上拆去的熔丝，用检验灯刀枪两头跨触接触器 KF（正转）的自锁触头两端接线桩头，检验灯 H 灯泡亮近似日光，表明正转接触器 KF 的控制电路畅通，无断路现象。这时取下接触器 KR（反转）的灭弧罩，按下其主触头（对 60A 以上衔铁绕轴转动拍合式的交流接触器，不用拆取灭弧罩，可直接按下动铁心），跨触在接触器 KF 自锁触头两端接线桩头上的检验灯 H 灯泡立刻熄灭，由此判定正转接触器 KF 的控制线路接线基本正确。同法同理，可用检验灯刀枪两头跨触到反转接触器 KR 的自锁触头两端接线桩头上，检验灯 H 灯泡亮近似日光；按下正转接触器 KF 的主触头时，检验灯 H 灯泡立刻熄灭。否则被测接触器联锁的电动机正反转控制线路接线有错误。

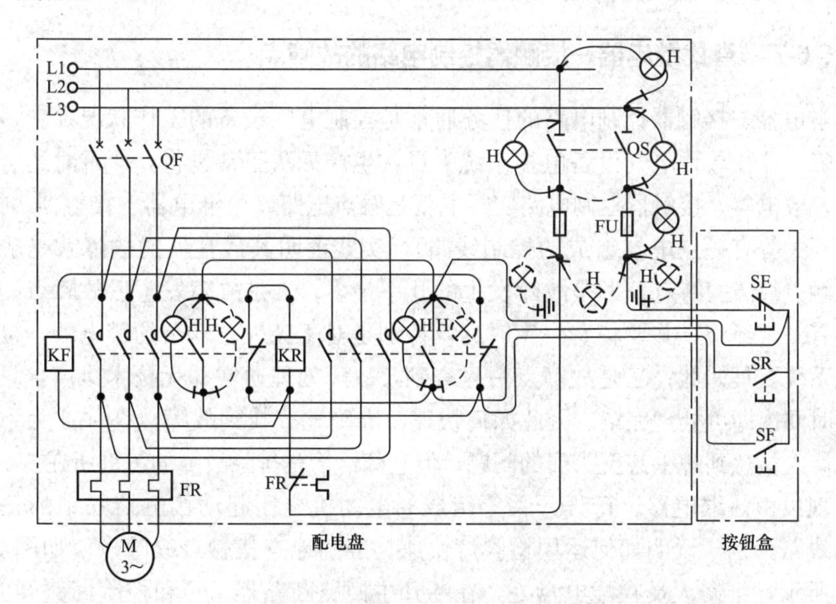

图 5-121 检验灯检测接触器联锁的电动机正反转控制线路示意图

假如考场没有三相交流电源，可用检验灯枪头触接地，拿检验灯的刀头分别触及控制开关 QS（或熔断器 FU）负荷侧两接线桩头（图 5-121 中虚线检验灯所示，下同）。检验灯 H 发光二极管不闪亮，表明被测控制线路无通地现象。此项检测通过后，用检验灯刀枪两头跨触控制回路熔断器 FU 两相负荷侧接线桩头。检验灯 H 发光二极管闪亮，表明被测控制线路内有短路故障。在检验灯 H 发光二极管不闪亮（线路内无短路故障）情况下，用一段熔丝短接控制回路开关 QS 负荷侧两接线桩头。随后用检验灯刀枪两头跨触反转接触器 KR 的自锁触头两端接线桩头，检验灯 H 发光二极管闪亮，这时取下正转接触器 KF 的灭弧罩，按下其主触头，跨触接触器 KR 自锁触头的检验灯 H 发光二极管立刻熄灭。同法同理，用检验灯刀枪两头跨触正转接触器 KF 的自锁触头两端接线桩头，检验灯 H 发光二极管应闪亮，此时按下反转接触器 KR 的主触头，检验灯 H 发光二极管立刻熄灭。否则被测接触器联锁的电动机正反转控制线路接线有错误。

在实际生产实践中，生产机械往往要求运动部件具有正反两个运动方向的功能，如机床工作台的前进与后退、主轴的正转与反转，起重机的上升与下降等。这就要求电力拖动的电动机能够正反转。电动机正反转控制线路中的交流接触器用得多，难免烧坏，重新更换时可能因原线路零乱而误接，如果此时盲目试车就有可能造成事故。由此可知在实际工作中，可用检验灯校验电动机全压起动接触器联锁的正反转控制线路安装工程，可用检验灯检查接触器联锁的电动机正反转控制线路的检修质量。

5-6-7　查找继电器—接触器控制电路的故障点

继电器—接触器控制电路的任务通常是控制电气设备的工作状况。它一旦发生故障，往往导致电气设备电控系统失灵，生产无法正常进行，严重时还会造成事故。继电器—接触器控制电路实际上就是触点电路（由继电器、接触器、按钮、行程开关等有触点电器组成的控制线路），实践证明其最常见的故障就是触点故障。触点故障的特点：一是故障发生的几率最多；二是故障发生后故障点的查找需要有一定经验，并要花费一定时间，特别是对于庞大、复杂的继电器—接触器电控系统更是如此；三是故障点一旦查到，故障处理通常并无技术难度，只需在很短时间内即可处理完毕。因此如何快速、准确地查找到故障点往往成为不少电气维修人员感到棘手甚至头痛的问题，但它却恰恰是排除故障的关键所在。

现以由热继电器、行程开关等组成的电动机全压起动接触器联锁的正反转控制线路为例，说明如何运用检验灯快速、准确地查找触点故障点。如图 5-122（b）所示，维修人员在配电盘处，在断开主回路断路器 QF 和控制回路开关 QS 的情况下，用检验灯刀枪两头跨触控制开关 QS 各相动、静触头的接线桩头。检验灯 H 灯泡不闪亮，确认被测控制线路绝缘良好无接地现象。这时卸下任一相熔断器装置熔丝的插盖（例如 L3 相），然后闭合控制开关 QS，用检验灯刀枪两头跨触卸下插盖的熔断器 FU 上下两侧接线桩头。检验灯 H 灯泡亮近似日光，说明起动按钮 SR 或 SF 触点短路，或其并接的 KR 或 KF 接触器的自锁触头间短路（主电路上接触器 KR、KF 的主触头确认未烧结情况下）。此时检验灯刀枪两头跨触卸下插盖的熔断器 FU 上下两侧接线桩头不动，取下正转接触器 KF 的灭弧罩，点动按几下主触头（60A 以上衔铁心绕轴转动拍合式的接触器不用拆取灭弧罩，直接点动按几下动铁心），如果检验灯 H 灯泡随着亮灭忽闪，说明起动按钮 SR 的触点短路；如果检验灯 H 灯泡一直亮不熄灭，则说明是 SF 起动按钮触点短路。当场验证此故障点的方法是：用检验灯刀枪两头跨触被测接触器自锁触头的两端接线桩头，如图 5-122 中 3、5 两点和 3、7 两点，检验灯 H 发光二极管闪亮，说明被测的起动按钮触点短路；反之，检验灯 H 发光二极管不闪亮，则说明被测的起动按钮触点无短路故障。检验灯刀枪两头跨触卸下插盖的熔断器 FU 上下侧接线桩头时，检验灯 H 灯泡初亮弱星光，而后很快亮似日光，则说明某个起动按钮曾被击穿过。在其两电极之间的胶木上形成一条线状的碳纹，冷却时其电阻值很大，当检验灯刀枪两头接通电源后，击穿过的按钮触头间有了电压，线状碳纹上产生热，其电阻值急速下降以致短路。这就是实际工作中常遇到的 LA 型控制按钮击穿后，用万用表测其绝缘电阻是无穷大，故未加任何处理仍然使用，导致一闭合控制回路开关接触器就闭合的故障。

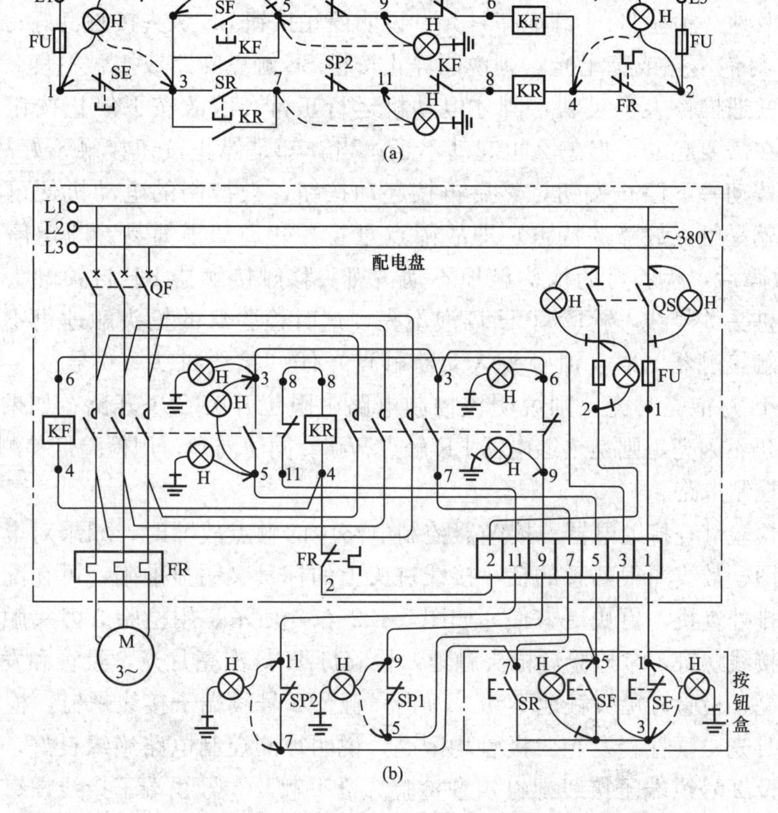

图 5-122 检验灯检测继电器—接触器控制电路故障点示意图（一）

（a）原理图；（b）敷线图

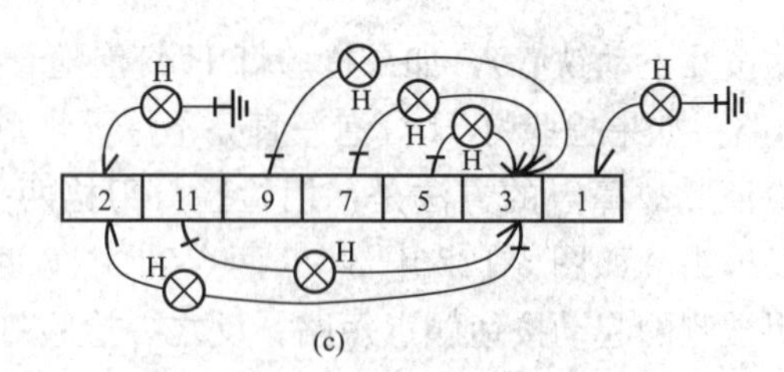

图 5-122　检验灯检测继电器—接触器控制电路故障点示意图（二）
（c）端子排

在用检验灯刀枪两头跨触卸下插盖的熔断器 FU 上下侧接线桩头时，检验灯 H 灯泡不闪亮的情况下，即被测控制回路内无短路现象时便可拆去检验灯，插上装配好熔丝的插盖。这时用检验灯刀枪两头跨触接触器 KF 的自锁触头两端接线桩头（图 5-122 中线号 3、5）。检验灯 H 灯泡亮近似日光，说明被测控制回路中诸元件触点正常，无断路现象；如果检验灯 H 灯泡不闪亮，则说明被测控制电路内有断路故障。此时检验灯的刀头触及 3 号线接线桩头不动，枪头移触及地。检验灯 H 灯泡亮月光，说明停止按钮 SE 触头接触良好；如果检验灯 H 灯泡不亮或亮星光，则说明停止按钮 SE 触点断路或接触不良。例如维修人员常遇操作人员反映：刚才电动机运行正常，因故按下停止按钮停机运行，现在需要起动，但怎么也起动不了。当查知是停止按钮接触不好故障时，只要再按动一下停止按钮，然后再按起动按钮，被控制的电动机便可起动运行。这就是触点故障的特点，即故障点难找，处理却很简易。断定停止按钮 SE 无故障后，检验灯的枪头触地不动，刀头移触接触器 KF 自锁触头的另一端接线桩头 5 号线，检验灯 H 灯泡不亮，这时检验灯的枪头触地仍不动，拿刀头移触接触器 KR 互锁触头（动断触点）任一接线桩头（6 号或 9 号线）。检验灯 H 灯泡亮月光，则说明该控制电路中限位开关 SP1 开路；如果检验灯 H 灯泡仍不闪亮，则是热继电器 FR 触点开路。同法同理，用检验灯检测 KR 接触器的控制电路。

用检验灯查找继电器—接触器控制电路中的触点故障时，如果对电气设备的原理图、敷线图很熟悉的话，接线桩头上的标号又明显准确，可在配电盘上的端子排处查找，更快更方便。如图 5-122（c）所示，用检验灯刀头触及 1 号线端子接线螺钉，拿检验灯枪头触地，检验灯 H 灯泡亮月光，氖管和发光二极管均闪亮；检验灯枪头触地不动，刀头移触及 2 号线端子接线螺钉，检验灯 H 灯泡亮月光，氖管和发光二极管均闪亮，说明被测控制电路绝缘良好。检验灯刀头触及 2 号线端子接线螺钉，拿检验灯枪头触及 3 号线端子接线螺钉。检验灯 H 灯泡亮日光，则说明停止按钮 SE 触头正常，闭合良好；如果检验灯 H 灯泡不亮，则说明停止按钮 SE 触点开路；如果检验灯 H 灯泡亮月光或星光，则说明停止按钮的触点接触不良。在检测确定停止按钮的触头闭合良好后，用检验灯刀头触及3号线端子接线螺钉，拿检验灯的枪头触及9号线或11号线端子接线螺钉。检验灯H灯泡不亮，则说明热继电器FR动断触点开路（在确认接触器的互锁触头、线圈正常情况下，下同）；如果检验灯H灯泡亮月光或星光，则说明热继电器FR动断触点接触不良；如果检验灯H灯泡亮近似日光，则说明热继电器FR动断触点闭合正常，同时验证了接触器的互锁触头闭合正常。测知热继电器、接触器的互锁触头闭合正常后，用检验灯刀头触及3号线端子接线螺钉不动，拿检验灯枪头移触及5号线端子接线螺钉。检验灯H灯泡亮近似日光，说明限位开关SP1触点闭合正常；如果检验灯H灯泡亮月光或星光，则说明限位开关SP1触点接触不良；如果检验灯H灯泡不闪亮，则说明限位开关SP1触点开路。同法同理，用检验灯刀枪两头跨触3号和7号线端子接线螺钉，根据检验灯H灯泡闪亮的程度，则可判定限位开关SP2的触点闭合状况。

现在与将来仍然提倡应用感官诊断方法，凭着维修人员的五官，通过听、视、嗅、触觉，结合多年的检修工作经验，初步能断定继电器—接触器控制电路中故障点的位置，此时可用检验灯来迅速检测验证。如图5-122（a）、（b）所示，在控制电路正常通电情况下，用检验灯枪头触地，拿检验灯的刀头触及停止按钮或限位开关、热继电器等常闭触点的两端接线桩头。检验灯H灯泡两次亮度一样，说明被测元器件触点闭合良好；检验灯H灯泡一次亮而另一次不闪亮，说明被测元器件触点开路；检验灯H灯泡两次闪亮程度差异较大，说明被测元器件触点接触不良。对起动按钮触点故障的验证方法是：检验灯刀枪两头跨触起动按钮的两端接线桩头，检验灯H灯泡亮近似日光（控制电路的电源为380V）。此时检验灯刀枪两头跨触接线桩头不动，按下被测起动按钮时（切记在断开主回路电源的情况下进行）检验灯H灯泡应立即熄灭。如果检验灯H灯泡仍闪亮不熄灭，则说明被测起动按钮按下时触点未闭合，该起动按钮有失灵的故障。这样查找继电器—接触器控制电路中的故障点，速度更快捷。

5-6-8 判定电容式电风扇外壳漏电故障点

在修理电容式电风扇时，有时会遇到单相电风扇机壳对地漏电电压高于220V的故障。

如图5-123所示，用检验灯刀头触及有故障台扇M机壳，拿检验灯枪头触接地，检验灯H灯泡亮日光，氖管和发光二极管均闪亮。判定被测台扇副绕组与电容器C连接处碰壳；并且此台扇电源相线L与中性线N的位置接反，即调速电抗器、主副绕组公共引出线端头接在中性线N上；调速电抗器处在“1”挡

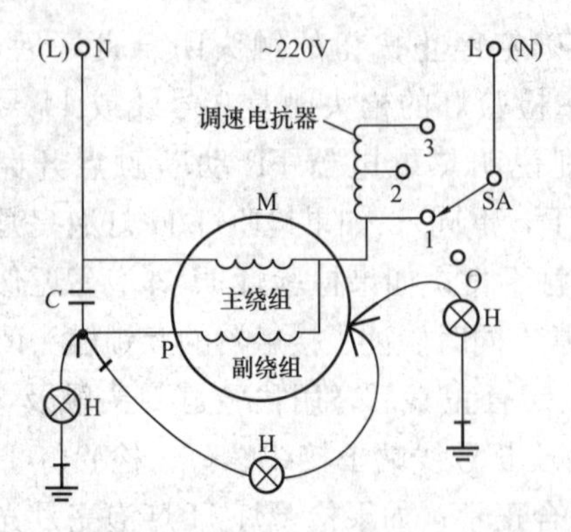

图 5-123　检验灯检测台扇漏电示意图

位置上（图 5-123 中 P 点为碰壳点；括弧内 L、N 符号为接反电源线所示符号）。这时拉开室内总开关，待该台扇停转后打开其底座，采取一定安全措施后再闭合室内总开关，台扇起动运行。此时用检验灯刀头触及台扇机壳，拿检验灯枪头触及电容器 C 连接副绕组的端头。检验灯 H 灯泡不亮而氖管和发光二极管均闪亮，说明被测试触及的两点同电位。再用检验灯刀头触及电容器 C 连接副绕组的端头，拿检验灯枪头触地，检验灯 H 灯泡亮日光，氖管和发光二极管均闪亮（和用检验灯刀枪两头跨触台扇机壳与地时一样）。

断开该台扇电源，台扇停止转动后查证：该台扇电源线插头虽是三脚的，但已取掉“接地脚”，并且剩余两脚也经调整能很容易地插入两眼插座内。此插头就是插在两眼插座电源上，控制开头 SA 连接电源中性线 N 上，调速电抗器所连接位置在标注“1”挡上。顺着电容器 C 连接副绕组引出线查找，发现电动机出线口处引出线所套塑料管已脱落，副绕组引出线外皮破损，其线芯和电动机外壳碰触烧接。证实了上述所作出的判断正确。

单相电容式电动机副绕组与电容串联后和主绕组并联接至交流 220V 电源。副绕组是个较大的电感线圈，其电感值用 L 来表示。当它和电容串联后，该支路的电抗值近似等于 $\mathrm{j}\left(\omega L-\frac{1}{\omega C}\right)$，该台扇调速电抗器处于“1”挡位置时，副绕组两端电压为 $U_L=\frac{220}{\omega L-\frac{1}{\omega C}}\omega L$，因为 $|\omega L|>\left|\omega L-\frac{1}{\omega L}\right|$，所以副绕组的端电压 U_L 大于 220V。当单相电容式电动机的电容器端直接接至电源相线 L 时，副绕组与电容器 C 连接处碰壳，这样电动机外壳对地电压就近似地等于副绕组两端电压，其电压值约为 360V 左右。故此台扇机壳漏电电压高于 220V（叠加电压所致），所以检验灯刀枪两头跨触台扇机壳与地时亮日光。

鉴于电容式电风扇外壳漏电有时会高于 220V 电压，对人身安全的威胁极大，所以无论在装配和修理此类电风扇时，应对图 5-123 中所示 P 点处的绝缘加强处理。

5-6-9　诊断日光灯的一种难查故障

日光灯有很多优点。如它的光白，比同样瓦数的白炽灯灯泡亮三倍左右，并且使用寿命较长等。但是附件较多，故障相对亦多。其中起辉器座和一个灯管座合在一起的日光灯，容易产生只是灯管两头微红、起辉器闪亮跳动强烈而灯管不亮的故障，一般误认为是镇流器或起辉器、灯管有问题，而实际上问题出在带有起辉器的那个灯管座内。因为这种灯管座中，起辉器是串在一个灯管脚上的，而这个灯管座的两个接线桩头中，不与起辉器座相连接的那个桩头要接电源，日光灯才能正常起辉运行，如图 5-124 所示。在安装或检修时，如果把串接起辉器的接线桩头接至电源，日光灯电路就接成图 5-125 所示接线方式，日光灯灯管两端就形成通路。起辉器始终串联在电路中，形成周期性通、断，致使电路工作不正常。镇流器两端不能产生瞬时高电压，日光灯管也就不能点燃。

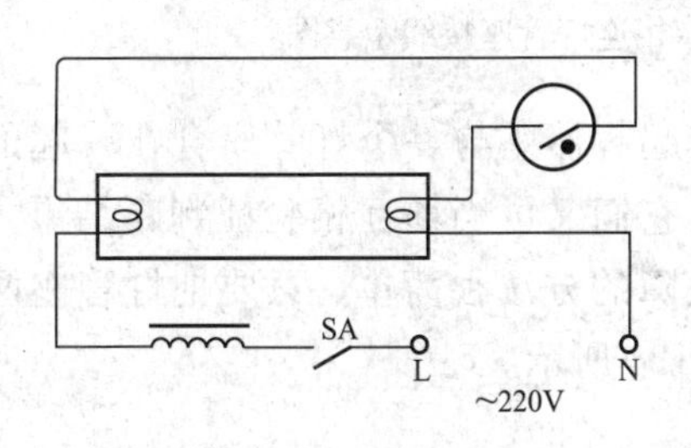

图 5-124 起辉器相连灯管座正确接线示意图

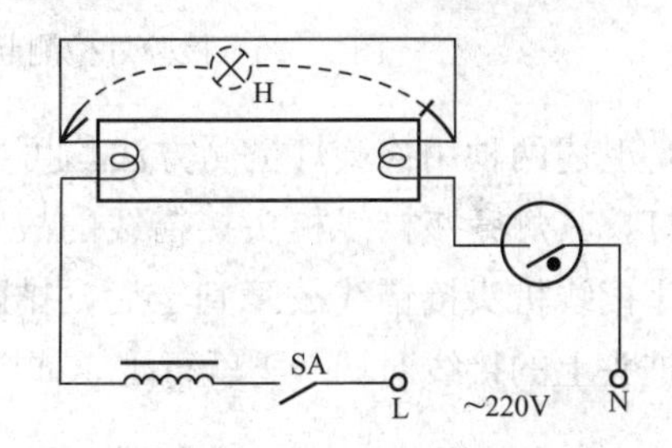

图 5-125 起辉器相连灯管座错误接线示意图

在实际工作中，当新安装或刚检修过的起辉器座和一个灯管座合在一起的日光灯，灯开关 SA 闭合后灯管两头微红而灯管不亮时，经检查镇流器、起辉器和灯管均正常。在断开电源后，将灯管、起辉器取下，如图 5-126 所示，用一裸导线或熔丝（约 2mm 粗）短接未和起辉器座合在一起的灯管座两插孔。然后用检验灯刀头触接灯管座上的短接导线，拿检验灯枪头分别插触及与起辉器座合在一起的灯管两插孔。检验灯 H 发光二极管两次测试均不闪亮为正常。如果检验灯 H 发光二极管有一次闪亮，则说明被测与起辉器座合在一起的灯管座接线错误，且是发光二极管闪亮时检验灯枪头所插触插孔相连通的接线桩头未串接起辉器，而错接通日光灯灯管另一端一管脚插孔，如图 5-125 中虚线检验灯所示。这时拆除未与起辉器座合在一起的灯管座两插孔间短接导线，拧开挂线盒罩盖，用检验灯枪头插触与起辉器座合在一起的灯管座任一插孔，拿检验灯的刀头分别触及挂线盒底座上两接线桩头（实为电源的相线和中性线），两次检验灯 H 发光二极管均不闪亮。再用检验灯枪头插触与起辉器座合在一起的灯管座另一插孔，拿其刀头分别触及挂线盒底座上两接线桩头，两次检验灯 H 发光二极管仍均不闪亮，则足以说明被测与起辉器座合在一起的灯管座两接线桩头接线均没有一个连接电源线。从而证实此灯管座一接线桩头错接通日光灯灯管另一端的一管脚插孔，此灯管座另一接线桩头错串接起辉器后接电源线。

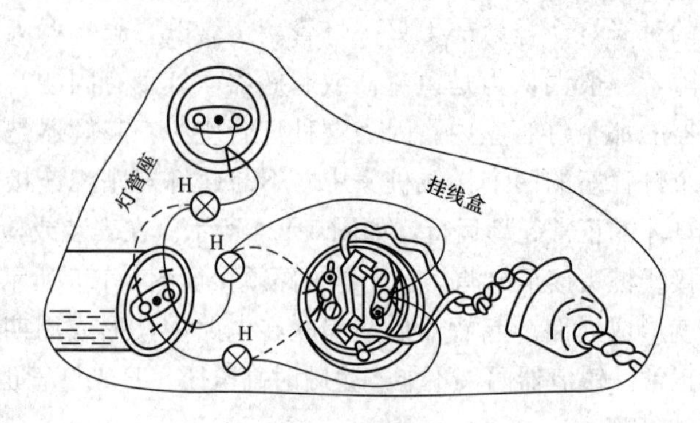

图 5-126　检验灯检测起辉器相连灯管座接线示意图

上述两种用检验灯检测方法均可判定起辉器座与一个灯管座合在一起的日光灯，其灯管座接线桩头接错线的故障，它们又可当场互相验证判断结果。灯管座接线桩头接错线故障判定后，排除故障的方法很简单，只要把灯管座两接线桩头上的接线对调一下就行了，如图 5-124 所示。

第 7 节　善诊照明众故障，查找窃电有高招

5-7-1　诊断照明线路故障是碰线、断线，还是漏电

室内照明线路常见故障是碰线，即相线与中性线绝缘受潮或损坏，发生相线和中性线间的短路；由于线路受腐蚀或连接点松动造成接触不良、导线断路；还有相线与大地之间的绝缘受损而形成相线与地之间的漏电。检验灯检测判定照明线路故障示意图如图 5-127 所示。首先在照明电路总控制开关 QS 胶盖闸的电源侧，用检验灯刀枪两头跨触相线 L 和中性线 N 接线桩头，测得检验灯 H 灯泡亮月光，确认照明电源正常。然后断开胶盖闸，用检验灯刀枪两头跨触胶盖闸负荷侧相线和中性线的接线桩头，检验灯 H 发光二极管闪亮。这时将照明电路中所有负荷单极开关均断开，如果检验灯 H 发光二极管仍闪亮不熄灭，则说明被测照明线路内存在短路故障。当场验证的方法是：拆去相线熔断器 FU 上的熔丝，闭合胶盖闸 QS，然后用检验灯刀枪两头跨触胶盖闸电源侧和负荷侧的相线接线桩头，检验灯 H 灯泡亮月光。例如照明线路在 a 点处相线和中性线的线芯直接碰触。

在总控制开关 QS 断开的情况下，用检验灯刀枪两头跨触胶盖闸 QS 负荷侧相线和中性线的接线桩头时，检验灯 H 发光二极管不闪亮。此时将照明电路中

所有负荷开关均闭合，检验灯 H 发光二极管仍不闪亮，则说明被测照明线路内存在断线或导线连接线头松脱现象。当场验证方法是：在电源熔断器 FU 内的熔丝均正常情况下，闭合胶盖闸 QS 后照明电路内的电灯均不亮（灯开关均闭合）。此时用检验灯刀头触及照明线路中的任一接线桩头时，检验灯 H 氖管均闪亮，说明被测照明线路的中性线干线断路。断线点多在控制开关 QS 胶盖闸出来的第一个线头盒内（如 c 点），或是第一个分路的灯座盒内中性线连接线头断脱，或是线头盒前面到胶盖闸 QS 的穿管线中中性线断路等。如果用检验灯刀头触及电路中的所有接线桩头时，检验灯 H 氖管均不闪亮，则说明是被测照明线路的相线干线开路，其断开点位置大体同上述相同。

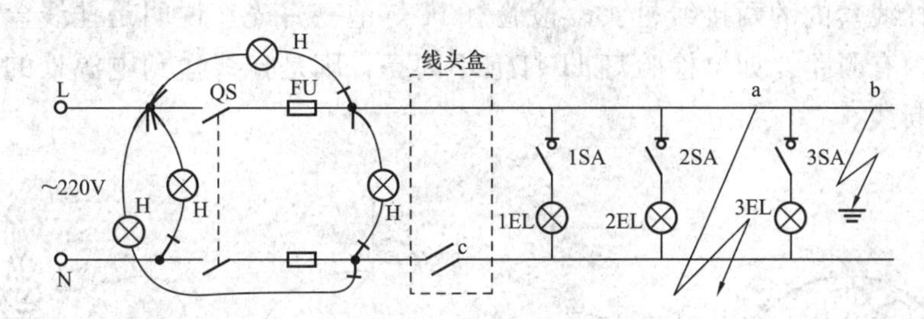

图 5-127 检验灯检测判定照明线路故障示意图

在控制开关 QS 断开的情况下，用检验灯刀枪两头跨触胶盖闸 QS 负荷侧相线和中性线的接线桩头时，检验灯 H 发光二极管不闪亮。但此时只要闭合照明电路中一个负荷单极开关，检验灯 H 发光二极管就闪亮。这时用检验灯刀枪两头跨触胶盖闸电源侧和负荷侧相线接线桩头，检验灯 H 灯泡亮近似月光或星光。在照明电路中有负荷单极开关闭合情况下，用检验灯刀头触及胶盖闸电源侧相线接线桩头不动，拿检验灯的枪头移触及胶盖闸负荷侧中性线接线桩头，检验灯 H 灯泡亮星光。由此说明被测照明线路中有严重漏电现象，即相线与地之间的绝缘受损形成相线对地漏电。例如图 5-127 中 b 点所示，直接埋设在水泥墙内的塑料电线外皮受潮，又被长大铁钉穿碰触线芯。

5-7-2 诊断一盏白炽灯不亮的原因

当一盏白炽灯不亮时，用户只知取下灯泡看看是否是灯丝断了，在灯泡正常情况下就得请电工来检查。在电源正常情况下（别的电灯均亮），打开电灯开关的罩盖（拉线开关是居室、办公室等处单灯灯具常用开关之一）。如图 5-128 所示，用检验灯刀枪两头跨触拉线开关动、静触头的接线桩头（拉线开关闭合情况下）。检验灯 H 灯泡亮星光，说明被测拉线开关损坏而不能使触头闭合或是接线断脱；如果检验灯 H 灯泡不闪亮而氖管和发光二极管均闪亮，则说明被测灯开关正常。收起检验灯，在灯开关闭合情况下拧住罩盖，然后旋开灯头的罩盖。如图 5-129 所示，用检验灯刀枪两头跨触灯头座上两接线桩头。检验灯 H 灯泡亮月光，说明被测卡口灯头内两触块和灯泡两电极接触不良（螺口灯头中心弹簧铜片失去弹性，或弹簧铜片压的太低而触及不到灯泡头电极等原因）或灯泡灯丝断了（灯丝与支架连接处断裂，用户未看清。此时将灯泡一抖动，灯丝断了的现象就看清楚了）；如果检验灯 H 灯泡不亮而氖管和发光二极管均闪亮，则说明灯头至电源处的中性线断了；如果检验灯 H 灯泡和氖管均不亮，仅有发光二极管闪亮，则说明被测灯头至拉线开关处的相线断了。这时收起检验灯，罩上灯头的盖子，旋开挂线盒罩盖。如图 5-130 所示，用检验灯刀枪两头跨触挂线盒内的两接线桩头。检验灯 H 灯泡亮月光，说明是挂线盒至灯头的花线内有断路；如果检验灯 H 灯泡不闪亮，则是挂线盒到电源处的照明线路导线断线。

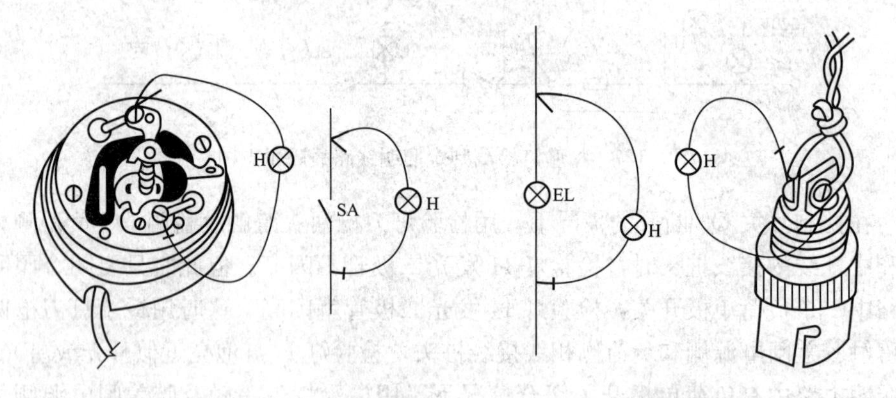

图 5-128　检验灯检测拉线开关示意图　　　图 5-129　检验灯检测卡口灯头示意图

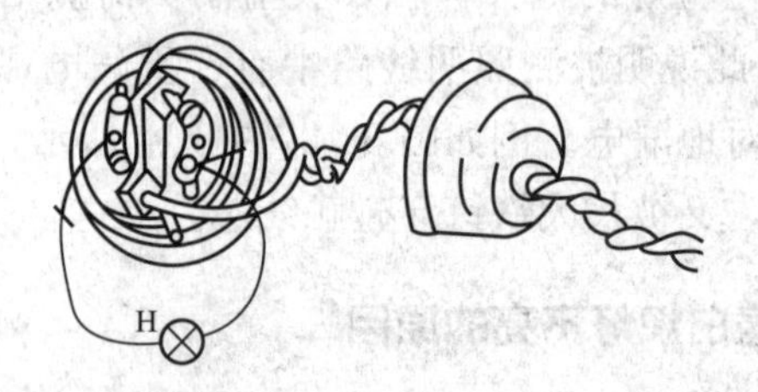

图 5-130　检验灯检测挂线盒接线示意图

5-7-3　诊断日光灯不亮的原因

日光灯是一种应用较普遍的照明灯具，由于其附件较白炽灯多，故障相对亦多。当遇日光灯不亮时，首先将起辉器取下，然后用检验灯刀枪两头跨触起辉器底座内弹簧铜片，如图 5-131 所示（从图 5-131 所示电路原理图可看出，当控制开关 SA 闭合时，在正常情况下起辉器底座两端应该有 130V 左右电压存在。这部位就是诊断日光灯不亮的关键部位）。检验灯 H 灯泡亮月光，说明被测日光灯的镇流器线圈内有短路故障；如果检验灯 H 灯泡一点也不亮，则说明被测日光灯电路中有断路故障（例如灯管两端灯脚与其灯管座接触不良，灯管两端灯丝已经全烧断，或镇流器的线圈内断路，线圈引出线脱焊，或控制开关的动、静触点接触不良等）；如果检验灯 H 灯泡亮强星光、氖管和发光二极管均闪亮，这表明被测日光灯电路是畅通的，故障在起辉器本身（例如仅灯管两头发光时起辉器内部发生短路故障：氖泡内动、静金属片烧结，或并联小纸电容器击穿短路。此点可当场验证。用检验灯刀枪两头跨触起辉器的两电极，检验灯 H 发光二极管闪亮，如图 5-132 所示）或起辉器两电极与其底座内弹簧铜片接触不良。更换起辉器重新安装好，即可使日光灯正常发光。

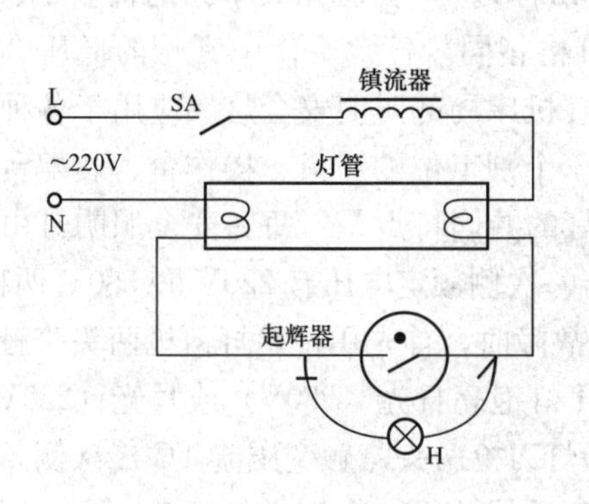

图 5-131 检验灯检测日光灯不亮的原因示意图

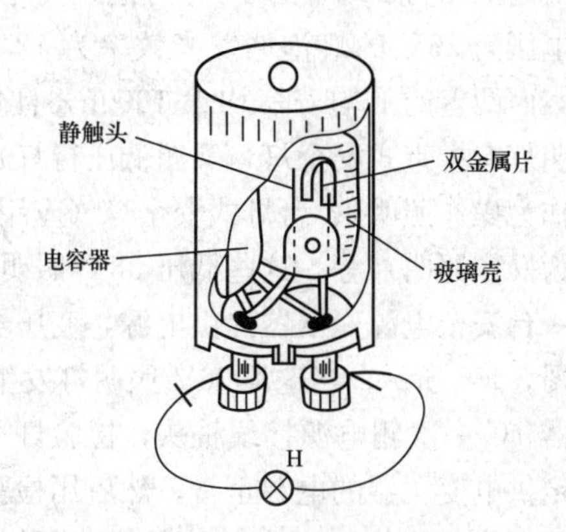

图 5-132 检验灯检测日光灯起辉器示意图

5-7-4 确定花线中间断头的故障点

在照明电路工程施工时，常遇到新购买的花线（RXH 型软电线）、两芯塑料胶质软线发生中间有断线芯的故障。确定花线或双芯胶质软线中间断头位置的方法如图 5-133 所示。花线一端两线头先短接，其另一端的两根线剥出线芯，一根线芯头牢接电源中性线 N，剩余一根线芯头串

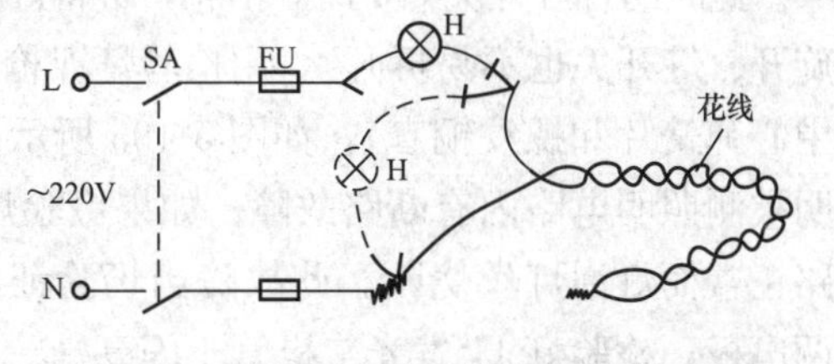

图 5-133 检验灯查找花线中间断头示意图

接检验灯后接至电源相线 L，导线接头均包扎绝缘妥当。然后两手抓住花线，双手间隔 100mm 左右，顺着电线的轴向，逐段揉搓蠕动花线，揉搓到某处时检验灯 H 灯泡亮了。这时在该处搓揉重复几次，检验灯 H 灯泡一直闪亮或闪烁，那么被测花线断头故障点就在此处。若施工现场没有交流 220V 电源，简便测试查找办法是在花线没有短接的一端，用两根剥出的线芯分别连接检验灯刀枪两头（见图 5-133 中虚线），然后同用上述方法搓揉蠕动花线。检验灯 H 发光二极管闪亮时，所揉搓处有断头。原理很简单，两手揉搓蠕动花线时，线芯断头处的细铜线会暂时碰触连接使电路导通。此时断开电源，用电工刀剥开花线的绝缘层，就可发现芯线的断开点。

5-7-5　检测低压 36V 照明灯故障

同样电功率的白炽灯灯泡，额定电压越低，发光效率越高，也就越经济。如额定电压为 220V 的 40W 灯泡，发光效率为 8.75lm/W；而同样为 40W 但额定电压为 36V 的灯泡，发光效率为 12.5lm/W。后者发光效率约为前者的 1.5 倍，而两者的平均寿命均为 1000h，且价格相同。日常工作中常见的低压 36V 照明灯有携带式安全灯（又叫低压行灯）、机床局部照明安全灯（应用于各种机床作为操作照明）、台灯式安全灯（应用于个别工位的钳桌、操作台、装配台等作为操作照明）等。这些低压 36V 照明灯的共同特点是：每盏安全照明灯由单独一台安全电源变压器提供电源，变压器一次侧额定电压有 220V 和 380V 两种，如图 5-134 所示。当这类 36V 照明灯发生故障时，首先用检验灯刀枪两头跨触变压器 TC 一次侧电源接线桩头，检验灯 H 灯泡亮日光（380V）或月光（220V），确定供电变压器的电源正常。然后用检验灯刀枪两头跨触变压器 TC 二次侧 36V 接线桩头，检验灯 H 灯泡亮星光，得知变压器 TC 二次侧供电正常。这时用检验灯刀枪两头跨触 36V 电源熔断器 FU 负荷侧接线桩头。检验灯 H 灯泡不闪亮而发光二极管闪亮，说明被测电源熔断器 FU 熔丝熔断（或只有一相熔丝烧断）且照明电路内有短路故障（控制开关 SA 没有闭合情况下）；检验灯 H 灯泡亮星光，则说明被测电源熔断器 FU 正常无熔丝烧断故障，而是照明电路内有断路现象。此时闭合灯开关 SA 而灯不亮，可将灯泡卸掉（此类低压安全灯灯座罩盖不易旋开、灯开关也不易拆开），用检验灯刀枪两头跨触灯座的两电极（螺口灯座的中心弹簧片和螺纹铜套），如图 5-135 所示。检验灯 H 灯泡不闪亮，则可验证说明被测照明电路内有断路故障；如果检验灯 H 灯泡亮星光，则说明被测照明电路正常而灯泡灯丝烧断。此故障当场验证：用检验灯刀枪两头跨触卸下的灯泡两电极，检验灯 H 发光二极管不闪亮。

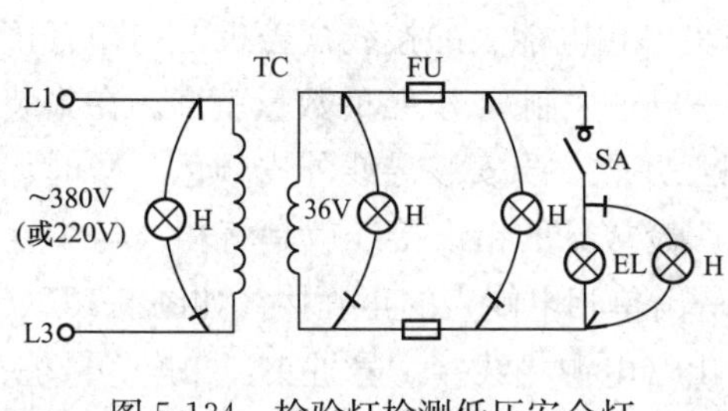

图 5-134 检验灯检测低压安全灯不亮的原因示意图

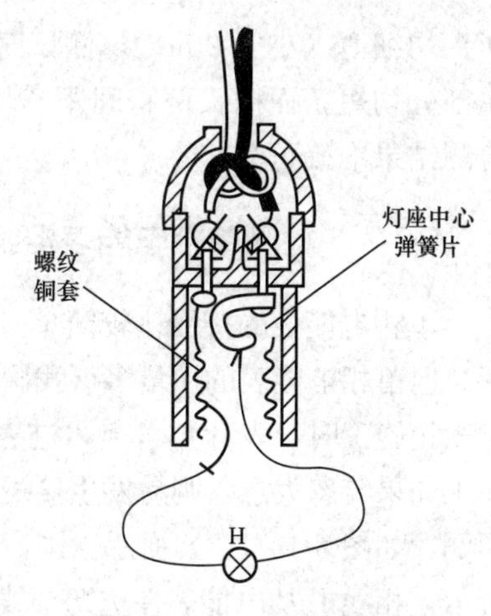

图 5-135 检验灯检测螺口灯座示意图

5-7-6 检测单相插座与插头的接触状况

随着人民生活水平的不断提高，大量单相用电器具（家用电器）进入千家万户，成为人们的日常生活必用品。单相插座是家用电器的接电入口，即单相插座是供移动式灯具、家用电器等插用的电源出线口。例如台灯、电视机、电冰箱、洗衣机等均是通过单相插座接通电源的。插座电源正常时，其带电部分深藏在带有插孔的绝缘外壳内，家用电器电源线插头的相线和中性线两插脚插入插座后，两者是否接触良好是维修的工作范围。但看不见摸不得，故需用检验灯来检测。

如图 5-136 所示，用检验灯刀头靠紧插座绝缘外壳面的右侧插入触及相线插脚，检验灯 H 氖管闪亮，说明被测相线插脚和插座相线孔内相线弹簧触片已接触。这时拿检验灯的枪头靠紧插座绝缘外壳面的左侧插入触及插头中性线插脚，检验灯 H 灯泡亮月光且不闪烁，则说明被测插头与插座两者接触良好，即家用电器电源线插头接通了电源。否则，检验灯 H 灯泡不亮或亮星光，均说明插头与插座两者接触不良，即电源线插头没有接通电源。由于插头脚绝缘面与插座绝缘外壳面间在插头插入时均有一定量的间隙，而检验灯刀枪

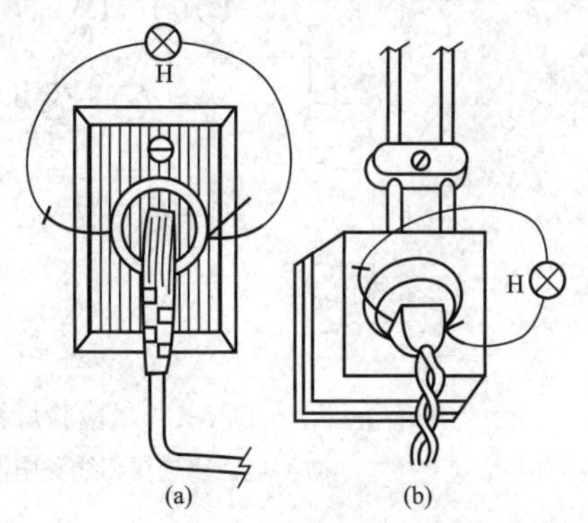

图 5-136 检验灯检测插头与插座间接触示意图

(a) 三眼插座；(b) 两眼插座

两头均细薄（小于 2mm），测试时不会松动插头的。同时检验灯刀枪两头外漏金属部分均短，而插头两脚间距离均大于 10mm。故用检验灯检测既简便又安全，检测结果准确可靠。

5-7-7　检测单相电能表相线与中性线颠倒

单相电能表的接线比较简单，且每块单相电能表的接线盒盖板上均印有接线图。但单相电能表的用量多（我国实行一户一表制），安装的数量就多。在集装电能表箱施工时，表计数量多，进表线相互并联。当安装导线外皮颜色一样时，装表工如果疏忽大意，则易发生接线错误。最常见的错误接线就是将相线与中性线颠倒，如图 5-137（a）所示。国产一进一出单相电能表的正确接线如图 5-137（b）所示，相线 L 从电能表左边两个线孔进出（电源相线接①号桩头，并连②号桩头；负荷相线接③号桩头），中性线 N 从电能表右边两个线孔进出（电源中性线接④号桩头，负荷中性线接⑤号桩头）。而电能表进线相线和中性线颠倒错误接线恰相反，相线 L 从电能表右边两个线孔进出，中性线 N 从电能表左边两个线孔进出。此错误接线时用检验灯枪头触接地（一般集装电能表箱均有良好的接地），然后拿检验灯的刀头分别触及电能表右边两个（④号和⑤号）接线桩头，检验灯 H 灯泡亮月光便可判定（电能表正确接线时检验灯 H 灯泡不闪亮）。一旦发现电能表接线是相线和中性线颠倒，需立刻纠正。

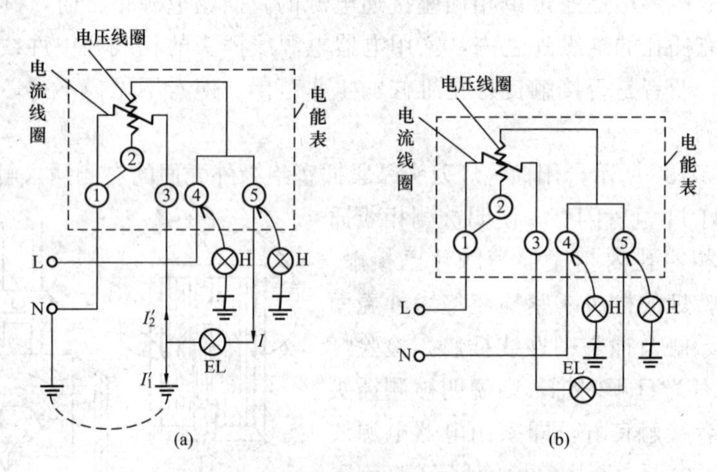

图 5-137　检验灯检测单相电能表接线示意图

（a）电能表进线相线和中性线颠倒接线；（b）电能表正确接线

单相电能表有一个电流线圈和一个电压线圈，电流线圈与照明电路串联，电压线圈与照明电路并联。如果电能表的电源进线相线和中性线颠倒接反，在正常情况下（用户家中没有装设重复接地）不影响电能表的正确计量，即送电后表盘正转运行。这是因为电能表的进线相线和中性线颠倒接反，即使电压线圈、电流线圈都反接，从相量关系来看电压、电流相量都比正确接线时倒过180°，而两个相量的相对关系都未变；电能表转动力矩与正确接线时一致。故电能表能够正确计量用电量。但是，如果用户家中设置有重复接地，负荷电流的一部分便可不经电能表的电流线圈（见图 5-137 中虚线），致使电能表少计电量。更有甚者，因中性线上有重复接地，中性线干线上的工作电流有一部分经过此错误接线电能表及其后中性线上的重复接地构成回路。因为这个电流的方向与该电能表负荷电流方向相反，所以该电能表会反转或不走。

另外，单相电能表的电源进线相线和中性线颠倒接反，会给窃电者以可乘之机。窃电者可以在室内插座等暗处将中性线单独引出来，接至自来水管或隐蔽处的金属管道上，然后将负载跨接在相线与地间偷电。总之，单相电能表电源进线的相线和中性线颠倒接反弊端很多，安装接线时一定要正确接线，并且要认真检测接线正确与否。

5-7-8 诊破用户一相一地用电方式窃电

窃电者在室内暗接线箱、暗插座盒和挂线盒等暗处，将照明线路的中性线N 接地（接至自来水管或金属管道上）；由单相电能表引出至控制开关 QS 的中性线，不剥去导线绝缘外皮“虚”接在开关 QS 电源侧接线桩头上，即接线螺钉端压触带绝缘外皮线上。如图 5-138 所示，用户进行一相一地用电方式窃电，其照明线路总开关 QS 仍控制所有照明灯具、家用电器等负荷，熔断器 FU 相线熔丝仍起着保护作用；但单相电能表的电压线圈不承受 220V 电压，致使电能表在满负荷的情况下只是微动，远远达不到正常转动走字。对此，用检验灯刀枪两头跨触闭合的总开关 QS 负荷侧两接线桩头时检验灯 H 灯泡亮月光，看似正常。但在断开总开关 QS，用检验灯刀枪两头跨触开关 QS 电源侧两接线桩头时，检验灯 H 灯泡不闪亮，仅氖管闪亮。随着闭合总开关 QS，检验灯刀枪两头仍跨触开关 QS 电源侧两接线桩头，检验灯 H 灯泡亮月光。这时检验灯刀枪两头跨触开关 QS 电源侧两接线桩头不动，当断开总开关 QS 时，检验灯 H 灯泡立刻熄灭。在断开总开关 QS 的情况下，检验灯刀头触及开关 QS 电源侧相线 L 接线桩头，拿检验灯的枪头触及开关 QS 负荷侧中性线 N 接线桩头，检验灯 H 灯泡亮月光。这时检验灯刀头触及开关 QS 电源侧相线 L 接线桩头不动，拿检验灯枪头移触及开关 QS 负荷侧相线 L 接线桩头，检验灯 H 灯泡不闪亮，但只要闭合照明电路中任一电灯开关时检验灯 H 灯泡亮星光，闭合灯开关的电灯也闪亮。根据上述测试结果便可判定该用户是一相一地用电方式窃电。随后将该用户的总开关 QS 闭合，让用户把所有灯具的单极开关均闭合，家用电器电源线插头插入插座中进行运行，然后同用户共同观察其装置的单相电能表：电能表的铝盘只是微微转动，远远达不到正常快速转动。用户承认是一相一地用电方式窃电。

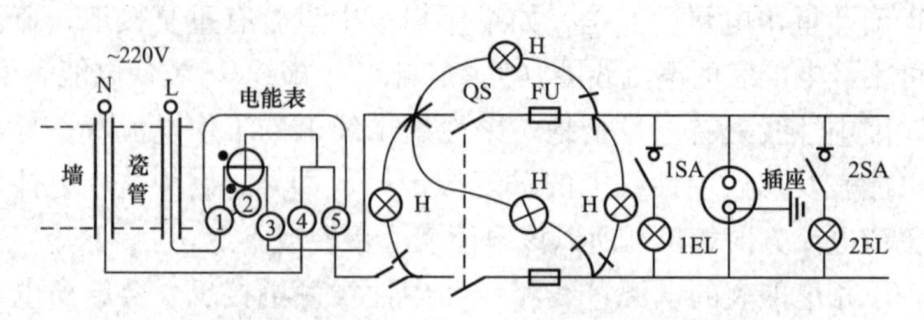

图 5-138　检验灯检测用户一相一地用电方式窃电示意图

5-7-9　诊破从房屋外另引入相线方式窃电

窃电者不破坏单相电能表的铅封，不私自打开电能表的接线盒盖板，而是把照明总控制开关胶盖闸内相线熔丝弄断，伪装成烧断熔丝。较多的是把由电能表引出至控制开关 QS 的相线导线不切除线头绝缘外皮，将带绝缘外皮又加浸绝缘漆后的线头虚压接在开关 QS 电源侧相线接线桩头内。然后从其房屋外另引入一根相线，在室内暗接线箱、暗插座盒和挂线盒内连接原照明线路的相线，形成从房屋外另引入相线的方式窃电，如图 5-139 所示。该用户照明总控制开关 QS 仍能控制所有负荷，但负荷电流没有经过单相电能表中的电流线圈。对此，用检验灯刀枪两头跨触闭合的照明总控制开关 QS 胶盖闸负荷侧两接线桩头时，检验灯 H 灯泡亮月光。此时将控制开关 QS 胶盖闸断开时，检验灯 H 灯泡立刻熄灭，看似正常。但是检验灯 H 氖管仍闪亮（检验灯刀头触及开关 QS 负荷侧相线接线桩头时较明显），再用检验灯刀枪两头跨触断开的开关 QS 电源侧两接线桩头，检验灯 H 灯泡、氖管和发光二极管均不闪亮。这时用检验灯刀头触及相线熔断器 FU 负荷侧接线桩头，检验灯 H 氖管闪亮。随着拿检验灯的枪头触及开关 QS 电源侧中性线接线桩头，检验灯 H 灯泡亮月光。由此可判定被测用户照明电路的相线是从房屋外面另引入的外电源相线 L′，不是经过单相电能表电流线圈引出的相线 L。当场验证的方法是：在控制开关 QS 未闭合状况下，用检验灯刀头触及开关 QS 负荷侧相线接线桩头，检验灯 H 氖管闪亮，这时拿检验灯的枪头插触电能表进线相线接线孔①（或电能表相线出线孔③）。检验灯 H 灯泡亮日光，说明用户从屋外另引入的电源相线 L′与进电能表的相线 L 是异相；如果检验灯 H 灯泡不闪亮而氖管和发光二极管均闪亮，则说明用户从屋外另引入的电源相线 L′与进电能表的相线 L 是同相。

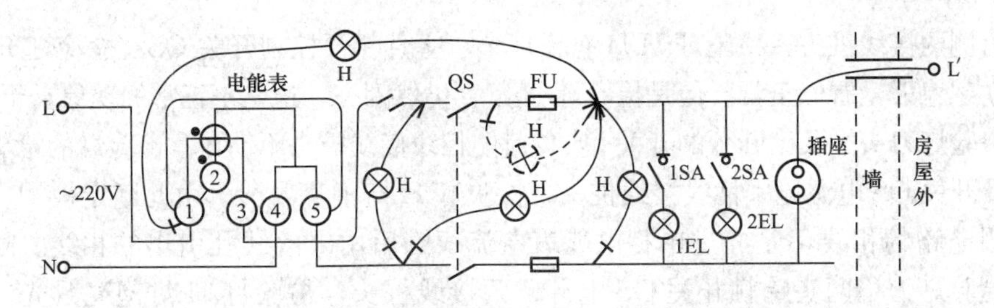

图 5-139 检验灯检测从房屋外另引入相线方式窃电示意图

用户外引相线方式窃电，如果采用的是把照明控制开关胶盖闸相线熔丝弄断，伪装成熔丝烧断，其检测诊断的方法与上述基本相同。用检验灯刀枪两头跨触闭合的总开关 QS 负荷侧两接线桩头时，检验灯 H 灯泡亮月光，此时断开开关 QS 时检验灯 H 灯泡立刻熄灭，看似正常，但是检验灯 H 氖管仍闪亮，就有些不正常了。在控制开关 QS 断开的情况下，用检验灯刀头触及开关 QS 负荷侧相线接线桩头，拿检验灯的枪头触及开关 QS 电源侧中性线接线桩头，检验灯 H 灯泡亮月光。由此断定被测用户照明电路的相线是从外面另引入的外电源相线。当场验证方法是：在控制开关 QS 未闭合状况下，用检验灯刀枪两头跨触开关 QS 电源侧和负荷侧相线接线桩头（或在开关 QS 闭合情况下，用检验灯刀枪两头跨触弄断熔丝的相线熔断器 FU 两端接线桩头，如图 5-139 中虚线所示）。检验灯 H 灯泡亮日光，说明用户从外另引入的外电源相线 L′与从电能表引出的相线 L 是异相；如果检验灯 H 灯泡不闪亮而氖管和发光二极管均闪亮，则说明用户从外另引入的外电源相线 L 与从电能表引出的相线 L 是同相。

用户从房屋外另引入相线方式窃电。在闭合照明总控制开关 QS 的情况下，闭合该用户所有照明灯具的开关，让所用家用电器均起动运行，其装置的单相电能表的铝圆盘只是微动几下并不旋转，因为照明负荷电流没有经过电能表中的电流线圈。

5-7-10 诊破短接单相电能表电流线圈方式窃电

窃电者在电源相线进单相电能表前的进户隐暗处，剥开相线绝缘外皮连接一根绝缘导线。此绝缘导线绕跨电能表，接在总控制开关 QS 负荷侧接线桩头至第一个灯位间的暗接线箱（又叫线头盒）或挂线盒内的相线上，如图 5-140 所示。跨接导线与电能表电流线圈并联，成为短接电能表电流线圈方式窃电（短时间短接电能表电流线圈方式窃电的做法是用两端头带有大头针的导线，将两大头针插入电能表①和③接线孔中，或插入电能表①和③接线孔的引出导线中，如图 5-140 中虚线所示）。对此，用检验灯刀枪两头跨触闭合的照明总控制开关 QS

负荷侧两接线桩头，检验灯 H 灯泡亮月光。这时断开控制开关 QS，检验灯 H 灯泡立刻熄灭，看似正常。但是检验灯 H 氖管仍然闪亮，这是不正常的现象。于是，用检验灯刀头触及已断开的开关 QS 负荷侧相线接线桩头不动，拿检验灯的枪头移触及开关 QS 电源侧中性线接线桩头，检验灯 H 灯泡亮月光。由此断定被测用户照明电路的相线不是经过单相电能表电流线圈后由③接线孔引出的相线。随后用检验灯刀枪两头跨触开关 QS 电源侧两接线桩头，检验灯 H 灯泡亮月光。再用检验灯刀枪两头跨触开关 QS 电源侧和负荷侧相线接线桩头，检验灯 H 灯泡不闪亮而氖管和发光二极管均闪亮不熄灭。说明被测照明总控制开关 QS 电源侧和负荷侧相线接线桩头上均接有电源相线，且是同相，现场又查得相线熔断器上的熔丝完好未断开现象。因此判定被测用户采用短接单相电能表电流线圈方式窃电。

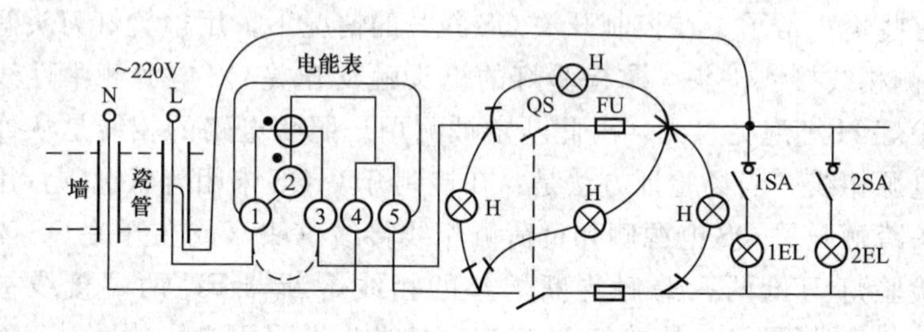

图 5-140　检验灯检测短接单相电能表电流线圈方式窃电示意图

单相电能表电流线圈被导线短接后，因电流线圈的阻抗值比导线电阻值大得多，所以负荷电流流经电能表电流线圈的数量值很小，而大部分负荷电流由短接导线承载。当场闭合被测用户照明总控制开关 QS，让用户把所有负载均运行，其装置的单相电能表的铝盘微微转动，远远达不到实际正常转动速度。事实面前，用户便会承认采用短接电能表电流线圈的方式窃电。

5-7-11　诊破特殊单相跨相窃电

现代城市里的居民大楼多为一单元一层两户。某居民楼建成一年后，其单相电能表由原来的每层一个电表箱改为楼下集装。改造工程验收后，三楼两块集装的电能表连续几个月电量比原来少很多，而经询问得知该两用户家中一直有人居住。抄表员怀疑电能表有故障，故取下进行校验，但经校验确认电能表正常无故障。再仔细检查集装箱内电能表的接线，发现用户 A 的单相电能表电源进线相线和中性线颠倒接反，但这也不太影响计量；用户 B 的单相电能表接线正确无错，如图 5-141 所示。于是到用户处检测，查找故障原因。

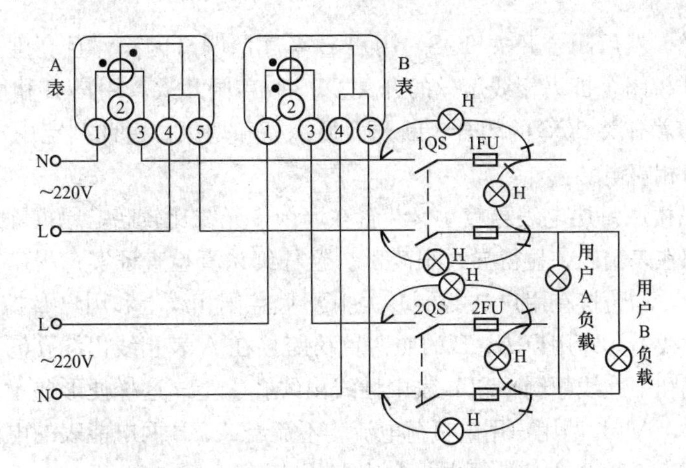

图 5-141 检验灯检测特殊单相跨相窃电示意图

用户A和用户B的照明总控制开关均仍装在原每层电表箱内。首先检测用户A的控制开关1QS胶盖闸，用检验灯刀枪两头跨触开关1QS负荷侧两接线桩头，检验灯H灯泡亮月光。这时断开开关1QS时检验灯H灯泡立刻熄灭，同时用户A的照明灯也熄灭（事先通知该单元用户要检查线路，各户留人并将客厅的照明灯开关闭合，以便观察），看似正常无故障。此时用检验灯刀枪两头跨触开关1QS电源侧和负荷侧相线接线桩头，检验灯H灯泡和用户A客厅的照明灯均闪亮。再用检验灯刀枪两头跨触开关1QS电源侧和负荷侧中性线接线桩头，检验灯H灯泡和用户A客厅的照明灯均不闪亮。由此断定用户A是一相一地用电方式窃电（或是借用房屋外的中性线用电）。随后拆去开关1QS胶盖闸上的中性线熔丝，然后闭合开关1QS，用户A客厅照明灯闪亮，且亮度达正常。继续重复断开、闭合拆去中性线熔丝的开关1QS胶盖闸几次，用户A客厅照明灯也随着开关1QS的闭合、断开而显示亮和熄灭，验证了用户A是一相一地（或借用外引中性线）用电方式窃电。与此同时发现用户B客厅照明灯也随着用户A控制开关1QS的闭合、断开而显示亮和熄灭。闭合用户A拆去中性线熔丝的开关1QS胶盖闸后，用检验灯刀枪两头跨触用户B控制开关2QS胶盖闸负荷侧两接线桩头，检验灯H灯泡亮月光。这时断开开关2QS时检验灯H灯泡立刻熄灭，同时用户B客厅照明灯也熄灭，看似正常无故障。但发现用户A客厅照明灯也随着熄灭了，再用检验灯刀枪两头跨触开关2QS胶盖闸电源侧和负荷侧相线接线桩头，检验灯H灯泡不亮。而用检验灯刀枪两头跨触开关2QS电源侧和负荷侧中性线接线桩头时，检验灯H灯泡和用户B客厅照明灯均闪亮。由此断定用户B跨相窃电，其照明负荷没有用电源开关2QS胶盖闸上的相线，而是由外另引入的相线。随后拆去开关2QS胶盖闸上的相线熔丝，然后闭合开关 2QS，用户 B 客厅照明灯闪亮，且亮度达正常。继续重复断开、闭合拆去相线熔丝的开关 2QS 胶盖闸几次，用户 B 和用户 A 客厅照明灯均随着开关 2QS 的闭合、断开而显示亮和熄灭。由此判定用户 A 和用户 B 都采用跨相窃电。

该居民楼原每层电表箱较小又装置在墙内，光线比较暗；原拆除的电能表接线线头还都在表箱内，显得导线很凌乱。经仔细认真检查证实：用户 A 和用户 B 的照明负荷，均跨接在用户 A 控制开关 1QS 胶盖闸相线上和用户 B 控制开关 2QS 胶盖闸中性线上，即用户 A、B 的照明负荷跨接在 A 表相线出线孔⑤上（A 表电源进线相线和中性线颠倒）和 B 表中性线出线孔⑤上。这样便形成了很特殊的单相跨相窃电，A、B 两用户用电负荷电流均不流经 A、B 两电能表的电流线圈，所以 A、B 两表连续几个月计量电量少很多。

5-7-12 诊破电能表电压线圈不承受线路全电压方式窃电

低压供电，负载电流为 50A 以上时，宜采用经电流互感器接入式的接线方式。单相电能表的电流线圈经过电流互感器与线路成串联，电压线圈直接并联于线路的相线与中性线之间，承受全相电压。普通单相电能表内电流、电压同名端子是用电压连接片连着的，故常采用电压线和电流线共用方式接线，如图 5-142 所示。窃电者将电流互感器 TA 二次侧一接线桩头 K1 与线路相线 L 的连接线弄断，或与线路相线 L 虚接（连接导线不剥头，或线路相线 L 不扒口，两者相互绝缘绑扎在一起)。致使电能表电压线圈未并联于线路的相线和中性线之间；电压线圈中有电流通过，但不承受线路全相电压 220V。对此，用检验灯刀枪两头插触电能表三个接线端子（①、③、⑤接线孔）的两两接线孔。三次测试时检验灯 H 灯泡和氖管均不闪亮，只有发光二极管闪亮，说明被测单相电能表电压线圈不承受线路 220V 相电压，其端电压不足 36V（电能表电压线圈与线路并联，承受全相电压 220V 时，检验灯 H 灯泡两次亮月光、一次不闪亮）。此种窃电方式与把直接接入式单相电能表电压连接片松脱窃电一样，因为电能表电压线圈“失电压”致使驱动转矩等于零，造成电能表计量负载功率为零。即线路所带负荷全部运行，单相电能表铝转盘不转或转动很慢（电流互感器的二次侧端电压几乎等于零，最大不超过 10V）。

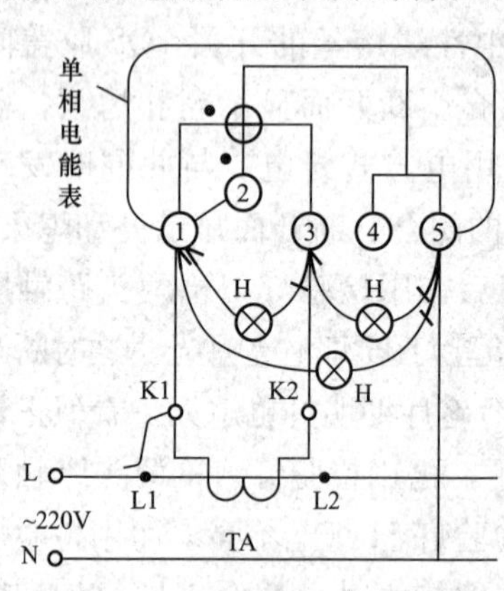

图 5-142 检验灯检测电能表电压线圈不承受线路全电压窃电示意图

第 8 节 家电插头同法测，速判断路和碰壳

5-8-1 检测诊断电冰箱

对于一台新购买的、怀疑有故障的电冰箱，不应盲目通电试机。而应检测一下其电气方面是否存在故障，用检验灯检测的方法如图 5-143 所示。关好被测电冰箱箱门，将温控器调至非零挡。用检验灯刀枪两头跨触电冰箱电源线插头上的 L 极和 N 极（没有接地标志的插头脚，即长短粗细相同的两插头脚）。检验灯 H 发光二极管不闪亮，说明被测电冰箱电路中存在断路故障，即温控器、过载热保护器、起动继电器、压缩机及连接导线等元器件的触点（或接线端子处）有开路故障；如果检验灯 H 发光二极管闪亮，则说明被测电冰箱的电路导通正常。这时，检验灯刀头（或枪头）触及插头脚不动，拿检验灯的枪头（或刀头）移触及有明显接地标志的接地极 E，即较粗长的插头脚。检验灯 H 发光二极管不闪亮，说明被测电冰箱电路绝缘正常；如果检验灯 H 发光二极管闪亮，则说明被测电冰箱电路绝缘已损坏，发生导体碰壳故障。

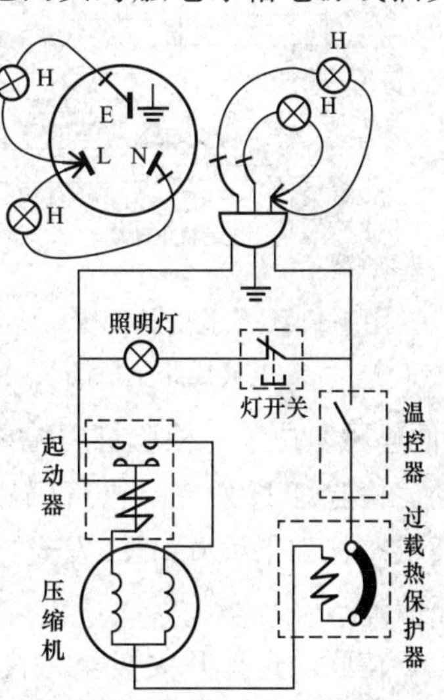

图 5-143 检验灯检测电冰箱电气线路示意图

将被测电冰箱的温度控制器调至零挡后，打开箱门（冷藏室），用检验灯刀枪两头跨触电冰箱电源线插头上的 L 极和 N 极插头脚。检验灯 H 发光二极管不闪亮，说明照明电路内有断路故障，如灯泡的灯丝断了，或灯座、灯开关的触点接触不良以及连接导线断线开路等；如果检验灯 H 发光二极管闪亮，则说明被测照明电路导通正常。此时检验灯刀头（或枪头）触及插头脚不动，拿检验灯的枪头（或刀头）移触及接地极 E 插头脚。检验灯 H 发光二极管不闪亮，说明电冰箱的照明电路绝缘正常；如果检验灯 H 发光二极管闪亮，则说明被测照明电路的绝缘损坏，发生了碰壳故障。

5-8-2 检测诊断窗式空调器

窗式空调器主要由制冷循环系统与风路系统两大部分组成，其电源大多是单相 220V。对新装置或有故障的窗式空调器不应盲目通电试机，应用检验灯检

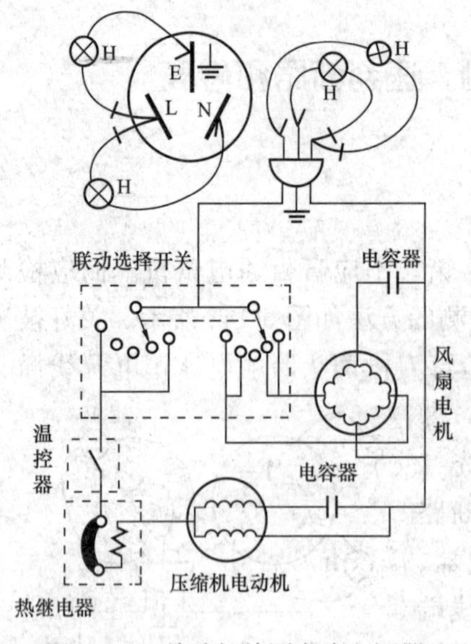

图 5-144　检验灯检测窗式空调器电气线路示意图

测一下它的电气方面是否存在故障，如图 5-144 所示。将被测窗式空调器的温控器旋钮置于“常冷”位置，使其处于通路状态，然后将联动选择开关拨至“高冷”或“低冷”位置，这样风扇电动机和压缩机电动机的线路都接通。用检验灯刀枪两头跨触窗式空调器电源线插头上的 L 极和 N 极（没有接地标志、长短粗细一样的两插脚）。检验灯 H 发光二极管不闪亮，说明被测空调器的风扇和压缩机线路中存在断路故障；如果检验灯 H 发光二极管闪亮，则说明被测空调器的压缩机线路和最少有一路风扇线路处于正常导通状态，或压缩机和风扇的线路都是导通正常的。这时将联动选择开关拨至“高速风”或是“低速风”位置，检验灯刀枪两头仍然跨触空调器电源线插头上的 L 极和 N 极不动。检验灯 H 发光二极管仍然闪亮，说明空调器的风扇电动机线路处于正常导通状态；如果检验灯 H 发光二极管立刻熄灭，则说明风扇电动机线路中存在断路故障。

在联动选择开关拨至“高速风”或“低速风”位置时，用检验灯测知风扇电动机线路处于导通状态情况下，随着用检验灯刀头（或枪头）触及有明显接地标志的接地极 E 插脚，拿检验灯枪头（或刀头）触及任一没有明显接地标志的 L 极或 N 极插脚。检验灯 H 发光二极管闪亮，说明被测风扇电动机线路的绝缘已损坏，发生碰壳故障；如果检验灯 H 发光二极管不闪亮，则说明被测风扇电动机线路绝缘正常。这时，检验灯刀枪两头跨触空调器电源线插头上的接地极 E 和 L 极（或 N 极）插脚不动，将联动选择开关拨至“高冷”或是“低冷”位置。检验灯 H 发光二极管闪亮，说明被测压缩机电动机线路的绝缘损坏，已发生碰壳故障；如果检验灯 H 发光二极管不闪亮，则说明被测风扇、压缩机电动机线路的绝缘正常，不存在碰壳故障。

5-8-3　检测诊断洗衣机

用检验灯检测洗衣机电气线路的故障方法如图 5-145 所示。将洗衣机盘面上的定时器旋钮旋离零位，然后用检验灯刀枪两头跨触洗衣机电源线插头上 L 极和 N 极插脚（没有接地标志的两插脚）。检验灯 H 发光二极管一直不闪亮，说明被测洗衣机电路内存在断路故障；如果检验灯 H 发光二极管闪亮一会儿，熄灭一会儿，又闪亮一会儿，往复循环，则说明被测洗衣机电路导通正常。这时，检验灯刀头（或枪头）触及洗衣机电源线插头上的 L 极或 N 极插脚不动，拿检验灯的枪头（或刀头）移触及有明显接地标志的接地极 E 插脚。检验灯 H 发光二极管不闪亮，说明被测洗衣机电气线路绝缘正常；如果检验灯 H 发光二极管闪亮，则说明被测洗衣机电气线路的绝缘已损坏，发生漏电碰壳故障。

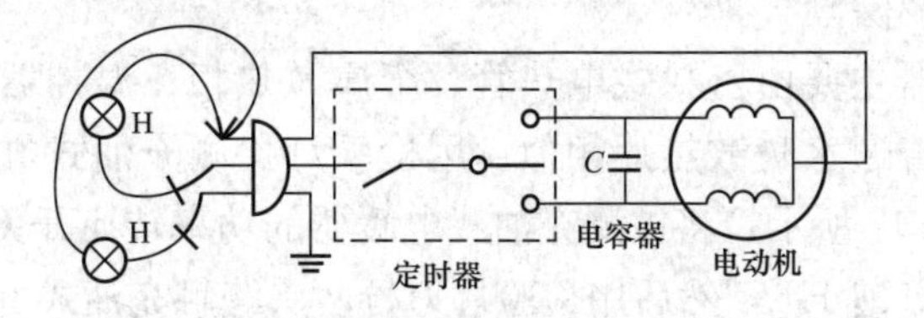

图 5-145　检验灯检测洗衣机电气线路示意图

由于家用洗衣机经常受化合物和卫生间里的氨气等腐蚀，工作时经常起动，反、正转交换运行，以及经常移动位置和振动，因此极易造成外壳漏电。而人们在使用洗衣机时，常常是地上有水，手上带水，所以一旦洗衣机漏电，极易发生使用者触电事故。故检测洗衣机的电气线路是否有碰壳现象很重要，是洗衣机通电使用前必须检查的项目。

5-8-4　检测诊断电风扇

近年来生产的电风扇（如台扇、落地扇）一般有快、中、慢三挡转速，且大多采用电容式单相电动机。其功率较小，有较好的运行性能。在使用电风扇前应检测其电气方面是否有故障，如图 5-146 所示。将被测电风扇调速开关旋钮旋离“0”即停止位置（琴键式的掀动琴键；拉线旋转式的拉动拉线），使开关处于“1”或“2”“3”挡位置，最好是旋至慢速挡“1”的位置，将调速电抗器全部接入电路。然后用检验灯刀枪两头跨触电风扇电源线插头上 L 极和 N 极（没有接地标志的两插脚）。检验灯 H 发光二极管不闪亮，说明被测电风扇电路内存在断路故障；如果检验灯 H 发光二极管闪亮，则说明被测电风扇的电路导通正常（除起动绕组外）。这时，检验灯枪头（或刀头）触及电风扇电源线插头上 L 极或 N 极插脚不动，拿检验灯刀头（或枪头）移触及有明显接地标志的接地极 E 插脚。检验灯 H 发光二极管不闪亮，说明被测电风扇电

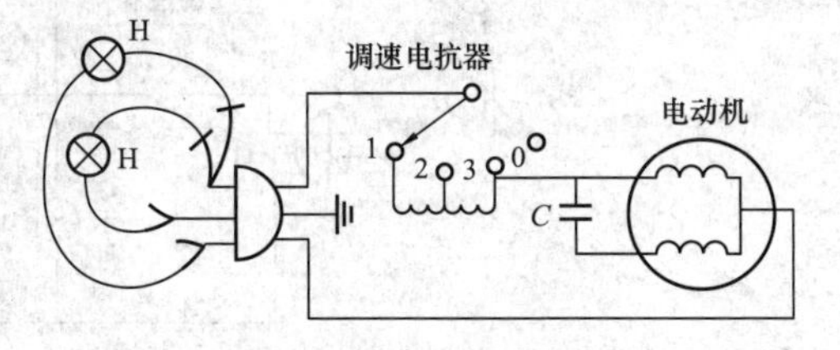

图 5-146　检验灯检测电风扇电气线路示意图

气线路绝缘正常；如果检验灯 H 发光二极管闪亮，则说明被测电风扇电气线路的绝缘损坏，发生漏电碰壳故障。该电风扇不得通电运行，需进行检修。

5-8-5　检测诊断充油式电暖器

充油式电暖器又称充油电热器，俗称“电热油汀”。它具有热效率高、升温缓和均匀、移动灵活、不污染室内环境和安全可靠等优点，适用于家庭居室、办公室的取暖和驱除潮气。

充油式电暖器主要由密封式电热管、金属散热板、温控器、指示灯和开关等组成，外形与普通水暖散热片相似。用检验灯检测充油式电暖器电气方面的故障方法如图 5-147 所示。将被测充油式电暖器的功率转换开关拨到小功率挡①上，取下指示灯灯泡 HL，然后用检验灯刀枪两头跨触充油式电暖器电源线插头上 L 极和 N 极两插脚（没有接地标志的插脚）。检验灯 H 发光二极管不闪亮，说明被测充油式电暖器小功率电热电路内存在断路故障。例如温控器内热金属片移位或变形，导致其两触点未能接触、功率转换开关的触点接触不良、电加热元件（R_1）断裂等。如果检验灯 H 发光二极管闪亮，则说明被测充油式电暖器小功率挡电热电路导通正常（切记作此项测试，需取下指示灯 HL 灯泡）。这时，检验灯刀枪两头触及电暖器电源线插头上 L、N 极插脚不动，将功率转换开关拨至高功率挡②上。检验灯 H 发光二极管闪亮（亮度较前高），说明被测高功率挡电热电路导通正常；如果检验灯 H 发光二极管不闪亮，则说明被测高功率挡电热电路内存在断路故障，且断路故障点大多数是功率转换开关触点接触不良。在测试得知两电热电路导通正常情况下，用检验灯刀头（或枪头）触及充油式电暖器电源线插头上有明显接地标志的接地极 E 插脚，拿检验灯枪头（或刀头）触及电源线插头上任一没有接地标志的插脚（L 极或 N 极）。检验灯 H 发光二极管不闪亮，说明被测电暖器电热电路绝缘正常；如果检验灯 H 发光二极管闪亮，则说明被测电暖器电热电路的绝缘损坏，已发生碰壳故障。该充油式电暖器不能使用，需及时修理。

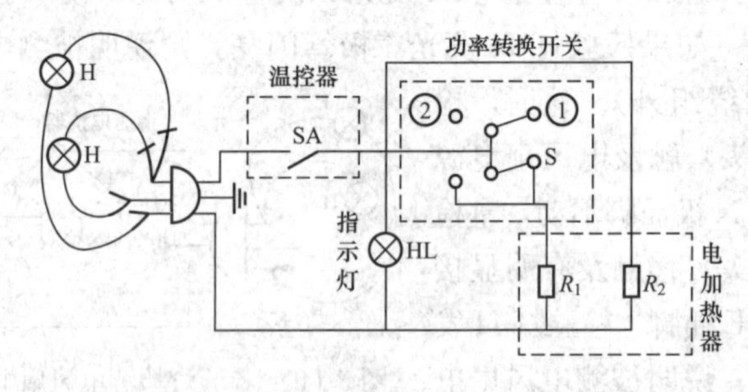

图 5-147　检验灯检测充油式电暖器电气线路示意图

5-8-6 检测诊断电砂锅

电砂锅由发热体、陶瓷锅、外铁壳、支架和开关等组成，用检验灯检测电砂锅电气方面的故障方法如图 5-148 所示。将开关拨在“快挡”上，用检验灯刀枪两头跨触电砂锅电源线插头上 L 极和 N 极两插脚（没有接地标志的插脚）。检验灯 H 发光二极管不闪亮，说明被测电砂锅电热电路存在断路故障，如发热电阻丝断了，开关触点接触不良等；如果检验灯 H 发光二极管闪亮，则说明被测电砂锅电热电路导通正常。这时，检验灯枪头（或刀头）触及电砂锅电源线插头上的 L 极（或 N 极）插脚不动，拿检验灯刀头（或枪头）移触及插头上有明显接地标志的接地极 E 插脚。检验灯 H 发光二极管闪亮，说明被测电砂锅电热电路的绝缘损坏，已发生碰壳故障；如果检验灯 H 发光二极管不闪亮，则说明被测电砂锅电热电路的绝缘正常。上述两项测试正常情况下，将开关拨至“慢挡”上，用检验灯刀枪两头跨触电砂锅电源线插头上 L 极和 N 极两插脚，然后再调换检验灯刀枪两头去测试（或调换被测电砂锅电源线插头上的 L 极和 N 极插脚）。检验灯 H 发光二极管两次均不闪亮，说明被测电砂锅的开关内二极管 V 已开路；如果检验灯 H 发光二极管两次均闪亮，则说明被测电砂锅的开关内二极管 V 已击穿；只有检验灯 H 发光二极管一次闪亮而另一次不闪亮，才说明电砂锅的开关内二极管 V 正常完好。

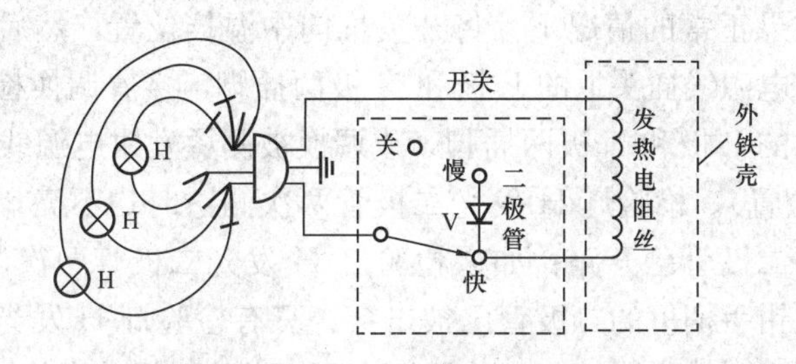

图 5-148 检验灯检测电砂锅电气线路示意图

同理同法，可用检验灯检测封闭直热式铸铁电炒锅电气方面的故障。封闭直热式铸铁电炒锅的结构如图 5-149 所示（图中未画出电炒锅配用的电源线插头）。用检验灯检测类似“锅”（包括电饭锅）时，既可在电炒锅电源线插头上测试电极，又可直接在电炒锅的插盒处测试电极销头，均方便可靠。

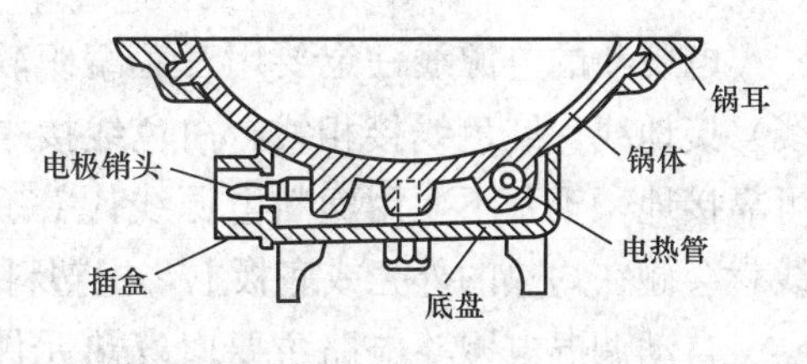

图 5-149 封闭直热式铸铁电炒锅结构示意图

5-8-7　检测诊断温度可调的电热烫发钳

单用型电热烫发钳是铝合金铸造成形的，它能调节温度，有高温、中温两个挡，并带有指示灯，电热元件多采用高电阻率的电热丝绕制，二极管和开关装在手柄里。用检验灯检测诊断电热烫发钳电气方面的故障如图 5-150 所示。将开关推向高温挡位置，然后用检验灯刀枪两头跨触电热烫发钳电源线插头上 L 极和 N 极两插脚（没有接地标志的插脚）。检验灯 H 发光二极管不闪亮，说明被测电热烫发钳电热电路内有断路故障；如果检验灯 H 发光二极管闪亮，则说明被测电热烫发钳电热电路导通正常。这时，检验灯枪头（或刀头）触及电热烫发钳电源线插头上的 L 极（或 N 极）插脚不动，拿检验灯刀头（或枪头）移触及电源线插头上有明显接地标志的接地极 E 插脚。检验灯 H 发光二极管不闪亮，说明被测烫发钳电热电路的绝缘正常；如果检验灯 H 发光二极管闪亮，则说明被测烫发钳电热电路的绝缘已损坏，发生碰壳故障。该被测烫发钳不得使用，需及时检查处理，否则易发生触电事故。上述两项测试结果正常的情况下，将开关推向中温挡位置，然后用检验灯刀枪两头跨触烫发钳电源线插头上的 L 极和 N 极两插脚，接着调换检验灯刀、枪头再去触及插头上的 L 极和 N 极两插脚（或调换被测烫发钳电源线插头上的 L 极和 N 极两插脚位置）。检验灯 H 发光二极管两次测试时均不亮，说明被测电热烫发钳手柄里的二极管已开路；如果检验灯 H 发光二极管两次测试时均闪亮，则说明被测烫发钳手柄里的二极管已被击穿；只有检验灯 H 发光二极管一次闪亮而另一次不闪亮，才说明被测电热烫发钳手柄里的二极管完好正常。

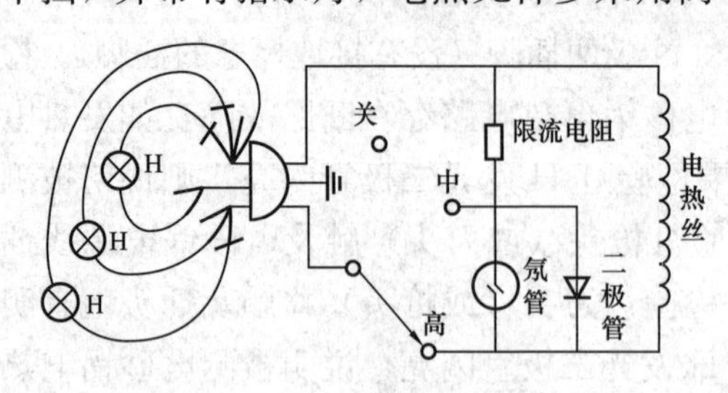

图 5-150　检验灯检测电热烫发钳电气线路示意图

5-8-8　检测诊断自动调温电熨斗

电熨斗的电源线一定要用三芯编织软线。其中，绿黄双色线（有的是黑色线）接地线，红色线接相线，白色线接中性线。所配插座也必须是三孔的，并可靠接地，千万不要用塑料电源线代替。因为塑料耐温性能差，稍有不慎电源线就会碰在灼热的外壳或底板上，把塑料绝缘层熔化而发生事故。

自动调温电熨斗电路主要由发热元件（电热丝和云母板组成，其形状就像一块夹心饼）、调温元件（双金属片恒温器，靠旋钮调节使用温度。当温度升高，达到所需要的温度时双金属片因受热向下弯曲，使电源触点脱离，切断电源，熨斗不再升温。待温度降至一定程度，双金属片就恢复原来状态，则电源又接通。如此反复通断，使电熨斗保持温度恒定）和指示灯等组成，如图 5-151 所示。在选购电熨斗时和使用电熨斗前，用检验灯刀枪两头跨触自动调温电熨斗电源线插头上 L 极和 N 极两插脚（没有接地标志的插脚）。检验灯 H 发光二极管不闪亮，说明被测电熨斗电热电路内有断路故障，如发热元件的高电阻率电热丝断路，或调温元件双金属片的动、静触头接触不良，或元器件间的连接点脱焊等；如果检验灯 H 发光二极管闪亮，则说明被测电熨斗电热电路导通正常。这时，检验灯枪头（或刀头）触及电熨斗电源线插头上的 L 极（或 N 极）插脚不动，拿检验灯刀头（或枪头）移触及电源线插头上有明显接地标志的接地极 E 插脚，即较粗长的插脚（或移触及电熨斗的金属外壳）。检验灯 H 发光二极管不闪亮，说明被测电熨斗电热电路的绝缘正常；如果检验灯 H 发光二极管闪亮，则说明被测电熨斗电热电路的绝缘已老化损坏，且发生碰壳故障。该被测电熨斗不能再继续使用，需及时检查修理，否则易发生触电事故。

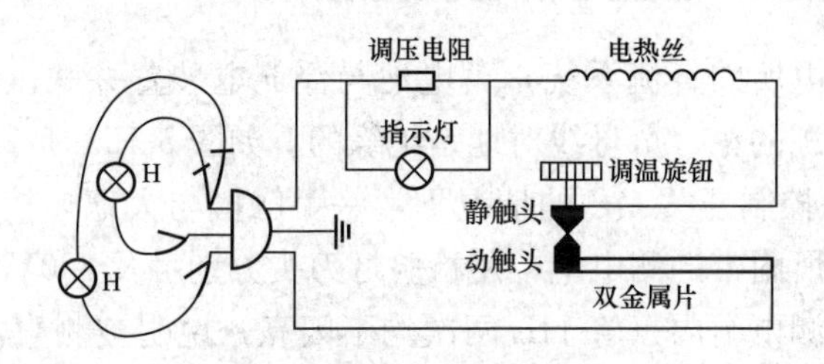

图 5-151 检验灯检测自动调温电熨斗电气线路示意图

此外，为保持可调节温度的双金属片刚性，使其控温正常，应使双金属片处于自然状态。在不用时应将调温旋钮旋至“关”或“断”的部位，绝不可在高温挡部位长久放置。

第 9 节 直流电路诸故障，简便可靠双重判

5-9-1 判断 220V 直流电源的正负极

根据直流电单向流动和电子流由负极向正极流动的原理，可用检验灯所附带的测电笔（检验灯的刀头）来检测判断 220V 直流电源的正负极。如图 5-152 所示，检测时在人与大地绝缘情况下，一只手摸被测电源 G 的任一极，另一只手持检验灯所附带的测电笔，用检验灯的刀头触及被测电源 G 的另一极。测电笔内氖管 HL 前端（即刀头测电端）的一极发亮，说明所测触的电源极是负极；如果测电笔内氖管 HL 后端（即手握端）的一极发亮，则说明检验灯刀头所测

触的电源极是正极。因为电子是由负极向正极移动的，氖管的负极发射出电子，所以负极就发亮了。

用检验灯刀头触及被测直流电源的一极不动，拿检验灯枪头触及原手摸的电源另一极，即用检验灯刀枪两头跨触被测直流电源 G 的两极，如图 5-152 所示。检验灯 H 灯泡亮日光，此时检验灯刀头触及电源负极，枪头触及电源正极；如果检验灯 H 灯泡不闪亮，说明这时检验灯枪头触及电源负极，刀头触及电源正极。同理同法，可用检验灯双重检测判断 110V 以上直流电源的正负极，判定 110V 以上直流回路中端子排上导线的极性，识别 110V 以上直流电路中电器元件上拆下来的线头极性等。

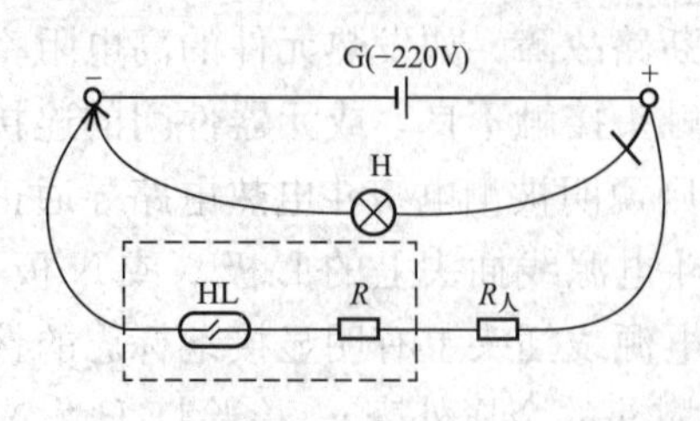

图 5-152 检验灯测判 220V 直流电源的正负极示意图

5-9-2 判断 220V 直流电源有无接地故障

发电厂和变电所的直流系统是蓄电池与浮充电装置并联供给直流负荷的运行系统，直流电源的正、负母线对地是绝缘的。如图 5-153 所示，在断开所测直流电源 G 输出总控制开关 QF 的情况下，一手触摸与大地连接的金属机体，另一只手持检验灯所附带的测电笔，用检验灯刀头分别触及 220V 直流电源 G 的正极端和负极端。测电笔内氖管 HL 两次均不闪亮，说明被测直流电源 G 无接地现象；如果检验灯刀头触及电源 G 正极端时测电笔内氖管 HL 闪亮，则说明被测直流电源 G 负极端有接地故障；如果检验灯刀头触及电源 G 负极端时测电笔内氖管 HL 闪亮，则说明被测直流电源 G 正极端有接地故障。

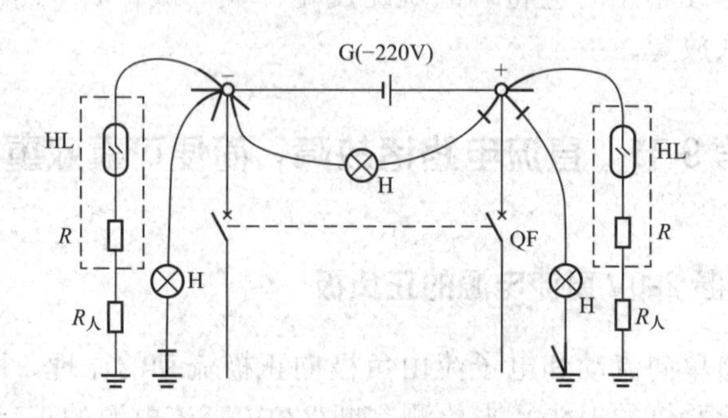

图 5-153 检验灯测判直流电源有无接地故障示意图

用检验灯枪头触及直流电源 G 的正极端，拿检验灯刀头分别触及直流电源 G 的负极端和连接大地的金属机体，如图 5-153 所示。检验灯 H 灯泡两次测试均闪亮，且亮度完全相同，说明被测直流电源 G 负极端已接地；如果检验灯 H

灯泡在刀头触及电源负极端时闪亮，而刀头触及连接大地的金属机体时不闪亮，则说明被测直流电源G正极端已接地。此结论可当场验证：用检验灯刀头触及被测直流电源G的负极端，拿检验灯枪头分别触及直流电源G的正极端和连接大地的金属机体。检验灯H灯泡两次测试时均闪亮，且亮度完全一样。

5-9-3 快速查找直流电路内的接地点

不论是发电厂、变电所中的直流电源系统，还是其他直流电源系统，往往都是一个复杂的、并联分支路多的、庞大的直流供电网络。由于多种因素，直流电路中会经常发生接地故障。当回路中发生两点乃至多点接地时，就会造成正负极短路、开关与保护误动或拒动（特殊情况下，一点接地故障也可能会造成保护误动作）。因此，在直流电路中发生了接地故障后，应迅速找到接地故障点并及时予以修复。现以图5-154所示为例，介绍用检验灯寻找直流电路中接地点的简便方法。

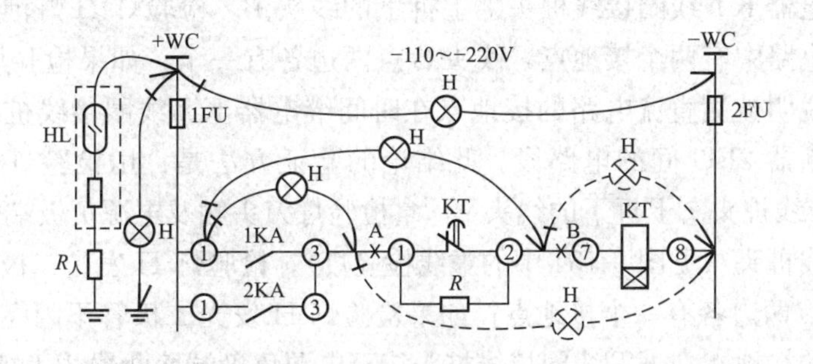

图5-154 检验灯检测查找直流电路内接地点示意图

首先用检验灯枪头触及被测直流电源的正极端，拿检验灯刀头分别触及直流电源负极端和地；或用检验灯刀头触及被测直流电源的负极端，拿检验灯枪头分别触及直流电源正极端和地。根据检验灯H灯泡亮的情况，判断出被测直流电路内哪一极端所连接元器件接地。如图5-154所示，用检验灯枪头触及电源正极端，拿检验灯刀头分别触及电源的负极端和地。检验灯H灯泡两次测试时均闪亮，且亮度完全相同，故确定了被测直流电路内的接地点在电源负极端所连接的元器件内（包括连接导线）。此时一手触摸与大地连接的金属机体，另一只手持检验灯所附带的测电笔，用检验灯刀头触及被测电路电源正极端。测电笔内氖管HL闪亮，验证了被测直流电路内的接地点在电源负极端所连接的元器件内。这样就把寻找范围缩小到电流继电器KA动触头接线桩头③至电源负极端熔断器2FU间的电路段。这时从时间继电器KT动断触头接线桩头①上拆下连接电流继电器KA的导线线头A，用检验灯枪头触及电流继电器动合触头

1KA 的接线桩头①（或电源正极端熔断器 1FU 负荷侧接线桩头），拿检验灯刀头触及从时间继电器动断触头 KT 接线桩头①上拆下的线头 A。检验灯 H 灯泡闪亮，说明被测直流电路中有两个接地故障点，线头 A 点两边各有一个；如果检验灯 H 不闪亮，则说明被测直流电路中的接地点在时间继电器动断触头 KT 接线桩头①至电源负极端熔断器 2FU 间的电路段。此判断结论可当场验证：用检验灯枪头触及从时间继电器动断触头 KT 接线桩头①上拆下的线头 A，拿检验灯刀头触及电源负极端熔断器 2FU 负荷侧接线桩头（见图 5-154 中虚线所示检验灯）。检验灯 H 发光二极管不闪亮，说明直流电路中的接地点在 KT 动断触头接线桩头①至电源负极端熔断器 2FU 间的电路段；如果检验灯 H 发光二极管闪亮，则说明线头 A 点两边各有一个接地故障点。检测结果确定接地点不在电流继电器 KA 动触头接线桩头③至拆下的线头 A 间时，将接到时间继电器 KT 线圈接线桩头⑦上的线头拆下。这时用检验灯枪头触及电流继电器动合触头 1KA 的接线桩头①（或电源正极端熔断器 1FU 负荷侧接线桩头），拿检验灯刀头触及从时间继电器 KT 线圈接线桩头⑦上拆下的线头 B。检验灯 H 灯泡闪亮，说明被测直流电路中有两个接地点，线头 B 点两边各有一个；如果检验灯 H 灯泡不闪亮，则说明被测直流电路的接地点在时间继电器 KT 线圈接线桩头⑦至电源负极端熔断器 2FU 间的电路段。此结论的验证方法是：用检验灯枪头触及从 KT 线圈接线桩头⑦上拆下的线头 B，拿检验灯刀头触及电源负极端熔断器 2FU 负荷侧接线桩头（见图 5-154 中的虚线检验灯）。检验灯 H 发光二极管闪亮，说明线头 B 点两边各有一个接地点；如果检验灯 H 发光二极管不闪亮，则说明直流电路中的接地点在 KT 线圈接线桩头⑦至电源负极端熔断器 2FU 间的电路段。这样，将电路中接地点范围缩小到某元件和连接导线后，经过仔细观察检查，便可很快找到接地故障点。同理同法，用检验灯双重测判查找直流电路内的接地点在电源正极端所连接的元器件内，其具体查找过程在此不再赘述。

发电厂、变电所的直流电路中易发生接地故障的部位有：控制电缆线芯细、机械强度小，一旦受到外力作用，极易造成断裂而接地；一些瓷质管形电阻固定螺杆松动，接线铜片碰触固定螺杆接地；断路器操作线圈、电笛和电铃等线圈引线绝缘破损或线圈烧毁后发生接地；有时更换光字牌灯泡不当造成灯座接地；室外开关箱内端子排被雨水侵入，室内端子排因房屋漏雨而有水侵入，均能造成接地故障；锅炉、除尘等车间工作环境恶劣，设备端子上常积有厚厚一层煤粉、灰尘，由这些物质导电发生接地故障。

5-9-4 快速查找直流电路中的断路故障点

发电厂和变电所均具有一个十分庞大的、多分支的直流供电网络，由于多种因素，其发生断路故障的机会也比较多。用检验灯检测查找直流电路内断路故障点的方法和步骤如下。

在得知直流电源正常情况下，首先用检验灯刀枪两头跨触分断电路的动合触点两端的接线桩头。如图 5-155 所示，用检验灯枪头触及电流继电器动合触头 1KA 接线桩头①，拿检验灯刀头触及动合触头 1KA 接线桩头③。检验灯 H 灯泡闪亮（被测直流电路的电源电压为 110～220V），说明被测直流电路导通无断路现象；如果检验灯 H 灯泡不闪亮，则说明被测直流电路内有断路故障。这时，用检验灯刀枪两头跨触电源正、负极端的熔断器上下侧接线桩头。检验灯 H 发光二极管不闪亮，说明被测熔断器内熔丝已熔断；如果检验灯 H 发光二极管闪亮，则说明被测熔断器内熔丝完好未烧断。当场验证熔丝熔断与否的检测法是：用检验灯刀头触及电源负极端，枪头触及电源正极端熔断器 1FU 负荷侧接线桩头。检验灯 H 灯泡闪亮，说明被测 1FU 熔丝完好未断；检验灯 H 灯泡不闪亮，则说明被测 1FU 熔丝已熔断。同理，用检验灯枪头触及电源正极端，刀头触及电源负极端熔断器 2FU 负荷侧接线桩头。检验灯 H 灯泡闪亮，说明被测 2FU 熔丝未断；检验灯 H 灯泡不闪亮，则说明被测 2FU 熔丝已熔断（见图 5-155 中虚线所示检验灯）。

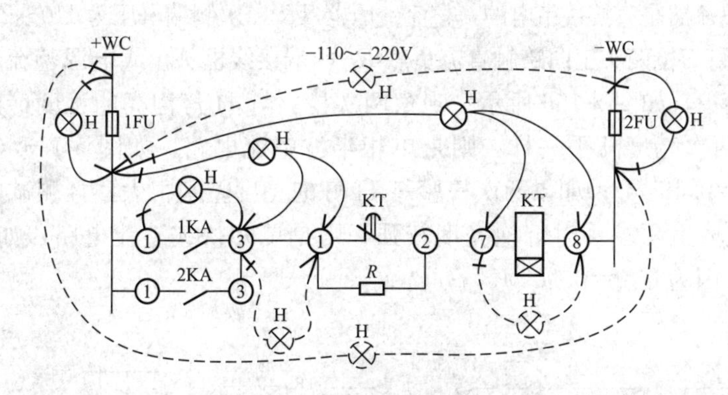

图 5-155 检验灯检测查找直流电路内断路故障点示意图

在验明确定熔断器内熔丝正常完好或熔丝重新装设完毕后，用检验灯枪头触及电源正极端熔断器 1FU 负荷侧接线桩头，拿检验灯刀头依次触及电源负极端熔断器 2FU 负荷侧所连接的各元器件接线桩头。如果发生触及两两相邻接线桩头时，检验灯 H 灯泡呈现一次闪亮而另一次不闪亮现象，那么其中间就是断路处。例如检验灯刀头触及时间继电器 KT 线圈接线桩头⑧时检验灯 H 灯泡闪亮，而刀头触及时间继电器 KT 线圈接线桩头⑦时检验灯 H 灯泡不闪亮，则说明被测时间继电器 KT 线圈内断线。此时用检验灯刀枪两头跨触时间继电器 KT 线圈两端的接线桩头⑦和⑧，检验灯 H 发光二极管不闪亮，由此验明确定 KT 线圈内有断路故障（见图 5-155 中虚线所示检验灯，下同）。再例如检验灯刀头触及时间继电器 KT 动断触头接线桩头①时，检验灯 H 灯泡闪亮，而刀头触及电流继电器 1KA 动合触头接线桩头③时检验灯 H 灯泡不闪亮，则说明被测两接线桩头间连接导线断线。对此同样可用检验灯刀枪两头跨触 KT 动断触头接线桩头①和 1KA 动合触头接线桩头③，检验灯 H 发光二极管不闪亮，验证确定被测两接线桩头间连接导线发生断路故障。同理同法，用检验灯刀头触及电源负极端熔断器 2FU 负荷侧接线桩头，拿检验灯枪头依次逐个触及电源正极端熔断器 1FU 负荷侧所连接的各元器件接线桩头。根据触及两两相邻接线桩头时，发生检验灯 H 灯泡呈现一次闪亮而另一次不闪亮现象，便可确定被测两接线桩头间有断路故障点。同样可用检验灯刀枪两头跨触被测两接线桩头，检验灯 H 发光二极管不闪亮的方法验证。

5-9-5　判别单相整流电路是半波还是桥式

根据单相整流电路负载端直流电压与整流变压器二次侧的端电压关系，不用拆解查看电源整流器中整流二极管个数和接线（有些整流器装置已把二极管封闭，无法拆解查看）。用检验灯刀枪两头跨触整流变压器 TR 二次侧绕组输出端接线桩头（有些电源整流器是直接接市电的，整流变压器 TR 二次侧端电压为 110～220V），然后再用检验灯刀枪两头正向跨触直流负载 R_L 两端接线桩头，或电源整流器 VC 直流输出两端头，如图 5-156 所示。观察两次检验灯 H 灯泡亮的程度：如果检验灯 H 灯泡两次亮度几乎一样，则是单相半波整流电路，如图 5-156（a）所示（因为 $U_{RL}=0.45U_2$）；如果两次检验灯 H 灯泡亮度差别很大，且测试电源整流器 VC 直流输出两端头时灯泡亮度较强，则是单相桥式整流电路，如图 5-156（b）所示（因为 $U_{RL}=0.9U_2$）。

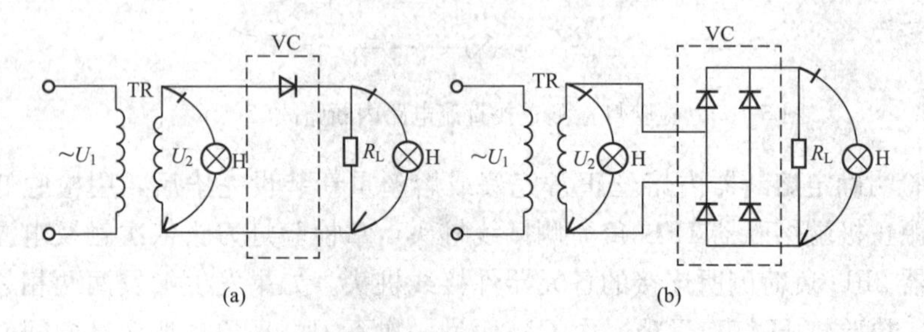

图 5-156　检验灯检测判别单相整流电路示意图
（a）单相半波整流电路；（b）单相桥式整流电路

5-9-6　判别三相整流电路是半波还是桥式

根据三相整流电路负载端直流电压与整流变压器二次侧的端电压关系，不用拆解查看电源整流器中整流二极管的个数和接线方式。依据直流系统的单点接地没有大的危害的原则，在测试时可将直流输出端的负极端（空载时）临时与地连接。如图 5-157 所示，用检验灯刀枪两头跨触整流变压器 TR 二次侧绕组输出端任意两个接线桩头（如 a 和 b），即测试其线电压($\sqrt{3}U_2$)，然后再用检验灯刀枪两头正向跨触电源整流器 VC 直流输出两端头（或直流负载 R_L 两端接线桩头）。同时仔细观察检验灯 H 灯泡两次呈现的亮度。如果检验灯 H 灯泡两次测试时亮度差别很大，并且是测试直流输出端时检验灯 H 灯泡亮度较弱，则说明是三相半波整流电路，如图 5-157（a）所示（因为 $U_{RL}=1.17U_2$）；如果检验灯 H 灯泡两次测试时亮度差别不大，几乎近似一样，则说明是三相桥式整流电路，如图 5-157（b）所示（因为$U_{RL}=2.34U_2$）。测试完毕，即确定三相整流电路是半波还是桥式后，立即拆除直流输出端的负极端接地线。

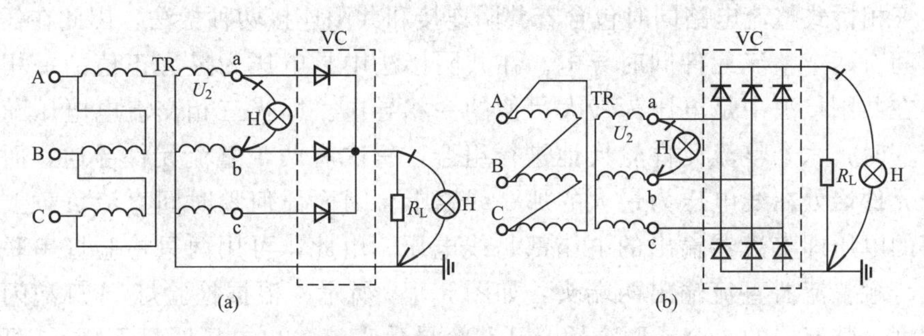

图 5-157 检验灯检测判别三相整流电路示意图

（a）三相半波整流电路；（b）三相桥式整流电路

5-9-7 调测三相晶闸管整流设备相位接错

在安装、维修三相晶闸管调压或整流设备时，可能会碰到相位接错的问题。如果晶闸管主回路和控制回路不同步，主回路上的晶闸管就不能处于正常自然换流状态。此时调节“调整电压”电位器时，输出电压不能相应变化，电压表指针会出现来回摆动和跳跃的异常现象。在现场或单位没有示波器的情况下，可用检验灯逐相检查调测。

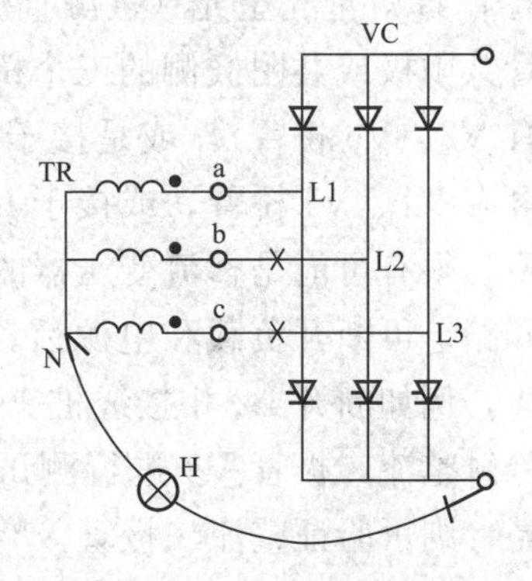

图 5-158 检验灯调测三相晶闸管整流设备同步示意图

调试时首先断开负载和电源，将检验灯枪头和晶闸管阴极连接在一起的公共点连接并包扎绝缘，把检验灯的刀头和整流变压器 TR 二次侧中性点 N 连接包扎绝缘，如图 5-158 所示。然后进行逐相检查，检查一相（如 L1 相）时必须断开其余两相（L2、L3 相）。这时接通电源，调节“调整电压”电位器，使导通角由小到大。此时如果检验灯 H 灯泡也随着由暗到亮，由弱光到强光，说明被测相（L1 相）触发器与晶闸管同步。如果调节导通角的范围很小，或出现检验灯 H 灯泡一闪一闪地发亮，则说明被测相不同步。这时可将晶闸管的控制极按顺序换接在另一组触发器输出端子上，直到正常为止。对其他相（如 L2 或 L3 相）可按上述方法逐一检查调试。

这里有一点要注意：原线路是三相半控桥式整流电路，移相范围为0°～120°；而检测时的线路是单相半波整流电路、电阻负载，移相范围为 0°～180°，因此“调整电压”电位器的调节范围不能满足移相全程的要求。

5-9-8 判断三相桥式整流电路的桥臂开路

三相桥式整流电路同时包含着共阴连接和共阳连接两种接法，因此在任一瞬时间有两个整流元件同时导电。在共阴接法中是电压为最大正值的一相导电，在共阳接法中是电压为最大负值的一相导电。即当三相交流电电压随时间交变时，六个整流元件轮换地进行组合，每次有两个整流元件导通，而这两个元件恰处在线电压为最大的那一线路上。因而任何瞬时间直流负载上所获得的电压即整流器输出的电压都是线电压。由此，可用两只检验灯串联后正向跨触整流器直流输出两端头，如图 5-159 所示。根据检验灯 H 灯泡闪亮的程度（整流器的一个或两个桥臂开路会导致直流输出电压明显下降），可判断整流变压器二次侧线电压为 380V 的三相桥式整流电路桥臂是否开路（如工矿企业架线式电机车常用整流电源）。两检验灯 H 灯泡亮日光，说明被测三相桥式整流电路正常；两检验灯 H 灯泡亮月光（被测电流输出电压是正常输出电压的 1/2），含有相邻序号整流二极管（如 V1、V2）的两个桥臂开路；两检验灯 H 灯泡亮星光（被测直流输出电压是正常输出电压的 1/3），在整流二极管共阳极或共阴极侧的三个桥臂中任意两个开路（如含有 V1、V3 桥臂，或含有 V2、V6 桥臂），或是接于同一相线电源的两个桥臂开路（如接于 L1 相的含有 V1、V4 桥臂，或接于 L2 相的含有 V3、V6 桥臂。此项两个桥臂开路故障，很有可能是整流变压器的该相熔断器熔丝烧断）。至于哪两个整流二极管开路，可断开负载和电源后，拆开整流变压器二次侧相线接线桩头上的连接线，例如断开 L2 相接线桩头 b 上的连接线，然后用检验灯刀枪两头正、反向跨触整流二极管 V3 进行测试。如果检验灯 H 发光二极管两次测试时均不闪亮，则可验证整流二极管 V3 已开路。对其他桥臂的整流二极管均可采用此法检测验证。

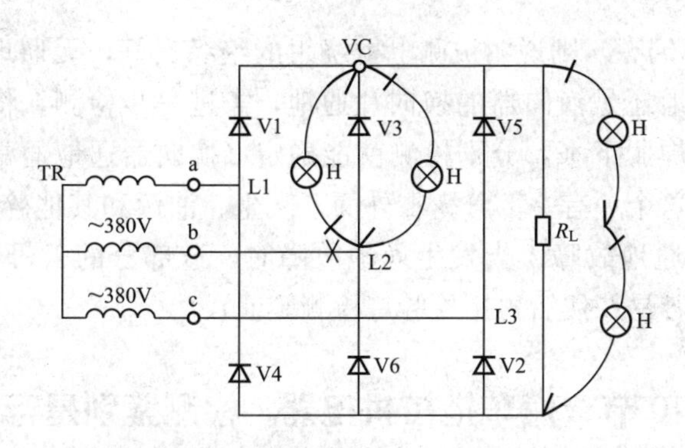

图 5-159 检验灯检测三相桥式整流电路的桥臂开路示意图

5-9-9 检测直流电动机电枢绕组通地故障

直流电动机由于能够在宽广的范围内进行平滑的无级调速，并具有良好的起动性能，因此对调速要求高的生产机械（如龙门刨、轧钢机等）或者需要起动转矩大的生产机械（如起动机、电力牵引车等），往往采用直流电动机来拖动。随着大功率硅整流和晶闸管整流设备的大量生产，直流电动机的应用范围日益增多。

直流电动机由固定的定子主磁极和转动的电枢两大部分组成。直流电动机电枢绕组常见故障有断路、短路和通地。其中电枢绕组通地多数由于槽绝缘及绕组元件绝缘损坏，导体与硅钢片碰接所致；也有换向器通地的情况，但并不多见。用检验灯检测直流电动机电枢绕组是否通地的方法较简易，且不论其功率大小、电压等级高低均可实施，如图 5-160 所示。用检验灯刀枪两头跨触电枢绕组所连接的换向片和电枢转轴，并且拿触及换向片的枪头（或刀头）沿换向片滑触动一周。检验灯 H 发光二极管不闪亮，说明被测直流电动机电枢绕组的绝缘良好；如果检验灯 H 发光二极管闪亮，则说明被测直流电动机电枢绕组绝缘已损坏，发生绕组导线与电枢铁心（转轴上叠装的硅钢片）直接连接而通地。当直流电动机的电枢已取出放在修理车间时，将其搁在支架上，把市电 220V 交流电源中性线 N 裸线头捆扎住电枢转轴，用检验灯刀头触接电源相线 L，拿检验灯枪头依次触及换向器上的换向片，如图 5-160 所示。检验灯 H 灯泡闪亮，则说明被测电枢绕组通地；如果

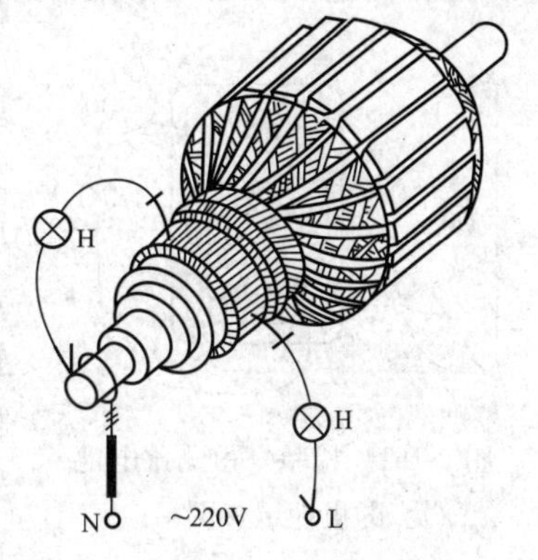

图 5-160 检验灯检测直流电动机电枢绕组通地故障示意图

检验灯H灯泡不闪亮，则说明被测电枢绕组的绝缘良好，无通地现象。若要判明是绕组线圈通地还是换向器的换向片通地，需进一步检测，将通地线圈的接线头从换向片上焊脱下来，分别检测就能确定（换向器通地通常发生在前面的V形云母环上，这个环有一部分露在外面，灰尘、油污和其他碎屑堆积在上面，很容易造成漏电通地故障。当发生通地故障时，这部分的云母片大多已烧毁，故查找起来比较容易。然后再用检验灯检测验证）。

第10节　汽车拖拉机电器，检测鉴别是行家

5-10-1　识别汽车用铅酸蓄电池的正负极

汽车、拖拉机上用电设备所需的电能由两个电源供应，即发电机和蓄电池。发电机是由发动机带动而发电的。蓄电池是靠内部的化学反应来储存电能和向外供电的。蓄电池的功用是在发动机起动时，供给起动电动机电能；在发动机不工作或低速运转时给所有用电设备供电；在发动机运转中，当发电机电压高于蓄电池时，可将发电机的一部分电能转换为化学能储存起来；在发电机超负荷时可协助供电。

配套于硅整流发电机的铅酸蓄电池，如果正、负极性接错，会将硅二极管击穿烧坏，同时会使电流表对充、放电的指示相颠倒，而误将放电认作充电。因此，识别铅酸蓄电池极性很重要。车用铅酸蓄电池的正极桩一般刻有“+”或“P”或涂有红色标记，蓄电池的负极桩刻有“−”或“N”或涂上绿色标记。但经过长期使用或修理而失去标志或标记模糊不清的铅酸蓄电池，可用检验灯进行检测确定。如图5-161所示，用检验灯刀枪两头跨触铅酸蓄电池的两极桩头。检验灯H发光二极管不闪亮，说明此时检验灯枪头触及的是负极，刀头触及的是正极；如果检验灯H发光二极管闪亮，则说明当时检验灯枪头触及的是正极而刀头触及的是负极。这时，用检验灯的枪头（或刀头）分别在被测铅酸蓄电池的两极桩头上划擦，质较硬的为正极桩，另一个则为负极桩（此举一来验证用检验灯检测判定结果，二来锻炼提高个人的感官诊断技能）。

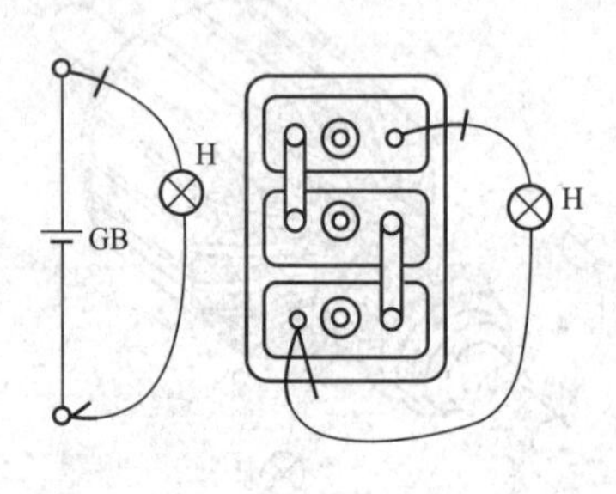

图5-161　检验灯检测蓄电池的极性示意图

往汽车上装接铅酸蓄电池时，应先接相线，再接两蓄电池（容量必须相等）之间的连线，最后才装接搭铁电极桩头。这样操作程序的目的，主要是防止扳

手万一接铁而发生火花引起蓄电池爆炸。从车上拆下蓄电池时，应按相反步骤进行。

5-10-2 识别硅整流发电机的三接线柱

硅整流交流发电机是将发电机产生的交流电，通过装在内部的硅整流装置整流成为直流电，供给汽车、拖拉机上用电设备。和车用并励直流发电机相比，它具有重量轻、体积小、结构简单、维护方便等优点，因而在汽车、拖拉机上均用这种发电机来代替直流发电机。

硅整流交流发电机主要由定子、转子、整流器和机壳四部分组成。其定子铁心由内圆带槽的环状硅钢片叠制而成，固定在两端盖之间。定子铁心槽内置有三相绕组，按星形接法连接，每相绕组的尾端连接在一起，首端分别与元件板和端盖上的硅二极管相接。整流端盖内附有与端盖绝缘的元件板，板上压装三只硅二极管，其负极和元件板相连，由螺栓通到端盖外发电机的电枢接线柱。它们的正极分别与端盖上的二极管引线相连。在端盖上同样压装着三只硅二极管，其正极和端盖相连。它们的各个负极分别用引线与元件板的二极管引线相连，接成三相桥式整流电路。硅整流发电机转子做成犬齿交错形的磁极，它是由两块低碳钢制成，各具有六个爪形磁极，压装在转子轴上。在爪形磁极内侧的空腔内装有励磁绕组，励磁绕组的两引出线分别接在与轴绝缘的两个滑环上。两个碳刷装在与端盖绝缘的刷架内，通过弹簧压力与滑环保持接触。两碳刷的引线分别与端盖上的接铁接线柱、磁场接线柱相连接，由此引入励磁电流。硅整流发电机的机壳是用铝合金制成的，既轻便，又可提高散热性。硅二极管和电刷架均装在铝制的整流端盖内。

使用年久或拆装多次的硅整流发电机，如其标号模糊不清难分辨，可用检验灯刀枪两头跨触及任意两个接线柱，如图 5-162 所示。若是检验灯 H 发光二极管闪亮，调换检验灯刀、枪两头后再触及这两个接线柱，如果检验灯 H 发光二极管仍然闪亮，则说明检验灯刀枪两头所触及的两接线柱是磁场接线柱和接铁接线柱。如果上述两次检验灯刀枪两头跨触测试时，检验灯 H 发光二极管一次闪亮而另一次不闪亮，则说明检验灯刀枪两头所

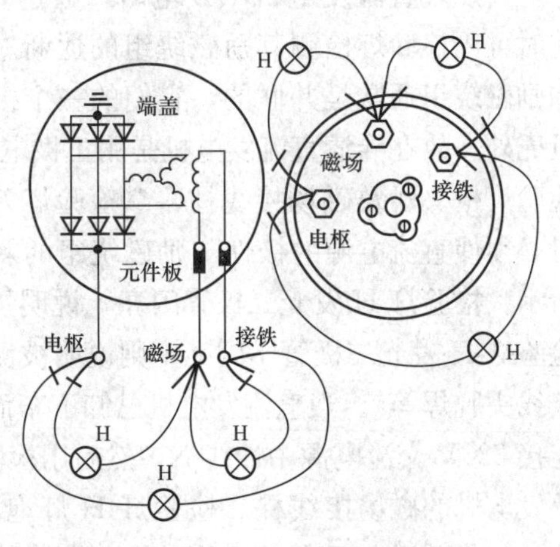

图 5-162 检验灯检测硅整流发电机的三接线柱示意图

跨触的两接线柱中有一个是电枢接线柱，并说明检验灯 H 发光二极管不闪亮时刀头所触及的接线柱是电枢接线柱，而检验灯枪头所触及的是磁场接线柱或接铁接线柱。这时用检验灯的枪头触接电枢接线柱，拿检验灯刀头分别触及其余两柱，同时仔细观察检验灯 H 发光二极管的闪亮程度：检验灯 H 发光二极管较亮的一次时刀头触及的是接铁接线柱，发光二极管亮度较暗的一次时刀头触及的是磁场接线柱。

5-10-3 检测直流发电机励磁绕组的通断

汽车、拖拉机用的发电机有交流和直流两种，由发动机拖动而发出电能。在汽车、拖拉机正常工作时，发电机除向用电设备供电外，还将多余的电能向蓄电池充电，因而它是汽车、拖拉机的主要电源。

车用直流发电机实质上是一个装有整流子的交流发电机，通过整流子的作用，把交流变成直流。直流发电机由机壳、磁极、电枢、换向器（也称整流子）、端盖、电刷和皮带轮等部分组成。机壳和端盖构成发电机的驱体，磁极固定在机壳内，电枢在磁极间旋转，产生电动势，将机械能转换为电能。直流发电机内的磁通是将电流通入磁极上的励磁绕组而产生的，这个电流称为励磁电流。励磁电流由外加电源供给的称为他励发电机，励磁电流由发电机本身供给的称为自励发电机。自励发电机的励磁绕组和电枢绕组有三种连接方式：并联的称为并励直流发电机；串联的称为串励直流发电机；并联、串联同时存在的称为复励直流发电机。由于并励直流发电机不需要外加电源，并可以通过调节励磁电流来改变发电机的电压，因而在汽车、拖拉机上应用得很广泛。

当发现直流发电机不发电时，通过直接观察检查，其原因不在机械方面。此时可用检验灯检测其励磁绕组的通断。国产内搭铁式直流发电机的电枢绕组和励磁绕组通常是并联的，它们的一个极在内部接铁，另一个极经接线柱通出机壳外。故在弄清直流发电机是用正极电刷与机壳连接时（名牌上有标注），用检验灯枪头触及磁场接线柱，拿检验灯刀头触及接铁电刷或机壳（注意：测试时必须使直流电源的极性与励磁绕组的剩磁极性相符，以防退磁），如图 5-163 所示。检验灯 H 发光二极管闪亮，说明被测直流发电机励磁绕组无断路；如果检验灯 H 发光二极管不闪亮，则说明被测发电机励磁绕组内有断路故障（包括接线头脱焊等）。当直流发电机已卸下车而放置在修理车间时，可将发电机机壳连接 220V 交流电源中性线 N，然后用检验灯刀头触接相线 L，拿检验灯枪头触及发电机的磁场接线柱。检验灯 H 灯泡闪亮，说明被测发电机励磁绕组无断路；如果检验灯 H 灯泡不闪亮，则说明被测发电机励磁绕组内有断路故障。

同理用检验灯检测外搭铁式车用直流发电机励磁绕组的通断。若被测发电机是用正极电刷与机壳连接的，用检验灯枪头触及电枢绝缘电刷接线柱，拿检验灯刀头触及磁场接线柱，如图 5-164 所示。检验灯 H 发光二极管闪亮，说明被测发电机励磁绕组内无断路；如果检验灯 H 发光二极管不闪亮，则说明被测发电机励磁绕组内有断路故障。

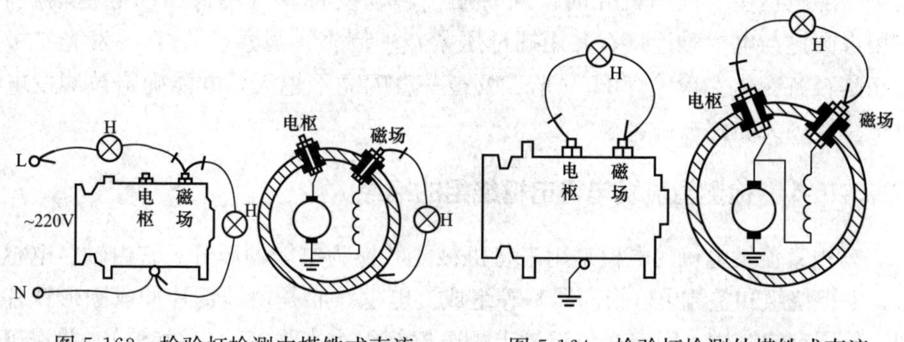

图 5-163　检验灯检测内搭铁式直流发电机励磁绕组通断示意图

图 5-164　检验灯检测外搭铁式直流发电机励磁绕组通断示意图

5-10-4　检测直流发电机电枢绕组的通断

车用并励直流发电机的电枢是产生感应电动势的部件。电枢主要由转子铁心和绕组构成，并与整流子装在同一轴上，一同旋转。电枢铁心是由硅钢片冲成圆形铁片，外圆有绕线槽，固定在电枢轴上，铁片之间用漆或氧化物绝缘。电枢绕组是用高强度漆包线绕制成的线圈，以一定的规律连接起来所组成，大多采用迭绕法。绕圈两边分别处于不同的磁极下，相隔一个节距，它的两端分别接到整流子的两个整流子片上。各个线圈通过整流子片互相连接起来。

当发现直流发电机电压不能建立时，经初步检查其原因不在机械方面，此时可用检验灯检测发电机电枢绕组的通断。弄清被测直流发电机是用正极电刷与机壳连接时，用检验灯刀头触及机壳，拿检验灯枪头触及发电机的电枢接线柱，如图 5-165 所示。检验灯 H 发光二极管闪亮，说明被测发电机的电枢绕组内无断路；如果检验灯 H 发光二极管不闪亮，则说明被测发电机的电枢绕组内存在断路故障。当被测直流发电机用负极电刷与机壳连接时，用检验灯刀头触及发电机的电枢接线柱，拿检验灯枪头触

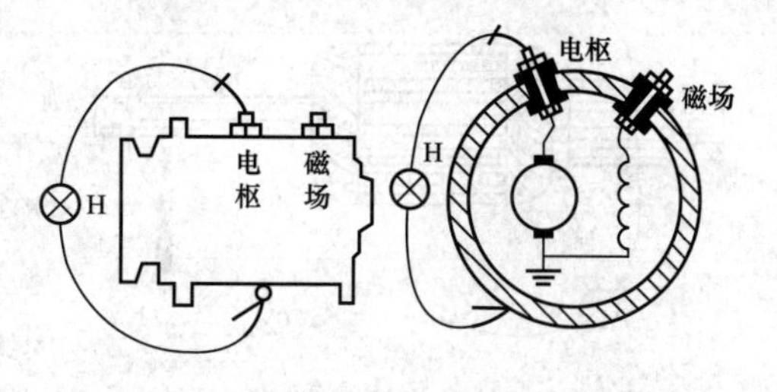

图 5-165　检验灯检测直流发电机电枢绕组的通断示意图

及机壳。检验灯 H 发光二极管闪亮，说明被测发电机电枢绕组内无断路；如果检验灯 H 发光二极管不闪亮，则说明被测发电机电枢绕组内存在断路故障。

上述用检验灯检测车用直流发电机的电枢绕组通断，最好在用检验灯刀枪两头跨触电枢接线柱和机壳时，同时用手转动皮带轮（用来驱动电枢轴旋转，它用半圆键与电枢轴连接，并用螺母压紧）一周多，观察检验灯 H 发光二极管闪亮是否有变化。检验灯 H 发光二极管一直闪亮不熄灭，方能确定被测发电机电枢绕组内无断路故障。

5-10-5　检测直流发电机电枢绕组的绝缘

车用直流发电机的电枢是用来将机械能转换为电能的部分。它由轴、电枢铁心、电枢绕组和整流子（换向器）等组成。电枢铁心是由硅钢片冲成圆形铁片叠成，外圆有绕线槽，固定在电枢轴上。电枢绕组由高强度漆包线绕成，并浸以绝缘漆。整流子的作用是将电枢中产生的交流电转换为直流电，是机械式整流器。一般整流子是由许多铜片构成，铜片内侧做成燕尾形状，嵌在整流子轴套和压环组成的槽中，外表面成为圆形。铜片一端突起形成接线突缘，电枢绕组的导线端头就焊在接线突缘的槽内。各铜片间、铜片与衬套及压环之间均用云母绝缘。在整流子外表面上铜片之间的云母绝缘层应比铜片凹下 0.5～0.8mm，这样当铜片磨耗时，云母不致突出来影响电刷和铜片的接触。

直流发电机电枢绕组，由于槽绝缘及绕组的导线绝缘损坏，而造成导体与硅钢片碰触的搭铁故障（也有整流子通地的情况）。对此可用检验灯来检测，如图 5-166 所示。用检验灯刀枪两头跨触电枢绕组所连接的整流子片和电枢轴，并且触及整流子片的刀头（或枪头）沿整流子片滑动一周。检验灯 H 发光二极管闪亮，说明被测发电机电枢绕组导线绝缘损坏，发生绕组搭铁故障；如果检验灯 H 发光二极管不闪亮，则说明被测发电机电枢绕组的绝缘良好。如果直流发电机电枢已拆卸放置在修理车间，可用一段剥皮导线头捆绑电枢轴，并用该导线连接 220V 电源中性线 N。然后用检验灯刀头触接相线 L，拿检验灯枪头触及整流子片，并沿整流子片滑动触及一周。检验灯 H 灯泡闪亮，说明被测发电机电枢绕组的绝缘已损坏，发生绕组导线搭铁故障；如果检验灯 H 灯泡不闪亮，则说明被测发电机电枢绕组的绝缘良好。

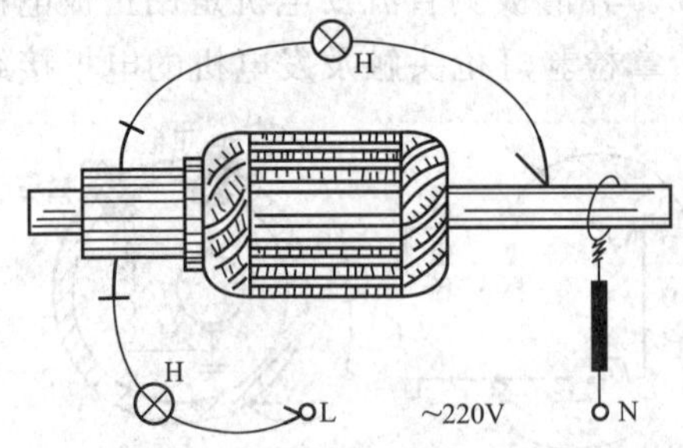

图 5-166　检验灯检测直流发电机电枢绕组的绝缘示意图

5-10-6 检测硅整流发电机励磁绕组的通断和绝缘

硅整流发电机转子做成犬齿状交错形的磁极，它是由两块低碳钢制成，各具有六个爪形磁极压装在转子轴上。在爪形磁极内侧的空腔内装有励磁绕组，励磁绕组的两根引出线分别接在与轴绝缘的两个滑环上。两个碳刷装在与端盖绝缘的刷架内，通过弹簧压力与滑环保持接触。两碳刷的引线分别与端盖上的接铁接线柱、磁场接线柱相连接，由此引入励磁电流。故当发现硅整流发电机无输出电流时，可用检验灯检测发电机励磁绕组的通断，如图 5-167 所示。用检验灯刀头触及端盖上的接铁接线柱，拿检验灯枪头触及磁场接线柱。检验灯 H 发光二极管闪亮，说明被测硅整流发电机励磁绕组导通无断线；如果检验灯 H 发光二极管不闪亮，则说明被测硅整流发电机励磁绕组内有断路故障。

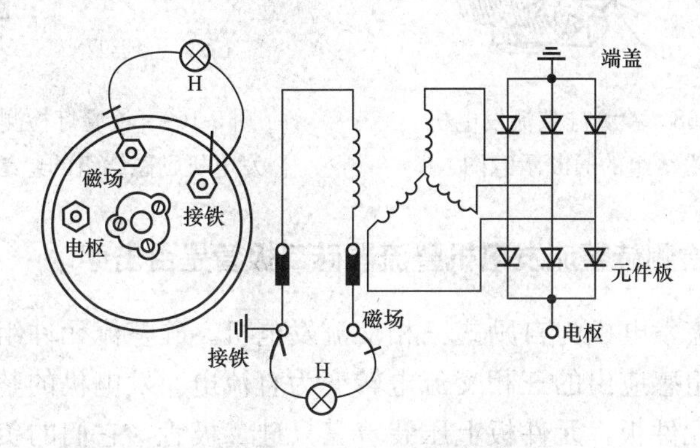

图 5-167　检验灯检测硅整流发电机励磁绕组通断示意图

硅整流交流发电机每经运转 750h（相当于 20000km 左右），或出现故障后为探明故障部位，确定排除方法，都必须对发电机进行拆卸和检查。硅整流发电机拆卸后（拆下爪形磁极时应防止电刷弹簧的丢失），其滑环表面应清洁、平整、光滑、无油污或其他物质覆盖，否则应用蘸有汽油的布擦干净。此时用检验灯刀枪两头跨触与转子轴绝缘的两个滑环，如图 5-168 所示。检验灯 H 发光二极管闪亮，说明被测硅整流发电机励磁绕组导通无断路；如果检验灯 H 发光二极管不闪亮，则说明被测发电机励磁绕组内有断路故障。

在检查修理硅整流发电机时，一般不许用绝缘电阻表检测发电机的绝缘情况。所以可用检验灯检测发电机励磁绕组的绝缘状况，如图 5-169 所示。用检验灯刀枪两头跨触任一滑环和导磁片或转子轴。检验灯 H 发光二极管闪亮，说明被测发电机励磁绕组的绝缘损坏；如果检验灯 H 发光二极管不闪亮，则说明被测发电机励磁绕组的绝缘良好。或用一段导线头捆绑转子轴，并将该导线连接 220V 电源中性线 N。然后用检验灯刀头触接相线 L，拿检验灯枪头触及任一滑环，检验灯 H 灯泡应不亮。如果检验灯 H 灯泡闪亮，则说明被测发电机励磁绕组或它与滑环连接的导线绝缘已损坏，已发生导线搭铁故障。

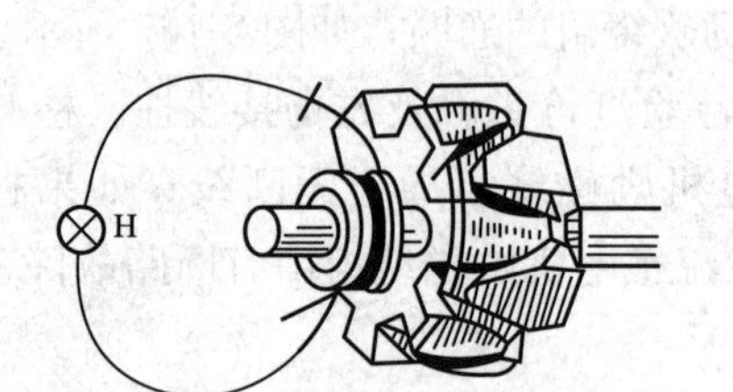

图 5-168　检测硅整流发电机励磁绕组的通断示意图

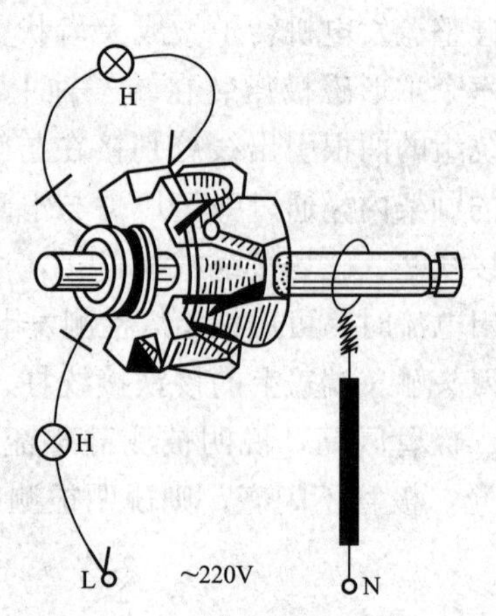

图 5-169　检验灯检测硅整流发电机励磁绕组的绝缘示意图

5-10-7　检测硅整流发电机整流器硅二极管是否击穿

硅整流交流发电机为自励式三相交流发电机。硅整流元件组（整流器）是用以将电枢绕组感应出的三相交流电转变为直流电。发电机的整流端盖内附有与端盖绝缘的元件板，元件板上压装着三只硅二极管，它们的负极和元件板相连，由螺栓通到端盖外发电机的电枢接线柱。它们的正极分别与端盖上的硅二极管引线相连。在端盖上同样压装着三只硅二极管，它们的正极和端盖相连。它们的各个负极分别用引线与元件板的硅二极管引线相连，接成三相桥式整流电路。所以当发现硅整流发电机不发电时（发电机无输出电流），可用检验灯来检测发电机的硅二极管是否击穿短路，如图 5-170 所示。用检验灯枪头触接发电机上的接铁接线柱或铝合金机壳，拿检验灯刀头触及电枢接线柱。检验灯 H 发光二极管闪亮，说明被测硅整流发电机的整流器内最少有两只硅二极管击穿短路，并且是元件板和端盖上各有一只。

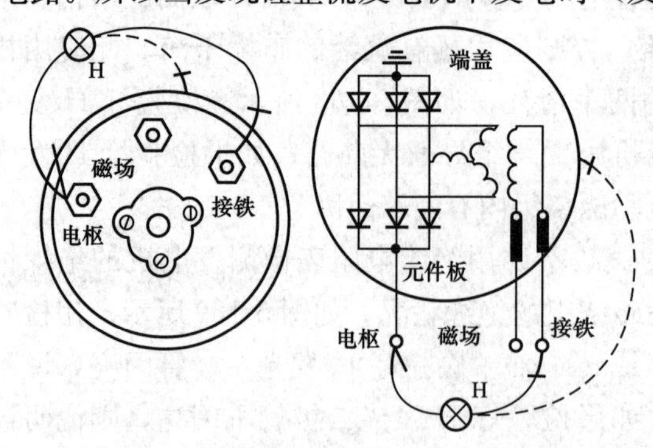

图 5-170　检验灯检测硅整流发电机的硅二极管是否击穿短路示意图

硅整流发电机电枢线路中有

一只硅二极管被击穿后，它就不能阻止反向电流，使电枢线圈短路。如果发电机在一只硅二极管击穿情况下继续运转，还会引起电枢绕组一相或两相被烧坏。硅整流发电机必须与专用的电压调节器配合使用，使发电机电压在转速变化时保持稳定。发电机接铁极性应与蓄电池接铁极性一致，以免烧坏硅二极管。发电机的正负极不允许有短路现象，故严禁作搭铁划火试验，否则会烧坏硅二极管。

有经验的司机常用螺钉旋具来判断硅整流交流发电机的故障。使用中，发现电流表指示不充电时，为了正确迅速判断发电机发电是否正常，可将硅整流交流发电机转速提高至中速，然后用一字（或十字）旋凿的金属刀杆部位垂直靠近后端盖轴承壳。如果吸力大，则说明发电机发电正常；若吸力小，则说明发电机本身有故障。此诊断经验并不是“用螺钉旋具金属杆去短接直流发电机电枢接线柱和机壳之间试火”的经验。

硅整流发电机每运转750h，或出现故障后为探明故障部位，确定排除方法，都应对发电机进行拆卸和检查。硅整流发电机拆卸后，须逐个检查元件板和后端盖上的六只硅二极管。如图5-171所示，用检验灯刀枪两头跨触每只硅二极管的引线和外壳（元件板或端盖），随后调换检验灯刀头和枪头再去跨触测试过的二极管的引线和外壳。两次测试时检验灯H发光二极管均闪亮，说明被测硅二极管已击穿短路；两次测试时检验灯H发光二极管均不闪亮，说明被测硅二极管内断路；两次测试时检验灯H发光二极管有一次闪亮（被测硅二极管正向电阻约8～10Ω），而另一次不闪亮（被测硅二极管反向电阻大于10000Ω），则说明被测硅二极管是好的。应用检验灯检测硅二极管的好坏，较之用万用表欧姆挡测试时简捷、直观（不用注意拨换挡，不用观察表针摆动情况和读数）。

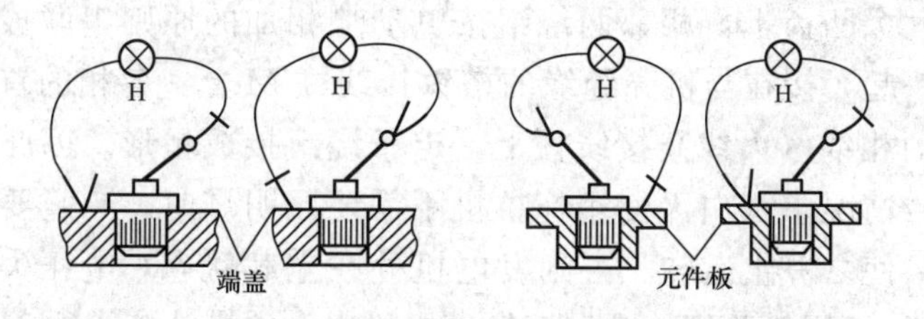

图5-171 检验灯检测硅二极管是否短路或开路示意图

5-10-8 检测感应子式交流发电机电枢和励磁绕组的通断

硅整流感应子式交流发电机主要由定子、转子、整流器和机壳（机壳用铝合金制成，既轻便，又可提高散热性）等部分组成。其电枢绕组和励磁绕组均绕在定子铁心上。电枢绕组并联成两条支路，每条支路中串接一只硅二极管（二

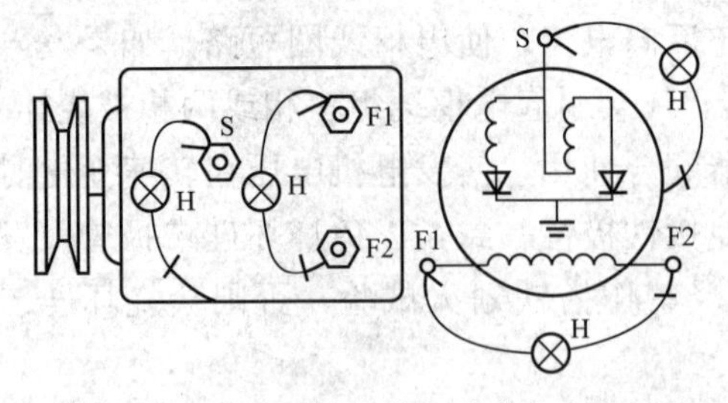

图 5-172　检验灯检测感应子式交流发电机电枢、励磁绕组的通断示意图

极管直接压在铝端盖上），构成单相全波整流电路。感应子式交流发电机是单线制，正极接铁。电枢绕组两条支路的两线头并接与机壳绝缘的接线柱S，励磁绕组两端头分别接在与机壳绝缘的接线柱 F1 和 F2 上。故用检验灯刀枪两头跨触硅整流感应子式交流发电机机壳上的接线柱 F1 和 F2，如图 5-172 所示。检验灯 H 发光二极管闪亮，说明被测发电机励磁绕组无断路；如果检验灯 H 发光二极管不闪亮，则说明被测发电机的励磁绕组内有断线或脱焊故障。用检验灯枪头触及感应子式交流发电机的铝合金机壳，拿检验灯刀头触及发电机机壳上的电枢接线柱 S。检验灯 H 发光二极管闪亮，说明被测发电机的电枢绕组内无断路；如果检验灯 H 发光二极管不闪亮，则说明被测发电机电枢绕组内有断线的开路故障。

5-10-9　检测永磁转子交流发电机定子绕组的通断和绝缘

在不用电力起动的拖拉机上没有蓄电池，用电设备只有照明灯，这样只要采用结构简单的永磁转子交流发电机就能满足要求。拖拉机经常在尘土多的条件下工作，由于永磁转子交流发电机没有电刷、换向器及调节器等，因此使用可靠，维修保养简单。永磁转子（永磁转子是钡铁氧永久磁铁，极数与绕组数相同，即有三对磁极，相邻的两极极性相反）交流发电机定子铁心，由环形内侧有凸齿的硅钢片叠成，固定在前后端盖之间，六个定子绕组分别绕在定子的六个凸齿上，相邻两绕组按电动势相加的原则串联成一组，各组的尾端联在一起，接在与机壳绝缘的搭铁接线柱 M 上，各相的首端分别接在与机壳绝缘的相线（火线）接线柱上，定子绕组接成星形。因此在拆掉发电机轴上的皮带情况下（白天使用拖拉机不需要照明灯时，一定要拆掉发电机轴上的皮带，使之停止运转。否则发电机处在空载状态，电压失去调节，可能烧坏发电机），用检验灯枪头触接发电机机壳上的搭铁接线柱 M 不动，拿检验灯刀头分别触及机壳上的三个相线接线柱，如图 5-173 所示。检验灯 H 发光二极管闪亮，说明检验灯刀头所触及的定子绕组内无断路；如果检验灯 H 发光二极管不闪亮，则说明刀头所触及的发电机定子绕组内有断路故障。检验灯枪头触接发电机机壳上的搭铁接线柱 M 不动，拿检验灯刀头触及发电机的机壳。检验灯 H 发光二极管闪亮，说明被测永磁转子交流发电机定子绕组绝缘损坏，发生绕组导线碰壳搭铁故障；如果检验灯 H 发光二极管不闪亮，则说明被测发电机定子绕组的绝缘良好。

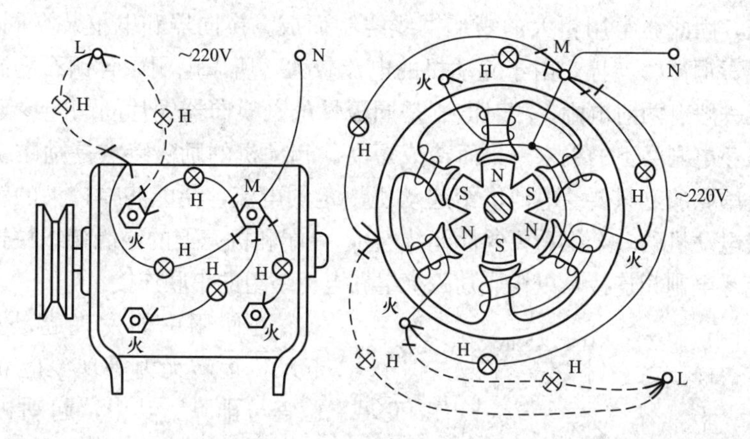

图 5-173 检验灯检测永磁转子交流发电机定子绕组的通断和绝缘示意图

永磁转子交流发电机每年（或出现故障后）应拆开检修一次。对已拆下车的发电机，放置在修理车间后。将被测发电机机壳上的搭铁接线柱 M 与 220V 电源中性线 N 用导线连接，然后用检验灯刀头触接电源相线 L，拿检验灯枪头分别触及发电机机壳上的三个相线接线柱（见图 5-173 中虚线检验灯）。检验灯 H 灯泡闪亮，说明被测发电机定子绕组内无断路；如果检验灯 H 灯泡不闪亮，则说明被测发电机的定子绕组内有断路故障。用检验灯刀头触接电源相线 L 不动，拿检验灯枪头触及发电机的机壳。检验灯 H 灯泡闪亮，说明被测发电机定子绕组的绝缘损坏，已发生绕组导线碰壳搭铁故障；如果检验灯 H 灯泡不闪亮，则说明被测发电机定子绕组的绝缘良好。另外切记：拆卸及装配永磁转子交流发电机时，不宜用锤猛击；抽出转子时宜用铁片将转子包住，以免转子退磁。

5-10-10 检测起动机励磁绕组的通断和绝缘

汽车、拖拉机发动机的起动，必须依靠外力来实现。起动的方式有人力起动、辅助汽油机起动和电力起动等方式。人力起动（手摇或绳拉起动）最为简单，但很不方便，只用于手扶或小型拖拉机上，在汽车上手摇起动只作为后备的方式而保留着，现在汽车和许多拖拉机广泛采用电力起动机起动。利用电力起动具有操纵灵便、起动迅速和可靠等优点。汽车、拖拉机电力起动装置由直流电动机（低电压、大电流、多极的串励式直流电动机）、传动装置及控制机构三部分组成。

起动用直流电动机（简称起动机）是由机壳、端盖、磁极、电枢和换向器等部分构成。磁极由铁心及励磁绕组构成，固定在机壳的内壁上。通常的起动机有四个磁极，大功率的起动机也有用六个磁极的。电枢由铁心及绕组构成，其结构与发电机基本相同。不同点是起动机为了获得较大的转矩，流经电枢绕组的电流达几百安，因此通常用粗大的矩形铜线绕制而成。换向器和电枢装在同一轴上，轴由石墨青铜衬套支撑。由于起动机的电流较大，所以电刷用含铜石墨制成。四极起动机一般有两对电刷，相对电刷是同极性的。换向器铜片间的绝缘云母片不凹入，以免电刷磨下的铜末聚集而造成短路。起动机的励磁特点是励磁绕组和电枢绕组是串联的（只要蓄电池供给起动机一定的电流，便能获得较大的转矩。这是串励式电动机的一个很重要的性能特点），一端和机壳上的绝缘接线柱连接，另一端和绝缘电刷相连接，以构成励磁绕组和电枢绕组的串联连接。

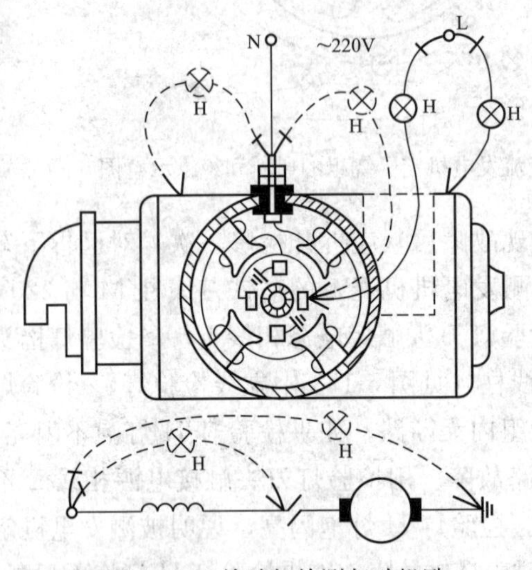

图 5-174　检验灯检测起动机励磁绕组的通断和绝缘示意图

在使用中如发现起动机不转、起动机运转无力等现象应立即进行检查与排除。其中，起动机励磁绕组是否断路和绝缘状况可用检验灯进行检测，如图 5-174 所示。用一根导线连接被测直流电动机机壳上的接线柱（励磁绕组的尾端）和 220V 交流电源中性线 N，拆下防尘箍拉紧螺栓，取下防尘箍，用铁丝钩提电刷弹簧，从刷架中取出电刷（只取出接铁正极电刷也可），并做好其绝缘。这时用检验灯枪头触接 220V 电源相线 L，拿检验灯刀头触及与电动机外壳绝缘的负极电刷引线。检验灯 H 灯泡闪亮，说明被测直流电动机的励磁绕组导通无断路；如果检验灯 H 灯泡不闪亮，则说明被测直流电动机的励磁绕组内有断路故障。用检验灯枪头触接电源相线 L 不动，拿检验灯刀头触及直流电动机的机壳。检验灯 H 灯泡闪亮，说明被测直流电动机的励磁绕组绝缘损坏，且已发生绕组导线搭铁故障；如果检验灯 H 灯泡不闪亮，则说明被测直流电动机的励磁绕组绝缘良好。

如果起动机在车上尚未拆下，在取下其防尘箍后，取出接铁正极电刷后做好绝缘。用检验灯刀头触及与直流电动机机壳绝缘的负极电刷引线，拿检验灯枪头触及电动机机壳上的接线柱（见图 5-174 中虚线检验灯）。检验灯 H 发光二极管闪亮，说明被测直流电动机的励磁绕组导通无断路；如果检验灯 H 发光二极管不闪亮，则说明被测直流电动机的励磁绕组内有断路故障。用检验灯枪头触及直流电动机机壳上的接线柱不动，拿检验灯刀头触及直流电动机的机壳。检验灯 H 发光二极管闪亮，说明被测直流电动机的励磁绕组绝缘已损坏，发生绕组导线搭铁故障；如果检验灯

H发光二极管不闪亮，则说明被测直流电动机的励磁绕组绝缘良好。

5-10-11 检测机械式起动开关触点接触和接触盘绝缘

汽车、拖拉机直接操纵式起动机的起动开关有电磁式和机械式两种。常用的方盒型起动开关（直控式开关）固装在起动机的外壳上，其构造简单、工作可靠、可缩短起动所需时间，并保证齿轮无撞击啮合，但容易产生顶齿现象。在起动开关的外壳上除装有两个主接线柱外，还有两个辅助接线柱。这两个辅助接线柱分别与点火线圈的起动开关接线柱及点火开关接线柱连接，其作用是在起动时将点火线圈的附加电阻短路，不起作用，点火线圈能产生较强的火花；起动后附加电阻起作用，保护点火线圈，改进火花的性能。两个接触盘是用黄铜制成并用夹布胶木垫圈和套筒与推杆相绝缘。起动机接通电路是用传动杆的推杆头压在开关的活动推杆上，而推杆使接触盘移动。这时黄铜制辅助接触盘先使两个辅助接线柱接通（使点火线圈的附加电阻短接），然后黄铜制主接触盘使起动机的主要电路的主接触点接线柱接通，而转动起动机。接触盘用弹簧来保证其中心线，使其不致歪斜，而有较大的接触面积，从而保证导电良好。当传动杆松开时（放松操纵手柄时），弹簧使开关活动推杆回复原来位置，而接触盘与接线柱触点分离，断开电源，起动机停止转动。

在使用中若需检查机械式起动开关的触点接触及接触盘绝缘状况，用检验灯检测的方法如图5-175所示。首先用一根导线将一个主接线柱和一个辅助接线柱可靠连接，然后用手推动活动推杆使两接触盘移动，同时用检验灯刀枪两头分别跨触起动开关的两个辅助接线柱、两个主接线柱。检验灯H发光二极管两次测试时均闪亮，说明被测起动开关的主、辅助触点闭合正常；如果检验灯H发光二极管不闪亮，则说明被测起动开关的触点闭合接触不良，可能接触盘歪斜。在检测得起动开关主、辅助触点闭合良好的情况下，用检验灯枪（刀）头触及起动开关的任一接线柱，拿检验灯刀（枪）头触及起动开关的活动推杆（见图5-175中虚线检验灯）。检验灯H发光二极管闪亮，说明被测起动开关的接触盘和推杆间绝缘损坏，发生短路故障；如果检验灯发光二极管不闪亮，则说明被测起动开关的两个接触盘绝缘良好。

装置在起动机外壳上的起动开关已拆卸下车，放置检修车间。对此可用导线连接起动开关的任一主接线柱和辅助接线柱，并且和220V交流电源中性线N连接；然后用手推动活动推杆使接触盘移动，同时用检验灯刀头触接交流电源相线L，拿检验灯枪头分别触及起动开关上未用导线连接的主、辅助接线柱。检验灯H灯泡在两次测试时均亮月光，说明被测起动开关的触点闭合接触良好；如果检验灯H灯泡亮星光，则说明被测起动开关的触点闭合接触不良，触点烧毛，接触电阻很大；如果检验灯H灯泡在两次测试时均不闪亮，则说明被测起动开关的触点未闭合，接触盘歪斜严重。在检测得起动开关主、辅助触点闭合均良好的情况下，用检验灯刀头触接电源相线 L 不动，拿检验灯枪头移触及起动开关的活动推杆。检验灯 H 灯泡闪亮，说明被测起动开关的接触盘绝缘已损坏；如果检验灯 H 灯泡不闪亮，则说明被测起动开关的接触盘绝缘良好。

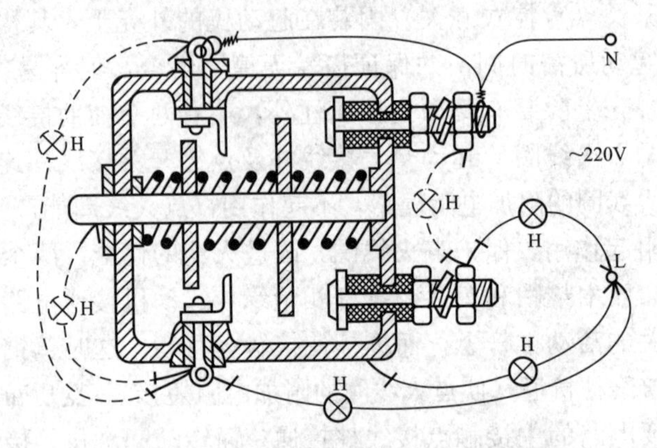

图 5-175 检验灯检测起动开关触点接触和接触盘绝缘示意图

5-10-12 检测点火线圈一次、二次绕组的通断和绝缘

汽化器式发动机的工作混合气的燃烧是由电火花来引火的。点火系的任务就是将蓄电池或发电机输出的低电压，经点火线圈变为高电压，再由分电器按照发动机的做功顺序，轮流配送给火花塞跳火，点燃混合气。点火线圈是利用电磁互感原理制成的。主要构件由铁心、低压线圈（一次绕组线径较粗，圈数稍少）、高压线圈（二次绕组线径较细，圈数较多）、附加电阻、接线柱及外壳等组成，如图 5-176 所示。点火线圈的铁心由很多硅钢片叠合而成。高压线圈和低压线圈绕在同一个铁心上，中间隔以数层绝缘电缆纸，并封闭在填满绝缘物的外壳内。体壳用绝缘胶木盖盖住，盖上有低压

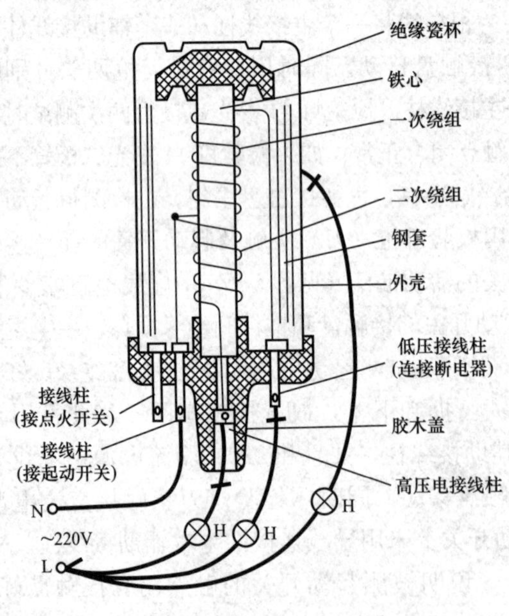

图 5-176 检验灯检测点火线圈一次、二次绕组的通断和绝缘示意图

线圈的两个接线柱（连接断电器导线的低压接线柱和接起动开关的接线柱）及高压电接线柱（高压线插座）。体壳外装有附加电阻，接在低压线圈的两个接线柱之间。它由铁丝制成，具有当温度升高时阻值迅速变大、温度降低时阻值迅速变小的特点。

用检验灯检测点火线圈一次、二次绕组的通断和绝缘状况的方法如图5-176所示。首先用一根导线将接起动开关低压线圈接线柱和220V交流电源中性线N连接起来。然后用检验灯刀头触接电源相线L，拿检验灯枪头分别触及连接断电器的低压线圈接线柱和高压电接线柱（铜螺丝孔）。检验灯H灯泡在两次测试时均闪亮，说明被测点火线圈的一次（灯泡应亮月光）、二次绕组内无断路现象；如果检验灯H灯泡在两次测试时不闪亮，则说明被测点火线圈的一次、二次绕组内有断路故障。在测得点火线圈一次、二次绕组内无断路现象的情况下，用检验灯刀头触接电源相线L不动，拿检验灯枪头移触及点火线圈外壳金属部分。检验灯H灯泡闪亮，说明被测点火线圈的一次、二次绕组绝缘已损坏，发生绕组导线搭铁故障；如果检验灯H灯泡不闪亮，则说明被测点火线圈的绕组绝缘良好。

5-10-13 快速鉴别点火线圈的好坏

经常听到一些汽车驾驶员反映，在维修汽车（包括摩托车）时，不会判断点火线圈的好坏，只要发现没有高压火花就认为点火线圈有故障；购买新点火线圈时，由于没有万用表或不会使用，也不能很快鉴别点火线圈的质量优劣，只能装上车试验，这样既浪费时间，又不能确认点火线圈的质量。现介绍用检验灯快速鉴别点火线圈的好坏的方法。

点火线圈的原理和一般变压器相同。低压线圈的线较粗，圈数稍少（200～300匝），它经分电器断电器触点和低压电源蓄电池相连。高压线圈和低压线圈绕在同一个铁心上，其线较细，圈数较多（10000匝以上）。当断电器触点闭合时，低压电路被接通，电流通过低压线圈，铁心被磁化，这时低压线圈四周产生磁场；当触点分开时，低压电路被切断，低压线圈中电流消失，磁场中的磁力线立即收缩，迅速切割了高压线圈，这时它的每一圈中便感应而生电流。由于线圈的圈数很多，每一圈感应的电压累积起来，其两端的总电压就非常高。再加上电容器（装置电容器的功用之一，就是促使低压线圈的磁场在触点张开时迅速收缩，在高压线圈中增强高压电的电压）的作用，助长高电压的产生，将电压升高到10～15kV左右，供火花塞跳火，点燃工作混合气。故此将新购买的或从车上取下来的点火线圈放置地上，把点火线圈的高压线线芯端头放在离点火线圈金属外壳0.5mm左右处，然后用检验灯枪头触及牢点火线圈的连接断电器的低压接线柱，拿检验灯刀头断续点触及接起动开关的低压接线柱，如图 5-177 所示。这时如果听到“叭叭”的放电声，同时每次都能看到绿色粗而长的高压放电火花，则说明这只被测点火线圈是好的；如果只听到“叭叭”的放电声，而没有高压放电火花或高压火花弱而发红色，则说明被测点火线圈的绕组不是断路就是搭铁。此点火线圈安装在车上也不能正常工作。

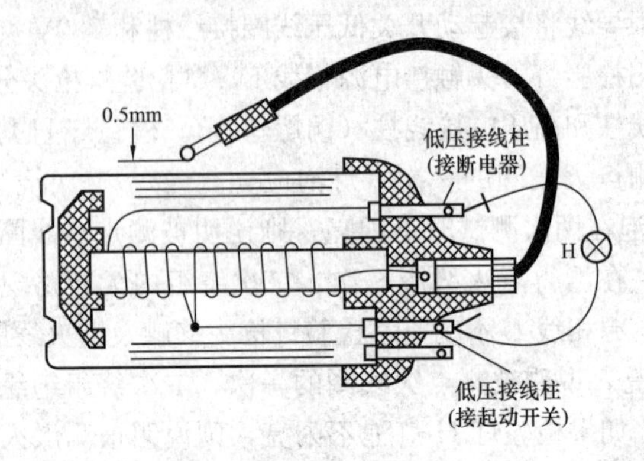

图 5-177　鉴别点火线圈好坏的示意图

5-10-14　检测电容器的绝缘好坏

车用电容器装在断电—配电器的外壳上。电容器的功用有两个：一是保护分电器断电触点不让点火线圈低压线圈中的“自感电流”产生火花，烧坏触点；二是促使低压线圈的磁场在触点张开时迅速收缩，在高压线圈中增强高压电的电压。电容器由两条带状铝箔或锡箔和使铝箔相互绝缘的两条浸有石蜡的特种纸带（纸带较金属箔带稍宽些，保证金属箔带互相绝缘）卷制成筒形，装在金属外壳中。一条金属箔带的引出线和金属外壳相连接，另一条金属箔带的引出线包在绝缘套管中引出外壳。金属外壳是一极，安装到断电—配电器外壳上而搭铁，引出的导线接在分电器的低压电路连接的断电臂处。车用电容器在温度20℃时，应具有不低于 50MΩ 的绝缘电阻（对直流而言），绝缘不良的电容器会使触点烧蚀严重，点火困难；严重短路时，就根本不能点火。

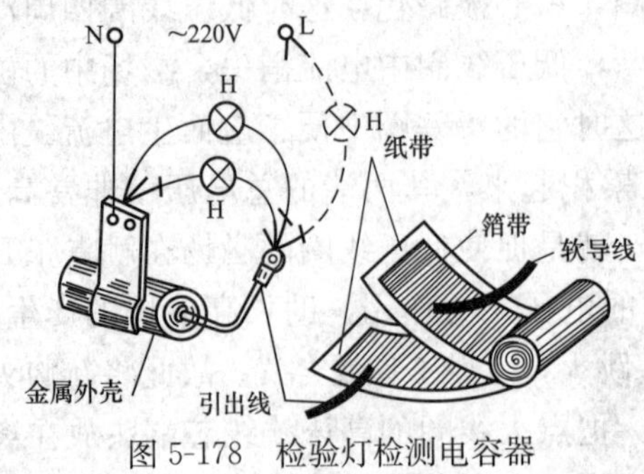

图 5-178　检验灯检测电容器的绝缘示意图

如图 5-178 所示，用检验灯刀枪两头跨触电容器金属外壳和引出线端头。检验灯 H 发光二极管只闪亮一下后熄灭，不再闪亮；然后迅速调换检验灯的刀枪两头，再去触及被测电容器的金属外壳和引出线端头，检验灯H发光二极管闪亮一下后就熄灭，说明被测电容器完好。否则，用检验灯刀枪两头跨触时检验灯H发光二极管一直闪亮不熄，则说明被测电容器的绝缘已击穿短路。

对已拆卸下车的或从库房领出的车用电容器，可将电容器外壳上的固定螺孔和220V交流电源中性线N相连接，然后用检验灯刀头触接电源相线L，拿检验灯枪头触及电容器的引出线端头。检验灯H灯泡不闪亮，发光二极管只闪亮一下就熄灭，说明被测电容器完好；如果检验灯H灯泡和发光二极管均闪亮不灭，则说明被测电容器的绝缘已击穿短路。

5-10-15 检测电热式闪光继电器电路的通断和绝缘

汽车、拖拉机在转弯（转变方向）时，转向指示灯发出闪光指示汽车、拖拉机的转弯方向，而产生闪光的主要元件是闪光继电器，又称闪烁器或断续器。由镍铬电阻丝、动合触点、铁心、线圈等组成的电热式闪光继电器如图5-179所示。闪光继电器在胶木底板上固定着绕着线圈的铁心，线圈的一端与电源接线柱（有的标注开关）相连，线圈的另一端与固定触点相连。电阻丝与附加电阻用一根镍铬丝制成，在其相连接处用玻璃珠固定在支架上。电阻丝一端连接活动触点臂，附加电阻的一端接电源接线柱［电阻丝的作用是保证在冷却状态时（缩短）拉紧活动触点臂，使固定、活动触点处于分断状态］。闪光继电器接线柱（有的标注灯泡）固定在支架上，支架通过片簧和活动触点臂金属性导通。由此可知，电热式闪光继电器的电源、闪光继电器接线柱不论通电与否，均是导通的（当电流通过镍铬电阻丝时，经一定时间受热膨胀而伸长，在活动触点臂和支架连接处的片簧作用下，动、静触点闭合）。所以，用检验灯刀枪两头跨触电源接线柱和闪光继电器接线柱。检验灯H发光二极管闪亮，说明被测闪光继电器内电路导通正常；如果检验灯H发光二极管不闪亮，则说明被测闪光继电器电路内有断路故障。用检验灯枪头（或刀头）触接电源接线柱，拿检验灯刀头（枪头）触及闪光继电器的金属外壳。检验灯H发光二极管闪亮，说明被测闪光继电器电路导体元器件有搭铁故障；如果检验灯H发光二极管不闪亮，则说明被测闪光继电器电路绝缘正常。

使用中的电热式闪光继电器无负载（闪烁式转向指示灯）时，不准与蓄电池接通电路，以防烧毁；有负载时，接通电路后，整个电路不准作搭铁试验。闪光继电器的负载灯泡按规定配置，不得过载，以免烧坏线圈（铁心线圈主要是用以触点闭合时，电流通过线圈产生吸力，延缓断开时间使闪光频率缓慢）。闪光频率的快慢可用改变衔铁与铁心间的气隙大小调整，间隙增大，频率加快；否则相反。调整时，触点应处在闭合位置，扳动触点支架进行。闪烁式转向灯闪光时，亮与暗的时间应相等，不等时可调整触点间隙。间隙小，暗的时间短，亮的时间长；否则相反。

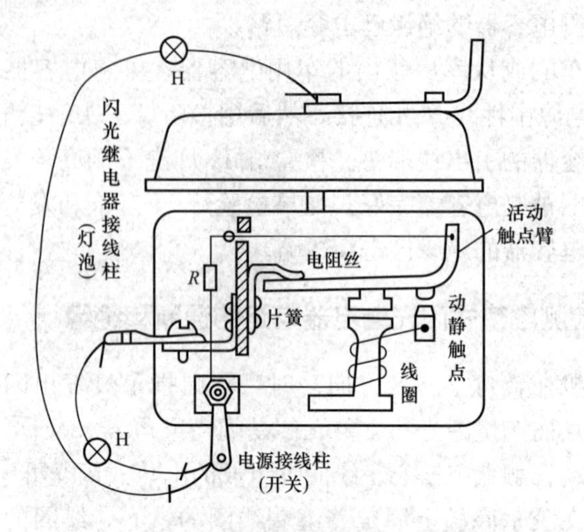

图 5-179　检验灯检测电热式闪光继电器电路示意图

5-10-16　检测汽车头灯内电路的通断

汽车头灯（经常作运输工作的轮式拖拉机头灯的结构与汽车相似）按照光学组件的结构，头灯有三种型式：可拆式光学组件的头灯、半可拆式光学组件的头灯、全封闭式头灯。不论哪一种型式的头灯，均可用检验灯来检测其内电路的通断。如图 5-180 所示，半可拆式光学组件的头灯主要零件有壳体、灯泡、反射镜、散光玻璃、插座、接线器等。用检验灯枪头触及其从接线器引出的搭铁引线头，拿检验灯刀头分别触及从接线器引出的另外两根引线线芯。检验灯 H 发光二极管闪亮，说明被测头灯内双丝灯泡的灯丝及引线未断线；如果检验灯 H 发光二极管不闪亮，则说明被测头灯的灯丝或引线断路，或是插座与插片接触不良。汽车头灯的固定必须牢固，以免在汽车行驶时受到强烈震动的影响。

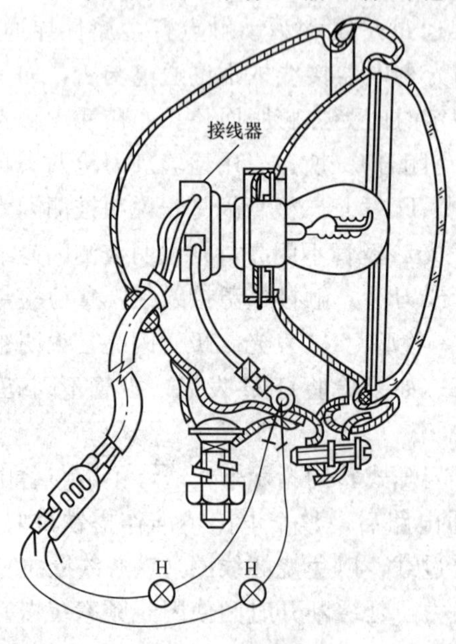

图 5-180　检验灯检测汽车头灯电路示意图

5-10-17 检测振动式电喇叭的线圈通断和绝缘

汽车、拖拉机上装置的电喇叭多为电磁振动式。其主要元器件是绕在铁心上的线圈、接触盘、带有共鸣盘的振动膜、喇叭筒、弹簧钢片、触点和电容器等，如图 5-181 所示。在使用中按下喇叭按钮（一般装在转向盘的中心）而喇叭不响时，对已调整恰当触点间隙和接触盘与铁心间隙的电喇叭，应首先检测熔断器 FU 的熔丝是否熔断。用检验灯刀头触接熔断器电源侧接线柱，拿检验灯枪头触及熔断器负载侧接线柱。检验灯 H 发光二极管闪亮，说明被测熔断器的熔丝完好未烧断；如果检验灯 H 发光二极管不闪亮，则说明被测熔断器的熔丝已熔断。在测知熔断器 FU 的熔丝完好或新装设好熔丝的情况下，用检验灯枪头触及按钮接铁接线柱，拿检验灯刀头触及按钮的另一端接线柱，即用检验灯枪、刀头跨触按钮两端接线柱。检验灯 H 发光二极管不闪亮，说明被测电喇叭的线圈电路内有断路故障；如果检验灯 H 发光二极管闪亮，则说明被测电喇叭的线圈电路内有搭铁故障。顺便指出：电喇叭的固定方法对其声音有极大的影响。为了使喇叭的声音正常，电喇叭不能作刚性装接，而应固定在缓冲支架上，即在电喇叭与固定支架之间装置有片状弹簧或橡皮垫。另外，电喇叭的接触盘与铁心的间隙一般应在 0.5～1.5mm。间隙过小会发生碰撞，间隙过大使电磁力吸不动接触盘。调整时铁心要平整，铁心与接触盘四周的间隙要均匀，否则会产生杂音。

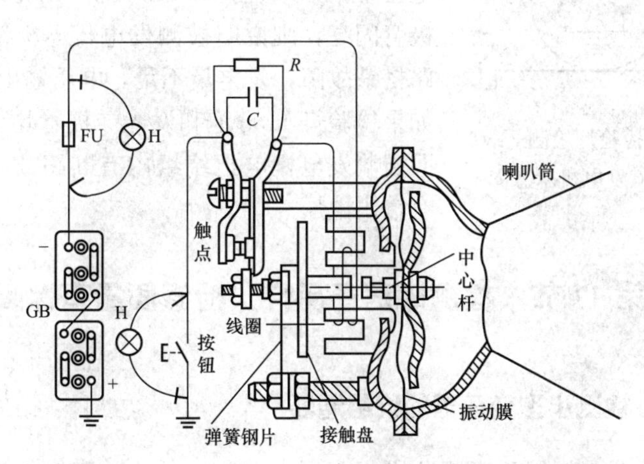

图 5-181 检验灯检测电喇叭的线圈通断和绝缘示意图

5-10-18 检测 24V 大功率直流发电机是否有故障

大功率（额定功率为 300W 以上。如国产黄河牌汽车上、太脱拉 138 型汽车上配套的24V发电机）直流发电机，其额定电压多为24V、负极搭铁。当汽车发动机在中、高转速运行时，开亮大灯，电流表指向放电，说明充电电路有故障。这时经检查风扇皮带松紧正常和导线连接处无松动现象后，驾驶员常用螺钉旋具（旋凿）金属杆部分去短接直流发电机电枢接线柱和机壳之间试火。如有火，则说明发电机本身及发电机磁场接线柱、电压调节器、电流限制器、发电机电枢接线柱整个励磁电路是良好的；如无火或火花微弱，则说明发电机或发电机磁场接线柱，经电压调节器、电流限制器至发电机电枢接线柱整个励磁回路有故障。如果用旋凿金属杆将高速正常发电的发电机电枢接线柱接铁，就等于将电枢绕组短路，便会产生很大的短路电流，使发电机温度急剧上升，甚至迅速烧毁。但是，发电机电枢绕组短路的结果会产生较大的内压降，又使励磁绕组中的电流下降，再加上强烈的电枢反应，致使发电机的端电压急剧下降，从而对发电机又起了一定的保护作用（这也是汽车上采用并励式直流发电机的原因之一）。另外，这种检测方法必然产生强大的火花，易发生火灾，很不安全。对此，用检验灯来检测既简便又安全。

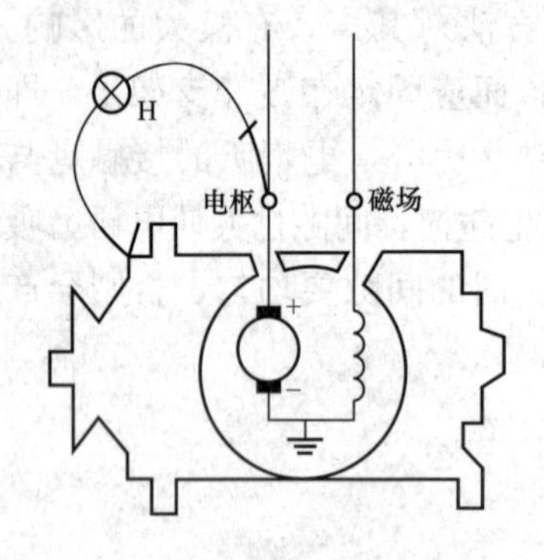

图5-182　检验灯检测24V大功率直流发电机示意图

如图5-182所示，对负极搭铁的24V大功率直流发电机，用检验灯枪头触及电枢接线柱，拿检验灯刀头触及发电机机壳。检验灯H灯泡亮星光、发光二极管闪全亮，说明被测直流发电机发电正常；如果检验灯H灯泡不闪亮，只有发光二极管闪亮，则说明被测发电机电枢绕组有匝间短路搭铁故障，发电量不足，电压输出值不达24V；如果检验灯H灯泡和发光二极管均不闪亮，则说明被测发电机电枢绕组内有断路故障，发电机没有输出电压。

第11节　检测库房备品件，检修质量有保障

5-11-1　检测小型变压器的绕组通断

小型变压器是指用于工频范围内进行电压变换的小功率变压器，容量从几瓦至1kW。这种变压器广泛应用在日常生活和生产的各个用电领域中。如安全电源变压器（凡有安全灯和应用安全电源电动工具的场所，均需装置用这种变压器）、1∶1隔离变压器（提供电压等于低压电网额定电压的安全电源变压器）、霓虹灯变压器（霓虹灯的工作电压很高，一般为15kV，其电源必须经小型变压

器进行升压)、电源变压器（凡用交流电源的电子产品，几乎都要用这种变压器提供电源，如低压继电控制装置，包括各种控制保护设备的音响信号和指示灯所需的较低电压电源。这种小型变压器的品种规格最多，应用最广）等。

小型变压器的常见故障是一、二次绕组断路，特别是引出线端头断裂。如果一次回路有电压而无电流，一般是一次绕组的端头断裂；若一次回路有较小的电流而二次回路既无电流也无电压，一般是二次绕组的端头断裂。通常是由于线头折弯次数过多，或线头遭到猛拉，或焊接处霉断（焊剂残留过多），或引出线过细等原因所造成的。对此故障可用检验灯来测判。

如图 5-183 所示（以立式小型变压器为例），用检验灯刀枪两头跨触变压器一次绕组两接线桩头。检验灯 H 发光二极管闪亮，说明被测变压器绕组内无断线故障；如果检验灯 H 发光二极管不闪亮，则说明被测变压器绕组内存在断路故障。或将被测变压器一次绕组的任一接线桩头与 220V 交流电源中性线 N 用导线连接，然后用检验灯刀头触接电源相线 L，拿检验灯枪头触及未接中性线 N 的另一接线桩头。检验灯 H 灯泡闪亮，说明被测变压器一次绕组内无断路；如果检验灯 H 灯泡不闪亮，则说明被测变压器一次绕组内有断路故障。同理同法，可用检验灯检测被测变压器的二次绕组通断，如图 5-183 中虚线检验灯所示。

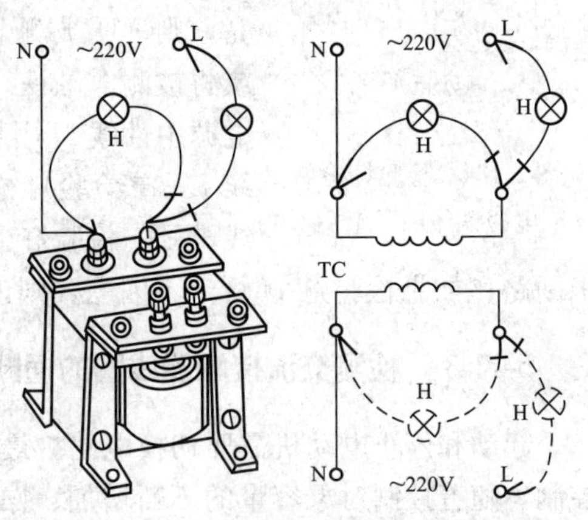

图 5-183 检验灯检测变压器绕组通断示意图

小型变压器的引出线端头断裂故障。如果断裂线头在线圈的最外层，则可掀开绝缘层，挑出线圈上的断头，焊上新的引接线，包好绝缘层即可使用；若断裂线端头处在线圈内层处，一般无法修复，需要拆开重绕。

5-11-2 检测牵引和制动电磁铁的线圈通断

电磁铁是低压电器中的一大元件，它的主要用途是操纵或者牵引机械装置以完成自动化的动作。电磁铁基本工作原理是：当线圈通以电流后使铁心磁化产生了一定的磁力，将衔铁吸引而达到做功的目的。电磁铁的种类很多，最常用的有牵引电磁铁（主要用于自动控制设备中，用作开启或关闭水压、油压、气压等阀门以及牵引其他机械装置以达到遥控的目的）、制动电磁铁（主要用于电气传动装置中，对电动机进行制动，以达到准确停车制动的目的。在起重运输设备中，电磁铁通过抱闸装置使悬吊重物不致掉下）。从结构讲，牵引电磁铁

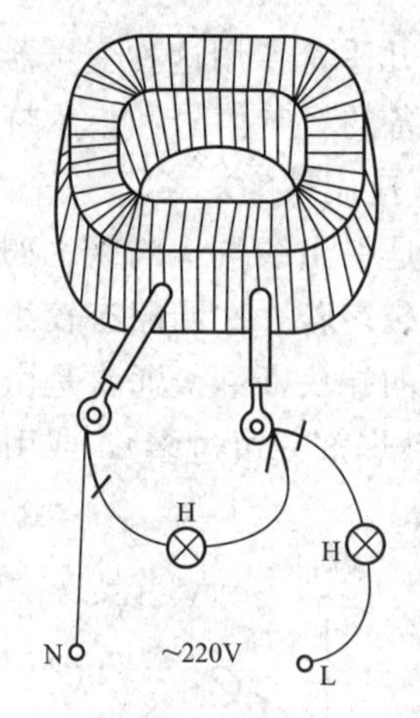

图 5-184 检验灯检测电磁铁线圈示意图

和制动电磁铁没有什么本质上的差别。实际上，凡是衔铁运动做功的电磁铁都可称为牵引电磁铁。如果电磁铁的衔铁牵引一个制动的抱闸装置（俗称电磁抱闸），那么电磁铁就起了制动作用，它就叫做制动电磁铁。

牵引和制动电磁铁的易损备件主要是线圈。如图 5-184 所示，用检验灯刀枪两头跨触电磁铁线圈的两引出线接线鼻子。检验灯 H 发光二极管闪亮，说明被测电磁铁线圈内未断线；如果检验灯 H 发光二极管不闪亮，则说明被测电磁铁线圈内有断线或脱焊断路故障。或将被测电磁铁线圈任一引出线接线鼻子和照明 220V 电源中性线 N 用导线连接。用检验灯刀头触接电源相线 L，拿检验灯枪头触及电磁铁线圈的另一引出线接线鼻子。检验灯 H 灯泡闪亮，说明被测电磁铁线圈内未断路；如果检验灯 H 灯泡不闪亮，则说明被测电磁铁线圈内有断路故障。

5-11-3 检测交流接触器线圈的通断

起动和停止电动机需要切换电路。最初采用手动电器——刀开关进行手动控制，随着控制对象容量的不断增加、操作频率的不断提高，以及远距离集中控制、多地点控制等要求的提出，采用刀开关不能满足生产发展的需要。在生产发展的推动下，创造了接触器。它是一种根据外界输入信号能自动接通或断开有负载电路的遥控电器，具有低电压释放保护性能、控制容量大、能远距离控制、能实现联锁控制，且使用安全、检修方便等优点。随着生产过程电气化、自动化的发展，接触器的应用日趋广泛，它的结构和性能亦日趋完善，成为自动控制系统中最重要和常用的低压电器元件之一。接触器是利用电磁吸力及弹簧反作用力配合动作，而使触头闭合与分断的一种电器。按其触头通过电流的种类不同，可分为直流接触器和交流接触器。

常见的交流接触器主要由电磁系统（包括铁心、衔铁和吸引线圈）、触头系统、灭弧装置等部分组成，其易损备件是吸引线圈。如图 5-185 所示，用检验灯刀枪两头跨触交流接触器线圈的两引出线接线桩头。检验灯 H 发光二极管闪亮，说明被测接触器线圈内无断线；如果检验灯 H 发光二极管不闪亮，则说明被测接触器线圈内已断路。或用一根导

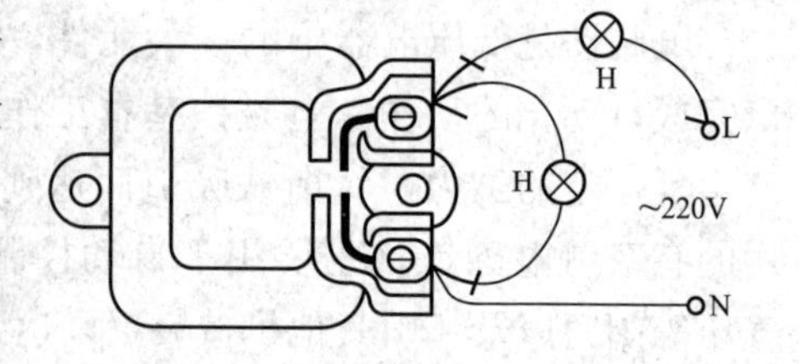

图 5-185 检验灯检测交流接触器线圈的通断示意图

线将接触器线圈的任一引出线接线桩头和220V交流电源中性线N相连接，然后用检验灯刀头触接电源相线L，拿检验灯枪头触及接触器线圈的另一引出线接线桩头。检验灯H灯泡闪亮，说明被测接触器线圈内无断线；如果检验灯H灯泡不闪亮，则说明被测接触器线圈内存在断线故障。同理同法，可用检验灯检测库房内直流接触器线圈的通断，交、直流中间继电器线圈的通断，时间继电器线圈的通断。

5-11-4 检测电磁式扬声器的线圈通断

扬声器是把音频电流转换成声音的电声器件，可供各种收音机、扩音机、录音机等机内外配套或有线广播用。常用的电磁式扬声器（通常称舌簧式喇叭）工作原理是：当音频电流使磁铁的磁场发生变化时，对软铁材料制成的衔铁（即舌簧）产生吸斥作用，由于衔铁是与纸盆直接连在一起的，衔铁的动作带动纸盆振动，从而发出声音。电磁式扬声器由于成本低，不需单独的变压器，消耗功率较少，因此广泛用在农村、工矿企业有线广播中。

电磁式扬声器的线圈（放在两块U形铁片中间）是用很细的漆包线绕制的。若扬声器保存不好而受潮，其线圈就容易发霉、烂断，即扬声器的线圈易发生断线故障。使用电磁式扬声器时应注意：工作电压不要超过30V，得到的功率不要超过它的额定功率。如图5-186所示，用检验灯刀枪两头跨触扬声器线圈两根引出线固定在支架上的两焊熔点（熔点与支架绝缘）。检验灯H发光二极管闪亮，同时被测扬声器发出“咯咯”的声音，说明被测电磁式扬声器的线圈是完好的；如果检验灯H发光二极管不闪亮，被测扬声器也没有声响，则说明被测电磁式扬声器的线圈内断线了。

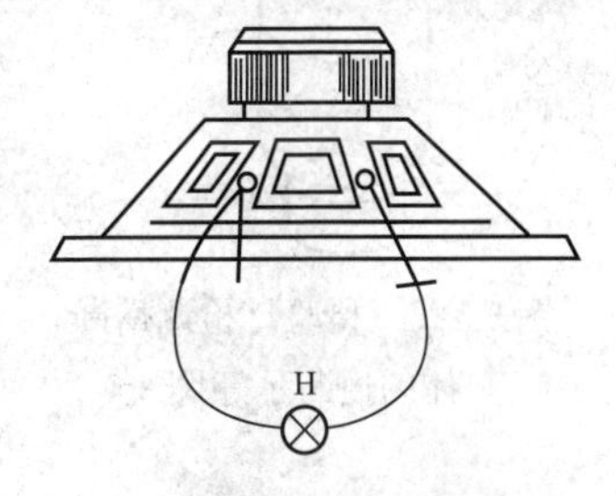

图5-186 检验灯检测扬声器的线圈通断示意图

5-11-5 检测螺旋式熔断器的熔断体通断

熔断器是配电电路及电动机控制电路中用作过载和短路保护的电器。它串联在线路中，在正常情况下它相当于一根导线。当线路或电气设备发生短路或过载时，熔断器中的熔体首先熔断，使线路或电气设备脱离电源，起到保护作用。熔断器具有结构简单、价格便宜、使用维护方便、体积小、重量轻等优点，得到广泛的应用。其中螺旋式熔断器适用于交流50Hz或60Hz、额定电压至500V的场所，它的额定电流为15～220A，分断能力为20～50kA。由于它具有较高的分断能力，并且结构不是十分复杂，安装尺寸小，能切断一定的短路电流，能在带电但不带负荷的情况下直接用手更换熔断体，所以它常被用于照明线路和中小型电动机的保护。

RL1 系列螺旋式熔断器由底座、瓷帽、熔断体（熔断管、芯子）等部分组成。熔断体内装一组熔丝和石英砂填料，熔断体盖的中央有一个熔断指示器（小红点），当熔丝熔断后指示器自动脱落，显示熔丝已熔断（通过瓷帽观察可见）。但是新的、库房放置的整盒熔断体，常会遇到熔断指示器没有了，可其内熔丝未断，而有熔断指示器的，其内熔丝却断了的情况。故使用熔断体前需用检验灯来检测诊断。如图 5-187 所示，用检验灯刀枪两头跨触熔断体两端金属帽盖。检验灯 H 发光二极管闪亮，说明被测熔断体内熔丝完好未断；如果检验灯 H 发光二极管不闪亮，则说明被测熔断体内熔丝已断。或者用连接 220V 交流电源中性线 N 的导线头放置在木桌上（或用导线头绑扎熔断体的任一端金属帽盖），熔断体任一端金属帽盖压接木制桌上导线线芯，然后用检验灯刀头触接电源相线 L，拿检验灯枪头触及熔断体上端（未绑扎线头一端）金属帽盖。检验灯 H 灯泡亮月光，说明被测熔断体内熔丝完好未断；如果检验灯 H 灯泡不闪亮，则说明被测熔断体内熔丝已断，即使该熔断体金属帽盖中央的熔断指示器未掉落，此熔断体也不能使用。同理同法，可用检验灯检测 RLS 系列螺旋式快速熔断器（作为半导体整流元件及其所组成的成套装置的短路或某些不允许过电流的过载保护）的熔断体通断。另外告知，在安装检修螺旋式熔断器时，其瓷帽要拧紧，否则易造成接触不良而产生“虚电压”故障。

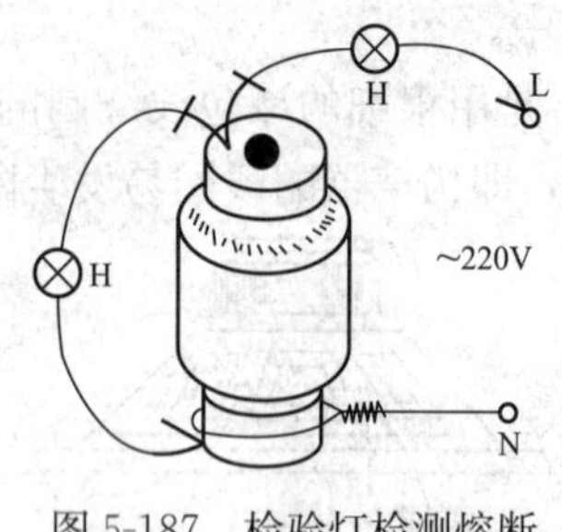

图 5-187 检验灯检测熔断体的通断示意图

5-11-6 检测填料封闭管式熔断器的通断

熔断器是低压线路中最简单的一种保护电器，它用来保护电气设备免受过负荷电流和短路电流的损害。随着低压电网容量的增大，当线路发生短路故障时，短路电流时常高达 25～50kA。瓷插式、螺旋式、无填料封闭管式熔断器都不能分断如此大的短路电流，必须采用 RT0 系列有填料封闭管式熔断器。填料封闭管式熔断器的熔体管采用高频陶瓷制成，具有耐热性强、机械强度高、外表面光洁美观等优点。熔体是两片网状紫铜片，中间用锡把它们焊接起来，这个部分称为“锡桥”。熔体管内填满石英砂，在切断电流时起迅速灭弧作用。熔断指示器为一个机械信号装置，熔体熔断后与熔体并联的康铜熔断丝立即烧断，弹出红色指示件，表示熔体熔断信号。熔断器的插刀插在底座的插座内。

RT0 系列有填料封闭管式熔断器适用于交流 50Hz、额定电压 380V，直流额定电压440V及以下短路电流较大的低压电力网络或配电装置中，作为电缆、导线、电动机和变压器等电气设备的短路保护及电缆、导线的过负荷保护用；而且还具有好的安秒特性，在电网保护中与其他保护电器如低压断路器和起动器等相匹配，能得到一定的选择性保护。故其广泛用于具有较大短路电流的电力输配电系统中。缺点是当熔体熔断后不易拆换。该种熔断器的绝缘操作手柄可在带电压的情况下调换熔体管。

如图5-188所示，用检验灯刀枪两头跨触RT0熔断器的熔体管两端金属插刀刀片。检验灯H发光二极管闪亮，说明被测熔体管内网状紫铜片完好未断；如果检验灯H发光二极管不闪亮，则说明被测熔体管内网状紫铜片已断。或者将熔体管放置木桌上，用根导线把其任一端金属插刀和220V电源中性线N连接，然后用检验灯刀头触接电源相线L，拿检验灯枪头触及熔体管的另一端金属插刀。检验灯H灯泡亮月光，说明被测熔体管内网状紫铜片完好未断；如果检验灯H灯泡不闪亮，则说明被测熔体管内网状紫铜片已断裂，不能使用了。

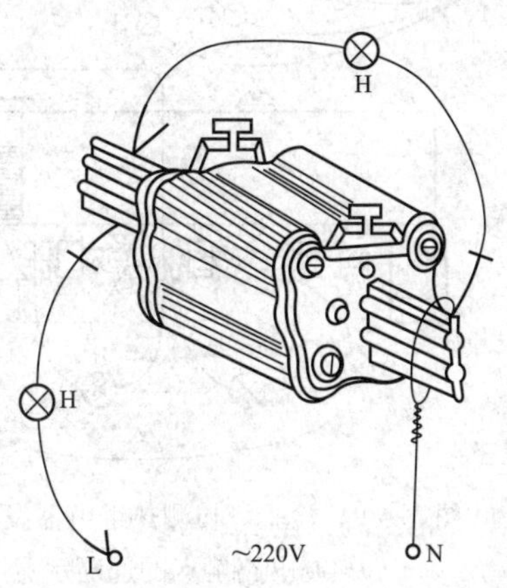

图5-188 检验灯检测填料封闭管式熔断器的通断示意图

5-11-7 检测热继电器发热元件和控制电路触点通断

热继电器是依靠负荷电流通过热元件时产生热量，当负荷电流超过允许值时所产生的热量增大到动作机构随之而动的一种保护电器。主要用途是保护电动机的过载及对其他电气设备发热状态的控制。通常热继电器与交流接触器一起组成磁力起动器，作为电动机的起动控制设备。使用时热元件串联在电动机的主回路中，动断触点串联在交流接触器线圈控制回路中，电动机正常运行时触头不动作。如果电动机过负荷运行，其负荷电流大于额定电流值时，热元件温度升高，超过正常运行温度，使双金属片弯曲，推动推杆使动断触点断开，切断交流接触器的控制回路，接触器释放，主回路断电，电动机停止运转，起到保护作用。

双金属片式热继电器主要由热元件、触头、动作机构、复位按钮和调整整定电流装置等部分组成。热元件是由双金属片及围绕在双金属片（具有不同膨胀系数的两种金属片牢固轧焊在一起）外面的电阻丝组成的。电阻丝一般用康铜、镍铬合金等材料做成，使用时将电阻丝直接串联在电动机的主回路中。触头有两副，通常将动断触头串入控制回路，动合触头可接入信号回路。由于其

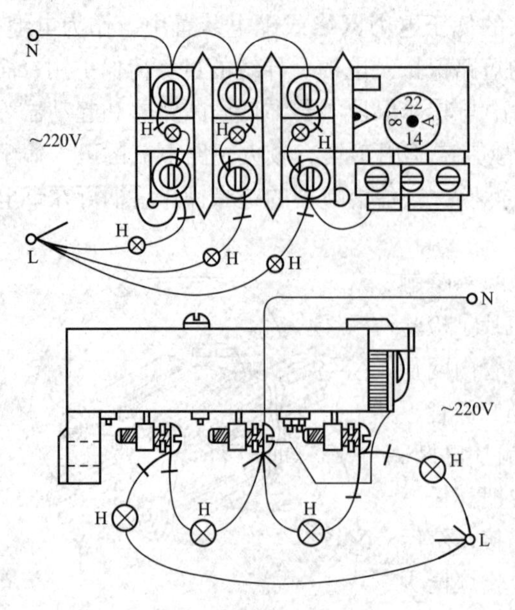

图 5-189　检验灯检测热继电器发热元件和控制电路触点的通断示意图

结构简单、体积较小、成本较低，同时选择适当的热元件可以得到良好的反时限特性，因此双金属片式热继电器应用较广泛。

如图 5-189 所示，用检验灯刀枪两头跨触热继电器各极的接线桩头。检验灯 H 发光二极管闪亮，说明被测热继电器各极的热元件正常无断路；如果检验灯 H 发光二极管不闪亮，则说明被测热继电器极的热元件已断路。或者用一裸导线将热继电器各极电源侧（或负荷侧）接线桩头短接，并用导线和 220V 电源中性线 N 连接，然后用检验灯刀头触接电源相线 L，拿检验灯枪头分别触及热继电器未被短接的各级负荷侧（电源侧）接线桩头。检验灯 H 灯泡亮月光，说明被测热继电器极的热元件正常无断路；如果检验灯 H 灯泡不闪亮，则说明被测热继电器极的热元件已断路。

热继电器的两副触头为单点双投式，即两个静触头共配一个动触头。用检验灯刀头触接热继电器的动触头接线桩头（一般是中间的接线桩头），拿检验灯枪头分别触及其两边的动断静触头（一般是靠近电流调节凸轮一边的）和动合静触头接线桩头。检验灯 H 发光二极管一次闪亮而另一次不闪亮，且枪头触及靠电流调节凸轮一边的接线桩头时闪亮，说明被测热继电器控制电路触点通断正常；否则就不正常。如果拿检验灯枪头触及动断静触头接线桩头时发光二极管不闪亮，而另一次（枪头触及动合静触头接线桩头时）闪亮，这时用手按动“手动复位”。稍后再重复上述测试：检验灯枪头触及动断静触头接线桩头时发光二极管闪亮，而另一次不闪亮。继续再重复上述测试，检验灯 H 发光二极管仍然是同样显示，则说明被测热继电器控制电路触点通断正常；否则被测热继电器的两副触头通断不正常，需拆体检修。或者用根导线将热继电器的公共动触头接线桩头（中间的接线桩头）和 220V 电源中性线 N 连接，然后用检验灯刀头触接电源相线 L，拿检验灯枪头分别触及热继电器的动断静触头和动合静触头接线桩头。检验灯 H 灯泡一次亮月光而另一次不闪亮，且灯泡亮月光时枪头触及的是热继电器动断静触头接线桩头，说明被测热继电器控制电路触点通断正常；否则被测热继电器的两副触头通断不正常，需拆体检修。

5-11-8 检测碘钨灯的钨丝通断

碘钨灯属于热辐射光源，它的工作原理与普通白炽灯基本相同，都是利用电流通过钨丝加热至炽热状态而产生光辐射。在碘钨灯内充入惰性气体氮、氩和少量的碘或碘化物，在满足一定温度的条件下，灯泡内能够建立起碘钨再生循环，防止钨沉积在玻璃壳上。碘钨循环的大致情况是：从钨丝蒸发出来的钨，在向玻璃壳方向迁移的过程中与碘化合生成气态的碘化钨，碘化钨扩散到灯丝附近的高温区时分解成钨和碘元素，分解出来的钨有可能落回钨丝上使灯丝的物质损失得以补充。而碘元素又向灯泡壁区域扩散，并在那里与另外的钨原子化合再次扩散到灯丝附近发生分解。如此形成所谓碘钨再生循环，在这个过程中碘元素不断地把灯泡壁上或向灯泡壁迁移的钨“运回”到灯丝上，这种过程能在灯泡的整个寿命期中进行，故有效地防止了灯泡的黑化，使灯泡在整个寿命期间保持同样的透明，光通量输出降低很少。同时为了保持较高的玻璃壳温度，碘钨灯灯泡可以而且必须做成较小的尺寸，较小尺寸的灯管机械强度提高了，灯泡内可充较大压力的惰性气体，这就大大地抑制了钨丝的蒸发，碘钨灯的寿命因而得到提高。小的灯管直径减小了灯内气体的对流，因此对流损失较小，灯泡发光效率提高了，有更好的光通量维持。

双端引出式碘钨灯为一个直径10mm左右的直管子，用耐高温的石英玻璃或高硅酸玻璃制成。沿灯管轴向安装单螺旋或双螺旋钨丝，在灯管内有一些钨质支架圈将灯丝固定。灯管内充有氮、氩和少量的碘或碘化物。一般用眼无法确定碘钨灯内钨丝的通断。如图5-190所示，用检验灯刀枪两头跨触灯管两端陶瓷灯头上的金属灯脚（镍、钼或铝合金做成）。检验灯H发光二极管闪亮，说明被测碘钨灯的灯丝完好未断；如果检验灯H发光二极管不闪亮，则说明被测碘钨灯的灯丝已断裂。或者用根导线连接碘钨灯任一端陶瓷灯头上金属灯脚和220V电源中性线N，然后用检验灯刀头触接电源相线L，拿检验灯枪头触及未接中性线N的另一端金属灯脚。检验灯H灯泡闪亮，说明被测碘钨灯的灯丝完好未断；如果检验灯H灯泡不闪亮，则说明被测碘钨灯的钨丝已断裂了。

双端引出式碘钨灯灯管内灯丝较长，故经受不起震动和冲击，震动越大，灯丝越易断。所以不宜安装在震动较大的场所，并且应尽量避免频繁开、关。双端引出式碘钨灯应保持水平状态，安装倾斜角不得大于±4°，否则会使灯管很快发黑，灯丝烧断（因不能维持正常的碘钨循环）。更换装卸灯管时要上紧夹板或顶丝，使其接触良好，以免电极在高温下严重氧化而引起接触不良。

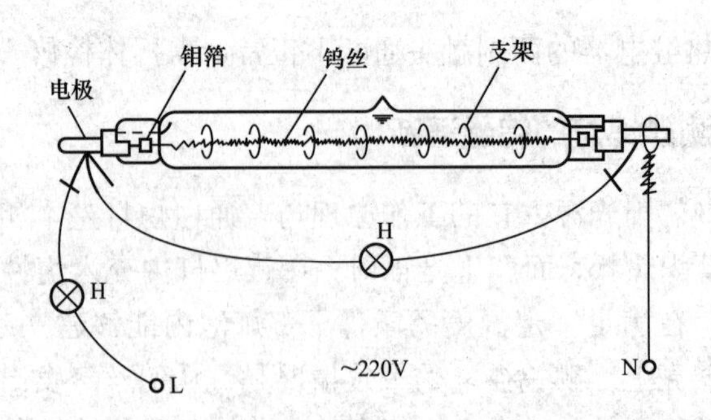

图 5-190　检验灯检测碘钨灯的灯丝通断示意图

5-11-9　检测日光灯灯管的灯丝通断

日光灯（荧光灯）是一种低气压汞蒸气放电光源，它利用了放电过程中的电致发光和荧光质的光致发光过程。日光灯具有结构简单、制造容易、光色好、发光效率高、寿命长和价格便宜等优点，在实际应用中已经比较稳定成熟，所以在电气照明中被广泛采用。日光灯灯管按其阴极的型式分为热阴极和冷阴极两种，国内多生产和使用热阴极日光灯。最普通和最常用的日光灯是一支圆形截面的直长玻璃管子（灯管也可以做成其他的形式，例如U形管、环形管等），在管子两端各放一个电极，在交流电源下，灯管两端的电极交替起阴极（供给电子）阳极（吸收电子）的作用。有时将电极通称为阴极。阴极用钨丝绕成螺旋形状（叠螺旋灯丝）。在阴极上涂上含有一种或多种耐热氧化物的三元碳酸盐（$CaCO_3$、$BaCO_3$、$SrCO_3$）电子粉，经加热处理形成“激活”了的氧化物阴极，氧化物阴极有很好的热电子发射能力。在阴极上还焊上两根像触须一样的镍丝，它的作用是在正半周波时吸收一部分电子，以减轻电子对氧化物电极的轰击。在工作时镍丝约吸收灯管电流的1/3～1/2。

日光灯灯管的电极与两根引入线焊接并固定在玻璃芯柱上，引入线与灯帽的两根灯脚连接。由于灯管内壁上涂有一层均匀的荧光质（荧光质有几种，在普通的日光灯中主要采用卤磷酸钙，这种荧光质能够得到较好的光色和光效率，而且价格便宜，毒性较小。如果单独使用某一种荧光质，可以制造某种色彩的日光灯），所以灯管内电极钨丝的通断在外面是看不见的。如图5-191所示，用检验灯刀枪两头跨触灯帽上的两灯脚。检验灯H发光二极管闪亮，说明被测日光灯灯管内电极灯丝未断；如果检验灯H发光二极管不闪亮，则说明被测灯管内电极灯丝已断裂，或焊接处脱焊。或者用根导线连接灯管灯帽上任一灯脚和220V电源中性线N，然后用检验灯刀头触接电源相线L，拿检验灯枪头触及灯帽上未接中性线N的另一灯脚。检验灯H灯泡亮月光，说明被测日光灯灯管内电极灯丝未断；如果检验灯 H 灯泡不闪亮，则说明被测灯管内电极灯丝已断裂。

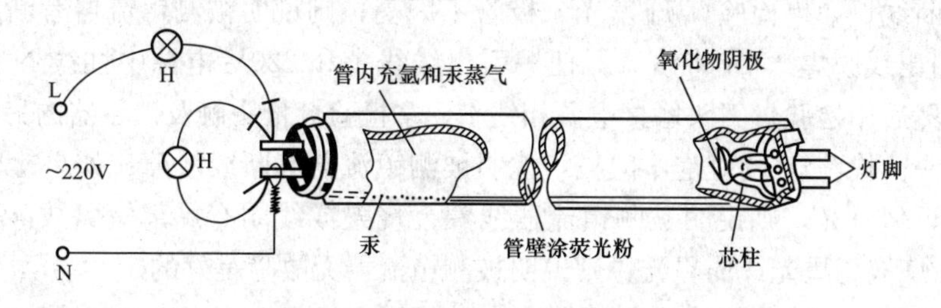

图 5-191 检验灯检测日光灯灯管的灯丝通断示意图

5-11-10 检测日光灯附件镇流器和起辉器的好坏

国内主要生产和使用的热阴极日光灯，它是具有负电阻特性的放电光源，其需要镇流器和起动设备才能正常工作。日光灯工作原理是：当日光灯接通电源后，电源电压经过镇流器和灯管灯丝加在起辉器中的双金属片和静触头之间，在间隙中产生辉光放电，双金属片受热向外伸张与静触头接触接通电路，灯丝通过电流（电流的大小主要由镇流器的阻抗决定）受热后发射电子。由于双金属片和静触头的接触，辉光放电停止，双金属片迅速冷却并向内弯曲脱离静触头。在触头断开的瞬间，由于通过镇流器的电流突然中断，因而在镇流器线圈中产生比电源电压高得多的脉冲电压，加在灯管两端。此时灯管内惰性气体被击穿，大量电子流过灯管，形成弧光放电。由于镇流器的限流作用，放电后电流被稳定在某一数值上。由于放电灯管温度升高，使管内水银蒸气增加，电子撞击水银蒸气放电，发出肉眼看不见的紫外线，激发管壁上的荧光粉而发出可见光。日光灯点燃稳定工作后，电流流经镇流器和灯管，在镇流器上产生较大的电压降，灯管两端的电压比线路电压低很多，在这个电压下起动器不足以产生辉光放电，故在灯管正常工作的整个期间内起辉器都不再闭合（即双金属片和静触头不再接触接通）。

日光灯镇流器又称限流器。电感式镇流器通常是一个带铁心的线圈，为了防止磁饱和，铁心具有一个空气隙（空气隙垫以纸片）。由于电压和频率的不稳定以及制造时的某种因素，镇流器在使用过程中也容易损坏。故在检修时可用检验灯检测，如图 5-192 所示。用检验灯刀枪两头跨

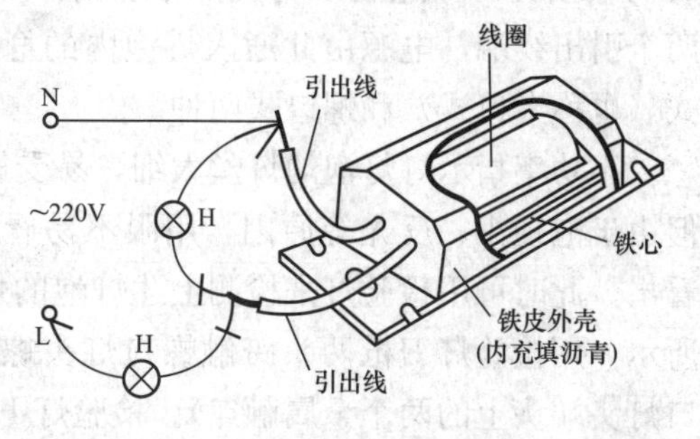

图 5-192 检验灯检测镇流器好坏示意图

触镇流器的两根引出线线头。检验灯 H 发光二极管闪亮，说明被测镇流器的线圈内无断线；如果检验灯 H 发光二极管不闪亮，则说明被测镇流器有断线故障（包括引出线脱焊）。或将镇流器任一引出线线头和 220V 电源中性线 N 用导线连接，然后用检验灯刀头触接电源相线 L，拿检验灯枪头触及镇流器的另一根引出线线头。检验灯 H 灯泡不闪亮，说明被测镇流器有断线故障；如果检验灯 H 灯泡亮近似月光，则说明被测镇流器线圈已烧毁或线圈有局部短路故障；若检验灯 H 灯泡亮星光或弱星光，则说明被测镇流器无故障是好的。

日光灯的接线中用一个起辉器来自动接通和断开灯丝的加热电路。起辉器又称起动器，俗称跳泡。其构造如图 5-193 所示，在小玻璃泡里有两个极，其中一个极上焊有双金属片，玻璃泡外有一个纸电容器，其作用是消除日光灯对收音机的干扰，玻璃泡和纸电容器都装在一个铝制的圆筒中。日光灯起辉器中纸电容器并联在起辉器两端，即日光灯灯管两端，所以经常承受高电压的冲击，故很容易损坏。因此在日光灯发生故障或检修日光灯时，可用检验灯检测验证起辉器的好坏。如图 5-193 所示，用检验灯刀枪两头跨触起辉器的两电极触脚。检验灯 H 发光二极管不闪亮，说明被测起辉器正常完好；如果检验灯 H 发光二极管闪亮，则说明被测起辉器内部发生短路故障（氖泡内动、静金属片绕结，或并联小纸电容器击穿短路）。需要更换新的起辉器，才能使日光灯发光。

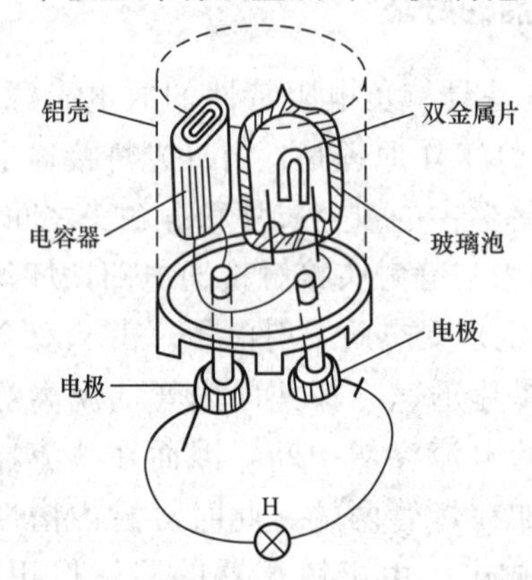

图 5-193　检验灯检测起辉器的好坏示意图

5-11-11　检测小功率指示灯和彩泡的灯丝通断

白炽灯结构简单，它由玻璃泡壳、灯丝（用熔解温度高和不易蒸发的钨制成）、支架、引线和灯头等几部分组成。白炽灯灯泡在灯泡颈状端头上有灯丝的两个引出线端，电源由此通入灯泡内的灯丝上。灯丝引出线端的构造分有插口式（也称卡口式）和螺口式两种。

小功率指示灯灯泡的灯丝太细，易受震动而断裂。有时新的灯泡灯丝断了，但由于泡径小，反光等原因，用眼不易看出；彩泡内灯丝是否断了用眼也不易看出。此时可用检验灯来检测上述灯泡的灯丝通断，既简便又准确。如图 5-194 所示，用检验灯刀枪两头跨触螺口灯头螺旋金属壳和灯头顶端金属头触点（插口灯头端头上的两个金属触点）。检验灯 H 发光二极管闪亮，说明被测灯泡的灯丝未断；如果检验灯 H 发光二极管不闪亮，则说明被测灯泡的灯丝已断裂。对于螺口灯头的指示灯灯泡（额定电压在 110V 以上）和彩泡，还可用根导线连接灯头螺旋金属壳和 220V 电源中性线 N，然后用检验灯刀头触及电源相线 L，拿检验灯枪头触及螺口灯头顶端金属头触点。检验灯 H 灯泡和被测灯泡均闪亮，说明被测灯泡的灯丝完好未断；如果检验灯 H 灯泡和被测灯泡均不闪亮，则说明被测灯泡的灯丝已断裂，不能使用。

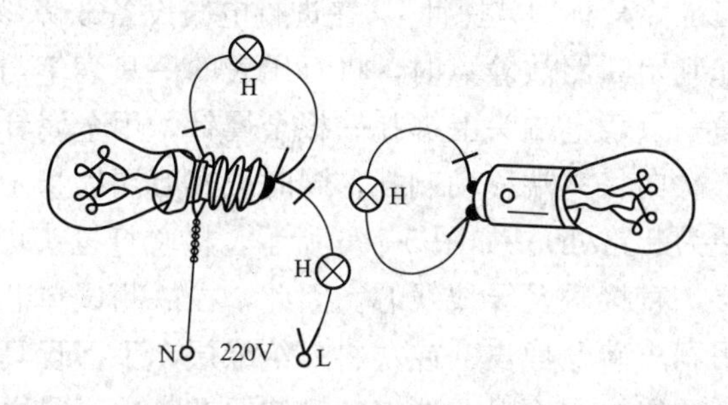

图 5-194 检验灯检测小功率白炽灯灯泡的灯丝通断示意图

第 12 节 特异功能众多项，实用价值更显高

5-12-1 打铁全凭本身硬，随时随地可自检

由本章章序中介绍的"日月星辰"检验灯实物组装图（检验灯的构造）、原理接线图可知，"日月星辰"检验灯本身是一个完整的电路（一个完整的电路由四个部分组成：电源、负载、连接导线、控制电路的辅助设备如开关）。它既有直流电源干电池，又有真实的负载白炽灯灯泡。检验灯刀、枪头就是单极"开关"的动、静触头。在用检验灯检测电气设备故障的前和后，将检验灯刀枪两头相碰触，如图 5-195 所示。检验灯 H 发光二极管闪全红光，说明检验灯本身内灯泡、电池、二极管、发光二极管和连接导线均完好正常；如果检验灯 H 发光二极管闪红星点光，则说明检验灯本身电路导通正常，只是内装 9V 叠层电池容量已不足；若是检验灯 H 发光二极管不闪亮，则说明检验灯本身内有断路故障，需拆卸进行检修。这就是检验灯简便而可靠的随时随地可自检功能。这也是使用检验灯时的注意事项，即检验灯刀、枪头不能较长时间的短接。使用新的电池时有 0.018A 直流电流通过灯泡、二极管和导线，较长时间的短接会将电池内的

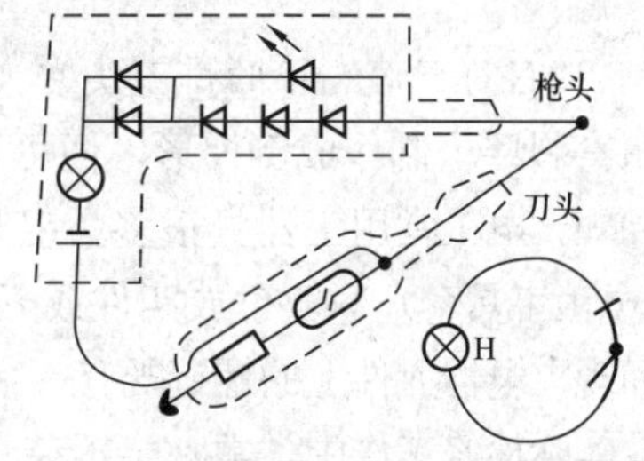

图 5-195 检验灯自检功能示意图

电放尽。致使检验灯的上乘诊断技术不能展示，至少失去检测元器件、导线的通断功能。

5-12-2　枪头尖细似探针，欲触线芯不剥皮

由图 5-1 可知，检验灯枪头多用 $\phi3$ 螺栓磨尖、磨细，并牢固地固定装置在塑料玩具手枪枪口上，其犹如“探针”（在进行电气设备故障诊断时，有时采用“探针判定法”。如判定断路故障点时，将万用表的一只表笔与被测导线或绕组端头相连接，在另一只表笔端头上绑扎一根金属针。用金属针从断相绕组的末端或首端开始，依次向另一端移动刺扎，同时观察万用表指示的欧姆值，表针指示为无穷大时便为断路处）。如图 5-196 所示，检验灯枪头可很容易刺透导线橡皮和塑料绝缘层，直接触及导线线芯。因此，在欲测试单芯铜、铝芯橡皮线或塑料线时，不用剥皮破开橡皮（或塑料）绝缘层，手握玩具手枪把稍用力便可用检验灯枪头刺透绝缘层而触及线芯，测知线芯带电不带电。测试完毕拔出枪头，线皮（橡皮、塑料绝缘层）小孔自动收缩，几乎不损坏绝缘。这样则可大大减少测试诊断电气故障的时间，极易探知皮线是相线还是中性线。

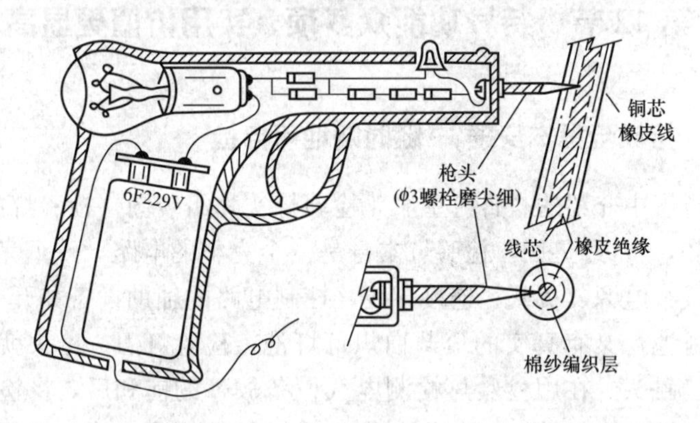

图 5-196　枪头刺穿橡皮绝缘层触及线芯示意图

5-12-3　刀头磨成倒梯形，一字十字小旋凿

“日月星辰”检验灯刀头实为一支旋凿式低压测电笔。若将原旋凿金属头两边角磨斜些，制作成倒梯形，便可当一字十字头小旋凿使用，如图 5-197 所示。众所周知，电工常用工器具很多。钢丝钳、活扳手、电工刀、旋凿等必须携带，而钳套（电工工具套）一般可放四件或五件，一字、十字头旋凿各一件，只能携带大些的。而现在电器元件上的螺钉既有一字头的又有十字头的，并且小的螺钉也不少。所以在实际检修工作中，常常会拆装小的一字、十字头螺钉。故检验灯刀头磨成倒梯形大有用处。

图 5-197 检验灯刀头磨成倒梯形作小旋凿示意图

5-12-4 内装白炽灯灯泡，活动临时照明灯

电工在日常检测、检修电气设备工作时，经常会在开关柜、配电屏（盘）背后，或在房屋角暗处进行操作。光线暗淡看不太清楚，既影响工作效率，又易发生意外事故。这时可将随身携带的检验灯枪头触接固定到中性线 N 或与接地网连接的金属体上（如开关柜的接地螺栓上），然后把检验灯刀头插触固定附近相线 L 上，或者将检验灯刀枪两头插触固定在隔离开关负荷侧两边相上（或未运行的接触器电源侧两边相接线桩头上），如图 5-198 所示。这样一盏临时的照明灯就很快安装完毕了，使安全操作得到保障，同时工作效率也明显提高。

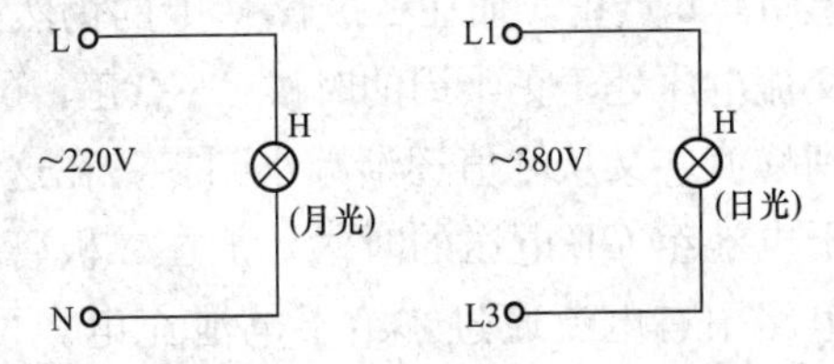

图 5-198 检验灯作临时照明灯示意图

5-12-5 银锌电池欠电压，现场充电救应急

许多电子手表（包括石英指针式电子表）和电子计算器都采用扣式银锌电池（又名氧化银电池）作为电源，它的成本与价格比普通扣式电池（如锌锰电池）要贵。当电池用完后就废弃很可惜。为此不少电工书刊介绍用普通干电池给扣式银锌电池充电，延长其使用寿命。电工在野外或市郊施工时，若遇银锌电池电压降低而电子计算器不能正常使用，可用检验灯给银锌电池充电。如图 5-199 所示，将计算器（如 SS-506H 型）内两粒扣式银锌电池取出，两电池叠压串联后放置在一个绝缘物上，然后用检验灯刀头压触下面电池正极（一般有字母标志电极），拿检验灯枪头压触上面电池负极中央。检验灯 H 发光二极管闪亮，银锌电池开始充电。例如将两粒扣式银锌电池叠压串联后放在一本书上，电池旁放两个茶杯，检验灯刀头插压在电池正极与书本之间，将检验灯枪头尖触压上面电池负极中央，枪身竖立斜靠茶杯。这样用枪体重压电池，电池和枪体重压接检验灯刀头，不用人手扶拿检验灯便可给银锌电池充电了。同理同法，可运用检验灯给石英指针式电子表内的小扣式电池充电。

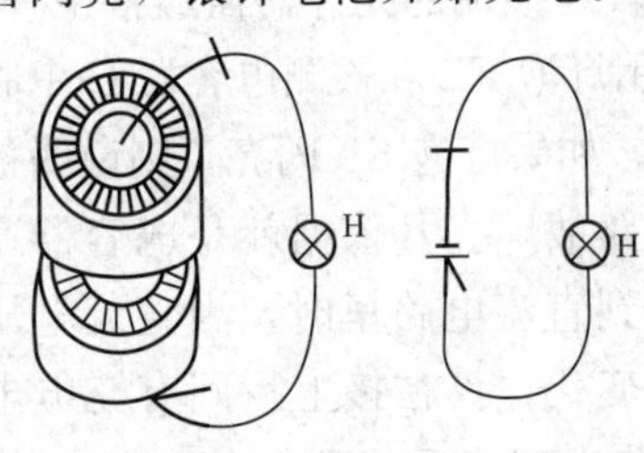

图 5-199 检验灯给银锌电池充电示意图

5-12-6 单相半波整流器，输送直流小电流

由图 5-1、图 5-2 可知，检验灯内装硅二极管串接白炽灯灯泡，所以检验灯是个随负载阻值大小而改变负载端直流电压的单相半波整流器，如图 5-200 所示。检验灯内装的白炽灯灯泡的灯丝是个“可变电阻器”。此装置在电工检修工作中大有作为，例如给干电池、小型蓄电池充电等。有些干电池虽然用旧了，但是锌筒仍然完好，每节电池电压不低于 1V，电池里的电糊没有干，这些电池充电后还可以用。给干电池充电的整流电源电路如图 5-201 所示。在接通交流电源之后，变压器 T 二次侧有 12V 交流电压。如果交流电压处于负半周的时候，a 点负，b 点正，加在二极管 V 上的仍然是反向电压，电路中仍然没有电流通过。交流电压处于正半周的时候，a 点正，b 点负，变压器二次侧电压从零逐渐增大到峰值，又从峰值逐渐减小到零。在这个过程中，当变压器 T 二次侧电压大于干电池组 GB 电压的时候，加在二极管 V 上的变成正向电压，二极管 V 导通，电路中有电流通过，给干电池充电。可见，这个电路只是在交流电的半个周期内的一部分时间才对干电池充电。用这种脉动电流对干电池充电（能充分深入到电池的下层内部）比用稳恒电流效果好。对干电池充电的充电电流不能太大（一号干电池要小于 150mA），充电电流的大小由可变电阻器 R 来控制。

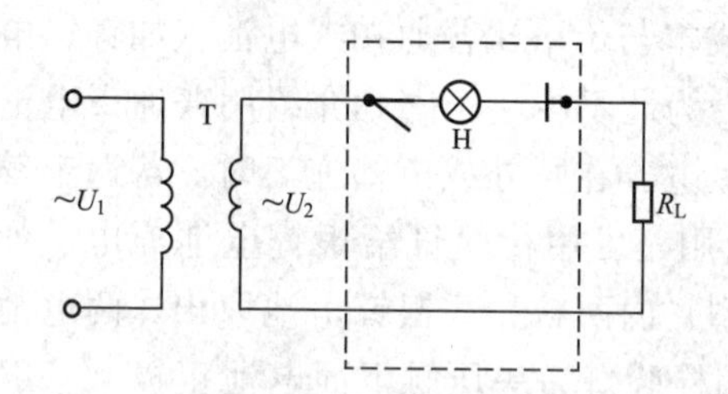

图 5-200 检验灯单相半波整流器示意图

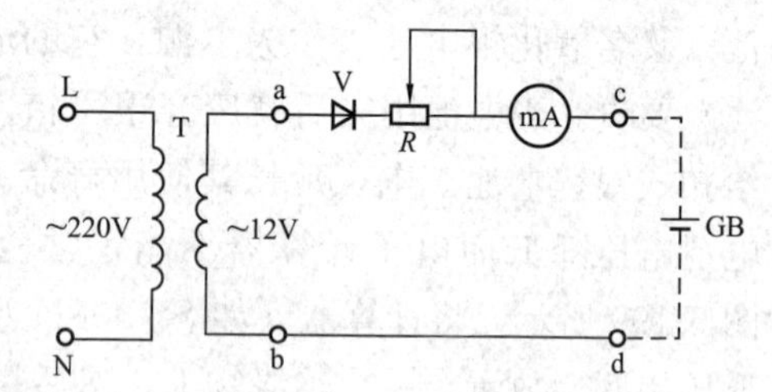

图 5-201 给干电池充电的整流电源电路

交流电容器是最常用的电器元件之一，也是较易损坏的元件，需经常检查。如图 5-202 所示，用灯泡 EL 和被测电容器 C 串联后接于直流电源上。如果灯泡 EL 闪亮，则说明被测电容器内部有短路故障。其依据就是电容器通交断直。电容器接到直流电路里时，因直流电压的方向不作周期性变化，仅在接上瞬间有充电电流，但为时很短，充电完毕后就不再有电流流过，所以电容器不能通过直流电流。

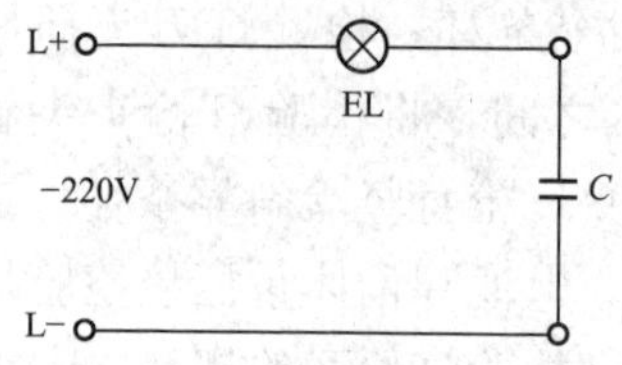

图 5-202 检测交流电容器的好坏示意图

5-12-7 检测晶闸管元件，控制极触发电路

在维修晶闸管设备时，一般只要判断晶闸管的好坏而并不一定要知道晶闸管的各种参数。要判断晶闸管元件的好坏，除了用检验灯检测其控制极G与阴极K之间的正、反向电阻外，还可在用灯泡暗亮法测试中作触发电路。如图5-203所示，将被测晶闸管阳极A串一只白炽灯灯泡（220V、60W）和220V交流电源中性线N连接，其阴极K和电源相线L用导线连接，此时白炽灯EL应不亮（灯泡闪亮则说明被测晶闸管已击穿短路），然后用检验灯刀头触及被测晶闸管控制极G，拿检验灯枪头触及其阴极K（晶闸管的触发电压为1.5～9V，一般不超过10V；使其有足够的控制极电流流入，这样晶闸管会立即导通）。白炽灯灯泡EL立刻闪亮且达正常，说明被测晶闸管元件是好的。否则被测晶闸管元件是坏的（对于晶闸管好坏的判断，用一般的万用表有时是测不准的。其原因是有的晶闸管要求触发电流较高，而万用表$R\times1$挡内阻也较高，因而不能为晶闸管提供足够的触发电流，测不出晶闸管的“阻断”与“导通”状态）。

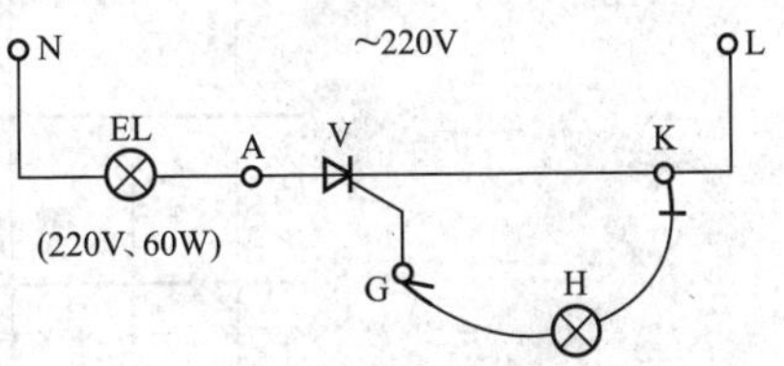

图5-203 检测晶闸管的好坏示意图

5-12-8 集中补偿电容器，应急时放电电阻

一般厂矿的变电所多装有集中补偿电容器。补偿电容器组回路上除装有保护装置外，还装有放电装置（电容器从电源断开后，其两极处于储能状态，残留一定电压。电容器在带电压的情况下再次合闸投运时，会产生很大的冲击合闸涌流和很高的过电压，危及设备安全。若人体不慎触及电容器上的残余电荷，后果也很严重。因此电容器组必须装设放电装置，在电容器组切除电源后，立即将其残余电荷泄放或消耗掉。低压集中补偿电容器通常用电阻作放电装置，且多用两只白炽灯灯泡串联作放电电阻），如图5-204所示。在处理故障电容器（补偿电容器在变电所各种设备中属于可靠性比较薄弱的电器）或检修更换与补偿电容器端子有电气连接的电气设备时，如果发现放电装置的白炽灯灯泡已损坏，又无法及时更换，则可用检验灯的刀枪两头触及补偿电容器两端头接线桩头，作为电容器的应急放电电阻。但要切记每只电容器上均要用检验灯刀枪两头进行两次以上跨触，且检验灯的刀、枪头要对换跨触，以防误显示，因为检验灯H灯泡通过直流电流。或者用检验灯刀枪两头跨触连接补偿电容器的各两相小母线，同样是用检验灯的刀、枪头进行对换跨触两次以上。同理，检验灯还可作为低压较长电力电缆停电后的线芯间电容放电电阻。此项功能常

使马虎的电工少触电，少发生补偿电容器带电误合闸事故。顺便指出：集中补偿电容器从电源上断开后，其残留电压是直流电，用万用表交流电压挡是测不出来的。所以在处理故障电容器，或清扫电容器套管表面、电容器外壳及铁架上的积尘时，检查断开电源后的补偿电容器是否有电，不能采用万用表交流电压挡测量电容器两极间电压的方法，否则会发生触电事故。

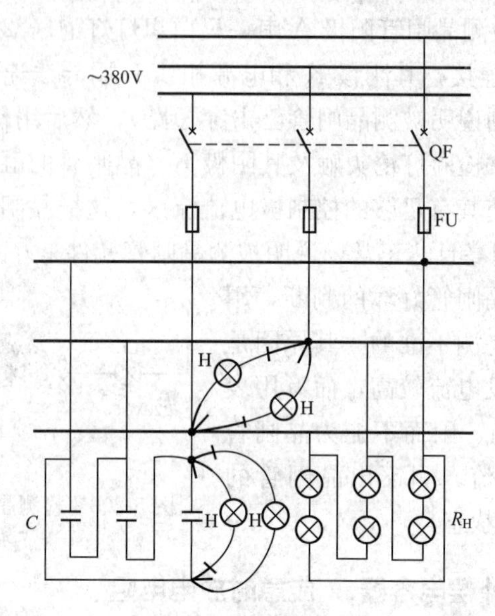

图 5-204 集中补偿电容器的放电电阻示意图

5-12-9 务实求真无误导， 老马识途指方向

“日月星辰”检验灯，结构简单易制作，原理科学且简明。测试工艺很简便：测试程序变换挡、注意事项均减免；机械动作极简便，刀枪并举触两点；思想专一看管泡，一泡两管亮熄灭；电压电阻定性显，多科综合巧诊断；电路运行不影响，不会短路误触电。因此，对电气设备的工作原理和电气线路不熟悉的电工，或工作经验不丰富的青年电工，均可大胆地运用检验灯去检测电气设备、诊断电气故障。

如图 5-205 所示，一台具有过载保护全压起动的电动机起动不了。对此，用检验灯刀枪两头跨触直接接通电动机 M 电源的交流接触器 KM 负荷侧两两接线桩头。检验灯 H 发光二极管闪亮，说明被测电动机 M 电源引线和三相定子绕组无断路故障；如果检验灯 H 发光二极管不闪亮，则说明被测电动机 M 定子绕组或电源引线有断路故障。当验明被测电动机 M 绕组和电源引线均在正常情况下时，用检验灯刀枪两头跨触接触器 KM 电源侧两两接线桩头。检验灯 H 灯泡两次均亮日光，说明被测电动机的电源正常；否则，被测电源无电或缺相。在测知电源正常的情况下，用检验灯刀枪两头跨触接触器任一相上（最好用刀头触及；此时氖管闪亮）、下侧接线桩头。检验灯 H 灯泡闪亮，说明被测电动机 M 定子绕组有接地碰壳故障；如果检验灯 H 灯泡不闪亮，则说明被测电动机 M 定子绕组绝缘良好。上述三项检测结果均为正常，则说明被测电动机 M 起动不了的原因在控制电路上（电动机方面无机械故障的情况下）。

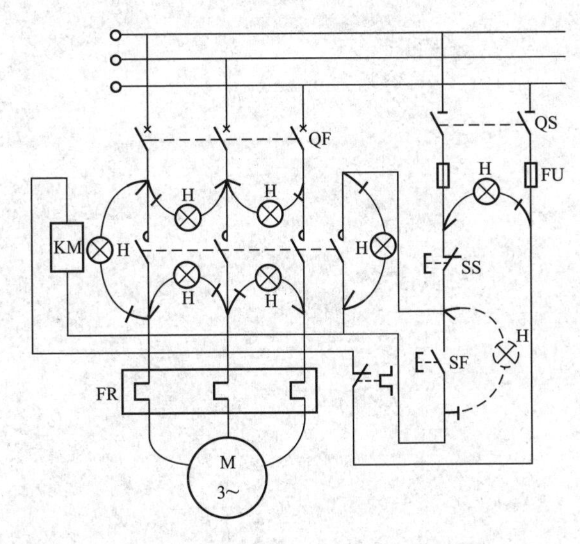

图 5-205　检验灯检测电动机全压起动控制线路示意图

此时，用检验灯刀枪两头跨触控制电路熔断器 FU 负荷侧两接线桩头，检验灯 H 灯泡亮日光（控制电路电源 380V），说明被测控制电源正常；否则，被测控制电源缺相（如熔断器的熔丝熔断）。在测知控制电源正常的情况下，用检验灯刀枪两头跨触接触器 KM 自锁触头两端接线桩头，或跨触起动按钮 SF 动、静触头的接线端子（见图 5-205 中虚线检验灯）。检验灯 H 灯泡闪亮，说明被测控制电路正常；如果检验灯 H 灯泡不闪亮，则说明被测控制电路内存在断路故障，如停止按钮 SS 失灵而触点未闭合，或热继电器控制回路动断触点断开后没有复位等。